电子防务系统导论

（第3版）

Introduction to Electronic Defense Systems

（Third Edition）

[意] 菲利普·奈里（Filippo Neri） 著

周小平 温志津 等译

国防工業出版社

·北京·

著作权合同登记　图字:军 - 2018 - 073 号

图书在版编目(CIP)数据

电子防务系统导论:第 3 版/(意)菲利普 · 奈里(Filippo Neri)著;周小平等译. —北京:国防工业出版社,2023. 1

书名原文:Introduction to Electronic Defense Systems(Third Edition)

ISBN 978 - 7 - 118 - 12672 - 3

Ⅰ. ①电… Ⅱ. ①菲… ②周… Ⅲ. ①电子对抗 - 武器系统 - 研究 Ⅳ. ①E866

中国版本图书馆 CIP 数据核字(2022)第 195933 号

Introduction to Electronic Defense Systems(Third Edition) by Filippo Neri
ISBN 978 - 1 - 63081 - 534 - 9

※

国防工业出版社出版发行
(北京市海淀区紫竹院南路 23 号　邮政编码 100048)
天津嘉恒印务有限公司印刷
新华书店经售
*
开本 710 × 1000　1/16　印张 35½　字数 635 千字
2023 年 1 月第 1 版第 1 次印刷　印数 1—1600 册　定价 249. 00 元

国防书店:(010)88540777　　书店传真:(010)88540776
发行业务:(010)88540717　　发行传真:(010)88540762

译 者 序

电子战是敌对双方在电磁频谱域展开的军事斗争，电子战装备技术经历了100多年的发展，其作用领域已延伸至陆、海、空、天、网，成为决定现代战争胜负的关键。

由于电子战领域的特殊性，有关电子战专著并不多见，特别是系统论述电子战及相关领域作战理论、技术、装备的专著更少。本书是意大利著名电子战专家Filippo Neri博士所著《电子防务系统导论》（*Introduction to Electronic Defense system*）的最新修订版，从电子防务的角度全面介绍电子战及作战对象的基本工作原理、作战运用方式、前沿发展动态、设计测评准则等，内容涵盖了信号情报、电子支援、电子干扰、电子反干扰、信息战（心理干预、网络安全、密码保护）等军事行动，涵盖了武器系统，以及先进的数字化电子战支援系统和电子干扰系统。《电子防务系统导论》（第3版）适应近年来武器系统和电子防务系统相关技术的快速发展，对相关内容进行了更新和补充，增加了网络电磁活动等新的理论和技术。

《电子防务系统导论》从作战对象的角度，介绍了陆、海、空三军的作战使命及其所使用的主要武器系统和电子设备，介绍了“电子防务”的含义和技术框架，同时用较大篇幅论述了电子战的作战对象——雷达和光电传感器的基本原理，分析了武器系统如何利用这些传感器达到作战目的，以及各类传感器的薄弱点。从电子战本身，全面论述了电子战中所使用的隐身、诱饵、电子支援、电子干扰与反干扰等技术和各种电子战装备的工作原理。着眼电子战的未来发展，介绍了电子战领域的最新进展，在书中的每章中都详细介绍了现代技术所取得的进步，以及它们带来的变化，展示了电子对抗和反电子对抗技术目前所取得的巨大成就。

本书的第一、第二版在国内被翻译成《电子防御系统导论》，“Electronic Defense”翻译成“电子防御”。考虑到国内“电子防御”作为军事术语，有其特定的含义，美军没有将“Electronic Defense”作为其通用军事术语，其“Electronic Protection”术语（国内译成“电子防御”）是电子战的重要组成部分，它们都涵盖不了本书所涉及的内容，因此，在翻译最新版本时，我们将该书的书名翻译成

《电子防务系统导论》。

本书是电子战领域的经典著作，其第一、二版已被欧美许多军事院校选为论述电子与信息战的基本理论和工程技术的基础教材，受到广泛好评。我们在认真细致地通读了全书之后，认为其内容丰富、全面、翔实，具有很高的参考借鉴价值，因此组织翻译出版。本书最大的特点是在一本书中汇集了主要武器系统的作战运用、武器系统的关键及其相关电子信息装备、电子战装备等，集装备的作战运用与技术理论于一体，融合了科学性与实用性。从电子战攻防双方分析了各种武器系统的特点与弱点，聚焦电磁领域的热点问题，既可以为我军广大指战员和从事武器、电子装备采购与管理的相关人员使用，也可以作为我军院校大学本科相关学科的教学参考用书，还可为那些需要进行深入分析和研究电子防务装备和技术的科研人员提供重要参考。

全书由周小平、温志津组织翻译，并对全书进行了审校，王劲松、丁凡、全寿文、沈楠、宋伟、徐珺、韩兴斌、徐世龙等同志参加全书的翻译和校对工作。在此对上述各位同志的辛勤劳动表示衷心感谢！

因译者水平所限，书中错误之处在所难免，敬请读者朋友们批评指正！

周小平

2021 年 9 月

序

在我作为雷达专家的漫长职业生涯中,我主要负责意大利海军舰艇上的设备安装,多年来,我总是对电子战持有一种怀疑的态度。我在这个行业小有名气,至少在意大利,我的说法是“电子战系统主要是用来欺骗那些买家的……”

在阅读菲利普·内瑞先生的《电子防务系统导论》(第3版)的校样时,我不得不承认,武器传感器和电子战系统的技术进步改变了我长期以来所秉持的观点:武器系统的能力越来越强,但是它的代价是系统变得越来越复杂。也正是因此,复杂的传感器给武器系统造成了致命的脆弱性,使它更容易受到先进电子防务系统的干扰。

当然,电子战支援系统作为电子防务系统的无源部分,在作战中应该注重它们的运用,因为通过先进的电子战支援系统对敌武器传感器和情报及干扰系统的感知,能够帮助指挥员准确了解战场态势(或是获取威胁告警信息)。

除了先进的技术性能外,我对武器传感器和电子防务系统的设计者的建议是:实验室性能固然重要,但一旦它们安装在相关作战平台上,其实战性能则更为关键。

意大利海军督察(Ret)
朱塞佩·伊拉科库阿
2018年8月

前　言

作为一名电子防务系统装备设计者，在工作中，我常常感到没有一本现成的参考书能够详尽阐明电子防务系统设计人员关心的问题，诸如：各种电子战系统的主要功能是什么？雷达中易受攻击的部件是什么？武器系统的局限性在哪里？如何提高电子防务系统的有效性等。

根据一名雷达和武器系统设计者的经验，我十分清楚一本能够清楚描述武器系统及其电子防务系统原理的书籍，对于那些希望或需要从事该领域工作的人来讲，是多么的重要。

本书正是写给那些打算从事电子防务系统设计、正在或将要使用这些系统以及2020年前后负责采购并管理这些系统的人们。

本书尽可能简化相关的数学公式和理论，任何受过中等教育并对军用电子防务系统感兴趣的人都可以阅读并较好地理解书中内容。

为了适应近年来武器系统和电子防务系统相关技术的快速发展，《电子防务系统导论》（第3版）对相关内容进行适时更新是极为必要的。电子防务系统所涉及的领域涵盖网络电磁活动、武器系统，以及先进的数字化电子战支援系统和电子干扰系统。即使是基本的雷达、情报监视、电子战理论没有变化，那些对于提升其性能和作战目标的新技术也是不能忽视的。因此，在书中的每一章中都详细介绍了现代技术所取得的进步，以及它们带来的变化。全书共8章。

第1章简要介绍了电子防务系统的用途、工作机理及其子系统组成。此外，还介绍了电子防务系统的作战对象。

第2章分析了各种武器系统所采用的电子传感器，不仅突出了它们的优点，更为重要的是，还介绍了各种武器系统传感器的缺点和不足。目的是帮助电子防务系统设计者利用武器系统传感器的弱点。

第3章重点讨论了配备第2章所述电子传感器的火炮及导弹等武器系统，其目的是使广大读者能够理解电子防务系统是如何降低武器系统的作战效能的。

第4章主要描述和分析了用于被动侦察的电子系统，即众所周知的电子战支援系统，其工作频段涵盖无线电波和红外光波频段。

第 5 章专门讨论电子防务的关键部分——电子干扰,即通过产生电磁信号干扰“被攻击”武器系统的接收机,来达到降低其作战效能的目的。

考虑到敌方的恶意电子干扰可能会降低或削弱己方武器系统的作战效能,新型武器系统已经配备了反电子干扰系统。第 6 章主要介绍了这些系统及其应用,概述了它们的作战效能。

电子干扰与反电子干扰之间的激烈对抗似乎永远没有尽头,新的电子技术使得破坏武器系统最基础的工作机理成为可能,这使得制定有效的反电子干扰措施变得格外困难。第 7 章将介绍这些新技术的研究进展。

最后,为了帮助设计人员在遇到第 4 章和第 5 章所描述的设计问题时,找到最佳解决方案,第 8 章列出了在电子防务系统设计阶段应该遵循的准则。此外,还讨论了评估电子防务系统有效性的评估和模拟方法。这种方法对于采购电子防务系统装备的人员来讲,应该是特别有用的。

我希望这是一本有用的书。最好把本书当作是一本简单的、可用于快速评估和组织材料的参考书。最后,我要强调的是,作战装备的性能及其作战目标的实现,还是一如既往地取决于其操作者的能力和他之前所做的准备,以及他对于事业的奉献精神。

致　谢

我要再次感谢意大利电子公司(Elettronica)、切姆林公司(Chemring)和菲亚尔公司(FIAR)的朋友们在《电子防务系统导论》(第2版)中提供的支持,对于《电子防务系统导论》(第3版),我要感谢虚拟实验室(Virtualabs)的经理和同事们,Candidoro Giannicchi、Lucio Biccolini、Sandro Carnevale、Gianfranco Pelaggi、Gianfranco Broli、Giuseppe Pinto、Julien Marini 和 Francesco Macro 在本书的修订和校对中提供了大力的支持和帮助。

特别感谢在本书撰写和出版过程中,Luca Tripodi 对网络战的贡献,Silvello Betti 教授对量子雷达的贡献,Isaia Tripodi 对人工智能的贡献,Marco Di Battista、Mauro Caruso、Virginia Marongiu、Emanuele Nanni、Bruno Buccinnà、Arcangelo Lubrano、Federico Ricci、Emiliano Gabrielli、Valerio Barchiesi、Gabriele Mariotti 和 Micaela Contu 为新雷达和电子战系统进行了多次模拟和试验,Giovanni Viglialoro 在该书新版本中提供了有益帮助。

特别感谢意大利国防杂志社(Rivista Italiana Difesa,RID)的 Franco Lazzari 博士和 Eugenio Po 博士为本书提供了大量插图。

菲利普·奈里
罗马,意大利
2018 年 9 月

目　录

第1章 电子防务

1.1 概述

随着时间的推移,电子技术在军事行动中发挥着越来越重要的作用。电子时代最早可以追溯到首次利用无线电波和无线电测向仪确定敌方武器平台位置的时候。截至目前,电子时代已历经三个发展阶段:第一个发展阶段是将电子技术引入武器系统;第二个阶段是利用雷达探测目标,确定敌方武器平台的距离与角度,进而提高火炮射击的准确度;第三阶段是最具威慑力的:将电子设备用于导弹的精确制导,如图1.1所示。

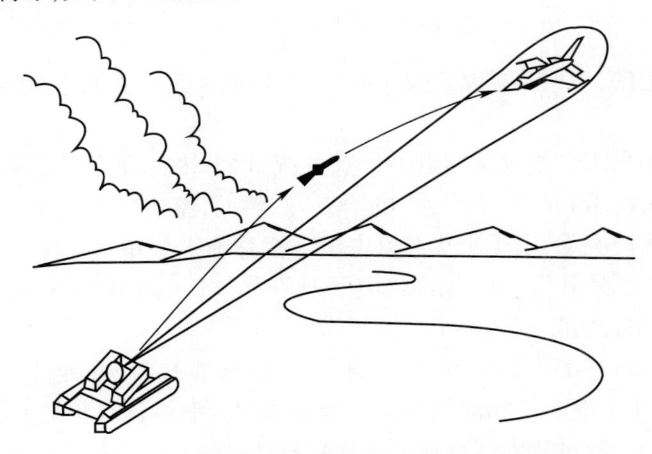

图1.1 导弹系统依靠雷达信号精确击中目标

目前,基于电子制导设备的武器系统的作战效能,已经上升到了杀伤概率非常接近于1的程度。没有电子对抗能力的目标一旦被锁定,基本上就失去了逃脱的可能。因此,几乎所有有效的武器系统现在都装备了电子制导设备。不过,正是因为今天基于电子制导设备的武器系统已经发展到如此精密的程度,以至于只要使其电子电路无法正常工作,就可以使这些武器系统变得毫无价值。因此,提升能够降低和削弱敌方武器系统制导装置作战效能的反电子能力就变得至关重要。

这些对抗技术的成果很快就涌现出来。目前,已经发展到了可以大大降低几乎所有武器系统作战性能的程度,如图 1.2 所示。

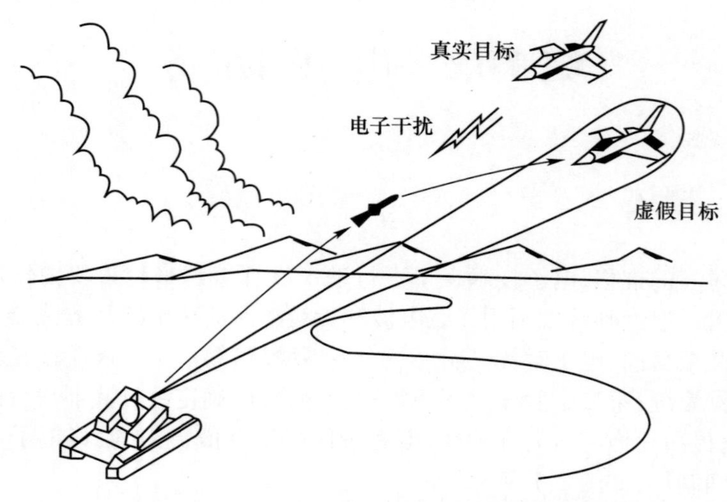

图 1.2　电子干扰系统的目的是通过干扰使敌方武器系统失效

不可避免的,下一步是制定反干扰措施,以此来恢复武器系统传感器最初的性能和功效。

干扰武器系统电子设备的电子干扰系统,以及因此而发展起来的反电子干扰系统相关的技术和战术统称为"电子战"。然而,鉴于电子技术在未能被用做定向能武器的情况下,电子干扰与反电子干扰系统本身并不会直接杀伤目标,即"电子不会制造弹孔"。因此,称"电子战"为"电子防务(Electronic Defense, ED)"可能更切合实际。

正如我们将在 1.3 节中看到的那样,一方面,在战时,各种信息的高效管理和运用,在快速军事响应和涉及不同力量的协调方面将具有非常大的优势;另一方面,可以想象,针对敌方信息领域的作战行动必然会深刻影响到整个任务的最终结局。

随着计算机网络的出现,信息领域已经逐渐演进为包罗万象的网络空间,这是一个更为广阔、更加广泛的领域。网络空间允许快速的信息交互,但其中存储和流动的信息也更容易被截获或被干扰。

1.2　军用电子防务系统概述

各国军方都拥有大量功能各异的武器系统。以下关于海军、陆军和空军作战使命的概述，将有助于读者理解电子防务系统所针对的主要武器系统。需要说明的是，本部分概述的内容，其目的是使读者了解基于电子制导设备的武器系统，并不涉及任何特定军事组织。另外，本书仅讨论常规武器系统，用于核战争的武器系统也不在此书的讨论范畴。

总的来说，空军的使命是监视与保护国土之上的领空，海军的使命是监视领土附近海域并保护重要航线，而陆军的使命就是保护领土本身的安全。

1.2.1 空军武器系统及其作战运用

空军的使命是与本国其他武装力量配合起来保护领空不受侵犯，因此，空军必须能完成以下作战任务：

(1) 要地防御；

(2) 反击来袭之敌；

(3) 空袭敌方军事目标；

(4) 为陆地或海上军事行动提供空中支援；

(5) 确保运输航线畅通；

(6) 实施空中侦察。

当遭遇敌机空袭时，需要监视（或搜索）雷达网与受到袭击地域所部署的空军力量，协同作战才能完成要地防御及拦截敌机的任务。这种协同作战称为联合防空。防空作战体系中的防空搜索雷达灵敏度高，能对远程目标进行探测及预警，这种雷达也称为早期预警雷达（Early Warning Radar，EWR），它不间断地监测战区上空，具有技术成熟和可靠性高的特点。

预警雷达的高灵敏度，使其警戒范围可以覆盖整个领空。预警雷达所获取的目标数据在指挥决策作战方案的"指挥控制中心"进行数据同步，并与其他相关信息通道所获取的数据进行关联（数据融合）。

和平时期，当预警雷达探测到不明飞行物（该飞行物没有主动表明自己身份）时，指挥控制中心会发出预警信号，并通过相应的通信系统，引导一个空中作战单元（通常由两架快速和机动性强的战斗机组成）前往不明飞行物所在的空域实施拦截，当战斗机接近不明飞行物并确认其身份后，可让其通行或迫使其返航或降落，如图 1.3 所示。

战时，空中作战单元执行任务的过程将有别于上述处置流程。预警雷达一旦发现不明飞行物，战斗机会立即起飞，并依据指挥中心和机载雷达的共同引导前往目标所在空域，如图 1.4 所示。战斗机将尽快利用机载雷达定位目标并在敌我识别（Identification of Friend or Foe，IFF）装备的帮助下完成目标身份的识别，敌我识别器是一种可自动识别敌我武器平台的专用设备。当来袭飞机的敌

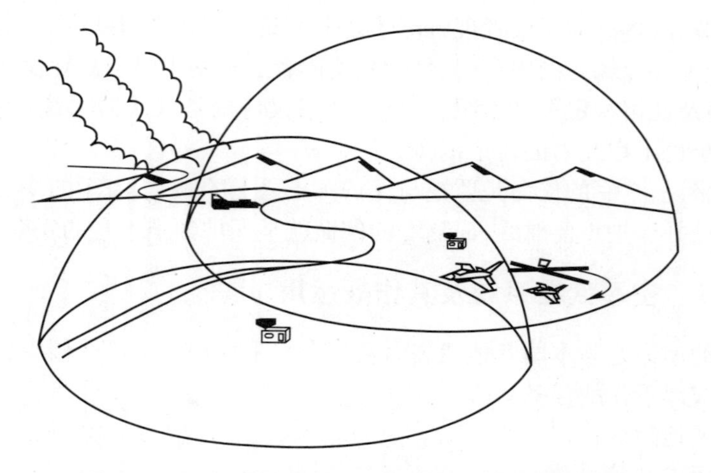

图 1.3　防空网络探测和定位所有进入领空的飞行物

图 1.4　战斗机的任务是确保空中优势【图为“欧洲”战斗机(EFA),由《意大利国防杂志》提供】

方身份被确认,获得攻击许可命令之后,战斗机飞行员先用机载雷达锁定目标,并用机载武器(通常是空空导弹)攻击目标,再利用“杀伤效果评估系统”确定目标被毁伤的程度,进而决定是否返航。如果目标没有被中远程导弹击中,战斗机必须立即接近入侵敌机,并与其进行空中格斗。这时,所使用的武器系统主要有近程红外制导导弹或机载火炮。

领空的警戒可以直接由空中巡逻机群或者联合防空雷达网来完成。

空袭敌方军事目标的任务需要派遣专门的攻击机和轰炸机完成，如图 1.5 所示。攻击机机群可在低空对军事目标发起隐蔽突袭；轰炸机则承担强力打击任务，机群在战斗机的掩护下，通过雷达和光电传感器对地面目标进行识别和定位后，发动空袭。

图 1.5　空袭敌方军事目标的任务主要由攻击机完成
（图为对地攻击型“狂风”战斗机，由《意大利国防杂志》提供）

执行空中支援任务时，空军通常与地面部队协同作战以阻止敌方的进攻。空军的任务是向行进中的敌方纵队发动空袭，轰炸其坦克和后勤保障装备，大面积杀伤敌方具有地面攻击能力的有生力量，这一任务一般由机动性强、拥有强大空对地打击火力的歼击轰炸机完成，如图 1.6 所示。

(a)

(b)

图 1.6 虽然过去需要特殊的战斗轰炸机来进行对地攻击,但现在多用途飞机也可以对敌方地面部队进行快速突袭
(a)旧的 AMX; (b)F-35。

另外,空军还承担着自身基地、机场及飞机维修设施的防卫任务。总之,为了执行上述作战任务,空军应配备以下电子系统。

(1) 警戒与搜索系统。

该系统主要由架设在较高地面上的陆基搜索雷达组成,如图 1.7 所示。如第 2 章所述,这样做,可以弥补海拔低所带来的雷达探测距离的限制。

图 1.7 搜索雷达确保目标的早期发现(图为陆基 AN/FPS-117 搜索雷达)

(2) 机载警戒与搜索系统。

如图 1.8 所示,这些系统与上述搜索雷达相似,但质量较轻。所以,可以装备在飞机上,以解决低空目标的远程侦测问题。借助于采用了合成孔径雷达(Synthetic Aperture Radar,SAR)技术的机载侧视孔径(或天线)雷达(Side Looking aperture Radar,SLAR),可以全方位侦测某个区域。即使是在漆黑的夜晚或多云的白昼,这些雷达也能够提供被侦测区域的详细图像。

图 1.8　机载搜索雷达可以探测低空飞行目标

【图为机载预警与控制系统(Airborne Warning And Control System,AWACS)】

(3) 战斗机。

战斗机具有速度快和机动性强的特点。战斗机主要的电子装备有:

① 用于目标捕获和跟踪的雷达系统(机载截击雷达),如图 1.9 所示。这种

图 1.9　军用飞机装备精密的雷达进行目标精确探测和武器制导

(图为 F-35 的 AN/APG-81 AESE 雷达)

类型的机载雷达被安装在机身前端,并有可透过电磁波的锥形壳层进行保护,该锥形壳层称为雷达罩(雷达天线罩)。

② 远程、中程和近程空空导弹(Air - to - Air Missile,AAM)系统,如图 1.10 所示。

图 1.10　安装在 F - 16 机翼上的中程和近程空空导弹
(由《意大利国防杂志》提供)

③ 用于近距离格斗的机载武器火控系统。

(4) 攻击机。

为了深入敌方纵深进行空袭,攻击机配备的主要装备有:

① 用于目标捕获和跟踪的机载雷达;

② 空空导弹和空地导弹(Air - to - Surface Missile,ASM)系统;

③ 炸弹的控制和导引系统(通常此类飞机安装了用于超低空盲导航的地形匹配跟踪雷达);

④ 用于地面攻击的歼击轰炸机。

除此之外,还必须配备担负后续任务的其他飞机:运输机,巡逻机,教练机。

通过使用地空导弹系统或防空高炮系统,可以用来保护己方机场和其他重要目标免受敌方空袭。

(5) 地空导弹系统。

地空导弹(Surface - to - Air Missile,SAM)系统可以是远程的,用于机场和其他重要军事设施防卫,它可以用于防御某一空域或地区的远程导弹系统(区域防御系统),如图 1.11 所示;也可以用于防御某一地点或军事设施的中近程导弹系统(点防御系统),如图 1.12 所示。导弹防御系统通常包含定位搜索雷达

（有时称为捕获雷达），其作用是探测入侵威胁，并通报系统中的其他传感器［该过程被称为目标指示（Target Indication，TI）］，这些传感器能逐一跟踪这些存在威胁的武器平台并引导不同种类的导弹攻击它们。一个非常实用的地空导弹系统就是俄罗斯的 S－300，它现在已经演变成 S－400，如图 1.13 所示。

图 1.11　远程地空导弹系统经常用于保护大片领土（图为“爱国者”地空导弹系统，由《意大利国防杂志》提供）

图 1.12　中短距离地空导弹系统可确保重要点目标的防御（图为“斯帕达”导弹系统的部署，由《意大利国防杂志》提供）

图 1.13　S－400 机动地空导弹系统（由《意大利国防杂志》提供）

（6）火炮或高射炮系统。

火炮或高射炮（Artillery Anti－Aircraft，AAA）系统，主要用于点防御，借助于搜索（预警）雷达和各种跟踪雷达的导引，火炮和高射机枪可以直接精确射击指定目标。

1.2.2　海军武器系统及其作战运用

简而言之，海军的主要任务有：

（1）保护海上交通线（如护航）；

（2）在远离领海的公海作战，以保护领海免受攻击。

护航任务，通常由装备精良的舰艇担负，这些舰艇必须具备与可能形成威胁的潜艇、飞机或大型舰船进行作战的能力。当一个国家的海防区域远在领海之外时，为了确保舰队具有足够的空中防护力量，还必须部署航空母舰，如图 1.14 所示。因此，对于海军来说，其对于电子系统的需求与空军不相上下。事实上，海军舰队所需要的是可以覆盖辽阔海域的防御能力。

所以，海军必须装备以下电子系统：

（1）用于防止突袭航空母舰等重要军事目标的舰载和机载预警雷达；

（2）装备中远程空空导弹和空对地（舰）导弹系统的战斗机和攻击机。

由于航空母舰军事价值极大，所以一个航空母舰编队通常需要配备多艘巡

图 1.14 航空母舰在远离国家水域的情况下可为舰队提供必要的防空保护

洋舰、驱逐舰或护卫舰等具有作战能力的舰艇来护航。对于一些海防区域主要在领海之内的国家而言,其海上军事力量通常只需下述三种舰艇。

(1) 巡洋舰。巡洋舰是一种拥有强大火力的大型舰艇(排水量为 8000 ~ 22000t),它的作战使命是抵御来自空中、海面和水下的威胁,如图 1.15 所示。

图 1.15 意大利"直通甲板"型巡洋舰"加里波第"号(可搭载垂直/短距起降飞机)

(2) 驱逐舰。驱逐舰(排水量为 4000 ~ 8000t)实际上是一种装备了多种武器系统的大型护卫舰。

(3) 护卫舰。护卫舰,如图 1.16 所示,则是装备了精良武器系统的中小型舰艇(排水量为 1500 ~ 4500t),它的作战使命是在护航或编队中为其他舰艇提供有效保护。通常，护卫舰都具有反潜作战能力。为了有效增强其对潜作战的能力，大多数护卫舰还装备了舰载直升机。

图 1.16 配备有地对地导弹和垂直发射地对空导弹的隐身护卫舰（由《意大利国防杂志》提供）

在执行近海巡逻任务时，常使用火力适中的小吨位轻型护卫舰（排水量为 200～800t）或水翼艇。因为潜艇下潜之后具有的低可探测性以及低噪声水平，所以使用中小型潜艇可以达到更为有效的巡逻效果。需要说明的是，潜艇和主、被动声纳等电子声学装备以及磁、声制导鱼雷等武器系统不在本书的讨论范围之内。

扫雷艇的作战任务是探测并清除敌军在主要航线上所布放的水雷。

从作战的角度来讲，战争时期的海上巡逻任务，需要由各种类型的海军舰艇所组成的编队来完成。舰艇编队中的每一艘舰艇都应装备可探测潜在空中威胁的舰载远程对空搜索雷达系统。

为了提高舰载雷达系统对中、高空域的探测灵敏度，雷达的工作频率相当低，然而正如本书后面的章节所论述的那样，这种雷达对低空目标的探测灵敏度并不高。因此，为了探测水面目标，舰艇还需要装备频率更高的雷达，与探测范围低至海平面的导航雷达协作可以满足这一需求。

编队中所有舰艇的行动由指挥、控制、通信和信息（C^3I）中心指挥，C^3I 中心还会与卫星进行信息交互以获取“广域图像”。

舰艇是一种相对而言比较容易被探测的目标。为了避免被发现，舰艇必须尽量限制其雷达的使用频率,并将自身的电磁辐射抑制到最小。当已测定的威胁目标距离较远时,它将首先被分配给有效射程内的远程导弹系统(实施区域防御),当其距离较近时,则使用舰对空导弹系统或火炮攻击(实施点防御)(这一过程用专业术语来说就是目标指示)。

当舰艇与舰艇之间的作战开始时,首先会启动舰对舰导弹(Surface - to - Surface Missile,SSM)系统。由于舰对舰导弹以位于搜索雷达探测盲区的极低高度飞行,所以又称为掠海飞行导弹,如图 1.17 所示。显然,每艘舰艇都希望自己拥有主动权(率先开火)。在没有装备导弹系统或目标价值不高的情况下,也可

(a)

(b)

图 1.17　雷达制导的掠海导弹是海军舰艇面临的最大威胁

(a)鱼叉;(b)Teseo 反舰导弹的发射。(由《意大利国防杂志》提供)

以使用火炮系统进行作战。

显而易见，掠海飞行的反舰导弹，因其高杀伤概率和低可探测性而被视为舰艇的主要威胁。为了进行自身防御，海军舰艇通常装备有舰对空导弹系统（如图 1.18 所示）和专用的近程防御系统［又称为近程武器系统（Close - In Weapon System，CIWS）］，近程武器系统一旦启动就可以自动投入战斗，并向其最后时刻所探测到的导弹开火，如图 1.19 所示。

图 1.18　从萨克森级护卫舰上发射 SM - 2 导弹（由《意大利国防杂志》提供）

图 1.19　近程防御系统（CIWIS）是舰艇防御系统中的最后一个环节
（图为“火神”密集阵系统，由《意大利国防杂志》提供）

垂直发射器（VLs）代替瞄准式发射器，代表了导弹系统反应时间有了显著的改善。事实上，对于垂直发射器而言，它已经不再需要等待发射装置指示时间。

综上所述,海军的主要武器系统有:

(1)舰载警戒与搜索系统;

(2)机载警戒与搜索系统(如海上巡逻机);

(3)中远程舰空导弹系统;

(4)中近程舰空导弹系统;

(5)火炮及其他武器系统;

(6)舰对舰导弹系统;

(7)舰载近程防御系统。

1.2.3 陆军武器系统及其作战运用

陆军的防御性任务是地面作战,主要通过消耗战来削弱敌方军事力量,击退或阻止敌方进攻,为此,陆军拥有的兵种包括:步兵,装甲兵,炮兵,工兵。

为了阻止或减缓敌军的进攻,陆军通常会装备弹道导弹或惯性制导的地对地导弹系统及远程火炮,通过实施纵深攻击来避免敌方掌握主动。

陆军还需要坦克来对抗敌方的坦克,这些坦克的武器系统借助于激光测距仪观测目标,不用停下来就能够首发命中敌军目标。

为了对抗敌方的对地攻击飞机,陆军还需要装备地空导弹系统(图1.20)和雷达制导的近程空空导弹系统(图1.21)。陆军装备的特点是机动性强,可以随部队快速机动,并且能够反复部署以避免被敌发现或摧毁。

图1.20 地空导弹系统经常用于保护地面雷达部队免受敌方空袭
(图为苏联的SA-13战车)

(a)

(b)

图 1.21　雷达制导的高炮已经显示出巨大的作战威力

(a)苏联 ZSU－23－4 自行防空火炮；(b)“防空卫士”点防御系统。

陆军还装备有直升机，它能够快速升空并发射有线制导或红外制导的空对地导弹攻击敌方坦克，如图 1.22 所示。

为了夺取战场主动权，陆军常常使用各种专用传感器来收集战场信息，例如，雷达、红外探测系统和遥控飞行器(Remotely Piloted Vehicle，RPV)等，遥控飞行器也称为无人驾驶航空器(Unmanned Air Vehicle，UAV)或简称为无人机。

陆军所装备的反火炮雷达系统，可以精确测定敌方炮弹发射方向和位置，可

(a)

(b)

图 1.22　由于其高机动性,直升机对坦克作战十分有效
(a)阿帕奇直升机;(b)A－129 曼古斯塔反坦克直升机。

以精确地指示己方的反火力武器系统摧毁敌方的火炮发射阵地。最近,还研发出了专门追踪火箭弹发射源的武器定位雷达(Weapon Locating Radar,WLR)。

在陆军部队,C^3I 系统具有十分重要的军事作用。实际上,陆军是由数量众多、机动性很强的作战单元组成的,这些作战单元的行动通常都需要依靠 C^3I 系统保持协同。

综上所述,陆军的主要武器系统如下:

(1) 固定式或移动式的 C^3I 系统；

(2) 地对地导弹系统；

(3) 远程、中程及近程火炮系统；

(4) 探测对地攻击飞机的搜索和捕获雷达系统；

(5) 地对空导弹系统；

(6) 高炮系统；

(7) 反火炮雷达和武器定位雷达；

(8) 装甲车辆；

(9) 装备了有线或红外制导导弹的直升机；

(10) 战场监视系统。

1.2.4 无人机

如前所述，除了上述系统，还引入了一个新的空中作战资源——无人机或遥控飞行器（通常也称为无人机）。无人机系统由一个地面站和一个通信系统组成，其中，飞行员控制无人机的性能，通信系统用于发送命令和接收无人机回叫信号，包括无人机位置的 GPS 信号、机载传感器的信号（电视、雷达、红外线），以及其他一些信号。从 20 世纪 80 年代，用于发现重要目标并为激光炸弹提供激光照射的小型无人机，到今天广泛使用的、能够为不同的任务携带许多不同类型的传感器的大型无人机，这个领域已经有了长足的发展。例如，大名鼎鼎的“捕食者”无人机。无人机的使用可以用于本地监视（用于战场控制的小型无人机）或战略监视和控制（大型、长航时无人机），如图 1.23 所示。无人机的能力已经大大增加，以至于今天它们可以执行以前只能由有人驾驶飞机才能执行的任务，无人机飞行控制专家必须每天飞行数小时（耐力无人机）。根据其特性，无人机可以被陆军、空军和海军使用。无人机也可以携带武器，在这种情况下，它们通常被称为无人作战飞行器（UCAVs）[1]。

今天，无人机的一个重要应用是支持反恐行动，因为它们能够从空中控制大片领土。由于电子战系统的重量减轻，无人机今天也可以搭载电子战支援系统，在这种情况下，一艘舰船可以发射无人机，以便在更为广阔的视野范围内获取情报。

由于无人机可能很小，却非常危险，因此，雷达很难发现和控制它们。因此，检测无人机的能力正成为雷达的另一个非常迫切的要求，特别是考虑到几乎所有人都可以使用小型无人机，并且可以被恐怖分子用来发动突然性的攻击。

(a)

(b)

(c)

图 1.23　无人机示例

(a)捕食者；(b)中等海拔长度耐力(MALE)IAI 无人机；
(c)“皮亚吉奥锤头”无人机。(由《意大利国防杂志》提供)

1.3 主要武器系统概述

以上所述的所有作战过程都可以归结为两个阶段:探测目标阶段和使用导弹或火炮攻击目标阶段。因此,主要的军用防御武器系统有:

(1) 搜索系统;

(2) 导弹系统;

(3) 火炮系统。

所有这些系统的功能实现都是以电子传感器的使用为基础的。大量数据表明,当一个武器系统的电子传感器受到足够强的电子干扰时,其工作性能就会受到严重影响。电子防务概念的提出、相关装备的发展,及其所承担的作战使命,都是这一客观事实的结果。

为了理解电子干扰如何阻碍武器系统的使用,需要详细地分析武器系统结构及工作原理。

一个防空系统的性能主要依赖于与之配套的远程搜索雷达的功效。由于雷达的后续数据处理是在远离战场、防护严密的指挥和控制中心进行的,因此,用来干扰探测系统的电子对抗装备只能妨碍雷达传感器及其自身信号处理设备的正常工作。

综上所述,导弹系统的构成通常有以下几部分:

(1) 中程搜索雷达(捕获雷达);

(2) 若干跟踪雷达,每个雷达跟踪一个目标,为导弹提供制导数据;

(3) 若干导弹发射装置。

导弹可以专门由跟踪雷达发出指令进行导引(指令制导),也可以在发射期间由跟踪雷达提供数据,再由自己捕获目标信号,进而实现自主制导(寻的制导)。因此,导弹的寻的方式主要有如下几种:

(1) 主动式,导弹安装了传感器(由一个小型跟踪雷达组成的导引头);

(2) 半主动式,由导弹发射阵地的照射装置照射目标,而导引头是一个接收目标反射信号的跟踪雷达接收机;

(3) 被动式,导弹的导引头不需要任何发射装置,但能探测目标在红外、紫外或微波波段的辐射能量。

通常,一个火炮系统的构成如下:

(1) 中程搜索雷达(捕获雷达);

(2) 若干跟踪雷达(有时利用光学装备追踪目标);

(3) 若干火炮和机枪。

火炮系统,同样是先利用搜索雷达探测和识别目标,然后将目标指示给跟踪雷达。跟踪雷达搜索、检测、捕获和跟踪所指示目标,并将目标指示信息提供给计算机,计算机精确计算拦截点,并引导武器瞄向该拦截点。

总而言之,通过以上讨论,可以明显地看出:上述所有武器系统都至少装备了以下传感器中的一种,而这些传感器有可能成为电子干扰系统的攻击目标:

(1) 搜索雷达;

(2) 跟踪雷达;

(3) 射频导引头;

(4) 光电搜索系统;

(5) 红外导引头。

第 2 章对传感器工作原理的分析,将说明其弱点及其被干扰的概率。为了说明电子防务系统中对传感器实施干扰的有效性,第 3 章将分析武器系统本身的工作原理。由于军队内部广泛使用通信系统进行协同,而通信系统也是可以被电子干扰的。因此,第 3 章对通信系统的工作原理,也进行了简单分析。

1.4 电子防务的目的

1.3 节列举了基于“硬杀伤”原理的防御及进攻的主要模式。本节将讨论电子防务装备的军事用途。以及如何利用这些装备对敌方实施“软杀伤”干扰。

1.4.1 电子防务的体系结构

应该记住,电子防务的最终目标:尽量减少那些利用电子传感器进行作战的武器系统的作战效能。为实现这一目标,必须采取以下措施:

(1) 获取敌方电子装备的战略情报,一般通过监测和研究敌方所发出的电磁信号来获取这些情报[信号情报(Signal Intelligence,SIGINT)]。

(2) 获取敌方电子装备的战术情报。所谓电子装备的战术情报,是指敌方的电磁辐射源(电子战斗序列(EOB))及其在某个区域或防御点或武器平台周围的分布等方面的情报。这对于自我保护或相互保护的防御性响应,以及在压制敌防空(SEAD)中实施进攻性电子战行动是极为必要的。在这里,我们不讨论传统武器装备的作战使用问题。

(3) 实施电子干扰。电子干扰的目标是最大限度地降低敌方电子装备的作战能力,作战对象包括搜索雷达、捕获和跟踪雷达、红外探测系统、激光探测系统和无线电通信系统等。

(4) 采取反电子干扰措施。实际上,通过滤波器或其他专用设备有可能降低或削弱敌方有意实施的电子干扰。

综上所述,电子防务体系的结构框图,如图 1.24 所示。

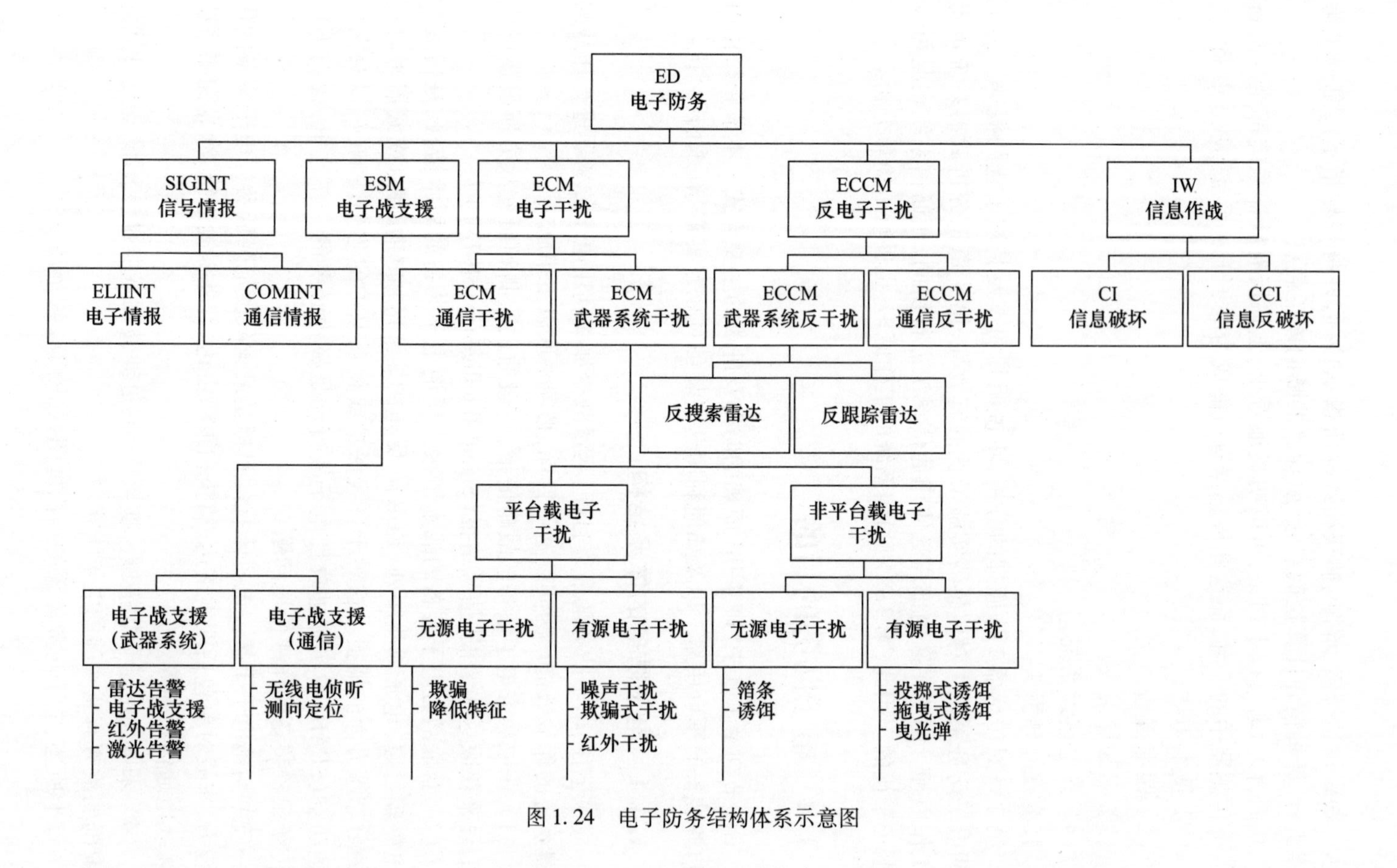

图1.24　电子防务结构体系示意图

1.5 电子防务系统及其作战对象

下面,按照各类装备在图标中的位置,我们来详细说明主要的电子防务系统,如图 1.24 所示。应该记住的是,电子防务系统可以包括下列描述的设备的集合。例如,它可能包含两套独立的电子战支援装备和电子干扰装备,也可能是一个集成了两者功能于一体的综合系统。

1.5.1 信号情报系统

信号情报系统的主要任务,是获取尽可能多的关于潜在敌人的电磁辐射的数据。它们可以进一步区分为收集雷达辐射数据的电子情报系统和收集敌方通信数据的通信情报系统。信号情报系统的作用主要是战略性的,它们对于识别潜在敌人的作战程序至关重要。

1.5.2 电子情报装备

电子情报装备,必须能够确定敌方电磁辐射信号的特征、时变规律及其位置,还应该能够在时域和频域上分析敌方的电磁辐射信号,并建立其这些信号与敌方武器装备序列号(电子指纹识别)之间的联系,有时甚至是一一对应的关系,以便使追踪敌方武器装备的动向成为可能。

电子情报装备,可以通过机载平台搭载的方式,对潜在的敌对国家的电磁环境进行深入细致的侦测,也可以将其部署在海拔很高的山上或海角、海峡等处,用来监测海上信号流,如图 1.25 所示。

图 1.25 电子情报侦察系统的主要目的是战略目的拦截和分析潜在敌对国家产生的所有电磁辐射

电子情报装备收集到的数据，通常会被传送到一个分析中心，分析中心会对它们进行适当的编码，将它们存储在数据库中，并与其他类型的情报装备或不同机构、不同时段搜集到的电磁信号进行相关处理和情报融合。

全部的电子情报信息，都必须按照相关军事机构制定的标准进行处理，并依此建立关于敌方武器装备电磁辐射和其他特征的特殊档案（专用情报数据库）。这些档案中的相关信息，经过编译后，可以加载到己方的电子防务装备存储器中，用于分辨和识别敌方的电磁辐射信号。

1.5.3 通信情报装备

通信情报装备与电子情报装备类似，但其主要任务是截获和分析敌方无线电通信系统所辐射的电磁信号，并识别敌方与其相关的通信网络。

1.5.4 电子战支援系统

电子战支援系统的主要任务是战术侦测。主要功能是将其截获到的电磁信号与系统存储器中的敌方电磁信号进行比对，进而确定是否是已知的电磁威胁。这种装备称为雷达告警接收机。

这样的设备经过改造，可以适应非常复杂的电磁环境，包括应对以前未知的新的发射器，通过识别和监测敌方的作战平台，可以帮助对敌方实施攻击，这样的设备更为复杂。

1.5.4.1 雷达告警接收装备

雷达告警接收装备的主要特点是简单（它们所需测量的参数较少，而且对精度的要求也不高），可靠性高，重量低，成本低。雷达告警接收装备被用来发现已经迫在眉睫的威胁，也就是说，当在给定的方向上出现了己方作战平台被锁定的雷达信号时，告警设备就会给出告警信号。这类装备主要由于飞机的防御，并帮助飞行员能够迅速对逼近的威胁做出反应，进行规避机动或是在机动的同时发射箔条弹，箔条弹在爆炸后会产生含有数百万细小、轻质、能强烈反射雷达波的偶极子，从到达到掩护作战平台的作用（见第 5 章），也可以实施实施电子干扰或同时综合使用多种对抗手段。

1.5.4.2 电子战支援装备

这类装备具有中高程度的复杂性与精确性。电子战支援装备的任务，以系统天线截获到大量涌入的电磁信号为开始，近实时描绘复杂而且未知的电磁信号态势。通常，其截获的全部电磁信号中同时包括脉冲和连续波信号。脉冲信号通常非常密集（每秒数百万个脉冲），并以多种多样的波形，包括脉冲和调制脉冲等，分布在从几百兆赫兹到数十吉赫兹（毫米波）之间的频带上。

这样一个系统的主要功能是标绘作战区域内的电磁信号分布图，既可以主动侦测己方防御区域内是否出现了敌方的作战平台（如，海军平台上的电子战支援装备），也可以通过被动的方式监测较为广阔的区域（如，空中平台上的电子战支援系统或陆基电子战支援系统网络）（图 1.26）。

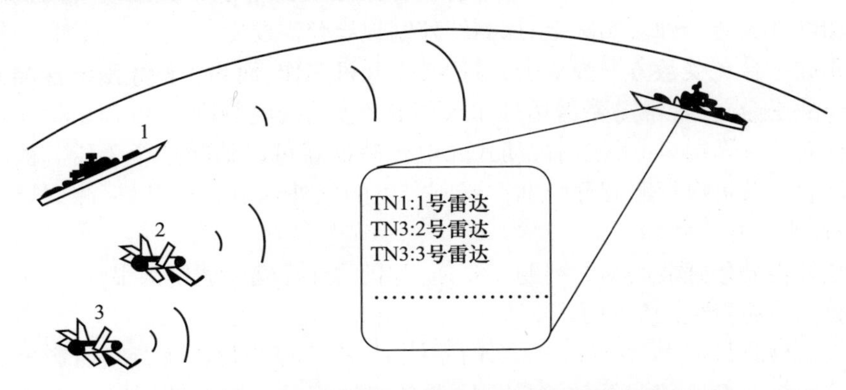

图 1.26　电子战支援系统的目的是通过拦截其电磁辐射来监测敌方作战平台的存在

实时标绘战场电磁态势，绘制电磁信号分布图，有两个关键环节：一是检测进入接收天线的电磁信号；二是识别电磁信号的特征参数，包括载频、信号到达方向（DOA）、信号到达时间（TOA）、脉冲宽度（PW）、脉冲幅度、脉内调制方式（MOP）、时域形式及调制方式、连续波（CW）的调制样式与幅度等。

电子战支援装备需要从所探测到的电磁信号中提取出与辐射源相关的情报。对脉冲信号进行相关处理，并将其按照"类别"进行分组，这个过程相当繁杂，通常称为分选或去交错。由于电子战支援装备所探测到的电磁信号复杂多变，信号的自动录取甚至更加困难，所以装备使用中出错在所难免，例如，对实际上并不存在的辐射源产生虚警信息，从而降低了装备的可靠性。

在军事电子领域，电子战支援系统自动录取通常被认为是最困难的问题之一，因为它需要自动从密集、混乱的背景中提取出未知的复杂电磁信号。

1.5.5　通信电子战支援

通信电子战支援系统的任务是侦察截获所有敌方的无线电通信信号，既可用于定位敌方无线电发射设备及其中继站，也可用于检测敌方通信报文并对其进行解码。了解敌方作战意图对于己方作战战术的选择以及电子干扰行动的实施都是至关重要的。

1.5.6 红外告警

红外制导导弹不主动发射射频信号，而是通过探测所追踪目标的红外辐射来自动锁定目标，这意味着任何基于射频探测原理的电子战支援侦察装备都无法感知红外制导导弹。实际上，探测红外制导导弹需要专用雷达。然而，为保护己方作战平台免受敌方导弹攻击，雷达必须开机工作，而为了避免敌方探测到己方的作战平台，又常常需要雷达处于关闭状态（无线电静默），两者是相互矛盾的。针对这种情况，如果使用被动式光电传感器就可以消除这个矛盾。被动式光电传感器既可以探测到导弹助推器所产生的红外辐射，也可以探测到导弹飞行时所产生的热气流。

红外告警传感器面临的问题主要是：背景的红外辐射通常都很强，甚至强于所截获的威胁目标产生的信号。

用于检测目标发射时红外辐射的系统，与用于探测目标飞行时所产生的热气流的系统有着比较明显的差异。后者是一种相对简单的监视或红外视觉系统，如前视红外系统，它们与价格昂贵、结构复杂，具有自动告警功能的红外搜索与跟踪系统几乎完全不同。

1.5.7 激光告警接收机

近年来，使用激光进行制导或控制的武器系统的数量在急速增长。在坦克战中，激光测距机可以计算出精确的射程，激光指示器能够为炸弹或导弹实施地面攻击提供精确制导，而二氧化碳激光雷达甚至还可以引导导弹攻击高速移动的武器平台。

显然，要想全面防御这种威胁，首先就必须能够探测到这种威胁的存在——而这正是激光告警器的价值所在。

1.5.8 电子干扰系统

在简要讨论了用于侦察被保护区域周围敌方电磁信号环境的主要装备之后，下面介绍可使敌方已经暴露的电子侦测系统失效的各种装备。这些装备的主要功能是掩护需要保护的己方作战平台，或者通过制造虚假目标欺骗敌方的武器系统。

1.5.8.1 箔条

一套箔条干扰系统包括箔条弹及其投射装置。箔条弹在己方被保护目标一定距离处爆炸后，能够释放出大量电偶极子并散布于该空域并保持悬浮状态，形成可反射雷达信号的箔条云。

箔条弹可形成宽阔的干扰区域，搜索雷达会对该区域内飞行的目标产生迷茫，即使是目标的飞行高度与箔条散布区域高度不一致，雷达也无法识别它，如图 1.27 所示。为了制造这些干扰区域，飞机通常需要爬升至足够的高度后，再发射可覆盖广阔区域的箔条弹。箔条弹有时也作为一种应对敌武器系统攻击的防御措施，从己方作战平台发射。在这种情况下，敌方武器系统的雷达通常会被箔条所产生的强功率信号欺骗而不能再追踪真正的目标。

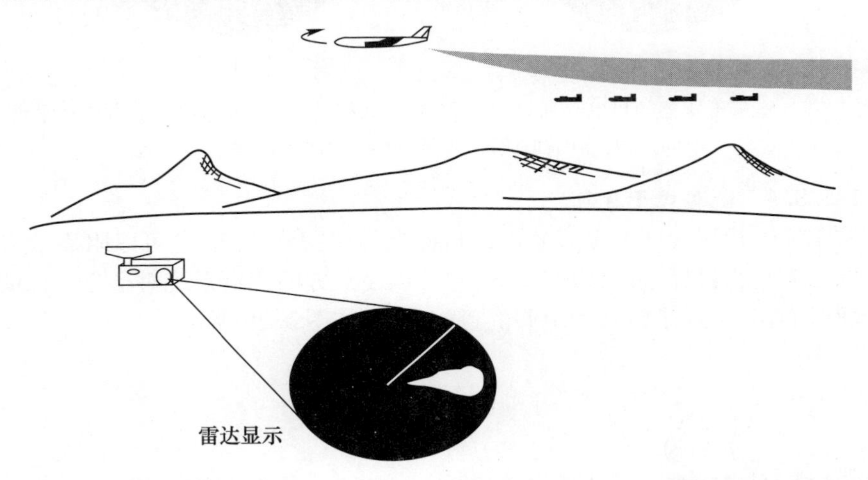

图 1.27　由极轻的导电金属箔条偶极子云组成箔条干扰走廊，用于建立雷达无法观测区

1.5.8.2　隐身技术

显然，规避危险的最好办法就是避免被敌方探测到。雷达所接收的回波信号与被探测平台的雷达反射截面积（RCS）成正比，所以，能够大幅降低己方受保护平台所产生雷达信号强度的技术，被寄予厚望。

为此，近年来发展起来了一种新技术，可以将目标雷达截面积降低到最小的材料和几何结构，这种技术通常被称为“隐身技术”。

更为复杂的办法是冒用敌方信号来复制其签名模块。通过分析和测量敌方雷达信号参数，然后进入敌方的目标雷达截面积数据库中找到相应的目标回波数据，对相应目标的回波幅度、相位和延迟进行实时篡改，通过这样的精确攻击，这些数据就可用于目标隐身，让敌方雷达看不见目标或者使目标错位。

1.5.8.3　噪声干扰机

噪声干扰机可以发射与敌方雷达相同频率的噪声信号。这些噪声信号产生的干扰，相当于雷达接收机中存在非常强的热噪声。因此，平台反射的目标信号会被干扰噪声所湮没，不再可见（图 1.28）。

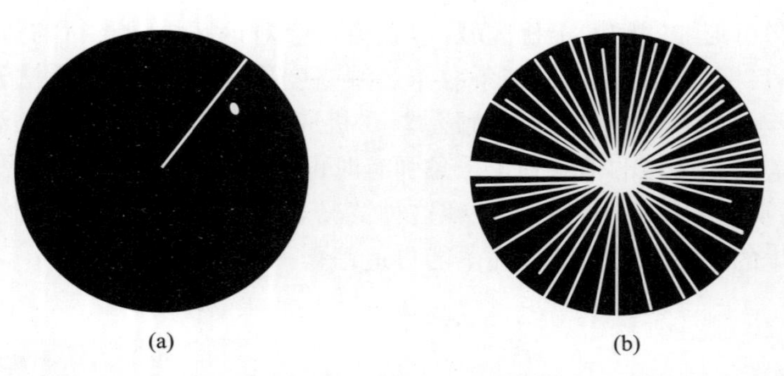

图 1.28　噪声干扰器的目的是通过用虚假目标引诱敌方雷达进而保护己方作战平台
(a)无电子干扰时的显示；(b)有噪声干扰时的显示。

1.5.8.4　欺骗式干扰机

欺骗式干扰机会产生虚假的雷达目标。针对搜索雷达,它可以阻碍敌方雷达识别己方真实目标;针对跟踪雷达,它可以使敌方的武器系统对己方目标的跟踪和随后的锁定,逐步转移到虚假的目标之上,如图 1.29 所示。

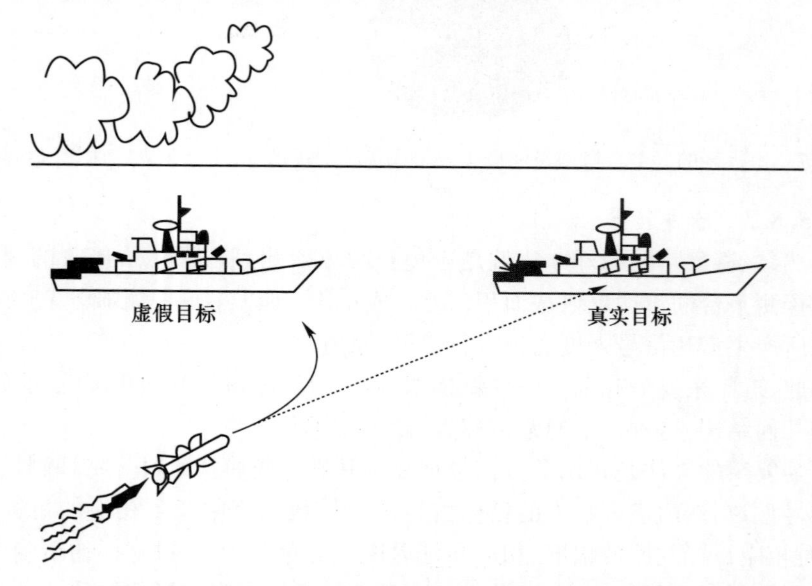

图 1.29　欺骗式干扰机的目的是通过虚假目标引诱敌方雷达来保护己方作战平台

1.5.8.5　投掷式诱饵

诱饵弹有多种类型。诱饵弹通常从己方被保护平台上发射,可以制造出虚假但令人信服的目标。诱饵弹可以是无源的(浮标上的角反射器),也可以是有源的(能够返回强烈、放大的雷达信号)。

1.5.9 无线电通信干扰装备

无线电通信干扰装备的主要任务是通过产生噪声或是干扰信号，进而阻塞敌方无线电通信系统接收机，使得敌方无法正常接收通信报文。无线电通信系统无法正常发挥工作效能，不能连通，这对任何一支军队来讲都是一个巨大的麻烦。

1.5.10 红外干扰

红外干扰设备，可以用来阻止红外制导导弹攻击目标。红外干扰设备可划分为两种类型：平台型和非平台型。平台型红外干扰设备的主体是红外调制发射机，因为红外制导导弹的导引头通常是基于扫描跟踪系统的，因此，主动发射红外调幅信号可以使导弹的飞行弹道产生较大偏差。非平台型红外干扰设备类似于曳光弹布撒器，它通过发射红外干扰弹来产生强烈的红外辐射，以此来欺骗红外制导导弹的热导引头。

1.5.11 激光干扰设备

激光干扰设备，能够通过发射激光来阻止敌方精确测距，其工作机理与上述红外干扰机相同，也可以通过施放云状烟雾来降低能见度。

1.5.12 反电子干扰装备

反电子干扰装备通常被添加到武器装备系统的传感器上，以此来保障其在恶劣的电磁环境中的可靠运行。也就是说，在敌方实施恶意电子干扰的情况下，反电子干扰装备能够最大限度地降低和削弱敌方电子干扰的效能。

1.5.13 指挥、控制、通信、计算机、侦察和监视

频谱控制战原本包括指挥、控制、通信、情报、侦察、监视（C^3ISR）等内容，在计算机之间的信息传输得到迅猛发展之后，其内容已经演进为大家熟知的指挥、控制、通信、计算机、情报、侦察、监视（C^4ISR）。

1.6 信息和网络空间

1.6.1 信息战

近年来，除了传统资源在战争行动中继续发挥作用外，现代信息系统在防御

作战行动中所发挥作用的重要性日益凸显。

众所周知,在生活中的方方面面,掌握并有效运用正确信息对于成功而言至关重要,特别是在竞争环境下,胜利的天平往往倾向于掌握更多信息资源的一方。今天尤为如此,计算机技术和结构化通信网络(例如互联网)的迅猛发展,信息可以异常迅捷地进行交换、存储、分类和处理。

我们正在见证着信息的重要性日益增加,大家都在寻求获取更多、更加顺畅的信息渠道,这就明白无误地宣示了一个事实,即:人类在经历了农业时代和工业时代后,现在正在步入信息时代。如果说信息在人们的日常生活中至关重要,那么信息在军事领域就显得更为重要。事实上,信息优势是对敌占据和保持军事优势的必要前提之一。因此,理解这种支撑性技术——即信息技术已经变得非常重要了。

信息技术可以视为现代科技的一个分支,旨在以经济有效且安全的方式来创建新的工具和方法,以支持信息管理和利用(获取、存储、分发、检索和利用)的所有阶段。

所有涉及信息的收集、分发、利用的军事行动,都可以视为是信息战(Information Operations,IO)。因此,比较恰当的信息战定义应该是:为提高资源利用效率而采取的,与信息收集、传输、存储或转变有关的所有军事行动。

显然,在军事领域,考虑到信息的战略价值,实现和保持对敌人的信息优势至关重要。事实上,信息的作用如此重要,以至于有人认为它应该被视为一种战略武器。

除了战略价值,信息战在战术上也非常重要。事实上,信息战还可以显著改变战争行动中的战术方法。以下是信息战在战术层面的例子:

(1)武器系统借助信息系统提供的目标指示数据对目标进行盲射。

(2)早些年,士兵在沙漠或丛林中经常会迷失方向,而现在,即使他们不携带任何专用的传感器,也可以通过便携式计算机获得完整的局部战场态势:自身所处的位置、敌方分队的位置以及战场的所有目标。

(3)即使是在雷达完全静默的作战模式下,位于大洋中的舰艇也可以通过卫星通信接收完整的周边海空详细态势信息(广域图像)。

1.6.2 信息作战

在“硬杀伤”战争行动中,为获得对敌优势,己方必须攻击敌方的军队、削弱其作战能力;同样,在信息领域,为获取信息优势,除了构建己方性能优越的信息系统,还非常有必要去攻击敌方的信息系统,削弱敌方信息系统的性能。同时,还必须采取必要的措施保护己方的信息系统免遭敌方的攻击破坏。

所有专门用于攻击敌方信息系统或保护己方信息系统的作战行动,都属于信息作战(Information Warfare,IW)的范畴。

一般情况下,信息作战是指削弱、阻碍或摧毁敌方信息和信息资源,同时保护己方信息和信息资源得以有效利用而采取的军事行动。

当然,信息作战的目标与信息战及其他所有战争行动的目标是相同的,即:获取作战优势,实现作战目标并战胜敌人。正如前文已经强调的那样,在今天的战争行动中,信息战与以往发挥着更加重要的作用,并呈现战略与战术行动相互交织融合的运用模式。为了保护它,有必要预见高水平的信息作战,如图 1.30 所示。

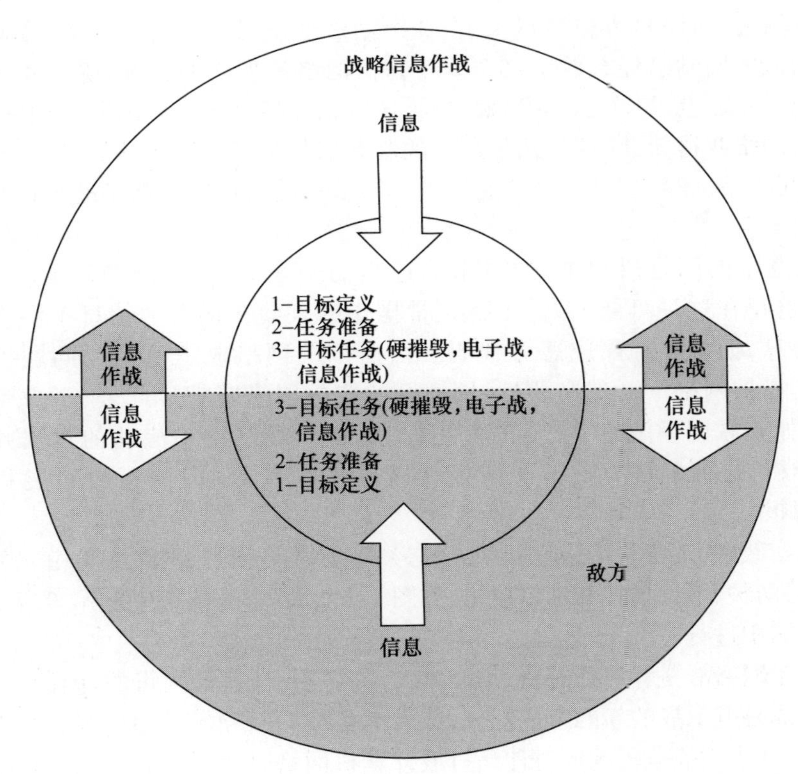

图 1.30 信息作战的主要手段

进攻性信息作战的目标通常是敌方的信息处理器、信息系统和基于计算机的信息网络,但总的来说,出于战略目的,进攻性信息作战的攻击目标可能更为广泛。举例来说,现今可能十分有必要通过有计划地使用大众传媒(心理战)来利用民众和组织机构。鉴于现在大多数的信息是通过计算机及其网络(如,互联网)来交换的,因此有必要引入网络空间和网络战的概念。

1.6.3 网络空间和网络战

如前所述,今天大多数信息存储在计算机上并通过计算机网络进行交换。这个世界就是大家耳熟能详的网络世界或网络空间。针对网络空间进行的信息作战称为网络战(或网络战争)。

网络空间是由任何类型的通信网络连接的通过计算机来进行交换的信息世界。这个庞大的网络及其在其中交换的海量信息的重要性和普及性,信息时代人尽皆知。

举例来说,1993 年互联网只有 50 个站点处于活跃状态。今天,互联网上常年活跃的网站已经有数十亿个。计算机网络是如此的普及,除了 4 个传统的领域——陆上、海洋、空中和太空外,还应该包括第 5 个领域——网络领域。计算机网络变得无处不在,几乎所有的服务都是基于网络运营的。政府机构、个人、配电站、医院、工厂、办公室以及军事基地的通信服务都是通过计算机来连接的。

在通常的网络活动中,通过采取适当的安全措施,信息流通是安全的。但是,也存在这种可能,蓄意干扰正常操作的人会在正常的信息中注入一些恶意信息,如病毒程序或恶意代码。由所谓的网络攻击引起的问题极大地刺激了保护网络活动的必要性,因此开始实施网络防护。此外,考虑到网络连接(如互联网)中拥有大量的有用信息,截获在网络中流动的数据并对其进行分析,进而掌握有价值的情报就显得非常重要。这样的分析过程称为网连情报。

在实践中,现今在网络空间中,还必须考虑网络战争,网络战争由三部分组成:网络防护、网络情报和网络攻击,如图 1.31 所示。民事活动和军事行动都在网络空间中进行。

由于网络战是针对计算机(包括电子设备)或计算机网络的,因此,可以认为网络战是电子战的新的组成部分,或者电子战的新领域。如果有必要进行区分,可以认为当战争行动针对计算机或计算机网络时,就是网络战。相反,如果战争行动中针对的是在某些计算机网络中使用的无线电链路(如当涉及射频能量时),我们就可以将这些行动视为传统的电子战行动。

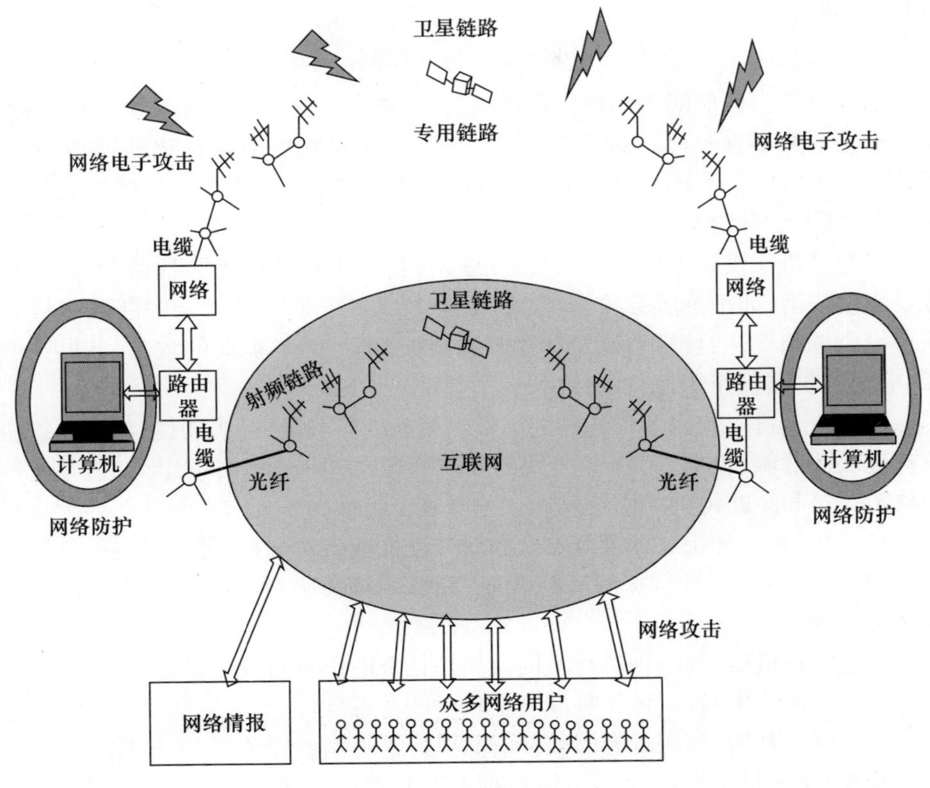

图 1.31　网络空间

1.6.4　网络情报

在大型的信息网络中,可用的信息量非常庞大。在大众公开使用的计算机网络中,信息可以包含由敌对组织(如恐怖分子)创建的消息,对这些信息进行分析,进而从中发现他们的敌对企图,这样的分析是非常有价值的。为此,有必要建立一种自动分析方法,例如,通过人工智能系统进行数据分析。通过这样的有效分析,可以从中了解政治或经济趋势,特别是可以据此制定重要的反恐情报策略。

1.6.5　网络攻击

战时,为了保持己方的信息优势,有必要对敌方的计算机网络进行网络攻击。不管什么时候,一个系统依赖计算机或计算机网络,就存在被敌方实施网络攻击的风险,其有效性取决于网络漏洞的严重程度和攻击者实施网络攻击的熟

练程度,即

$$风险 = 威胁 \times 漏洞$$

当计算机与任何网络都进行物理隔离时,通常会获得最低的风险,尽管这种情况在当下并不常见。这种情况下,唯一可能受到的攻击涉及物理设备(USB 密钥,CD/DVD,外部 HDD 等)注入系统的恶意软件,并且通常还伴随社会工程技术和/或人为漏洞。

当计算机连接到本地网络和/或互联网时,受到攻击的可能性就会大增,可能是主动攻击,如拒绝服务攻击(能够让一个或多个系统的功能中断或降级)、获得完全控制/访问目标系统及其存储的数据,也可能是被动的攻击,如网络嗅探(收集在网络流量中运行的数据)。

网络攻击可以使用各种各样的工具和策略,利用软件的脆弱性、标准网络协议甚至硬件漏洞(例如,2018 年发现的 Meltdown,它影响了几代 CPU),近年来这些攻击工具和策略得到了快速发展。一些例子包括:

(1) 后门,一种绕过计算机安全系统并允许攻击者轻松访问的软件。

(2) Bootkits,一种特殊的后门程序,能够隐藏在磁盘引导扇区并在操作系统之前加载。

(3) 计算机病毒,一种执行不同破坏性任务的恶意自我复制软件。

(4) 特洛伊木马,一种伪装成安全软件的恶意软件。

(5) 漏洞利用,利用现有的软件漏洞执行受限制的任务,如远程软件执行或本地特权升级(授予对系统的安全访问权限,规避安全性措施)。

(6) Fuzzers 和漏洞扫描程序,一种查找连续攻击的系统漏洞的自动程序。

(7) 按键记录仪,通过射频监测弱小电信号或本地软件,搜索并识别键盘按键。

(8) 网络捕获工具,用于嗅探在网络流量中运行的数据。

(9) 密码转储和破解程序,用于恢复散列密码并尝试在脱机环境下猜出正确的密码。

(10) 多态代码生成器,一种在不改变功能的情况下修改现有代码的软件,使反病毒软件难以通过模式分析识别攻击行动。

1.6.6 网络防护

为了有效运行,计算机站点应该能够避免网络攻击。可以考虑三个阶段的防御。有效的网络防御战略的第一阶段是了解所有可能的网络攻击。第二阶段是评估拟防护的系统和网络的漏洞及脆弱性。第三阶段是执行旨在修复已评估的漏洞并防止/抵御任何攻击的所有行动和措施。

值得注意的是,网络攻击所使用的许多工具对于网络防御来说也是非常有价值的。例如,Fuzzers 和漏洞扫描程序在网络防御的前两个阶段就非常有用。

在第三阶段,良好的防御应该在每一步都对抗攻击。一般性的攻击都是从目标定位开始,也就是对目标及其价值进行评估;紧接着是初始访问,这是网络攻击中最为困难的部分;最后长期控守,访问扩展和信息外泄,攻击者可以巩固、扩展其权限并执行真正的攻击或是信息提取。

从防卫者的视角来看,每个攻击阶段都有其应对性的防御原则:

(1) 需要私密性来阻止初始攻击阶段对初步信息的收集获取;

(2) 使用防火墙、安装防病毒软件、对浏览器进行安全设置、采用垃圾邮件过滤器等来组织攻击者的初始访问;

(3) 使用“蜜罐”——伪造的接入点来记录和隔离敌对活动的网络——在防止初始访问和识别攻击性质的策略中也越来越常见;

(4) 约束和严格限制网络内部的移动,如果攻击者已经执行了初始访问则阻止其访问的进一步扩展(例如,限制从网络流出数据的带宽)。

最后,检测和响应是面向识别威胁(实际上是攻击者)的实时操作,并在攻击发生时对其进行反击。

显然,不存在尽善尽美的网络防护策略。适应该领域快速变化的最佳方式是像攻击者一样思考,使用他/她的工具,并围绕其制定相应的防御策略。

1.6.7 网络电磁活动

值得注意的是,电子战世界不能再忽视网络世界了。实际上,电子战设备,如电子战支援设备和电子干扰设备,其设计都是基于计算机的,并且运用了某种网络,因此网络组件的漏洞就成了整个电子战系统的漏洞。更为普遍地说,网络战、电子战和电磁频谱战等活动,已经统称为网络电磁活动。网络战和电子战的区别来自于各自不同的作战范围。

如果电子战设备用来对抗敌方导弹攻击以进行自卫,那么它即使是在敌方导弹的指导信息中注入了错误信息,这仍然是电子战行动。如果使用电子战设备对敌方计算机网络通过射频连接注入了计算机病毒,那么它即使是使用了射频信号,它依然会被认为是网络战行动。

1.7 武器系统研究需求

现在我们已经描述了电子防务设备的主要使命任务。在本书的第 4 章和第 5 章将讨论它们的实际性能、技术解决方案及其独特特性。但是,在考虑对武器系统(电子干扰的受害者)采取行动之前,我们有必要掌握这些武器系统的作战运用方式、作战运用原则,以及这些武器系统存在的不足或者它们存在的局限性。针对敌方武器系统传感器的弱点,我们可以精确找到削弱敌军作战能力的有效途径。一旦知道了敌方武器系统的弱点,使其失去作战效能就变得轻而易举了。

例如,如果已经知道一部雷达的角跟踪精度是1mrad,并且知道这是确保火炮系统作战效能必须达到的技术指标,那么为了保证己方目标能够从敌方雷达那里“脱锁”,我们并不需要完全避免敌方雷达的跟踪,只要引入10mrad误差的干扰就足以使敌方武器系统的作战效能降低到令人满意的地步。

同样,如果了解到一部搜索雷达的有效防御区域的边界,那么使用电子干扰装备将该雷达的有效探测距离压缩到原来的一半,这就足以证明电子防务的目标最起码已经是部分实现了。

参考文献

[1] Office of the Secretary of Defense. Roadmap, Unmanned Aerial Vehicles. Roadmap 2005 – 2030, 2005, pp. 42 – 46.

[2] Allan, C. T., “Electronic Warfare: Foundation of Information Operations,” Journal of Electronic Defense, October 1998.

[3] Alberts, D., J. Garstka, R. Hages, and D. Signori, Understanding Information Age Warfare, Assistant Secretary of Defense (C^3I/Command Control Research Program), Washington DC, 2001.

[4] Schwartau, W., Information Warfare, Second Edition, New York: Thunder's Mouth Press, 1996.

[5] Cole, E., R. Krutz, and J. W. Conley, Network Security Bible, Second Edition, Indianapolis, IN: Wiley, 2009.

[6] Monte, M., Network Attacks and Exploitation, Indianapolis, IN: Wiley, 2015.

[7] US Army Manual, Vols. FM – 3 – 38, February 12, 2014.

[8] Journal of Electronic Defense, February – March 2013.

[9] Waltz, E., Information Warfare: Principles and Operations, Norwood, MA: Artech House, 1999.

[10] Cummings, M. L., J. Crandal, and C. Nehme, A UAV Mission Hierarchy, HAL Reports. HAL2006 – 09, MIT Humans and Automation Laboratory, 2006.

第2章　传　感　器

2.1　简介

主要武器系统的传感器都是基于获取目标所反射的射频波段电磁波或目标自身辐射的红外波段电磁波而获取目标信息的。为了更好地理解这些传感器，首先回顾一下与它们工作相关的理论。

为正确理解后续章节所讨论的雷达系统、侦察系统、噪声和欺骗干扰系统的工作原理,本章主要回顾与其密切相关的概念和公式。表2.1所列为电磁频谱分布示意图,其中无线电波到毫米波(波长为毫米量级)是雷达系统的工作波段。

表2.1　电磁频谱中雷达系统的工作波段

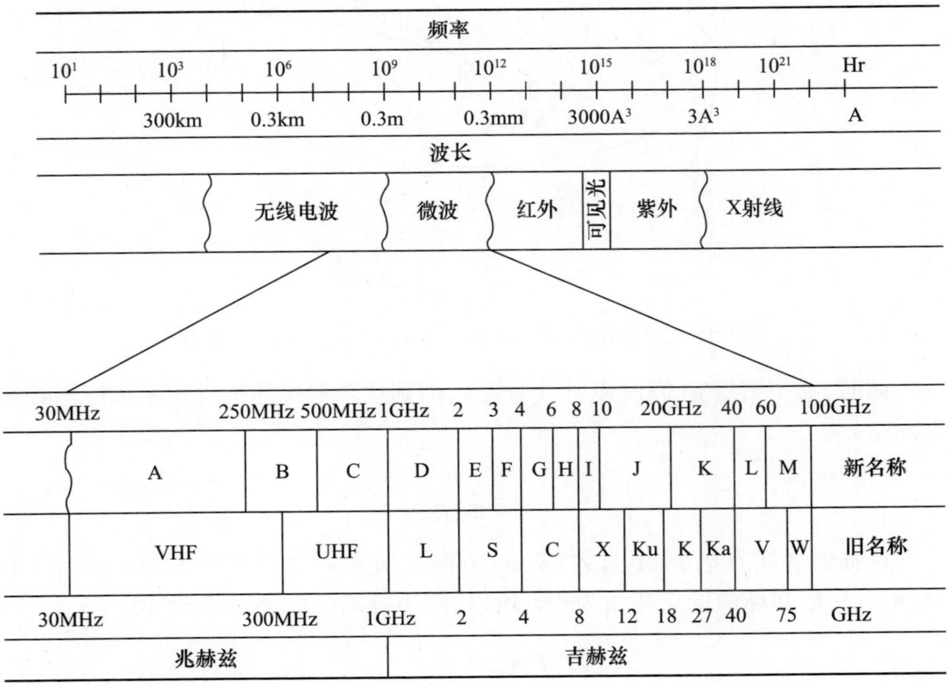

频率								
10^1	10^3	10^6	10^9	10^{12}	10^{15}	10^{18}	10^{21}	Hr
	300km	0.3km	0.3m	0.3mm	3000A^3	3A^3		A
波长								

	无线电波	微波	红外	可见光	紫外	X射线

30MHz	250MHz	500MHz	1GHz	2	3	4	6	8	10	20GHz	40	60	100GHz	
A	B	C	D	E	F	G	H	I	J	K	L	M		新名称

VHF	UHF	L	S	C	X	Ku	K	Ka	V	W	旧名称
30MHz	300MHz	1GHz	2	4	8	12	18	27	40	75	GHz

兆赫兹	吉赫兹

2.2 雷达传感器

2.2.1 电磁信号传输理论

射频信号可由发射机产生并将其放大到功率 P,如图 2.1 所示,假设在 A 点处有一个各向同性辐射体(能够在各个方向均匀辐射功率为 P 的信号天线,在距离 A 点为 R 处,辐射功率将均匀分布在表面积为 $4\pi R^2$ 的球面上。假设距离 R 足够大,达到天线的夫琅和费区(远场),即

$$R \geqslant \frac{2D^2}{\lambda} \tag{2.1}$$

式中:D 为天线的最大尺寸。

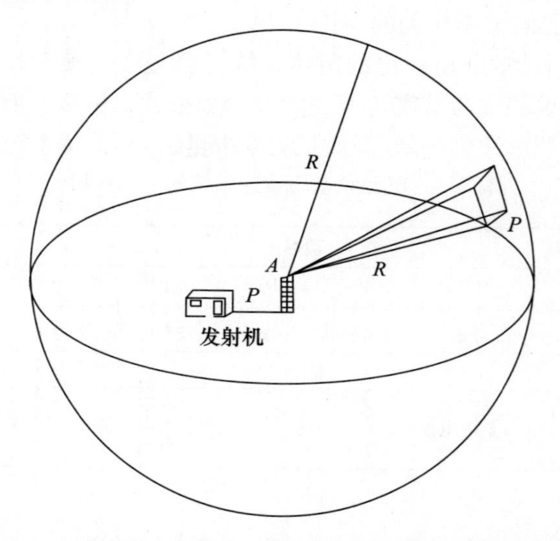

图 2.1 各向同性辐射体在各个方向上均匀辐射电磁能量

此时,功率密度 p(假设辐射效率为 1,即到达辐射体的所有功率都被辐射到空间中)为

$$p = \frac{P}{4\pi R^2} \tag{2.2}$$

将辐射强度 $I(\theta,\varphi)$ 定义为 (θ,φ) 方向上每单位立体角所辐射的功率(单位:w/sr),已知球面的立体角为 4π,所以,对于各向同性辐射体,可得

$$I(\theta,\varphi) = \frac{P}{4\pi} \tag{2.3}$$

对于各向异性的辐射体或天线，在某些方向上的辐射能量会大于其他方向上的辐射能量，如图 2.2 所示，因此辐射强度 $I(\theta,\varphi)$ 不再恒定，而是随 θ 和 φ 变化。

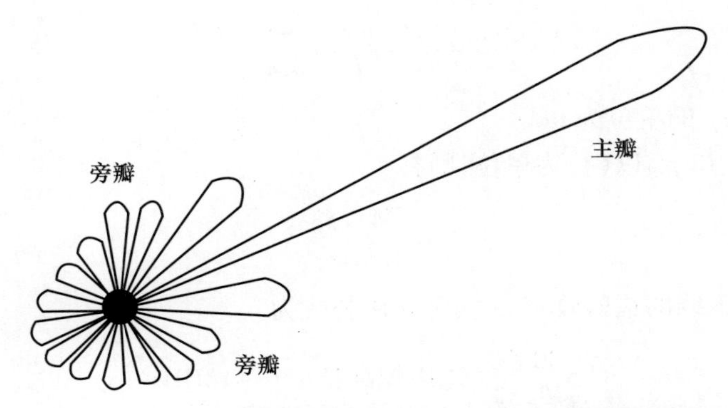

图 2.2　定向辐射体选择性地在某一方向上辐射电磁能量

将天线增益 G（衡量天线最大辐射能力的物理量）定义为

$$G = \frac{I_{\max}(\theta,\varphi)}{I_{\max}} = \frac{I_{\max}(\theta,\varphi)}{P/4\pi} \tag{2.4}$$

式中：最大辐射强度 $I_{\max}$ 的方向 (θ,φ) 称为天线的电轴或视轴。

为简化计算，假设天线将全部功率都集中在乘积 $\theta_B\varphi_B$ 表示的等效立体角内，如图 2.3 所示，其中 $\pm\theta_B/2$ 和 $\pm\varphi_B/2$ 是指波束功率下降到其最大值 1/2 时与视轴的夹角，该区域的波束通常称为 −3dB 波束。当 θ_B 和 φ_B 足够小时，最大辐射强度可表示为

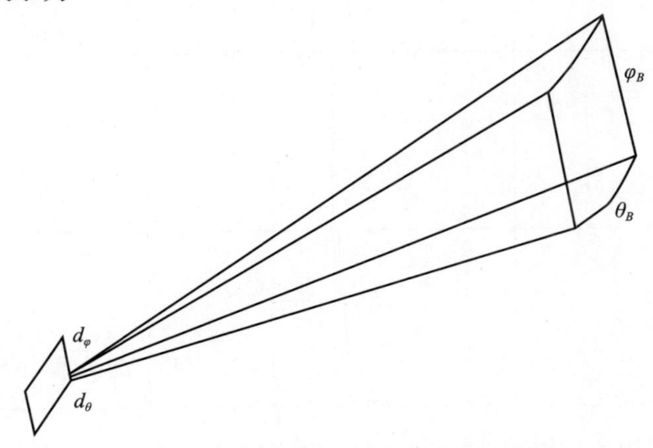

图 2.3　等效立体角（假设天线仅在最大辐射方向附近辐射电磁波）

$$I_{\max}(\theta,\varphi)=\frac{P}{\theta_B\varphi_B} \tag{2.5}$$

将该 $I_{\max}$ 的表达式代入增益 G 的定义公式,可得

$$G=\frac{P}{\theta_B\varphi_B}\frac{4\pi}{P}=\frac{4\pi}{\theta_B\varphi_B} \tag{2.6}$$

式中:θ_B 和 φ_B 的单位为 rad。

如果 θ_B 和 φ_B 以(°)为单位,则有

$$G=\frac{41253}{\theta_B\varphi_B} \tag{2.7}$$

考虑到天线的辐射效率 η,实际使用公式为

$$G\cong\frac{30000}{\theta_B\varphi_B}(\text{适用较高频率 }6\sim18\text{GHz}) \tag{2.8}$$

或者

$$G\cong\frac{25000}{\theta_B\varphi_B}(\text{适用较低频率 }1\sim6\text{GHz}) \tag{2.9}$$

对于尺寸为 $d_\theta \times d_\varphi$ 的均匀辐射矩形天线,天线波束的方向图(其辐射电场强度分布用偏轴角的函数表示)具有 $\sin x/x$ 函数的形式,如图 2.4 所示,用最大增益对其归一化,得

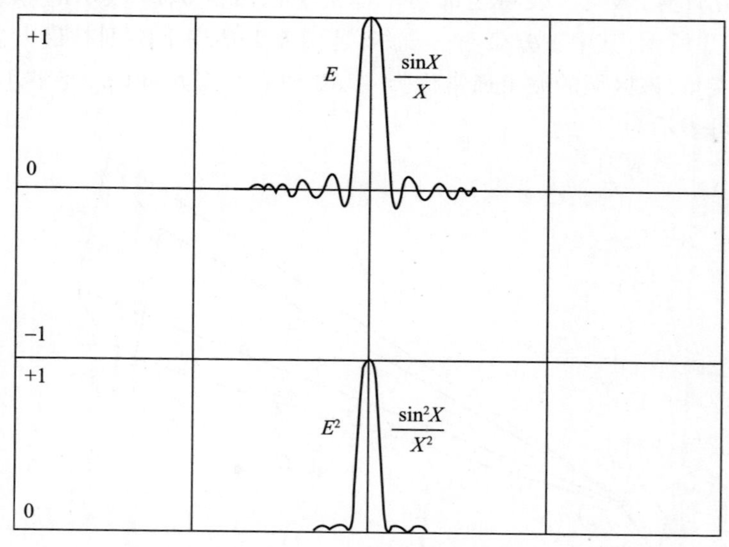

图 2.4　均匀发射天线的归一化电场和辐射功率的方向图

$$E(\theta,\varphi)=\frac{\sin[\pi(d_\theta/\lambda)\sin\theta\cos\varphi]}{\pi(d_\theta/\lambda)\sin\theta\cos\varphi}\frac{\sin[\pi(d_\varphi/\lambda)\sin\varphi\cos\theta]}{\pi(d_\varphi/\lambda)\sin\varphi\cos\theta} \tag{2.10}$$

辐射功率的方向图与$[E(\theta,\varphi)]^2$成正比，故其分布为

$$\frac{\sin^2 x}{x^2} \tag{2.11}$$

根据前面的方程可推断出，每个维度 -3dB 波束的宽度为

$$\theta_B=0.88\frac{\lambda}{d}(\mathrm{rad}) \tag{2.12}$$

或者

$$\theta_B=51\frac{\lambda}{d}(°) \tag{2.13}$$

将式(2.13)代入到天线增益的定义式(2.6)中，可得

$$G=\frac{4\pi\eta}{\theta_B\varphi_B}=\frac{4\pi\eta}{(\lambda/d_\theta)(\lambda/d_\varphi)}=\frac{4\pi\eta d_\theta d_\varphi}{\lambda^2} \tag{2.14}$$

式中：η为天线的辐射效率。

定义天线的有效面积为$A_{\mathrm{eff}}=\eta d_\theta d_\varphi$，代入式(2.14)可得

$$G=\frac{4\pi A_{\mathrm{eff}}}{\lambda^2} \tag{2.15}$$

由于均匀发射孔径波束的第一旁瓣具有很高电平（与主瓣相比仅衰减13dB），因此，通常使用射束孔径的中心区域强度大、往边缘方向越来越弱的发射方式。这种发射方式可以降低波束旁瓣的辐射功率，但也会导致增益损失和 -3dB波束宽度的增加，不过，这可以通过增加波束孔径的尺寸进行补偿。

如果已知天线的尺寸和工作频率，基于上述公式，可以快速、精确地计算天线增益和 -3dB 波束的宽度，这在实际应用中非常有用。

需要说明的是，天线具有互易性：天线的发射与接收功能相似，这意味着天线的发射增益等于接收增益。

馈线能够传输电磁信号且衰减较小，用于连接天线与发射机或接收机，主要有电缆和波导两种。电缆安装简单，但衰减较波导大，且承载的功率较低，如图2.5所示。通常，同轴电缆用于传输数万兆赫兹的低功率信号（这里不考虑用于传输几十兆赫兹低频信号的扁平带状导线），电缆可以是刚性、半刚性或柔性的，其衰减随着传输信号频率的增加而增加，例如，它对 18GHz 信号的衰减约为2dB/m。

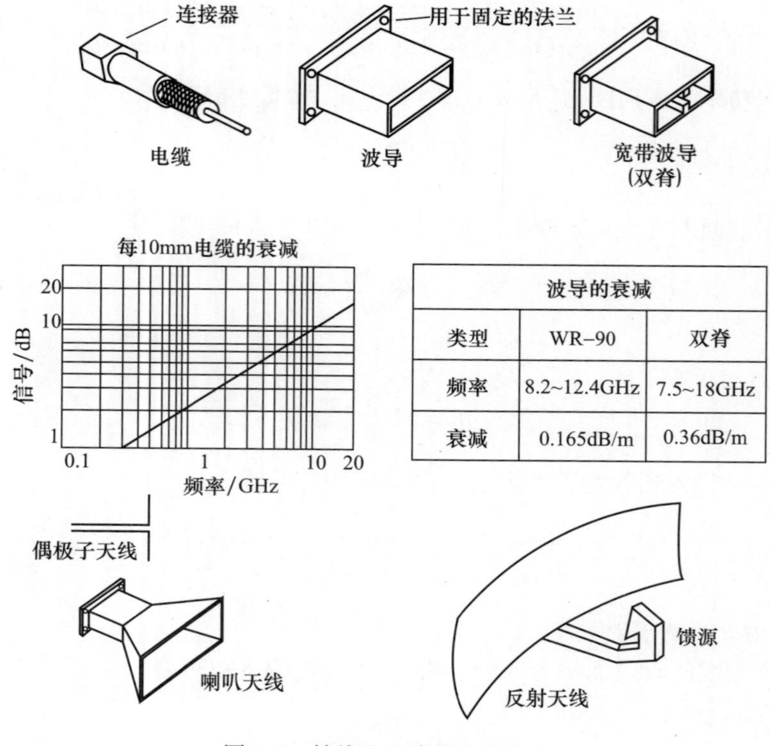

波导的衰减		
类型	WR-90	双脊
频率	8.2~12.4GHz	7.5~18GHz
衰减	0.165dB/m	0.36dB/m

图 2.5　馈线和天线的主要元件

为了减少高频信号的传输损耗，需要使用波导。波导一般是矩形界面的金属管，用来传输给定频率的信号。波导的主要技术参数为截止频率，而截止频率取决于波导管的尺寸。当传输信号的频率低于截止频率时，波导的衰减会急剧增加。

当需要传输宽带信号时，可以采用双脊波导。然而，与标准波导相比，这种波导衰减更大，结构也更复杂。

最简单的天线是偶极子天线和鞭状天线。偶极子天线是长度为 $\lambda/2$ 的开放式金属线，鞭状天线的长度近似为波长的约数（常见便携式 FM 收音机的伸缩天线属于这种类型）。

当馈线为波导时，使用喇叭天线较为简单。复杂天线如图 2.5 所示，主要部分如下：

（1）照射器，即能量源，通常称为馈源，包括一个小的简单天线（偶极子形或喇叭形），用来照射主反射镜的表面区域；

（2）主反射镜，用于产生所需的波束形状，通常是一段焦点位于馈源的抛物线型曲面。

通常，天线可以是固定的，如在无线电中继系统中；也可以是活动的，如在雷达系统中，此时，天线被安装在配备有伺服机构的基座上，可以指向预定的方向。

2.2.2 雷达组件和雷达方程

在讨论雷达方程之前，首先简短回顾构成雷达主要部件的技术演变。

2.2.2.1 现代雷达主要组件

无线电探测和测距（雷达）设备能够检测空间物体（目标）的存在，并运用电磁波测量其距离（通常也包括角度定位）。雷达通过定向天线将一定频率的脉冲信号辐射到空间中，对指定扇区进行扫描，从而实现上述功能，如图2.6所示。

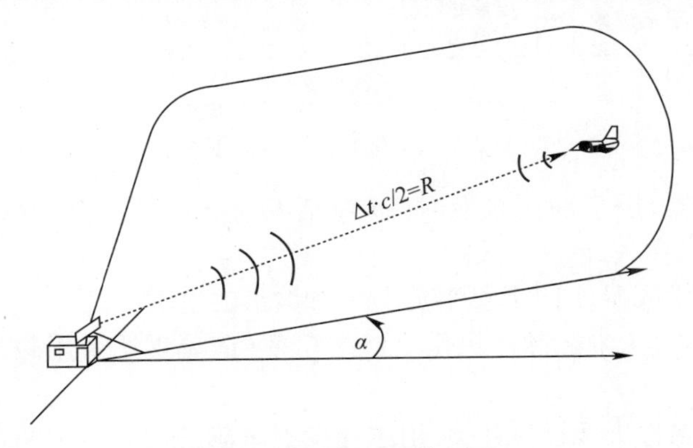

图2.6 雷达的工作原理

雷达需要脉冲信号产生器、发射机、发射和接收天线、接收机、信号处理设备以及显示设备，来实现对目标的探测和位置显示。

当雷达天线指向目标时，辐射到目标的电磁能量被反射和散射。这与光学中的情况相类似：当光束照射到黑暗中的物体时，由于光的散射，在异于光束照射方向的其他方向上，物理也是可视的。所以，目标通过二次辐射被照射的电磁能量，可以被雷达天线接收并传输到足够敏感的接收机上。

雷达辐射电磁脉冲传输距离 R 抵达目标，再传输距离 R 返回到接收机，所需的时间为 Δt（电磁脉冲往返传输的距离为 $2R$）。由于电磁波在真空中以光速 $c=3\times10^8\text{m/s}$ 传播，因此，往返距离为速度和传输时间的乘积，即

$$2R=c\Delta t \tag{2.16}$$

于是，目标的距离值可以根据传输时间来表示为

$$R=\frac{c\Delta t}{2} \tag{2.17}$$

若时间的单位为 μs，则有

$$R_{(m)} = 150 \cdot \Delta t \tag{2.18}$$

常规雷达的组成框图如图 2.7 所示，各组成部分的功能如下：

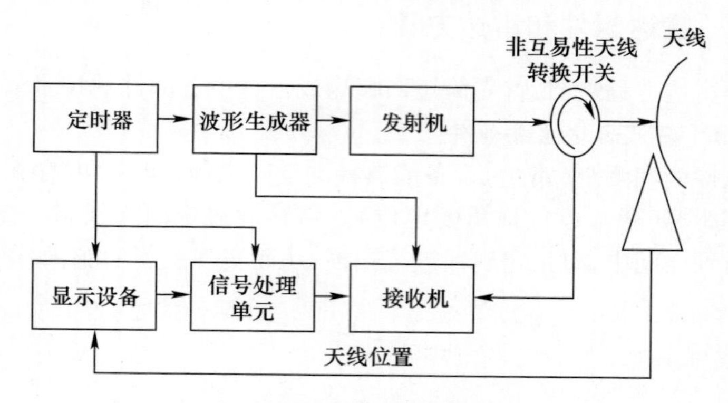

图 2.7　简化的雷达组成框图

（1）定时器，用于确定触发时间（包括发射脉冲的时刻、开始测量的时刻等）；

（2）波形生成器，用于产生特定频率和波形的电磁波；

（3）发射机，为电磁脉冲提供足够的功率（简单雷达采用磁控管产生所发射波形）；

（4）非互易性天线转换开关，用于在发射电磁波时将发射机的功率传送到天线，在接收电磁波时将天线接收的信号传送到接收机；

（5）天线，用于发射电磁脉冲和接收目标回波（天线的转动通常由伺服机构控）；

（6）接收机（通常为超外差类型），用于调谐到发射频率，对中频（IF）放大后的接收信号进行检波处理；

（7）信号处理单元，根据雷达类型，有的非常简单，如民用导航雷达，有的非常复杂，包括用于自动数据录取而消除不需要信号的滤波器；

（8）显示设备，用于显示数据。

雷达显示器

如果雷达天线在水平面上具有较强的指向性（如具有扇形波束的天线），则只有天线指向目标时，电磁脉冲能量才会被目标反射回来（目标回波），所以，在这种情况下，目标的方位角与回波被检测到时天线的水平角相同，如图 2.8 所示。这种类型天线通常用于搜索雷达，如监控空中交通的雷达——空中交通管制雷达。

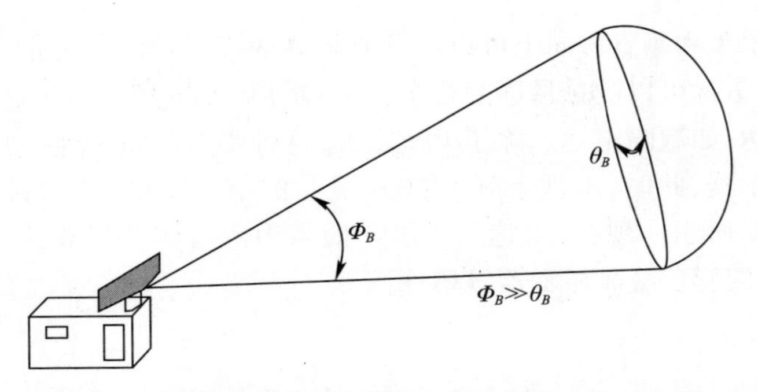

图 2.8　搜索雷达使用的具有扇形波束的天线（为精确指示目标的水平方向，波束在方位向非常窄；为保证所需的覆盖范围，波束在俯仰向非常宽）

在最简单的雷达中，操作员通过平面位置指示器（PPI）的荧光屏来读取目标信息，荧光屏上显示的是一个以雷达为中心的圆形地图状图像，如图 2.9 所示。最初，平面位置指示器采用阴极射线管（CRT）显示器，其阴极射线的偏转方向与天线的方位角坐标有关；偏斜程度与目标距离成比例，也就是说，阴极射线从荧光屏中心点移动到代表目标的点所需要的时间，与电磁脉冲在雷达与目标之间往返一次的时间相同。

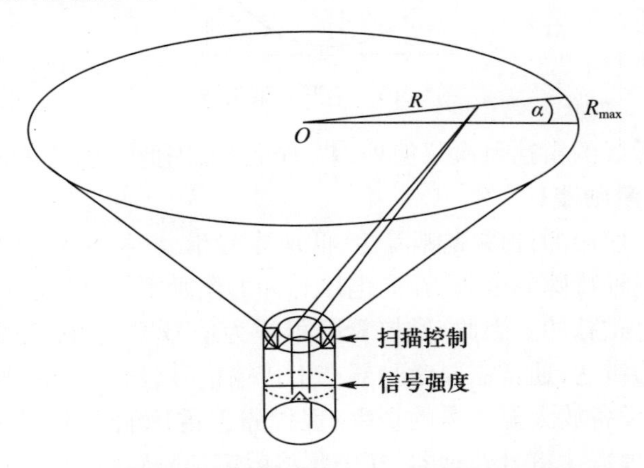

图 2.9　PPI 可像在地图上一样定位目标回波

阴极射线的强度与接收机输出信号的强度成正比，在没有回波的情况下，阴极射线的强度最小，等于放大后的接收机热噪声。然而，一旦电磁脉冲照射到目标，目标回波将产生强烈的信号，并在阴极射线管的荧光屏上显示出一个亮点。荧光屏的内表面涂有磷盐荧光粉，其发光的亮度和持久度取决于阴极射线的强度。荧光屏上目标点与屏幕中心的径向距离，与目标的距离值对应，而天线相对于参考方向（如地理正北）的角坐标与阴极射线所扫过的角位一致。

天线在水平和垂直方向上可以都具有较高的指向性。这种情况下，它将产生笔形波束，雷达可以测量目标的三个坐标：距离、方位和仰角。这种天线一般用于跟踪雷达，如炮瞄雷达。除了 PPI 之外，这种类型的雷达也可使用幅度/距离(A/R)显示器，此时，由低余晖 CRT 所显示的信号幅度，即为目标距离的函数，如图 2.10 所示。现在，雷达荧光屏一般采用由雷达处理器控制、功能更强大、成本更低的彩色液晶显示器(LCD)。

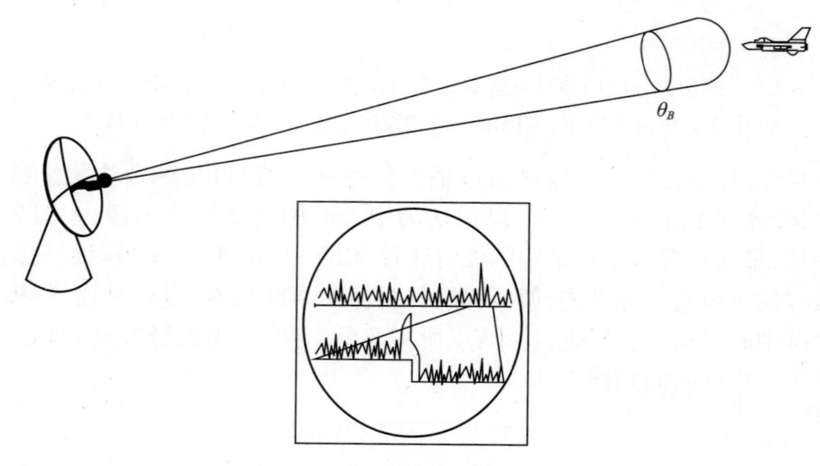

图 2.10　笔形波束天线

使用该类天线的雷达每次只能处理一个目标，因此使用 A / R 显示器。

信号产生(激励器)

小型船只上使用的许多常规雷达、低成本导航雷达，通常使用磁控管发射机。磁控管是一种特殊的电阀，在高电压脉冲的激励下，能够在预定频率下产生高功率的射频电磁脉冲。因此，磁控管既可视为信号发生器，也可视为发射机；采用复杂波形的雷达，通常需要激励器产生传输信号，然后该信号转换至射频频率，再由高功率设备放大至所需的功率；现代先进雷达能产生、发射和传输数字信号，接收时通过雷达信号处理器，在中频将数字信号转化为模拟信号。

发射机

发射机用于产生具有额定功率的雷达射频信号，以便天线向目标辐射足够的电磁能量。当前，已设计出许多类型的发射机，从简单的磁控管发射机(只需一个高压脉冲，就能以预定频率和额定功率产生雷达信号)，到复杂、高功率的速调管放大器、交叉场放大器和行波管放大器，上述放大器都能将射频信号放大到所需的辐射功率。当前，随着氮化镓(GaN)固态技术的发展，如图 2.11 所示，已实现在单个芯片中产生高达上千瓦的功率，正在取代真空磁控管、行波管和速调管技术。事实上，除了高效率和长寿命，氮化镓芯片还不需真空管技术相关的高压电源技术。

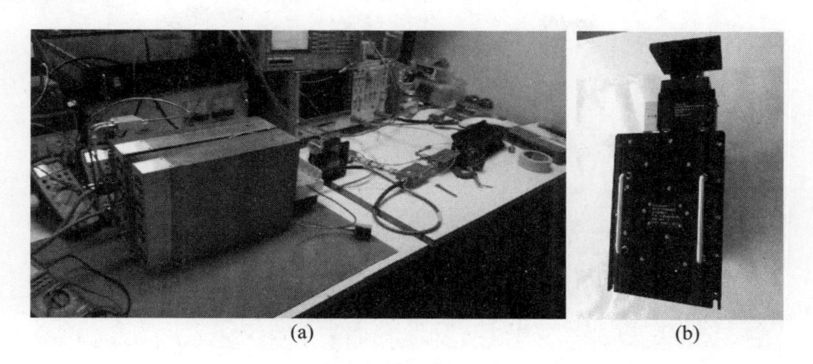

(a) (b)

图 2.11　现代 3kW 固态氮化镓发射机

天线

正如前文描述，天线用于将发射机传输信号向空间和指定方向辐射，并用于接收目标对雷达辐射信号的反射回波。天线可以生成用于搜索雷达的扇形波束，也可生成用于跟踪雷达的笔形波束。除了用于导航雷达的开槽波导天线（图 2.12）外，常用的雷达天线包含馈源和抛物面反射体，如图 2.13 ~ 图 2.15 所示。

图 2.12　FEM 导航雷达的开槽波导天线接收机

图 2.13　带有馈源和抛物面反射体的搜索雷达天线

图 2.14　安装在船上的变极化天线

图 2.15　测试中 AESA 天线原型

雷达接收机用于将天线接收的射频(RF)信号转换为较低的频率,通常称为中频(IF),以便进行信号放大、转换至基带信号(视频信号)。雷达信号的下变频可以采用单步转换完成(即将 RF 直接转换为 IF),也可采用两步转换至中频,目的是消除图像频带。下变频用于保持与原信号的一致性,由雷达信号上变频采用的本地振荡器实现。这种结构也称为相干链(图 2.16),由本地振荡器(STALO)、带通滤波器(BPF)和相干振荡器(COHO)组成。

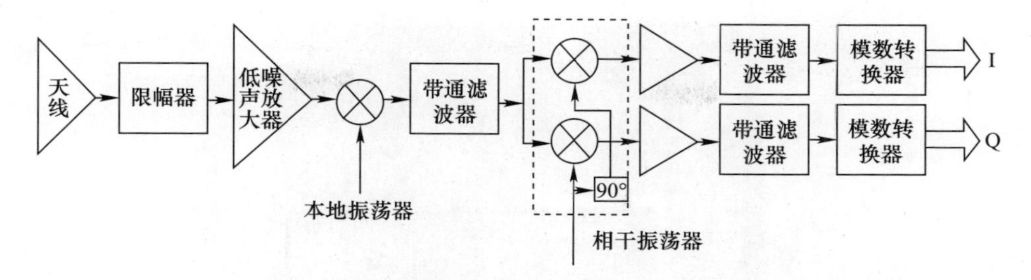

图 2. 16　带 I 和 Q 通道的相干链接收机

处理器

雷达处理器用于处理接收机放大的雷达信号,并向显示器提供信息,便于操作员进行目标判定和特征识别。以前,主要由雷达操作员判别目标是否存在,现在,多数先进雷达带有自动判别目标的处理器(自动图像提取),这些雷达图同时用于生产目标航迹,以便了解目标的位置、方向和速度等信息。当前,目标航迹生成功能已被集成于先进的雷达处理器中。由于接收的雷达信号非常微弱,且被干扰信号覆盖(图 2. 19),因此,雷达处理器需要进行大量的信号处理。以前,信号处理工作由模拟/数字处理器完成(图 2. 17),当前,所需信号处理功能可由配备现场可编程门阵列芯片、中央处理单元的集成电路实现(图 2. 18)。

图 2. 17　常规雷达接收机和处理器:需要许多中频模块和集成电路板

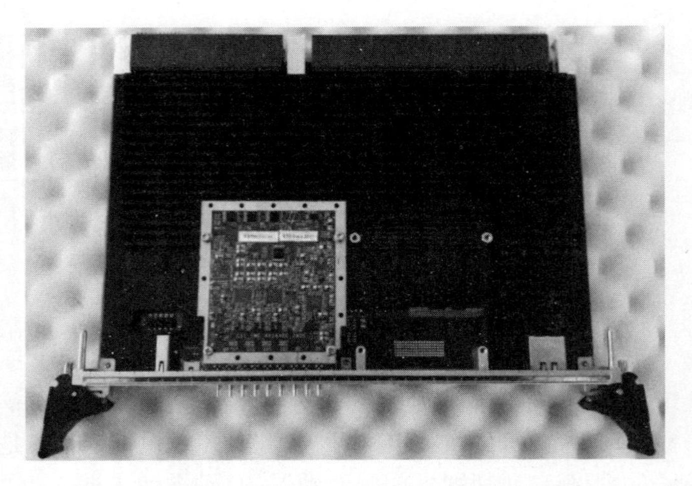

图 2.18 在单块 PCB 实现雷达信号处理:带有 ADC 夹层和冷却 FPGA 的散热片

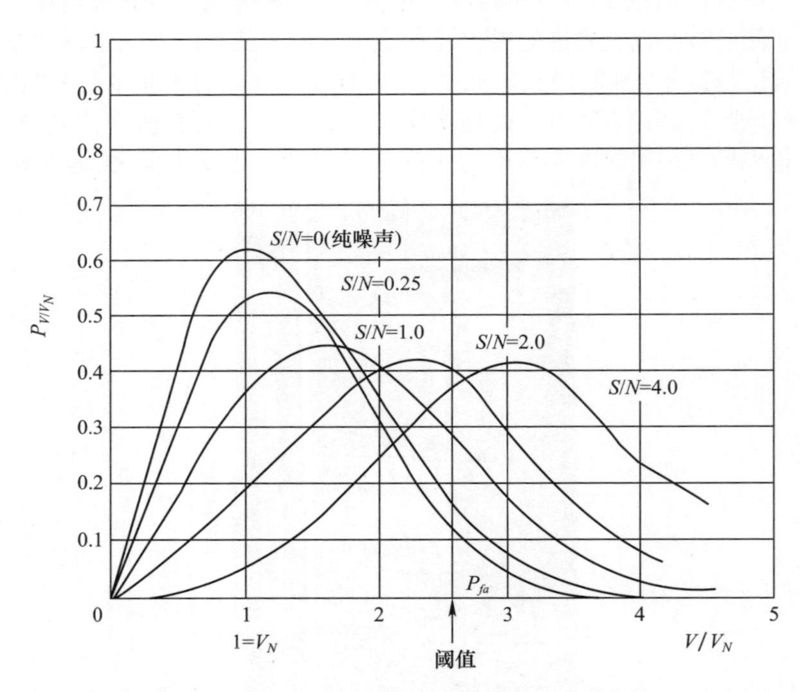

图 2.19 微弱信号可被误认为接收机热噪声,该图显示信号超出电压阈值（根据噪声均值所设定）的概率

目前,处理功能和模块还包括接收机（数字接收机,见 2.2.4.6 节）、雷达定时器、信号发生器（激励器）。实际上,现代数字信号处理技术能够产生任何类

型的信号,包括简单的脉冲信号和各类复杂信号,然后通过数字/模拟转换器变换为模拟信号,以便于上变频模块将其转换至射频频率。

2.2.2.2 雷达方程

雷达的主要技术指标是其探测距离,即可以探测到一个给定尺寸目标的最大距离。为了确定探测距离,需要知道雷达的一系列工作参数。

假设一个功率为 P_T 的电磁脉冲通过增益为 G 的天线发射并辐射到空间中,当天线指向一个距离为 R 的目标时(增益取最大值 G_T),如果自由空间中的大气传输损耗极低,发射功率为 P_T 的电磁脉冲在目标处的功率密度为

$$p=\frac{P_T G_T}{4\pi R^2} \tag{2.19}$$

通常,入射的电磁脉冲将会被目标吸收、反射或散射,主要取决于目标的材料、形状、大小和雷达的载波频率(或波长)以及脉冲到达目标表面的角度。

在给定方向上二次辐射的功率 P_r 与照射在目标上的功率密度 p 的比值称为目标的雷达散射截面积。雷达散射截面积以平方米为单位,通常表示为

$$\sigma=\frac{P_r}{p} \tag{2.20}$$

二次辐射的机制非常复杂,目标上每一个尺寸为几倍波长大小的微面元都可以看成与其他微面元几乎完全独立的单位辐射体,目标在给定方向上的二次辐射功率等于这些单元辐射信号的矢量和,并且很大程度上取决于目标的方向角和运动情况。因此,只有在目标是简单几何体(球体,圆锥体,圆柱体等)时,才能比较方便地计算其雷达散射截面积[2,3]。对于更复杂的目标,只能大致确定其平均值,而且各种目标之间的差异很大。从图 2.29 可看出,目标在雷达天线方向上的二次辐射功率密度,相当于一个功率为 P_r 的各向同性的天线所辐射出的功率密度,即

$$P_r=p\sigma=\frac{P_T G_T \sigma}{4\pi R^2} \tag{2.21}$$

该功率传输距离 R 后返回至雷达天线,所产生的功率密度为

$$p_r=\frac{P_T G_T}{4\pi R^2}\sigma\frac{1}{4\pi R^2} \tag{2.22}$$

等效接收面积为 A_{eff} 的雷达天线感应到接收机的信号功率 S 可由下式计算,即

$$S=\frac{P_T G_T}{4\pi R^2}\sigma\frac{1}{4\pi R^2}A_{\mathrm{eff}} \tag{2.23}$$

由于

$$A_{\text{eff}}=\frac{G_R\lambda^2}{4\pi} \tag{2.24}$$

所以

$$S=\frac{P_TG_T}{4\pi R^2}\sigma\frac{1}{4\pi R^2}\frac{G_R\lambda^2}{4\pi} \tag{2.25}$$

整理后有

$$S=\frac{P_TG_TG_R\sigma\lambda^2}{(4\pi)^3R^4} \tag{2.26}$$

雷达接收机的输入信号很弱,必须进行功率放大才能满足实际所需。但是,输入端微弱的热噪声也会随之被放大。为了避免计算放大器对噪声的增益,通常将放大器视为理想(无噪声)放大器,而在其输入端信号上叠加等效噪声 N,即

$$N=kTBF \tag{2.27}$$

式中:k 为玻尔兹曼常数[1.38×10^{-23}W/(Hz · K)];T 为标准温度(290K);B 为接收机等效带宽;F 为接收机噪声系数。

通常,噪声 N 以 dBm 为单位(高于 1mW 的分贝数),那么,如果 B 以 dBm/MHz 表示,则 $kT=-114$dBm/MHz。

因此,在雷达接收机的输出中不仅有信号 S,还有噪声 N,这是雷达面临的主要问题之一。

实际上,当雷达判定一个远距离目标是否存在时,由于该目标产生的微弱信号非常容易与噪声混淆,因此存在得到错误结论的风险,即:将噪声误认为是目标(虚警)或者将微弱信号误认为噪声(漏警)。实际应用时,只有当目标回波 S 与噪声 N 相比足够强时,才容易发现目标的存在。在下文中,信噪比将由 SNR 或 S/N 表示。

众所周知,给定距离下接收机输出端信号的统计分布如图 2.19 所示,图中显示了纯噪声幅度分布(瑞利分布)和随着信号不断增强,噪声与信号相叠加的幅度分布。

根据阈值水平(由操作员设定辉光强度,或由电路设定阈值电压),可设雷达检测到真实信号的概率为 P_d,将噪声误认为信号的概率为 P_{fa}。

考虑到雷达散射截面积的实质,接收机输入端的功率 S 是一个具有统计特性的随机信号,而噪声也具有随机性,因此,雷达的最大作用距离也是一个与检测概率 P_d(发现真实目标)和虚警概率 P_{fa}(纯噪声超过阈值)相关的随机值。

由于噪声功率与接收机带宽成正比,因此可能认为减少噪声波动的最佳方法是尽可能地减小接收机带宽。然而,这只在信号频谱的重要区域不被消除的情况下才可行,如图 2.20 所示。

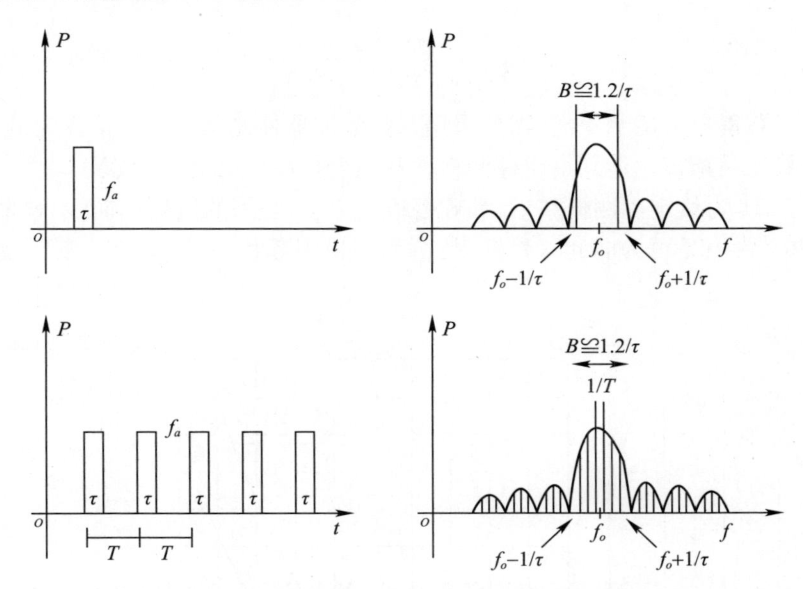

图 2.20 脉冲雷达信号谱(连续谱对应单个脉冲;功率集中在中心频率附近线谱对应的重复周期为 T 的脉冲串)

根据滤波器原理[2],在所观察时间内,当滤波器与接收信号理想匹配时,信号功率 S 与噪声功率 N 的比值最大,这要求滤波器带宽 B 是信号观察时间的倒数条件,即

$$B=\frac{1}{T_{\text{obs}}} \tag{2.28}$$

所以有

$$(S/N)_{\max}=\frac{S}{kTBF}=\frac{ST_{\text{obs}}}{kTF}=\frac{E}{kTF}=\frac{E}{N_0} \tag{2.29}$$

式中:E 为目标沿接收机二次辐射所产生的雷达信号能量;N_0 为接收机的每单位带宽的噪声功率密度;T_{obs} 为信号观测时间。

如果仅发射一个功率为 P_T、脉宽为 τ 的雷达脉冲,则辐射能量为 $P_T\tau$,而目标的二次辐射能量为

$$E=\frac{P_T\tau G_T G_R\sigma\lambda^2}{(4\pi)^3R^4} \tag{2.30}$$

假设使用了匹配滤波器，则有

$$S/N = \frac{P_T \tau G_T G_R \sigma \lambda^2}{(4\pi)^3 kTFR^4} \tag{2.31}$$

$$R^4 = \frac{P_T \tau G_T G_R \sigma \lambda^2}{(4\pi)^3 kTF \cdot (S/N)} \tag{2.32}$$

为了获得最大探测距离，需要采用匹配滤波器检测具有最小信噪比的信号，最小信噪比是指雷达达到给定探测概率和虚警概率所必需的$(S/N)_{P_{dfa}}$[3]。

图2.21为给定探测概率P_d和虚警概率P_{fa}所必需的信噪比曲线，该曲线取决于目标特性：是否为非起伏目标、是否为扫描间起伏目标、是否为脉冲起伏目标等。

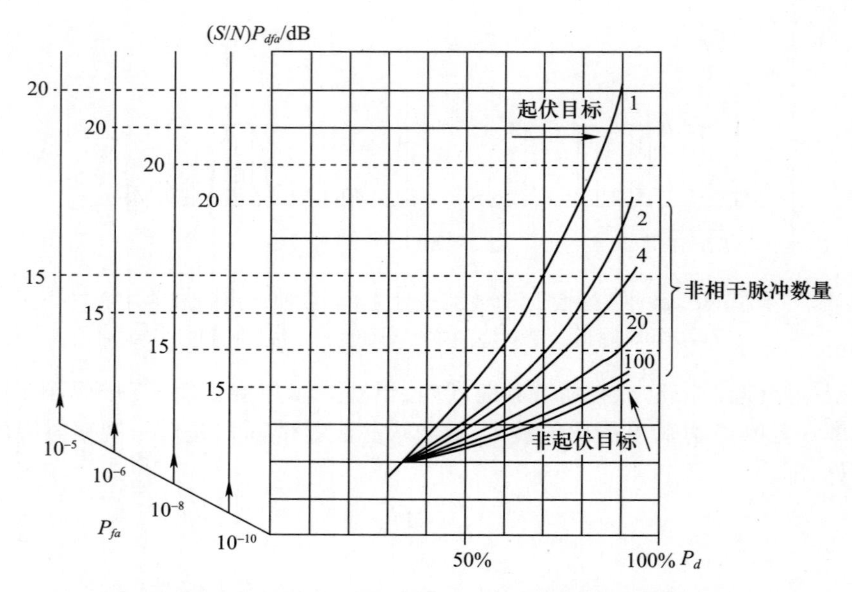

图2.21 以给定探测概率和虚警率探测一个信号所需的信噪比$(S/N)_{P_{dfa}}$，是接收信号类型的函数

然而，如果只使用单脉冲，雷达将无法实现很远的探测距离。为了能够处理多个脉冲，天线以角速度w_a旋转，则天线指向目标时所驻留的时间为

$$T_{ot} = \frac{\theta_B}{w_a} \tag{2.33}$$

于是，接收机所处理的脉冲个数为

$$N_i = F_R T_{ot} \tag{2.34}$$

式中：F_R为脉冲重复频率（PRF）。

这里不对多脉冲下的信噪比及其优化进行深入分析，而是聚焦雷达距离方程，这对于雷达系统设计人员、关注电子防务（ED）系统的人员可能更有用。如果 N_i 个脉冲辐射到达目标，则照射能量将为 $N_i P_T \tau$，此能量可通过特殊设备在雷达接收机中累积，由于不可能完全累积，因而会产生累积损耗 L_i，不同信噪比条件下，非相干累计损耗值如图 2.22 所示，对于非相干雷达（非相参积累），该损耗可假设等于 N_i^f，其中 f 是一个 0.16～0.5 的数值，取决于累积脉冲数和探测所需的信噪比，于是有

$$R^4 = \frac{N_i P_T \tau G_T G_R \sigma \lambda^2}{(4\pi)^3 \ (S/N)_{P_{dfa}} L_i} \tag{2.35}$$

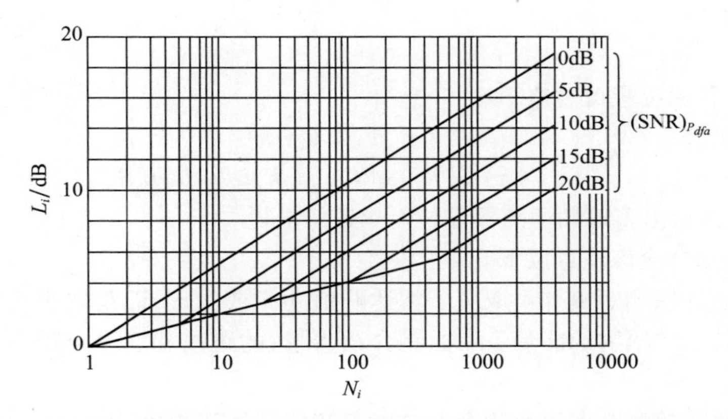

图 2.22　目标驻留时间内的信号积累可提高增益，但积累损耗 L_i 会减少这种增益

此外，还必须考虑以下额外损耗[4]：①连接发射机和天线的馈线及沿线元件的传输损耗 L_{TX}；②天线与接收机之间的馈线和元件的损耗 L_{RX}；③波束形状损耗 L_b，由于照射目标时的天线增益在驻留时间内不恒定导致，为简化计算，通常假设光束近似高斯形；④匹配滤波器损耗 L_m，这是因为在接收时匹配滤波器不是理想滤波器；⑤采用不同信号处理方法带来的损耗 L_x。

考虑到上述损耗，自由空间中的雷达距离方程可表示为

$$R_{\max}^4 = \frac{N_i P_T \tau G_T G_R \sigma \lambda^2}{(4\pi)^3 kTF \ (S/N)_{P_{dfa}} L_i L_m L_x L_{Tx} L_{Rx} L_b} \tag{2.36}$$

这是脉冲雷达的通用公式，即使使用编码脉冲来增加距离分辨率，该方程也成立，此时，所发射的脉冲 τ 被分成 n 个基本宽度为 τ_{el} 的码元，这样雷达距离方程可表示为

$$R_{\max}^{4}=\frac{N_{i}P_{T}n\tau_{e1}G_{T}G_{R}\sigma\lambda^{2}}{(4\pi)^{3}kTF\ (S/N)_{P_{dfa}}L_{i}L_{m}L_{x}L_{Tx}L_{Rx}L_{b}} \tag{2.37}$$

式中：$1/\tau_{e1}$约等于雷达通带带宽 B。于是，上述方程可以写为

$$R_{\max}^{4}=\frac{N_{i}P_{T}nG_{T}G_{R}\sigma\lambda^{2}}{(4\pi)^{3}kTF\ (S/N)_{P_{dfa}}L_{i}L_{m}L_{x}L_{Tx}L_{Rx}L_{b}B} \tag{2.38}$$

显然，如果脉冲没有编码，则 $n=1$ 并且雷达带宽约为 $1/\tau$。

对于脉冲多普勒雷达（见 2.2.8 节），由于雷达脉冲进行相参积累，积累损耗 L_i可认为等于 1（损耗可忽略不计）；一般来说，L_x包括接收机关闭而回波却已到达导致的遮蔽损耗，以及由于多普勒滤波器的定位而导致的损耗。

对于相干 CW，需要考虑平均功率 P_{av}和目标驻留时间（观察时间）T_{ot}，而不是数量，即

$$N_{i}P_{T}\tau \tag{2.39}$$

此时，积累损耗可忽略不计，于是有

$$R_{\max}^{4}=\frac{P_{av}T_{ot}G_{T}G_{R}\sigma\lambda^{2}}{(4\pi)^{3}kTF\ (S/N)_{P_{dfa}}L_{i}L_{m}L_{x}L_{Tx}L_{Rx}L_{b}B} \tag{2.40}$$

式中，L_x还包括由多普勒滤波器定位而导致的损耗。

总而言之，应该注意以下几点：

（1）雷达探测距离并不取决于雷达峰值功率或波形，而是取决于辐射到目标上并由其二次辐射的能量。后面将介绍，雷达的距离和速度分辨率还取决于波形。

（2）雷达探测距离很大程度上取决于其信号处理方法，因为 L_x的值可能非常大（1～6dB）。

雷达距离方程中还有两个重要参数需要进一步详细讨论：雷达散射截面积 σ 和等效噪声温度 T。

2.2.2.3 雷达散射截面积

如上所述，雷达散射截面积是目标在雷达方向上二次辐射功率与辐射到目标的功率密度之比。二次辐射功率通过由构成目标的许多基本散射元产生的信号矢量求和来获得，取决于雷达信号的波长、各散射单元的位置、运动状态以及几何形状。由于这些散射信号可能同相或是反相，所其矢量叠加的结果可以非常大，也可能非常小。

因此，由于运动目标向雷达二次辐射的功率是随机变化的，因此，其可探测性也具有随机性。实际上，即使照射一个相对较大的目标，其反射信号也可能非常微弱，导致雷达无法检测；在下一次扫描中，其反射信号可能非常强，很容易被检测到。

目标二次辐射的功率波动称为闪烁,这是一种低频现象;实际上,大约 90% 的波动功率都集中在小于 5Hz 的带宽内[5]。如果没有闪烁,则表明目标形状为简单几何体,如球体(其雷达散射截面积已知且恒定),当波长远小于目标尺寸时,雷达散射截面积等于其投影面积,如图 2.23 所示。

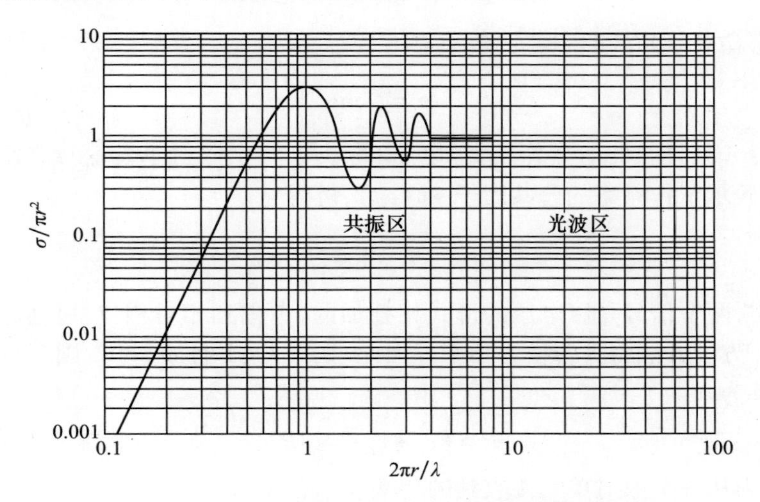

图 2.23　半径为 r 的球体雷达散射截面积随波长的变化

为了深入理解闪烁机制,考虑由两个基本散射元产生的信号 $v_1(t)=\sin\omega t$ 和 $v_2(t)=k\sin\omega t$。如图 2.24 所示,设信号 $v_1(t)$ 振幅为 1,信号 $v_2(t)$ 振幅为 k。

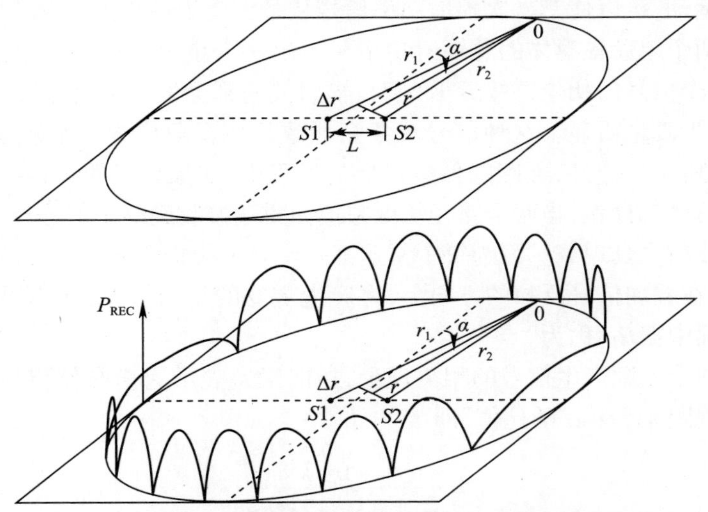

图 2.24　距离 R 处所接收到两个相干单元辐射体产生的功率
(可用来说明复杂目标的雷达散射截面积形成机理)

设系统由两个反射体组成，观察点 A 到系统中心的连线与系统法线方向的夹角为 α，则在点 A 处接收的两个信号的相移 φ 可表示为

$$\varphi = \frac{2\pi}{\lambda} L\sin\alpha \tag{2.41}$$

两个信号之间的路程差近似为

$$\Delta r = L\sin\alpha \tag{2.42}$$

在点 A 处接收的信号总强度（电压）取决于两个散射单元信号之间的相位差，忽略表示工作频率的公共因子 $\sin(\omega t)$，可得

$$V = |v_1 + v_2| = \sqrt{1 + 2k\cos\varphi + k^2} \tag{2.43}$$

通常，两个信号是以电压的形式相叠加的，考虑到相对相位，可通过对信号电压取平方的方法将其转换为功率。因此，如果 $k = 1$ 且 $\varphi = 0°$，则在点 A 处的接收功率为

$$P = (v_1 + v_2)^2 = 4P_1 \tag{2.44}$$

式中：P_1 为从一个散射单元接收到的功率。

如果 $k = 1$ 且 $\varphi = 180°$，则两个电压信号的和为 0，并且其接收功率也为 0。

因此，对于雷达中通常使用的厘米级波长电磁脉冲来说，两个反射体之间的微小相对运动，足以使其二次辐射功率信号从最大变为最小。

以上两个单元辐射体的总辐射功率显示出一个重要特征：对于空间中任何一点，当两个信号的相位差接近 180°时，辐射波前都会发生失真；两个信号的幅度越接近，失真越明显。这种信号现象会导致目标视角位置产生波动（闪烁），如图 2.25 所示。此外，在跟踪低空目标的过程中，如果目标的直接回波信号和地面反射信号都存在，当两个路径长度差值使雷达接收到两个信号反相时，也会产生上述波前失真现象。因为每个雷达都是使其天线指向波前正交的方向进行跟踪，因此在叠加信号反相的方向上，将产生主要的指向误差，从而导致跟踪天线在垂直面中振荡，称为“点头”。

根据两个点源产生信号的相关理论，指向误差表示为横向偏移与两个信号源之间表观距离 $L\cos\alpha$ 的比值，即

$$\delta = \frac{1}{2}\,\frac{1 - k^2}{1 - k^2 + 2k\cos\varphi} \tag{2.45}$$

如果假设目标是多个单元辐射体的集合，则可以借助计算机仿真计算其雷

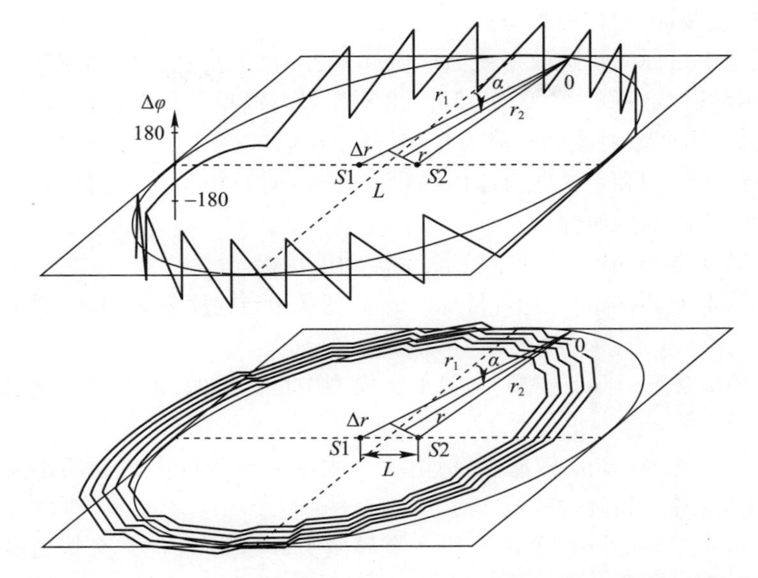

图 2.25　在距离 r 处,两个单元辐射体所产生信号的相位差及其引起的波前失真

达散射截面积的方向图,图 2.26 显示了仿真计算的两个例子:一个是海上目标;另一个是空中目标。

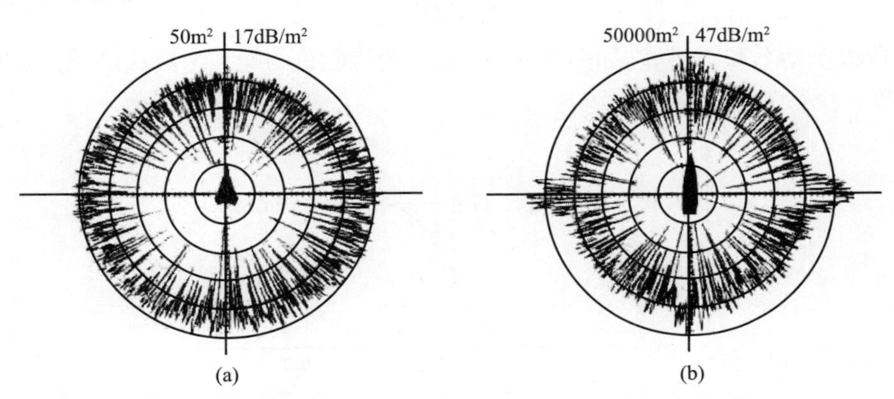

图 2.26　雷达散射截面积根据各散射单元在相位和幅度上叠加的方式不同而变化
(图中为模拟计算出的飞机和船舶的雷达散射截面积)

船舶的雷达散射截面积平均值可以用 Skolnik[6] 给出的公式近似计算,即

$$\delta \approx 52\sqrt{f_{\mathrm{MHz}}}\,\sqrt{D_{\mathrm{kt}}^{3}} \tag{2.46}$$

式中:f 为以 MHz 为单位表示的频率;D 为船只的排水量,以 kt 为单位。

在实际使用该公式时务必注意相关条件,因为军用舰船会采取特殊措施以减小其雷达散射截面积的数值。

典型空中目标的雷达散射截面积值如下：①对于具有扫描间起伏特性的战斗机，雷达散射截面积值为 $0.5 \sim 5\mathrm{m}^2$；②对于具有简单几何外形的导弹，不存在扫描间起伏，雷达散射截面积值为 $0.01 \sim 0.1\mathrm{m}^2$。

以下通用模型和定义取自施威林（Swerling）对目标雷达散射截面积及其对雷达探测距离影响的研究。

（1）第 0 类 Swerling 模型：稳定，无波动的目标。

（2）第 1 类 Swerling 模型：目标由许多幅度相当的反射体组成，具有慢速扫描间起伏特性。

（3）第 2 类 Swerling 模型：与第 1 类模型中目标类似，但具有快速脉冲间起伏特性。

（4）第 3 类 Swerling 模型：目标由一个主反射体和许多独立的小反射体组成，具有慢速扫描间起伏特性。

（5）第 4 类 Swerling 模型：与第 3 类模型中目标类似，但具有快速脉冲间起伏特性。

2.2.2.4 等效噪声温度

接收机在给定温度 T（以 K 为单位）下工作，其噪声功率可表示为

$$N = kTBF \tag{2.47}$$

式中：B 为等效噪声带宽，如图 2.27 所示；F 为接收机的噪声系数；k 为玻尔兹曼常数。

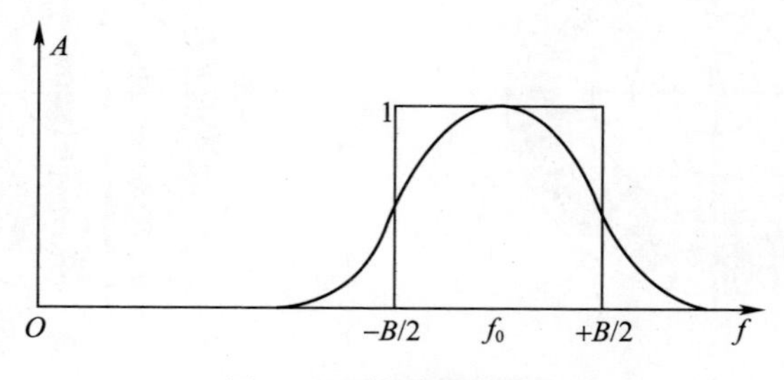

图 2.27 等效噪声带宽

如果噪声以 dBm 表示，B 的单位为 MHz，则在 290K 的标准室温下，乘积 kT 的值为

$$kT = -114\mathrm{dBm/MHz} \tag{2.48}$$

在精确计算雷达的探测距离时，经常引入一个更高的温度 T_s 代替室温 T。除了噪声系数外，它还考虑了星系射电噪声、大气噪声、天线的欧姆损耗、天线和

接收机输入端之间的传输损耗。

这个被引入到雷达距离方程的温度称为系统温度 T_s，是三个部分之和[2]，即

$$T_s = T_a + T_r + L_r T_e \tag{2.49}$$

式中：T_a为天线的温度；T_r为接收路径的温度；T_e为接收机的温度；L_r为接收线路损耗。

如果温度以 K 为单位，损耗以比值表示（而不以 dB 为单位），则天线的温度 T_a可表示为

$$T_a = \frac{0.88T_{ai} - 254}{L_a} + T_0 \tag{2.50}$$

式中：T_a 可以从图 2.28 推导得出；天线的欧姆损耗 L_a 为 10% ~ 20%；T_0为290K。

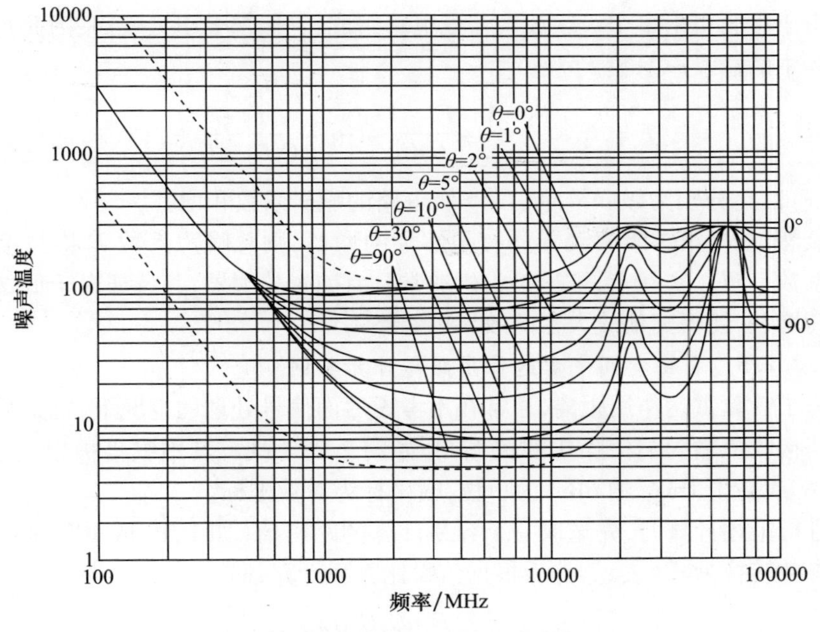

图 2.28　理想天线的噪声温度[7]

接收路径的温度 T_r 表示为

$$T_r = T_c(L_r - 1) \tag{2.51}$$

式中：T_c为天线和接收机之间元件的温度；L_r为传输线损耗。

接收机的温度 T_e可表示为

$$T_e = T_0(F_n - 1) \tag{2.52}$$

式中：F_n为接收机的噪声系数（比值表示，不以 dB 为单位）。

由于噪声在各个频段都存在，因此，接收机带宽越宽，进入接收机的噪声功率越大。另一方面，接收机带宽必须足够宽，才能保证信号频谱的主要部分能够通过。

因此，只有当接收信号功率与噪声功率之比最大时，接收机带宽才与所接收的雷达脉冲达到了完全匹配的效果。

对于宽度为 τ 的矩形脉冲，带宽大致为

$$B = \frac{1.2}{\tau} \tag{2.53}$$

为应用和评估电子防务装备，在计算噪声功率时，可赋值 $kT = -114\text{dBm/MHz}$，再分开考虑噪声系数 F 和连接天线与接收机之间的传输损耗 L_r。经过这样处理，绝大多数情况下（频率超过 500MHz），距离误差可忽略不计。

由于接收机由多个级联放大器或电路组成，它们都会引入噪声，因此雷达距离方程中的总噪声系数 F 为

$$F = F_1 + \frac{F_2 - 1}{G_1} + \frac{F_3 - 1}{G_1 G_2} + \cdots + \frac{F_i - 1}{G_1 G_2 \cdots G_{i-1}} \tag{2.54}$$

式中：F_i和 G_i分别为级联链路中第 i 级电路的噪声系数和增益。

显然，如果第一级放大器具有足够大的增益，则总噪声系数 F 将与第一级噪声系数一致。实际上，雷达接收机通常具有前置放大器，其特征在于低噪声系数和高增益，使得其他放大器的效果可忽略不计。

2.2.2.5 自由空间中雷达作用距离计算实例

为了计算雷达作用距离，通常在不考虑后面信号处理的情况下，首先绘制出距离与接收机输入端信噪比的关系图，如图 2.29 所示，其中纵坐标以高于 1W 的 dBW 或高于 1mW 的 dBm 为单位，横坐标为对数坐标。

进行上述计算时，先选取一个容易计算的距离值（如 1、10 或 100km），再将所有参数转换为 dB 表示，然后根据信噪比方程计算，即

$$S/N = \frac{P_T n G_T G_R \sigma \lambda^2}{(4\pi)^3 kTBFR^4 L_{Tx} L_{Rx} L_b} \tag{2.55}$$

将计算所得的所有正负值分别排成两列，并将每列中的数值逐项相加，则这两列数值分别求和后的代数和，即为与各探测距离相对应的信噪比。由于信噪比取决于距离四次方的倒数，所以，只需绘制一条斜率为 -40dB（10 个横轴单位）的直线，就可获得所需的图表。

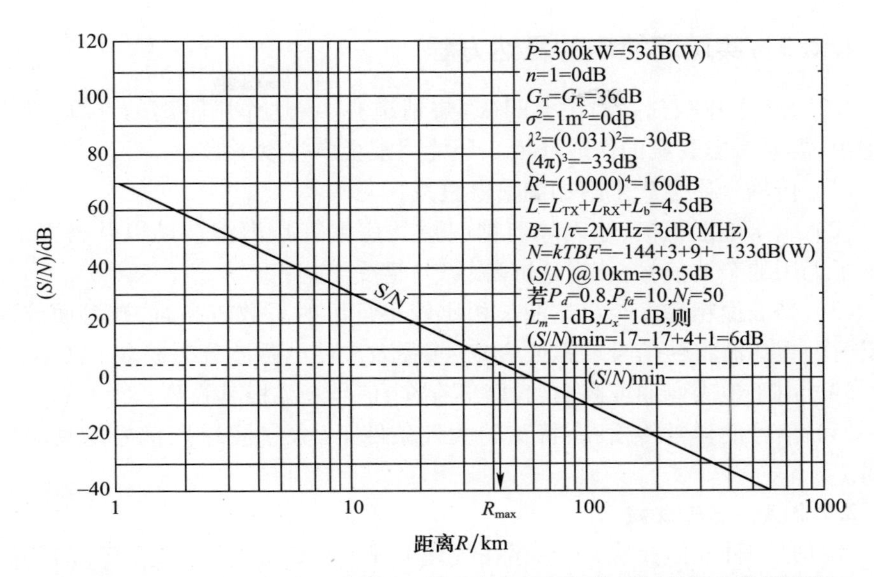

图 2.29　$P_d=0.8$,$P_{fa}=10\text{s}$ 条件下,针对自由空间起伏目标的雷达作用距离（对不同高度的给定目标重复计算,可达到雷达威力图）

此时,根据信号处理方法的不同[积累的脉冲数目,动目标显示(MTI)滤波器的响应等],还可以在给定探测概率和虚警率的情况下,针对感兴趣的目标,计算达到最大作用距离时所需信噪比的最小值,即

$$(S/N)_{\min}=(S/N)_{P_{dfa}}-10\lg N_i+L$$

式中:$(S/N)_{P_{dfa}}$可从图 2.21 中获得,它是给定 P_d和 P_{fda}的函数。

噪声功率 N_i 与总损耗 L 的表达式为

$$N_i=F_R T_{ot}=F_R\frac{\theta_B}{w} \tag{2.56}$$

$$L=L_m+L_x+L_i \tag{2.57}$$

式中:L_i可从图 2.22 获得,它是 N_i和信噪比的函数;L_m通常等于 1dB(如果是带宽为 1.2/τ 的矩形脉冲,L_m也可为 0dB);L_x取决于雷达信号处理的方法,通常为 1~6dB。

据此计算所得就是与给定目标、P_d和 P_{fa}及其雷达探测距离相对应的信噪比最小值,该计算方法在雷达设计过程中特别有用。实际上,诸如发射功率、天线增益等参数在一般情况下已经被设定且可调节范围有限,但从另一方面,为了达到所需的雷达性能,设计者可以在信号处理上采取一些方法。

2.2.3 实际环境中的雷达方程

2.2.2.5 节中仅讨论自由空间(理想情况)中雷达作用距离的计算,在实际应用中,需要考虑真实的作战环境。环境因素会产生以下影响:

(1) 传输介质会产生附加的信号衰减;

(2) 由于地形粗糙、地表障碍物(栅栏、房屋等)、海浪波动以及云雨散射,产生了无用的杂波信号,使雷达屏幕(PPI)遭受干扰;

(3) 当表面粗糙度与雷达波长相比较小且反射系数较高时,被海面或地表所反射的雷达波将使信号增强或衰减(多径效应使电磁波分裂成多个波瓣);

(4) 由于地表弯曲或高山、丘陵等存在,信号衰减极其强烈;

(5) 信号的异常传播:在特殊的大气条件下(大气波导),信号的衰减比平时弱。

2.2.3.1 大气衰减

大气是一种气体介质,由于存在气体分子(主要为氧气、水蒸气)的共振吸收,将使射频信号衰减,图 2.30 所示为双程路径大气衰减系数(以 dB/km 为单位),实际上,大气衰减还取决于天线仰角指向[8,9]。

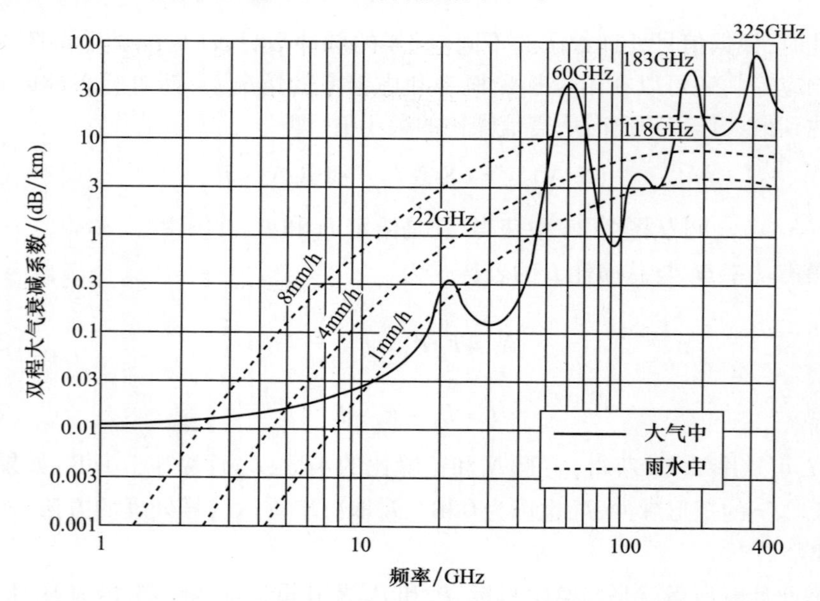

图 2.30 双层大气衰减系数和附加的雨水衰减系数(单程系数为其 1/2)

图 2.30 也显示了由雨水引起的额外衰减,这时只考存在雨水的那段路径长度,而不是雷达信号所经历的整个传输路径长度。信号在大气中传输引起的衰

减记为 L_{atm}，在计算雷达作用距离时必须考虑 L_{atm}。

2.2.3.2 杂波

当杂波产生的信号强度大于雷达所测目标的信号强度时，后者将被杂波信号淹没而无法被检测到。一种评估杂波影响的方法是测量其等效雷达散射截面积，以便与真实目标进行比较。下面将计算地面、海洋和雨水所产生杂波的雷达散射截面积，箔条的雷达散射截面积将在 5.5.1.2 节中讨论。

(1) 地物杂波。

当地面被雷达信号照射时，由于其不均匀性，将在各个方向产生散射信号，包括反射回雷达的方向，如图 2.31 所示。

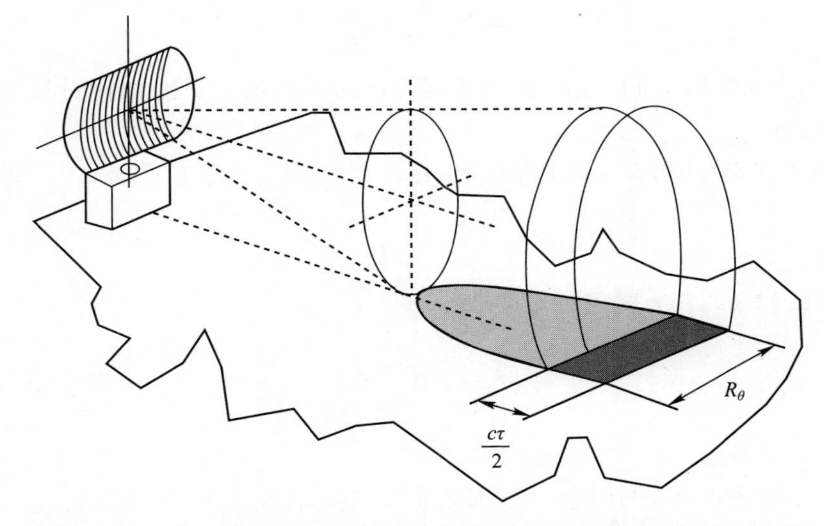

图 2.31 地表单个雷达分辨单元所产生回波会干扰 PPI 并淹没实际目标回波

在距离 R 处，目标 T 将形成一个与自身雷达散射截面积成比例的信号，该信号能够被清晰检测，取决于此信号同一分辨单元内杂波信号的大小，雷达分辨单元的径向尺寸为 $c\tau/2$，横向尺寸为 $R\tan\theta \approx R\theta$（$R$ 以 m 为单位，θ 以 rad 为单位）。

分辨单元的面积乘以地面反射率 σ_{0g}，可以得到地物杂波的雷达散射截面积 σ_g，σ_g 取决于地面类型、雷达波束射向地面的角度、频率、和极化等参数。

对于远小于 90°的掠角来说，地面更像镜面反射体而不是漫反射体[10]，即

$$\sigma_{og} = \gamma \sin\varphi \tag{2.58}$$

式中：φ 为掠角；γ 反映了地表在入射雷达波频率和极化下的散射能力。

通常，对于覆盖有树木的丘陵地面，可以假设反射系数 γ 为

$$\gamma = \frac{0.00032}{\lambda} \tag{2.59}$$

从上式可看出，地物杂波在低频时较少。参照目标雷达散射截面积的计算方法，地物杂波的雷达散射截面积可表示为

$$\sigma_g = \frac{c\tau}{2} R \frac{\theta_B}{\sqrt{2}} \gamma \sin\varphi \tag{2.60}$$

考虑到天线增益在 -3dB 波束内不是常数，而是近似高斯型，故在分母中取因数$\sqrt{2}$。设地球为球形，掠角可表示为

$$\sin\varphi = \frac{Z_1}{R} - \frac{R}{2R_e} \tag{2.61}$$

式中：Z_1为天线到地面的高度；R_e为地球等效曲率半径，在雷达工作波段，有$R_e = 8.5 \times 10^6$ m。

当 Z_1足够小，而 R 不是非常大时，有

$$\sin\varphi = \frac{Z_1}{R} \tag{2.62}$$

将式(2.62)代入式(2.60)，可得

$$\sigma_g = \frac{c\tau}{2} R \frac{\theta_B}{\sqrt{2}} Z_1 \gamma \tag{2.63}$$

(2) 海杂波。

与上述地物杂波的理论一致，海杂波等效表面(图 2.32)可表示为

$$\sigma_s = \theta_B \frac{R}{\sqrt{2}} \frac{c\tau}{2} \sigma_{os} \tag{2.64}$$

$$\sigma_{os} = \frac{10^{0.6K_B} \cdot \sin\varphi}{2.51 \cdot 10^6 \cdot \lambda} \tag{2.65}$$

式中：σ_{os}为海面反射系数[11]，取决于海况、雷达波掠角、波长；K_B为蒲福风力等级表中与海况相对应的常数；φ 为掠射角；λ 为波长。

将上述值代入 $\sin\varphi$，可得

$$\sigma_s = \theta_B \frac{R}{\sqrt{2}} \frac{c\tau}{2} \frac{10^{0.6K_B} \cdot \sin\varphi}{2.51 \cdot 10^6 \cdot \lambda} \tag{2.66}$$

显然，海杂波的雷达散射截面积一直到水平线几乎都等于常数，然后迅速减小。当掠角接近 90°时，海面更像一个完美的反射面。

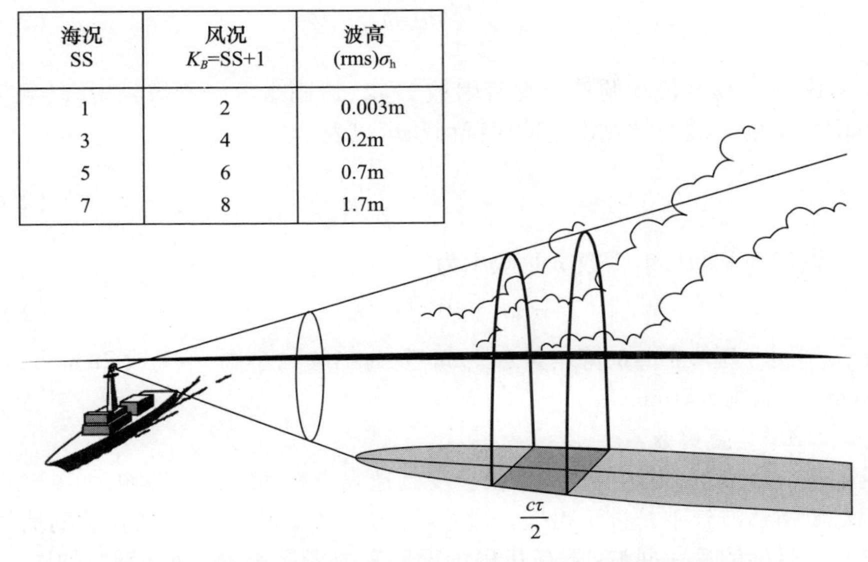

海况 SS	风况 K_B=SS+1	波高 (rms)σ_h
1	2	0.003m
3	4	0.2m
5	6	0.7m
7	8	1.7m

图 2.32　海杂波是单个雷达分辨单元的海浪对雷达信号的散射
（表中所示为常规海况下的波浪高度）

（3）雨杂波。

与海杂波、地物杂波不同，由雨水产成的杂波是与体积相关的，实际上，降雨是杂波信号的来源，它分布在雷达三维分辨单元内，如图 2.33 所示。

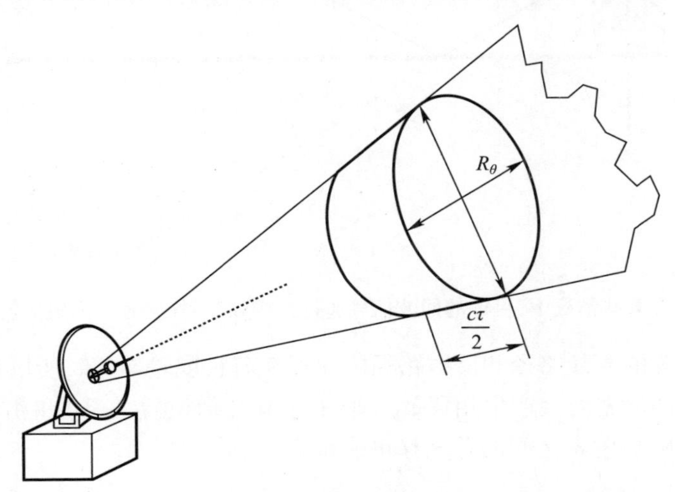

图 2.33　雨杂波是雷达三维分辨单元中的雨滴对雷达信号的散射

雷达三维分辨单元可以采用与计算地物杂波时类似的参数表示为

$$v=\frac{c\tau}{2}R\theta_B R\varphi_B \tag{2.67}$$

考虑到在其方位和俯仰上都有因数 $1/\sqrt{2}$，设雨水反射系数为 η（以 m^2/m^3 为单位），则雨杂波的等效雷达散射截面积可以表示为

$$\sigma_r=\frac{c\tau}{2}R^2\ \frac{\theta_B\varphi_B}{2}\eta \tag{2.68}$$

与体积相关的反射系数 η 可表示为

$$\eta=6\times10^{-14}r^{1.6}\lambda^{-4} \tag{2.69}$$

式中：r（雨水）为每小时的降雨量（以 mm/h 为单位），小雨 $r=1$ 或 2mm/h，大雨 $r=4$mm/h，暴雨 $r=6$mm/h。

2.2.3.3 波瓣效应

在实战环境下，雷达的作用距离会受到地表或海面的强烈影响，如果这些表面相对于雷达波长不是过于粗糙，可将其视为镜面反射体，雷达所探测的信号不仅是真实目标的反射回波，还有其相对于地表或者海面的反射镜像，如图 2.34 所示。

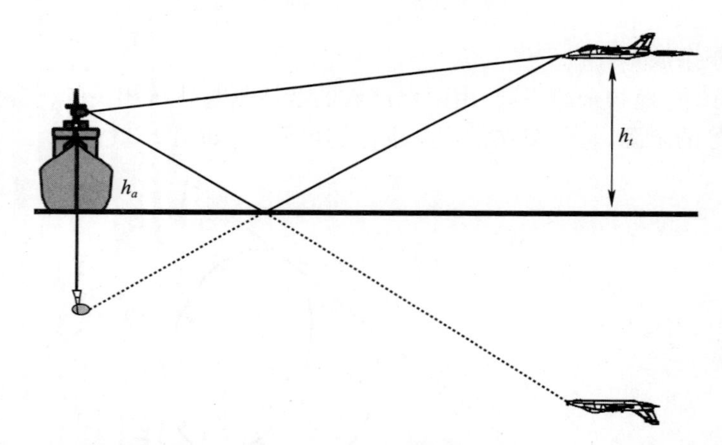

图 2.34 在某些情况下，目标的回波信号通过直接和反射（多径）两条路径到达雷达

由于目标的直接路径和反射路径之间存在着长度差异 ΔR，所以目标回波与其反射镜像回波之间会产生相移 $\Delta\varphi$（取决于其几何位置关系）和相移 φ_s（取决于其反射效应），两者之间的总相移可表示为

$$\varphi=\varphi_s+\Delta\varphi\approx\varphi_s+\frac{2\pi}{\lambda}\Delta R \tag{2.70}$$

随着几何位置关系的变化，直接路径和反射路径上的雷达波合成信号将依

据其叠加时是同相还是反相,呈现出增强或衰减,这使得雷达作用距离的估算值随之增大或减小。此现象主要取决于反射系数,而反射系数又取决于地表性质或海面状态。

根据电磁波传播理论,复反射系数 ρ 可表示为[12,13]

$$\rho = \rho_s \rho_r \rho_d \exp(j\varphi_s) \tag{2.71}$$

式中:$\rho_s \exp(j\varphi_s)$ 为镜面反射系数;ρ_r 为地面粗糙引起的散射系数;ρ_d 为反射波衰减的因子,源于地球曲率引起的波束发散。

镜面反射系数的计算公式取决于其极化方向,对于水平极化,计算公式为

$$\rho_s \exp(j\varphi_s) = \frac{\sin\varphi - \sqrt{\varepsilon_c}}{\sin\varphi + \sqrt{\varepsilon_c}} \tag{2.72}$$

对于垂直极化,计算公式为

$$\rho_s \exp(j\varphi_s) = \frac{\sqrt{\varepsilon_c}\sin\varphi - 1}{\sqrt{\varepsilon_c}\sin\varphi + 1} \tag{2.73}$$

式中:φ 为掠角。复介电常数为

$$\varepsilon_c = \varepsilon_r - j60\lambda\sigma_c \tag{2.74}$$

式中:实部为相对介电常数 ε_r;虚部为波长 λ 和表面电导率 σ_c 的函数。

图 2.35 为垂直极化和水平极化条件下,对应于不同波长,海面所引起的相移和镜面反射系数与掠角之间的关系。

对于海平面来说,考虑到表面粗糙度的影响因子 ρ_r(<1)可由波浪高度的均方根值 σ_h 来表示,即

$$\rho_c = \exp[-2(2\pi\sigma_h\varphi/\lambda)^2] \tag{2.75}$$

只有在对远距离目标进行探测时,才需考虑地球表面曲率的发散因子 ρ_d(<1),雷达辐射信号将通过直接和镜面反射两条路径到达目标。

考虑到反射系数及其相对相位,两条路径上信号的电场将叠加,有

$$E = E_d\cos\omega t + \rho E_d\cos(\omega t + \varphi) = \mathrm{Re}[E_d e^{j\omega t}(1 + \rho e^{j\varphi})] \tag{2.76}$$

如果假设 $\rho = 1$,当

$$\varphi = (2k+1)\pi \tag{2.77}$$

电场将消失;当

$$\varphi = 2k\pi \tag{2.78}$$

电场将加倍,其中 $k = 1,2,3,\cdots$。

在实际传播条件下,定义传播因子 F_p 为实际情况下入射到目标上的电场与

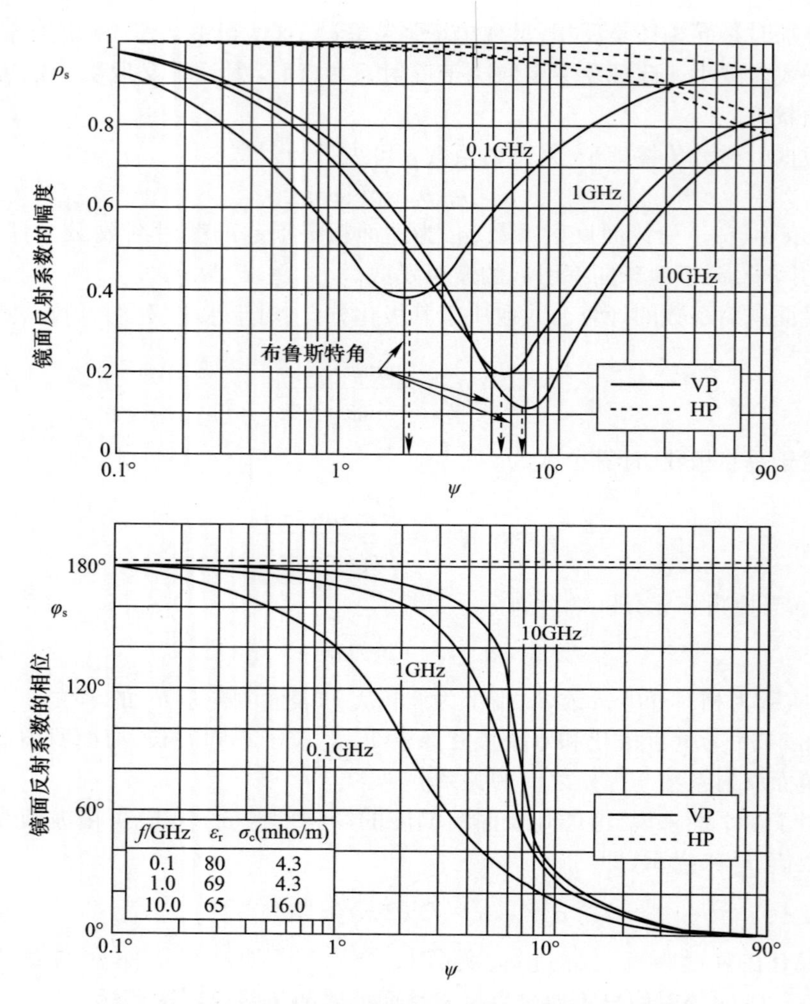

图 2.35 在水平和垂直极化下，平静海面相对于不同掠角、频率的镜面反射系数的幅度和相位

自由空间中（此时仅存在直接路径上的雷达波）电场的比值，即

$$F_p = \left| \frac{E_d e^{j\omega t}(1 - \rho e^{j\varphi})}{E_d e^{j\omega t}} \right| = |1 - \rho e^{j\varphi}| \tag{2.79}$$

当 $\rho = 1$，实际情况下的最大信号功率将是自由空间中的 4 倍，因此，在实际条件下，辐射到目标上的功率密度函数为

$$p = P_{FS} F_p^2 \tag{2.80}$$

式中：P_{FS} 为理想自由空间下的功率密度。

目标的二次辐射信号是通过直接和镜面反射两条路径到达雷达，为了根据理想情况进行修正，此处也需要乘以函数 F_p。综上所述，实际环境中的雷达信号可表示为

$$S = S_{FS} F_p^4 \tag{2.81}$$

式中：S_{FS}为自由空间中的雷达信号。最后，雷达距离方程修正为

$$R_{\max}^4 = \frac{N_i P_T N G_T G_R \sigma \lambda^2}{(4\pi)^3 kTBF\ (S/N)_{P_{dfa}} L_t L_m L_x L_{Tx} L_{Rx} L_{atm}} F_p^4 \tag{2.82}$$

当 $\varphi = 2k\pi$ 时，出现信号峰值（此时也是功率峰值），其值是自由空间中峰值的 16 倍；当 $\varphi = 2k\pi + 1$ 时，信号为最小值。

对于垂直极化和小掠角，由反射引起的相移 $\varphi_s = \pi$，此时的极大值条件为

$$\varphi = \pi + \frac{2\pi}{\lambda}\Delta R = 2k\pi \tag{2.83}$$

从图 2.37 可看出，ΔR 可以表示为

$$\Delta R \approx 2h_a \sin\theta_t \approx 2h_a \frac{h_t}{R} \tag{2.84}$$

因此，极大值条件为

$$2k\pi = \pi\left(1 + 2\frac{2h_a h_t}{\lambda R}\right) \tag{2.85}$$

或

$$\frac{4h_a h_t}{\lambda R} = 2k - 1 \tag{2.86}$$

同样，也可得到极小值条件为

$$(2k+1)\pi = \pi\left(1 + 2\frac{2h_a h_t}{\lambda R}\right) \tag{2.87}$$

或

$$k = \frac{2h_a h_t}{\lambda R} \tag{2.88}$$

图 2.36 所示为不同距离、目标、频率和天线高度对应的 F_p 数值；图 2.37 所示为利用波瓣效应修正过的雷达威力图。

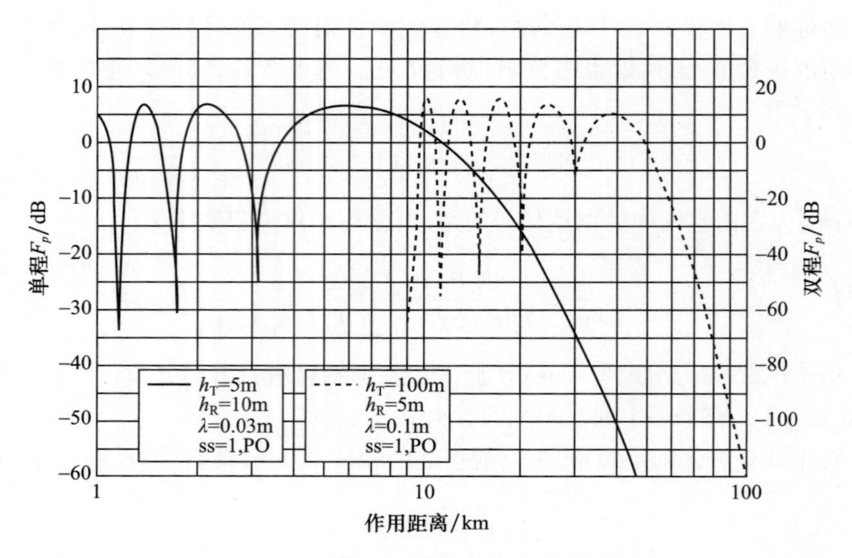

图 2.36　传播因子 F_p^2（单程）和 F_p^4（双程）

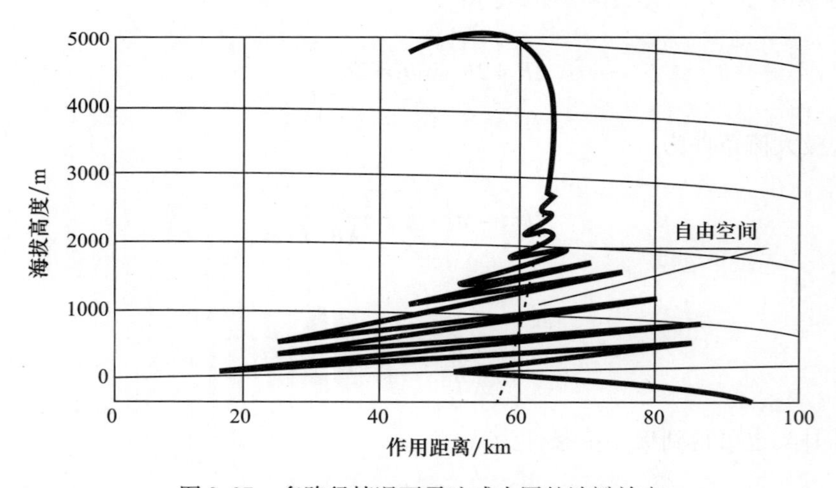

图 2.37　多路径情况下雷达威力图的波瓣效应

2.2.3.4　雷达直视距离

由于地球是一个球体，雷达波不能到达地球表面上距离辐射源很远的地点。在自由空间中，雷达射线（波前的正交射线）和光线一样都是直线。然而，当雷达波穿越地球大气层时，由于大气折射率随着海拔高度的增加而减小，因此，雷达射线向下弯曲，这意味着高度相等的情况下，雷达的直视距离超出了光学直视距离。

在标准大气条件下，已经证明，如果将地球表面视为具有等效半径（地球真实半径的4/3）的球面，则雷达射线仍可按直线处理。因此，在雷达波段有

$$R_e = \frac{4}{3}R_T = \frac{4}{3} \times 6.382 \times 10^6 = 8.509 \times 10^6 (\mathrm{m}) \tag{2.89}$$

从图2.38可以看出，雷达直视距离 R_H 为

$$R_H = \sqrt{(R_e + H_R)^2 - R_e^2} \cong 4.123 \times \sqrt{H_R} \tag{2.90}$$

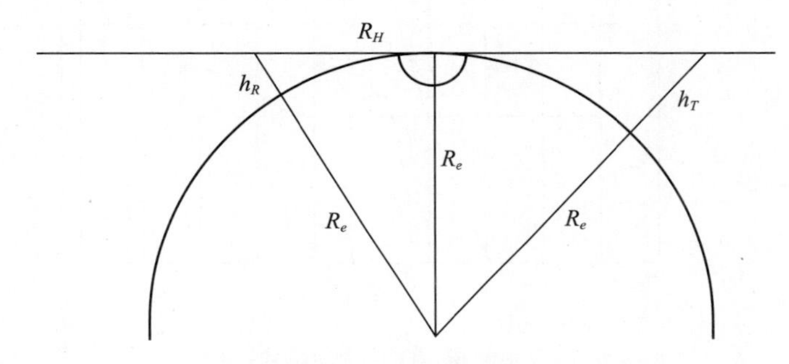

图2.38　雷达直视距离

与光线类似，雷达射线也可能被不透明的障碍物阻挡（阴影效应），但是，由于障碍物边缘存在衍射效应，故在障碍物形成的阴影区，仍然可以检测到电磁场的存在。如图2.39所示，对该现象理论解释来自惠更斯原理，并基于以下考虑：到达障碍物的波前一部分被阻挡，而其余部分则沿障碍物边缘绕射过去。

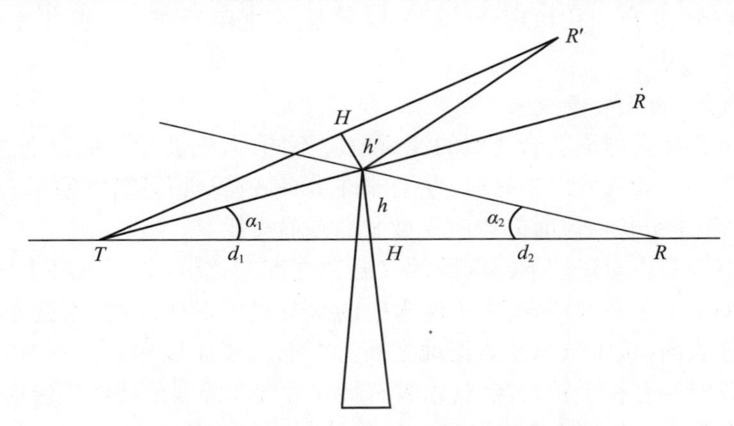

图2.39　障碍物对雷达射线传播的影响

理论计算结果[14]可以依据图2.40进行拟合，其中障碍物导致的衰减为无量纲参数 v 的函数，v 的计算公式为

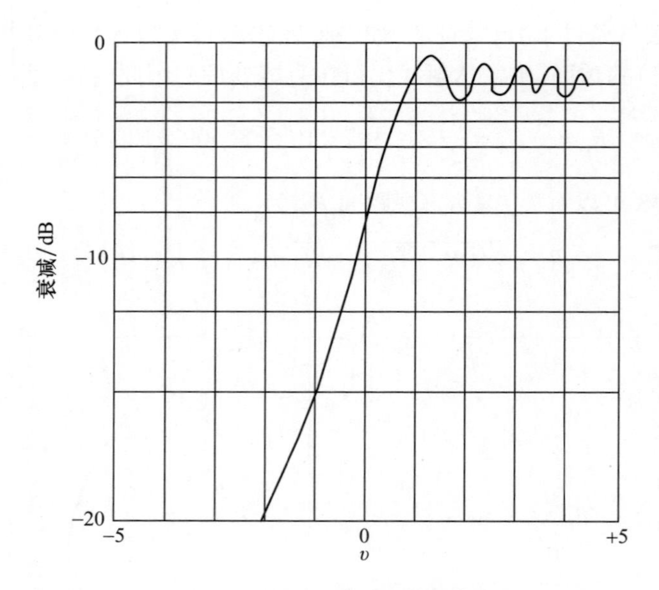

图 2. 40　障碍物导致的衰减

$$v = \pm h \sqrt{\frac{2}{\lambda}\left(\frac{1}{d_1} + \frac{1}{d_2}\right)} = \pm \sqrt{2 \frac{h}{\lambda}(\alpha_1 + \alpha_2)} \tag{2.91}$$

式中:参数的物理意义如图 2. 39 所示。

V 在点 H 处于障碍物之外(当障碍物没有截断视线)时取正号,当考虑地球的曲率影响时,也可应用该理论。通常情况下,超视距的衰减作用可通过适当修正参数 F_p 来考虑。

2. 2. 3. 5　大气波导效应

与只要存在反射面就会产生的波瓣效应不同,大气波导效应仅在特定大气条件下产生。当天气状况良好时,在全球许多海域,异常传播现象(大气波导效应)会在一年中很长一段时间内改变微波的传输损耗。

大气波导是由对流层下部区域的气温和湿度变化引起的,三种主要类型的大气波导如下。①蒸发波导,由于海水中的水分蒸发形成;②表面波导,存在于空气和海洋表面(或空气与地表湿地之间)之间,由于温度和湿度不连续性而形成;③悬空波导,存在于较高空域,由具有特殊温度和湿度的持续气流形成,在某些特定季节存在于地球上某些地区。

相对湿度从海天交界面(相对湿度的 100%)开始,垂直向上逐渐减小,从而导致空气折射率在垂直方向上迅速降低。低空折射率的这种变化可以向下折射微波能量,并因此产生引导微波传输的效应(大气波导效应),图 2. 41 所示[8]。

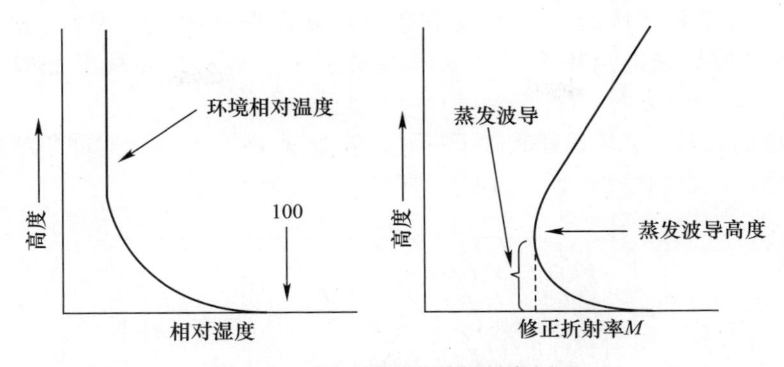

图 2.41　相对湿度及其折射率剖面

对于满足波导条件的导行模,其传输损耗近似为 0,即所谓的捕获传播。在这种情况下,为简单起见,可以用 $1/(4\pi R^{\alpha+1})$ 替代标准传输损耗公式中的 $1/(4\pi R^2)$,其中 α(波导衰减系数)可以从接近于 0(捕获条件下)变化到大于 1,这取决于几何形状、波导高度和海况条件,如图 2.42 所示[15]。如果 α 大于 1,则其传输损耗高于标准大气条件。

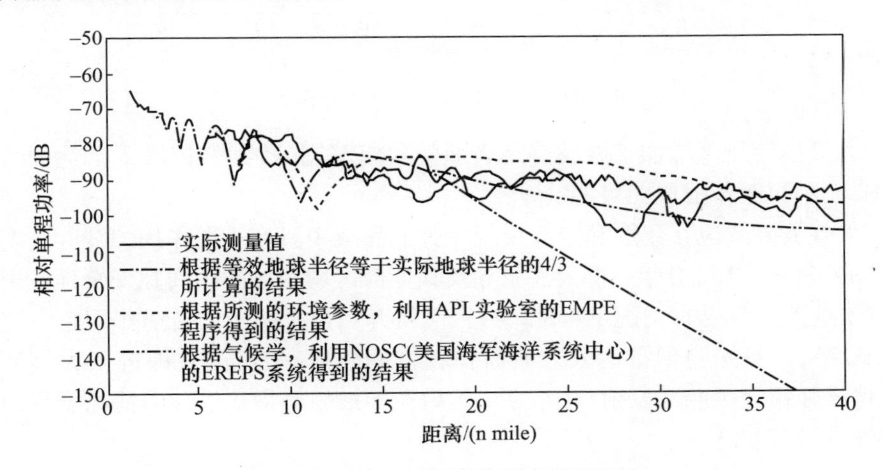

图 2.42　存在大气波导条件下的传播

与真实中电磁波波导相类似,大气波导中存在一个与波导高度相关联的临界波长,超过此波长的电磁波将无法正常传输,其在大气波导中传输会发生严重损耗。

蒸发波导的强度通常由波导高度来描述,波导高度定义为其修正折射率达到其最小值时所对应的高度。

将临界波长与波导高度相关联,以便知道具有低损耗传输特征的频带宽度。大气波导区域的截止效应不像真实波导那样明显。通常，波导高度越高，大气波导在适当频率下捕获的能量越多。蒸发波导高度一般约为数十米。

考虑到入射角必须保证其向下折射微波能量，故大气波导对仰角超过1°微波的传输特性影响极小，如图2.43[17]所示。

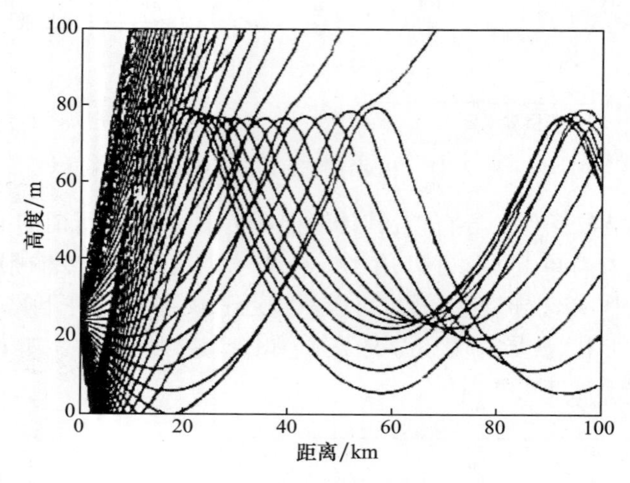

图2.43 不同仰角下的微波射线轨迹

大气波导显著增加了微波链路表面的覆盖范围，特别是扩展了雷达的可视范围，使超视距作战成为可能。

大气波导效应在舰舰和空舰反舰导弹的作战中具有重要作用，实际上，实施进攻的飞机可以利用存在于大气波导及其上部区域间的能量间隙安全地发射导弹打击舰艇。在这种情况下（图2.44），飞机开始位于船舶的雷达作用距离之外（飞机1），一旦探测到雷达散射截面积较大的舰艇，飞机就立即进入大气波导内，将导弹锁定舰船并发射（飞机2），然后在不被舰艇雷达发现的情况下飞回到正常区域（飞机3）。

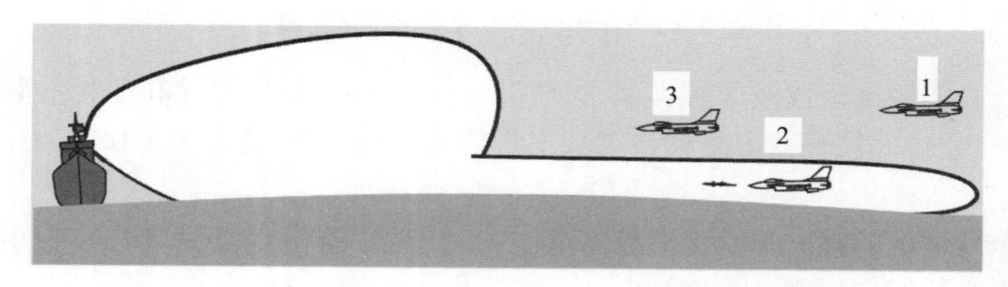

图2.44 利用大气波导效应攻击舰艇

电子战和大气波导效应

要讨论存在大气波导效应时电子战装备的使用方法,比较简便的做法是分别考虑两种不同类别的装备:电子战支援装备和电子干扰装备。

(1) 电子战支援装备。

依据上文所述,在存在大气波导效应的情况下进行面对面作战,以 dB 表示功率信号的雷达方程将变为

$$S_{R_{db}} = P_T + G_T + G_R + \sigma + 2\lambda - (33 + 2R(1 + \alpha) + L_R) \tag{2.92}$$

式中:P_T 为发射功率;$G_T = G_R$,为雷达天线增益;σ 为目标雷达散射截面积;λ 为波长;R 为作用距离;α 为大气波导的衰减系数;L_R 为雷达损耗。

电子战支援装备在自由空间中所接收到的信号功率为

$$S_{\mathrm{ESM}} = P_T + G_T + G_{\mathrm{ESM}} + 2\lambda - (22 + 2R + L_R) \tag{2.93}$$

式中:G_{ESM}为电子战支援装备的天线增益;L_R 为电子战支援装备的极化损耗。

如果存在大气波导效应,式(2.93)变为

$$S_{\mathrm{ESM}} = P_T + G_T + G_{\mathrm{ESM}} + 2\lambda - (22 + R(1 + \alpha) + L_R) \tag{2.94}$$

可以看出,与标准传播条件相比,存在大气波导效应时,雷达(假设 α 接近 0,信号功率约增加 R^2 倍)和电子战支援装备(信号功率约增加 R 倍)将显著增加其探测距离。

雷达的最大作用距离会受到仪器参数 PRF 的限制,因此可以推断:电子战支援装备在大气波导效应下比雷达受益更多。

(2) 电子干扰装备。

在面对面作战时,远距离支援干扰装备可以充分利用大气波导效应的,此时,干扰机通过旁瓣来对抗雷达探测。当大气波导效应出现时,干扰机中侦察设备接收的雷达旁瓣辐射信号将比标准传播条件下强烈得多,这使得侦察设备可更好地进行信号分析。此外,当干扰机向雷达旁瓣辐射电磁波时,在大气波导效应作用下,干扰信号将比标准传播条件强得多。

在面对面自卫作战情况下,如果自卫干扰机距离较远,大气波导效应可能对自卫干扰机造成严重的问题。实际上,通过分析标准传播条件下干扰信号与雷达信号之比(J/S),可得(见 5.2.3.2 节)

$$J/S = \mathrm{ERP}_J + 11 + 2R - \mathrm{ERP}_R - \sigma - L_p \tag{2.95}$$

式中:ERP_J 为干扰机的有效辐射功率。

在存在大气波导效应的情况下,J/S 的表达式为

$$J/S = \mathrm{ERP}_J + 11 + R(1 + \alpha) - \mathrm{ERP}_R - \sigma - L_p \tag{2.96}$$

可以从中明显看出：相比于式(2.95)，J/S 减小了，当 α 接近 0 时，J/S 减小的倍数接近于雷达作用距离。

例如，如果在距离为 10000m 时自卫干扰的 J/S 为某一值，则在相同的作用距离下，该 J/S 值会因大气波导效应而减少到原来的 10000 分之一，有源电子干扰装备的性能将因此严重退化。

末端攻击的情况与此截然相同，事实上，大气波导效应在近程可以忽略不计，如图 2.43 所示，在这种情况下，只要所选用的电子干扰装备本身在近距离作战中有效，那么自卫干扰完全可以成功地对抗掠海飞行导弹。

2.2.3.6 实际环境中的雷达作用距离

为了计算雷达在实际环境中的作用距离，2.2.3.5 节中描述的所有现象都必须考虑。当依据 2.2.3.5 节中的方法计算了自由空间中信噪比(图 2.45)之后，还必须对大气和降雨引起的额外衰减进行修正。由于使用动目标检测或频率捷变技术，信号的信噪比(S/N)可能会衰减，这也必须在图中标绘出来。此外，考虑到可能存在的反射表面和雷达直视距离的影响，还需要通过引入传播函数 F_p 来修正信噪比。

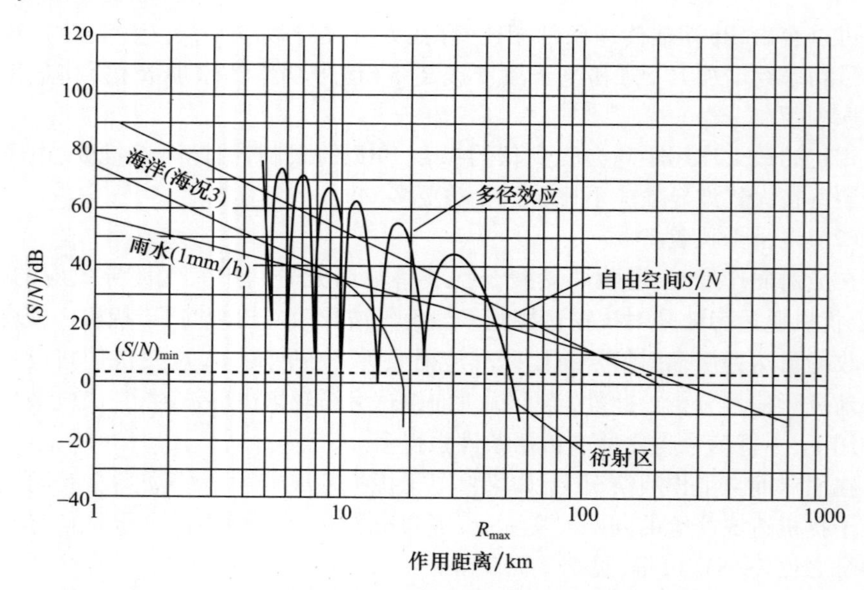

图 2.45　实际使用环境中的雷达作用距离计算

当目标的信噪比高于系统所允许的 SNR 最小值和杂波干扰时，即认为雷达可视。针对不同高度的目标进行迭代计算，可以生成实际使用环境中的雷达威力图。

2.2.4 雷达技术

目前,已研发一些新技术来解决由实际环境和目标雷达散射截面积变化(如杂波、海面反射、目标起伏等因素)而产生的问题,这些技术主要如下。

(1) 动目标显示(MTI)技术,可将杂波所引起的回波降至最小;

(2) 恒虚警率(CFAR)技术,可使接收机能够匹配接收到的信号,以保持恒定的虚警率;

(3) 频率捷变技术,可以在脉冲间或以多个脉冲为基础的脉组间改变发射机载波频率;

(4) 脉冲压缩技术,可使用编码脉冲传输以增加距离分辨率。

2.2.4.1 动目标显示技术

动目标显示设备是基于多普勒效应的频率滤波器,具有一定径向速度的目标的回波可以通过该滤波器,并削弱固定目标、慢速移动目标和背景杂波的回波。

当频率为 f 的雷达脉冲辐射到以径向速度 V_R 运动的飞机时,雷达接收到二次辐射回波频率为

$$f_r = f + f_d \tag{2.97}$$

$$f_d = 2\frac{V_R}{\lambda} \tag{2.98}$$

$$\lambda = \frac{c}{f} \tag{2.99}$$

式中:f_d 为多普勒频率;λ 为雷达载波的波长。

通过相干方式检测雷达脉冲(通过与发射波形相干的本地振荡器将雷达脉冲引入到基带),可以获得双极性视频显示,如图 2.46 所示,其中脉冲重复频率为

$$F_R = \frac{1}{T} \tag{2.100}$$

显然,多普勒频率明显低于雷达脉冲频率。当这些脉冲通过图 2.47 所示的频率响应电路时,固定目标回波的多普勒频率为 0,因而被削弱,而来自移动目标的回波则可以通过滤波器。

如图 2.47 所示,若

$$f_d = \frac{1}{T} = F_R \tag{2.101}$$

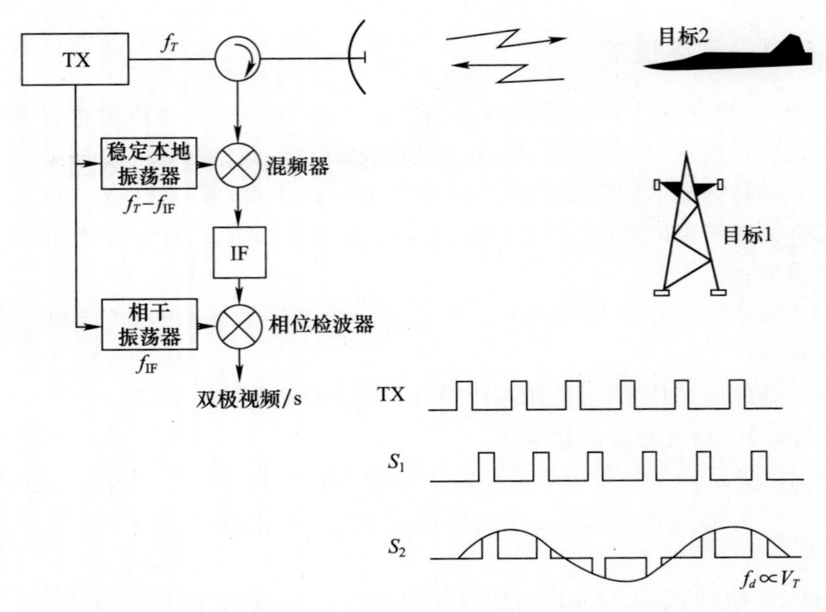

图 2.46　相干雷达的双极性视频输出（对于固定目标，振幅为常数；对于移动目标，振幅以多普勒频率振荡；TX－发射机）

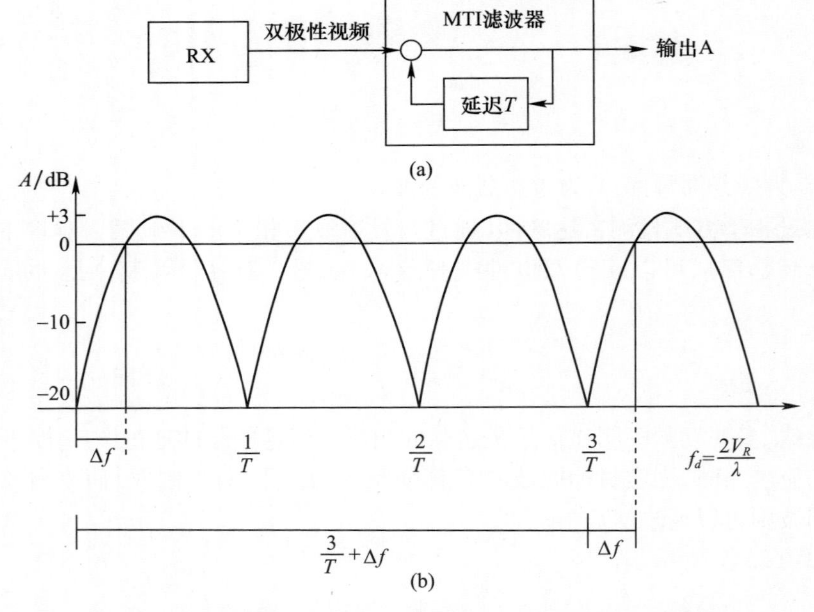

图 2.47　单延迟线动目标显示响应曲线（对于重频较低的雷达，若多普勒频率高于雷达重频，则会产生测速模糊）

则滤波器输出再次为零，其相应的速度称为“盲速”。对于更高速度目标的回波，可再次通过，因为滤波器具有不断重复的、类似横跨桥梁的连续通带。当目标速度产生的多普勒频率位于第一通带时，测得的多普勒频率f_{dmeas}表示目标的径向速度。然而，脉冲雷达以重复频率F_R进行采样来测量多普勒频率，所以无法判断测得频率是与目标径向速度相对应的多普勒频率，还是该多普勒频率与若干倍F_R之差，即

$$f_{dmeas} - nF_R \tag{2.102}$$

为消除这类测试模糊，需要使用足够高的雷达重频，使其高于目标以最高速度飞行时产生的多普勒频率；然而，若雷达重频过高，又将导致测距模糊。事实上，若

$$R_{max} = \frac{c}{2}\frac{1}{F_R} = \frac{c}{2}T \tag{2.103}$$

则所有距离小于R_{max}的目标与雷达所测距离是一一对应。但如果目标距离为

$$R_1 = \frac{c}{2}(T + \Delta T) \tag{2.104}$$

或

$$R_n = \frac{c}{2}(nT + \Delta T) \tag{2.105}$$

则雷达所测距离为

$$R = \frac{c}{2}\Delta T \tag{2.106}$$

为避免这种测距模糊，雷达重频应足够低，以确保感兴趣的目标都在距离R_{max}内。

在实践中，雷达必须解决测速模糊或测距模糊。为了避免测速模糊，$\frac{1}{T}$应该足够高，但如果$\frac{1}{T} = F_R$，非常高，除非大大减小雷达探测范围，否则又会产生测距模糊。例如，在 3GHz 频率下，对于以 1Ma（速度为 340.3m/s）移动的目标，可得

$$f_d = \frac{2V_R}{\lambda} = \frac{600}{0.1} = 6\text{kHz} \tag{2.107}$$

一个设计探测距离为 150km 的雷达，对应回波返回时间为 1ms，为避免测距模糊，其重频需要小于 1000Hz。但在这种情况下，为了避免测速模糊，最大可接受

的目标速度所对应的多普勒频率必须等于1000Hz，而这只是所要求速度的1/6。

为了消除盲速问题，可以采用雷达重频参差技术——一种可使雷达重频按照特定规则变化的技术。如图2.48所示，这种技术可以"填补"动目标显示滤波器中与雷达重频倍数相对应的多普勒频率处所出现的"凹洞"。

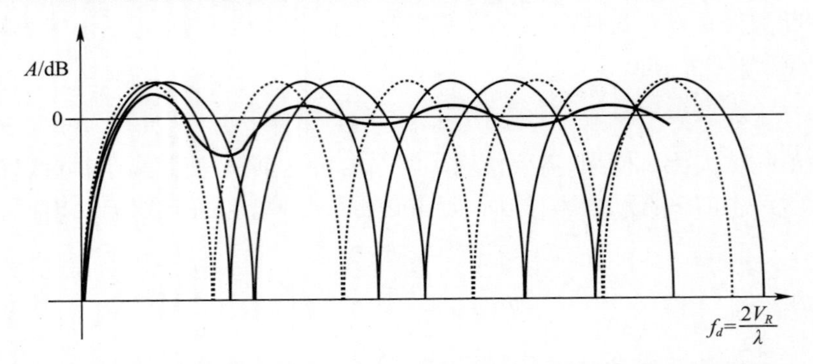

图2.48　若采用变化的雷达重频，动目标显示的平均输出就不会出现盲速

前面示例使用的是一种具有单延迟线的滤波器，它是一种简单的动目标显示延迟线对消器，需要两个雷达回波（两个脉冲重复间隔）才能达到稳态状态。这种滤波器比较简单，但存在以下缺点：由于可能包含因树木被风吹动而产生的回波，因此地面杂波不固定，并且其频谱具有一定的宽度，如图2.49所示。

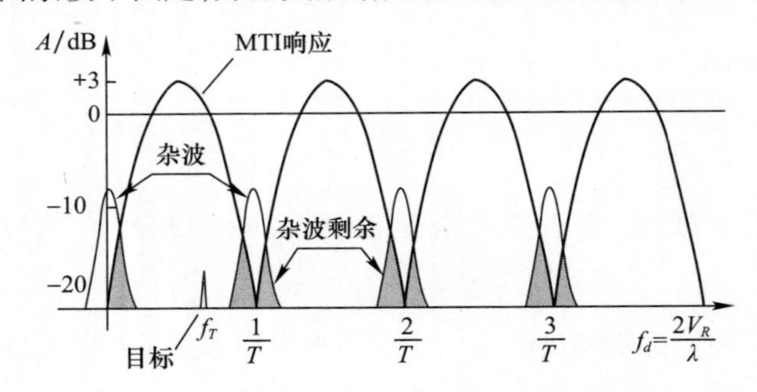

图2.49　由于杂波具有相对宽的频谱，良好的动目标显示须在杂波载频周围显示足够宽的零位

这意味着图2.49中阴影区域不会被完全消除，并且可能产生一个比所测目标信号更强的信号。这就需要使用具有更多延迟线的动目标显示滤波器，将滤波器中具有不同延迟的各单元以某种方式加权，使得滤波器的响应与要消除的杂波相匹配。

图2.50所示为动目标显示两次对消器（两个单延迟线对消器）的工作情况，这种滤波器需要三个采样脉冲才能获得一个有效输出，其消除杂波的能力明

显得以加强。

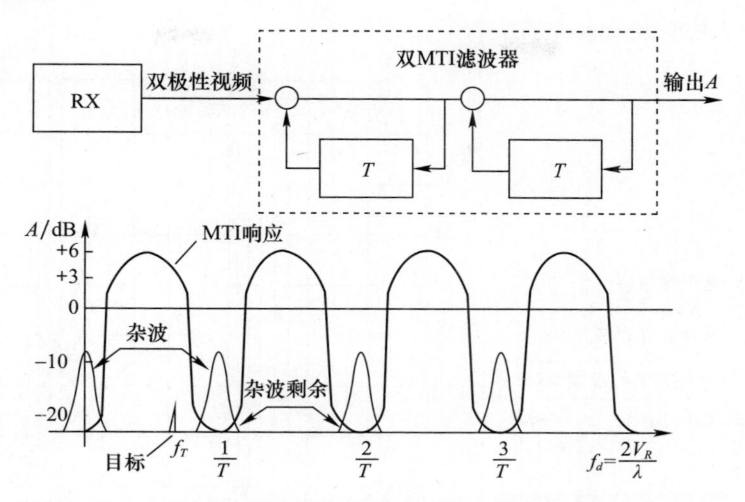

图 2.50　与单延迟动目标显示相比，双延迟对消器可在比较宽的频谱范围内更好地消除杂波

动目标显示越复杂，杂波对消效果就越好。然而，随着到达动目标显示稳态条件所需的采样脉冲数量的增加，该数目可能过高并导致雷达无法利用其他技术（如脉冲串频率捷变技术）。

动目标显示设备主要用于探测回波信号弱于杂波信号的目标，利用动目标显示可获得的杂波中可见度（SCV）定义为：在给定的与噪声相对应虚警率和探测概率下，当动目标显示输出端可检测到目标时，其输入端的杂波功率与信号功率之比。与噪声类似，假设已采取措施对杂波剩余进行了去相关处理。通常用改善因子 I 来测量动目标显示滤波器的有效性，其定义为：信杂比（S/C）经动目标显示滤波器传递后的增加值，即

$$I=\frac{S_o/C_o}{S_i/C_i}=\frac{C_i}{S_i}\frac{S_o}{C_o} \tag{2.108}$$

如上所述，S_o/C_o 一定等于$(S_i/C_i)_{\min}$，所以有

$$I=\frac{C_i}{S_i}(S/N)_{\min}=\text{SCV}\ (S/N)_{\min} \tag{2.109}$$

雷达可能取得的改善因子 I 既取决于内部元件，如接收－发射电路的时间和相位稳定性；也取决于外部因素，如所需对消的杂波的稳定性、动目标显示类型（单延迟线、双延迟线或三延迟线）、PRF 和 RF 频率。

图 2.51 给出了各种类型的动目标显示及其频率响应曲线,图中可能获得的改善因子 I 是滤波器种类的函数[18]。

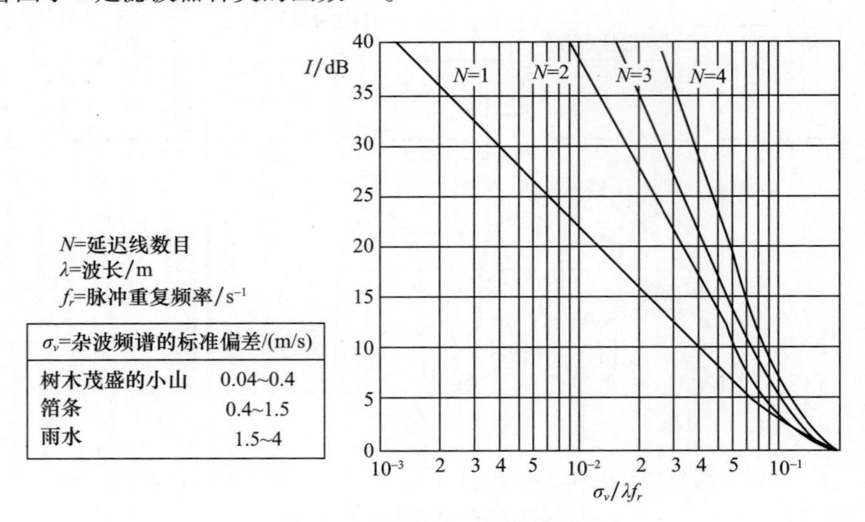

图 2.51 改善因子 I 和动目标显示类型

如果实现动目标显示所需的采样脉冲数目较多,就有可能与使用频率捷变技术发生冲突。为了完全消除杂波,雷达必须保持其所有参数在整个动目标显示工作期间维持不变,特别是其频率,如果雷达频率改变了,杂波特性也会改变,这意味着直到再次处理完其所需的所有采样脉冲后,才能认为动目标显示的输出是正确的。图 2.52 所示为采用双延迟线对消器的雷达,每隔 10 个脉冲改变频率,其信号损耗为 20%。

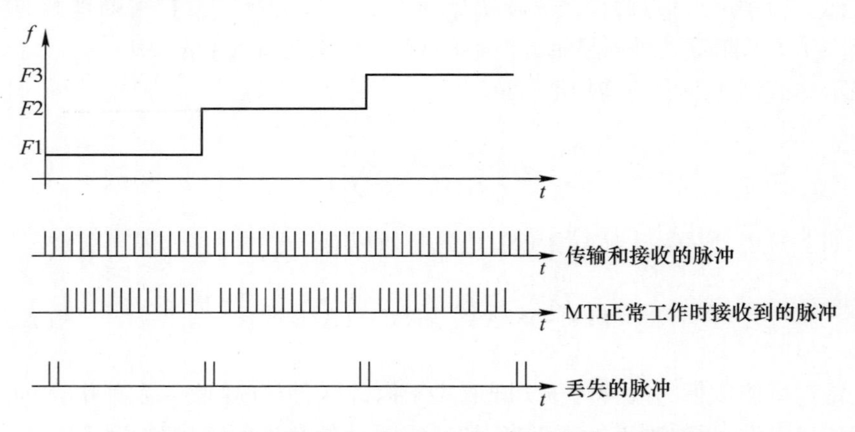

图 2.52 脉冲分组的动目标显示(此时可使用频率捷变技术,但丢失了动目标显示在稳定状态下必须的脉冲)

从图 2.46 可看出，如果在动目标显示滤波器之前对多普勒信号进行相检处理，则存在一些初始相位和多普勒频率，对两个连续脉冲的滤波器响应为零，这与固定杂波的情况类似。因此，具有这些多普勒频率的有用信号会由于相位不太明显而不再可见。这种现象称为“盲相”，会造成 3dB 的平均损耗。

在更加复杂的雷达中，可采用既有同相输出 I 又有正交输出 Q 的相干检波器来避免此损耗，如图 2.53 所示，在滤波器输出端，这些信号被重新组合，其模数为

$$s = \sqrt{I^2 + Q^2} \tag{2.110}$$

这种方式可以恢复 3dB 损耗，由于此时也必须处理 Q 通道，所以需要采用两个动目标显示电路。

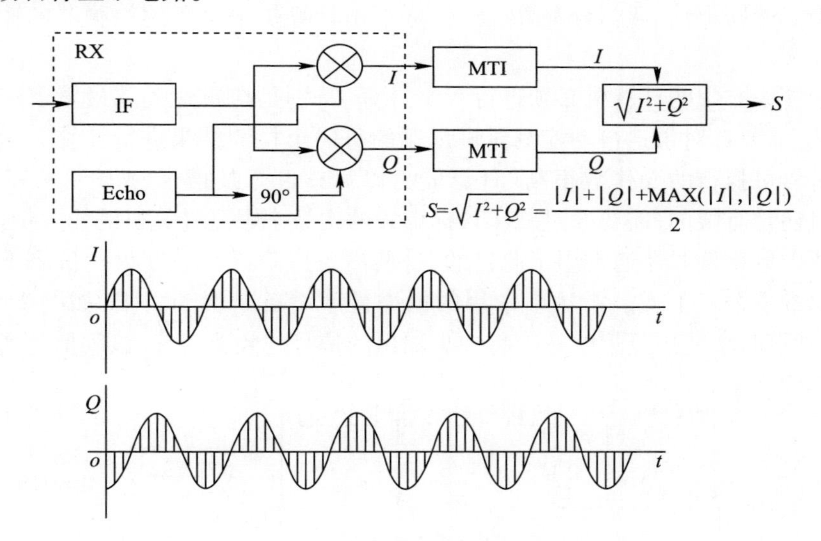

图 2.53　盲相的消除

2.2.4.2　恒虚警率接收器

在简单的雷达中（如民用导航雷达），操作员通过观察 PPI 的 CRT 所显示的信号强度，并根据其在角度和距离坐标上所显示的光点的余晖和持续时间，判断其是否真实目标，显然，操作员需要一些时间才能判定。

军事雷达预警中心必须在存在友方飞机的情况下，侦测出半径在 100 ~ 500km 范围内的空中威胁，特别是低空高速飞行目标的威胁，因此不能接受人工判定这种工作模式。

对于军用雷达预警中心来说，要完成的任务包括：甄别出真正的威胁，筛选出威胁最大的目标，并将其指示给各种武器系统予以还击（包括协调拦截机、捕

获目标、设置跟踪回路、调整机枪或导弹发射器、适时开火)。这些任务对于手动操作员过于繁重,为了能够自动执行这些任务,雷达需要更加复杂的设备。

首先,在接收机的输出端,需要将接收和检测到的信号与第一阈值进行比较,该阈值可以是固定阈值,更多的是自适应阈值,其功能是保证那些具有很高概率代表真实目标的信号得到专门处理。

在最精密的雷达系统中,第一个检波器之后通常紧跟一个称为自动检测器的复杂电路。借助这个设备,操作员面对的 PPI 上所显示的不再是需要其解读的原始视频,而是经过各种综合及相关处理后的合成视频。这时,操作员可以确信所有可见信号都代表真正的目标。于是,在态势不是特别复杂的情况下,操作员或每个负责雷达显示屏的操作员可以借助计算机的帮助,对战场态势做出正确判断。威胁评估、武器分配等上述任务都由计算机根据雷达检测器的输出来迅速完成。

预警中心中的计算机必须进行大量计算,特别是与雷达关系最紧密的计算机分区,需要针对雷达自动检测器输出端的每一个检测结果进行计算。尽管计算机每秒可执行的操作数很高[计算能力以每秒百万条指令(MIPS)表示],但该数目还是有限的,需要通过减小目标虚警的次数来限制计算机的输入量。

恒虚警率接收器通常用于此目的,这些设备以降低灵敏度为代价来维持雷达输出的虚警率不变。雷达中常用的恒虚警率设备是自动门限,如图 2.54 所示,这种接收机使用延迟线矩阵将中央输出的信号与阈值对比,该阈值是通过对

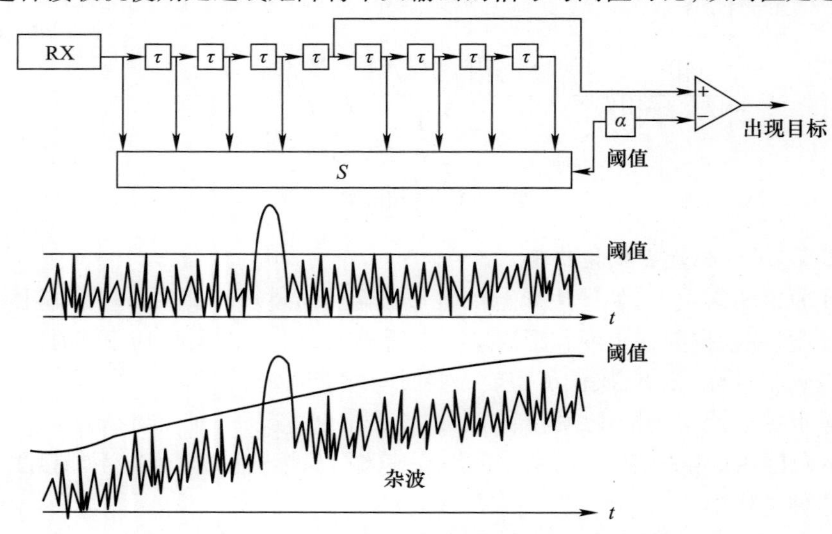

图 2.54　自动门限设备能产生高于噪声和杂波剩余的自适应阈值,使雷达接收机具有恒虚警率特性

雷达距离分辨单元两侧的感兴趣信号求平均值后再乘以因子 α 得到的。这种方式得到的阈值是自适应的:当接收机中噪声或者存在杂波剩余时,阈值也会增加,从而保持虚警率恒定[19]。

如果没有这个装置,处于特定区域的干扰机将足以使自动检测器或紧随其后的计算机达到饱和,从而完全降低雷达的工作性能。

电子战设备的设计者应该清楚地理解这一点。为了能够应对现代低空高速飞行目标的威胁,防空雷达中心必须配备自动检测器和功能强大的计算机;而电子对抗措施则包括迫使雷达失去那些保障其正常工作的功能(动目标显示,恒虚警率阈值和自动检测器等),或者降低这些功能实现的成功率。

2.2.4.3 频率捷变

频率捷变技术是指在大于中心频率 10% 的频带内改变脉冲或脉组间的雷达载波频率。频率分集是其中的一种特殊情况,即采用频段内的预置频率作为脉组的发射载波频率。

虽然频率捷变在技术上实现难度较大,但与固定频率工作模式相比,其性能得到了极大改善,具体表现如下:

① 在其他参数不变的情况下,作用距离可增加 35% ;

② 可在不使用动目标显示的情况下抑制杂波;

③ 可抑制跟踪雷达的闪烁;

④ 可抑制或消除波瓣;

⑤ 可抑制跟踪雷达的摆动;

⑥ 可提高抗干扰能力。

(1) 增加作用距离。

如前所述,雷达的作用距离取决于达到给定探测概率 P_d 和虚警率 P_{fa} 所需的最小信噪比。图 2.21 所示为一类经过整合后的信噪比值,从该图可看出信噪比值主要取决于被检测目标的类型。该目标可能是球体或导弹这样的非起伏的目标(目标的几何形状比较简单或者非均匀性并不极端),也可能是闪烁目标(具有扫描间起伏特性的目标——第一类 Swerling 模型)。对于后者,在对目标进行一次扫描的过程中,目标初级散射体之间的相对位置可能导致其到达雷达接收机的信号同相,从而产生一个很强的回波;但是,在下一次扫描期间,由于相对位置的改变,初级散射体之间所产生的信号也可能反相,从而产生一个微弱的回波信号,这种类型的目标称为扫描间起伏目标。

如果探测概率要求较高,在平均雷达散射截面积和雷达其他参数相等的条件下,非起伏目标的探测概率 S 远高于扫描间起伏目标的探测概率 S。但是,如果在雷达的目标驻留时间内,目标的雷达散射截面积就像快起伏目标一样不断变化，雷达就会积累多个反射信号，然后产生一个数值上等于与非起伏目标信号累积的信号，如图 2.55 所示。

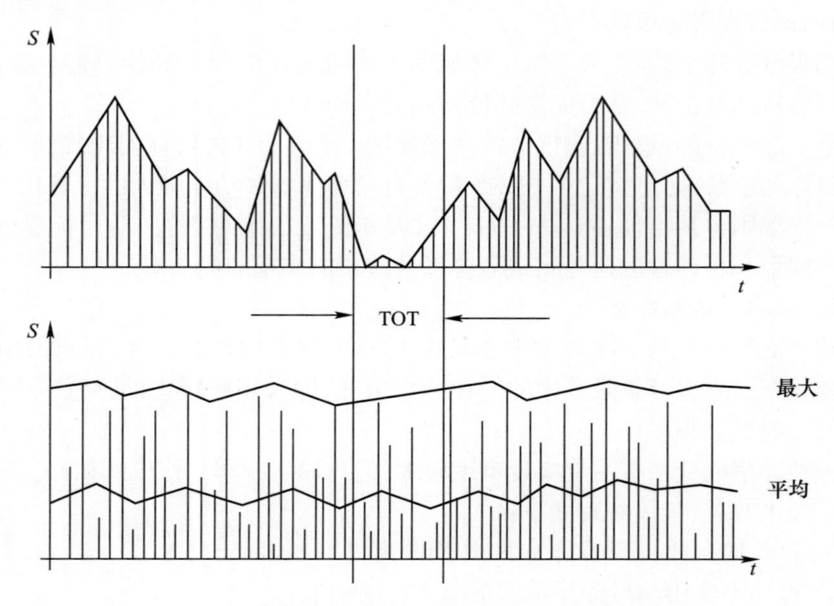

图 2.55 频率捷变对探测概率的影响（在目标驻留时间内，甚至对起伏目标也可保证其平均雷达散射截面积可见）

由于脉冲间的频率捷变会引起波长的变化，其效果使得在目标驻留时间内，扫描间起伏目标变为脉冲间起伏目标（第 2 类和第 4 类 Swerling 模型）。然而，这种情况只有在频差足够高时才会出现。目标的尺寸越大且越不均匀，频率捷变的去相关效果越明显，相关度的表达式为[20]

$$\rho(\Delta f)=\frac{\sin^2(2\pi\Delta f(L\cos\alpha)/c)}{(2\pi\Delta f(L\cos\alpha)/c)^2} \tag{2.111}$$

式中：α 为视轴与尺寸 L 法线方向的夹角；c 为光速（也是雷达信号的速度）。

因此，对于某一给定频率时变模式，可以确定在目标驻留时间内，慢速起伏目标的回波信号有多少可视为去相关的。如果所有回波信号均不相关，则该目标可视为脉冲间起伏目标。

从图 2.55 可以推断，对于 80% 的探测概率来说，由起伏目标转化为快速起伏目标，将导致其所需 $(S/N)_{\min}$ 降低 5.5dB，所以在其他参数相同条件下，雷达作用距离增加 35%。

（2）抑制杂波。

当存在地面杂波（针对某一区域，不是某点）、海杂波、雨滴杂波的情况下，基于上述原因，高度大致相同的目标在雷达驻留时间内，其回波信号和噪声一样，将转化为脉冲间起伏信号，如图2.56所示。因此，对于三维杂波背景中类似于导弹这样的轻微起伏目标，雷达累积器对目标信号的增益 N_i 将大于杂波信号的增益 $\sqrt{N_i}$。这时，频率捷变对杂波的抑制作用可能高达10dB或11dB。

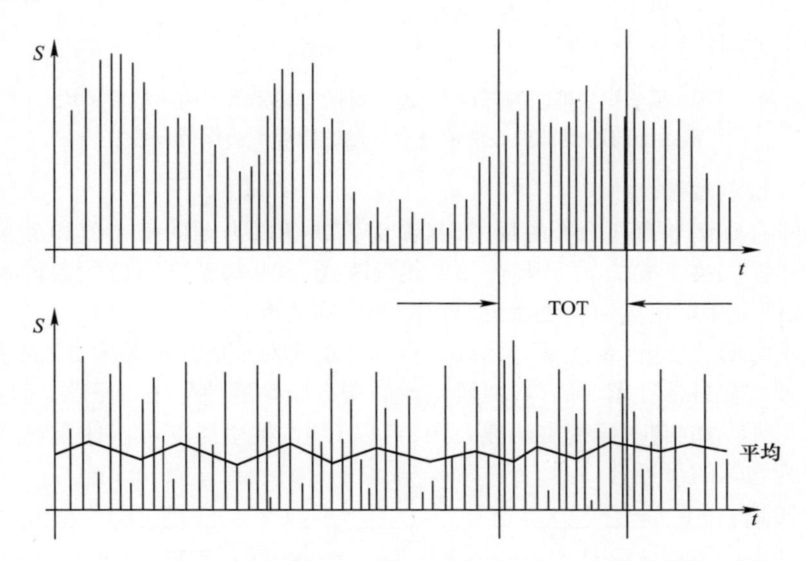

图2.56　频率捷变可去除脉冲与杂波之间的相关性(在目标驻留时间内积累一定数量的回波后，与杂波相比，目标的可见性增加)

频率捷变对于没有装备动目标显示的现代导航雷达非常有用，可以使杂波去相关，从而使目标回波信号相对增强。

(3) 抑制闪烁。

一个目标由许多初级散射体组成，因此，目标回波的表观中心(或雷达回波的有效原点)与物理中心不一致，而是在其周围波动，从而引起角度误差(称为闪烁)，这一误差可表示为

$$\varepsilon_g = \frac{1}{3}\ \frac{L}{R} \tag{2.112}$$

通常，这是一种低频波动，其频谱在实际中可能处于5Hz以下的频带内。

图2.57所示为闪烁误差对时间的依赖性，该误差图形取决于频率，改变发射频率就可改变图形。当脉间频率改变时，闪烁误差可以是允许范围内的随机正值或负值，考虑到跟踪回路的时间不变性，当这些误差平均之后，其影响就会消失。

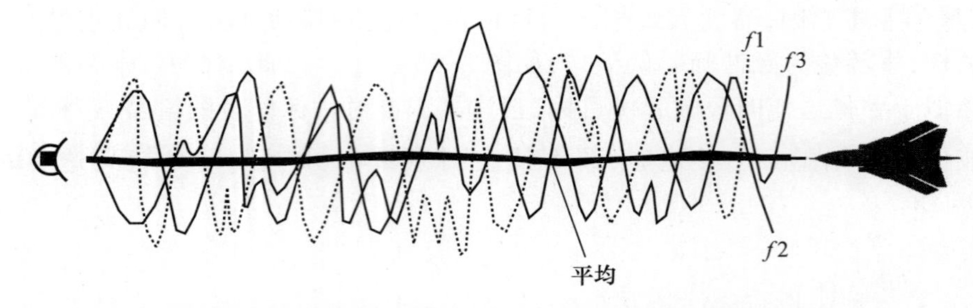

图 2.57　频率捷变抑制闪烁误差（通过对所有频率范围内回波取平均，雷达回波的表现中心通常会与目标的物理中心保持一致）

（4）抑制波瓣。

由于存在诸如海面之类的反射面（波瓣），雷达威力图的最小值和最大值所对应的角度取决于波长 λ。因此，如果载频改变，这些极值所对应的条件不再相关，从而使实际雷达威力图更接近自由空间中的情形。

由于海面的影响，雷达威力图的零点和峰值所对应的角度位置，取决于所采用的载频。在目标驻留时间内，对所接收的所有频率的信号进行平均，可以得到如图 2.58 所示的频率捷变雷达威力图，可以看出，频率捷变可以使雷达威力图具有更为均匀的可见性。

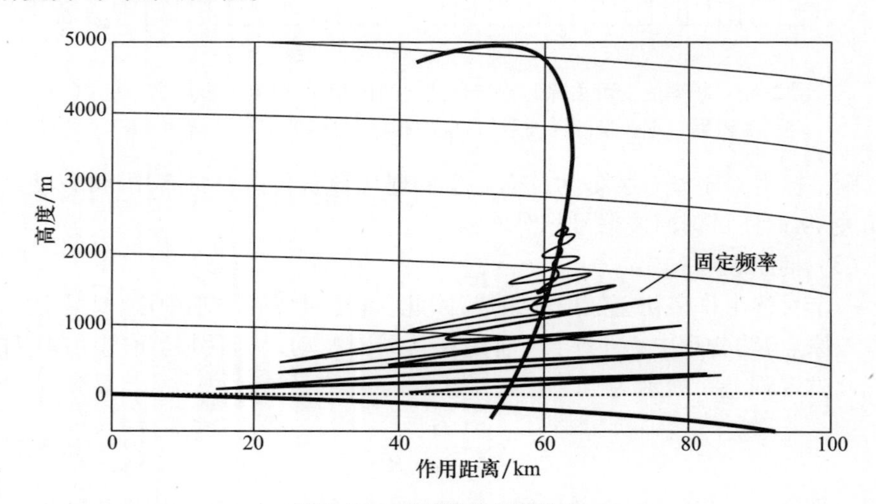

图 2.58　频率捷变抑制波瓣

（5）抑制摆动。

如前所述，如果两个同频辐射源产生反相干涉，且振幅差异很小时，则波前会出现失真，从而使得合成信号的表观原点与两个辐射源之间的表观原点不一致，甚至可能会相差很远。

当跟踪雷达跟踪一个在类似于海面的反射面上飞行的目标时，会出现上述现象，由于目标的运动，直射信号和反射信号有时是反相的，从而使雷达测得的目标高度出现误差，这种现象称为摆动。这是跟踪雷达所面临的主要问题之一，将会在 2.2.7.4 节介绍。

由于相位条件取决于波长，载频的变化将对该现象产生去相关效应，从而削弱其影响，这将在后面进一步详述[11]。

(6) 抗干扰。

频率捷变是一种应对噪声干扰的电子反对抗措施，为了干扰频率捷变雷达，干扰机必须将能量分散在频率变化的整个波段上，但由中频链路带宽所决定的雷达带宽保持不变。频率捷变对抗噪声干扰的效能非常高，甚至可以完全抵制噪声干扰的影响，这将在 6.2.1.7 节讨论反电子干扰系统时介绍。

2.2.4.4 脉冲压缩

在雷达不能够或不希望发射高峰值功率的情况下，要使其实现远距离、高分辨率探测，则可以采用脉冲压缩技术。该技术所发射的脉冲峰值功率低、脉宽 τ 较长，并包含 n 个脉宽为 $\tau_{e1}=\tau/n$ 的码元组成的编码，接收机可以识别码元，并可在时间上对其进行重构和相干叠加，从而产生一个信号强度高（输出端信噪比是输入端信噪比的 n 倍），且脉宽等于码元脉宽的输出脉冲，如图 2.59 所示。

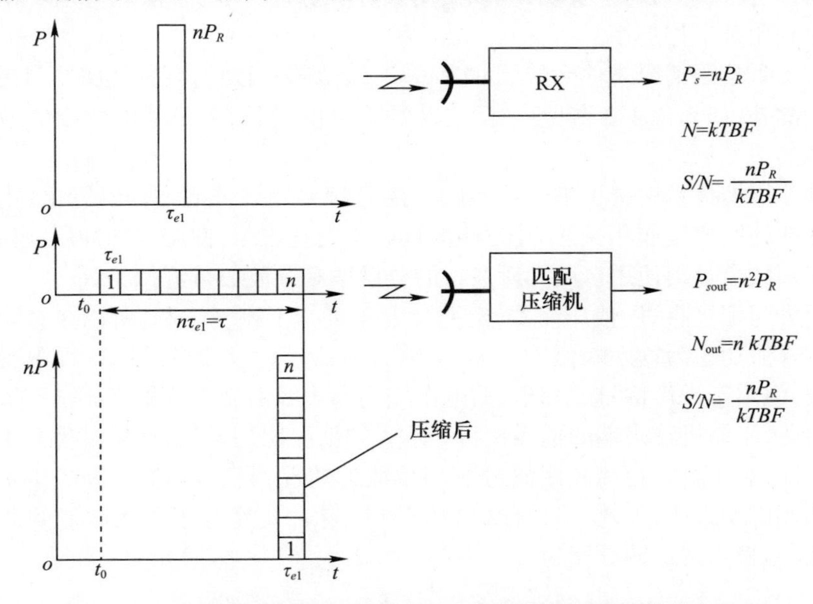

图 2.59 低峰值功率的编码脉冲等效于相等能量的高峰值功率脉冲

利用这种技术的雷达称为脉冲压缩雷达或编码雷达，它们根据特定的编码方式对发射脉冲进行脉内调制（MOP），编码脉冲的频谱宽度近似等于码元脉宽的倒数，即

$$B = \frac{1}{\tau_{e1}} \tag{2.113}$$

调制方式可采用脉内相位调制（PMOP）或脉内频率调制（FMOP）。

脉冲压缩技术非常有用。例如，当雷达为防止被敌方电子对抗侦察装备检测而必须具备低截获概率（LPI）特性时，需要采用该技术；精密雷达为同时具备最佳的杂波对消性能和可在宽带范围内（高于5%）进行脉组间频率捷变的能力，也需要使用这一技术。

为了获得较好的动目标显示性能，雷达应该采用相干电路，即包括用于产生信号的振荡器和用于产生基带的本地振荡器在内的所有振荡器，都由同一个非常稳定的石英振荡器驱动。

速调管可用作末级功率放大器，以产生所需的功率。速调管能够在保持相位稳定的同时大幅放大信号，然而这类电子管通常仅在有限的频带（小于5%）内具有良好的性能，因而不适用于需要更大的带宽（大于10%）的情况。

因此，采用平均功率高、相位稳定性好、频带带宽可超过10%的行波管（TWT）更为合适。TWT的峰值功率与阳极—阴极电压直接相关。为了避免电压过高，并使发射器易于实现，应该使用长脉宽脉冲，从而可限制峰值功率并能更好地利用其平均功率。

由于雷达距离分辨单元的尺寸为$c\tau/2$，所以若τ较长，则雷达将不具有高分辨率。此外，如2.2.4.3节所述，随着脉冲宽度的增长，需要消除的杂波数量也会增多。

脉冲压缩技术解决了雷达单元的距离分辨率和杂波问题。实际上，由于不同窄脉冲的回波是非相关的，经过匹配接收机处理之后，使用宽脉冲所获得的分辨率和杂波数量与使用窄脉冲所获得的分辨率和杂波数量近似相等。

因为匹配接收机（或压缩器）对码元电压进行了相干求和，所以在其输出端可产生峰值功率为输入峰值功率n^2倍的有用信号。虽然在重构过程中噪声也被相加，但由于噪声信号非相干，故输出端的噪声峰值功率仅提高n倍。

因此，压缩机输出端的信噪比将是输入端信噪比的n倍，而脉冲宽度为τ_{e1}。也就是说，对于给定距离和距离分辨率单元的情况，具有峰值功率P和n位码元的脉冲压缩雷达，等效于具有峰值功率nP、脉冲宽度等于码元脉宽的非编码雷达，即非编码雷达的脉宽为

$$\tau_{e1} = \frac{\tau}{n} \tag{2.114}$$

图 2.60 所示为压缩机输入端和输出端的相位编码,它解释了上述理论。

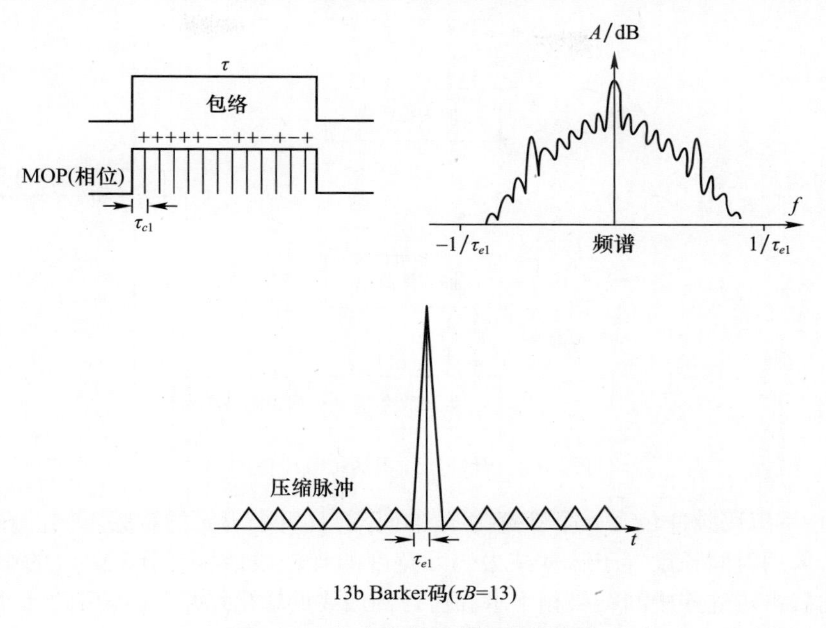

图 2.60　相位编码和其频谱的例图

图 2.60 也显示了该技术存在旁瓣的负面不足,即:压缩信号回波前后的无用信号。为了抑制旁瓣,研究人员对于最佳编码的选取和码元重构时所采用的权重函数进行了大量研究[18]。

这里还需要提到位置编码,位置编码是通过发射间隔数微秒的成组脉冲来实现的,其每组脉冲按照一定的顺序和 PRI 进行排列,每个脉冲还可包含相位编码或者频率编码。图 2.61 所示为频率编码的示例,图 2.62 所示为一种相位编码相干雷达框图。能够实现最佳均匀旁瓣的相位编码称为 Barker 码,其最大码长为 13。

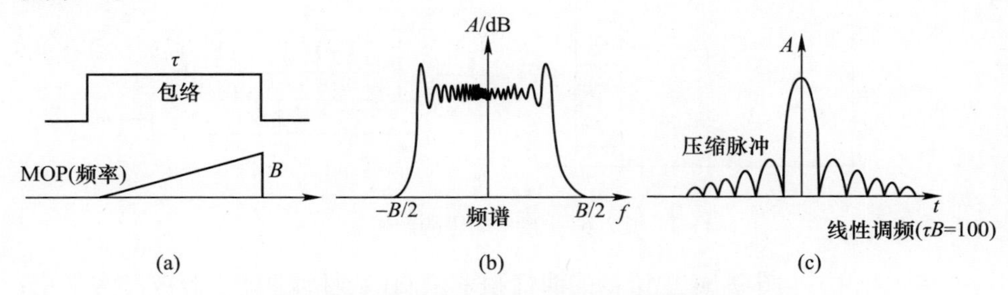

图 2.61　频率编码(线性调频)及其频谱示例

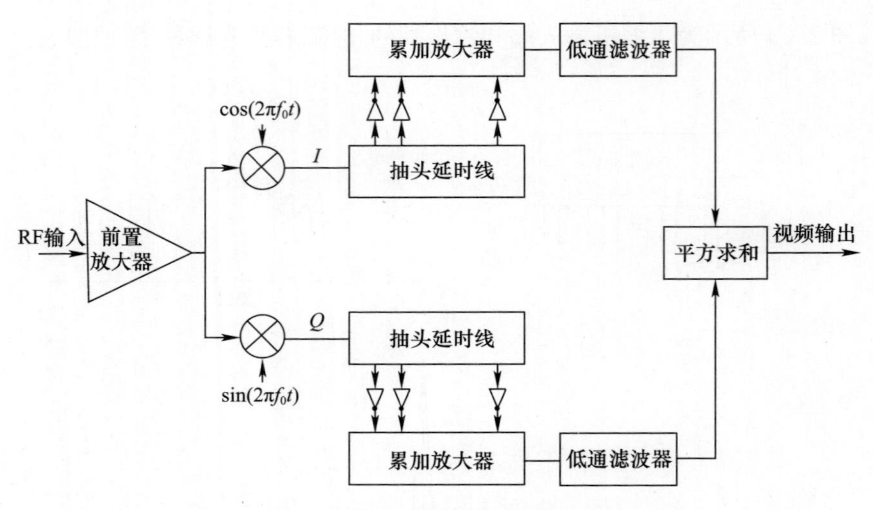

图 2.62　脉冲压缩雷达接收机框图

频率编码脉冲包含 n 个脉宽为 τ_{e1} 的码元，且每个码元的载频不同。在接收机端，采用时间长度等于脉宽减去码元宽度的延迟线，输出间隔为 τ_{e1} 的中间结果，然后再将这些中间结果相干求和后得到最终的输出结果，压缩后的脉冲幅度比输入脉冲幅度高 n 倍，但脉宽却更短，如图 2.63 所示。

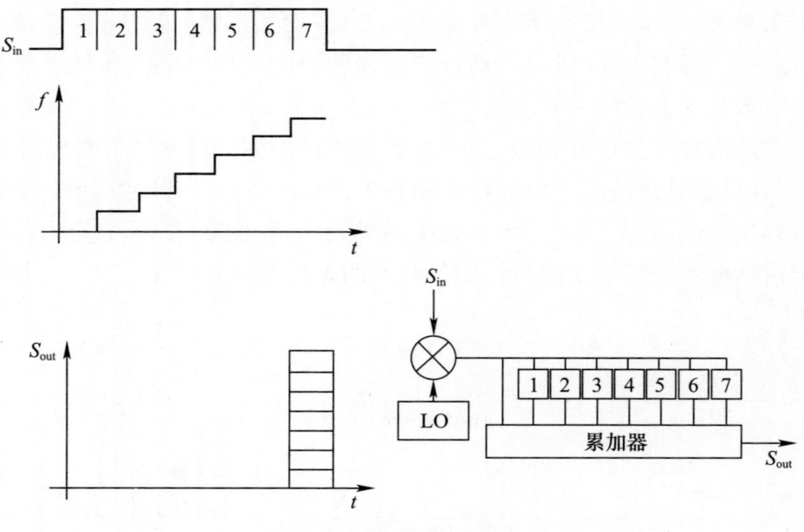

图 2.63　频率编码的产生

实际应用中，图 2.64 中所示的线性频率调制（线性调频）波形被经常采用，其压缩机是一种色散线（一种能将信号按其频率成比例延迟的延迟线）。

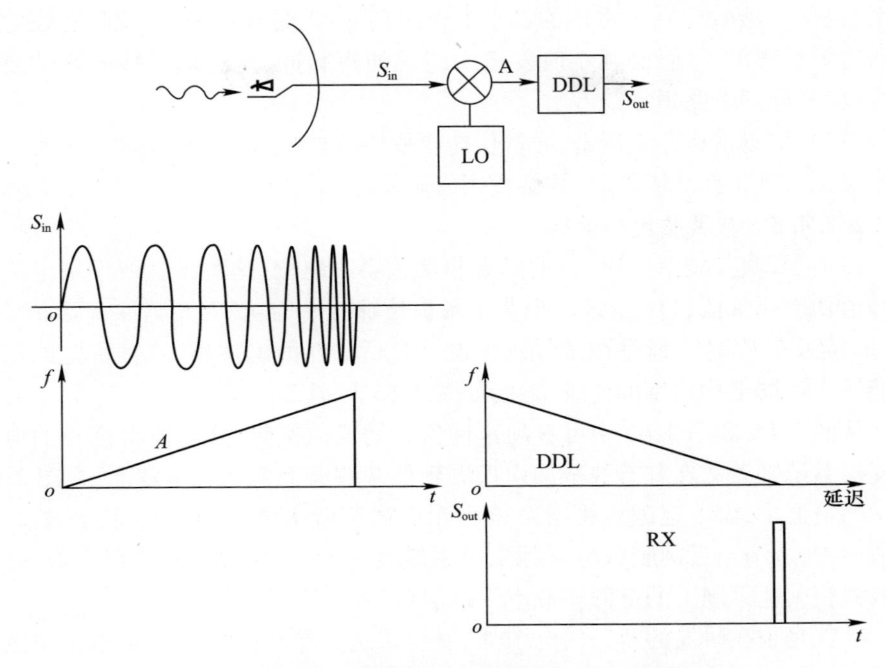

图 2.64　线性频率调制编码(匹配接收机为一种能将信号按其频率成比例延时的色散延迟线)

可以证明,匹配接收机带宽与非编码长脉冲带宽 $B_s = 1/\tau$ 之比确定了码元个数,即

$$n = \frac{B}{B_s} = \tau B \tag{2.115}$$

乘积 τB(或者更一般的说法,时宽—带宽积 TB)决定了编码的增益,该概念对于相位编码也是有效的。

有些编码雷达的时宽—带宽积 TB 是个很小的整数(如 7、13 等),而那些分辨率非常高的雷达的时宽—带宽积则可超过 10000。对于后者,信号所占的频带通常很宽,这样的雷达称为扩频雷达。扩频雷达的编码方式可能非常复杂,以至于其发射脉冲的波形类似热噪声的波形,故称为类噪声波形。

脉冲压缩技术的优点如下:①峰值功率低,具有良好的隐蔽特性;②分辨率等于码元分辨率;③杂波单元与码元杂波单元相同;④对编码中的信号和噪声的抑制不相同。

脉冲压缩技术的缺点如下:①存在旁瓣,动态范围受限——事实上,除非使用特别的加权技术,不可能在第一个目标的旁瓣中探测到回波信号为 $1/n$ 的第二个目标(掩蔽效应);②雷达的最小工作距离 $c\tau/2$ 通常很大,这意味着雷达为了获得短距离可见性,必须不时发送未编码的短脉冲,这增加了接收机的复杂性;③信号处理电路很复杂。

总之,编码雷达非常精密,通常仅在作战环境复杂,且传统、简单的脉冲雷达技术又无法满足作战需求时,才会使用编码雷达。

2.2.4.5 低截获概率雷达

目前,低截获概率(LPI)雷达具有非常重要的地位,这种雷达所发射电磁波的峰值功率非常低(1W 量级),但为了辐射足够的平均功率,其脉冲宽度非常长(有时接近于 CW)。通过在接收机中设计合适的匹配滤波器,这种雷达的探测性能接近相同平均功率的传统雷达,如图 2.65 和图 2.66 所示。

从图 2.65 和图 2.66 中可看到这种雷达的巨大优势:几乎所有现役的电子战支援系统都无法在其有效范围内探测到低截获概率雷达。事实上,在图 2.65 所示的情形中,海上巡逻机将不会检测到低截获概率雷达的存在;而在图 2.66 的情形中,逐渐逼近的舰载电子战支援系统也只有在小于 1km 的距离范围内,才能截获其他军舰上的低截获概率雷达信号。

这就是正在研发的新一代电子战支援/雷达告警接收机系统努力实现更高灵敏度的原因。

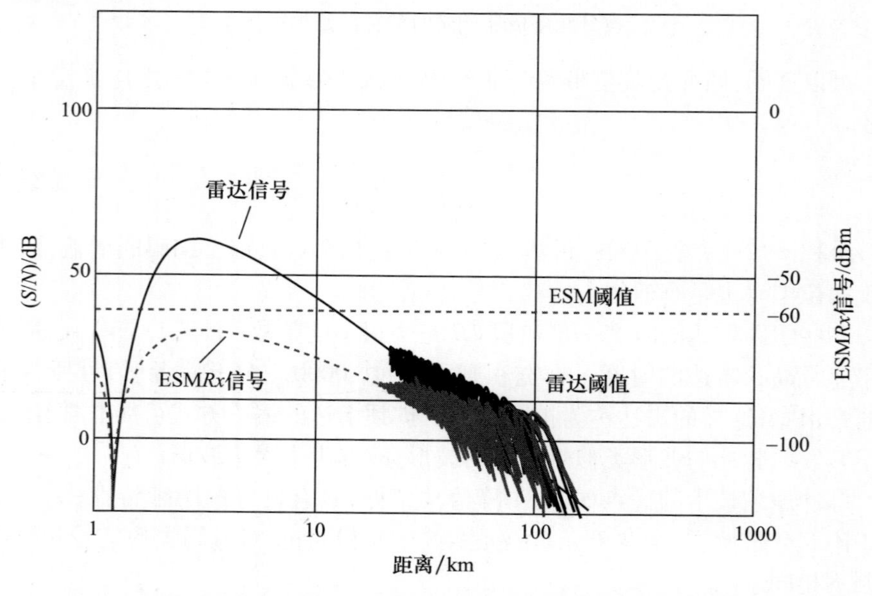

图 2.65 1W 低截获概率雷达探测具有 $100m^2$ 雷达散射截面积的 MPA 与 MPA 上的电子战支援系统侦测低截获概率雷达的预期信号的对比

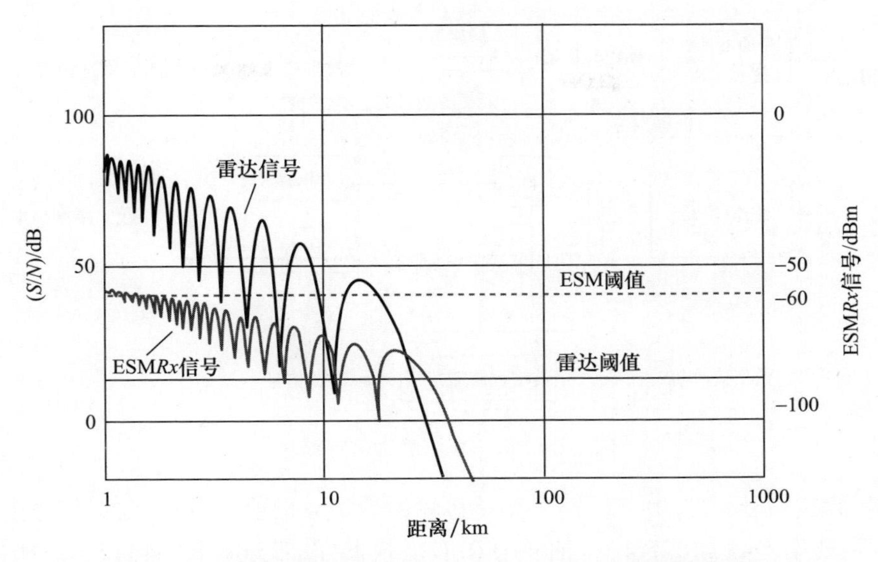

图 2.66　1W 低截获概率雷达探测具有 $1000m^2$ 雷达散射截面积的军舰与军舰上电子战支援系统侦测低截获概率雷达的预期信号的对比

2.2.4.6　数字接收机

传统相干雷达接收信道之后，就是数字信号处理，如图 2.67 所示和 2.2.4.1 节介绍。

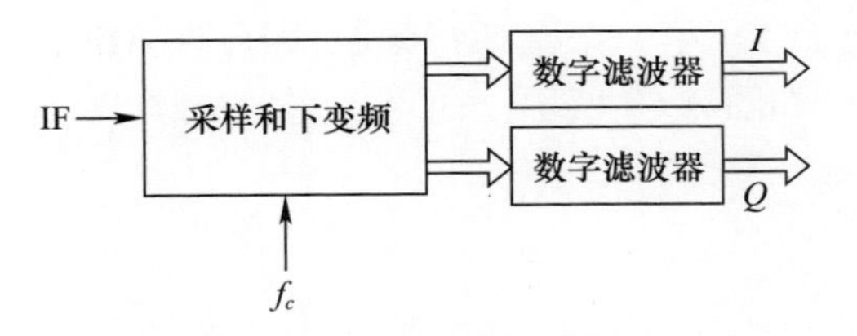

图 2.67　数字接收机组成框图

随着 ADC 转换器的输入信号带宽、比特数和采样速率的不断提升，功能强大的数字接收机（DRX）和雷达接收通道的研发成为可能，其框图如图 2.68 所示。

实际上，ADC 转换器一般采用位数代表其接收动态范围，在其之后全部以数字方式信号处理，包括：相干下变换、I 和 Q 信号生成、匹配滤波器（包括脉冲压缩）、数字范围样本生成、动目标显示功能、信号集成和目标检测的恒虚警率阈值。当然，ADC 转换器的模拟带宽应足够大，以最大范围的接收感兴趣频率。

雷达 tx − rx 同步可以通过图 2.68 中方式实现，在现代数字控制雷达中，激

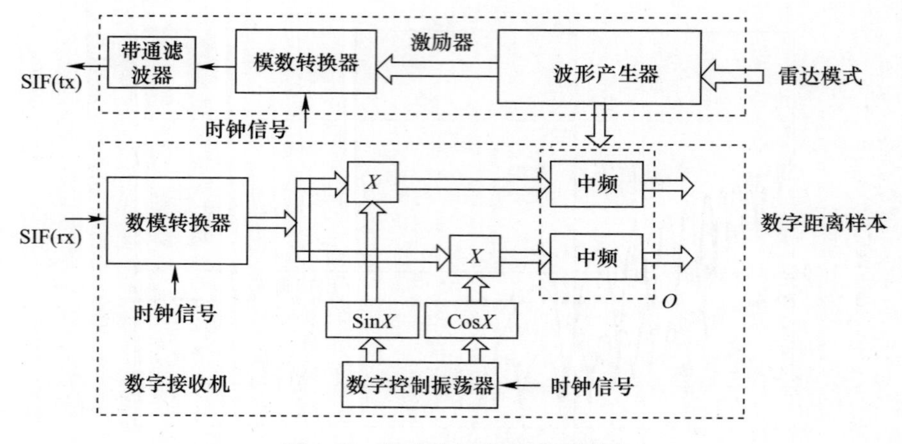

图 2.68　数字信号处理流程框图

励器（数字信号处理的一部分）产生待传输的数字波形信号，数字波形信号被发送到以速率 F_{clk}（如 125MHz）抽样的 DAC 转换器，以部分速率（如 1/5 = 25MHz）在奈奎斯特基带中生成模拟信号。DAC 转换器的功能是将信号频率转换至所需的、能通过带通滤波器的中频值（如 150MHz）。雷达下变频器利用将射频信号上变频的相同稳定晶振，使雷达中频信号（IF）（如 150MHz）恢复为接收信号。

来自下变频器的雷达中频信号由 ADC 转换器转换为数字形式，该 ADC 转换器的采样频率 F_{clk} 为 125MHz，因此，接收信号频率（150MHz）处于第三奈奎斯特频段。由于系统工作于第一奈奎斯特频段，因此在 ADC 转换器之后，数字信号的频率为 25MHz，如图 2.69 所示。

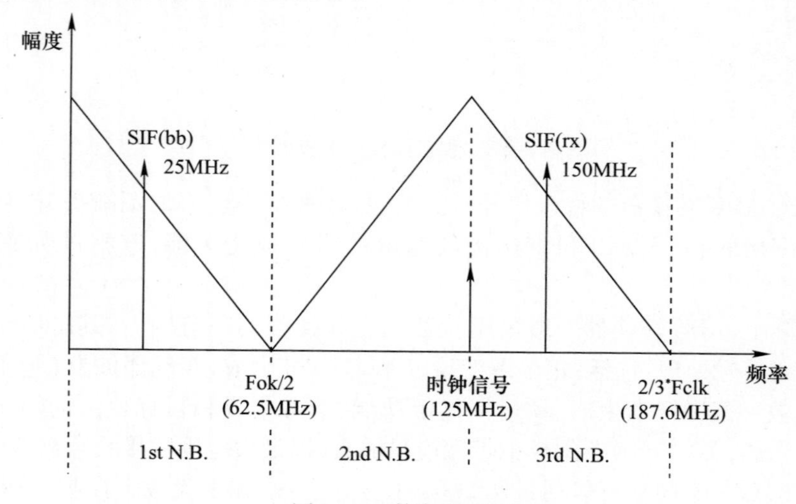

图 2.69　数字下变频

假设利用实际样本,通过相干 sin$x$ 和 cos$x$ 函数对接收的数字样本进行加权,实现以相干方式生成 I 和 Q 样本。上述功能可通过两个 LUT 来完成,这两个 LUT 在 25MHz(即每五个时钟步长)产生 sin$x$ 和 cos$x$ 函数。时钟速率可通过数控振荡器(NCO)或计数器,从 125MHz 降低至 25MHz。生成的相干数字信号 I 和 Q 被发送到匹配滤波器,这通常是级联积分器——梳状(CIC)滤波器。这里也进行抽样,以便仅产生所接收雷达信号的样本数据流。通常,为了将采样损失限制在可接受的数值,每个范围区间至少生成两个样本。

现在,只需一个使用适当驱动程序编程、功能强大的 FPGA 模块,即可执行所有数字处理,这意味着雷达制造过程中可节约大量成本。事实上,只需一块印刷电路板(PCB)就足够了,而不是几块;同时还有一个好处,如果信号处理需要调整,不再需要重新设计和开发新的 PCB,改变 FPGA 驱动程序就可以了(图 2.70)。

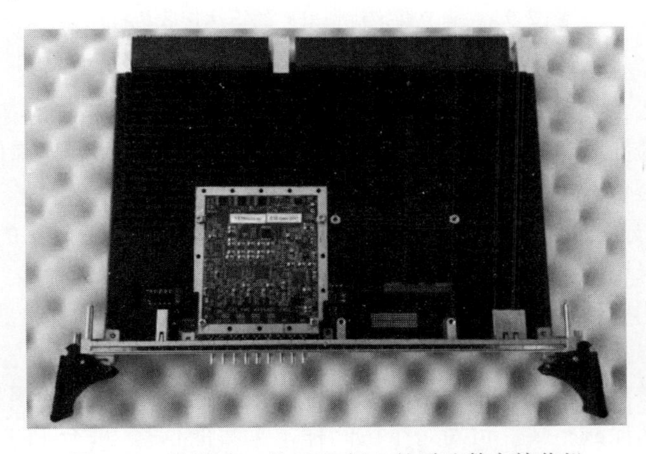

图 2.70　安装在一块 PCB 板上的雷达数字接收机

与前面所述的接收机相比,这种数字接收机的优点如下:

(1) 全数字处理,具有很好的稳定性、可重复性、灵活性/可编程性,以及可承受性;

(2) 通过数字快速傅里叶变换处理,实现宽带瞬时分析;

(3) 良好的 I/Q 通道平衡。

数字接收机可以使用数字匹配滤波器,因此,通过软件控制的数字接收机可以实时再编程,因而可对脉冲压缩雷达发射波形的编码(MOP)实时控制。此外,匹配滤波器之后的 FFT 处理,使得具有较高灵活性和有效性的脉冲多普勒处理成为可能。

数字接收机可应用于搜索雷达和跟踪雷达。

需要注意的是，实际上，目标回波的相关信息，都包含在发射信号的带宽中，而不是在射频载波中。这导致基于直接射频采样的雷达接收机的发展，在该类接收机中，带通滤波器将降低总的热噪声，ADC 转换器的模拟带宽应足够大，以接收射频载波，采样率应至少为雷达信号带宽的两倍，和以往一样，ADC 转换器的位数决定了接收机的动态范围，如图 2.71 所示。如果射频频率很高，可以在 ADC 转换器之前使用跟踪—保持放大器，该放大器的工作频率可高达几千兆赫兹。在非常高的频率下，需要解决的是采样时钟的稳定性及抖动问题。

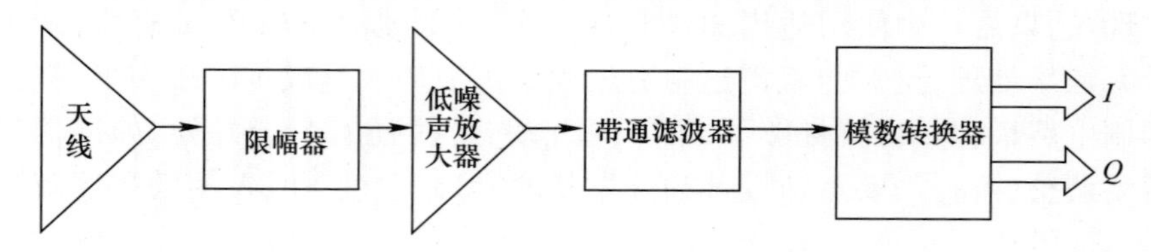

图 2.71　基于直接射频采样的雷达接收机框图

2.2.4.7　脉冲多普勒

从 2.2.2.2 节可知，为了最大化雷达探测距离，需要在目标驻留时间内向目标方向辐射最大能量。现代雷达发射机利用可以产生有限射频峰值功率、使用方便的固态器件（如 GaN 技术），固态器件可以具有高占空比因子，因此可以通过 MOP 产生宽脉冲来补偿较低的峰值功率，从而向目标辐射足够的能量。雷达信号处理可采用脉冲压缩技术来实现所需的距离分辨率。

除了采用脉冲压缩技术的长脉冲，为有效增加能量，还可增加雷达脉冲重复频率（PRF），并因此增加发射机占空比，同时接收处理时，在恒虚警率阈值之前对每个区间样本进行一批接收信号的相干积分，由于相干积分的损耗较低，因此可以增加雷达探测距离。可对每个区间样本采集的信号，进行 FFT 批处理来完成相干积分，因此需要进行大量信号处理，但这可以在现代 FPGA 模块中实现。

假设脉冲压缩 100 个单元（20dB）、积分 32 个脉冲（15dB），此时，雷达将具有大约 35dB 的处理增益。这种相当大的处理增益能导致更远的雷达探测距离，或降低传输峰值功率。

当然，增加雷达脉冲重复频率后，雷达探测的清晰距离将减小。如果所需的雷达探测距离大于清晰距离，则需要采用消除距离模糊的方法。

当雷达最大探测距离超过清晰距离时，目标在脉冲发送周期内可以出现于某一位置，当然，在脉冲发送过程中无法接收信号，因此，需要引入遮蔽损耗来考虑在发送盲区而无法探测目标的情况。

当某批次进行积分的脉冲数量足够多时，可以考虑在 FFT 通道输出端进行频谱分析。实际上，对于每次距离抽样，在采集完某批次的脉冲之后，在每个可用的 FFT 通道输出端具有较高的雷达灵敏度。FFT 通道的输出即为目标回波信号的多普勒频谱分析。如果选用的雷达脉冲重复频率(PRF)高于目标的最大多普勒频率,则雷达测量目标的速度不会模糊,且 FFT 输出端显示目标的多普勒频率/速度。这种处理方式(高 PRF 和 FFT 处理)称为脉冲多普勒处理,并且需要一种消除距离模糊的方法。最常用的方法是在目标驻留时间内发送多个脉冲重复频率(PRF):通过比较 FFT 处理过程在不同脉冲重复频率(PRF)下生成的目标探测距离,可以消除距离模糊。脉冲多普勒技术常用于机载火控雷达(见 2.2.8 节),许多美国机载雷达在目标驻留时间内采用 7 个高脉冲重复频率(PRF),如果该批脉冲重复频率中至少有 5 个检测到目标,则解决了距离模糊问题[20]。

脉冲多普勒雷达和电子干扰

在试图干扰脉冲多普勒雷达时,需要记住,该类雷达在接收到预期批次中所有脉冲之后,才进行目标检测。实际上,在对每个距离集合进行 FFT 信号处理之前,目标在雷达上不可见;在消除距离模糊之后,目标才会出现在相应的位置。

因此,可以放宽转发式干扰中对信号延迟的时间要求,同时 RGPI 技术通过 FFT 相干积分,可探测远距离目标。

2.2.5 搜索雷达

搜索雷达通常与警戒雷达不同,前者检测并识别目标,然后指示给导弹或火炮阵地;后者用于管控一片广阔空域。空中交通管制雷达(ATCR)属于第二类雷达。下文将不会严格区分这两种类型的雷达,但可通过上下文明确每种雷达的任务。

搜索雷达需要满足两个条件:非常远的作用距离(几百千米)和非常大的空间覆盖范围。而为了能够准确地探测和区分相距很近的目标,搜索雷达还要求有较高的距离和角度分辨率(至少在方位角上),以便可以清楚地检测和区分彼此接近的目标。

为了实现远距离探测,搜索雷达通常使用低频波段,一般在 L 和 S 波段,有时也用 UHF 频段,在特殊的情况下还可以采用 VHF 频段,甚至是 HF 频段。如前所述,这些频率的电磁波在大气中的衰减并不严重,且杂波反射也比较弱。执行预警任务时,搜索雷达通常架设在相当高的位置,这样就可将旁瓣和杂波问题所带来的影响降低到最小,并能覆盖足够大的空域以便探测超低空飞行目标。

对于固定式雷达,由于不存在重量和体积受限的问题,因此可以实现较远的探测距离和较高的分辨率,尤其是天线尺寸可以做得非常大以实现高增益和窄波束;对于机动或安装在军舰上的雷达,性能、重量和体积之间必须折中考虑;当搜索雷达被安置在飞机上时，其质量和体积所带来的问题将非常重要。

除战略中枢外，战术中心同样要求布设搜索雷达。此时搜索雷达的任务是探测入侵的敌方目标，评估威胁等级，最终将目标指示给导弹或者火炮，并进行火力协同以避免混乱和交叉。

因为搜索雷达必须能对指定空域进行全天候监视，所以其性能必须特别可靠，它们的平均故障时间（Mean Time Between Failures，MTBF）必须比较长；为了应对故障，它们还必须配有两份或三份备用电路，且修复时间（Time To Repair，TTR）必须非常短。

为了使其探测距离达到最大，搜索雷达中设计了若干电路来尽量减少接收机中热噪声的影响，如使用具有极低噪声指数的放大器、降低接收机温度等。

除了探测距离，搜索雷达还必须有效处理杂波问题。为此，搜索雷达都装备有强大的杂波对消器（动目标显示）。当杂波太强以致其超出标准动态范围时，就要利用杂波图和轮廓杂波图；对于强杂波区域，雷达必须完全放弃探测，或者采用类似自适应衰减的特殊装置来使杂波回到动态范围之内。

此外，PPI 上的目标数量可能会非常多，而且其中既有友方目标、也有敌方目标。由于目标通常具有扫描间起伏特性，因此 PPI 上的目标会时隐时现。当许多杂波剩余仍在 PPI 上显示时，可能会有低空高速飞行的目标入侵，所以，为了降低发现目标过晚的风险，雷达的反应时间必须非常短。综合考虑上述因素，目标的探测和威胁评估不能交给观察 PPI 显示屏的操作人员来完成，而必须使用精密电路——雷达自动检测器来完成目标的检测，后续处理则由合适的计算机完成。

一旦目标被检测到，其点迹将交给计算机进行关联处理，并随之打开其跟踪通道，输出各个目标的速度、方位和其他数据。如果系统中安装有敌我识别设备（Identification Friend and Foe，IFF）（也称二次监视雷达，Secondary Surveillance Ridar，TTR），计算机会将搜索雷达（也称一次雷达）提供的数据和 IFF 所提供的数据进行相关运算，评估目标的威胁等级。这一过程也称为威胁评估和武器分配（Thrent Eviuation and Weapon Assigment，TEWA），目的是让决策者能够做出正确的反应。

搜索雷达通常要求具有探测距离远、反干扰能力强和方位角分辨率高等特性。为此，这些雷达一般工作在低频带（L 或者 S 波段），以利用其较低的杂波强度和大气衰减率。搜索雷达往往装备尺寸相当大的天线，特别是其水平方向上的尺寸常常很大。

在垂直方向上，波束通常按余割平方方向图设计。事实上，空中目标的飞行高度通常不会特别高，一般不会超出一个确定的高度 H_{max}，约 20000 ~ 30000m。

从图 2.72 可以看出，飞行高度越高，飞机可被探测的最大距离越短。因此，可以减少高仰角方向上的天线增益，以减小该方向上无用回波的幅度。

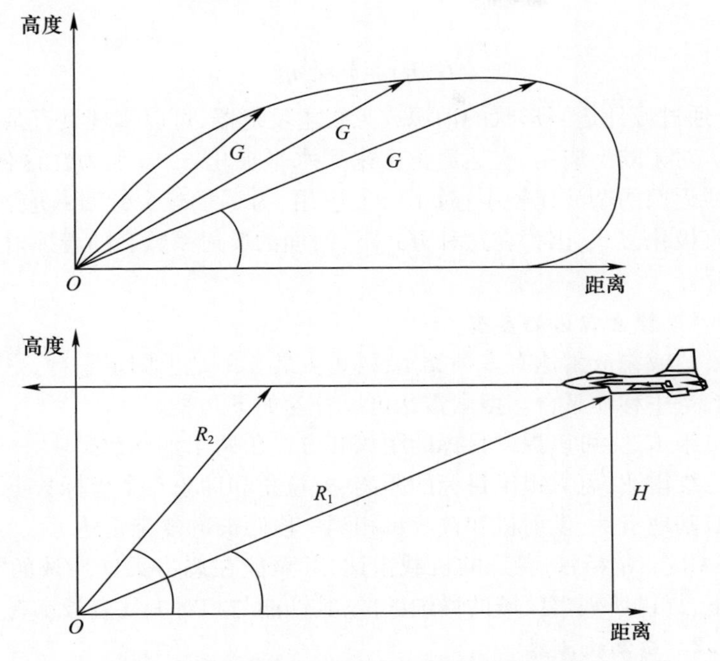

图 2.72　余割平方天线可以在仰角上实现最佳的天线增益

由于雷达方程中的最大作用距离和天线增益之间关系可表示为

$$R_1^4 = k_R G^2(\eta_1) \tag{2.116}$$

所以有

$$\frac{G(\eta)}{G(\eta_1)} = \frac{R^2}{R_1^2} \tag{2.117}$$

从图中可以看出

$$H_{\max} = R_1 \sin\eta_1 = R\sin\eta \tag{2.118}$$

即

$$R = R_1 \frac{\sin\eta_1}{\sin\eta} \tag{2.119}$$

将式(2.119)代入式(2.117)，可得

$$\frac{G(\eta)}{G(\eta_1)} = \frac{\sin^2\eta_1}{\sin^2\eta} \tag{2.120}$$

最后,设

$$G(\eta_1)\sin^2\eta_1 = k \tag{2.121}$$

可得

$$G(\eta) = k\csc^2\eta_1 \tag{2.122}$$

所以,通过设计适当形状的馈源或天线主反射器,可以实现具有余割平方波束的天线。对于陆上应用,雷达通常会采用水平极化方式,因为在这种方式下,树木和栅栏返回的杂波比较小;对于海上应用,为尽量减少旁瓣效应,雷达有时会采用垂直极化方式,因为在这种方式下,海面的反射系数会随着掠射角的增加而迅速下降。

2.2.5.1 搜索雷达的类型

搜索雷达或警戒雷达有多种类型,既可安装于陆地上固定平台,也可安装在海上、陆地、空中移动平台。搜索雷达可以分为如下几类。

(1) 二维雷达:可以提供目标的距离和方位角两个坐标数据。

(2) 三维雷达:可以提供目标的距离、方位角和仰角三个坐标数据。

(3) 双基地雷达:发射机和接收机相隔一段距离的复杂雷达。

(4) SAR:非常精密、特殊的机载雷达,甚至能在恶劣天气导致的能见度极低的情况下,提供所观察区域的详细图像,其性能与相对大气衰减率有关。

2.2.5.2 自动检测器

如2.2.4.2节中简要提到的,自动检测器一方面可以最大限度地检测出有用信号,另一方面可以尽量减少系统对无用信号(如因热噪声、杂波剩余或敌方干扰所产生的虚假目标)的后续处理。

以决策论的观点看,自动检测器的功能是对超过第一门限、表示潜在目标的信号,具有最大的探测率$P_{d\max}$和最小的虚警率$P_{f\min}$。随着信号能量E与相同时间内接收机噪声能量N_0的比值的增加,探测概率P_d也会随之增加。

如果给定雷达与目标之间的距离,当雷达在目标照射时间(目标驻留时间T_{ot})内,接收到目标后向散射的全部能量时,上述比值会达到最大。在这段时间内,目标被雷达发射的$N_i = T_{ot}FR$个脉冲照射。

在给定虚警率的条件下,每个接收脉冲超过第一门限的概率是P_d,P_d为信号功率与单个脉冲周期内噪声功率比值的函数。

考虑到信号回波之间的时间差等于PRI,而虚假越限事件的发生是随机和异步的,因此,可以利用回波同步性的特点,将N个有用回波以PRI为单位延迟后相加,从而提高探测概率。

搜索雷达现已应用多种类型的自动检测器,它们都基于上述特性,但在设计结构上有所不同，运用最广的是累加检测器和滑窗检测器。

（1）累加检测器。

图 2.73 所示为累加检测器的框图，它由一个累加器（一个带存储功能的加法器）和一个逻辑放大器组成。累加器包含一个延迟时间等于 PRI 的延时器，逻辑放大器赋予超过第一门限T_{h1}的信号权值 α（检测到），赋予未检测到的信号权值 β。为了确定目标是否存在，累加器输出端实时求和的结果，将与第二门限T_{h2}进行比较。

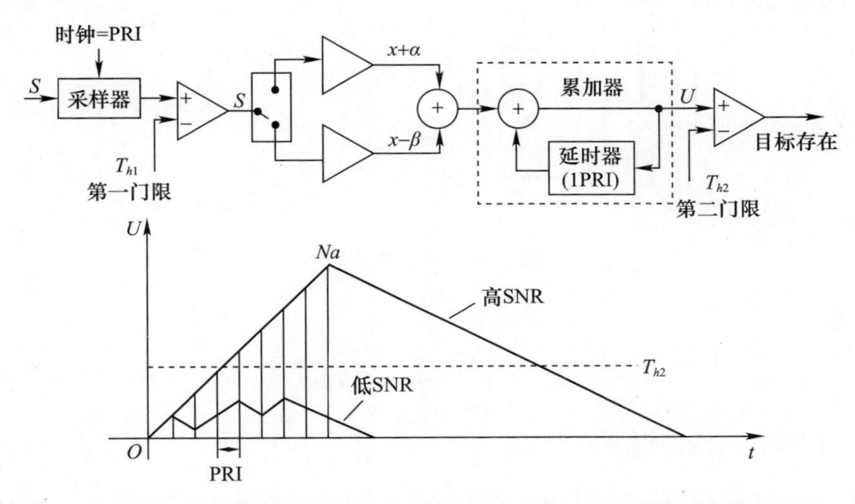

图 2.73　累加器检测器（自动雷达探测器解读回波信号，并自主判决目标是否存在）

由于信噪比较低时会导致很多漏检，为了提高搜索雷达的探测率，习惯设置 $\alpha>\beta$，一般 $\alpha=3$，$\beta=1$。图 2.73 所示为此类检测器的典型响应。

在设计检测器过程中，选择参数 α、β 最优值时必须考虑以下问题：①累加器的响应时间，避免在空情比较复杂的情况下，缺乏对相距较近目标的角度分辨率；②因为一连串的漏检而导致远距离单个目标被判读为两个目标的可能性。

关于累加检测器理论的讨论，超出了本书范围，如果读者需要获取更为详尽的信息，请查阅文献[21]。

（2）滑窗检测器。

图 2.74 所示为滑窗检测器框图。检测器中存储周期的时长为固定值，等于N_i(PRI)[①]，其中N_i是目标驻留时间内的脉冲数目。存储周期内的数据，在旋转天线进行方位角扫描的整个过程中连续变化，因此称为“滑窗”。该类检测器的性能可从以下推导中得出。

假设目标为点目标（图 2.19），目标对于每个距离 R 所产生的脉冲序列的探

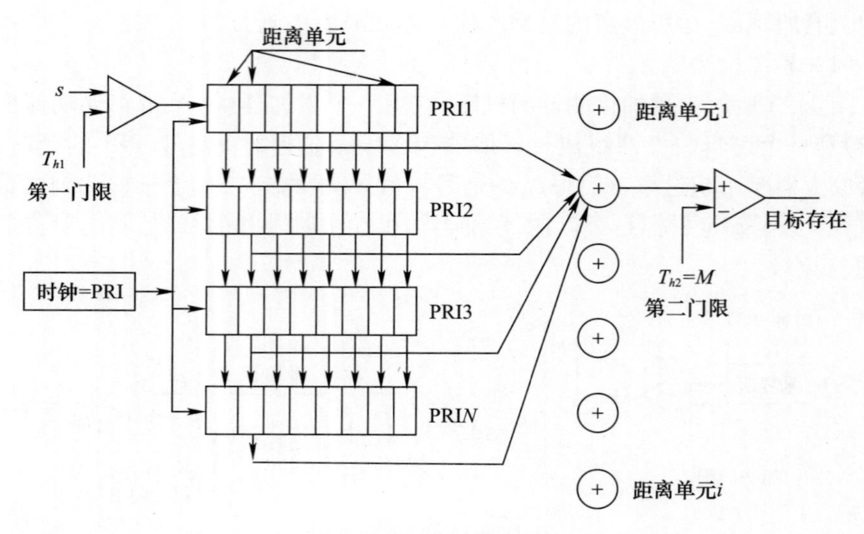

图 2.74　滑窗检测器

测率为

$$P_d = \int_{T_{b1}}^{\infty} P(v, S/N)\,\mathrm{d}v \tag{2.123}$$

而第一门限输出端的虚警率为

$$P_{fa} = \int_{T_{b1}}^{\infty} P_{\text{Rayleigh}}(v)\,\mathrm{d}v = \exp(-v^2/T_{b2}) \tag{2.124}$$

检测器输出端的检测事件表示为 $v < M$（第二门限），其对应探测率是对所有 N 个脉冲序列中包含至少 M 个检测事件的估计，其表达式为

$$P_d = \sum_{k=M}^{N} \binom{N}{k} p_d^k\,(1-p_d)^{N-k} \tag{2.125}$$

同样，检测器输出端的虚警率可以表示为

$$P_{fa} = \sum_{k=M}^{N} \binom{N}{k} p_{fa}^k\,(1-p_{fa})^{N-k} \tag{2.126}$$

因此，对于 $p_d > 0.6$，检测器输出端的探测率会增加；而当 $p_{fa} < 0.1$，检测器输出端的虚警率则会大大减小。

例如，对于 $N=10, M=6, p_d=0.6, p_{fa}=0.1$ 时，有

$$P_d = \sum_{k=6}^{10} \binom{10}{k} (0.6)^k\,(0.4)^{10-k} = 0.633 \tag{2.127}$$

$$P_{fa} = \sum_{k=6}^{10} \binom{10}{k} (0.1)^k (0.9)^{10-k} \tag{2.128}$$

参考文献[21]根据不同类型的探测目标(Swerling Ⅰ,Ⅱ,Ⅲ,Ⅳ模型)给出了设计检测器所需要的曲线图和列线图,并通过上述步骤求出所需P_d和P_{fa}。

被探测目标的角定位精度存在以下问题:由于以脉冲序列表示的目标真实位置对应着 $N/2$ 个脉冲,而滑窗检测器的第二门限大约也是 $N/2$ 个脉冲,所以通常将检测器输出端前沿所对应的方位角,认作是目标的方位角。如果检测器第二门限所取脉冲数不同,则目标的方位角需要根据检测器输出端前沿所对应方位角的平均值来选取,并根据与T_{h2}有关的常量或偏移量进行修正。

至于具有相同距离 R 的两个目标的角分辨率,必须要求目标之间的间距至少为 $2N_i$ 个脉冲的距离,即相互分开的角度至少达到 $2\theta_B$。一般来说,两个间距很小的目标,可以依据其超过第二门限的时长进行识别。

2.2.5.3 二维雷达

如前所述,二维雷达仅能提供目标的距离、方位角两个坐标。该类雷达可能像 ATCR 那样具有中等程度的复杂性,也可能像商船、渔船使用的导航雷达那样相对简单。对于后者,考虑到其有限的需求和对安装空间的限制,工作频段通常选择 X 波段(9.3~9.4GHz)或 S 波段(如果需要在大雨条件下使用)。为了监控船在海港内的运动状况,一般会使用脉宽为 50~100ns 的极短脉冲,与其相应的分辨率为 7.5~15m。这样,就可以清楚地从 PPI 上区分海港码头和其他运动平台。

二维雷达也可能具有较高的复杂性,例如军用搜索雷达,其作战任务是在最大可能的作用距离上探测出潜在的敌方目标,以便进行充分的防御准备。这种雷达可用于防空网,也可用于警戒大小不一的有限区域。在这种情况下,它们还必须为 TEWA 做准备,通过传送距离、方位角这两个坐标值(二维指示),向武器系统指示其要摧毁的敌方目标。但是,为了捕获和探测目标,武器系统的二维雷达不得不通过其笔形波束天线,在垂直面上进行搜索,这会浪费宝贵的时间。

常见的二维雷达有 ATCR、防空雷达、海军警戒雷达和机载截击雷达,其中,在甚低频段(ULF)上工作的鹰眼雷达、具有极低旁瓣旋转天线的机载警戒及控制系统(AWACS)雷达都属于最后一类。

2.2.5.4 三维雷达

三维雷达可测量目标的三个坐标:距离、方位角和仰角。它们通常非常复杂和精密,可以为武器系统指示目标的三维坐标,因此武器系统的反应时间大大减少。根据波束的扫描方式不同,可分为两大类:①天线在方位上采用机械扫描,而在仰角上采用其他方式进行扫描的雷达;②天线在覆盖区域所有方向上通过电子手段，进行方位和仰角扫描的雷达（平面相控阵雷达）。

第一类雷达的基本特点是天线在方位上机械转动，往往比第二类更常见。事实上，它比相控阵雷达更简单、更便宜[22]。这类雷达可根据其仰角上波束扫描技术的不同进行区分，主要技术包括：

（1）在目标驻留时间内，使用仰角方向上相邻的固定波束（堆积波束）连续照射或者分时照射——堆积波束仅用来接收，而对于发射来说，则使用能覆盖整个仰角扇区的单一波束。

（2）对发射频率进行线性调制，使波束在仰角上步进或者连续扫描——调制可以在脉冲内部进行（脉内频扫），或者在天线方位上的目标驻留时间内分时进行，即频率扫描技术。

频率扫描的原理可以用间距为 d、按列排列的狭缝波导管阵列天线来说明，这些波导管通过长度为 ΔL 的蛇形馈源从边缘或中心馈电，如图 2.75 所示。此时，间隔适当的狭缝就是天线的基本辐射单元。

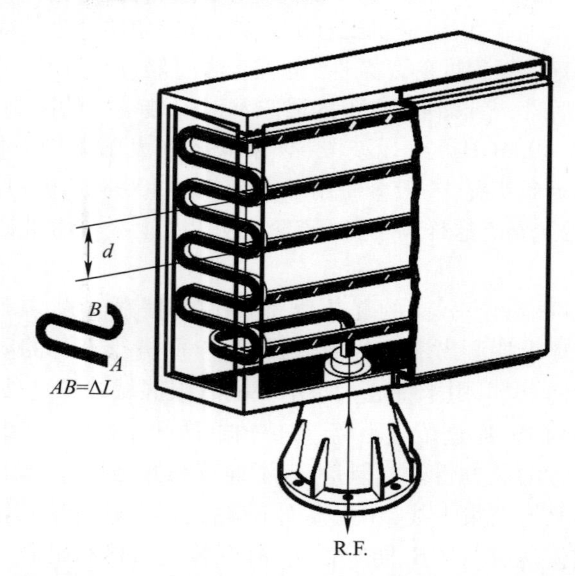

图 2.75　提供目标三个坐标的三维雷达（图中为频率扫描三维雷达的天线，改变其发射频率可实现笔形波束在仰角方向上的搜索）

相邻行间的两个相应狭缝的相对相移为

$$\varphi = 2\pi f_1 \Delta t = 2\pi f_1 \frac{\Delta L}{c} \tag{2.129}$$

如果发射频率由 f_1 增加 Δf 到 f_2，波导管之间的相移增量可表示为

$$\Delta\varphi = 2\pi\Delta f\frac{\Delta L}{c} \tag{2.130}$$

天线视轴变化量 $\Delta\varphi$ 与频率增加引起的相移增量之间的关系为

$$\frac{2\pi}{\lambda_2}d\sin\Delta\theta = 2\pi\Delta f\frac{\Delta L}{c} \tag{2.131}$$

也就是说,在 $\sin\Delta\theta$ 可以近似为小角度 $\Delta\theta$ 的情况下,有

$$\Delta\theta = \frac{\Delta f\Delta L}{f_2 d} = k\Delta f \tag{2.132}$$

因此,如果发射频率不断增加,天线波束可以朝仰角增加的方向进行扫描。

在仰角上采用多个波束分时照射的方法,可以生成如二维雷达余割平方型波束的雷达威力图,以优化探测距离。

在三维雷达中,除了对仰角方向上天线方向图进行整形,更好的做法是对照射时间进行差分调制。由于雷达的作用距离与目标散射的能量有关,从而在雷达功率给定的条件下,作用距离 R 与目标照射时间 T 有关。

通过一阶近似,可得

$$R^4(\eta_1) = k_R T(\eta_1) \tag{2.133}$$

$$\frac{T(\eta)}{T(\eta_1)} = \frac{R^4(\eta)}{R^4(\eta_1)} = \frac{\sin^4(\eta_1)}{\sin^4(\eta)} \tag{2.134}$$

$$T(\eta) = k\csc^4\eta \tag{2.135}$$

图 2.76 所示为雷达在方位向的目标驻留时间内,多个仰角单元之间分时照射所形成的威力图。

(3) 使用相控阵技术在仰角上进行电扫。此时,天线由一行行的收发辐射阵元组成,通过改变相邻行之间的相对相位,能够按要求在目标驻留时间内实现垂直面内的扫描。这里通过改变相移量来产生仅在选定方向上波前同相的电磁场,如图 2.76 顶部和底部所示。

(4) 三维探测也采用安装背靠背天线的雷达来实现,其中一个天线产生垂直的扇形波束,另一个天线产生与垂直波束成 30°倾角的扇形波束,即 V 波束雷达,如图 2.77 所示,两个天线所接收的回波之间,存在与目标高度成比例的延迟差。0 高度目标的回波被第二个天线接收时,其延迟对应 180°的扫描角;较高处目标的回波则会因为波束的倾斜而引起额外延迟,目标的高度就可通过这一延迟求出。

第二种三维雷达,即全电扫平面相控阵雷达,是搜索雷达发展的最新成果。这种雷达通常使用一个或多个方位角覆盖范围为 90° ~ 120°的固定天线,这些

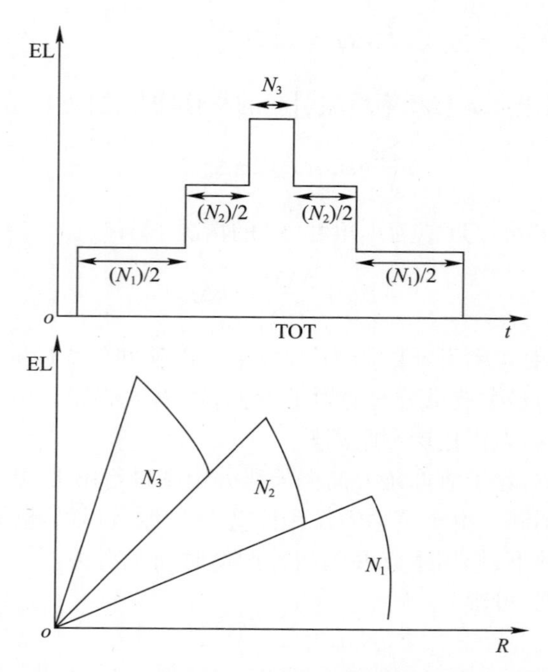

图 2.76　电扫雷达中,余割平方的威力图可通过适当调整目标驻留时间来获得

图 2.77　安装有 V 型天线的三坐标地面雷达

天线由收发阵元所构成的大型阵列组成,阵元可通过相移,使天线产生所需波束并改变其指向。

信号功率可由发射机集中产生并分配给各个阵元,也可以区域分布的方式由每个收—发模块产生。前一种方式的阵列称为无源平面相控阵列(PESA),后一种方式的阵列称为有源平面相控阵(AESA),其收—发模块的高功率放大器(HPA)通常为固态的。

通过适当协调平面阵列中单个模块的相对相移,可使其产生的电磁场在所要求的方向上同相,从而实现波束指向的调整,并可在该方向上获得最大增益,其他方向的增益则可以忽略不计。

利用图2.78(c)所示的几何分布可以看出[23],水平模块相邻单元的相移差为

$$\Delta\Psi_x = \frac{2\pi}{\lambda} d_x \sin\theta\cos\varphi \tag{2.136}$$

而垂直模块相邻单元的相移差为

$$\Delta\Psi_y = \frac{2\pi}{\lambda} d_y \sin\theta\cos\varphi \tag{2.137}$$

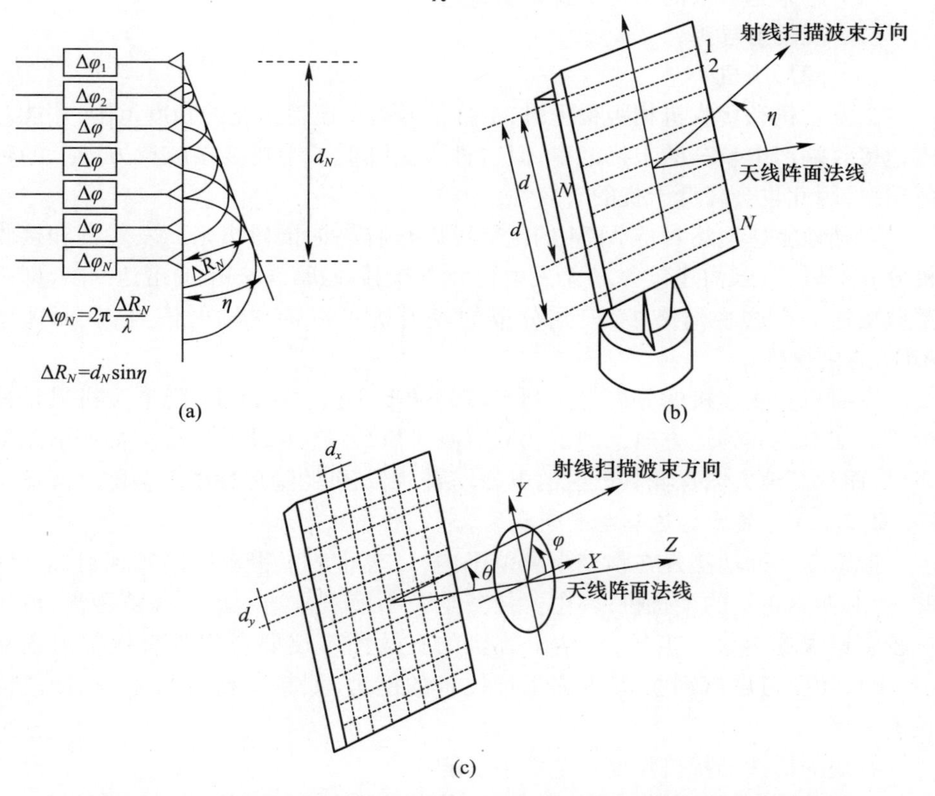

图2.78 三坐标雷达通过收—发阵元组成的阵列天线进行扫描[相对相移既在图(a)和图(b)中不同阵元列之间变化(线性相控阵),也在图(c)中不同的阵元之间变化(平面相控阵)]

由于成本较高，这类雷达并没有被广泛使用。在超级大国的武器库中可以找到一些典型的这类雷达，如陆基雷达（“丹麦眼镜蛇”“铺路爪”）和舰载雷达（“提康德罗加”级巡洋舰上的“宙斯盾”SPY-1和“基洛夫”级巡洋舰上的类似系统）。今天，如2.2.9节所述，AESA雷达作为先进的多功能雷达，越来越多地出现在军队的现代化装备中。

2.2.5.5 双/多基地雷达

任何雷达（如连续波雷达），只要其将发射天线和接收天线分开放置以实现电子隔离，都可认为是双基地雷达，这里只考虑发射机和接收机之间有明显距离的系统[24]。

尽管这一技术迄今为止很难实用，但预期其在未来将有广阔应用，该技术重新引起关注并正处在研究之中，目的是对抗以下技术的快速发展：

（1）越来越有效的雷达干扰系统；

（2）反辐射导弹；

（3）隐形飞机。

当发射机和接收机相距很远时，干扰信号需要覆盖很宽的角度范围，才能对雷达接收端产生较高的干扰概率，但这种方法降低了干扰在接收机方向上的辐射功率，因此也会降低干扰的有效性。

双基地雷达网络对抗ARM的优势可以很容易地推导出来。发射机和接收机分开部署，可以构建包含M个发射机和N个接收机（$N>M$）的雷达网络，即多基地雷达。在这些网络中，广阔分散的发射机可以依次辐射信号，从而迷惑ARM的接收机。

发射机和接收机的分离也有利于探测隐形飞机。实际上，隐形飞机只是减少了其在电磁波到达方向上的雷达散射截面积，因此，如果从一个方向照射隐形飞机，而从其他方向探测其散射的电磁辐射，则飞机的隐形性能就会随之降低。

2.2.5.6 搜索雷达和电子干扰

搜索雷达的功能是在预定距离范围内，以较小的虚警率探测发现目标。因此，针对搜索雷达的干扰机，其主要任务是减小搜索雷达的最大探测距离，或生成较多错误的虚警。当然，评估干扰机的有效性不仅要考虑其有效辐射功率（ERP），还要考虑其对抗雷达抗干扰技术的能力，如频率捷变技术、脉冲压缩技术。

有效的雷达干扰机需要具备以下功能：

（1）通过辐射的噪声干扰，增加雷达接收机的热噪声，从而显著降低雷达的最大探测距离；实际上，接收机噪声每增加12dB，雷达探测距离将减少50%，此时，就认为干扰成功了，因为雷达没有足够的时间进行常规的TEWA，或者预警雷达网覆盖的区域出现漏洞。

（2）针对脉组频率捷变，可以迅速地调谐（脉内）到被干扰雷达所使用的频率。实际上，性能优良的警戒雷达一定会使用动目标显示技术，而这必然需要更多的脉冲和更大的 RPI，才能达到其稳态工作条件。

（3）可以在脉冲间隔内更改其编码。由于被干扰雷达已不能识别更改后的编码，这种方法可以成功隐藏目标自身和其他友方平台。

（4）可以改变雷达检测器的恒虚警率阈值。该方法一方面可以明显降低被干扰雷达的接收机灵敏度，另一方面可以使被干扰雷达检测器出现大量虚警。在第一种情况下，被干扰雷达的作用距离会显著下降；在第二种情况下，处理 TEWA 的计算机会迅速饱和，被干扰雷达将被迫弃用自动检测功能，以人工操作替代，从而显著降低雷达的工作性能。

2.2.6 合成孔径雷达

2.2.6.1 合成孔径雷达简介

合成孔径雷达（SAR）是一种特殊的机载雷达，它使用正常的天线来发射信号和接收回波，但是利用飞机的运动来模拟一个由 n 个辐射元组成的大型天线，就像一个线性相控阵天线，因此，当对固定的地表地貌进行观测时，它可以获得极高的角分辨率。

假设一个脉冲从位置 A 发射，不同距离单元的回波信号具有不同的振幅和相位，并放置在存储器中。在飞机飞过点 $B, C, \cdots, N$ 点时重复此操作，如图 2.79所示。

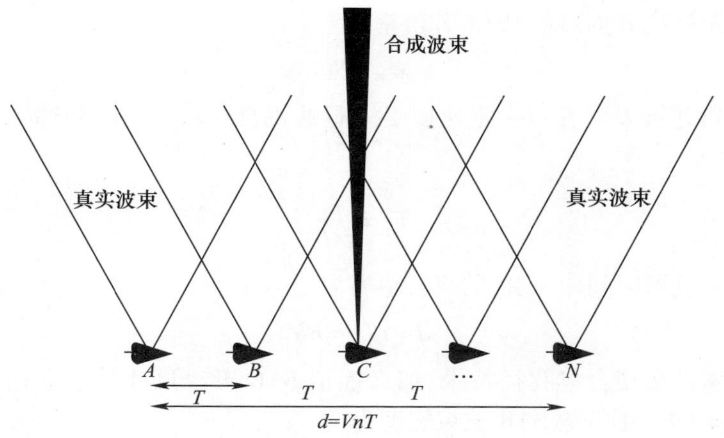

图 2.79 SAR 使用一个小天线，但利用平台和目标的相对运动可体现超大尺寸天线的性能

如果存储器中的所有信号最终按照振幅和相位重新组合，并考虑到由上述情形的几何形状而引起的多普勒频率变化，则所有信号就好像同时到达从 A 延伸到 N 的均匀照射天线。

在信号重新组合之前，通过适当的加权，可以实现低旁瓣和所要求的波束宽度。

如果 A 点到 N 点的距离 d 约 50m，波长为 5cm，则得到的合成天线波束宽度为

$$\theta \approx 51\frac{\lambda}{2d} = 51\frac{0.05}{100} = 0.0255° \tag{2.138}$$

分母中的系数 2，在实际天线波束宽度的表达式中是不存在的，这是由于阵元顺序发射脉冲，相邻两个单元之间的信号相位偏移是实际阵列相移的两倍。

由于分辨率较高，这种雷达可用于从高空拍摄重要地点的照片，如港口、机场，甚至在夜间和有云的地方。例如，查明某艘船是否停泊在港湾内。

在固定雷达中也可以采用合成孔径技术，但此时，目标必须是移动的，这种技术称为逆合成孔径技术。

2.2.6.2 合成孔径雷达的性能

采用脉冲压缩技术，可在一定范围内获得较高的距离分辨率，而要获得非常高的横向距离（与距离方向正交）分辨率 δ_{cr}，需要使用 SAR 成像技术。

对于发射信号波长为 λ、天线尺寸为 D 的雷达，其波束宽度为

$$\theta = \frac{\lambda}{D} \tag{2.139}$$

在给定距离 R 时，横向距离分辨率为

$$\delta_{cr} = R\theta \tag{2.140}$$

假设雷达被安装在以一定速度 V 飞行的飞机上，目标驻留时间（称为孔径时间）为

$$T_a = \frac{\theta}{v/R} \tag{2.141}$$

在目标驻留时间内，飞机的飞行距离为

$$d = vT_a = R\theta \tag{2.142}$$

假设雷达采用合成孔径技术，那么虚拟 SAR 天线尺寸等于上述飞行距离（$D_{\text{SAR}} = d = R\theta$），则等效 SAR 波束宽度为

$$\theta_{\text{SAR}} = \frac{\lambda}{2D_{\text{SAR}}} \tag{2.143}$$

注意:分母中系数2是合成孔径雷达的收发双程特性所致,因此,在之前所设定的相同距离 R,其横向距离分辨率为

$$\delta_{\mathrm{SAR}}=R\theta_{\mathrm{SAR}}=R\frac{\lambda}{2D_{\mathrm{SAR}}}=R\frac{\lambda}{2R\theta}=\frac{D}{2} \tag{2.144}$$

如果忽略对 S/N 的限制,可以得出以下结论:对于侧视 SAR,最大横向距离分辨等于其安装雷达天线尺寸的一半,且与距离无关。实际上,还有其他因素可能影响 SAR 的极限横向距离分辨率,为使读者理解这一点,将横向距离辨别表示为孔径时间 T_a 的函数,则孔径时间为

$$T_a=\frac{\theta}{v'/R} \tag{2.145}$$

式中:v' 近似为平台速度正交于雷达视轴的分量;γ 为几何因子。

$$v'=\gamma v \tag{2.146}$$

$$\gamma=\cos\xi\sqrt{\cos^2\varphi\sin^2\delta+\sin^2\varphi} \tag{2.147}$$

在俯角 δ 较小时,γ 可以近似为

$$\gamma\cong\cos(\xi)\sin(\varphi) \tag{2.148}$$

式中:ξ 为平台速度方向与水平面的夹角;φ 为水平视轴与平台运动方向在水平面内的夹角(图 2.80)。因此,有

$$\delta_{cr}^{(\mathrm{SAR})}=R\theta_{\mathrm{SAR}}=\frac{R\lambda}{2D_{\mathrm{SAR}}}=\frac{R\lambda}{2T_a v'}=\frac{\lambda}{2T_a v'/R} \tag{2.149}$$

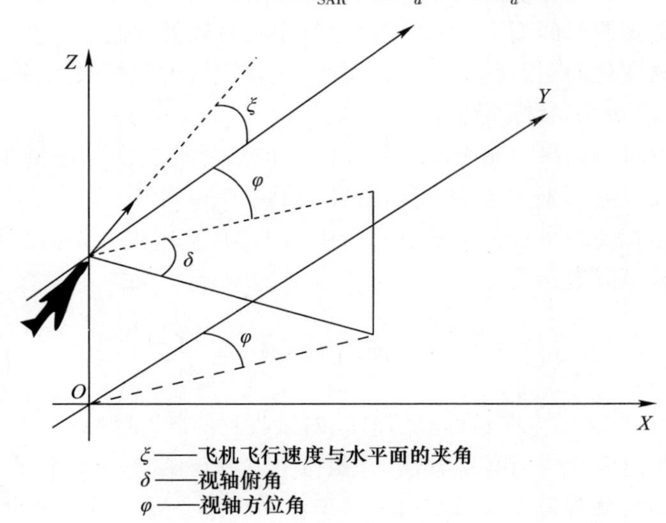

图 2.80 SAR 的几何示意图

实际上，由于 $\omega = \frac{v'}{R}$ 是视轴的旋转角速度，因此有

$$\delta_{cr}^{(\mathrm{SAR})} = \frac{\lambda}{2T_a\omega} \tag{2.150}$$

也就是说，最大可实现的横向距离分辨率取决于孔径时间 T_a 和视轴旋转速度。为了实现这一最大横向距离分辨率，SAR 雷达必须实施一种称为“聚焦”的处理。

实际上，在目标驻留时间内，雷达与观测目标之间的距离会根据以下方程变化（为了简单起见，假设 $\varepsilon = 0$），即

$$\begin{aligned} R(t) &= \sqrt{(R - vt\cos\varphi)^2 + (vt\sin\varphi)^2} \\ &= \sqrt{R^2 - 2vt\cos\varphi + v^2t^2} \\ &\approx R\left(1 - \frac{vt}{R}\cos\varphi + \frac{1}{2}\frac{v^2t^2}{R^2}\sin\varphi\right) \end{aligned} \tag{2.151}$$

最后一个方程由 $R(t)$ 对时间的泰勒展开的前三项近似得到。

因此，在孔径时间内，目标回波会受到变化的时间延迟和因此引起的载波相位调制的影响。时间延迟引起目标回波沿距离方向的徙动：回波随时间的线性变化称为距离走动，而随时间的抛物线性变化称为距离弯曲。

由于回波延迟在相邻距离单元的扩展减小了横向距离分辨率和信噪比，因此相对于标称观测时间而言，距离变化会减小其有效处理间隔。

由于距离变化而引起的载波相位调制，包含线性项和二次项，线性项对应于 SAR 图像（或者聚束区域）沿横向的位移。

目标驻留时间内来自每个距离单元的回波信号的二次相位调制，可以看作是一个以 PRF 速率采样的线性调频信号（每隔 $T = 1/\mathrm{PRF}$ 采样一次）。这一线性调频信号是相关距离分辨单元位移所引入的，并不出现在发射波形。相应的方位校正函数可以表示为

$$h(n) = \exp\left(-\mathrm{j}\frac{2\pi}{\lambda}2v\cos\varphi nT\right) \cdot \exp\left(-\mathrm{j}\frac{2\pi}{\lambda}\frac{2v^2\sin^2\varphi n^2T^2}{2R}\right) \tag{2.152}$$

式中：T 为雷达 PRI；n 为在目标驻留时间内接收到的脉冲数目。

通过对距离变化进行必要补偿，并执行上述校正函数，可以将所有回波信号聚集在单个距离分辨单元上，这样的 SAR 称为聚焦 SAR。在这种情况下，由于孔径时间可以达到其最大值，因此得到的图像非常清晰。

简单的 SAR 中,这些聚焦技术并没有得到应用,而且横向分辨率也较低。在非聚焦的 SAR 中,为了保持相位误差小于$\frac{\pi}{2}$,必须限制 SAR 的相关时间。因此,前面方程中二次项表示的相位绝对值除以 2 之后,必须小于等于$\frac{\pi}{2}$,即

$$\left|\frac{2\pi}{\lambda}\cdot\frac{2\,v^2\sin^2\varphi}{R}\cdot\frac{T_a^2}{8}\right|\leqslant\frac{\pi}{2} \tag{2.153}$$

综上所述,对于非聚焦 SAR,必须满足

$$T_a\leqslant\frac{\sqrt{\lambda R}}{v} \tag{2.154}$$

因此,将其代入前面的横向距离分辨率表达式,可得

$$\delta_{cr}=\frac{\lambda}{2\,T_a\dfrac{v'}{R}}=\frac{\lambda}{2\dfrac{\sqrt{\lambda R}}{v'}\,\dfrac{v'}{R}}=\frac{\sqrt{\lambda R}}{2} \tag{2.155}$$

2.2.6.3 合成孔径雷达的类型

1. 条带式 SAR

到目前为止,本书对 SAR 特性的描述都是针对条带式 SAR 的,如图 2.81 所示,这类雷达因其可提供条带状地形的图像而得名。

2. 逆合成孔径雷达

固定在地面上的雷达,也可利用 SAR 算法获得目标的清晰图像,实际上,这个技术对识别非合作目标有很大帮助,这种类型的雷达称为逆合成孔径雷达(ISAR),如图 2.81(b)所示。

如前所述,横向距离分辨率取决于观测时间、视轴相对于观测目标的转速。需要注意的是,如果雷达探测绕其做圆周运动的目标时,雷达视轴的转动角速度 θ 等于目标角速度 γ,这时雷达观测目标的视角不变,因此,不存在能够提高其横向距离分辨率的相对转动。

通常,计算 ISAR 横向距离分辨率所使用的转速等于雷达视线转速与目标转速之差,即

$$\delta_{cr}^{(\mathrm{ISAR})}=\frac{\lambda}{2T_a(\theta-\gamma)}$$

注意:这里只需要考虑旋转运动。因此,ISAR 雷达在计算横向距离分辨率前,需要对雷达与目标的相对运动进行补偿,以便在计算中只考虑目标的旋转运动。

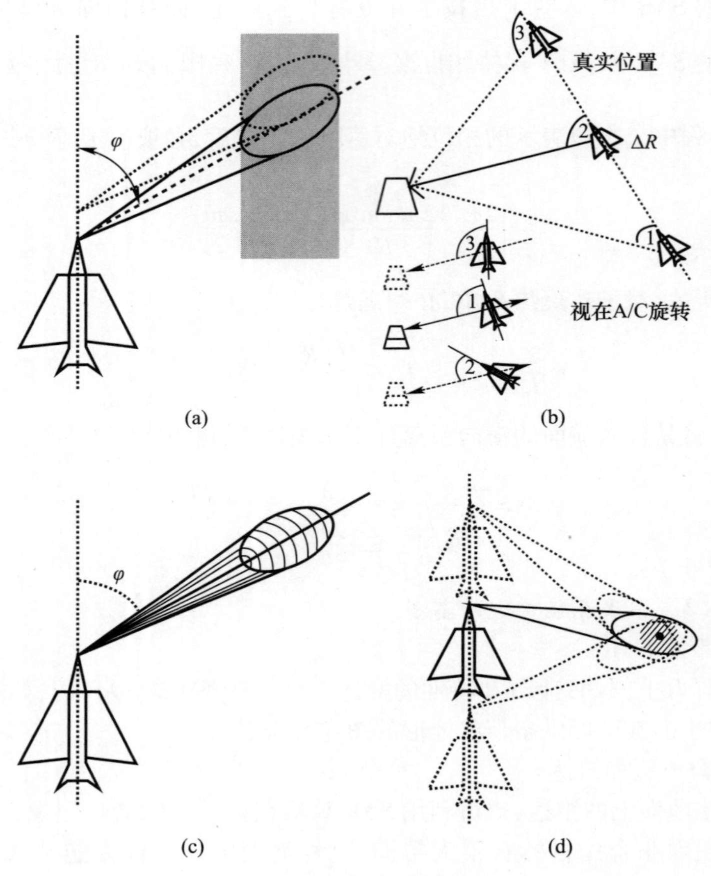

图 2.81　SAR 的种类

(a)条带式 SAR；(b)ISAR；(c)DBS；(d)SSAR。

3. 多普勒波束锐化

如图 2.81(c)所示，多普勒波束锐化技术(DBS)能够增加具有窄带多普勒滤波器(带宽为 B_d)的相干雷达的横向距离分辨率。如前所述，雷达横向距离分辨率为

$$\delta_{cr} = R\theta$$

实际上，当雷达扫描时，杂波的多普勒效应取决于雷达视角，基于这一情况，可假设 $\xi = 0$，得

$$f_D = \frac{2v}{\lambda}\cos\varphi$$

对其求微分得

$$\delta f_d = -\frac{2v}{\lambda}\sin\varphi \cdot \delta\varphi$$

假设 δf_d 等于多普勒滤波器带宽，这大约是观察时间的倒数，可写为

$$\delta f_d \approx \frac{1}{T_a}$$

综上可得

$$\delta\varphi \approx \frac{\lambda}{2v}\frac{1}{\sin\varphi}\frac{1}{T_a}$$

考虑到

$$\frac{1}{T_a} = \frac{\omega_{\text{scan}}}{\theta_{3\text{dB}}}$$

可得

$$\delta\varphi \approx \frac{\lambda}{2v}\frac{1}{\sin\varphi}\frac{1}{T_a} = \frac{\lambda}{2v}\frac{1}{\sin\varphi}\frac{\omega_{\text{scan}}}{\theta_{3\text{dB}}}$$

因此，利用多普勒波束锐化技术(DBS)雷达的横向距离分辨率可以写为

$$\delta_{cr} \approx R\frac{\lambda}{2v}\frac{1}{\sin\varphi}\frac{1}{T_a} = R\frac{\lambda}{2v}\frac{1}{\sin\varphi}\frac{\omega_{\text{scan}}}{\theta_{3\text{dB}}}$$

需要注意的是：DBS 雷达的横向距离分辨率取决于实际距离。

4. 聚束合成孔径雷达

在聚束合成孔径雷达(SSAR)中，能够突破因考虑目标和雷达相对运用而限定的时间，在更长时间内使其天线波束对准目标，如图 2.81(d)所示。由于 SSAR 的孔径时间 T_a 更长，其横向距离分辨率也更高。

2.2.7 跟踪雷达

跟踪雷达的作战任务是提供有关目标距离、方位和高度的准确信息，这些信息被武器系统用于火炮精确瞄准或导弹制导。

在搜索雷达探测到目标、估计其威胁、将其大致方位和距离信息指示给火控系统(二维指示)之后，引导火控系统的跟踪雷达才开始工作，如图 2.82 所示，一旦收到目标指示，跟踪雷达便将其极窄的笔形波束指向搜索雷达所指示的大致方向，并开始搜索以捕获目标。由于角跟踪精度与波束宽度成反比，因此，跟踪雷达一般使用笔形波束天线(后面将详细讨论)。

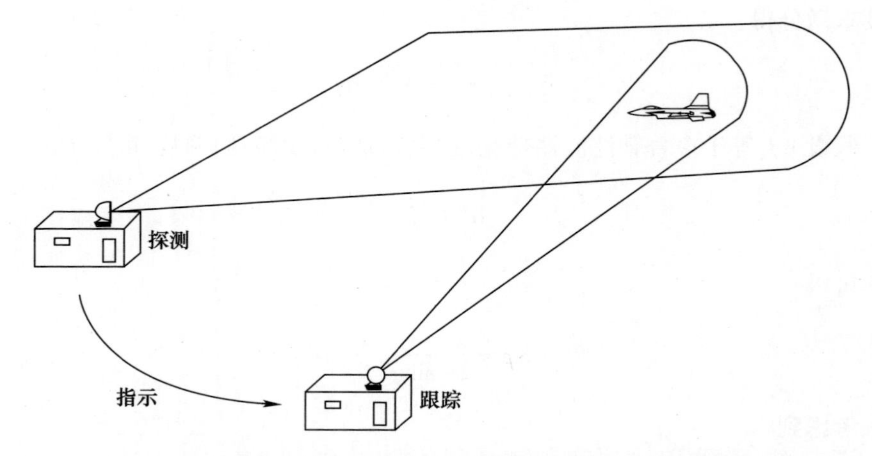

图 2.82　跟踪雷达捕获到搜索雷达所指示的目标并进行精确跟踪

精密搜索雷达可指示目标的距离、方位和仰角（三维指示），这缩短了跟踪雷达捕获目标的时间。一旦目标被捕获，跟踪雷达就切换到跟踪模式；经过短暂的初始化之后，跟踪雷达开始向武器系统提供射击所需的目标精确坐标。

值得再次说明的是，跟踪雷达所要求的测角精度约为 0.1 ~ 1.0mrad（均方根），对应在 1km 距离的误差范围为 0.1 ~ 1m，所要求的测距精度为小于 1m（均方根）。如果高于此误差，火炮系统的作战效能将大大降低。

跟踪雷达可达到的精度受到两类因素的限制：雷达系统类型的内部因素；目标和环境的特性的外部因素。目前，可以实际应用的几种跟踪雷达，按照其精度、复杂性、性能和成本由低到高排列如下。

（1）圆锥形扫描雷达：其天线波束的方向不与视轴（机械轴）重合，而是围绕视轴为中心旋转，寻找目标方向。

（2）波束转换（顺序波束）雷达：天线波束在视轴周围，依次指向 4 个不同的方向。

（3）单接收圆锥扫描（COSRO）雷达：发射时天线波束固定，而接收时，信号则如同圆锥形扫描雷达一样被调制，这样就可以使敌人无法获取圆锥形扫描信息。

（4）单接收波束转换（LORO）雷达：工作原理类似于顺序波束雷达，但只在接收时才进行转换。

（5）单脉冲雷达：雷达同时通过 4 个馈源发射信号，形成一个由 4 个基本波束合成（Σ 波束）的等效波束。接收时，雷达可以生成 3 个信号：由 4 个基本波束

相加形成的信号 Σ、左波束和右波束形成的差信号Δ_{az}、上波束和下波束形成的差信号Δ_{el}。通过 Σ 信号，雷达可对目标进行距离跟踪；而通过两个 Δ 信号，雷达可以获得角度跟踪所需的方位和高度视轴的指向“偏差”。

2.2.7.1 圆锥扫描雷达

如图 2.83 所示，圆锥扫描雷达是指通过转动其笔形波束产生角度跟踪信号，从而使天线最大增益方向在空中画出一个圆锥。天线照射位于圆锥中心轴上的目标的同时，增益 G 固定但不是最大，而照射位于其他位置（如 A 处）的目标时，增益将随扫描速率（圆锥扫描频率 f_s）或高或低地交替变化。圆锥中心轴（视轴）是天线的指向方向或指向轴；最大增益方向和指向轴之间的夹角 θ_q 称为斜视角。

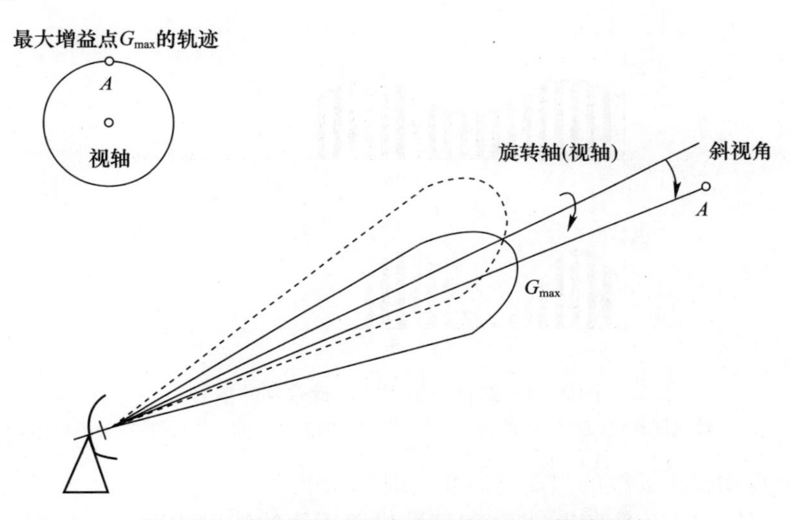

图 2.83 圆锥扫描实现角度跟踪的原理简单有效

当雷达以一定脉波重复频率向两个目标发射脉冲序列时，如果一个目标处在视轴上，另一个目标在视轴外，则接收到的回波形式如图 2.84 所示。

调制幅度表示目标与视轴的偏离距离，而相对于某参考值的调制相位则给出了目标方向。

容易看出，给出了目标偏离轴线的角位移信号，称为角度误差，可表示为

$$\varepsilon = k_s\theta_t\sin(2\pi f_s t + \varphi) \tag{2.156}$$

式中：k_s 为常数，称为角梯度，与天线特性（斜视角度、波束宽度 θ_B 等）有关；θ_t 为目标方向与视轴之间的夹角；f_s 为扫描频率；φ 为相位，通过比较参考相位，可以得到在方位角和仰角的偏差分量。

通常，通过围绕垂直轴和水平轴运动，天线可改变其指向，因而可采用伺服

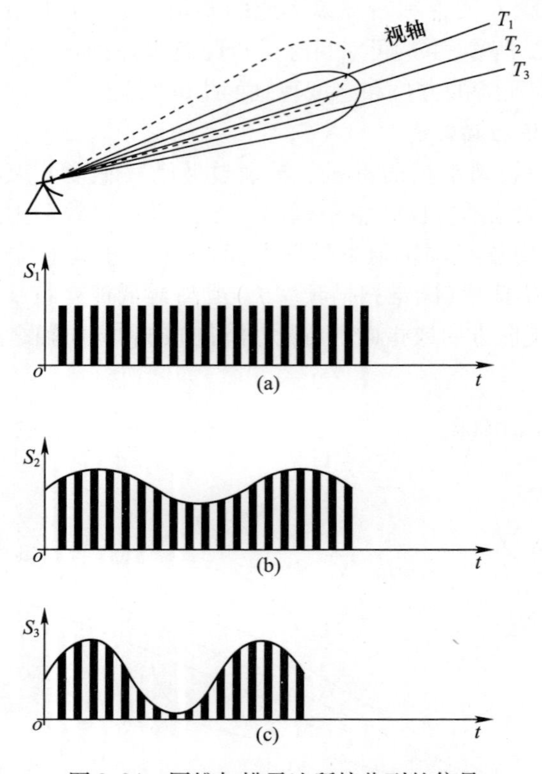

图 2.84　圆锥扫描雷达所接收到的信号

(a)天线机械轴线(视轴)上的目标;(b)视轴外的近轴目标;(c)远离视轴的目标。

系统,可自动校正天线的当前指向并实现目标跟踪。

对于给定的角度偏差,调制程度取决于天线的波束宽度 θ_B、波束形状和斜视角 θ_q。θ_q 越小,系统越不灵敏:对于较大的角偏移,调制程度也很小。如图2.85所示,增加 θ_q 可增加系统的角度敏感性或角梯度 k_s,但会增加损耗 L_k(交叉损耗)。

图 2.85 中,虚线表示天线系统的等效增益(或平均增益随方向的变化)曲线。L_k 表示等效视轴相对于旋转轴线的损耗。图中还表明 k_s 和 L_k 是 $\theta_{q/B}$ 的函数。通常,θ_q 被限制在约 $0.3\theta_B \sim 0.4\theta_B$,相应的双程损耗为 3 ~ 6dB。

圆锥扫描雷达所接收到的所有回波将收到不同程度的调制。然而,被跟踪的目标只能有一个,所以,不得不从这个单一目标中提取跟踪所需的角度信息,而忽略所有其他信息。因此,必须将目标分离出来,以便进行处理。在接收机距离轴上设置一个波门,使其只接收这个波门内的信号,就可达到上述目的。波门的初始位置可由雷达操作员设定,也可由根据搜索雷达发现目标后发送来的目

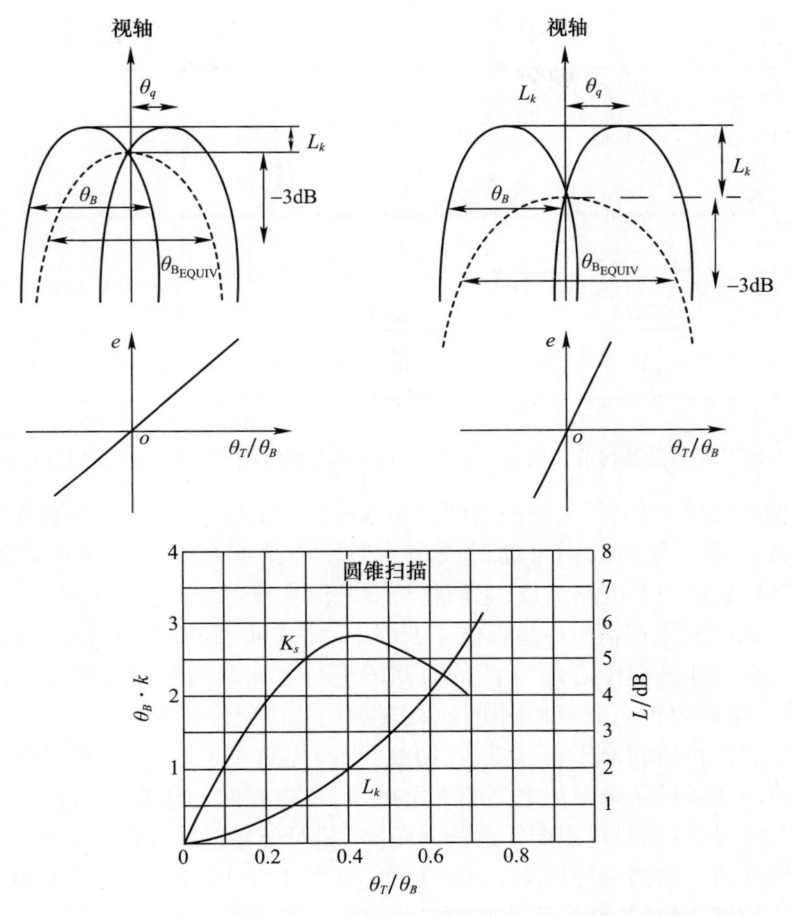

图 2.85　角梯度和交叉损耗(随着斜视角的增大,角度灵敏度会增加,但损耗也会增大,可通过加宽整个等效波束来进行部分补偿)

标指示设定。随后,跟踪雷达会自动在目标周围设置波门,每次发射一个脉冲,跟踪雷达都将接收到如图 2.86 所示的信号。

接收机输出的探测(或视频)信号被发送到距离跟踪系统。在该系统中,时间鉴别(分离波门)电路估计出前后两个波门之间的信号分布,通过精确测量从雷达脉冲发射时刻到前后波门转换时刻的时间延迟,来连续地鉴别目标距离。

(1) 距离跟踪。

距离跟踪通常是在具有自动增益控制(AGC)的线性接收机之后,也可以置于硬限幅接收机或对数接收机之后。设计和实现具有一定相位容限的跟踪回路非常重要,以便在目标幅度剩余起伏的情况下,实现正确跟踪。

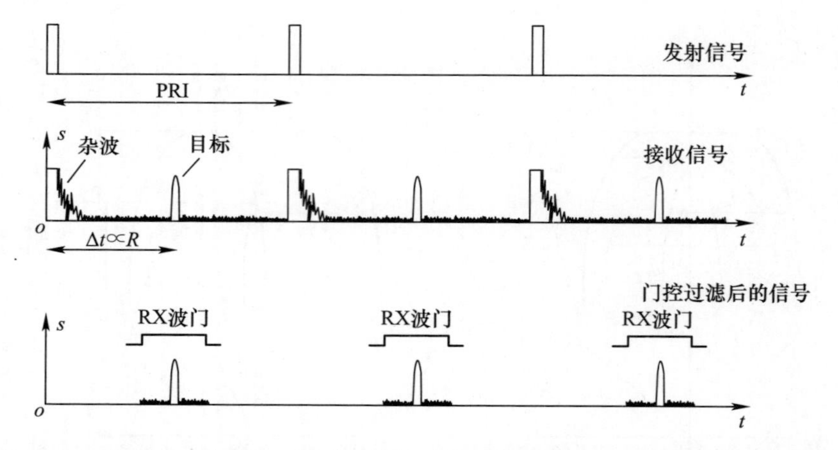

图 2.86　距离选通接收机只允许观察相关距离范围之内的目标,而忽略其他信号

如前所述,分离波门能够测量两个相邻波门中的信号能量,在距离跟踪回路中充当传感器。分离波门可通过模拟或数字方式实现。如果采用模拟方式(图 2.87),它由两个电路组成,它们将与输入信号幅度成正比的电流,对电容进行充电。充电只能在信号传感器位于波门中心之“前”的时间段进行,或者只在信号传感器位于波门中心之“后”的时间段进行。如果两个波门跨接在信号之上,则两个电容将被充电至相同电压,此时波门的位置偏差为零。

如果波门位置相对于目标雷达(回波)中心提前或延迟,则后波门电路的充电电压将高于或低于前波门电路的充电电压,这将在时间鉴别器的输出中产生一个偏差信号,该信号可表明雷达所测距离(相对于发射脉冲的时间延迟)低于或高于标准值。在当前使用的大多雷达中,分离波门是数字式的,其工作原理与模拟方式相同,只是其所计算的是前后波门采样值之差。

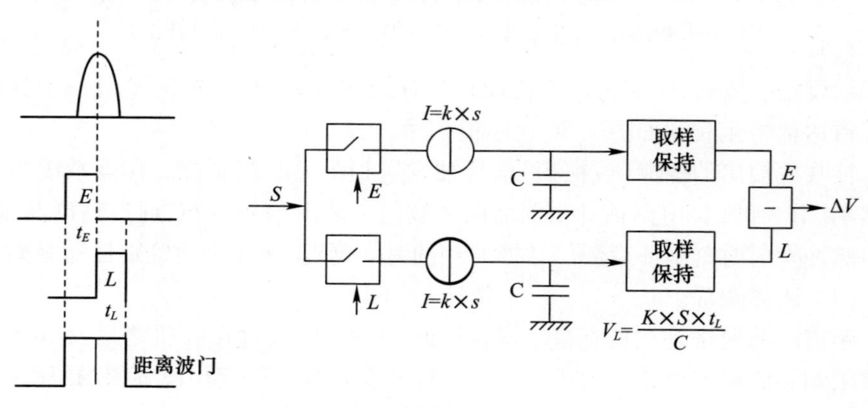

(a)

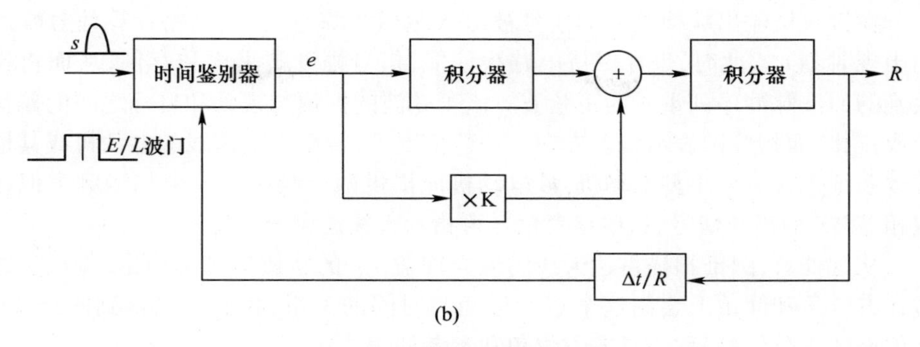

(b)

图 2.87　分离波门实现框图

(a)时间鉴别器(分离波门)组成框图；(b)距离跟踪闭环控制电路框图。

为确保雷达跟踪目标,距离偏差将被送至第二级或者更高级的控制环。图 2.87(b)所示即为闭环控制电路实例,这种闭环控制电路可以完成加速度高达 40g 的机动目标的跟踪,并允许输入信号大幅变化,即使接收机已经饱和,仍然可以正常跟踪目标。

(2) 角度跟踪。

图 2.88 所示,在圆锥扫描雷达中,角度跟踪由一个可检测指向误差的相干器电路来完成。

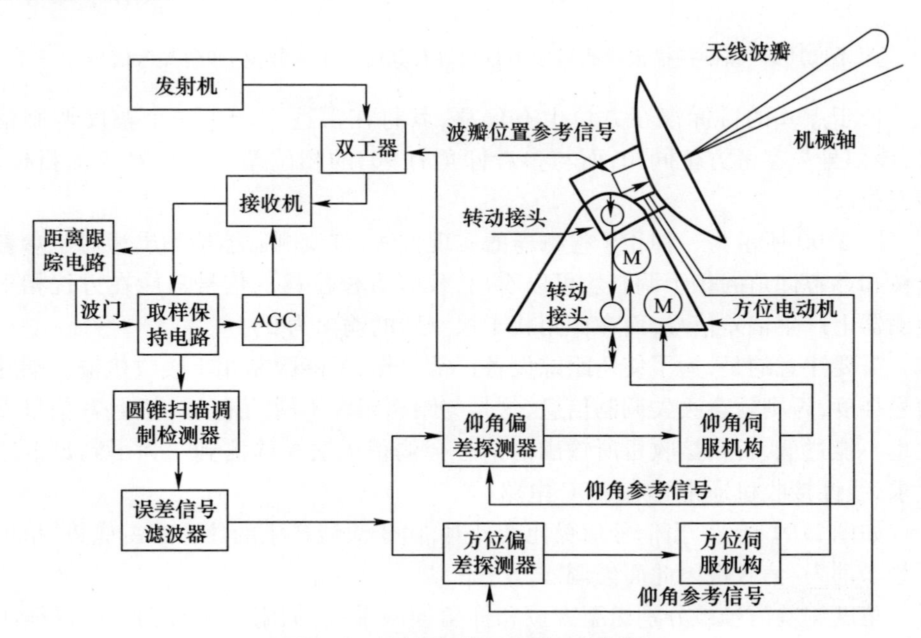

图 2.88　圆锥扫描跟踪雷达方框图

在接收机输出端检测到的信号被送入距离跟踪电路,该电路计算信号峰值的出现时刻 t_r。此时,采样保持电路被使能,信号幅度被采样和存储,从而将接收到的回波脉冲序列重构为正弦波。该正弦波的振幅与视轴和目标之间的偏移角成正比,而相位则表示偏差方向。一般情况下,转动天线馈线的电动机或其他等效系统包含一个小型电动机,该电动机能提供两个频率为波束扫描频率但相位相差 90°的正弦信号,这些参考信号可指示天线波束的位置。

从远处看,圆锥扫描雷达天线的最大增益 G_{max} 的轨迹为圆形(图 2.89)。通过在方位角和仰角上绘制这个点的运动与时间的关系,我们可以得到两个 90°相位差的正弦信号,称为参考方位角和参考仰角。

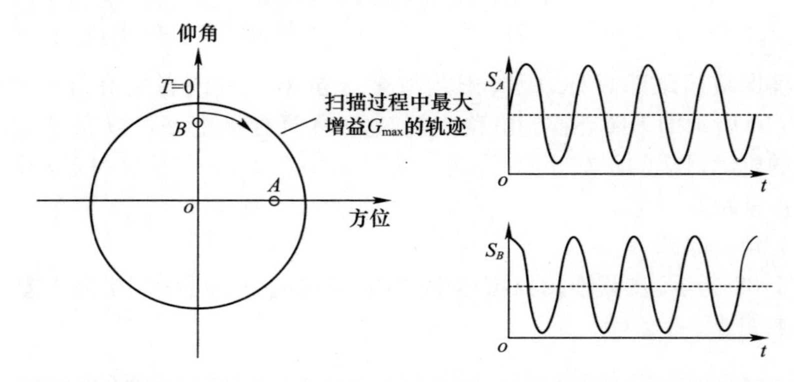

图 2.89　圆锥扫描天线的最大增益轨迹及其所产生的方位、仰角参考信号

位于点 A 的目标仅在方位上有偏移,其将在雷达中产生一个幅度调制信号,该信号与参考方位同相,而与参考仰角有 90°的相位差。对于 B 点的目标,情况相反。

图 2.90 所示为一种相干检测器的实现方法,该检测器能检测出相对于参考方位和参考仰角的相干调制。可以看出,仅有方位位移的信号只能在方位相干检测器上产生偏差信号,而在仰角相干检测器的输出为 0°。

需要注意的是,为了使角跟踪设备正常工作,不能限制相干接收机输入端的信号强度,否则就会丢失调制信息,这是与距离跟踪不同的地方。而且其信号强度也不能过低,否则接收机所输出的信号会弱得无法被检测到。为了满足上述要求,线性接收机通常具有 AGC 电路。

如图 2.91 所示,当信号信噪比变低时,由于天线产生的热噪声占优势,角梯度趋于消失,信号也因此而失调。

角度偏差信号被分别送至方位和仰角伺服系统,伺服系统转动天线以缩小偏差。具有角跟踪功能的角度闭环控制电路有些复杂,其综合误差将在以后续

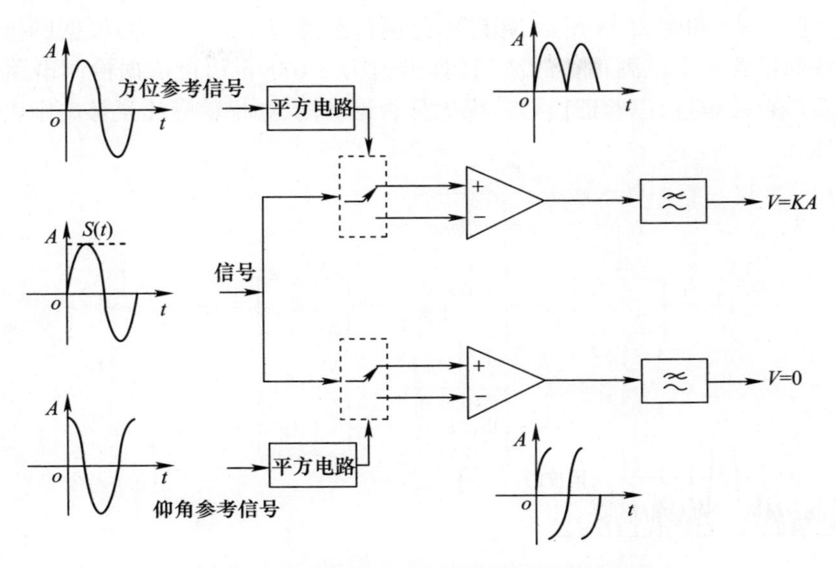

图 2.90　圆锥扫描雷达中的典型相干检测器

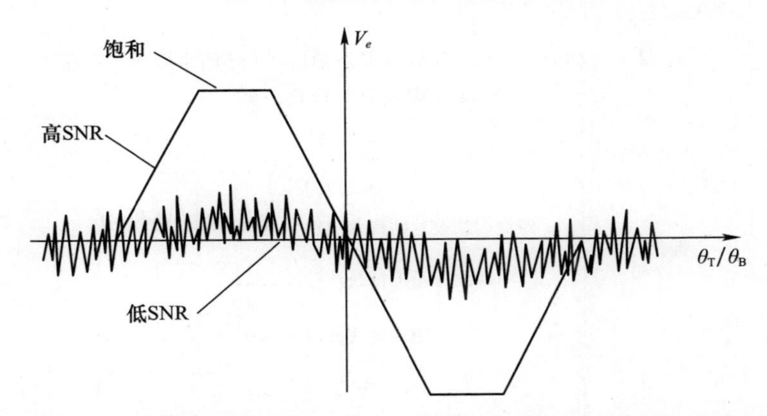

图 2.91　相干检测器随目标位置变化所输出的角偏差信号(开环)(在热噪声很强、信噪比较低的情况下,会发生梯度抑制)

章节阐述。

(3) 捕获。

一旦接收到目标指示(目标的概略距离和方位),跟踪雷达必须搜寻到目标并开始跟踪。为此,天线和波门必须分别向所指示的方位和距离坐标移动,这一过程通常称为重新定向。由于目制坐标通常并不准确,而且除非使用三坐标雷达,目指数据中不含仰角坐标,因此,跟踪雷达必须沿三个坐标进行局部搜索,以独自探测目标。

如图 2.92 和图 2.93 所示，跟踪雷达进行距离搜索的方法为：根据所指示的目标数据设置一个范围很宽的波门（典型值为 ±1000m），再依据检测电路的捕获门限是否被越过，以验证信号信噪比是否足够高，如果信噪比足够高则表明目标出现。

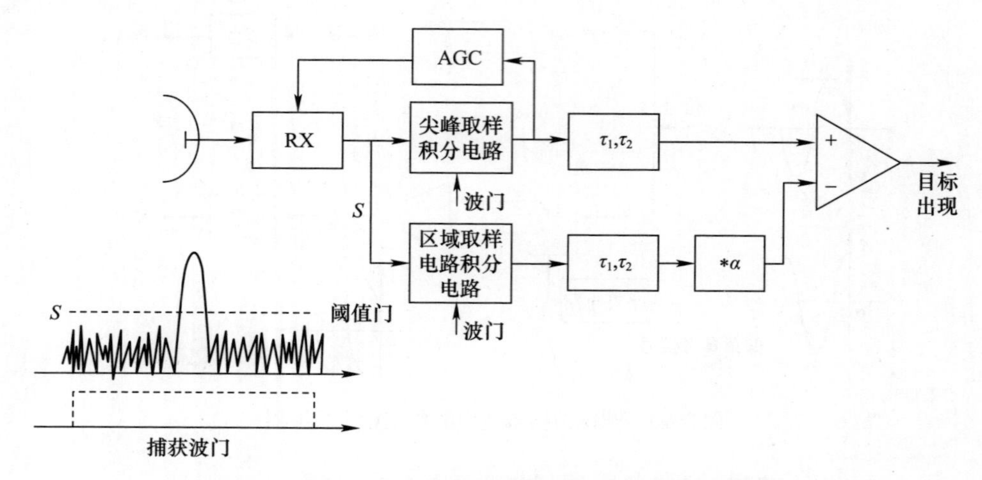

图 2.92　自动捕获（当天线对指定角扇区进行扫描时，图示电路自动检测波束内是否存在目标）

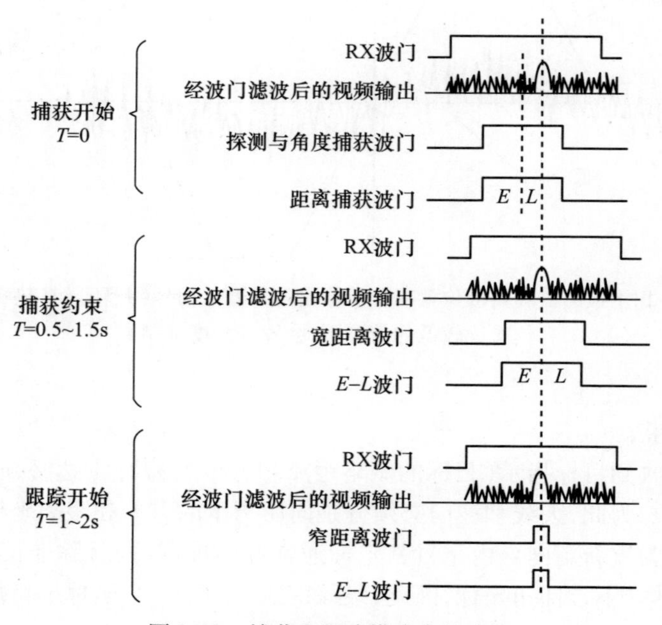

图 2.93　捕获和跟踪模式中的波门

应当指出,捕获阶段并不以完成目标检测为终止,而需要再经历另一个时间间隔,在这个时间间隔里,雷达会自动启用其跟踪控制回路。

捕获门限通常为恒虚警率类型、自动化的,但操作员也可以判定目标出现,并强制雷达认为目标已经出现,从而开始自动跟踪波门内所出现的目标信号。

人工干预只有在最复杂的情况下才会进行,例如需要在多个相聚较近的目标中进行准确选择时。更普遍的情况是使用自动捕获,这在目标捕获速度上具有极大优势。图 2.92 所示为自动捕获的典型捕获电路。捕获距离波门控制两个不同电路的充电:一个峰值采样积分电路,其输出电压等于波门内峰值信号;另一个是区域采样积分电路,其输出电压与波门内信号平均值成正比。峰值采样电路的输出信号也用于 AGC 电路,以保证信号的动态范围。

后续积分电路的时间常数需要与捕获搜索阶段的目标驻留时间相匹配,从而保证信噪比最小时,可在期望的 P_d 和 P_{fa} 条件下达到捕获目标所需的积分增益。当某信号超过此门限时,天线的搜索运动通常会因此停止下来,这样就可以用时间常数更长的第二门限来确认波门中的目标是否确实存在。如果确认目标不存在,雷达继续工作于捕获模式;如果确认目标存在,雷达可开始进入自动跟踪模式。

在捕获阶段,距离波门的变化如图 2.94 所示。波门由一个与测距跟踪电路相关的复杂定时电路产生,雷达最终可以定位需要被跟踪的目标。

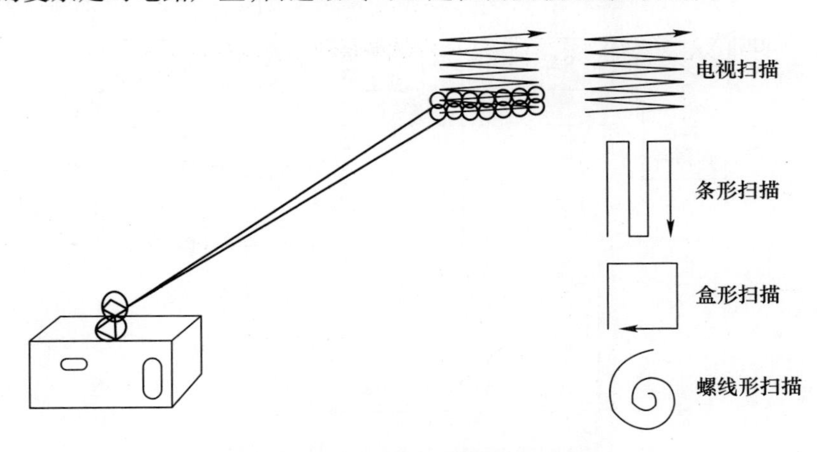

图 2.94　捕获过程的典型扫描模式

最初,由于不知道目标的精确位置,目指数据也可能不精确,所以使用宽波门;一旦有某个信号超过捕获门限,距离跟踪电路就将被移动至目标中心,在经历了重新定向所需要的时间后,如果信噪比不是很高,则波门宽度降至中间值,否则波门宽度降至大约为雷达脉冲宽度的 1.2 倍的最小值,图 2.88 所示的框图显示出跟踪雷达中基本电路之间的关系。

根据系统的不同,天线扫描模式可能具有多种类型,但各种扫描模式都被设计成为可在该区域获得最大的目标探测概率。图 2.94 所示为一些典型的搜索模式:电视扫描(又称光栅扫描);条形扫描(又称摆动式扫描);盒形扫描;螺线形扫描。当用光学设备进行初始检测时,目指数据包括方位和仰角,此时跟踪雷达只需在距离上进行搜索,即可捕获目标。

(4) 辅助电路。

在跟踪雷达搜索过程中,接收机以最大增益工作,如果有必要,可使用时间灵敏度控制(STC)和快时间常数(FTC)装置。STC 用于减小接收机的近程增益,以避免因杂波或信号本身所导致的严重饱和。FTC 是一个微分电路,其功能是通过仅呈现杂波前端而避免 PPI 上的杂波扩展。为了消除杂波,精密雷达通常采用动目标显示电路。

在捕获的初始阶段(目标被指示之后),为避免相干接收机出现饱和,可通过 AGC 电路来控制线性接收机,如图 2.95 所示。在对数接收机中,可不适用 AGC 电路。

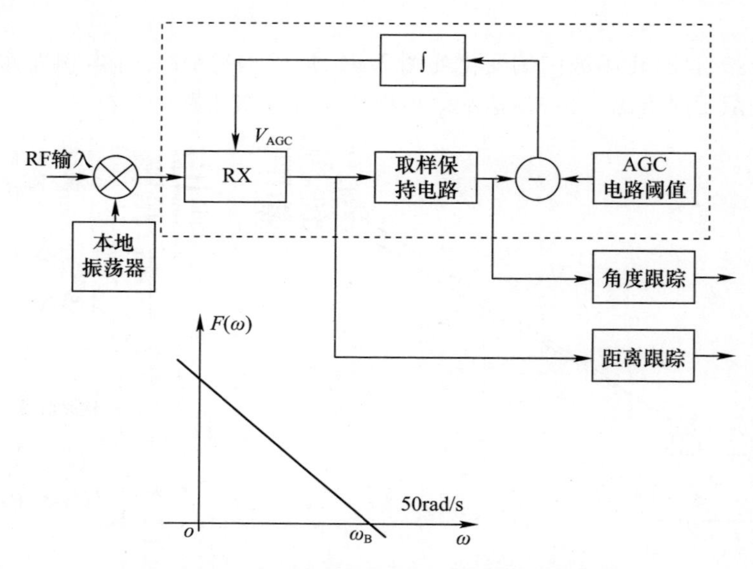

图 2.95　AGC 电路示例及其相关开环传输函数

如前所述,从幅度调制中提取角度信息的圆锥扫描雷达,通常使用 AGC 电路来控制线性接收机,以限制回波信号的动态范围,从而避免起伏波动过大。

具有自动增益控制的线性接收机,还用于具有特殊性能要求的跟踪雷达,如要求角梯度严格线性。一般来说，当其瞬时动态范围高于40dB时，信号处理是不容易的。因此，下述情况需要采用AGC电路。

（1）目标回波信号功率随距离而变化：该功率按$1/R^4$的规律变化，当需要跟踪从200m至40000m时，回波功率的变化范围将达92dB。

（2）由于目标多样性而引起的信号功率变化，包括导弹（$0.1m^2$）、飞机（$10m^2$）和船舶（$10m^2$）。

（3）由辐射闪烁引起的目标信号起伏，可能高达30～40dB；

（4）信号与杂波混合时引起的信号起伏。

上述情况需要使用快速的AGC电路，以保持接收机始终在其动态范围内。然而，考虑到圆锥扫描雷达是通过幅度调制来获取角度信息的，所以有必要避免AGC电路对这种调制的补偿作用。因此，圆锥扫描雷达的扫描频率被尽量设置得很高，然而，为了重现角度误差中的调制信息，扫描频率又必须远远低于PRF，如PRF的1/10。圆锥扫描雷达的扫描频率通常在30～200Hz范围之内。

为了使其扫描产生的调幅信息不被AGC电路过度衰减，需要限制AGC电路的截止频率，一般低于扫描频率的1/10，如3～20Hz。当AGC电路不能高速工作时，这会在雷达的暂态过程中产生问题，如图2.96所示，因为接收机饱和导致角度数据丢失，从而使捕获阶段出现问题。

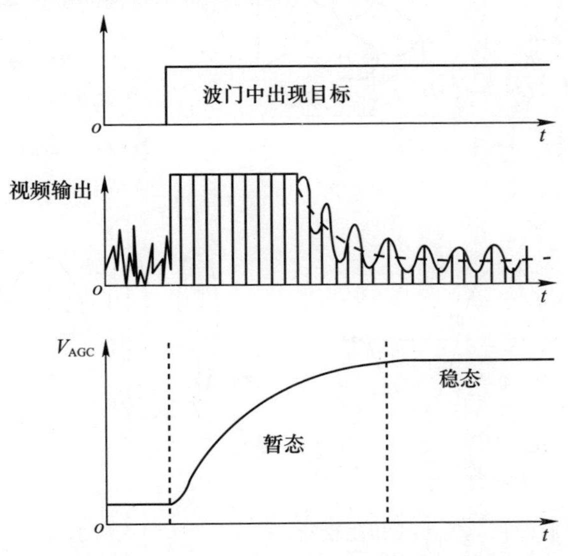

图2.96　暂态过程中的AGC电路（圆锥扫描雷达若无AGC电路，无法提取角度偏差信息）

通过 AGC 过度地放大,有必要将 AGC 回路的截止频率限制为比扫描频率低大约 1/10,例如,在 3 ~ 20Hz 之间。当 AGC 工作速度不能非常快时,这会在暂态过程中给雷达带来问题,例如在捕获阶段出现的问题,因为由接收机饱和抑制的角度数据将丢失(图 2.96)。

2.2.7.2 单脉冲跟踪雷达

与扫描型雷达相比,单脉冲雷达仅需要一个脉冲回波即可提取所需的角度信息,因此称为单脉冲雷达。单脉冲雷达的性能远优于其他类型的跟踪雷达,但其天线和接收机的成本和复杂度也要高得多。

单脉冲雷达的天线馈源复杂程度不一,但都是由 4 个可形成基本波束的辐射单元组成。这些波束通过一个微波网络进行合成,如图 2.97 所示。

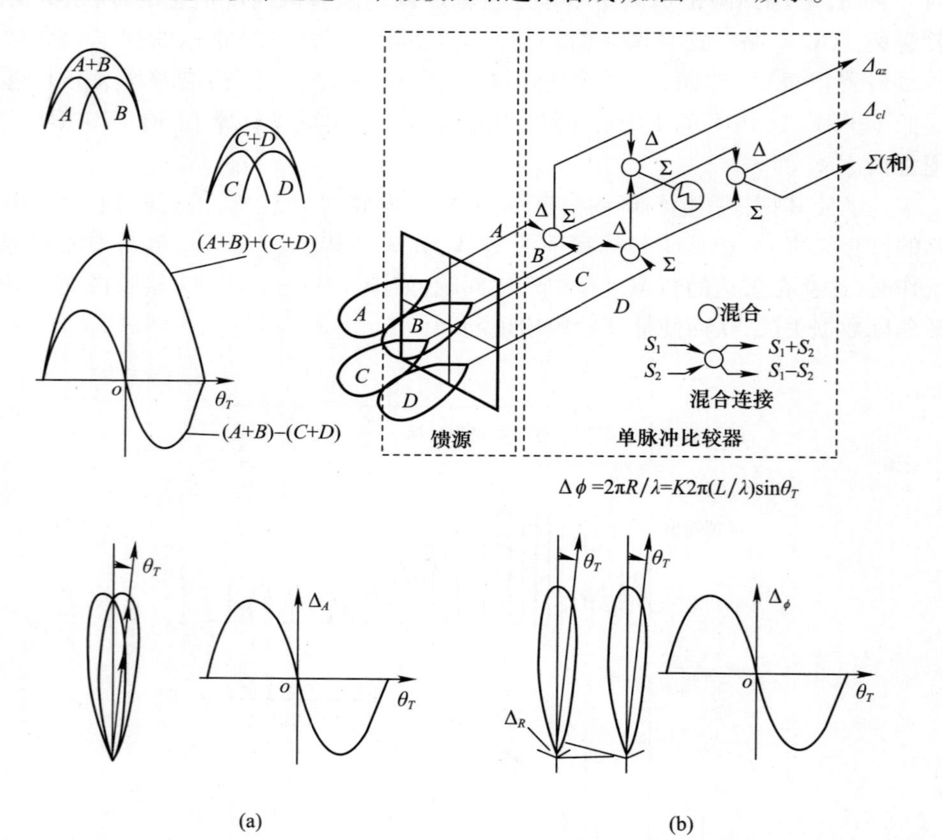

图 2.97 单脉冲雷达的天线和比较器(来自 4 个喇叭天线的波束按图上合成,从而在单个脉冲内得到角误差信号)

(a)振幅比较工作方式;(b)相位比较工作方式。

在图 2.97 中，输出 Σ 为 4 个基本波束在振幅和相位上的总和；输出 Δ_{az} 为合成波束 $(A+B)$ 和 $(C+D)$ 的振幅和相位上的差；输出 Δ_{el} 为合成波束 $(A+C)$ 和 $(B+D)$ 的振幅和相位上的差。

天线所生成的三个信号 Σ、Δ_{az} 和 Δ_{el} 被三个振幅和相位都互相匹配的接收机放大，这意味着信号之间的振幅关系和相对相移保持不变，偏差很小。

如图 2.97 所示，单脉冲雷达对接收到的信号进行比幅或者比相工作，在本书范围内，两者被认为是完全等价。

图 2.98 所示为单脉冲雷达的框图，发射机向天线单脉冲网络发送脉冲，通过环形器进入和通道 Σ，回波信号在三个相同的通道内进行中频放大，用和信号对两个 Δ 信号进行相干解调，有

$$\Delta_{az}=\frac{\boldsymbol{\Sigma}\cdot\boldsymbol{\Delta}_{az}}{\boldsymbol{\Sigma}^{2}} \tag{2.157}$$

$$\Delta_{el}=\frac{\boldsymbol{\Sigma}\cdot\boldsymbol{\Delta}_{el}}{\boldsymbol{\Sigma}^{2}} \tag{2.158}$$

式中：$\boldsymbol{\Sigma}$ 和 $\boldsymbol{\Delta}$ 表示各信号的矢量；符号“·”表示各矢量之间的标量积。

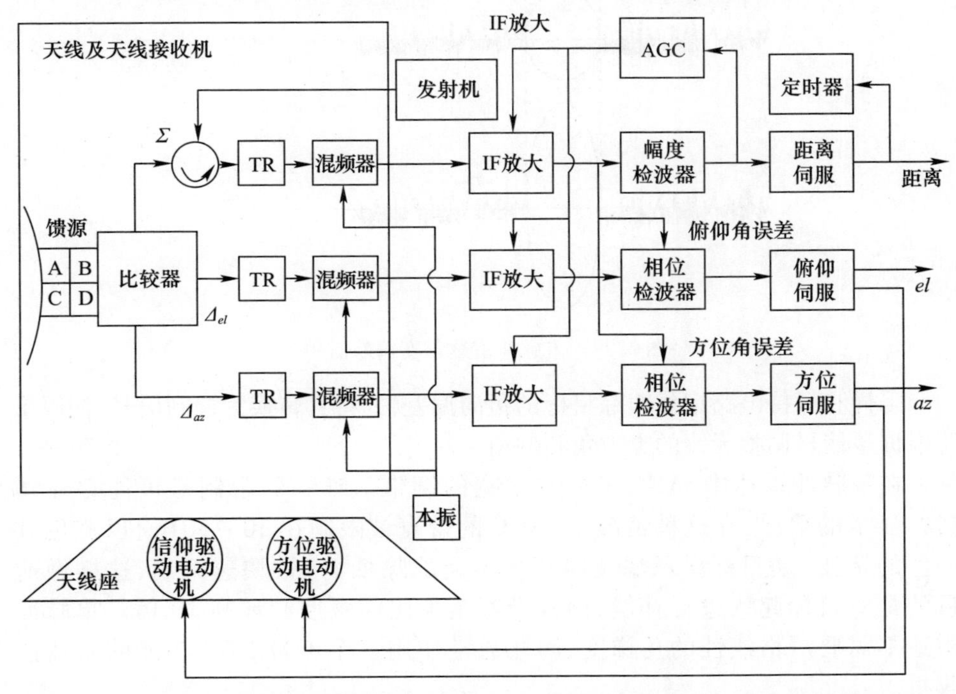

图 2.98 单脉冲雷达框图（与圆锥扫描雷达相比，其复杂度更高，但也因此具有显著优势）

通过 AGC 来实现除以 Σ^2的功能，这一操作在三个匹配接收机中都相同。性能良好的雷达可达到振幅相差 ±0.5dB、相位相差 3°~5°的匹配程度。因此，其角精度能达到 0.1~0.2mrad。

探测后得到的和信号用于生成 AGC 信号、自动检波信号（同圆锥形扫描雷达）和距离跟踪信号。距离跟踪电路决定了角度偏差的采样时间，如图 2.99 所示，以脉冲形式出现在相干检波器的角偏差信号，其幅度与角偏差成正比，符号取决于 Σ 和 Δ。

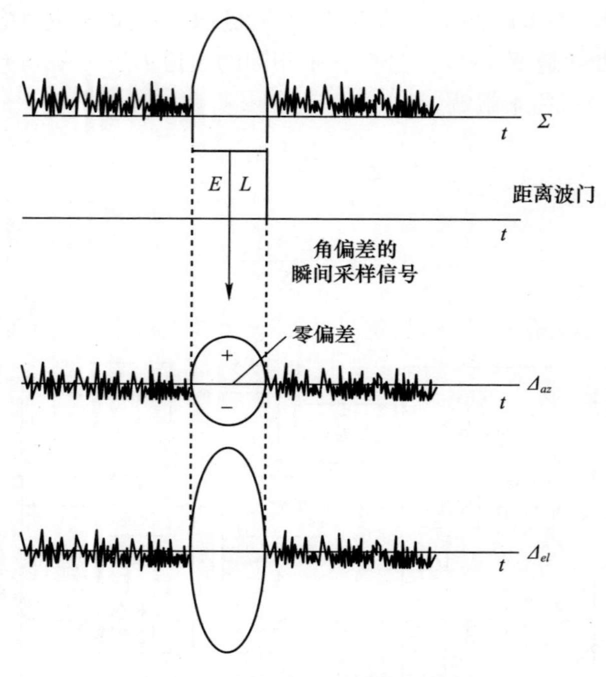

图 2.99　单脉冲雷达角度偏差信号

采样和保持电路记住跟踪目标的指向偏差，并将其转换为控制信号，伺服系统根据该信号调整天线的方位角和仰角。

在单脉冲雷达中，AGC 可能有很宽的频带。唯一的限制是可能存在动目标显示的情况：在这种情况下，AGC 的带宽被限制在 30~50Hz，以避免其产生的杂波（动目标显示滤波器几乎不能滤除抵消）被快速调制，这样做的目的是对目标起伏进行补偿，而其带宽至少比伺服控制环高 10 倍。单脉冲雷达不需要严格线性的角梯度，因此通常使用三个不带 AGC 功能的对数接收机。

需要强调的是，与圆锥扫描雷达相比，单脉冲雷达中的 AGC 所出现的问题

更少。除了其 AGC 可以是宽频带之外，即使在接收机饱和时，也可以提取角度信息。角度偏差公式为

$$\sigma = \frac{\Sigma \cdot \Delta}{\Sigma^2} \tag{2.159}$$

如图 2.100 所示，即使和通道饱和，σ 的值虽然很大，但仍然保持了正确的符号。

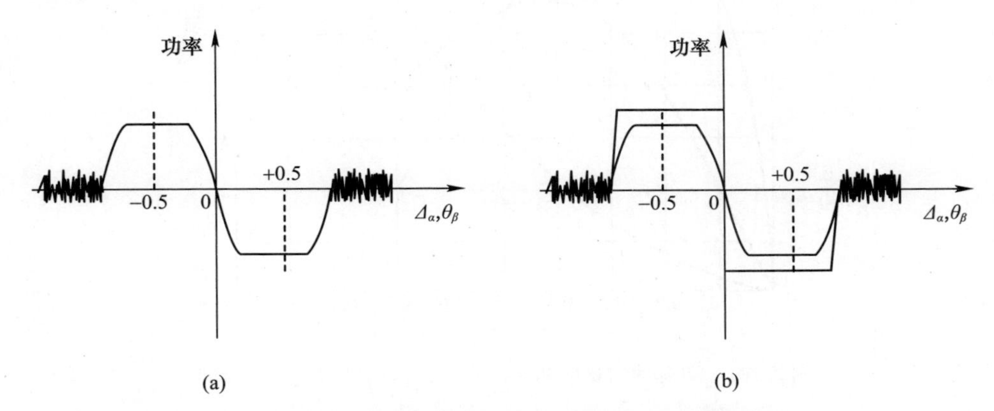

图 2.100　单脉冲雷达的饱和效应（与圆锥扫描雷达相比，尽管接收机饱和，仍可提取角度信息）
(a)接收机处于动态范围内；(b)接收机饱和。

如果角度跟踪回路设计合理，接收机的饱和效应会表现为一种简单的、位于视轴上的高频振动，丝毫不影响其跟踪精度。

在单脉冲雷达中，角梯度 K_m 为误差信号在视轴附近的斜率，取值高于圆锥扫描雷达的角梯度，如图 2.101 所示，K_m 为波束倾角的函数。与圆锥扫描雷达的情况类似，随着倾角的增大，系统灵敏度上升，同时，损耗也增加，折中方法通常为 $\theta_q/\theta_B \approx 0.3 \sim 0.4$。

当雷达装备了快速模数转换器时，整个距离轴都可以被数字化。为了避免信号的过度损失，对每个距离单元内至少要抽样两次。例如，如果雷达脉冲持续宽度为 200ns，则有必要对每 100ns 进行一次数字化采样，这样也可以逐个分析距离单元，以便立即确定目标所在单元。当雷达被用于给近程点防御武器系统或近程武器系统指示目标时，通常会设置一条告警带。事实上，由于这些系统是防御链的最后一环，它们必须能够在极短的反应时间内自动介入对抗。为此，需要在被保护平台的周围设置一条告警带，一旦在带内发现目标，系统可自动切换到目标跟踪模式，准备开火。

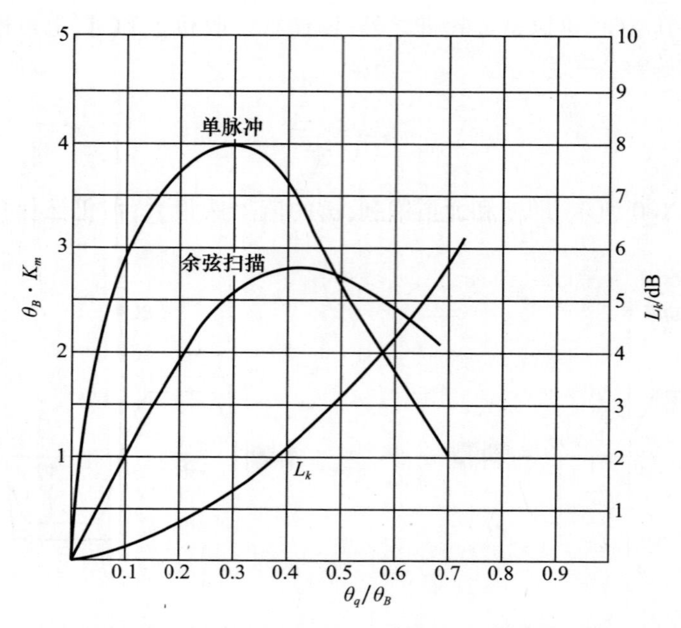

图 2.101　单脉冲雷达的角梯度高于圆锥扫描雷达的角梯度

图 2.102 和图 2.103 所示为更精密的跟踪雷达原理框图。前者是一个具有数字化处理和动目标显示的相干单脉冲跟踪雷达；后者与其类似，但包括了脉冲压缩单元。

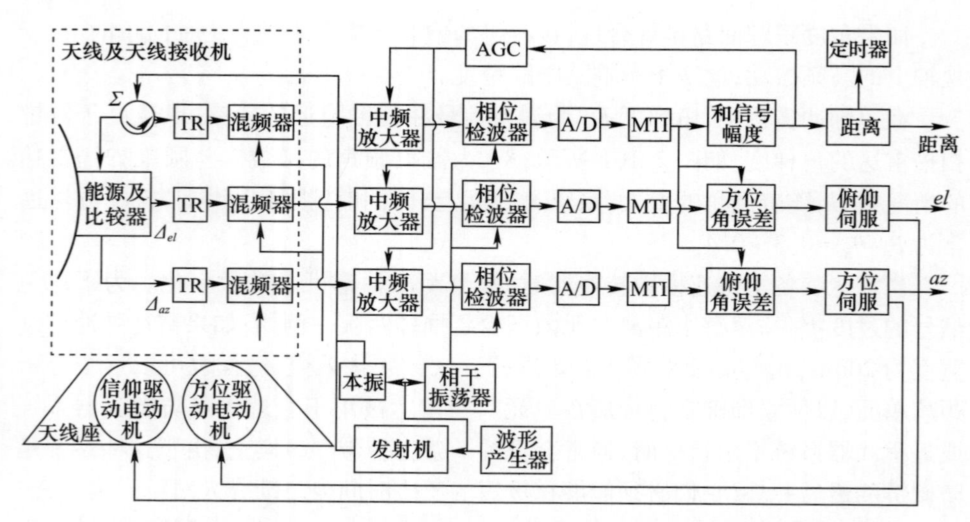

图 2.102　单脉冲雷达原理框图，该型雷达可大幅改善动目标显示性能

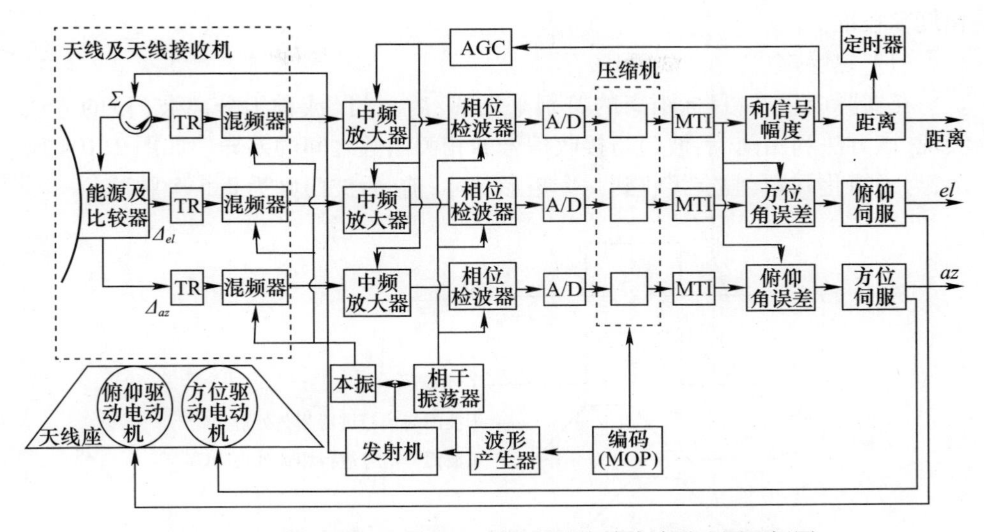

图 2.103　具有脉冲压缩和动目标显示的单脉冲雷达原理框图
（无论是否有杂波、存在电子干扰，该型雷达的探测性能良好）

2.2.7.3　跟踪雷达的距离和精度

搜索雷达最重要的指标是最大探测距离，而对于跟踪雷达的主要要求则是其处理目标坐标的精确性。通常情况下，跟踪雷达对大部分目标的作用距离较远，超过武器系统的射程。

跟踪雷达的作用距离为

$$R_{\max}=\left[\frac{N_i P_T n\ G_T G_R \sigma\ \lambda^2}{(4\pi)^3 kTBF\ (S/N)_{P_{dfa}} L}\right]^{\frac{1}{4}} \tag{2.160}$$

$$L=L_i+L_x+L_{Tx}+L_x+\cdots \tag{2.161}$$

式中：L 为所有损耗之和；N_i 为目标驻留时间内的脉冲积累数目。

在具有自动捕获功能的跟踪雷达中，可积累的最大脉冲数目是固定值，取决于积分电路，其大小可保证雷达在最大角扫描速度下的良好运行。

当雷达并非在自由空间工作时，通常要考虑地球表面和大气的影响。2.2.6 节中关于搜索雷达的讨论在这里仍然适用，并且必须将杂波和多径效应考虑在内。但是，距离和角度的跟踪精度需要专门讨论。

在自由空间中，精度取决于四个因素：信噪比、起伏、闪烁（或者目标表观位置在角度和距离范围上的波动）和目标加速度（包括径向和横向）。

1. 距离跟踪误差。

影响跟踪雷达距离测量误差的主要因素有：热噪声、距离闪烁、径向加速度、比例和校准。

(1) 热噪声。

在实际应用中,目标距离的鉴别采用前、后波门(或称为分离波门)的方法实现,该方法利用前、后波门与接收信号的相关函数之间的差异。如图 2.104 所示,为了简化问题,假定接收到一个矩形脉冲,前、后波门则为 0.5 个脉冲。

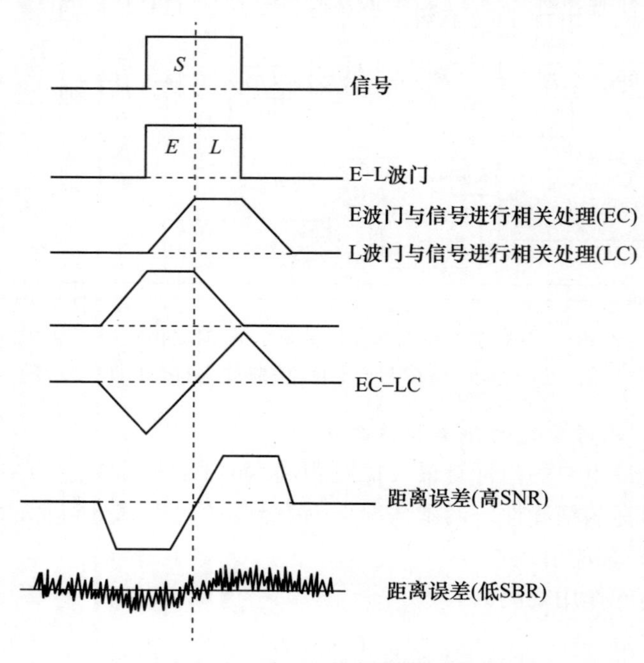

图 2.104　分离波门所输出的距离误差信号

相关理论指出,由于热噪声的影响,过零点在低信噪比情况下会发生波动,因此,所引起的距离均方根误差为

$$\sigma_n = \frac{c\tau}{2}\frac{1}{k\sqrt{(2S/N)(F_R/B_s)}} \tag{2.162}$$

式中:k 为 1 ~2 之间的系数,取决于分离波门电路的实现形式;S/N 为距离方程中的信噪比;F_R为脉冲重复率(PRF);B_s为距离跟踪回路的带宽。

如图 2.105 所示,更精密的雷达具有可适应信噪比的带宽,当信噪比非常低时,相关电路的带宽就会随之减少。

(2) 距离闪烁。

如图 2.106 所示,由于目标是由一系列基本散射单元组成,目标回波需要依据这些散射单元的振幅和相位重新组合,因此,如果目标长度 L 与脉冲持续时间

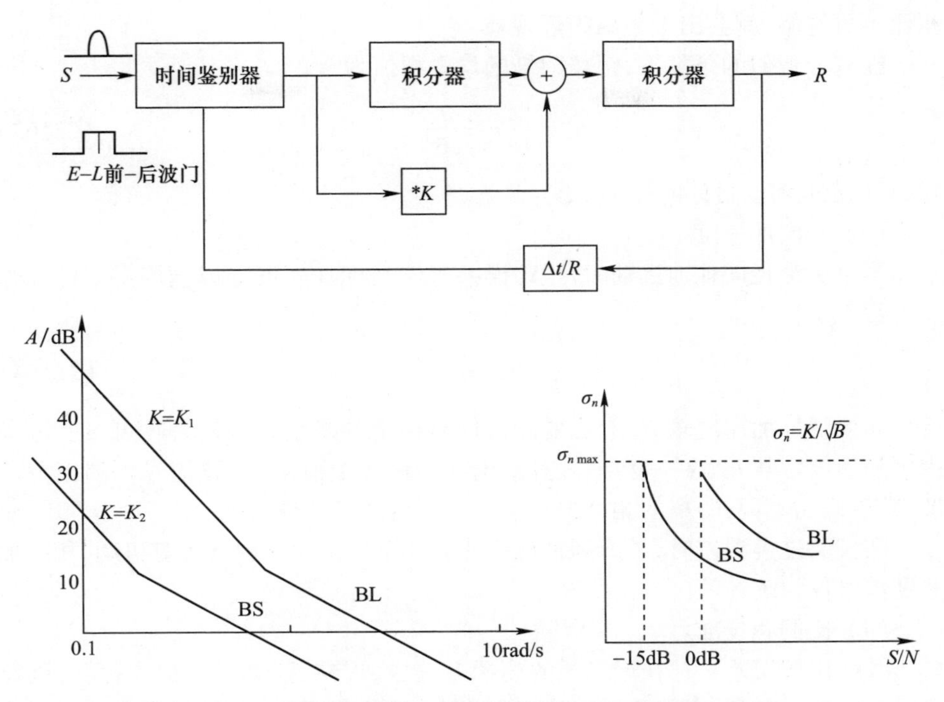

图 2.105　自适应距离跟踪回路示例:为减小低信噪比下的噪声,跟踪回路的带宽具有自适应性

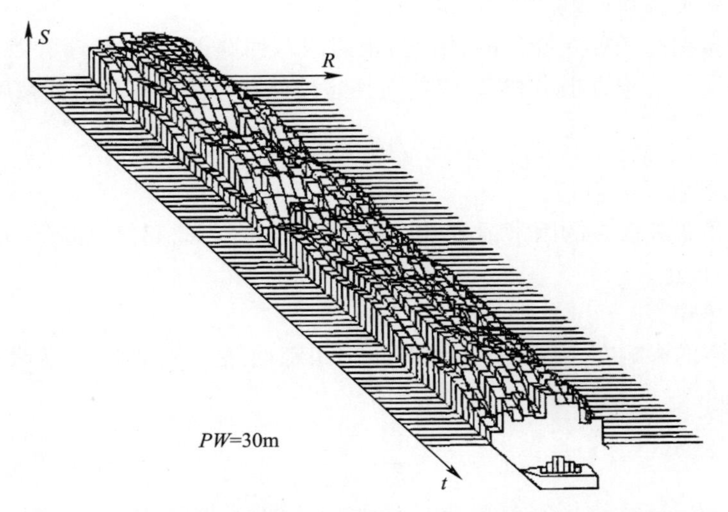

图 2.106　扩展目标的回波在轴向距离 R 上随时间 t 的变化而起伏,使得所测距离值产生波动,即距离闪烁

相比不可忽略，就会出现距离闪烁现象。

在充分近似的条件下，距离闪烁的均方根值为

$$\sigma_s = \frac{L}{6} \tag{2.163}$$

式中：L 为视轴上目标的投影长度。

（3）径向加速度。

当目标沿径向加速运动时，跟踪误差等于目标加速度除以伺服系统的加速度常数 k_a，即

$$\sigma_a = \frac{a}{k_a} \tag{2.164}$$

如果目标加速度较大，有必要确认伺服系统的剩余误差是否在可接受范围内。加速度常数 k_a 的一般要求：对于预计的最大加速度，回波信号不超出分离波门，更确切地说，距离的测量误差不大于前后波门的半宽度。

在校验这类误差时，考虑到目标可能会处于攻击模式进行规避机动，相应加速度数值仅为统计值。

（4）比例和校准。

线性比例误差只存在于老式的模拟系统中，现在，这类误差很少存在，因此可以被忽视。此外，目前所采用的对距离进行初始校正的方法，使得校准误差也可被忽略。

（5）距离的总误差。

上述误差都是独立统计的，因此，距离跟踪回路的总误差σ_R可以通过计算上述各项误差的均方根求和来计算，而且这种计算方法具有足够的精度，即

$$\sigma_R = \sqrt{\sigma_n^2 + \sigma_s^2 + \sigma_a^2} \tag{2.165}$$

2. 角跟踪误差

造成角跟踪误差的因素很多，包括：热噪声、角闪烁、起伏、加工质量、目标的角加速度、校正。

（1）热噪声。

热噪声的影响在角度跟踪回路与距离跟踪回路中一样明显，热噪声所引起的误差为

$$\sigma_n = \frac{\theta_B}{k\sqrt{2(S/N)(F_R/B_s)}} \tag{2.166}$$

式中：θ_B 为 3dB 带宽；F_R为脉冲重复频率；B_s为伺服系统带宽；S/N 为距离方程中的信噪比；而 k 则考虑了角梯度，其大小依据雷达是圆锥扫描体制（$K_s \approx 1.3$），

还是单脉冲体制($K_m \approx 1.7$)。

(2) 角闪烁。

如2.2.4.3节所述,有些时候,表观相位波前看起来似乎是来自目标几何范围之外的某一点,而不是其物理中心,以弧度表示的这一角误差均方根值为

$$\sigma_g = \frac{1}{3}\frac{L}{R} \tag{2.167}$$

式中:L为雷达所能看到的目标的最大横向尺寸;R为目标距离值。

(3) 起伏。

这种误差只存在于圆锥或顺序扫描雷达中,在实现AGC电平的调校之后,剩余起伏可以视为目标的角度偏移。

假设去相关采样样本数量在1000量级,则该误差的均方根值为

$$\sigma_s \cong 0.01\theta_B \tag{2.168}$$

对于边扫描边跟踪雷达,由于必须从目标驻留时间内的极少采样数据中,获得回波信号幅度图,并确定目标角位置,σ_s的值通常在$0.1 \sim 0.2\theta_B$。

(4) 加工质量。

在单脉冲雷达中,Σ,Δ_{az}和Δ_{el}三个接收机必须保持良好匹配,这取决于零件的加工质量(即设备成本)。在单脉冲雷达中,因匹配引起的误差,小于波束宽度的百分之一(约$0.005\theta_B$)。

这里需要提及另一种在扫描雷达和单脉冲雷达都会出现的角误差,它是由频率调制中视轴的偏移引起的,不同频率下地对准角度可能相差$0.01 \sim 0.001\theta_B$。

最后,还要提及伺服系统引起的误差,这取决于伺服系统的加工质量,其典型值为$0.005 \sim 0.001\theta_B$。

(5) 目标加速度用给定的k_v、k_a等来表征跟踪回路的工作特性,图2.107所示为目标通过时雷达所看到的加速度;在设定了雷达的最大可接受误差之后,很容易确定伺服系统的特性。当目标以角加速度机动时,雷达的角误差为

$$\varepsilon_a = \frac{\dot{\omega}}{k_a} \tag{2.169}$$

一般来说,考虑到加速度的统计平均值,可定义与ε_a相关的跟踪误差σ_a。

(6) 校正。

以现在的调校技术,这种误差可忽略不计,其大小大约$0.001\theta_B$。

(7) 总角度误差。

总角度误差为上述误差的均方根误差之和,即

$$\sigma_{at} = \sqrt{\sigma_n^2 + \sigma_g^2 + \sigma_s^2 + \sigma_a^2 + \cdots} \tag{2.170}$$

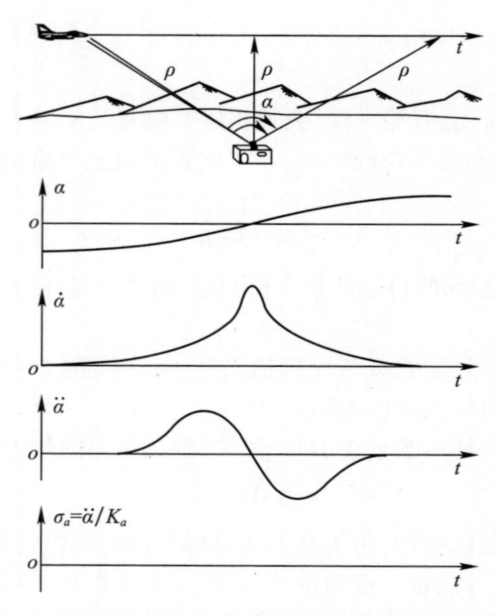

图 2.107　目标通过时的角加速度,需要注意存在更高阶的加速度

有趣的是,这个总误差取决于距离值。如图 2.108 所示,在远距离情况下,热噪声所引起的误差占主导作用(低信噪比);而在近距离情况下,闪烁误差起主导作用。

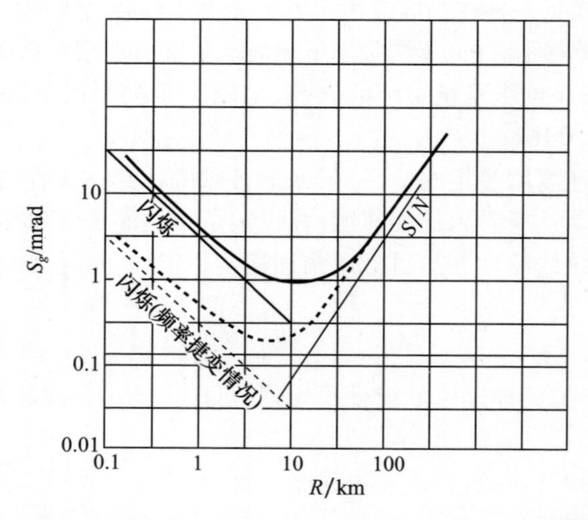

图 2.108　总角度误差(短距离情况下,闪烁误差起主导作用;远距离情况下,低信噪比引起的误差起主导作用;中距离情况下,伺服系统引起的误差起主导作用;采用频率捷变技术可降低闪烁误差至虚线以下)

（8）减少角闪烁。

回顾闪烁形成的机理，从图 2.55 可看出，如果雷达频率发生变化，目标的视雷达中心会发生偏移，在频率 f_1 时所获取的信号图，一般与在频率 f_n 时所获取的信号图不同，因此，如果雷达工作在频率捷变模式，无论是逐个脉冲还是频率捷变，由于伺服系统的带宽 B_s 是狭窄的，雷达都可将其表观中心保持在平均值，则闪烁引起的误差可减小至 1/3 ~ 1/10。

2.2.7.4 实际环境中的跟踪误差

到目前为止，以上讨论的跟踪误差仅在自由空间中有效，但在实际作战环境中，还必须考虑两种必然存在的现象：不希望的回波（杂波）和表面反射（多径效应）[34,35]。

对于跟踪雷达，由于其波束在方位和仰角上都非常窄，所以除非对低空飞行的小目标进行跟踪，否则杂波的影响并不十分严重；如果杂波过于严重，则有必要使用动目标显示滤波器来降低干扰。

当探测低空目标时，地面或海面会被波束照射，于是雷达会接收两个回波信号：一个直接来自于目标；另一个则是地表发射的目标信号。通过地表反射到达的信号称为多路径信号，如前所述，它会使跟踪雷达出现两个后果：波束旁瓣（2.2.3.3 节）和点头现象（天线在垂直面内摆动，妨碍跟踪雷达探测低空区域，见 2.2.4.3 节）。事实上，在低空情况下，雷达在天线波束中接收两个相似的信号，一个来自真实目标，另一个来自地表的反射。来自真实目标的射线，以及来自地表反射的射线，沿不同的路径传播。当这两条射线到达接收机时的相位不一致时，相位前沿会有强烈的失真，正如有关旁瓣的章节中所提到的那样。

目标的雷达表观中心处于较强信号方向，通常是真实目标的方向，但会在位置上偏移很多，如图 2.109 所示。

直接来自目标的信号为

$$s_d = s\mathrm{e}^{\mathrm{j}\omega t} \tag{2.171}$$

可以通过增加相移来表示反射信号，即

$$s_r = \rho s\mathrm{e}^{\mathrm{j}(\omega t+\varphi)} \tag{2.172}$$

相位移 ϕ 取决于两者之间的路径差 ΔR 和反射所产生的相移 φ_r。ΔR 可表示为

$$\Delta R \approx \frac{2\,h_r h_T}{R} \tag{2.173}$$

因此，假设 $\varphi_r \approx \pi$，则有

$$\phi = \frac{2\pi}{\lambda}\frac{2h_r h_T}{R} + \pi \tag{2.174}$$

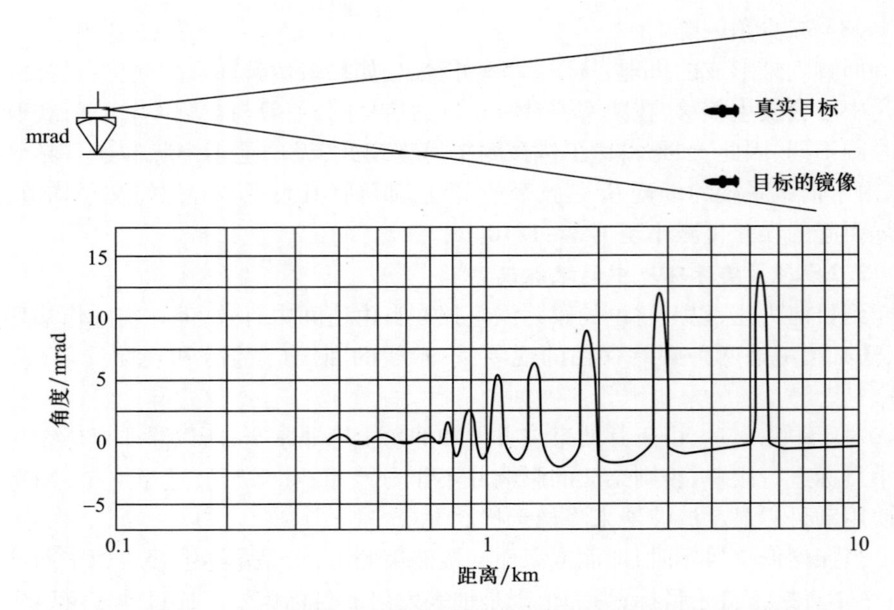

图 2.109　当雷达跟踪低空跟踪目标时,摆动误差的大小取决于地面或海面反射(多路径效应)的强度

如果

$$\varphi = (2k+1)\pi \tag{2.175}$$

对于某些整数 k,有

$$\frac{4\pi\, h_r h_T}{\lambda R} = 2k\pi \tag{2.176}$$

或者

$$\frac{2\, h_r h_T}{\lambda R} = k \tag{2.177}$$

在这种情况下,目标的直接信号和反射信号是反相的,雷达所接收到的信号被衰减,并且从目标回波的表观中心向信号更强的方向移动。

定义Σ_d和Δ_d为直接信号的权重,Σ_r和Δ_r为反射信号的权重,将两个信号以矢量的形式表示,应用卡诺定理,可得到多路径情况下合成信号的表达式,即

$$\Sigma = \sqrt{\Sigma_d^2 + \rho^2 \Sigma_r^2 + 2\rho \Sigma_d \Sigma_r \cos\varphi} \tag{2.178}$$

同样,信号Δ_{el}可以表示为

$$\Delta_{el} = \frac{\Sigma_d \Delta_d + \rho^2 \Delta_r + \rho(\Sigma_d \Delta_r + \Sigma_r \Delta_d)\cos\varphi}{\Sigma_d^2 + \rho^2 \Sigma_r^2 + 2\rho\, \Sigma_d \Sigma_r \cos\varphi} \tag{2.179}$$

如图 2.110 所示,雷达跟踪海面上以固定高度飞行的低空目标,雷达"点头"的峰值处位置可表示为

$$R = \frac{2h_r h_T}{k\lambda} \tag{2.180}$$

它与 λ 成反比,故频率捷变具有去相关效果,可以提高雷达的低空跟踪精度,图 2.110 所示为运用频率捷变技术时,雷达跟踪误差的抑制效果。

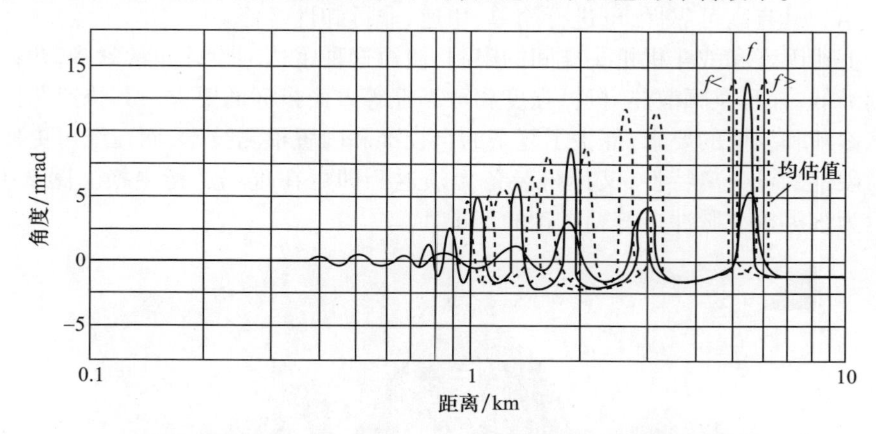

图 2.110　由于"点头"引起的误差峰值位置取决于发射功率,而频率捷变技术具有去相关作用,可降低其误差

2.2.7.5　跟踪雷达和电子干扰

通过以上讨论,可以理解在跟踪雷达中如何提高性能,但更重要的是,电子干扰如何降低跟踪雷达的性能。下面是一些例子:

(1) 武器系统将越来越多地使用单脉冲雷达。

(2) 采用动目标显示技术可尽量减少杂波的影响,当预计到强杂波时,应采用相干链来实现强杂波对消。

(3) 采用脉冲压缩技术可获得较高的距离分辨率和良好的低截获概率特性。

(4) 如果可能与动目标显示兼容,还应采用频率捷变技术。

(5) 在对跟踪雷达进行电子干扰时,为识别目标,首先需要知道雷达所担负的任务,即雷达是用于火炮瞄准还是导弹制导。相关内容将在第 3 章中讨论。

2.2.8　机载雷达(截击雷达)

安装于机首的脉冲多普勒雷达,是各种战斗机的主传感器,从执行近距空中支援,到空中掩护、导航以及对敌方防区进行低空渗透等,这种传感器都是完成作

战任务必不可少的支撑。几乎所有这类雷达都在 X 波段工作(除了少数例外)。

设计机载脉冲多普勒雷达主要硬件时,需要考虑的因素如下:

(1) 可用的主功率有限;

(2) 可用的冷却空气有限;

(3) 工作环境有特殊要求,尤其是需要考虑温度和振动(在许多情况下,机载航炮与雷达之间的距离非常接近);

(4) 具有高可靠性,可进行简单、快速、非拆卸性维修。

上述因素和战斗机机头空间的限制,使得这种雷达的设计非常紧凑,功耗被降到最低,并可兼顾散热、机械强度和可靠性等方面指标的要求。其快速非拆卸故障诊断和维修的要求,催生了复杂的自校准和内置检测技术,而在线可更换单元中硬件的可分离特性,又使得装备无须返厂即可在现场进行更换。图 2.111 所示为该类机载脉冲多普勒雷达的例子。

图 2.111 GRIFO 轻型多模式机载多普勒雷达(该雷达可分解为数个在线可更换单元并可组成许多不同的工作模式/功能)

为了支持战斗机执行不同的作战任务,机载雷达具有多种工作模式和功能,大致可分为空-空模式、空-地模式、导航支持模式。图 2.111 所示机载雷达可实现的工作模式/功能超过 25 种。

在空-空模式中,要求雷达可在上视和下视状态下,对所有高度、所有视角的目标进行探测和跟踪,这在很多方面与空-地模式中的有关要求相矛盾。一般来说,尽管在设计时都会优先考虑空-空模式,但也要尽力避免过多牺牲其空-地模式的工作性能。

现代战斗机的脉冲多普勒雷达是机械扫描式的，而下一代战斗机的雷达波束将会采用有源相控阵天线，通过在孔径中并行发射和接收而进行电子扫描。然而，从机械扫描到电子扫描的转变，受到有源发射－接收模块的高成本限制（通常每部雷达中含有2000个模块）。

2.2.8.1 结构

图2.112所示为现代典型的机载脉冲多普勒雷达原理框图。

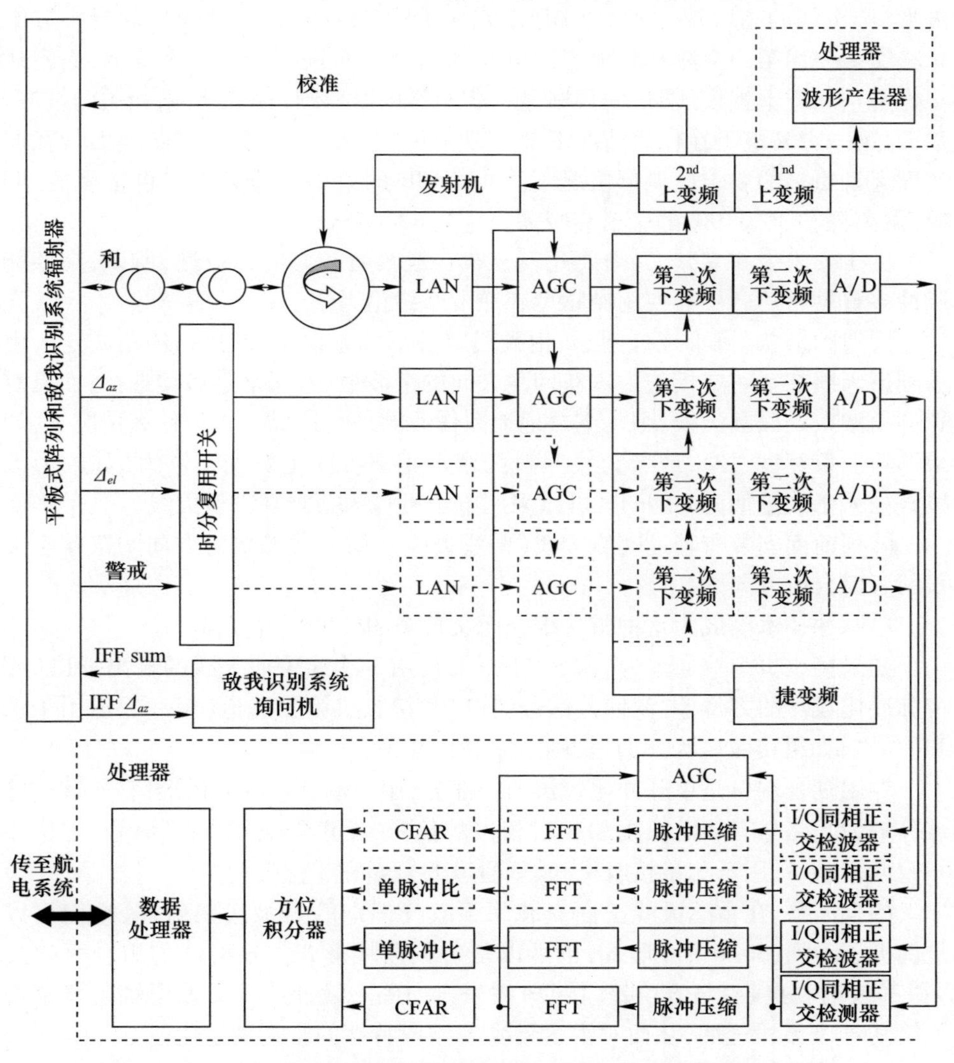

图2.112　典型脉冲多普勒雷达的原理框图（虚线方框为四通道结构，这种情况下不使用时分切换，LAN为低噪声放大器）

(1) 天线。

天线通常是具有双平面单脉冲的开槽平板阵列，输出端口包括：和信号（发射/接收）；方位差信号（仅接收）；俯仰差信号（仅接收）。

机载脉冲多普勒雷达天线的设计准则是在天线增益（方位/俯仰扫描波束宽度）和旁瓣衰减之间进行折中。折中方案由雷达中脉冲重复频率（MPRF）和高脉冲重复频率（HPRF）波形的不同要求决定。旁瓣的高衰减（一般为 MPRF 波形）与天线的高增益（一般为 HPRF 波形）要求相冲突，一种较好的折中方案是将交替使用第一旁瓣和其他旁瓣电平的孔径分布进行合成。事实上，当雷达工作在空－空下视模式时，动目标显示滤波器可以抑制与第一旁瓣相关的杂波。然而，第一旁瓣电平在任何情况下都可以满足空－地模式对于探测地面低径向速度运动目标的要求。典型情况下，20～24dB 的第一旁瓣衰减是可接受的，同时，偏离视轴 30°～90°的旁瓣衰减需要达到 40～45dB。

由于要求旁瓣衰减，又需要孔径分布合成具有较好的适应性，所以，高性能脉冲多普勒雷达已不再使用抛物型或逆卡塞格伦天线。

天线的形状（圆形或椭圆形）由天线罩外形和方位角、仰角扫描角决定。由于圆形天线在空－空模式中截获仰角方向的杂波最小，通常是最佳选择；而具有宽仰角波束的椭圆天线，则是空－地地图作业的理想选择。无论什么情况下，如果仰角波束宽度过窄，或者天线照射区域在距离方向上宽度不够大（如圆形天线直径大于或近似为 60cm），可以采用电子可控的余割平方型天线。

阵列前面安装有辅助喇叭天线（警戒天线），该天线的辐射方向图覆盖主天线的旁瓣合成方向图。

单脉冲技术已成为这种雷达统一而又普遍的标准配置。

如果接收机为双通道，高速 SP3T 开关被用于连通警戒天线的输出端口（或单脉冲比较器的方位差/俯仰差信号端口）和接收机第二通道（第一通道用于求和信号）；如果接收机为四通道，则不需要此开关。

专用耦合端口是单脉冲比较器的一部分，用于输入连续波校准信号，该信号被分解为几路具有确定振幅和相对相位的信号，发送至天线“和”信号、方位差和俯仰差端口，用于测量接收机和、差通道的振幅和相位失配。

如果需要，在雷达天线正面安装用于敌我识别的 L 波段辐射体，它们可以是偶极子阵列（3～6 个）形式，也可以是射频模块形式。辐射体的组合可生成“和”（发射和接收）与方位差（接收）波束方向图。设计这种 L 波段辐射体是为了使其对 X 波段透明，从而对雷达天线 X 波段特性的影响最小化。

(2) 接收机。

许多类型的雷达用双通道接收机工作。通过在相关天线端口周期性地注入校准信号，两个信道的幅度和相位自动匹配。在搜索模式中，一个信道用于接收“和”信号，另一个用于接收警戒信号；而在跟踪模式中，一个信道用于接收“和”信号，另一个用于接收差信号（分时接收方位差信号和俯仰差信号）。

当使用四通道接收机时，四个通道分别用于“和”信号、方位差信号、俯仰差信号和警戒信号。四通道接收机对于高效率的边扫描边跟踪系统是最佳选择：两个角坐标可在探测目标的同时被测量，而警戒通道则可以阻止选择性干扰和杂波尖刺通过旁瓣进入接收机。

每个通过都包含一个防止发射机溢出的低噪声前端和一个可将频率降为中频的双极或三级下变频装置，以便实施直接采样和 A/D 转换。第一次下变频使用 X 波段捷变合成器完成，余下的下变频则由固定振荡器完成。每个通道都配有 AGC 电路，可以使输入到 A/D 转换器的信号保持在其饱和范围内。AGC 衰减器由处理器来控制。

AGC 衰减器在接收机链路中的位置，通常是权衡下述两个因素的折中结果：一是 AGC 所导致的可接受噪声系数的降低；二是 AGC 衰减器之前电路在放大/下变频阶段的非线性问题。如果 AGC 衰减器被置于接收机前面，则后续电路的线性范围仅需与 A/D 转换器所能接收的最大信号一致即可。但是，AGC 每衰减 1dB，接收机的噪声系数也将降低 1dB，在目标信号与旁瓣杂波竞争时（与低空探测时使用 MPRF 波形相似），这不是问题，但是天线旁瓣已经被抑制，或者使用 HPRF 波形时，这会引起信噪比严重降低：此时，目标信号并不是在与天线的旁瓣杂波竞争，而是与接收机噪声竞争。

此外，如果 AGC 衰减器置于 A/D 转换器前面，则其前段所有电路都必须具有足够大的线性范围，才能应对天线主波瓣所截获杂波的大动态范围，否则，接收机放大或下变频环节的非线性，将导致主波束杂波频谱的扩展，从而导致目标回波模糊。

一个好的折中方案为：将 AGC 衰减器置于前端低噪声放大器之后，在第一级下变频混频器之前；一般来说，如果之前电路具有足够的线性范围，则将 AGC 衰减器置于不影响总噪声系数的位置是最为合适的。

在搜索下视模式中，AGC 将 A/D 转换器输入端的信号电平设置在饱和值以下大约 -6dB 处，但该电平还需依据前一批信号在 A/D 转换过程中所出现的饱和情况进一步修正。

在单目标跟踪模式中，AGC 的控制只基于被跟踪目标处雷达的距离—多普勒单元的信号，而且该控制也只用于与被跟踪目标相关的距离分辨单元。在这种情况下，仅当虚假目标回波叠加在目标回波上时，距离波门拖引（RGPO）干扰机才能捕获 AGC（在此阶段，虚假回波并不危险）；而一旦虚假目标回波与雷达正在进行距离跟踪的目标回波分离，目标回波就不再被 AGC 衰减，因此系统可以恢复。

AGC 的响应时间只有雷达采样时间间隔（距离分辨单元）的几分之一（通常为 50～80ns 的量级）。

在中频（IF），采用大动态范围、低孔径抖动的 A/D 转换器完成 A/D 转换。通过数字信号处理完成中频采样，并随之压缩其 I 和 Q 分量，可以避免模拟 I/Q 检测器中经常出现的正交和配平问题、动态范围方面的限制。

上变频到 X 波段且电平足以驱动发射机之后，波形发生器（通常是处理器的一部分）会对雷达波形进行合成。

（3）发射机。

发射机一般基于周期永磁聚焦行波管（TWT）；多接收机技术则用于提高 TWT 效率并降低功耗。当平均功率高达 600W 时，需要使用风冷式行波管；对于更高的平均功率，则需要使用液体冷却。

过去，有些雷达的行波管工作在所谓的双模模式，即：低峰值功率、高占空比（约 50%），或者高峰值功率、低占空比。这是因为一些超视距（BVR）导弹需要雷达用高占空比波束照射，而在 HPRF 情况下，则只需要处理很少的距离波门。

目前，除非由超视距（BVR）导弹照射而提出特殊要求，这种技术已经被淘汰。重叠损失最小化的最佳占空比为 6%～15%。在今天的许多设计中，所有的雷达波形的平均占空比是恒定的。这样，无论照射波形如何，照射到目标上的能量及其探测率几乎相同。

（4）处理器。

雷达波形由一系列成组的脉冲串组成，每一组脉冲串的 PRF 都是常数，但 PRF 在组与组之间变化。每一组的 PRI 取决于相干积分中 FFT 点数。

脉冲压缩（波形匹配滤波器）是在完成了 IF 波段的 A/D 转换、恢复了信号的相位和正交振幅分量之后进行的。脉冲压缩后的所有 PRI 数据都被存储在一个存储器中，可以按照距离分辨单元从中逐次读取其方位值。与每个距离分辨单元相关的采样值被送入动目标显示滤波，然后采用 FFT 算法进行相干积分，经 FFT 处理后的输出即为该组的距离－多普勒平面。

将二维恒虚警率应用于距离－多普勒平面，提取由模糊距离和多普勒频移值所描述的候选目标检测点（目标告警）。

通过对目标驻留时间内所发射的所有脉冲串进行恒虚警率处理，可以从每组脉冲的模糊信息中恢复目标的距离和径向速度。这个处理过程称为非相干积分，是通过一个移动窗口来实现的，其移动窗口的宽度需要足够包含目标照射时间内所传发射所有脉冲组。

与“和”信号相同，单脉冲和告警信号也要经过同样的脉冲压缩和 FFT 处理。对于距离－多普勒平面上的每个与方位差和俯仰角通道相关的距离－多普勒单元，利用“和”信号与差信号的点积来归一化“和”信号振幅的平方，可以得到单脉冲比值。

警戒通道的处理方法与“和”通道相同（脉冲压缩和 FFT），并且警戒通道的距离－多普勒平面也采用相同的二维恒虚警率处理。将处于“和”通道恒虚警率输出端的目标告警信号与警戒信道相应于同一个距离－多普勒单元上的恒虚警率的告警信号进行比较，只有当“和”通道恒虚警率告警信号的幅度超过警戒通道恒虚警率告警信号时，才会被保留并传递到非相干积分单元。这种方法可滤除通过“和”天线旁瓣侵入的虚假点信号（选择性干扰或杂波尖峰）。

检测出的目标及其距离和速度坐标，被传送到数据处理器，在此构造目标合成符号，并在雷达的复合视频中显示出来。

数据处理器根据执行目标检测的子处理器来选择雷达的波形和结构，完成跟踪计算、管理其与航空电子系统的接口等任务。此外，数据处理器还要完成控制天线扫描和稳定瞄准线（LOS）的任务——在没有其他专用部件承担此任务的情况下。最后，数据处理器还包含了可对原始视频图像进行处理的扫描转化器，和可产生所有与雷达相关符号的视频符号产生器。

2.2.8.2 空—空模式

1. 搜索

空－空搜索模式的主要目的是尽早发现所警戒空域内的敌方目标，典型的搜索方法是在不同俯仰角或俯仰“栅条”（其数量由飞行员自行选择，通常为 1、2 或 4）下连续扫描某一方位扇区。无论飞机滚动还是倾斜，该雷达搜索区域的大小在惯性空间中是稳定不变的。

可以用扇形 PPI 或 B 显（水平轴表示惯性方位，垂直轴表示距离）来做显示设备。在检测事件所发生的距离和方位坐标上标示目标符号，在接近目标符号的地方标示被检测目标的高度值（依据检测事件发生时所处的高度栅格进行估计），指示光标由飞行员来控制。

搜索模式分为以下两种。

（1）RWS－NAM 模式（边搜索边测距—普通空战模式）。在该模式下，雷达的方位和俯仰范围是一个常量，它取决于方位扫描宽度（一般为 60°、30°、15°）和飞行员选择的俯仰栅格数目（一般为 1、2、4）。因此，雷达在水平和垂直（高度）方向上覆盖的范围是距离的线性函数。当没有关于目标高度和到达方向的信息可用时，通常选择该搜索模式。

（2）如果可以获取目标高度和回波到达方向等信息（例如，从机载雷达告警接收机、机载红外搜索跟踪系统 IRST、地面监视雷达获取信息)，则使用第二种搜索模式，称为 RWS - ASM 模式。在这种模式下，雷达可自动地在所预期的目标达到方向上缩小方位扫描宽度和仰角覆盖范围，所缩小的程度与指示光标的距离相对应，从而可在不同探测距离上保持相同的水平与高度覆盖范围。在这种模式下，由于雷达的能量被集中在目标可能出现的有限空域之内，因此其探测距离具有明显优势。

2. 跟踪

任何一种跟踪模式的目的都是为武器系统提供被跟踪目标的精确位置、速度和加速度信息，从而最大限度地提高武器系统的杀伤概率。

现代机载雷达的跟踪模式主要有以下几种：

(1) 单目标跟踪(STT)。在这种模式下，雷达捕获并跟踪的目标事先由指示光标指定。由于雷达持续照射目标，用于跟踪的卡尔曼滤波以脉冲组的速率进行更新，因此该模式可在目标进行机动的情况下，提供精度较高的跟踪数据。不过，在这种模式下，雷达会忽略战术场景中的任何其他目标。

(2) 态势感知模式(SAM)。在这种模式下，雷达交替进行着跟踪所指示目标，并以指示光标为中心搜索作战空域，在某些情况下，跟踪目标被扩展为两个。由于被跟踪目标的照射时间很短，所以提供给武器系统的目标数据精度只在其跟踪结束之前、尚未切换到搜索模式的那个阶段与 STT 模式相同，平均跟踪精度是有所降低的，但其对于指示光标周围空域的搜索可以操作者感知战场态势——这是 STT 模式无法做到的。

(3) 双目标跟踪(DTT)。在这种模式下，雷达可以选择性地跟踪位置在天线万向架所决定的方位/高度界限内的两个指示目标。这种模式下的平均跟踪精度与 SAM 模式跟踪阶段的可达精度相似。无论所要对抗的两个目标处于雷达所覆盖空间内的哪个位置，这种模式都可以指示两枚导弹分别进行攻击。

(4) 边搜索边跟踪(TWS)。在这种模式下，跟踪滤波器可在雷达搜索目标的同时，完成目标的测量。采用这种模式，雷达最多可以跟踪扫描空域内的 10 个目标。跟踪的初始化是自动完成的，而被跟踪目标的次序则依据目标距离或信号到达时间调整优先级别。因为仅能在目标的驻留时间内测量目标数据，所以 TWS 模式的跟踪精度比前述所有其他跟踪模式都低，且高度依赖于目标数据的更新速率。在目标机动的情况下，要使雷达达到可接受的跟踪精度，每个目标的数据更新频率至少为 0.25Hz，这一要求和天线的扫描速率(取决于探测目标所必需的目标驻留时间)共同决定了 TWS 模式所能覆盖的空域。该扫描空域的典型值为 50°方位角乘以 4 个俯仰栅格：这一空域大小在惯性空间中保持不变，但其位置会跟随优先级最高的目标而变化—被跟踪目标需置于该空域的中心。

尽管有这些限制,TWS 是现代战斗机雷达的主要跟踪模式,因为它结合了战场态势监视和支持有源超视距(BVR)导弹连射分别攻击不同目标等功能。而为这些导弹中段数据的更新提供目指,TWS 模式也是有效的。

3. 识别和侦察

向敌方目标发射 BVR 导弹之前,必须主动识别并确认其为敌方目标。为此目的,雷达集成了通常工作于 L 波段的 IFF 系统。IFF 询问机通过航电总线(典型为 1553 总线)与雷达连接,雷达综合 IFF 报告及其目标探测信息,使雷达所探测到的每个目标可被分类为友方或敌方。

该系统的主要缺点为:目标只在明确响应了 IFF 询问机时才会被确认为友方,而如果目标没有响应或响应代码使用出错,则被认为可能是敌方。由于不响应 IFF 询问机可能是多种不可预测的因素所引起,所以存在着将友方识别为敌方的可能性。

为克服这一缺点,目前的技术手段是使用 ISAR 技术以获取目标的高分辨率(1m 以下)图像。此时,通过将目标图像与存储在数据库中的、可能会在作战中遭遇的敌方目标图像进行比较,可以更加正确地识别敌我目标。

为了获取 ISAR 图像,被跟踪目标的视角必须在观察时间内发生转动。假设目标相对于雷达 LOS 有一个切向速度分量,那么,即使目标直线飞行,其视角依然会发生转动。用宽带波形照射目标,可以提供足够的距离精度。每个距离单元内的散射体根据目标视角所表现出的转动速率,与这些散射体距离目标转动中心的横向距离不同而具有不同的多普勒频率,每条谱线的振幅与可分辨散射体的反射率成正比。通过对每个距离单元的光谱分析,可以分解出这些谱线,从而在斜距和横向距离上绘制出目标的反射半图,其横向距离分辨率取决于观察时间。在 X 波段,可在 4s 的时间内以 1m 的分辨力,对 25n mile 处、切向速度为 400kn 的空中目标进行成像。ISAR 的操作原理见 2.2.6.3 节。

雷达的另一个重要功能是可以进行"来袭评估"(评估在其照射目标的时间内,所接收到的信号是来于单目标还是多目标),该功能可在其探测某个指定目标时被发掘出来——用宽频带波束照射目标并处理距离轴上的杂波信号就可实现这一功能。

当目标处于被雷达跟踪状态时,该功能可被更好地发掘,因为雷达可以在被延长的驻留时间内,对目标各散射单元的回波进行积分。

通过对接收回波的多普勒频谱分析,可以识别固定翼目标和旋转翼目标。对于旋转翼目标,所接收回波的多普勒频谱中会出现一些特殊谱线,这取决于目标回转轴的数量、桨叶的数量及其旋转速率;固定翼目标的频谱要窄得多,还可能会出现与其飞行速度和涡轮叶片数量相关的特殊谱线(jem 线)。利用目标频谱的这些特性，不仅可以辨别上述两类目标，而且可以对目标进行分类、鉴别出某个特殊种类的飞行器。

4. 空对空模式中的杂波

载机的快速运动使得雷达所接收到的每个距离单元中的地面杂波都发生显著的多普勒展宽，这种杂波有三个主要部分：主波杂波、旁瓣杂波和高度线回波杂波。

（1）主波杂波。

这是由天线主波束所截获的杂波，它是最强的杂波成分，其频谱为双程天线波束在多普勒频域的再现，其中心多普勒频率可表示为

$$f_d = \frac{2V_{A/C}}{\lambda}\cos\varphi\cos\theta \tag{2.181}$$

式中：f_d为地表面元的多普勒频率（Hz）；$V_{A/C}$为飞机速度（m/s）；λ 为波长；φ 为地表面元方位角；θ 为地形面元的下视角。

根据天线 LOS 位置惯性坐标（角度 φ 和 θ），机载惯性导航系统又给出了飞机的速度V_{AIC}时，就可估算出频率f_d并对其进行补偿。一个依据该估算值初始化的杂波锁定回路，可以精确地测量出f_d。此时，主波杂波频谱是以 0Hz 为中心频率，分布在每条 PRF 谱线周围。

通过对 φ 和 θ 微分，就可估算出主波杂波的多普勒频率扩展为

$$\Delta_f = \frac{2V_{A/C}}{\lambda}[\cos\theta\sin\varphi \cdot \Delta\varphi + \cos\varphi\sin\theta \cdot \Delta\theta] \approx \frac{2V_{A/C}}{\lambda}\sin\varphi \cdot \Delta\varphi \tag{2.182}$$

上述公式通常在 $\theta < 10^0$ 的情况下是有效的。在进行粗略估算时，还可以用天线方位波束宽度（以 rad 表示）来代替上式中的 $\Delta\varphi$。

（2）旁瓣杂波。

这是由天线旁瓣所截获的杂波，其频谱功率密度取决于旁瓣处的天线增益，其频谱的多普勒展宽处于 $-\frac{2V_{A/C}}{\lambda} \sim \frac{2V_{A/C}}{\lambda}$范围内。

（3）高度线回波杂波。

在飞机的下方，有一块包含在某个距离分辨单元中的区域值得关注：来自该区域的杂波不仅比周围的旁瓣杂波强很多，而且可能接近或超过主瓣杂波。这是因为其距离相对较近，而且垂直入射时的后向散射系数很大，尤其是在接近于镜面反射的海上。

该区域的面积（A_C）可表示为

$$A_C = \pi\Delta R(\Delta R + 2H_0) \approx 2\pi\Delta RH_0 \tag{2.183}$$

式中：ΔR 为雷达距离分辨率单元；H_0为雷达高度。因为H_0通常远远大于 ΔR，所以上式成立。

高度线回波的多普勒频率为 0，其频谱宽展范围为 $-\Delta f_{\text{ALE}} \sim \Delta f_{\text{ALE}}$，其中 Δf_{ALE}的表达式为

$$\Delta f_{\text{ALE}} = \frac{2V_{A/C}}{\lambda}\sqrt{\frac{\Delta R(\Delta R + 2H_0)}{(\Delta R + H_0)^2}} \approx \frac{2V_{A/C}}{\lambda}\sqrt{\frac{2\Delta R}{H_0}} \tag{2.184}$$

尽管高度线回波的强度很大，但与其他杂波源相比，高度线回波通常容易处理，因为回波来自于单个距离单元（容易预测），且中心频率处于多普勒频谱的零点。

5. 空－空作战时的波形选择

在下述典型条件下：飞行速度为 305m/s；飞行高度为 1525m；天线方位波束宽度为 3°；天线斜视角为 60°；波长为 0.03m。

主波杂波的中心频率 $f_d = 11.9\text{kHz}$（将被移至 0），频谱宽度 $\Delta f = 860\text{Hz}$；旁瓣杂波的频谱范围为[−20.3kHz, 20.3kHz]；高度线回波杂波在 5000ft 垂直高度上的频谱范围为[−6.4kHz, 6.4kHz]（假设 $\Delta R = 75\text{m}$）。

从这个例子可以很清楚地看出，地面雷达所通用的低脉冲重复频率（LPRF）波形并不适用于机载雷达：两条 PRF 谱线之间的频谱在很大程度上被高强度主波杂波所占据，使得任何目标回波都会被这种杂波完全遮蔽，特别是，旁瓣杂波和高度线回波杂波会大量地被 PRF 采样，因而多次重叠地进入到 PRF 间隔之中。

事实上，机载雷达只在地面或气象杂波不可预测的作战情况下才会使用 LPRF 波形（取决于飞行高度和天线视角）。谨慎使用 LPRF 波形的另一个原因是其对于箔条干扰的高度敏感性（箔条干扰的频谱在很多方面与气象杂波相似）。

针对空－空作战中的杂波问题，不能仅靠一种波形来解决杂波问题，设计机载脉冲多普勒雷达时，主要采用两种具有不同特性的波形：中脉冲重复频率 MPRF（一般在 8 ~ 30kHz）和高脉冲重复频率 HPRF（一般大于 100kHz）。

中脉冲重复频率（MPRF）波形存在着使目标的距离值和多普勒频率模糊的问题，因此，必须想办法从被探测目标的模糊测量值中，还原出其真实距离值和多普勒频率。此外，当持续时间等于发射脉冲宽度时，对于每个脉冲重复频率值，雷达无法分辨那些斜距为 PRI 倍数的目标；而当频率展宽等于主波杂波的多普勒频谱分布时，雷达无法分辨那些多普勒频移值为 PRF 倍数的目标。

为了还原目标的真实距离值和多普勒频率，并使目标距离和多普勒频移的

重叠系数 N 最小,需要在目标驻留时间内,发射多组 PRF 为不同值的脉冲串。合理选择 PRF 的数值,可以最小化距离和多普勒频率的盲区,并可以从所发射的 N 组脉冲串中,以最小的检测数 M 还原出目标的真实距离和多普勒频率(避免在多目标环境下产生过多的虚假“鬼影”目标)。目标真实距离值和多普勒频率可以在 M 倍 PRI 的探测时间内、从所获得的 M 个距离和多普勒频率的模糊测量值中还原出来。中国的余式定理是一种从模糊测量值来计算真实距离和多普勒频率的手段[2]。数字 M(或 N 组脉冲串所要求的检测数)会影响给定虚警率 N 所要求的 S/N,最佳 M_{opt} 值计算公式为[31]

$$M_{opt} \approx 1.5\sqrt{N} \tag{2.185}$$

典型值为 $N=8$ 和 $M=3$。此时,在每分钟一次虚警的情况下,FFT 积分后所需的 S/N 大约为 11dB。

高脉冲重复频率(HPRF)波形虽然不会使目标出现多普勒频率模糊,但会使距离值高度模糊,以至无法采用 MPRF 中的技术还原目标的真实距离值。在 HPRF 中使用调频测距技术:载波频率在发射过程中是线性增长的,因而目标往返的时间延迟(目标的距离值)可以通过比较回波到达接收端时刻的回波频率与发射频率之间的差值 F 而得到。如果频率变化率为 K,则目标的距离值 R 为

$$R = 150\frac{\Delta F}{K} \tag{2.186}$$

式中:ΔF 的单位为 MHz;K 的单位为 MHz/s。

为了在多目标环境中校正多普勒频移并滤除可能的鬼影目标,可以采用多个不同的变化速率来对其序列脉冲串进行调频。调频测距方法并不精确(有时误差高达 0.5～0.8n mile),但是,它的距离信息可以作为一种在有限的区间内,采用类似 MPRF 技术进行精确测距时的辅助信息。

图 2.113(a)所示为一个普通距离分辨单元的典型杂波频谱及其主要成分(假设为理想的无限 PRF)。频谱中存在着两个无杂(波)区域:一个低于旁瓣杂波频谱的最小多普勒频率,在此区可以定位高速分离目标;另一个高于旁瓣杂波频谱的最大多普勒频率,在此区可以定位高速迫近目标。

图 2.113(b)所示为 HPRF 情况,其 PRF 谱线的间距大于

$$\frac{4V_{A/C}}{\lambda} \tag{2.187}$$

因此,对于逼近速度大于飞机水平速度的迫近目标,存在着一个较宽的无杂(波)区(这些目标仅与接收机热噪声比较),这显示了 HPRF 的主要优点和缺点。由于目标的可探测性仅受限于接收机的噪声指数,而不是杂波,因此,当以

下视模式探测位于前半球任意高度处的目标时,HPRF 都是最佳波形;其缺点在于,该波形在重杂波环境中(典型情况为低空作战),几乎无法发现位于后半球的分离目标,因为这些目标将完全淹没在距离重叠的旁瓣杂波之中。HPRF 的另一个限制来自发射机和本地振荡器的频谱纯度,该问题会导致杂波扩展到噪声区域,从而降低目标的可检测性。

图 2.113(c)为 MPRF 的典型情况,其 PRF 之间的间隔完全被旁瓣杂波所填充。MPRF 在距离上的重叠程度远低于 HPRF 情形,而且其多普勒频率的重叠(在 HPRF 中不存在)数量也受到限制。在 MPRF 中,目标的可探测性取决于热噪声和旁瓣杂波(在某些情况下,主要是指低空时,其为主要影响)的合成功率,考虑到这一限制,无论其视角如何,目标都可以被探测到。MPRF 的主要局限性是天线旁瓣,而天线旁瓣可以被天线罩严重衰减(特殊情况下被皮托线束衰减)。

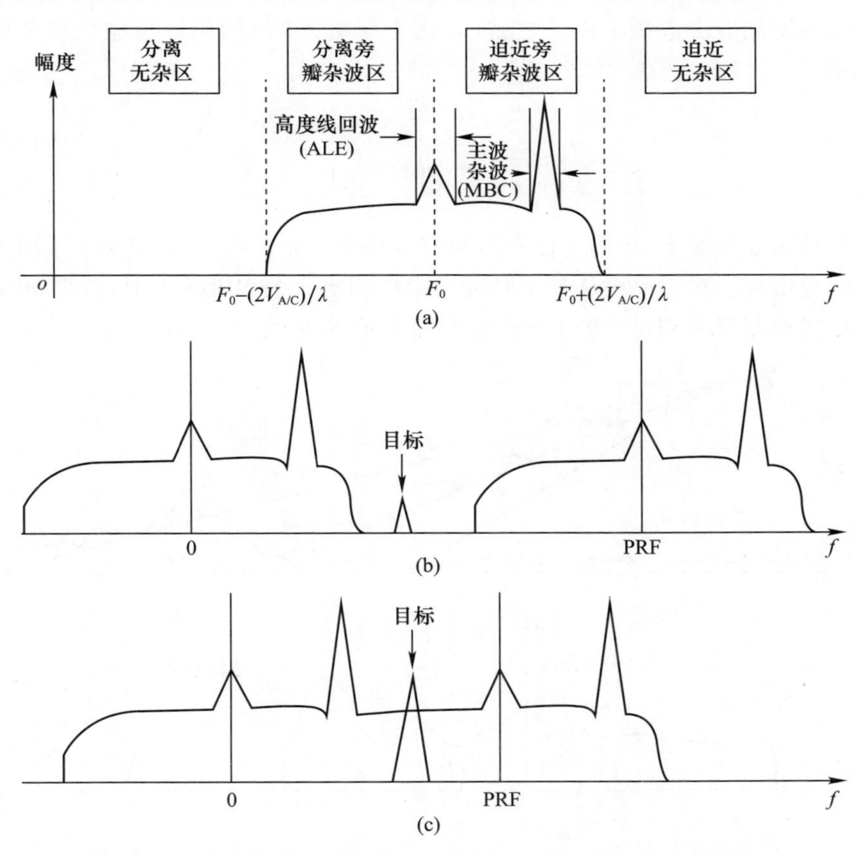

图 2.113 一个普通的距离分辨单元的杂波频谱[(a)为无重叠频谱;(b)与(c)分别为 MPRF 和 HPRF 的频谱]

从上述讨论中可以看出：没有哪种波形可以独立完全解决机载雷达的地面杂波问题。从硬件的角度看，MPRF 需要超低旁瓣天线和优化设计的天线罩，而 HPRF 需要更大的频谱纯度和低噪声指数。在现代雷达中，HPRF 和 MPRF 波形会以复杂的组合方式被交叉使用，以发挥两者的各自优势。尤其是在下视模式中，先在雷达的一次扫描中使用不测距的 HPRF 波形，探测快速逼近目标的速率和到达方向；然后在其下一次扫描中使用 HPRF 波形，利用调频测距来探测目标距离。这种两步策略可用于特定战术目标的早期探测。

图 2.114 至图 2.116 所示为某些作战场景及其相关信号在时域和频域上的相互关系。

6. 探测距离

探测距离取决于相干积分之后（恒虚警率输入端）的信号与噪声和杂波之和比值：

$$\frac{S}{C+N}=\frac{S}{N\left(1+\frac{C}{N}\right)} \tag{2.188}$$

在给定虚警率下，检测目标所需的信号与噪声和杂波之比，取决于采用的非相干积分措施。对于一种从 8 个脉冲串中检测出 3 个 MPRF 波形，获得 50% 的单次扫描检测概率和每分钟 1 次的虚警所需的 S/N 约为 11dB。

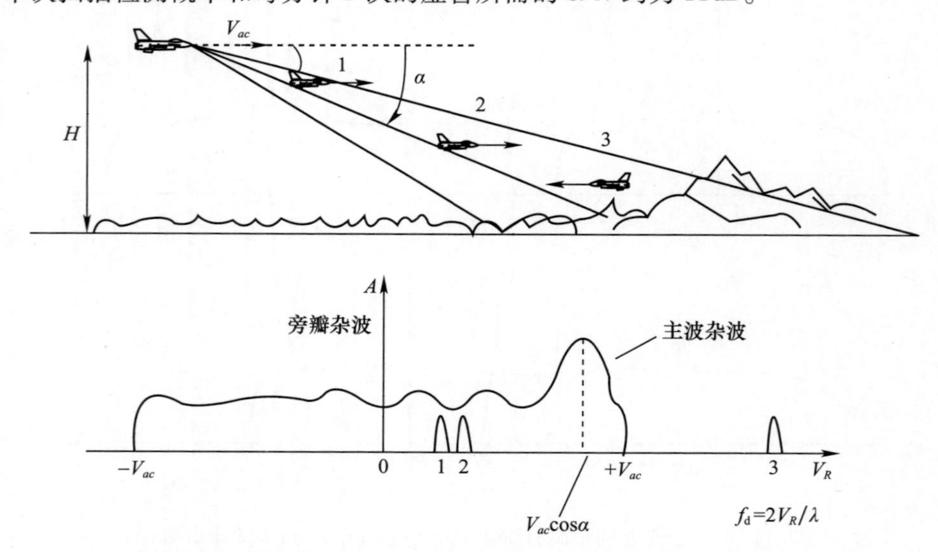

图 2.114　机载雷达所看到的信号和杂波与相对速度之间函数关系

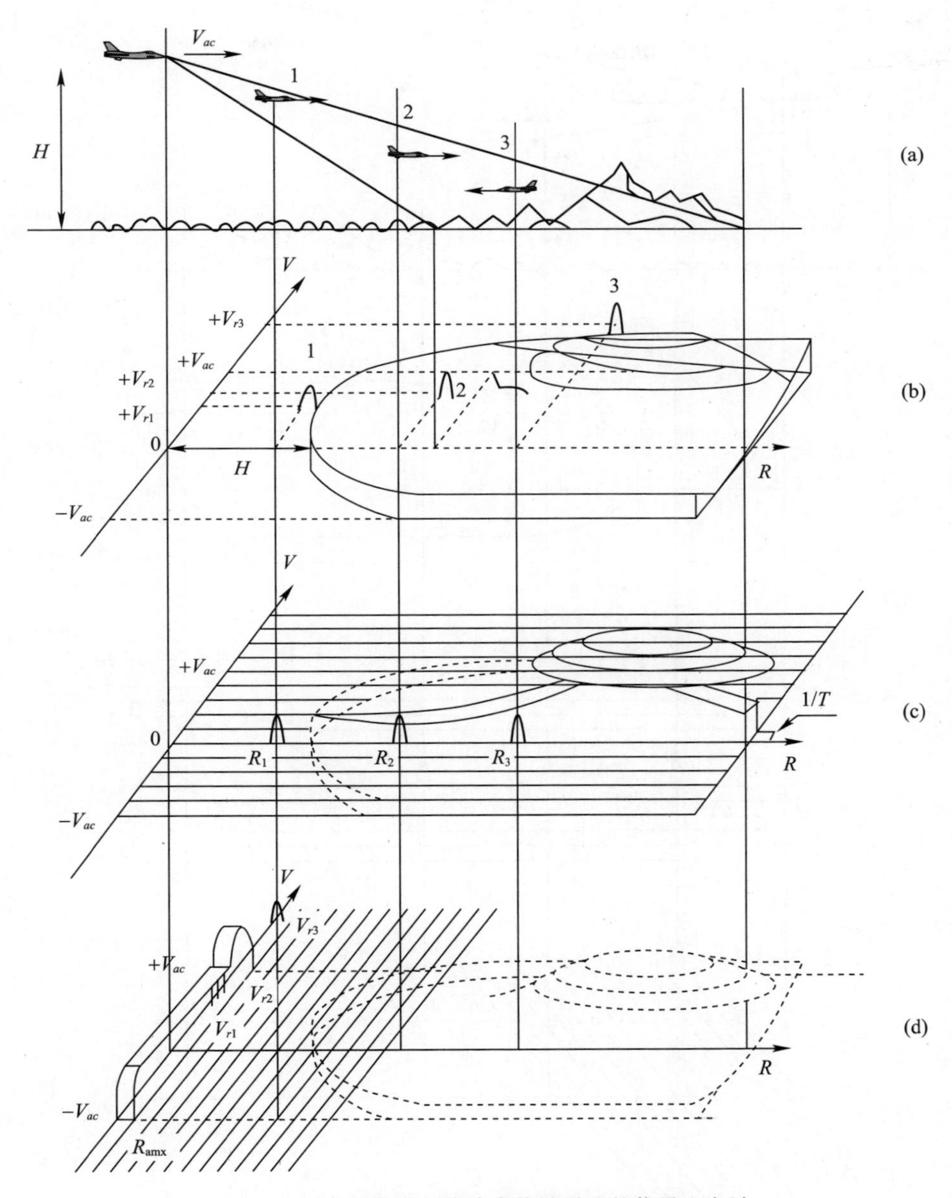

图 2.115　下视模式中脉冲多普勒雷达的信号和杂波

(a)典型情况；(b)距离/速度平面上的回波图；(c)距离轴上的杂波重叠(LPRF)；
(d)速度轴上的回波集中(HPRF)。

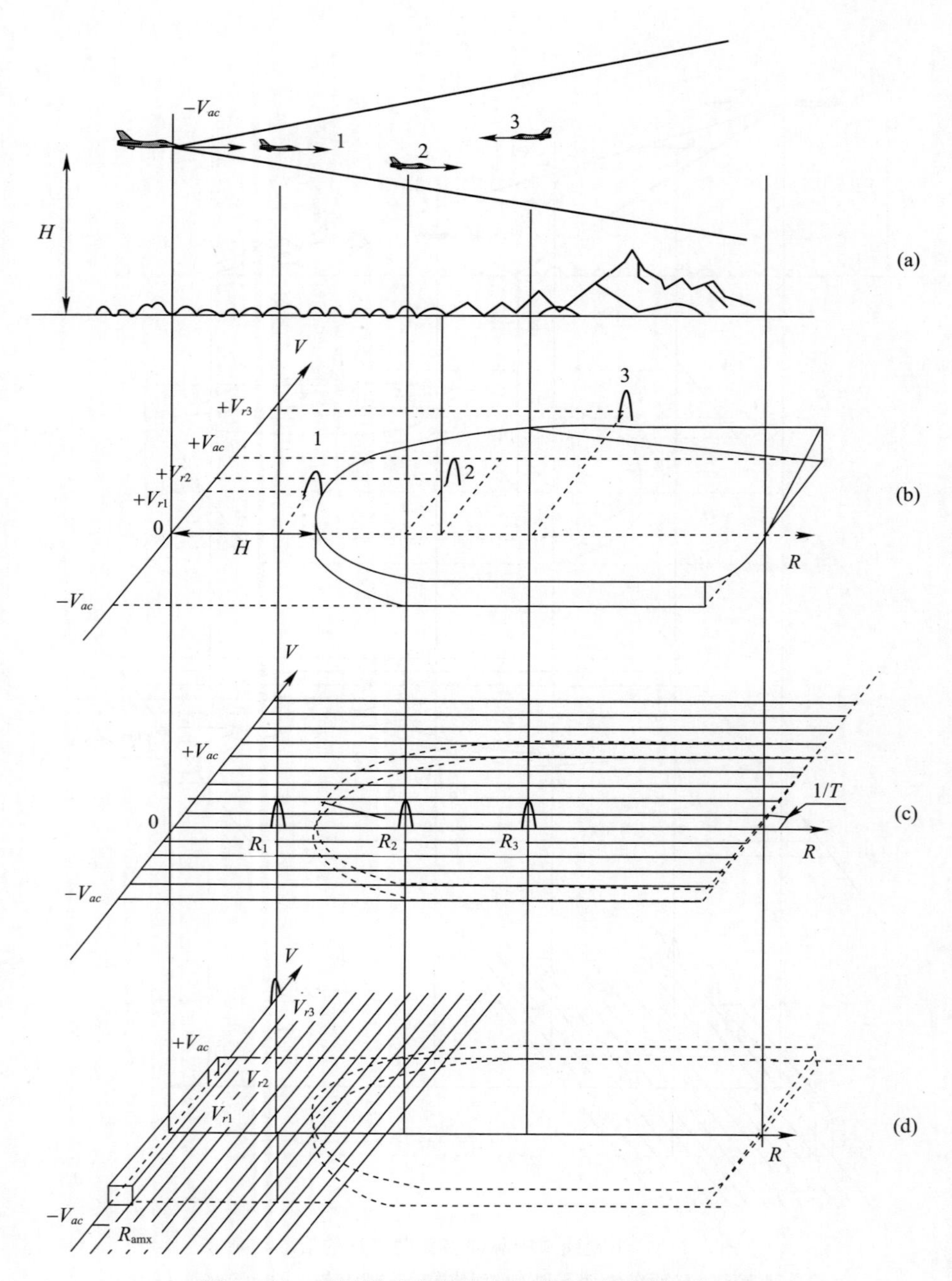

图 2.116　平视模式中脉冲多普勒雷达的信号和杂波

(a)典型情况；(b)距离/速度平面上的回波图；(c)距离轴上的杂波重叠(LPRF)；
(d)速度轴上的回波集中(HPRF)。

该比值通常可表示为

$$\frac{S}{N}=\frac{P_T n G^2 \lambda^2 \sigma_T G_{\mathrm{FFT}}}{(4\pi)^3 R^4 N_0 B L_T L_R^2 L_{\mathrm{ATM}} L_\gamma L_x L_b} \tag{2.189}$$

式中:S 为距离 R 处的目标回波信号电平;N 为匹配滤波器带宽$\left(等于\frac{1}{\tau}\right)$内噪声的积分,其中 τ 为压缩脉冲宽度,N 为与乘积 N_0B 一致的指标;P_T 为峰值发射功率;L_T 为从发射机到天线的传输损耗,包含电压驻波比(VSWR)损耗;n 为电码单元数量,等于压缩比;G 为天线增益;L_R 为雷达天线罩传输损耗(单程);λ 为波长;σ_T 为目标交叉界面;L_x 为处理损耗;G_{FFT}为相干积分增益,一般与 PRF/B_d 相等,其中 B_d 为多普勒频道的带宽;L_b 为波形损耗;L_{ATM}为大气损耗;R 为目标距离;N_0 为热噪声功率密度;B 为匹配滤波器带宽;L_γ 为接收损耗,包含由接收通道的 VSWR 所引起的损耗。

可以采用几种方法计算每个距离波门的 C/N 比值。

一般情况下,对于给定的距离 R,与出现在同一个多普勒单元中的杂波相关、源于某个面积增量为 $\mathrm{d}A$ 的单个杂波碎片的 C/N,可表示为

$$\frac{C}{N}=\frac{P_{av} G^2 \lambda^2 \sigma_0 \mathrm{d}A}{(4\pi)^3 R^4 k T_s B_d} \tag{2.190}$$

式中:P_{av} 为发射平均功率;σ_0 为杂波的后向散射系数;k 为玻尔兹曼常数 $1.38\times10^{-23}\mathrm{W/(Hz\cdot K)}$;$T_s$ 为系统的噪声温度(K);B_d 为多普勒滤波器的带宽。

每个雷达分辨单元的 C/N 比值,都是上述方程在相应地面模糊单元上对其多普勒频率和距离范围的积分。一般采用数值方法进行积分,但在某些简化条件下,也可以采用近似形式积分。

与旁瓣杂波(主要限制因素)相关的 C/N,可以采用天线在旁瓣处的增益来计算。

2.2.8.3 空对地模式

(1) 搜索模式。

空-地搜索模式有两种类型:在地杂波中探测地面运动目标(GMTI 模式)或在大浪中探测海面(军舰)目标(Sea-2 模式);在中等海况下搜索海面移动或静止目标(Sea-1 模式)。

第一类搜索模式基于脉冲多普勒技术。为了探测速度和弹道方向(相对于飞行器的水平速度方向)变化范围较大的目标,这是一种探测径向速度非常低(当目标处于飞行器地面跟踪时的速度为 3~7kn)的目标最优化模式。在 GMTI 和 Sea-2 模式下,目标信号主要与多普勒滤波器中所综合的的主波束的杂波部

分竞争，最为不利的情况发生在主波束杂波的多普勒展宽达到最大值时所对应的天线倾斜角。空—时自适应处理（STAP）是从主波束杂波中鉴别出低速运用目标的有效技术，STAP 结合了在不同时刻、不同空间位置抽样所获得的二维信号阵列。STAP 最初是用于相控阵天线雷达的，但这一技术的简化版也可用于传统天线处理其“和”信号与差信号的输出。

第二类搜索模式是基于非相干频率捷变技术，用于探测雷达散射截面积超出（填充到雷达分辨单元中的）海杂波雷达散射截面积的目标。

空—地搜索的目标显示方式可以为 PPI 形式。在 GMTI 和 Sea－2 模式下，可以用合成符号来表示；而在 Sea－1 模式下，可以用未经处理的原始视频来表示。

（2）跟踪模式。

一般有两种单目标跟踪模式：一种是脉冲多普勒模式，用于跟踪地面或海上目标（分别为地面动目标显示 GMTT 和海面动目标显示 SMTT）；另一种为非相干模式，用于高杂波可见度条件下，跟踪海上目标。这两种模式都需要手动指示目标来完成跟踪的初始化。

边扫描边跟踪主要用于海上作战：在选定的方位扇区，经过自动或人工初始化后，跟踪可以被附加到 sea－1 或 sea－2 工作模式中。由于目标处于低速运动状态，而天线以 60°/s 的速度扫描 ±60°的扇区，这样的更新率已足以保证其达到良好的跟踪精度。

上述跟踪模式一般用于支持发射掠海飞行导弹。当然，最准确的跟踪模式是 SMTT，但它的缺点是：对于目标的连续照射，会使得弹上的雷达告警接收机系统报警，而这个问题在 TWS 模式就不会那么突出。

一种特殊的跟踪模式（FTT）被用来对付已知地理坐标的固定地面或海上目标，该模式的测距和测角精度很高（由于跟踪的是惯性坐标下的固定目标，因此可以获得较高精度，即飞机的运动得到了补偿），可用于更新机载惯性导航系统。

一种专用的目标跟踪模式（AGR）用于测量天线瞄准线（LOS）方向上目标与地面之间的斜距。当已知目标的斜距和天线的俯仰角后，就可以计算出雷达距离目标的高度，并可将其送至一维卡尔曼滤波器。滤波后的目标高度可用于重磅炸弹的投放、火箭弹的发射[连续计算冲击点（CCIP），连续计算释放点（CCRP）和俯冲投弹]。对目标高度的精确了解，是在非平坦地形上进行精确轰炸的关键因素。

（3）地图测绘模式。

这种工作模式的作战任务是提供被天线波束照射地形表面的详细地图，以便定点打击地面目标(如桥梁、机场跑道和水库等)。

雷达地图的质量取决于距离和方位角分辨率。为了获得最佳的显示效果,距离和横向距离分辨率应该是相等的,至少在与 PPI 显示的中间部分相对应的距离处是相等的。

最简单的地图测绘模式[实波束映射(RBM)]是通过频率捷变非相干处理来实现的。为了匹配雷达视频的宽动态范围和显示器的灰度等级,原始的雷达视频信号会经过视频压缩之后再显示出来。

距离分辨率(取决于脉冲宽度)是一个常数,而横向距离分辨率大约为斜距与天线方位波束宽度(rad)的乘积。这个粗略的分辨率对于定位诸如海岸线、湖泊、大河和大城市等目标的主要特征时比较有用,但在一般情况下却并不足以定位大多数感兴趣的地面军事目标。表 2.2 列出了不同测绘应用中所需的分辨率。

表 2.2 测绘应用所要求的分辨率

待分辨特征	所需分辨率
海岸线、大型城市、山峰轮廓	150m
高速公路	15 ~ 30m
城市街道、大型建筑物、小型机场	10 ~ 15m
车辆、房屋	3 ~ 5m

通过从"和"通道接收的信号中减去方位差通道接收的信号,可以实现方位分辨率的适度提高(提高 1.6 ~ 2 倍)。以这种方式,"和"信号的方位波束宽度变窄(理想情况下,主波束在"和"方向图与方位差方向图的交叉处电平为零)。

当天线在飞行路径的一侧或另一侧或两者中扫描时,通过在方位上对每个距离分辨单元的杂波回波进行相干积分,可以人为锐化天线波束宽度,从而提高其角分辨率。以这种方式,横向距离分辨率仍然是天线波束宽度与距离的乘积,但由于相干积分,天线的实际波束宽度被锐化。当雷达对 40km 处的地面进行 ±60°扫描时,其锐化程度可达到 8;而当雷达在某个防区(典型大小为 10km × 10km)的上空进行扫描时,其锐化程度可达 50。

利用 SAR 技术可以进一步提高横向距离分辨率。合成孔径的信号处理原理是:将一个单元沿整个孔径移动时所收到的序列信号进行合成(而不是同时并行处理同一时刻所接收到的所有信号),从而达到接近于大型相控阵雷达的分辨率。SAR 的原理在 2.2.6 节中描述。

2.2.8.4 机载脉冲多普勒雷达的反电子干扰能力

现代机载雷达的设计提供了一些固有的反电子干扰能力,包括:①低天线旁瓣降低通过天线旁瓣进入雷达的噪声干扰功率;②警戒雷达通道经过恒虚警率处理,可以抵消天线旁瓣截获的瞄准噪声;③利用两维恒虚警率使雷达免受噪声干扰导致的虚警影响;④单脉冲天线使跟踪对目标的幅度调制不灵敏;⑤脉冲压缩对雷达信号提供相应的处理增益,而对不匹配的干扰波形无处理增益;⑥相干处理,即 FFT 滤波,使雷达匹配目标的多普勒频率,与非相干干扰不匹配;⑦低峰值功率和脉冲压缩的使用,赋予雷达低截获概率特性(隐蔽模式);⑧参差 PRF 抵消了异步瞄准干扰;⑨随机频率捷变和自适应通道选择,可以大大降低噪声干扰强度。

一般来说,干扰源干扰宽频捷变相干脉冲压缩雷达的代价是非常昂贵的,然而,脉冲多普勒雷达(相干处理)的优势在某种程度上也是其劣势。事实上,为了实现窄带 FFT 滤波,雷达将在固定频率和固定 PRF 下进行较长时间的辐射,这使得敌方的电子战支援系统能够完全“弄清”雷达参数并实施干扰,尽管对于干扰源而言,这种干扰无论在何种情况下都十分昂贵。为了使敌方难以“弄清”雷达参数,应该谨慎选择脉冲组的持续时间,并且应该以不同的波形(MPRF 或 HPRF)、变化的 RPF 和压缩比来发射脉冲组,同时组与组之间的载波频率应该智能变化。除此之外,现代机载雷达通常可以实现一些特殊的反电子干扰特征:

(1) 对于所有搜索模式,都可以探测并指示干扰源的方位和干扰范围;

(2) 根据雷达的抵消能力对干扰源进行分类;

(3) 对于隐匿在干扰功率中的任何目标,可以实现干扰源边搜索边跟踪;

(4) STT 期间进行射频功率管理以便雷达隐蔽;

(5) 扫描频率跳变,抵消与天线扫描同步的干扰;

(6) 使用方向零陷技术(使用警戒天线时至少一个),以在干扰源方向设置零点(大约 -20dB);

(7) 采用显示稳定技术以便静默雷达迫近。

机载雷达还具有一些特殊功能,可以使单目标跟踪对抗以下干扰:距离波门欺骗;多普勒门欺骗;协同式距离和多普勒欺骗(距离波门欺骗中的多普勒频移与视在距离变化率一致)。

这些有源干扰的目的,都是通过先迫使雷达跟踪一个在距离和/或多普勒频率上运动的虚假目标,然后再突然关闭该虚假目标,导致雷达断开锁定,并返回搜索状态。过去,针对这类干扰的典型对策是:始终跟踪目标回波的脉冲前沿,这是因为虚假回波总是相对于目标回波存在延迟(即使它可能小于 1μs)。随着更为先进的欺骗技术的发展(其可以将欺骗性回波提前到目标回波之前),这种对策不再有效。目前所采取的主要防范措施是:逐一管理各个距离分辨单元的 AGC 距离单元,并结合多重跟踪,多重跟踪是基于 STT 过程所获得的目标机动参数进行似然估计来实现的。

此外,目前只在非常必要的情况下使用单目标跟踪:事实上,对目标连续照射不仅会触发目标上的雷达告警装置,还会给予目标干扰设备以足够的时间来据此做出对抗。目前,常用的跟踪模式为 SAM 或 DTT,这样目标被照射的时间就很短。

在现代机载雷达中,TWS 因其所固有的隐蔽性,而成为主要跟踪模式(而不是 STT 模式),现代雷达设计的主要工作就是促使雷达一发现目标,就启动 TWS(换句话说,测距兼搜索模式只是 TWS 自动初始化之前的插入模式)。

威胁 TWS 的主要因素是经天线旁瓣进入的大量虚假目标,这些虚假目标会导致雷达计算机饱和。这就需要采用一个与"和"通道达到恒虚警率处理相同的警戒通道,它是对抗此类威胁的一种有效防护手段。

2.2.9 多功能雷达

如 2.5 节所示,相控阵天线波束的高度灵活性和快速指向特性(天线指向变化时间约 100ns),可以在一部雷达上实现多种功能,例如对空搜索功能、对地搜索功能和目标跟踪功能,而不需要由不同专用雷达完成。这相当于在单个系统中具备多部雷达,如图 2.117 所示,此时雷达系统称为多功能雷达(MFR)。

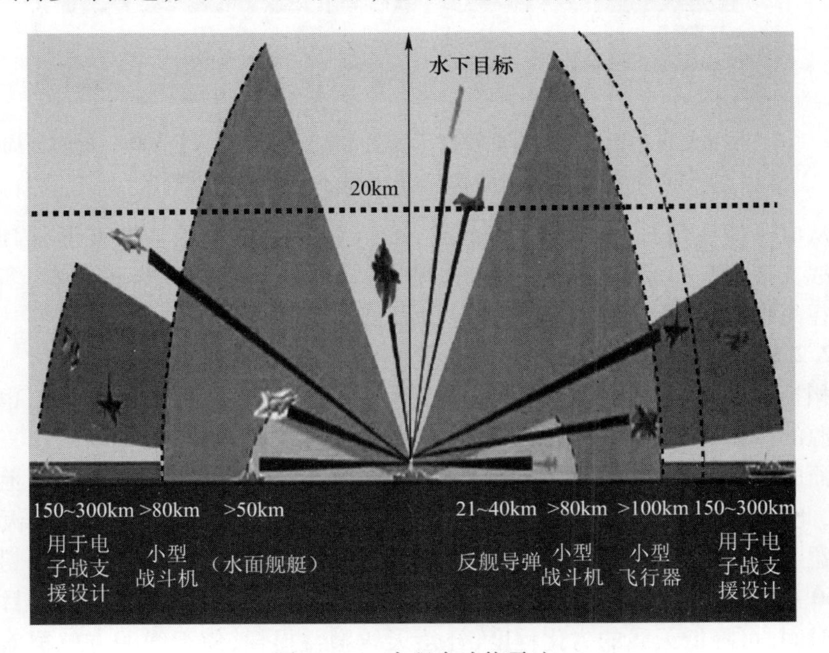

图 2.117　中程多功能雷达

多功能雷达的不同功能一般采用分时实现。在这种情况下，通过中断连续搜索功能，以便完成其他功能。假设多功能雷达完成对空搜索的时间为T_{VS}(s)，由于还需兼顾对地搜索和目标跟踪功能，若完成每项功能所需的占空因子为D_i、天线实际扫描周期为T_{tot}，则多功能雷达完成某项功能的时间会增加。

如图2.118所示，对多项功能的管理是通过调度器来实现的，调度器可以创建不同的时隙，多功能雷达在每个时隙中实现预定功能。

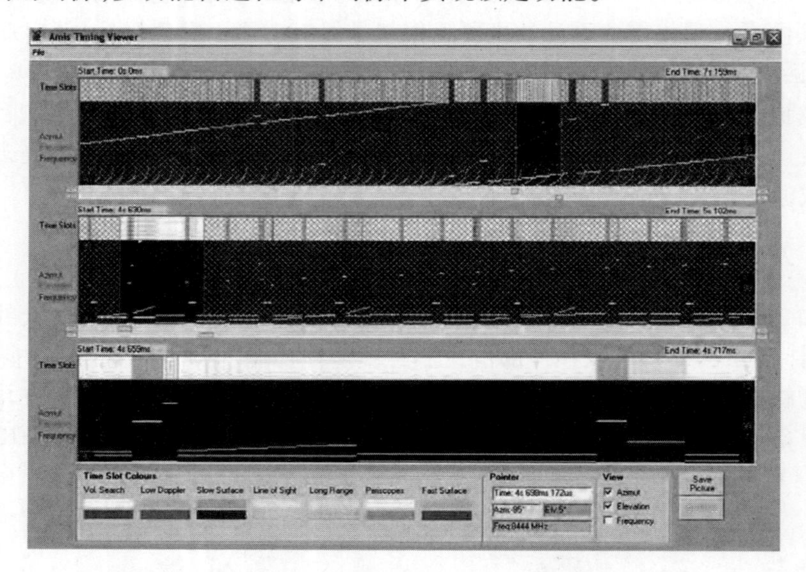

图2.118　多功能雷达调度器的时间管理示例图(最上部分，显示了500ms的时间周期；中间部分，所选窗口的放大；最下部分，时隙窗口的放大)

从电子战视角看，多功能PESA或AESA雷达由于采用复杂波形，因此，给电子战支援(ESM)系统完成任务带来困难；从电子干扰(ECM)视角看，多功能雷达在每个时隙中就像一部简单雷达，所以没有额外困难。

2.2.9.1　相控阵雷达

相控阵雷达是采用相控阵天线的雷达，而相控阵天线可以是无源的，也可以是有源的。雷达可以采用安装在旋转基座上的相控阵天线，也可以采用三四个固定面的相控阵天线。相控阵天线可以使波束在宽角度扇区(如±60°)上进行引导，此时，覆盖360°方位角可由三个相控阵面完成。但在60°方向上，天线波束增益明显下降。事实上，60°的探测角度已偏离视轴，天线孔径将减少到一半($\cos 60° = 0.5$)，天线波束宽度将翻倍，天线增益减少3dB。通过延长对目标的照射时间，可降低天线的劣化程度、补偿天线增益损耗，使天线的方位覆盖范围达到±45°。因此，为实现360°方位覆盖，通常需要4个固定的相控阵天线面。

不幸的是，相控阵天线需要大量使用发射或接收模块，来生成具有较低旁瓣的天线波束。因此，为制造一部高性价比雷达，不仅需要收发模块成本低廉，而且波束生成网络也应该低成本。正如后文介绍，这是相控阵雷达生产商需要突破的主要领域。

2.2.9.2 PESA 多功能雷达

PESA 雷达采用一个能够产生射频高功率信号的发射机模块（峰值功率从 0.1MW 到几兆瓦），该信号被分配到无源相控阵天线面，或安装在旋转基座上的一个天线面。射频信号功率一旦到达天线面，就被分配到每个发射元件。射频信号在到达天线单元之前，必须通过移相器，以便能够标定天线波束的方向。当然，到达阵列辐射单元的射频功率，等于发射机总功率除以辐射单元的数量。不足之处是，从发射机到天线辐射单元的损失相当大（如波导管道、旋转接头、射频器件和移相器的插入损耗，通常是具有较大损耗的二极管移相器），如图 2.119所示。为了避免复杂的波束生成网络，可以使用反射面天线，例如 Herakles多功能雷达。由于相移模块数量多、辅助电路多、信号分布广，因此，相控阵天线面的成本较高，一种降低相控阵雷达成本的方法是采用旋转基座。在这种方式下，通过天线旋转来实现 360°覆盖，当然，仍然需要考虑制造一个承载重物的旋转平台的成本和难度。

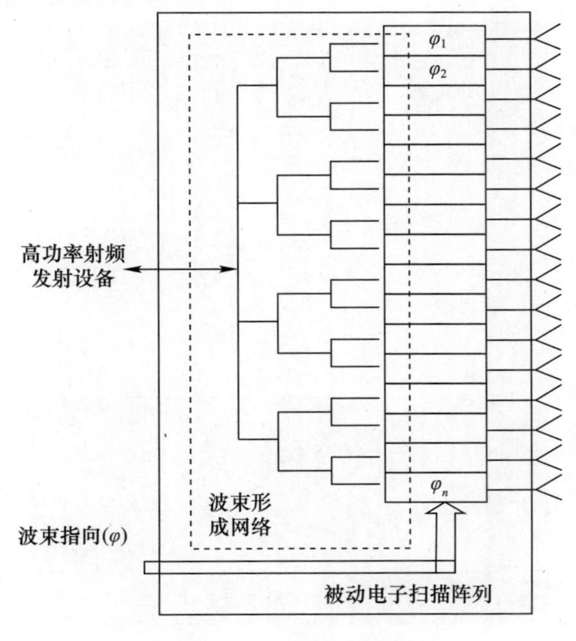

图 2.119　PESA 结构图

(1) 旋转 PESA 多功能雷达。

如前所述,旋转相控阵雷达利用一部天线面,即可获得 360°方位角覆盖。该雷达体系结构如图 2.120 所示。

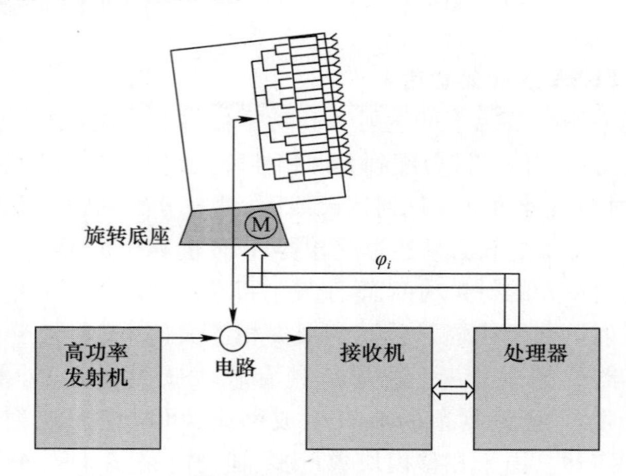

图 2.120　带有旋转底座的 PESA 多功能雷达

图 2.121 和图 2.122 所示为两个 PESA 多功能雷达系统:埃姆帕(EMPAR)和大力士(Herakles)。

图 2.121　埃姆帕(EMPAR)多功能雷达天线

图 2.122　大力士(Herakles)多功能雷达天线

旋转 PESA 多功能雷达启动单目标跟踪功能时,不具备连续跟踪目标的能力。为弥补目标只有 25% 的时间被探测的不足,旋转 PESA 多功能雷达(图 2.123)需要采用较快的旋转速度,大约每秒一转,这对于重型天线不是易事。

图 2.123　TRS-3D 多功能雷达天线

（2）固定 PESA 多功能雷达。

一个四面 PESA 多功能雷达系统能提供更好的性能，但它的复杂性会更高。固定 PESA 多功能雷达的原理框图如图 2.124 所示。

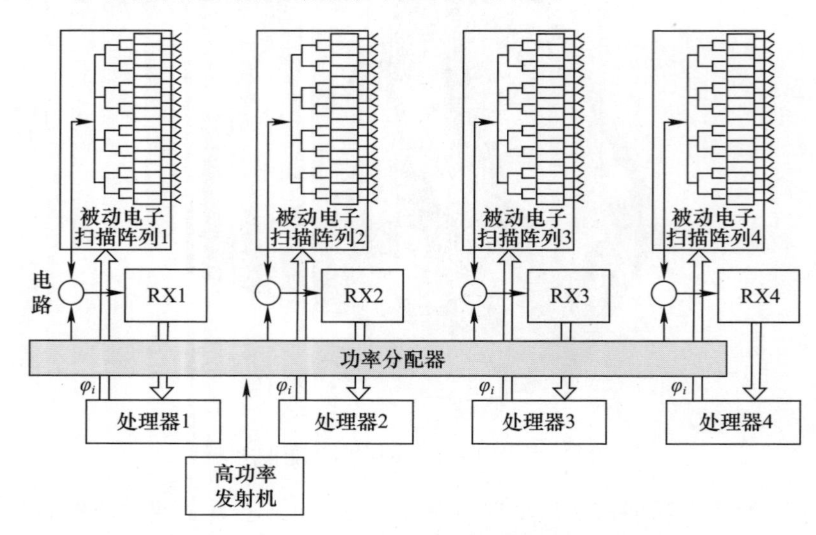

图 2.124　4 个固定面的 PESA 多功能雷达

图 2.125 所示为一艘部署舰载相控阵雷达的舰船，其雷达为四面固定 PESA 多功能雷达。

图 2.125　早期伯克级舰载相控阵雷达

2.2.9.3　AESA 多功能雷达

随着电子技术的快速发展，例如带有数字移相器的 MMIC 芯片、能高效产生射频功率的 HPA,发展发射—接收模块用于高效费比的 AESA 天线成为可能。图 2. 126 所示为发射—接收模块的框图。图 2. 127 为测试模块。

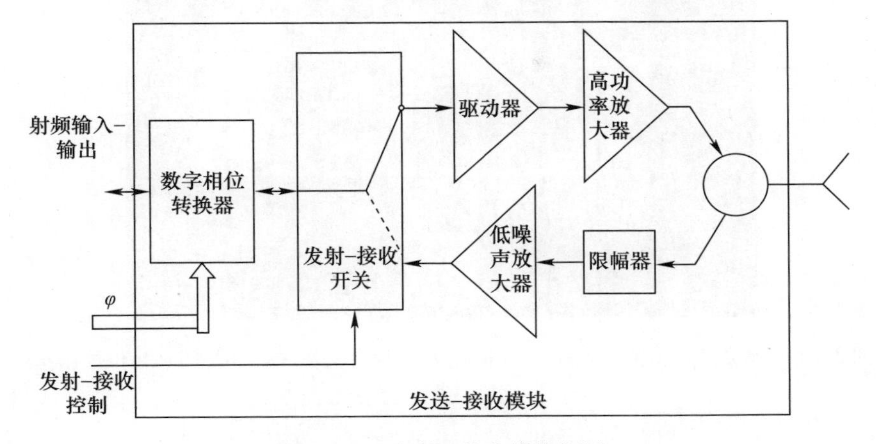

图 2. 126　发射 - 接收模块框图

图 2. 127　准备测试的发射 - 接收模块原型

图 2. 128 所示为集成 4 个发射 - 接收模块的电路。

图 2. 129 所示为采用 TRM 的 AESA 天线结构图。

对于需要 360°覆盖的应用场合,PESA 多功能雷达的做法是:为了节约成本,采用旋转基座实现单个天线面的 360°方位覆盖。该方法同样适用于 AESA 多功能雷达,当然,最好的方法是采用 4 个固定的 AESA 天线面,但其代价更高。

(1) 旋转 AESA 多功能雷达。

与 4 个固定面的方案相比,旋转 AESA 多功能雷达的成本更低。搜索功能中,方位角扫描时必须将对目标的方位角时间划分至不同的仰角,以获得所需的仰角

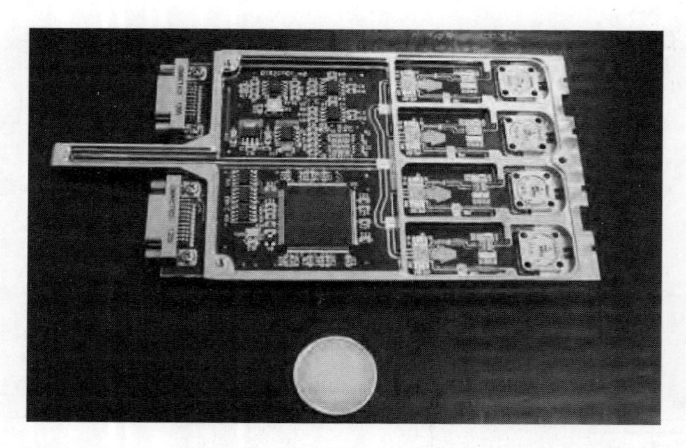

图 2.128　集成 4 个 6W 收发模块的电路,数字部分提供 TX - RX 门和相位控制指令

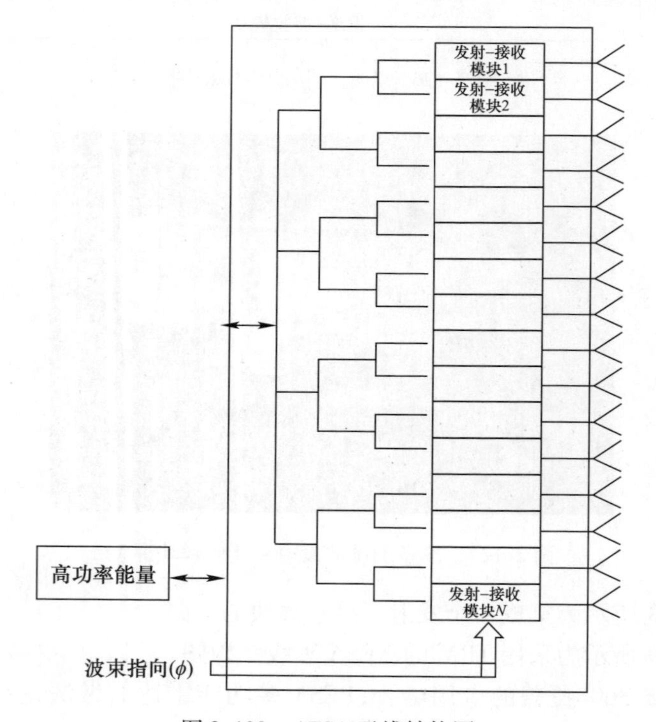

图 2.129　AESA 天线结构图

覆盖范围。需要注意的是,射频功率将由 AESA 天线自身产生,因此所需电力必须通过导电环传输到旋转天线。图 2.130 所示为旋转 AESA 多功能雷达的示例。

(2)固定 AESA 多功能雷达。

对于需要 360°方位覆盖应用场合,采用 4 个固定天线面的多功能雷达性能

图 2.130　先进的 MFR NS – 100 旋转 AESA 多功能雷达天线

最佳。图 2.131 所示为具有 4 个固定面的 AESA 多功能雷达示例。

图 2.131　有源相控阵雷达(Active Phased Array Radar)

需要注意的是,通过使用 4 个固定天线面,无需采用旋转天线方案解决 4 倍 AESA 天线成本的问题。事实上,4 个固定的 AESA 天线面可视为 4 部不同雷达,与旋转 AESA 多功能雷达的天线扫描周期相比,4 个 AESA 天线面可以将扫描速度降低至 1/4,使照射目标的时间延长 4 倍,从而使积分时间延长 4 倍。如果是相干积分,意味着发射机所需射频功率可降低至 1/4,因此,对于射频信号功率这个雷达成本较高的部分,可降低至 1/4。

AESA 技术被机载拦截雷达广泛应用,图 2.132 所示为机载 AESA 雷达的示例。

图 2.132　格里福(GRIFO)AESA 雷达

对于实现多功能雷达的 AESA 天线面,一个较好的方案将发射阵列和接收阵列分离,如图 2.133 所示。该方案可以将获得高天线增益和窄波束的困难(需要大量 TX - RX 阵列单元),集中到接收阵列中,而接收模块的成本较低。发射阵列的发射单元数量减少,但仍能产生扇形波束。为了解决接收端扇形波束天线 ERP 降低的问题,可以采用数字波束形成(DBF)技术,替代采用笔形天线波束进行仰角扫描,实现同时产生多个仰角波束,从而增加对目标的照射时间。

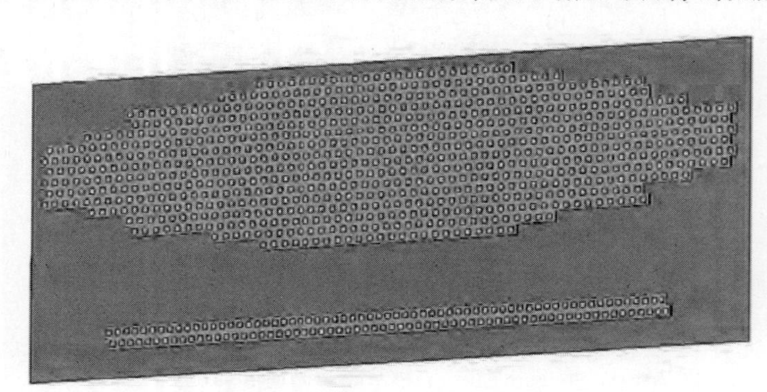

图 2.133　可分离 TX 和 RX 阵列的 AESA 结构

如图 2.133 所示,通过引入微波收 - 发模块中的相干相移来控制方位扫描,由此,水平线(水平板)产生的水平波束,都指向相同的方位角方向。水平线(板)产生的信号,经带通滤波器后,通过合适的模数转化电路,形成数字合成波束。这些数字信号被附加不同的相位梯度后,在不同仰角上形成所需的不同波束,如图 2.134 所示。

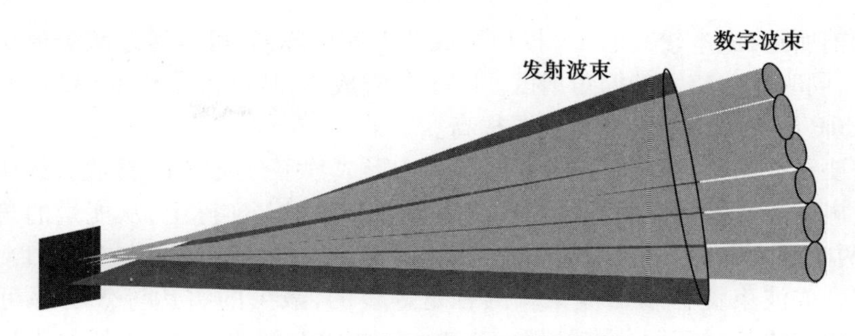

图 2. 134　发射波束和数字合成波束

如果生成的每个波束都有对应的雷达信号接收处理单元,则雷达能够同时探测不同高度上波束的扫描目标,而不需要进行高度扫描,如图 2. 135 所示。

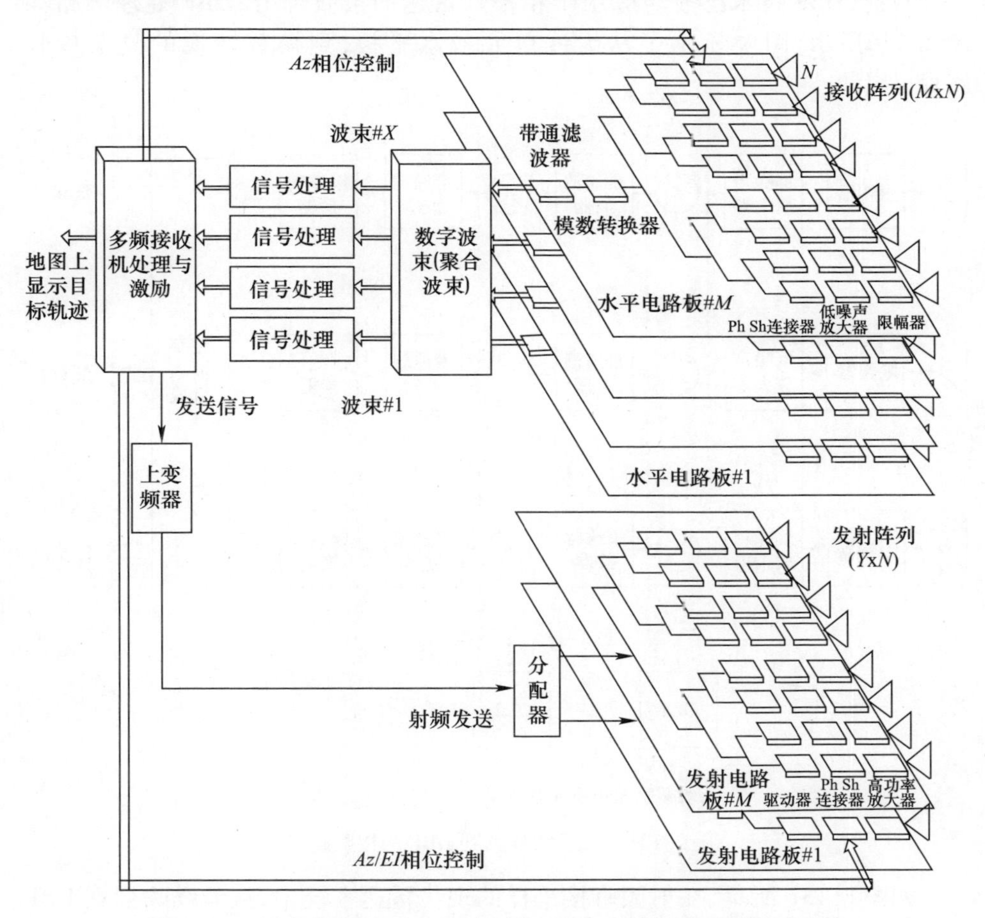

图 2. 135　具有分离 TX 和 RX 阵列的 AESA 多功能雷达的整体结构

如前所述，成本较高的 TX 模块组成的发射机阵列，可以通过减少模块数量来实现，同时覆盖较大的仰角扇区。除了节省成本，从低截获概率（LPI）的角度来看，ERP 的降低也使性能得到了提高。

需要记住的是，为了在接收天线阵列中形成数字合成波束，接收天线所覆盖的角度扇区需要被足够的雷达等效功率（ERP）照射。实际上，从能量的角度来看，有两个解决方案：①采用笔形波束的 TX 和 RX；②采用扇形波束的 TX 和采用数字合成波束覆盖扇形波束。两者是等效的，减少的雷达等效功率可通过 DBF 提供的更长时间积分来补偿。当然，正如 DBF 解决方案，较低的雷达等效功率（ERP）使得雷达信号更难被拦截。

（3）数字波束合成。

目前，DBF 技术已成功应用于相控阵雷达的接收部分，DBF 处理电路如图 2.136所示，图中显示了从天线单元或水平板，到模数转换的复杂接收路径。

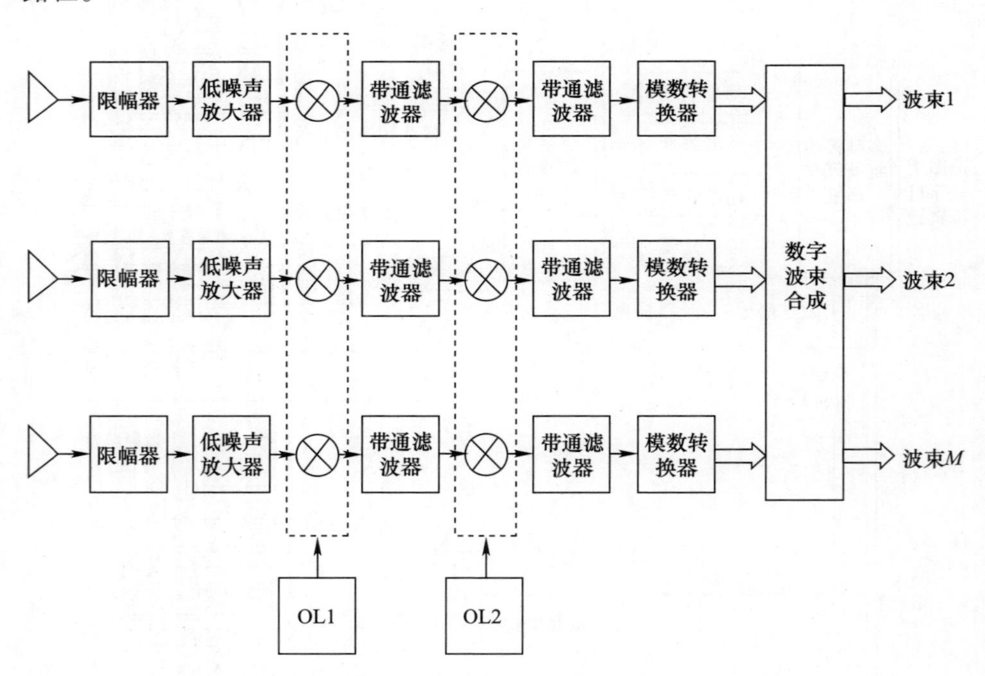

图 2.136　从天线阵列到 DBF 的接收路径

如图 2.137 所示，在射频直接采样的现代雷达系统中，从天线阵列到 DBF 的电路可被大大简化。

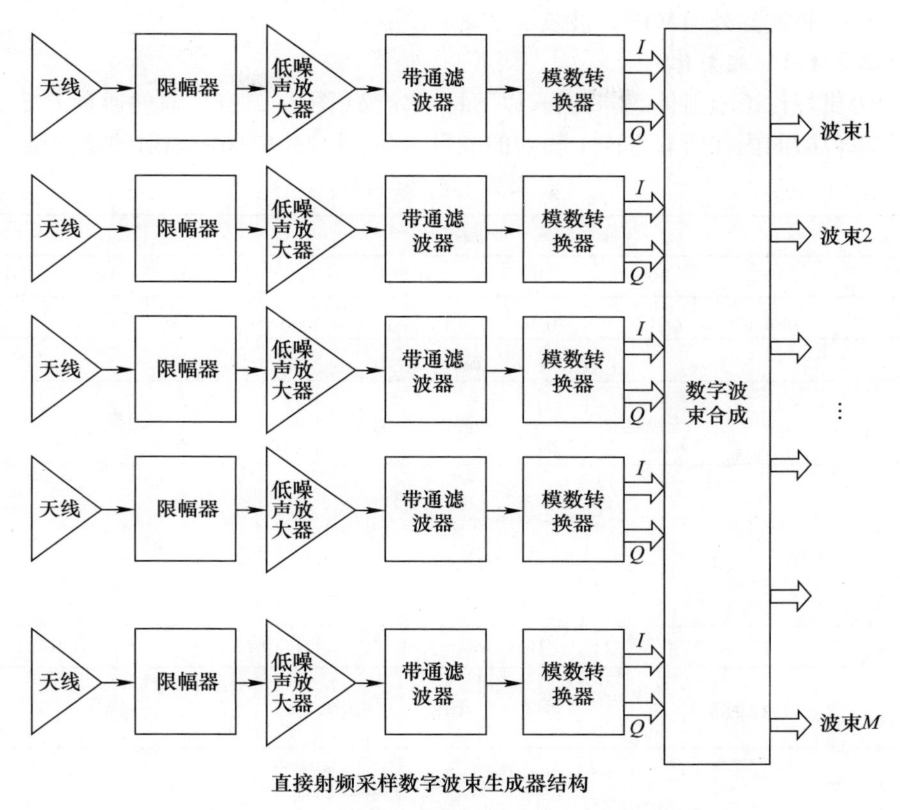

图 2.137　从天线阵列到 DBF 的现代接收路径

2.3　红外传感器

2.3.1　辐射能量简介

本节仅介绍后续章节中利用辐射能量进行工作的武器系统所需的概念和公式。利用辐射能工作的系统,大多使用红外(IR)波段,这也是该波段受到特别关注的原因,关于辐射体及其探测的概念也可扩展到可见光和紫外光波段。有关更详细的阐述,感兴趣的读者可参考文献[48-50]。

结合表 2.3,本节重点讨论红外(IR)波段中"大气窗口"部分,即大气对辐射透明的波段,大气窗口的波段如下:

(1) 短波红外(SWIR),波长 λ 为 0.8~3.0μm;

(2) 中波红外(MWIR),波长 λ 为 3~5μm;

(3) 长波红外(LWIR),波长 λ 为 8 ~ 12μm。

2.3.1.1 辐射体

为更好讨论辐射体,需要引入以下标准定义(图 2.138)。辐射通量 P 定义为在单位时间内在所有方向上辐射的能量之和,即单位时间内辐射的总能量。

表 2.3 电磁频谱

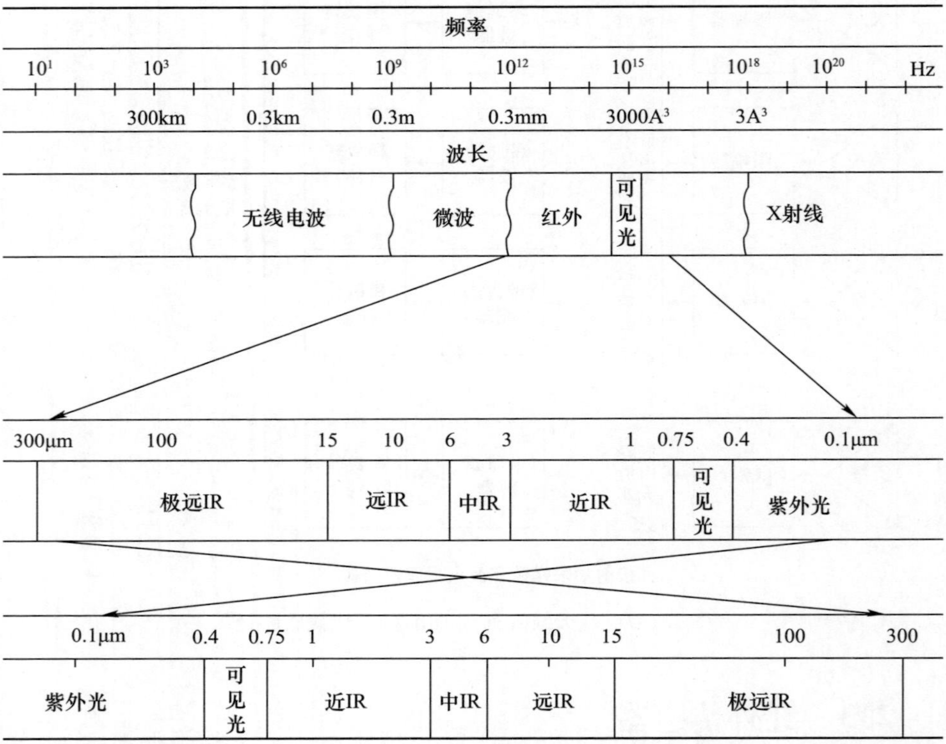

频率

10^1	10^3	10^6	10^9	10^{12}	10^{15}	10^{18}	10^{20}	Hz
	300km	0.3km	0.3m	0.3mm	3000A^3	3A^3		

波长

	无线电波	微波	红外	可见光		X射线

300μm	100	15	10	6	3	1	0.75	0.4	0.1μm

极远IR	远IR	中IR	近IR	可见光	紫外光

0.1μm	0.4	0.75	1	3	6	10	15	100	300

紫外光	可见光	近IR	中IR	远IR	极远IR

辐射通量 P 的单位为瓦特(W),每单位立体角的辐射通量用 J 表示,称为辐射强度,即

$$J = \frac{P}{\Omega} \tag{2.191}$$

式中:Ω 为球体中心所对的立体角,有 $\Omega = 4\pi sr$;辐射强度的度量单位为瓦特每球面度(W/sr)。单位面积上的辐射通量称为出射度,用 W 表示为

$$W = \frac{P}{S} \tag{2.192}$$

出射度 W 的单位为(W/cm^2)。单位辐射面积、单位立体角的辐射通量称为辐射亮度,用 N 表示为

$$N = \frac{P}{\Omega S} \tag{2.193}$$

辐射亮度 N 的单位为 $W/(cm^2 \cdot sr)$。

在单位时间内入射到表面上而没有辐射出去的辐射通量(能量入射)称为辐射照度,用 H 表示为

$$H = \frac{P}{A} \tag{2.194}$$

辐射照度的单位与出射度一样,即 W/cm^2。

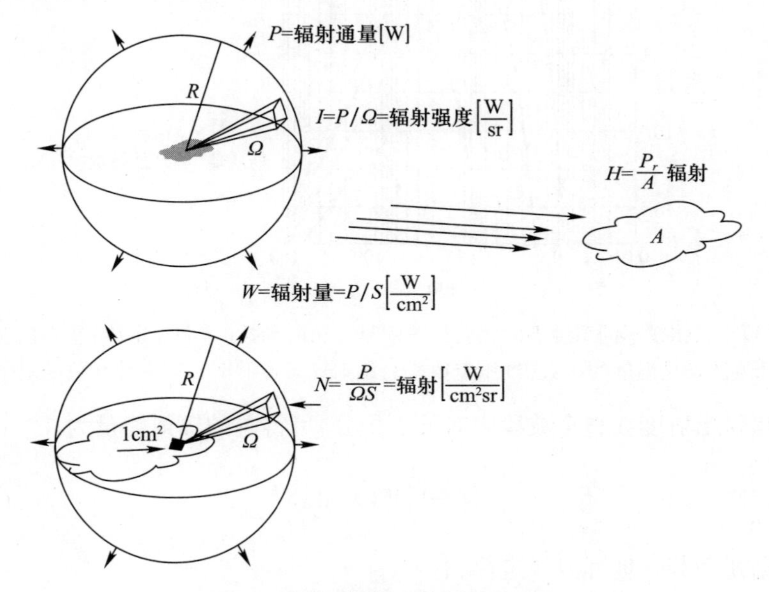

图 2.138　辐射能量传播相关定义

辐射体的总辐射能量是指在所有波长上辐射能量的积分。在其他特定波长测量辐射能量,以上定义同样适用,只需对相关物理量添加下标 λ 即可。

在研究辐射能量所遵循的物理定律之前,需要先介绍一下黑体。黑体是一种理想的物理模型,可吸收落在其上的所有辐射能量而无反射或透射。黑体由于这一性质而成为最理想的辐射体。普朗克指出:在给定温度下,黑体能够在任意波长辐射能量(图 2.139),其在某一波长的辐射出射度是单位波长间隔内$(1\mu m)$辐射能的积分,计算公式由普朗克定律给出,即

$$W(\lambda) = \frac{C_1}{\lambda^5(\exp(C_2/\lambda t) - 1)} \tag{2.195}$$

$$C_1 = 2\pi hc^2 = 3.741 \times 10^4 W \cdot cm^{-2} \cdot \mu m^4 \tag{2.196}$$

$$C_2 = \frac{ch}{k} = 1.438 \times 10^4 (\mathrm{W} \cdot \mu\mathrm{m} \cdot \mathrm{K}) \tag{2.197}$$

式中：C_1 为第一辐射常数；C_2 为第二辐射常数；$c = 3 \times 10^8 \mathrm{m/s}$ 为光速；$h = 6.625 \times 10^{34} \mathrm{W} \cdot \mathrm{s}^2$ 为普朗克常数；$k = 1.38 \times 10^{-23} \mathrm{W} \cdot \mathrm{s} \cdot \mathrm{K}^{-1}$ 为玻耳兹曼常数。

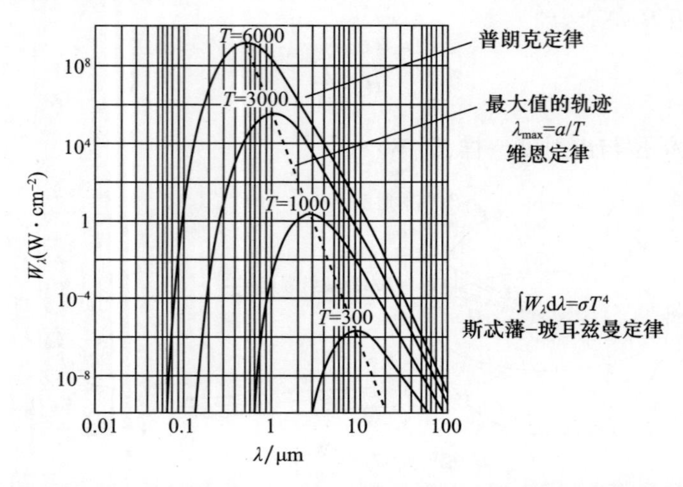

图 2.139　黑体在不同温度下的辐射出射度是波长的函数（普朗克定律）辐射出射度的峰值波长是温度的函数（维恩定律），总辐射能量遵循斯蒂芬－玻耳兹曼定律

将辐射出射度在整个波段内对波长积分，可得总的辐射能量为

$$W = \int_0^\infty W(\lambda)\, \mathrm{d}\lambda \tag{2.198}$$

根据斯蒂芬－玻耳兹曼定律，有

$$W = \sigma T^4 \tag{2.199}$$

式中：$\sigma = 5.67 \times 10^{-12} \mathrm{W} \cdot \mathrm{cm}^{-2} \cdot \mathrm{K}^{-4}$ 为斯蒂芬－玻耳兹曼常数。

该定律表明黑体出射度的变化与温度密切相关，当辐射体的温度提高 1 倍时，黑体出射度增加至 16 倍。

对普朗克定律关于 λ 求导，并假设当

$$\frac{\mathrm{d}W(\lambda)}{\mathrm{d}\lambda} = 0 \tag{2.200}$$

时 W 取最大值，可得

$$\lambda_{\max} = \frac{a}{T} \tag{2.201}$$

式中：$a = 2898 \mu\mathrm{m} \cdot \mathrm{K}$，这就是维恩定律，该定律表明辐射出射度的峰值波长与

温度成反比，如图 2.139 中的虚线所示。

在给定温度下，任何物体在所有波长上都会辐射能量，但不会像黑体（理想的辐射体）一样多。在给定温度和波长下，物体的辐射出射度与黑体在相同温度和波长下的辐射出射度之比称为辐射发射率，或简称发射率，即

$$\varepsilon = \frac{W(\lambda)}{W_0(\lambda)} \tag{2.202}$$

式中：ε 通常小于 1。ε 为常数的物体称为灰体，ε 随波长 λ 变化的物体称为选择性辐射体，如图 2.140 所示。

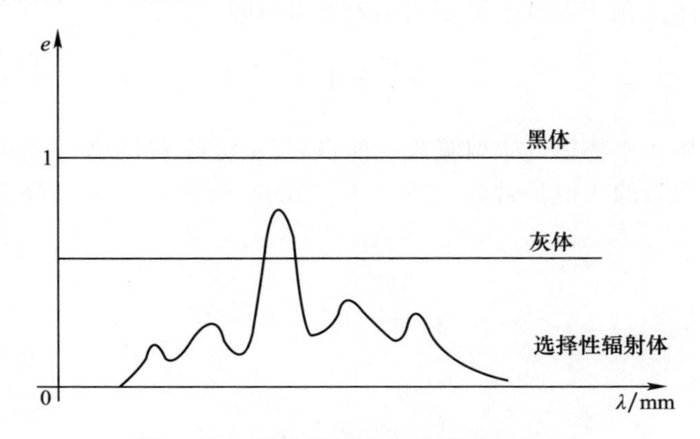

图 2.140　所有物体的发射率通常小于 1

照射到物体上的辐射会被其吸收、反射或投射，如图 2.141 所示。

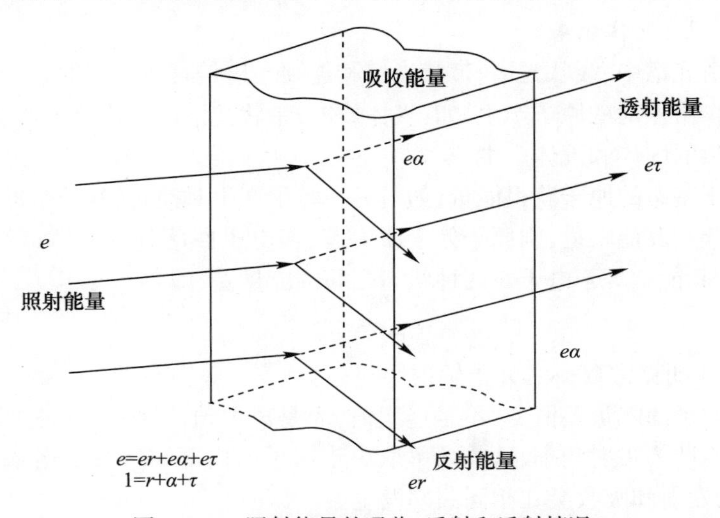

图 2.141　照射能量的吸收、反射和透射情况

依据能量守恒定律,得

$$\alpha+\rho+\tau=1 \tag{2.203}$$

式中:α 为吸收率;ρ 为反射率;τ 为透射率。

如果物体是不透明的,则没有透射,此时 $\tau=0$,因此,对于不透明物体,有

$$\alpha+\rho=1 \tag{2.204}$$

对于黑体,有 $\alpha=1,\rho=0,\tau=0$。

基尔霍夫发现并指出:在给定温度下,物体的辐射出射度与其吸收率之比为常数,等于黑体在相同温度下的辐射出射度 W_0,即

$$\frac{W}{\alpha}=W_0 \tag{2.205}$$

因此,如果一个物体的辐射吸收性能良好(α 接近于1),则其辐射性能 W 也会良好,因为两者的比值是常数。所以,良好的吸收体同样是良好的发射体,从而有

$$\frac{\varepsilon\sigma T^4}{\alpha}=\sigma T^4 \tag{2.206}$$

因此有

$$\varepsilon=\alpha \tag{2.207}$$

即物体的发射率 ε 等于其吸收率 α,两者取决于物体的性质、温度、表面光滑度和辐射波长。

2.3.1.2 气体辐射

在辐射光谱中,线状光谱、带状光谱和连续光谱是有所区别的,一般来说,线状光谱由自由振动的原子产生,如:气体放电;带状光谱由气体分子产生;连续光谱由被加热的固体和液体产生。

当处于基态的原子获得能量,如与另一粒子产生碰撞,使其处于低能轨道的电子将跳跃到高能轨道,则原子处于激发态;当电子回落到低能轨道时,会辐射一个光子,其能量等于电子在两种状态之间的能量差,即

$$\Delta e=hv \tag{2.208}$$

式中:h 为普朗克常数;v 为光子辐射频率。

由于原子的能量差值 Δe 不是连续值,而是离散值。因此,这种类型的辐射将会产生离散的辐射频率,这些频率取决于原子的内部结构。依据基尔霍夫定律,原子的发射和吸收会在相同频率发生。

当具有连续光谱的光辐射穿过气体时,其透射光光谱将是不连续的,因为气

体原子将吸收那些波长为其发射波长的光，在这些光的照射下，气体原子会跃迁至激发态；当原子返回基态时，以相同的频率辐射光谱，并可能朝向任意方向，与原入射光束相同方向的光辐射可忽略不计。

然而，气体的光辐射既可由原子产生，也可由分子产生。分子的能量可能以电子态、分析的平动、转动或振动等形式存在。

在红外辐射中，因分子能级变换产生的2～30μm 波段的光谱引起了人们的特别关注，这种变换使得某些气体的辐射光谱独具特点，例如喷气发动机燃烧所产生的气体。

在燃烧过程中，通常会产生水蒸气（H_2O）和二氧化碳（CO_2），它们的光谱如图2.142所示，该图显示了本生喷灯燃烧天然气时的火焰光谱，最高峰4.4μm是由CO_2分子的能量变换产生，而峰值2.7μm是CO_2和H_2O辐射光谱的重叠波段。当气体体积越大，在所考虑的波长和给定温度下，其辐射出射度就越接近黑体的辐射出射度。

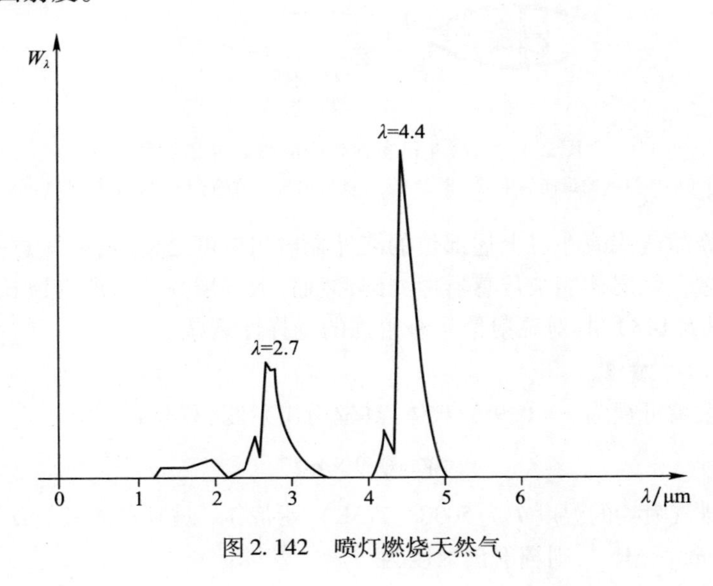

图2.142　喷灯燃烧天然气

2.3.2　目标红外辐射特性

由于红外武器和探测系统的工作原理是探测和处理目标产生的辐射信号，所以下面将讨论一些作战平台的红外出射度，如喷气发动机和导弹。

依据斯蒂芬－玻耳兹曼定律，有

$$W = \varepsilon\sigma T^4 \tag{2.209}$$

由式(2.209)可知,目标温度越高,其红外辐射出射度也越高。如图 2.143 所示,喷气式战斗机某些部位的温度特别高,其中,喷气发动机的排气喷嘴、高温排气区(羽流)和气动加热区的温度为最高。通常,排气喷嘴的红外辐射出射度最大,但如果战斗机使用加力燃烧室,则羽流的出射度最大。

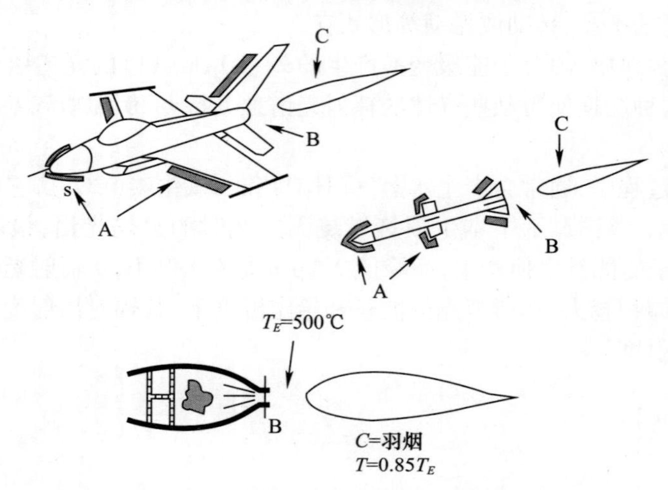

图 2.143　战斗机和导弹中的强红外辐射区

A—气动加热区的最高温度处;B—喷气发动机的排气喷嘴;C—高温排气区(羽流)。

在计算喷气式战斗机上述部位的红外辐射出射度之前,需要注意一点:光辐射必须穿过大气层才能被传感器探测到,然而,大气层并非对所有波长的光辐射都透明(图 2.143),其对辐射信号有很强的选择性衰减。

2.3.2.1　喷嘴

排气喷嘴可视为 $\varepsilon=0.9$ 的灰体,其辐射出射度(W/cm^2)为

$$W=0.9\times\sigma T^4 \tag{2.210}$$

假设排气喷嘴的温度 T 为 500℃(773K),斯蒂芬-玻耳兹曼常数 σ 为 $5.67\times10^{-12}W\cdot cm^{-2}\cdot K^{-4}$,则辐射出射度为

$$W=1.822(W/cm^2) \tag{2.211}$$

设喷嘴的表面积 $S=3500cm^2$,得到辐射通量(W)为

$$P=WS=1.822\times3500=6377(W) \tag{2.212}$$

辐射强度可表示为

$$J=\frac{P}{\Omega} \tag{2.213}$$

由于黑体在立体角为 2π 的半球上辐射，根据余弦定律，Ω 的值是 π 而非 2π。因此，其辐射强度(W/sr)为

$$J = \frac{P}{\Omega} = \frac{6377}{3.14} = 2030 \tag{2.214}$$

2.3.2.2 羽流

羽流的红外特征由经过排气喷嘴进入大气的高温气体的出射度来表征。在较小的区域内，气体温度约为排气喷嘴温度的85%，而辐射出射度主要取决于波长（见2.3.1.2节），因此，羽流的辐射出射度计算公式为

$$W = \int_{\lambda_1}^{\lambda_2} \varepsilon(\lambda) W_\lambda \mathrm{d}\lambda \tag{2.215}$$

式中：W_λ 为黑体在特定温度下的出射度；$\varepsilon(\lambda)$ 为气体在该温度下的发射率。

在 4.33 ~ 4.55μm 波段，$\varepsilon(\lambda) \approx 0.5$，其余波段为0，代入式(2.215)，可得

$$W = 0.5 \times \int_{4.4}^{4.55} W_\lambda \mathrm{d}\lambda = 0.035 \tag{2.216}$$

当 T 为370℃时，引入普朗克公式并积分，可得

$$W = \int_{4.33}^{4.55} W_\lambda \mathrm{d}\lambda = 0.035 \tag{2.217}$$

因此，羽流的出射度(W/cm²)为

$$W = 0.5 \times 0.035 = 0.0175 \tag{2.218}$$

可以看出，尽管该区域内气体的表面积与排气喷嘴的面积相当，但是羽流的出射度较排气喷嘴低很多。随着气体与喷嘴的距离增加，即使其表面积不断增大，其温度也迅速降低，表面积的作用可忽略不计。

假设气体的表面积为10000cm²，其辐射通量(W)为

$$P = WS = 175 \tag{2.219}$$

则辐射强度(W/sr)为

$$J = \frac{P}{\Omega} = \frac{175}{3.14} = 55.7 \tag{2.220}$$

即羽流的辐射通量和辐射强度低于喷嘴的0.1，但是，当战斗机使用加力燃烧室来增加其推力时，情况有所不同：羽流的辐射度可以比喷嘴的辐射度高几倍，并且辐射强度要大得多。

2.3.2.3 气动加热

当物体高速穿过某一空间时，由于物体表面的空气绝热压缩和摩擦，其温度会升高。达到的温度取决于高度（高度决定了空气的密度、边界层流体的状态

是层流还是湍流)，物体的材料、几何形状和速度。

这一点可通过以下示例阐明：一个速度为 $M(Ma)$ 的气动加热表面，边界层为层流，其热力学温度可表示为

$$T = T_0(1 + 0.164M^2) \tag{2.221}$$

式中：T_0为空气温度。

例如，在海拔 5000m 处、空气温度为 250K，以 2Ma 飞行的飞机，其表面温度可达

$$T = 250(1 + 0.164 \times 4) = 414\text{K} \tag{2.222}$$

因此，可得到其出射度(W/cm^2，并设 $\varepsilon = 0.9$)为

$$W = \sigma T^4 = 0.9 \times 5.67 \times 10^{-12} \times 414^4 = 0.15 \tag{2.223}$$

假设机体的表面积为 $2\text{m}^2 = 20000\text{cm}^2$，则有

$$P = 0.16 \times 20000 = 3000(\text{W}) \tag{2.224}$$

$$J = \frac{P}{\pi} = 955(\text{W/sr}) \tag{2.225}$$

辐射出射度 W 的峰值所对应波长为

$$\lambda_{\max} = \frac{a}{T} = \frac{2898}{414} = 7(\mu\text{m}) \tag{2.226}$$

大约 25% 的红外辐射(239W/sr)的波长小于 7μm。

2.3.2.4 红外背景

上文简要阐述了战斗机、导弹、涡轮喷气发动机及其喷嘴和羽流、隐形飞机的气动加热表面等作战目标如何产生红外辐射信号、产生红外辐射的强度。

对于其他红外辐射源感兴趣的读者，可参考一下专业书籍的内容：①涡轮风扇发动机，由于其在较低温度下运行，所产生红外辐射也较弱；②冲压式喷气发动机，在燃烧室前没有压缩机，喷嘴温度约为 1600℃；③火箭发动机，辐射强度约为 1000 ~ 100000W/sr。

然而，应该注意的是，背景本身(非目标)也能够辐射较强的红外信号，例如：被太阳照射的地面；火炉的烟囱；车辆的发动机；炸弹爆炸的气浪；战场正在射击的枪炮。红外传感器所要解决的最主要问题是区分感兴趣目标产生的红外信号与背景产生的红外信号。

如图 2.144 所示，背景噪声出现在传感器视场范围(FOV)中时会干扰传感器的正常工作，图中背景噪声等于背景辐射亮度乘以视场范围和大气透射率。

在小于 3μm 的红外波段，背景的辐射亮度通常可认为是太阳辐射的反射产

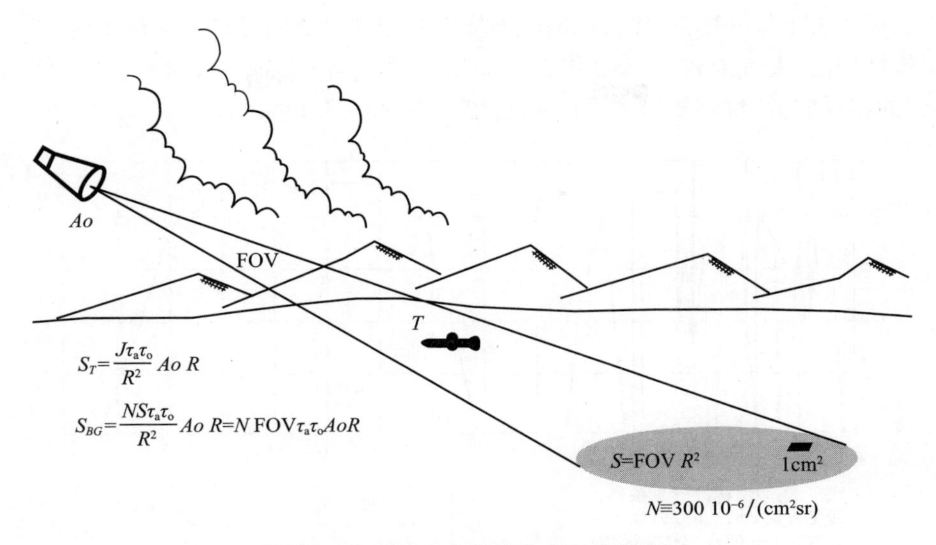

图 2.144　目标和背景所产生的红外信号

生的辐射；大于 3μm 的红外波段，由于大气的衰减，背景辐射可忽略不计；但当背景温度达到 300K 时，背景自身所产生的红外辐射开始对波长大于 5μm 的红外信号产生影响；在 3～5μm 波段，背景的红外辐射趋于最小值，其辐射亮度在此波段上的积分值约为 20×10^{-6}（晴空）～300×10^{6}（混合地形）$\mathrm{W/sr^{-1}cm^{-2}}$。

2.3.3　红外系统距离方程

如 2.2.2 节所述，本节将推导红外系统的距离方程。如图 2.145 所示，红外系统通常由以下部分组成：

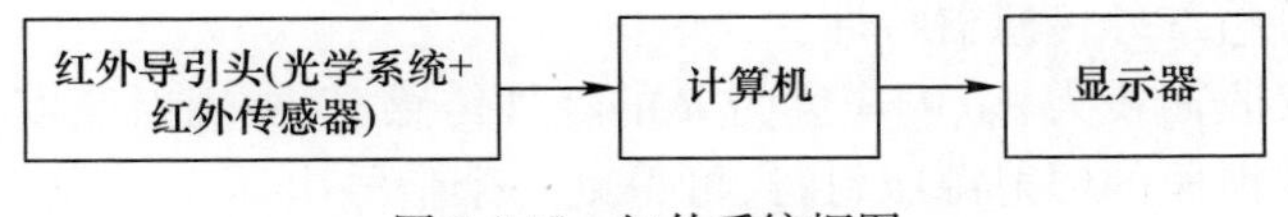

图 2.145　红外系统框图

（1）光学系统，等同于雷达系统的接收天线，它将辐射信号感应到红外探测器上；

（2）红外传感器，将红外辐射能量转换为电信号，但同时也产生噪声（如果要求其具有较高性能，这种设备可能会非常复杂）；

（3）计算机系统，处理红外传感器输出的电信号，实现信噪比的最大化，并抑制背景所产生的噪声信号，同时输出图像、告警信号和跟踪信号等相关信息。

从 2.3.2 节可知，作战目标的红外辐射源于其引擎的发热和气动加热，与射频信号相比，大气对红外信号传输的影响更为显著。实际上，只有在“大气窗口”的特殊波段，红外辐射才可以穿越大气层，如图 2.146 所示。

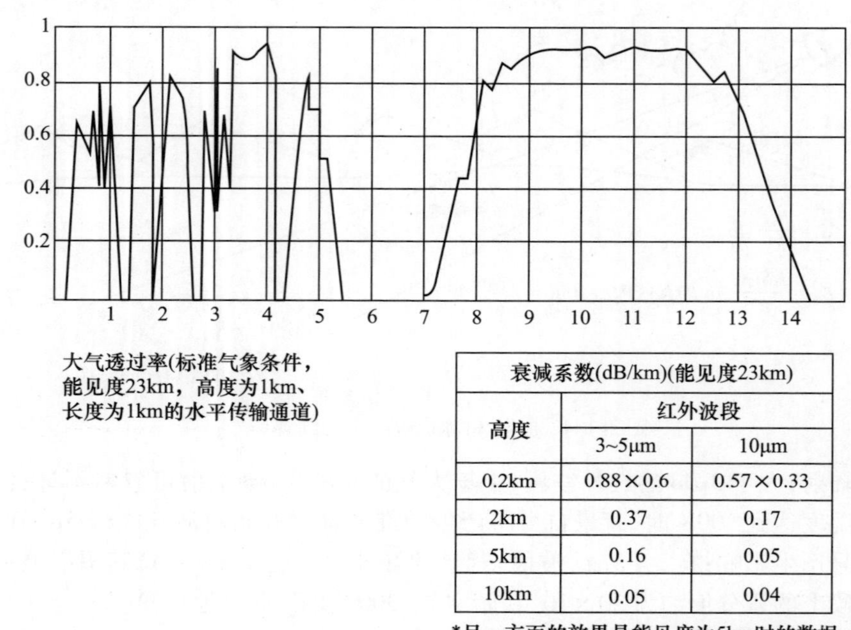

衰减系数(dB/km)(能见度23km)		
高度	红外波段	
	3~5μm	10μm
0.2km	0.88×0.6	0.57×0.33
2km	0.37	0.17
5km	0.16	0.05
10km	0.05	0.04

*另一方面的效果是能见度为5km时的数据

图 2.146　由于存在气体分子的吸收，大气层的透射率与光的波长密切相关
（两个特殊的大气窗口是 3 ~ 5μm 和 8 ~ 12μm 波段）

为了推导红外系统的距离方程，首先需要分析红外传感器的工作原理，并依据设备参数分析红外传感器特性。

当有效接收面积为 A_d、响应度为 R 的红外传感器，被辐射照度为 H、波长处于传感器接收波段的辐射源照射时，可得到一个信号电压 V_s，R 越大，产生的信号电压 V_s 越大。对于平面性传感器，有

$$V_s = RHA_d \tag{2.227}$$

推导可得

$$R = \frac{HA_d}{V_s} \tag{2.228}$$

可是，红外探测器产生的噪声会掩盖有用信号，如图 2.147 所示。在各种不同类型的噪声中，称为“$1/f$ 噪声”对传感器的应用干扰最大，其强度随着信号频率的增大而减小。

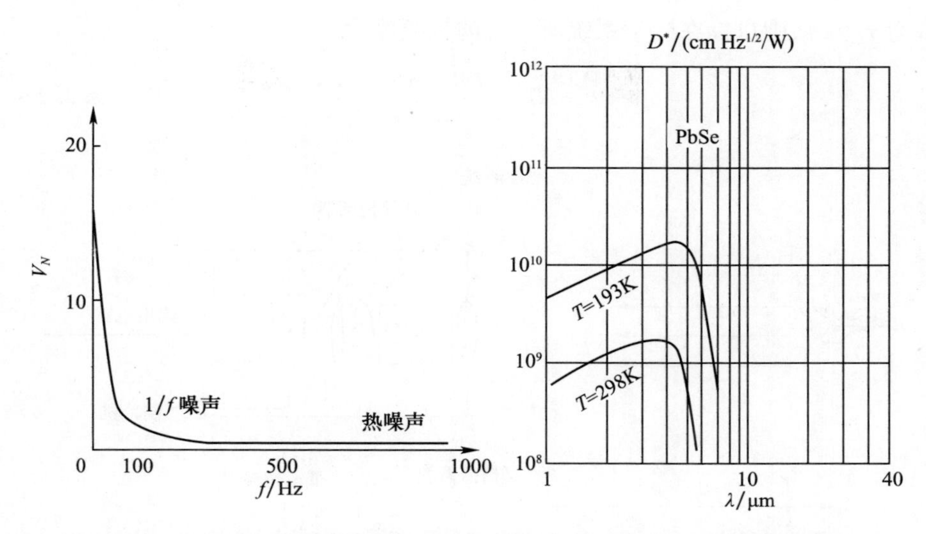

图 2.147　红外传感器的性能用探测比 D^* 表示(图中显示了 $1/f$ 噪声的特征)

当红外传感器输出的均方根信号电压等于传感器产生的均方根噪声电压时,感应到传感器的功率或辐射通量 HA_d 成为噪声等效功率(NEP),设

$$V_n = R \times \mathrm{NEP} \tag{2.229}$$

则有

$$\mathrm{NEP} = \frac{V_n}{R} = \frac{V_n}{V_s/HA_d} = HA_d \frac{V_n}{V_s} \tag{2.230}$$

探测率 D 是传感器性能优劣的主要参数之一,其定义为

$$D = \frac{1}{\mathrm{NEP}} \tag{2.231}$$

可见,NEP 越小,探测率越高。

由于 $D \cdot A_d^{1/2}$ 和 $D \cdot \Delta f^{1/2}$ 为常数,红外传感器生产商为方便而定义了一个新的参量 D^*,等于探测率乘以 $A_d^{1/2}$ 和 $\Delta f^{1/2}$,如图 2.148 所示,即

$$D^* = D\,(A_d \Delta f)^{1/2} \tag{2.232}$$

则有

$$R = \frac{V_n D^*}{(A_d \Delta f)^{1/2}} \tag{2.233}$$

如图 2.148 所示,假设红外光学系统口径的面积为 A_0、视场为 w,距离为 R 的目标 T 向红外系统发出波长为 λ、强度为 J_λ(W/sr)的红外辐射,若大气透过

率为 $\tau_a(\lambda)$，则目标在光学系统所产生的辐照度为

$$H_\lambda = \frac{J_\lambda \tau_a(\lambda)}{R^2} \tag{2.234}$$

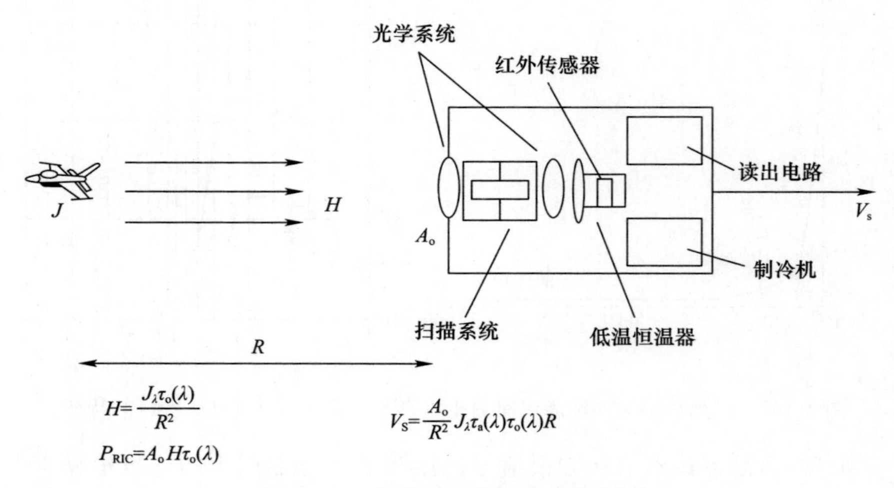

图 2.148　扫描型红外探测头示意图

设光学系统在该波长处的透过率为 $\tau_0(\lambda)$，可得到红外传感器的信号功率为

$$P_\lambda = H_\lambda A_0 \tau_0(\lambda) \tag{2.235}$$

若传感器的响应度为 $R(\lambda)$，则信号电压为

$$V_s = P_\lambda R(\lambda) = \frac{J_\lambda \tau_a(\lambda)}{R^2} A_0 \tau_0(\lambda) R(\lambda) \tag{2.236}$$

在传感器的工作波段内对信号电压进行积分，即

$$V_s = \frac{A_0}{R^2} \int_{\lambda_1}^{\lambda_2} J_\lambda \tau_a(\lambda) \tau_0(\lambda) R(\lambda) \, d\lambda \tag{2.237}$$

为简化计算，所有与 λ 的变化相关的物理量都用该波段的平均值代替，可得

$$V_s = \frac{A_0}{R^2} J \tau_a \tau_0 R \tag{2.238}$$

此前已得到 R 的表达式为

$$R = \frac{V_n D^*}{(A_d \Delta f)^{1/2}}$$

将其带入到式(2.238)中,得

$$V_s = \frac{A_0}{R^2} J\tau_a\tau_0 \frac{V_n D^*}{(A_d \Delta f)^{1/2}} \tag{2.239}$$

由此可得到 R^2 的表达式为

$$R^2 = \frac{A_0 D^* J\tau_a\tau_0}{(A_d \Delta f)^{1/2}} \frac{V_n}{V_s} \tag{2.240}$$

于是,与雷达系统一样,红外系统的工作距离也可用已知系统参数和信噪比(电压 V_s 和 V_n)来表示。

然而,用光学系统口径 D_0、视场 w 和数值孔径 NA 可更方便地表示该距离,由前光学公式可得

$$\text{NA} = \frac{D_0}{2f} \tag{2.241}$$

$$A_d = w\left[\frac{D_0}{2\text{NA}}\right]^2 \tag{2.242}$$

式中:f 为光学系统的等效焦距。

将上述各式代入 R^2 的最终表达式,且有

$$A_0 = \pi\left[\frac{D_0}{2}\right]^2 \tag{2.243}$$

则对于圆形透镜,可得

$$R = \left[\frac{\pi(\text{NA}) D_0 J\tau_a\tau_0 D^*}{2\,(w\Delta f)^{1/2}} \frac{V_n}{V_s}\right]^{1/2} \tag{2.244}$$

各单位的物理量分别为 R(cm)、D_0(cm)、D^*($\text{Hz}^{1/2}\,\text{W}^{-1}$)、$J$(W/sr)、$w$(sr)、$\Delta f$(Hz),物理量 NA、$\tau_a$、$\tau_0$ 无单位。

将所有物理量代入并整理后,可看出各个部件对系统工作距离的影响,即

$$R = (J)^{1/2}(\tau_a)^{1/2}\left[\frac{\pi}{2}D_0(\text{NA})\tau_0\right]^{1/2}(D^*)^{1/2}\left[\frac{1}{(w\Delta f)^{1/2}}\frac{V_n}{V_s}\right]^{1/2} \tag{2.245}$$

式中:J 与作战目标相关(前文已给出计算方法);τ_a 取决于大气层(见图2.146);$\frac{\pi}{2}D_0(\text{NA})\tau_0$ 和 D^* 分别取决于光学系统和传感器(见图2.148);w 由红外系统的瞬时视场决定;Δf 为红外系统的等效噪声带宽;V_s/V_n 取决于红外系统可接受的 P_d 和 P_{fa}(见图2.21)。

2.3.4 背景干扰的抑制

红外系统接收的背景辐射取决于传感器对该辐射的响应度,以及红外系统的视场(FOV)。由于背景辐射分布在较大的区域,所以红外系统的光圈口径越小,进入到红外系统的背景红外辐射就越小,如图2.149所示。然而,为了确保覆盖所要求的角度扇区,瞬时视场(FOV)一般不会太小,因此,背景产生的红外辐射信号通常强于作战目标的信号。

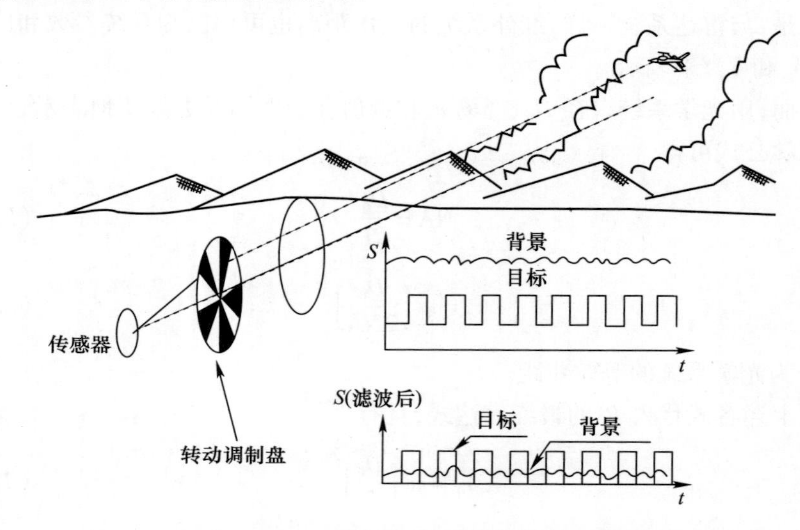

图2.149 利用转动调制盘对背景红外辐射进行空间滤波

为了减少背景辐射,红外系统通常采用两种方式滤波:时域/频域滤波和空间滤波。对于时域/频域滤波,需要与观察目标的持续时间相匹配;由于作战目标通常与背景处于不同的空间位置,因而其信号具有不同的特征,空间滤波正是基于该点而使用调制盘来对进行适当调制。

如图2.149所示,点目标 T 的背景是特定温度下的云层,如果调制盘快速旋转,从背景传输到传感器的信号是分布区域较广的均匀信号,而点目标 T 将给出经调制透光区调制后的调幅信号,因此,加入一个与调制频率相同的滤波器,就可抑制背景信号。

2.3.5 红外系统

对作战目标红外辐射特性及探测技术的研究,促进了许多红外系统的快速发展,这些系统主要有目标观察系统、目标搜索与探测系统(红外告警系统)、目标跟踪系统等三类。

1. 目标观察系统

（1）夜视装备，如红外夜视望远镜。

（2）前视红外系统，在类似电视屏幕上显示给定角度扇区内的红外图像，红外传感器通过一面小型转镜以类似于电视扫描的方式，对给定角度扇区进行方位和俯仰上扫描（在这种系统中，判别红外目标是否存在完全由操作人员决定）。

（3）红外线扫描仪，这类系统能够对场景进行线扫描（例如，在飞机的一侧，在仰角方向上从 $-60° \sim +10°$ 进行垂直线扫描），由于飞机的飞行位置在变化，所以可探测到飞机在这一侧的整个空间，所探测的数据被记录到存储器中以便后期分析。

2. 红外告警系统

红外告警系统是一类更复杂的装备，在检测到红外信号之后，需要进行大量信号处理以实现辨别红外背景中的作战目标。在红外观察系统中，所有探测到的信号都显示给操作人员，在红外告警系统中，只能输出作战目标，即使目标信号弱于背景信号。此类系统包括如下两种：①导弹发射告警系统，能够探测到正在发射的导弹；②红外搜索和跟踪系统，能够探测发现目标、跟踪目标，并为可能实施的对抗提供正确的坐标。

3. 目标跟踪系统

这类红外系统包括所有通过跟踪目标本身红外辐射信号的系统。

（1）红外指向仪，一种用于角度指向的装备。由于这类系统的视场（FOV）较窄，并对海面反射率非常低，通常被用于海上低空精确跟踪雷达的辅助设备，应用示例如图 2.150 所示，其中的红外指向仪为主跟踪雷达相关联的辅助设备。

图 2.150　X 波段的三维跟踪雷达天线和红外指向仪

（2）红外导引头，一种引导导弹搜索热源的装置，导引头利用目标的红外辐射信号来跟踪它们，并产生导弹制导信号。这类系统需要采用适当的技术才能抑制背景干扰，并提取出纸箱目标的导引信号（这些技术将在下一章中更详细地讨论）。

参考文献

[1] Sherman, J. W., "Aperture - Antenna Analysis," in Radar Handbook, Third Edtion, New York:, McGraw - Hill, 2008, Chapter 9.

[2] Skolnik, M. I., Introduction to Radar Systems, New York, McGraw - Hill, 1962, Chapter 11.

[3] Di Franco, J. V., and A. W. L. Rubin, Radar Detection, Dedham, MA: Artech House, 1980.

[4] Barton, D. K., Radars, Volume Two: The Radar Equation, Dedham, MA: ArtechHouse, 1975.

[5] Dunn, J. H., and D. D. Howard, "Target Noise," in Radar Handbook, M. I. Skolnik (ed.), New York: McGraw - Hill, 1970, Chapter 28.

[6] Skolnik, M. I., "An Empirical Formula for the Radar Cross - Section of Ships at Grazing Incidence," IEEE Transaction AES, March 1974, p. 292.

[7] Blake, L. V., "Pulse - Radar Range Calculation Work Sheet," NRL Reports 6930 and 7010, 1969.

[8] Hitney, H. V., et al., "Tropospheric Radio Propagation Assessment," Proceedings of the IEEE, Vol. 73, No. 2, February 1985.

[9] Curry, G. R., Radar Essentials, Raleigh, NC: SciTech Publishing, 2012.

[10] Barton, D. K., Modern Radar Systems Analysis, Norwood, MA: Artech House, 1988, p. 125.

[11] Barton, D. K., Modern Radar System Analysis, Norwood, MA: Artech House, 1988, Chapter3.

[12] Nathanson, F. E., Radar Design Principles, New York: McGraw - Hill, 1969, Chapter 5.

[13] Skolnik, M. I., Introduction to Radar Systems, New York: McGraw - Hill, 1962, Chapter 5.

[14] David, P., and J. Voge, Propagation of Waves, Oxford, UK: Pergamon Press, 1969.

[15] Anderson, K. D., AGARD - CP - 502, February 1992.

[16] Nathanson, F. E., Radar Design Principles, New York: McGraw - Hill, 1969, Chapter 9.

[17] Galati, G., "Il Circuito Autogate Nella Rivelazione Radar," Rivista Tecnica Selenia, Vol. 1, No. 3, 1973.

[18] Nathanson, F. E., Radar Design Principles, New York: McGraw - Hill, 1969, Chapters 12 and 13.

[19] Pace, P., Detecting and Classifying Low Probability Intercept Radar, Norwood, MA: Artech House, 2009.

[20] Stimson.

[21] Marcoz, F., and G. Galati, A Sub - Optimal Detection Technique: The Accumulator Detector, Vol. XLI, February 1972, pp. 77 - 89.

[22] De Martino, A., Introduction to Modern EW Systems, Norwood, MA: Artech House, 2012, Appendix C.

[23] Mailloux, R., "Phased Array Theory and Technology," Proc. IEEE, Vol. 70, No. 3, March 1982.

[24] Caspers, J. W., "Bistatic and Multistatic Radar," in Radar Handbook, M. I. Skolnik (ed.), New York, McGraw – Hill, 1970, Chapter 36.

[25] Picardi, G., Elaborazione Del Segnale Radar, Rome: Franco Angeli Editore, 1988, Chapter 8.

[26] Wehner, D. R., High Resolution Radar, Second Edition Norwood, MA: Artech House, 1995.

[27] Richards, M. A., "Synthetic Aperture Radar," in Airborne Pulse Doppler Radar, Second Edition, G. V. Morris, and L. L. Harkness(eds.), Norwood, MA: Artech House, 1995.

[28] Sherman, S. M., Monopulse Principles and Techniques, Dedham, MA: Artech House, 1984.

[29] Neri, F., et al., "Analisi dell' effetto multipath per bersagli estesi a bassa quota," in Congresso Scientifico Internazionale sull' Elettronica, Rome, 1980.

[30] Wehner, D. R., High Resolution Radar, Second Edition, Norwood, MA: Artech House, 1995, Chapter 7.

[31] Blake, L. V., Radar Range Performance Analysis, Silver Spring, MD: Munro Publishing, 1991, p. 84.

[32] F. D. S. Ltd., "Pulse Doppler Airborne Radar," Military Technology, No. 6, pp. 1987, pp. 182 – 200.

[33] Friedlander, A. L., and L. J. Greestein, "A Generalized Clutter Computation Procedure for Airborne Pulse Doppler Radars," IEEE Transactions on Aerospace and Electronic Systems, Vol. AES – 6, January 1970, pp. 51 – 61.

[34] Brennan, L. E., J. D. Mallet, and I. S. Reed, "Adaptive Arrays in Airborne MTI Radar," IEEE Transactions, Vol. AP – 24, September 1976, pp. 607 – 615.

[35] Kell, R. E., and R. A. Ross, "Radar Cross – Sections of Target," in Radar Handbook, Third Edition, New York: McGraw – Hill, 2008, Chapter 27.

[36] Crispin, J. W., and J. K. M. Siegel, Methods of Radar Cross – Section Analysis, New York: Academic Press, 1968.

[37] Skolnik, M. I., Introduction to Radar Systems, New York: McGraw – Hill, 1962, Chapter 9.

[38] Skolnik, M. I., Introduction to Radar Systems, New York: McGraw – Hill, 1962, Chapter 8.

[39] Nathanson, F. E., Radar Design Principles, New York: McGraw – Hill, 1969, Chapter 6.

[40] Blake, L. V., "Prediction of Radar Range," in Radar Handbook, M. I. Skolnik (ed.), New York: McGraw – Hill, 1970, Chapter 2.

[41] Kerr, D. E., Propagation of Short Radio Waves, Vol. 13, M. R. L. Series, New York: McGraw – Hill, 1963.

[42] Tsui, J., Digital Techniques for Wideband Receivers, Norwood, MA: Artech House, 1995.

[43] Rotella, S., and F. Marcoz, "Alta Frequenza," in Analisi di un rivelatore a finestra mobile, December 1967, pp. 1102 – 1110.

[44] Barton, D. K., Modern Radar Systems Analysis, Norwood, MA, Artech House, 1988, Chapter 9.

[45] Dunn, J. H., et al., "Tracking Radar," in Radar Handbook, New York: McGraw – Hill, 1970, Chapter 21.

[46] Cheston T. C., and J. Howard Frank, "Array Antennas," in Radar Handbook, New York: McGraw – Hill, 1970, Chapter 11.

[47] Morris, C. V., Airborne Pulse Doppler Radar, Norwood, MA: Artech House, 1988.

[48] Rader, C. M., "A Simple Method for Sampling in Phase and in Quadrature Components," IEEE Transactions on Aerospace and Electronic Systems, Vol. AES – 20, No. 6, November, 1984, pp. 821 – 824.

[49] Mitchell, R. L., "Creating Complex Signal Samples from a Band – Limited Real Signal," IEEE Transactions on Aerospace and Electronic System, Vol. AES – 25, No. 3, May 1989, pp. 425 – 427.

[50] Skolnik, M. I., Introduction to Radar Systems, New York: McGraw – Hill, 1962.

[51] Fulghum, D. A., "F-22 Radar Ranges Pass Expectations," Aviation Week and Space Technology, February 2000, pp. 26-56.
[52] Hudson, R. D., Infrared Systems Engineering, New York: John Wiley &Sons, 1968.
[53] Spiro I. J., and M. Schlessinger, Infrared Technology Fundamentals, New York: Marcel Dekker, 1968.
[54] Wolfe, W. L., and G. J. Zissis, The Infrared Handbook, Washington, DC: Environmental Research Institute of Michigan, 1978.
[55] Skolnik, M. I., Introduction to Radar Systems, Third Edition, New York: McGrawHill, 2008.
[56] Butler, J. M., Tracking and Control in Multi-Function Radar, Ph. D. dissertation, University of London, August 1998.
[57] Dranidis, D. V., Waypoint Magazine, February 2003, p. 32.
[58] Raytheon Press Release & Data Sheet, Raytheon, 2008-2014.
[59] AN/APG-81 Data Sheet, Northrop Grumman.
[60] Alter, J., J. Coleman, and M. I. Skolnik, in Introduction to Radar Systems, M. I. Skolnik (ed.), New York: McGraw-Hill, 1999, Chapter 25.
[61] Scheleher, D. C., Introduction to Electronic Warfare, Norwood, MA: Artech House, 1986.
[62] Stimson, G. W., Introduction to Airborne Radar, El Segundo, CA: Hughes Aircraft Company, 1983.

第3章 武器系统

3.1 引言

本书第1章描述了军队使用的主要武器系统。从中可以看出,为了开发有效的电子干扰(Electronic Countermeasures,ECM)装备,需要分析以下系统的运行情况。

1. 早期预警系统

为领土内的所有其他防御层提供一般性的预警。由于这些系统的有效性主要基于搜索雷达性能,因此,要打败这些系统,最好的策略是避免被发现,第2章中讨论了针对早期预警系统的最有效的电子干扰方法。

2. 火炮系统

(1) 雷达引导的高射炮(Anti - Aircraft Artillery,AAA)系统。

(2) 雷达引导的反舰火控系统。

(3) 带有光学引导的反坦克系统,激光测距仪和制导炮弹。

3. 导弹系统

(1) 雷达或红外制导的防空导弹(Surface - to - Air Missile,SAM)和空空导弹(Air - to - Air Missile,AAM)系统。

(2) 反舰导弹系统。从其他舰船发射的导弹,从机载平台发射的空 - 面导弹 ASM,或由海岸防御系统发射的面 - 面导弹 SSM。这些目前是雷达制导导弹,将来可能是红外制导或复合制导。

(3) 反坦克系统。目前是有线或红外制导,未来可以由毫米波雷达引导。

(4) 反辐射导弹(Anti - Radiation Missile,ARM)系统。

此外,由于通信在军队作战中发挥着重要作用,因此,通信系统也应该包括在需要实施电子对抗的系统之列。

实际上,所有武器系统的组成如图3.1所示。预警中心检测、分析和跟踪威胁,并决定摧毁其火力范围内的哪些威胁目标,进一步将指定摧毁的威胁目标信息,提供给导弹或炮兵火力控制中心。通常情况下,火控中心由一部跟踪雷达组成,跟踪雷达在接收到指定威胁目标的坐标信息时,同时获取并跟踪它;由跟踪雷达产生的准确位置数据反馈到火控中心计算机,该计算机将瞄准或发射并引导导弹。通常这种组成形式在陆地、海上和机载系统中都可以找到,虽然在机载系统中,搜索、指定和跟踪目标通常都是由一部雷达来完成的。

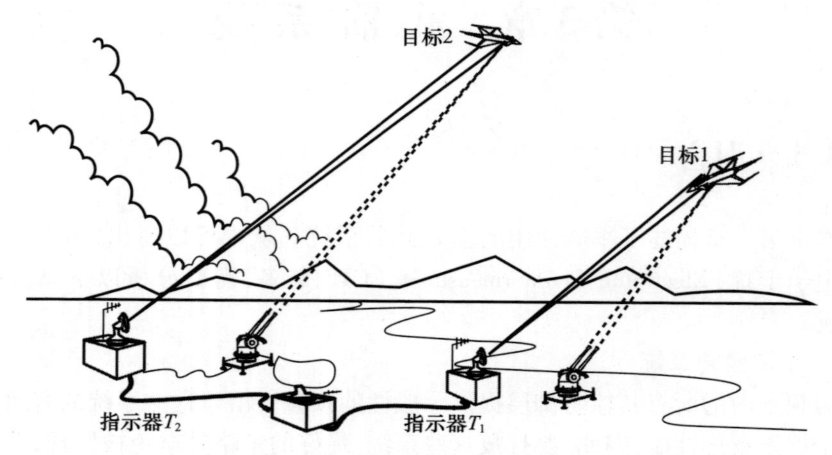

图 3.1　武器系统通常由搜索雷达和一些火控中心组成,每个火控中心都配备跟踪引导雷达

3.2　火炮系统

本书不特别区分地基火炮系统和舰载火炮系统。需要指出的是,海军火控系统还面临一个额外的问题:它们必须补偿平台的运动造成的偏差,需要在滚转、俯仰和偏航方面保持稳定[1-3]。

从指挥和控制中心接收到指令后,跟踪雷达分别将天线及距离波门驱动到指定的方位角和范围。这个过程所需的时间大概是 3 ~ 5s。然后,雷达用笔形波束天线在方位角和仰角上扫描搜索指定的目标,如图 3.2 所示。由于方位角数据通常是不准确的,两坐标雷达给出的目标指示信息,通常缺乏高度数据,所以必须实施上述工作过程。当搜索雷达是三坐标雷达时,它能够提供关于距离、方位角和仰角三个准确坐标值,就不再需要这样的搜索了。

通常,跟踪雷达会持续在方位角和仰角方向搜索目标,直到检测电路发现在捕获波门中存在目标。此后,将天线锁定在检测到目标的方位角和仰角上,并开始第一个跟踪阶段,以便确定目标的运动参数。此阶段可能会持续 3 ~ 10s,具体情况取决于目标的高度。根据第 2 章所述,雷达在低仰角时的作用距离和跟踪能力相对较差。因此,可以利用雷达的低仰角限制缺陷,来谋划攻击行动。

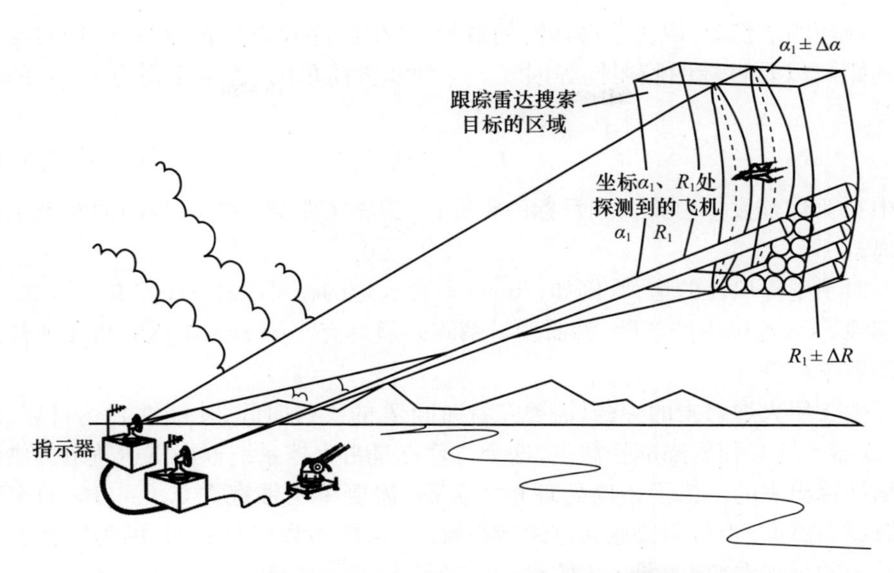

图 3.2 搜索雷达给出目标指示后,火控系统开始捕获目标

一旦跟踪开始,数据就会被送到火控中心的计算机,该计算机计算拦截点(假定目标保持既定航向和航速,据此来计算武器与目标的相遇点)。在计算拦截点时,必须要考虑风速、风向、气温、气压、火药温度、火炮弹道和弹头分散模式等因素的影响。

到目前为止,系统的这些过程都是自动的,无须操作员的任何干预,操作员的任务仅仅是检查一切是否正常,只需要在几个关键情况下或出现故障时采取相应措施。通常,操作员一般是在接到上级命令之后方可实施干预,将火炮与雷达关联起来(使火炮能够瞄准计算出来的拦截点并开火)。在任何情况下,武器系统必须在接收到"威胁在其火力打击范围内"的确认信号后,方可射击。

此时,预期达到给定杀伤概率的射击次数被触发,操作员立即进行毁伤评估以检查目标是否已被摧毁。如果没有,则需要再次进行射击。

有时为了提高射击精度,会使用自动实时测量脱靶量的专用设备。脱靶量,也就是从目标到射弹轨迹的最小距离。基于跟踪雷达提供的数据,该测量结果可以用来手动或自动设置参数修正值,以改善武器系统的瞄准精度。

3.2.1 射击精度

武器系统所需的射击精度,与所使用弹药的类型密切相关。如果弹药口径小且不使用近炸引信,则必须击中目标;而如果弹药是大中口径的且使用近炸引信,则只要达到弹药的杀伤范围内即可毁伤目标。

弹药的杀伤力,取决于爆炸物的数量、产生的碎片类型及数量、引爆时与目标的距离以及目标的脆弱性等因素。一种非常简单的、表示杀伤力 L[4-6] 的方法是

$$L = e^{(-r/r_0)} \tag{3.1}$$

式中:r 为爆炸发生时弹药到目标的距离;r_0 为参考距离(例如,弹药的有效杀伤距离)。

对于中等口径的炮弹,例如,76mm 口径火炮的r_0 可以在 3m 左右。因此,为了摧毁 5km 范围内的威胁,武器发射系统必须具有小于 1mrad 角度和几米范围内的射击精度。

由于用火炮射击的弹药,需要花费时间 T_c 的飞行时间,才能够到达目标,因此,武器系统必须要瞄准拦截点,这个拦截点是由火控系统根据雷达轨道提供的数据计算出来的。为了精确处理相关数据,需要采用带宽在 0.1 ~ 1Hz 的窄带滤波器。然而,当目标快速通过武器系统时,这样的频段不够的,因为它会引入非常大的延迟误差,如图 3.3 所示。

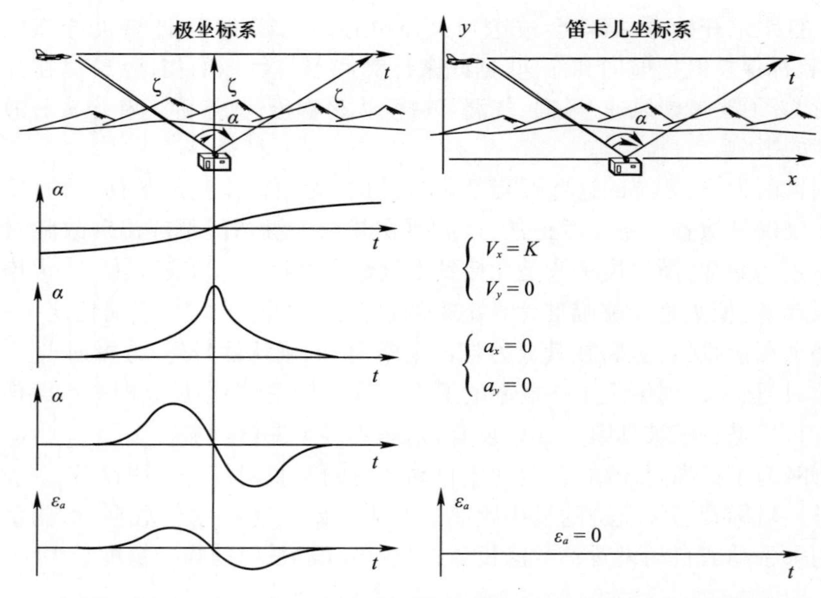

图 3.3 为了减少目标快速通过武器系统时的跟踪误差,极坐标转换为笛卡儿坐标,窄带滤波后转换回极坐标

为了解决这个问题,火控中心通常进行坐标变换。在极坐标系$[\rho,\theta]$中,态势图变化得非常快,特别是如果 V 很大且 L 很小;但是在笛卡儿坐标系$[x,y]$中

心为0(0,0),因为y=常数,x是以恒定速率变化的,相同情况下,态势图基本上是静态的。这就是为什么火控系统经常从极坐标转换到笛卡儿坐标的原因。对于笛卡儿坐标,先在该参考系中进行窄带滤波和外推,再转换到极坐标系,最后引导武器,有时还会关闭跟踪回路[1,2,7]。

举一个简化拦截点计算的例子,来解释精度在计算目标估计速度时的重要性。考虑朝向火控中心做均匀直线运动的目标,如图3.4所示,忽略高度和地球引力的影响,可得

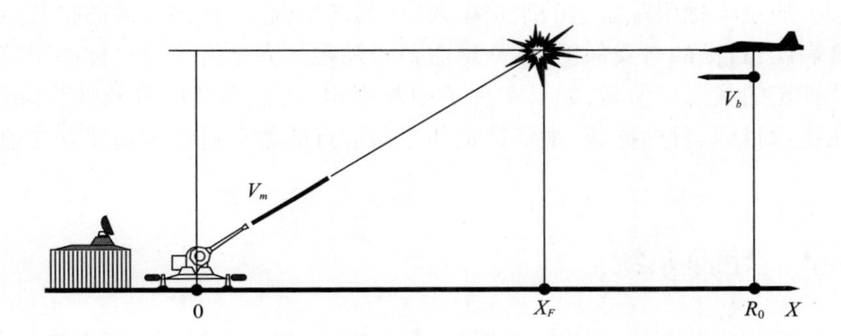

图3.4 火炮系统必须向拦截点发射炮弹,同时希望目标不会改变其轨迹

$$X_F = R_0 - V_b T_c \tag{3.2}$$

$$X_F = \int_0^{T_c} v_p(t)\,\mathrm{d}t \tag{3.3}$$

式中:X_F为炮弹应该与目标相遇的点的横坐标;V_b和$V_p(t)$为目标和射弹速度的水平分量;R_0为射击时的目标位置;T_c为飞行时间。在一级近似的条件下,将$V_p(t)$用其平均值来代替,可得

$$X_F = R_0 - V_b T_c \tag{3.4}$$

$$X_F = V_m T_c \tag{3.5}$$

$$T_c = \frac{R_0}{V_m + V_b} \tag{3.6}$$

因此有

$$X_F = R_0 - V_b \frac{R_0}{V_m + V_b} \tag{3.7}$$

由于飞行时间T_c可以很长(几秒),因此,估算目标速度V_t的任何误差都会被放大。例如,模拟10m/s的速度,如果在4km范围内(T_c=8s)的飞机上的干

扰机能够在 ±5m 的范围内周期性地引入误差，这个小误差乘以飞行时间，可能会形成 80m 范围内的距离误差，因而会大大降低武器系统的作战效能。

3.2.2 火炮系统对干扰的敏感性

干扰机可以通过以下方式来降低火炮系统的杀伤概率：

(1) 通过干扰搜索雷达来阻止火炮系统快速指定武器系统；

(2) 通过干扰跟踪雷达的捕获模式，阻止其测定估算拦截点所需的数据；

(3) 通过干扰跟踪雷达的跟踪模式，使其产生误差，得到错误的拦截点。

这表明：目标的自我保护，不一定需要跟踪雷达完全失去对目标的跟踪而处于断开锁定的状态。但是，如果实现了中断锁定，武器系统的有效性将降至零，至少在指示目标、目标捕获、跟踪锁定和武器运行的整个过程重新建立之前是这样的。

3.3 导弹系统

火炮系统非常有效，但也有局限性，主要在于：只有在目标范围很近，闪烁已经大幅减少的条件下，特别是在目标没有机动的情况下，其射击的精度才会很高。

当目标距离较远时，弹药的飞行时间很长，这就给了目标实施机动的可能，从而造成已计算出来的拦截点无效。事实上，风速的影响以及系统中的误差都会引起角度误差，这意味着，误差随着距离目标的增加而增加，进而使得问题变得更糟。另一方面，当距离目标较近时，如果来袭的威胁目标数量很大，系统很容易饱和。借助制导系统，这些问题就可以很好地避免。尽管在导弹发射之后，目标可能采取规避动作，但依然可以通过制导系统来追踪目标，如图 3.5 所示[8-10]。

导弹通常由以下部分组成：

(1) 由整流罩保护的导引头，用于探测目标并产生控制信号；

(2) 战斗部由炸药和重金属材料组成，重金属材料可以预先切割成碎片状或是爆炸后炸裂形成破片以毁伤目标；

(3) 引信，用于引爆战斗部(即使在没有直接撞击的情况下，也能确保弹头炸药的爆炸)；

(4) 自动驾驶仪，通过控制尾翼控制飞行并提高导弹稳定性；

(5) 导引系统，使用导引头产生的信号定位控制尾翼，从而将导弹导向撞击点[11]；

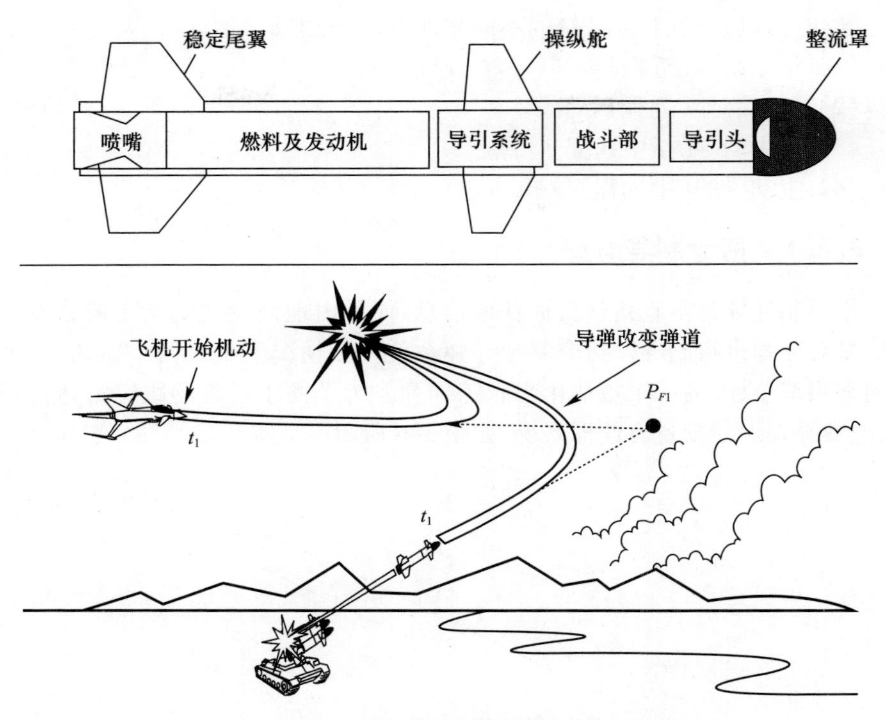

图 3.5　导弹修改其弹道以拦截执行规避机动的目标

（6）提供正确推力的电机；

（7）一系列稳定尾翼。

并非所有导弹都完全按照上述的模式组成，例如，在指令制导导弹中就没有导引头，而在一些导弹中是靠尾翼来控制导弹飞行的。

导弹系统的组织模式与火炮系统大致相同。搜索雷达向指控中心报告威胁，指控中心评估威胁并将其分配给各种武器系统阵地，每个阵地包括目标跟踪雷达（采取半主动制导的导弹通常会带有发光器）和发射器，通常能发射不止一枚导弹。

由于运动学特征不同并且导弹的造价高昂，对于火炮系统来讲是简单功能，但对于导弹系统而言则要复杂得多。每枚导弹都可以覆盖一定的区域，这还取决于目标的速度，在此区域内几乎可以确定目标会被击中。覆盖区域的计算，通常由导弹中心的计算机在跟踪雷达开始跟踪后进行。

导弹系统可以是中远射程的（50～150km），以保护相对较为广阔的区域（局域导弹系统）或中近射程的，用以保护具有重要价值的点状目标，如机场或铁路等。

导弹可以通过其制导系统的不同来加以区分,主要有:

(1) 指令制导(近程)导弹;

(2) 驾束制导(近程)导弹;

(3) 半主动寻的(中远程)导弹;

(4) 主动寻的(中远程)导弹。

3.3.1 指令制导导弹

指令制导导弹不直接从目标获取信息,而是由地面发送的指令链路发射指令信号对导弹进行制导。指令制导导弹系统一般情况下配有两个雷达,一个雷达用来跟踪目标,另一个雷达用来跟踪导弹。为了便于己方的跟踪雷达发现导弹,通常导弹上还配备有信标系统,如图 3.6 所示[9,10,12]。

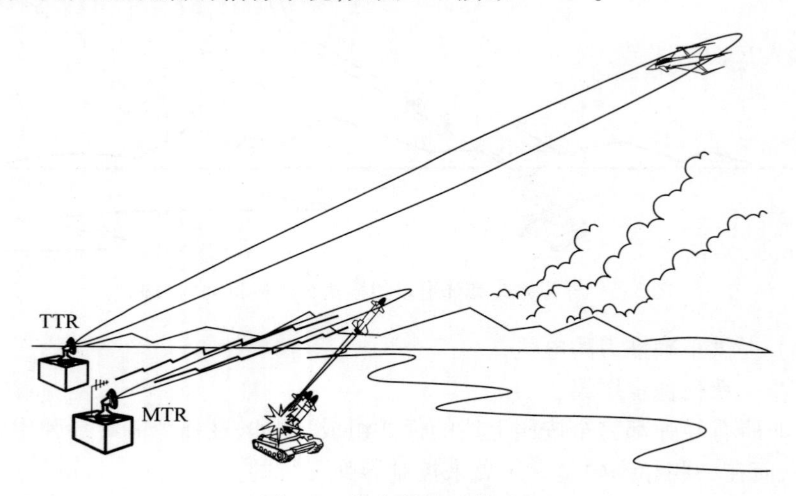

图 3.6 指令制导导弹系统

TTR—目标跟踪雷达;MTR—导弹跟踪雷达。

导弹和目标位置数据被传送到计算机,计算机进行处理后生成导弹制导的指令信号。使用两套独立的雷达系统分别跟踪导弹和目标,可以确保为导弹选择最佳的拦截弹道。

也可以使用单部雷达来跟踪导弹和目标。在这种情况下,必须控制导弹确保其始终在视线上或至少在雷达波束内飞行。这种类型的导弹称为视线指令(CLOS)制导导弹。通常,为了避免在弹道末端阶段过度加速,导弹会以“提前”的方式进行控制,也就是导弹的部分航程是飞向拦截点的。

指令制导导弹没有导引头,只执行导引命令。其精度取决于跟踪雷达的精度,其作战效能通常会随着雷达到目标距离的增加而降低。

如上所述,雷达的测角精度与天线波瓣宽度有关,即 θ_B。如果 σ_t(毫弧度)是雷达跟踪目标时的精度,σ_m 是雷达跟踪导弹时的精度,那么,忽略其他制导误差的情况下,距离 R(km)处的目标与导弹脱靶量的均方根值可以按照下式计算,即

$$m_d = R\sqrt{(\sigma_t^2 + \sigma_m^2)}$$

实际上,脱靶量的准确表达式更加复杂,因为还必须考虑导弹制导回路的所有其他参数。

因此,指令制导导弹更适合遂行近距离打击任务,如图 3.7 所示。这类系统的优点是导弹的简单性和地面跟踪系统的威力很大。一位操作员或一台功能强大的计算机,可以在跟踪和导弹制导方面提供很大的帮助,特别是在诸如存在干扰的困难情况下。指令链路也是非常必要的。如果目标高度下降到非常低的水平,则必须最大限度地降低地面和海面杂波对雷达的干扰。由于机动性差,这类导弹通常不适合用于遂行空对空作战任务。

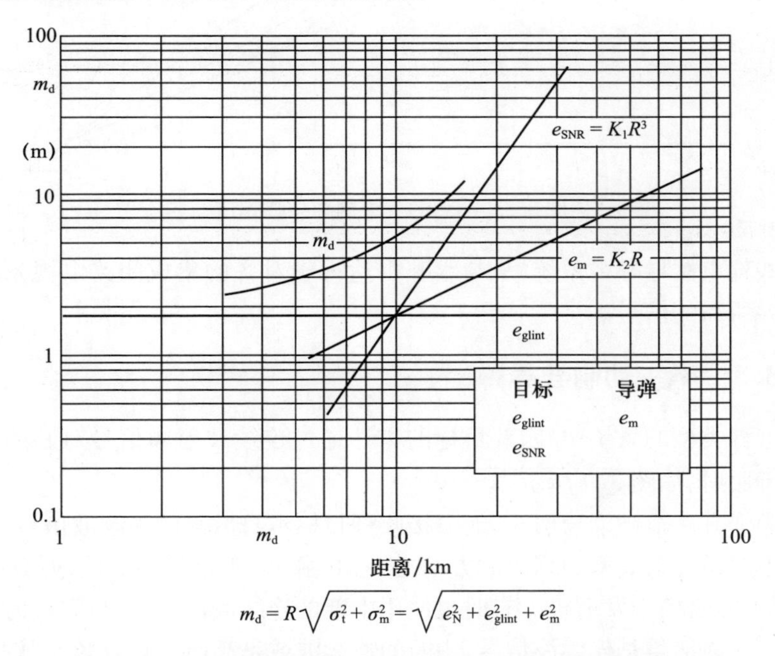

图 3.7　指令制导导弹的误差(以米为单位)是距离的函数

指令制导导弹对干扰的敏感性

指令制导导弹对干扰的敏感性与火控系统非常相似,区别在于目标突然机动带来的问题得到了很大的缓解。

3.3.2 驾束制导导弹

驾束制导导弹射弹有一个弹载接收机,能够感知它是否在跟踪目标的雷达波束的中心,并且可以自动校正其路线,使其与雷达视轴始终对齐。

使用这种类型的导弹,因为必要的导引信息直接从雷达波束中提取,所以不需要与指控中心建立指令链路。这意味着,即使在目标没有机动的情况下,导弹在末端阶段也必须在加速度很大的轨迹上飞行,如图 3.8 所示。作为补偿,这种类型的系统可以相对简单。

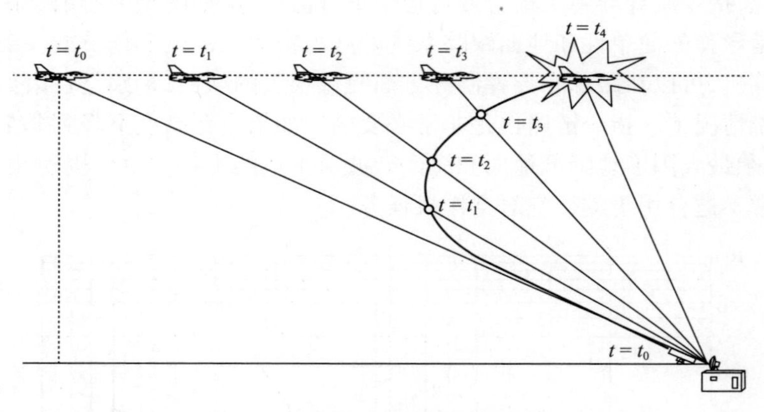

图 3.8　典型的驾束制导导弹弹道

一些驾束制导导弹系统,从与跟踪雷达视轴对齐的集成闭路电视系统获得导弹制导所需的信号。

3.3.3 半主动制导导弹

在这种类型的系统中,跟踪目标的雷达通过连续波射频信号对其感兴趣的目标进行照射,如图 3.9 所示[13-15]。

该导弹有一个被动导引头,能够接收到目标本身散射的连续波信号。因此,导引头可以通过第 2 章中列出的方法之一(单脉冲、圆锥扫描和隐蔽接收)跟踪目标,而不需要携带发射机。有时也使用中断的连续波(ICW),可以同时控制多枚导弹。因为信号是连续波信号、中断的连续波或是高脉冲重复频率脉冲,所以导引头可以很容易地采用多普勒滤波来区分目标与杂波,如图 3.10 所示。

连续波的巨大优点是,弹载信号接收机可以在极窄的频带(大约 1kHz)提取角度跟踪数据,且系统的制导精度并不依赖距离测量,而是取决于导引头的质量和导弹的机动性。

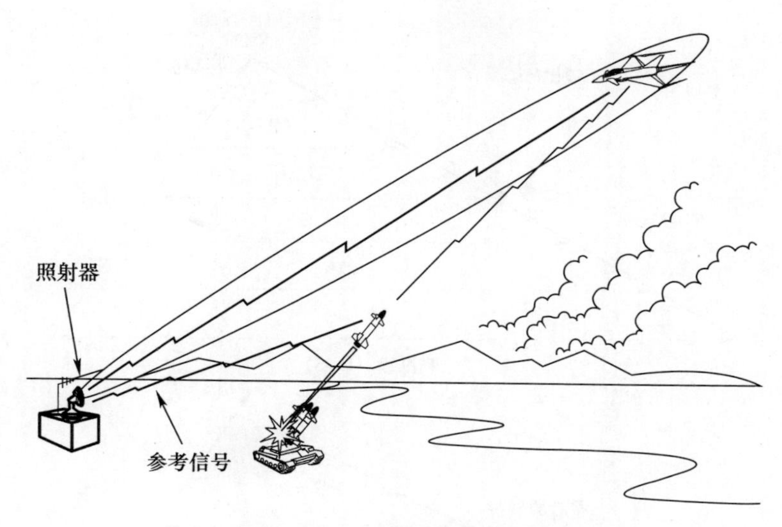

图 3.9　半主动制导导弹系统

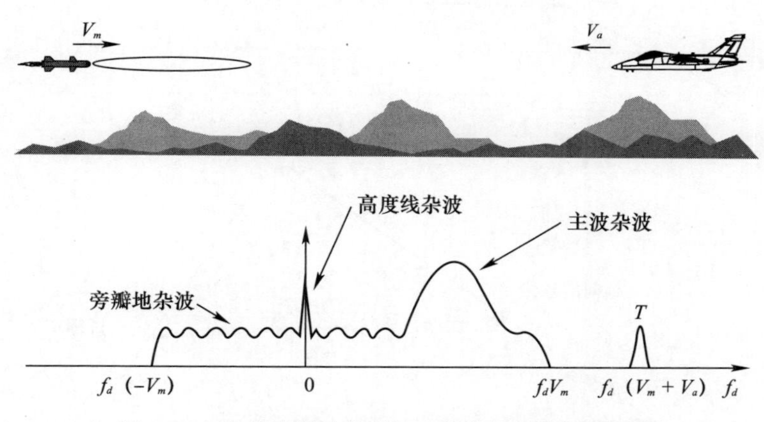

图 3.10　半主动制导导弹导引头接收到的信号频谱

未命中的原因主要有：

(1) 发射器的定时误差；

(2) 目标机动；

(3) 目标回波闪烁；

(4) 导引头噪声；

(5) 制导回路参数设置不当(如万向节限制)。

由于导弹不需要留在雷达波束内,因此,可以采用如下的比例制导原理(图 3.11)[16-19]。

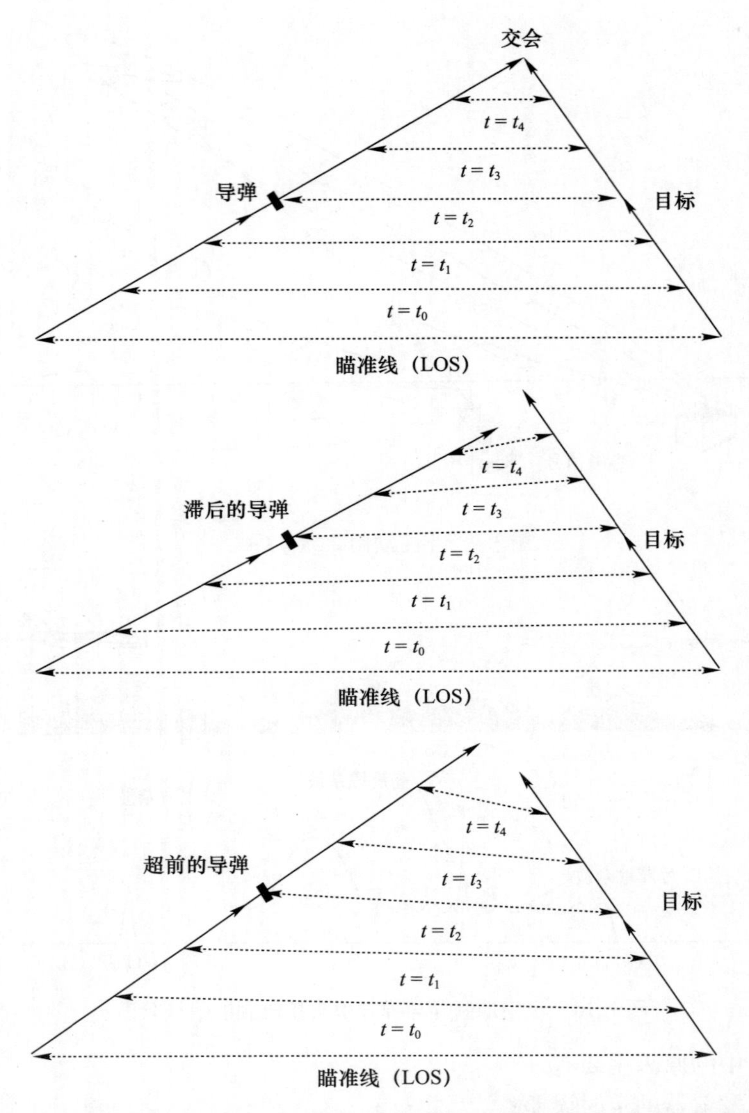

图 3.11　根据运动学条件，使用比例制导的导弹可以发现自己处于正确的拦截弹道上，或者处于超前或滞后的拦截弹道上

向预测的拦截点发射导弹，同时，导弹的导引头天线跟踪目标。对导弹速度矢量的命令校正 γ 点与导引视轴的旋转速率 λ 成正比，比例系数 N 为导引常数，则有

$$\dot{\gamma} = N\dot{\lambda} \tag{3.8}$$

在射频制导导弹的情况下，引入了新的常数N'（有效导引常数），即

$$N = N'\left(\frac{V_c}{V_m}\right) \tag{3.9}$$

式中：V_c 为目标与导弹的相对速度（接近速度）；V_m 为导弹速度。据此有

$$\dot{\gamma} = N'\frac{V_c \dot{\lambda}}{V_m} \tag{3.10}$$

由此可得

$$V_m \dot{\gamma} = N' V_c \dot{\lambda} = A_m \tag{3.11}$$

式中：$V_m \dot{\gamma}$ 为导弹的侧向加速度A_m。

与使用驾束制导或视线指令制导类型的制导系统的情况形成对比，通过这种类型的制导，导弹实际上不需要加速就可以在固定航路上拦截目标[20]，获得的加速度可以全部用来补偿目标规避机动、误差和导弹速度的变化。

典型的导引头组成框图如图 3.12 所示。地面雷达系统[13,15]照射目标，并向导弹发送确保本地振荡器相干性所需的稳定的参考频率。导引头对目标后向散射信号进行多普勒搜索。一旦检测到目标多普勒频移，导弹就可以开始跟踪。

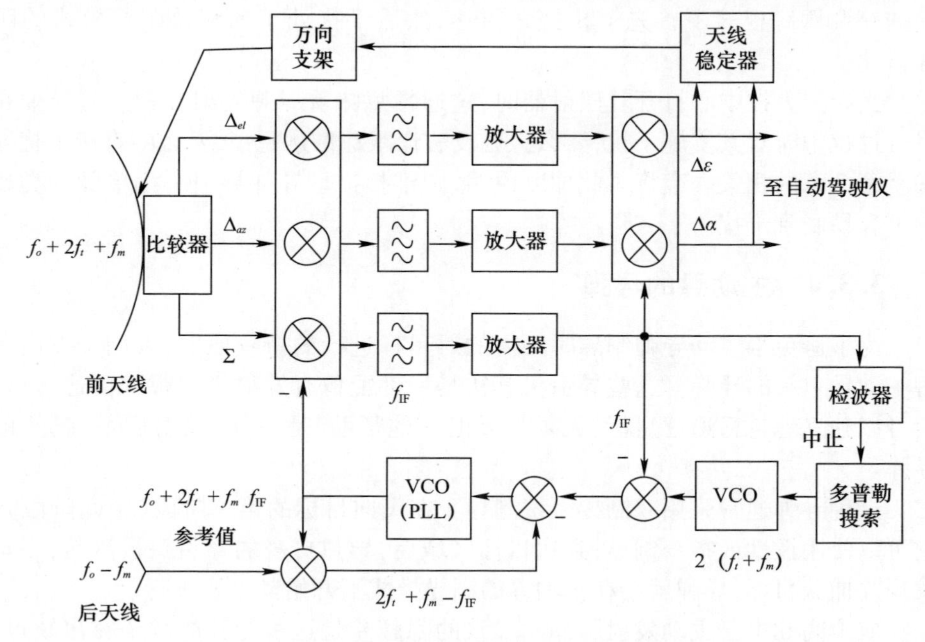

图 3.12　半主动制导导弹导引头的方框图

接收机的中频带非常窄,并且以目标多普勒频率为中心。因此,这种接收机的热噪声非常低。前面已经给出了 $N = kTBF$,并假设

$$F = 6\text{dB} \tag{3.12}$$

$$B = -30\text{dB/MHz} \tag{3.13}$$

当

$$kT = -114\text{dBm/MHz} \tag{3.14}$$

可以得出噪声为

$$N = -138\text{dBm} \tag{3.15}$$

这表明,半主动制导导弹能够跟踪大约 -125 ~ -130dBm 量级的信号。

半主动制导的导弹系统非常有效,这就是为什么它们成为中远程导弹主流制导方式的原因。其唯一的缺点是:在整个飞行期间需要持续地照射目标,而对于已经发射了空对空导弹的飞机而言,仅为了照射目标而继续接近目标是极其危险的,因为此时敌方也可以开始发射导弹实施攻击。

半主动制导导弹对干扰的敏感性

由于采用极窄的处理频带(在数千兆赫的载波上频带大约 1kHz),半主动制导导弹对干扰的敏感性非常低。在火炮系统中,为了干扰半主动制导导弹,在捕获和跟踪模式下首先干扰搜索雷达,然后干扰处于捕获及跟踪模式的跟踪雷达。

当导弹火控中心打开其照射器时,这通常意味着导弹发射在即。当导弹在飞行过程中时对其实施干扰,要么想方设法让跟踪雷达脱锁,要么就直接干扰导弹。第 5 章的相关内容将对此加以说明,圆锥扫描型导弹导引头比单脉冲类型的更容易受到干扰。

3.3.4 主动寻的导弹

为了避免半主动导弹制导时所需的对目标进行的持续照射,人们开发出具有主动导引头的导弹。这些导引头其实是一部配备有发射机的跟踪雷达,发射后可以独立地自行追逐目标,无须外界的其他帮助,是一种“发射后不用管”的导弹。

这种导弹通常采用双制导系统制导。在飞向目标的第一阶段(中间阶段),它可以使用惯性或指令制导;到达目标区域后,导弹自身的导引头被激活,一旦发现并捕获目标,导弹就会在主动寻的制导模式下开始其末段飞行。

成本高和由于主动发射脉冲而导致的隐蔽差是这种导弹的两个突出缺点,但毋庸置疑的优点是导弹在发射后不需要任何帮助。

主动寻的导弹对干扰的敏感性

应该注意的是,主动寻的导弹是一种现代化的导弹,配备了使用相干波形(脉冲多普勒雷达)的单脉冲导引头。只有高度复杂的电子干扰系统才能成功干扰它。在这里,与上面列出的情况一样,可以通过干扰搜索雷达和负责发射导弹的跟踪雷达的方法却很多。

3.3.5 通过导弹跟踪的制导系统

指令制导导弹非常简单,但仅适用于近程作战。主动制导导弹性能非常好,但为了避免过高的费用,常常被迫进行相应的简化以压缩成本。半主动导弹似乎是最好的折中。为了提高导弹性能,同时保持最佳的效费比,设计了通过导弹跟踪(Track - Via - Missile,TVM)制导系统,如图 3.13 所示[21]。

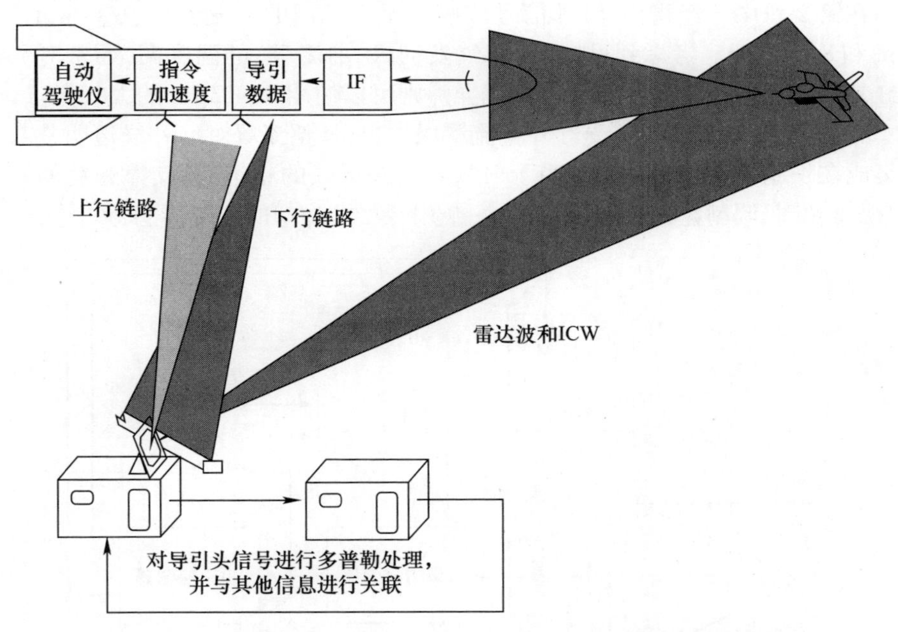

图 3.13　导弹跟踪制导系统的示意图(IF - 中频放大器(信息收集器))

该系统需要一部地面照射器和一个弹载半主动雷达传感器。但是,导弹制导数据不在本地处理,而是由导引头接收到的信号被重新传输到地面上的主系统,由那里的一台功能强大的计算机(由于太大而无法安装在导弹上)来处理目标和导弹的飞行数据,并向导弹发送精确的制导指令。

在这种类型的导弹系统中,与半主动制导导弹的情况相比,它有一个下行链路和一个上行链路,但是,如前文所述,导弹系统的精度和机动性都得到了极大的改善。

用中断的连续波信号照射目标，这意味着单个系统可以针对几个不同的目标发射导弹。因此，雷达和照射器必须能够连续且快速地将天线波束指向多个不同的目标，这个工作可由配备了相控阵天线的跟踪雷达来完成。

3.3.6 被动红外制导导弹

几十年来，红外制导导弹在空对空作战中的运用非常广泛。近年来，因为红外制导导弹在国际冲突中造成大量目标的伤亡，使得地对空导弹臭名昭著。作为地对空导弹，这类导弹几乎总是近程或超近程的（$R<5\text{km}$），其中大多数是便携式和肩扛式发射，主要用于地面部队和坦克防御。因为缺乏与指控中心之间的直接链路，所以这类导弹通常很难开展协同作战。

在第 2 章中已经指出，红外信号传播有 3 个可用的大气窗口：$1\sim2\mu\text{m}$，$3\sim5\mu\text{m}$ 和 $8\sim12\mu\text{m}$。考虑到目标点（喷气发动机、羽流等）的温度高，通常对飞机的红外寻的器使用前两个窗口。反舰导弹则可以使用 $8\sim12\mu\text{m}$ 的大气窗口。

红外导引头（图 3.14）受红外整流罩保护，红外整流罩对红外线透明并与导弹集成在一起。它包括一个相当于射频导引头天线的望远镜、支撑透镜的万向架、视场光阑、调制盘、聚光透镜以及一个用冷凝管冷却的红外传感器。

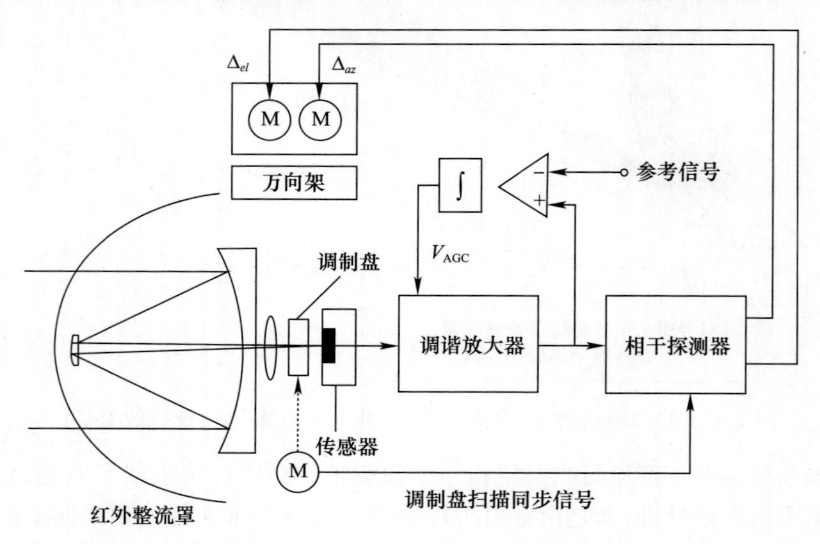

图 3.14 红外导引头的组成方框图

鉴于导弹发射后的寿命有限，冷却系统通常安装在导弹外的发射器中，因为在发射后，由于持续时间较短，温度一般情况下不会发生显著的变化。

不同类型的导引头，可以通过其使用的调制盘来加以区分，这些调制盘用于产生跟踪所需的角度误差信号[22]：

(1) 带旋转调制盘的导引头；

(2) 带有固定的十字线的导引头；

(3) 无调制盘的导引头；

(4) 带有焦平面阵列(FPA)的导引头。

由于机动性高并且没有角闪烁，红外制导导弹非常有效。由于其可以“发射后不用管”，所以很受欢迎。通常情况下，飞行员向导弹导引头分配要予以摧毁的威胁，然后等待“应答”信号，这表明导弹已经准备就绪，可以开始跟踪目标。此时，飞行员触发释放导弹按钮，导弹将以比例制导模式飞向拟打击的目标。

3.3.6.1 带旋转调制盘的导引头

如图 3.15 所示，只有离轴目标(T_2)在带有旋转调制盘的导引头中产生调制信号，轴上的目标(T_1)不产生调制信号。因为对准目标不产生调制信号，所以该系统不具备空间滤波功能。调制盘可以进行幅度调制(等间隔排列的不透明和透明栅格)或频率调制，如图 3.16 所示。

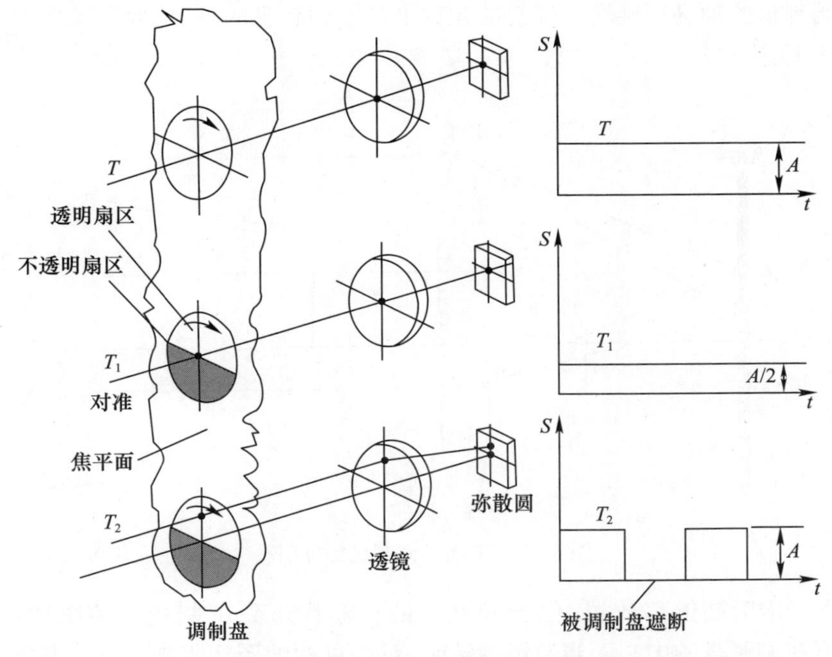

图 3.15 红外导引头的调制盘的主要功能是为导弹制导提供角度信息

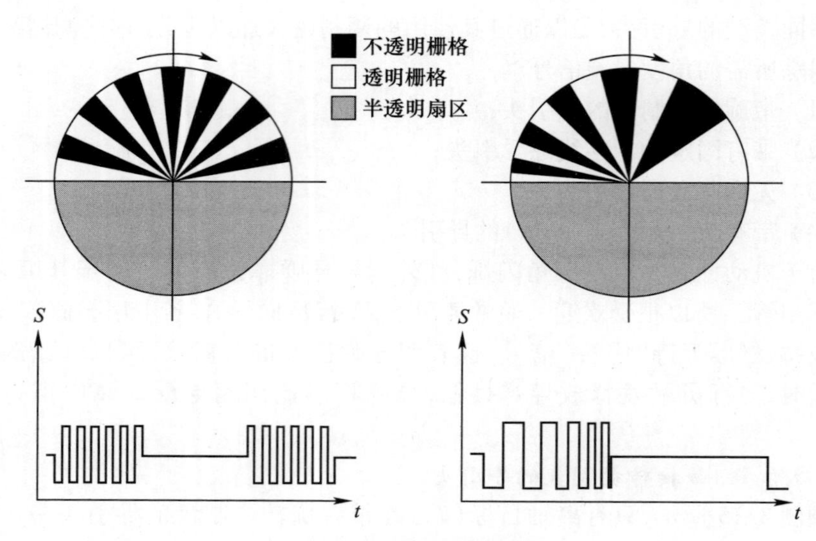

图 3.16　幅度和频率调制盘

3.3.6.2　带固定调制盘的导引头

为了避免失去从空间滤波得到的调制，并且能够“滤除”背景辐射，导引头绕着调制盘的轴进行旋转。透镜的光轴平行于调制盘的轴，彼此间隔距离为 d，如图 3.17 所示。

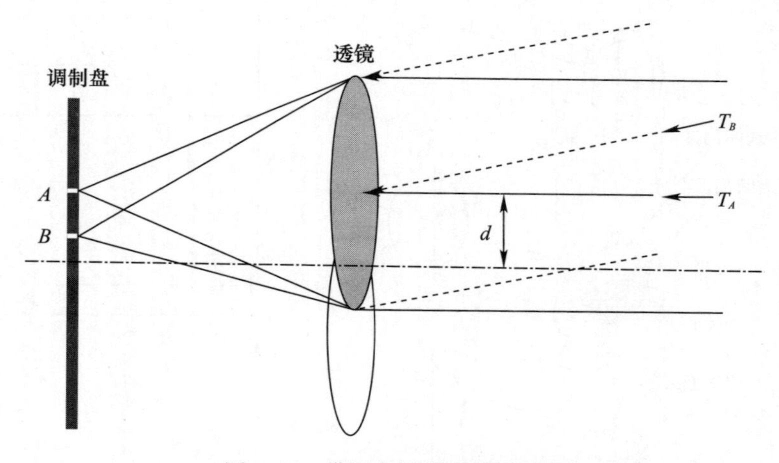

图 3.17　带固定调制盘的导引头

由于透镜被偏移放置，位于光轴上的目标投影到调制盘上的图像（弥散圆），不在调制盘的中心。当透镜旋转时，对准目标的图像将在标线上描绘一个圆圈，其中心位于旋转轴上；如果目标未对准透镜的光轴，则圆圈的中心将被移位。由此，就可以得到一个表示目标离轴量的跳频信号，如图 3.18 所示。

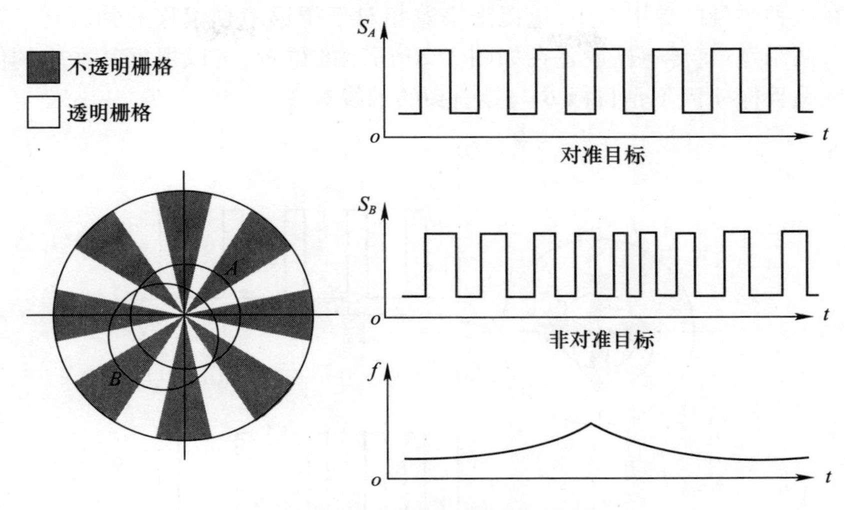

图 3.18　固定调制盘所产生的信号

为了优化其响应，并减小潜在干扰的影响，人们为导弹红外导引头设计和制作了许多类型的调制盘。在这里，应该提到可变传输调制盘，其性能类似于圆锥扫描雷达的性能，如图 3.19 所示，通过科学的设计固定在调制盘上的栅格，可以实现可变透射效果。

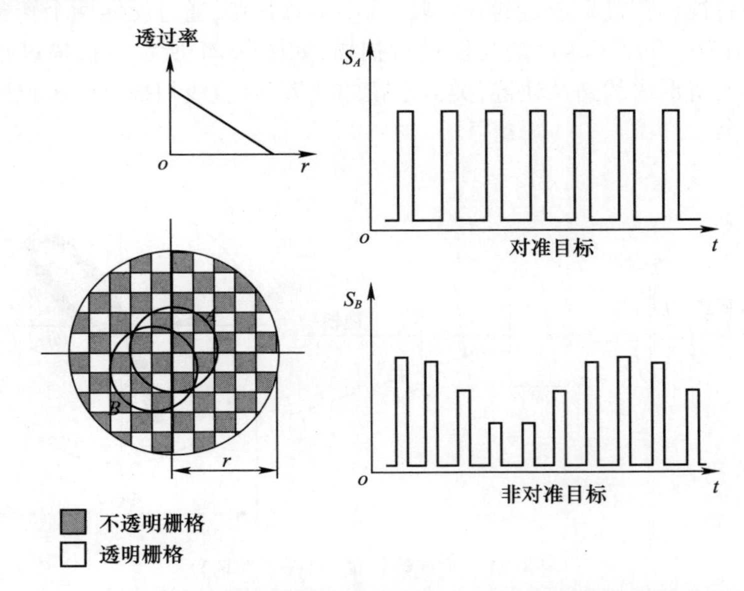

图 3.19　沿径向具有可变透过率的调制盘可产生类似于圆锥扫描雷达的信号

3.3.6.3 无调制盘的导引头

在这种类型的导引头中，透镜围绕着相对于望远镜轴偏移的轴旋转。该系统没有调制盘，将传感器放置在如图3.20所示的位置，可以根据其产生的信号来判定是目标A而不是目标B与导引头的轴线对齐。

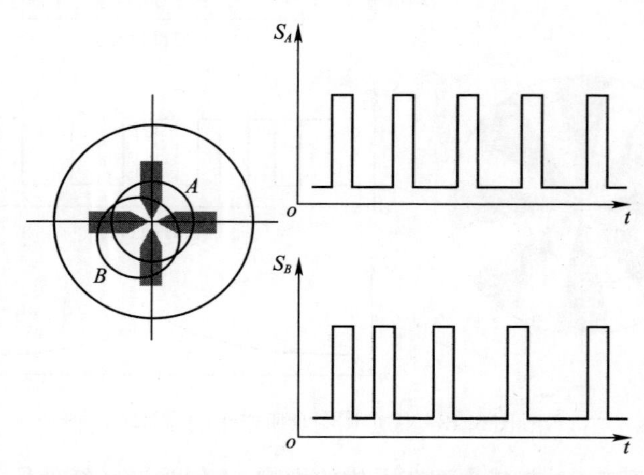

图3.20 无调制盘的导引头采用特殊的探测器几何形状

3.3.6.4 玫瑰线扫描导引头

玫瑰线扫描导引头的工作原理是：红外传感器安放在中心位置，导引头的总视场由瞬时视场扫描形成，该瞬时视场远小于总视场，通过旋转两个转速略微不同的（分别为f_1和f_2(C/s)）的光楔进行扫描，如图3.21所示。扫描过程中各瞬时视场单元所形成的路径轨迹，类似于花的花瓣，玫瑰线扫描导引头也因为这个原因而得名。

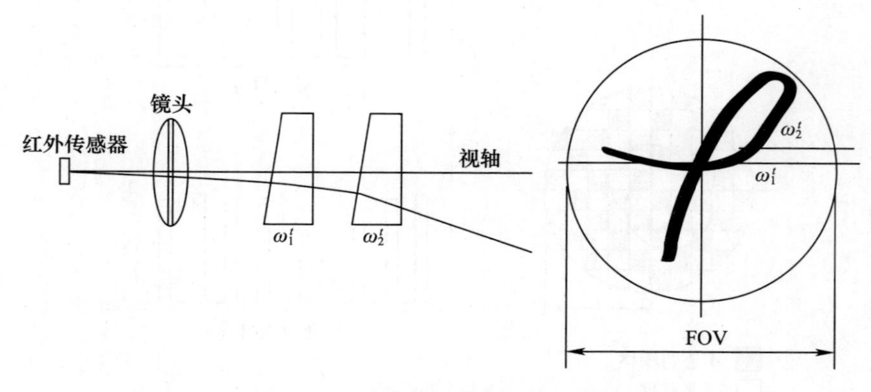

图3.21 玫瑰线扫描(FOV－视场)

当目标与瞬时视场光轴对准时,目标辐射的红外信号便到达探测器。如果接收的信号超过阈值,则记录下两个光楔的位置。通过读取两个旋转光楔的位置,可以计算目标方位角和俯仰角的跟踪误差,计算公式为

$$\alpha = \frac{R}{2}[\cos(2\pi f_1 t) + \cos(2\pi f_2 t)] \tag{3.16}$$

$$\eta = \frac{R}{2}[\sin(2\pi f_1 t) + \sin(2\pi f_2 t)] \tag{3.17}$$

式中:R 为总视场的半径;t 为检测到目标的时刻。

实际上,这种类型的导引头,对由调幅红外灯产生的干扰不敏感。而且,这种类型的传感器,允许跟踪视场中不同位置的红外目标,因此,可以通过影式滤波技术区分目标和曳光弹诱饵。

3.3.6.5 带焦平面阵列的导引头

随着红外技术的进步,含有越来越多像素(单元传感器)的焦平面阵列不断涌现(详见第7章)。在这些阵列中,导引头的瞬时视场中,方位和仰角各有几度,会被划分为多个基本瞬时视场单元,因而具有极高的分辨率。图像信号处理技术能够保证焦平面阵列导引头具有很高的跟踪精度和非常高的抗欺骗干扰(如发射曳光弹等)能力。

3.3.6.6 红外制导导弹干扰的易感性

红外制导导弹的抗干扰能力很强,5.4 节将讨论可用于干扰红外导弹系统的几种方法和设备。

3.3.7 掠海飞行导弹

掠海飞行导弹是一种特殊类型的主动式导弹,是如同“掠过”海面一样超低空飞行的反舰导弹。这类导弹由一个小型雷达高度计来完成垂直平面内的导引,因此敌方的电子战支援 - 电子干扰设备很难检测到和实施干扰。这类导弹水平面内的引导是双模制导的,在初始的惯性制导阶段,导弹利用小型机载惯性制导平台提供的数据,前往目标区域内的预先计算好的路径点;然后开启导弹自身的导引头,并转入主动寻的阶段。在此期间,导弹利用其导引头提供的数据飞向目标,如图 3.22 所示。

这类导弹遇到的问题与其他类型导弹类似。然而,舰船的角度闪烁是其所面对的一个特殊的问题。舰船是一个超大的扩展目标,因此,由于闪烁而引起的误差非常大。

$$\sigma_g = \frac{1}{3}\frac{L}{R} \tag{3.18}$$

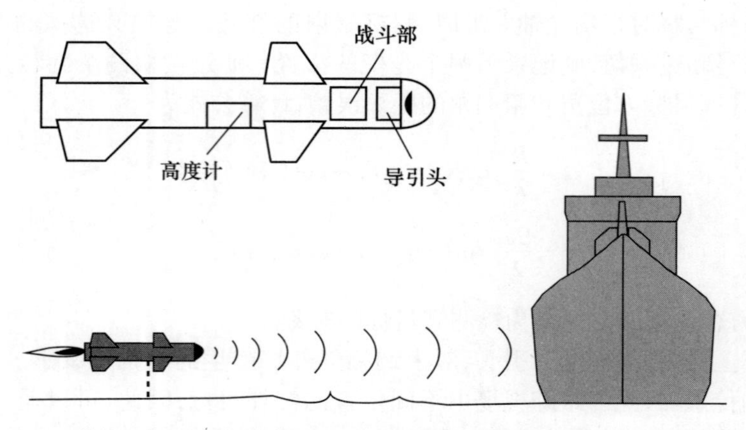

图 3.22　掠海飞行的反舰导弹飞向目标舰船时,其主动导引头负责方位制导,无线电高度计控制飞行高度。一些导弹则采用被动光电导引头制导或作为辅助制导手段

通过滤除具有一定时间常数的雷达误差,可以有效减少闪烁的影响,该时间常数与预计脱靶量、从接通导引头和命中目标所花的时间、舰船可能的机动以及导引头的噪声等因素有关。通常,因为反导弹系统没法非常精确地预测实际的拦截点,所以,角闪烁引起的误差残余增加了反舰导弹的突防能力。

计算拦截点的需求,有时会阻碍海军火炮系统以电子防务方式进行反导弹防御。为了防御来袭导弹,舰船通常首先尝试使用电子防务设备,来防止被导弹捕获或致使导弹中断其跟踪模式。然而,改变中断锁定,导弹通常可以立即切换到记忆模式并重新成功捕获目标,从而快速地返回到主动跟踪模式。在这种情况下,由于频繁地切换工作状态,来袭导弹的航迹通常都不会很平滑。因此,在这样的条件下,火炮系统几乎不可能成功预测拦截点,也就无法射击目标。出于这样的原因,即使没有与连续噪声干扰器的电磁兼容问题,当敌方导弹处于己方舰船的武器打击范围内时,电子防务装置也会被禁止使用。这个问题必须通过使用与“硬杀伤”系统兼容,并且可以协同作战的电子防务系统来解决。

为了设计反掠海飞行器的干扰系统,还必须牢记舰船的雷达反射截面积通常都非常高,这就意味着导弹可以依靠非常强的信号进行解算,因此,在没有信噪比问题的情况下,它可以使用持续时间非常短的脉冲波形。例如,有些导弹使用的脉冲宽度大约为 100ns,这一脉冲对应的雷达距离分辨率大约为 10m。但是,在这种情况下,如果接收端信号处理只考虑某个狭窄距离单元内的回波,导弹可能会非常精确地飞向舰船上一个无闪烁的点,或者更糟糕地飞向舰船上一个不易被攻击而损坏的部位。通常情况下,舰船中央部位的信号更强也更脆弱,为了跟踪舰船的中央部位,导引头所使用的脉冲不能太短,而且在任何情况下,采用超短脉冲进行距离跟踪时,前后波门的宽度必须比脉冲宽度宽得多,如图 3.23所示。

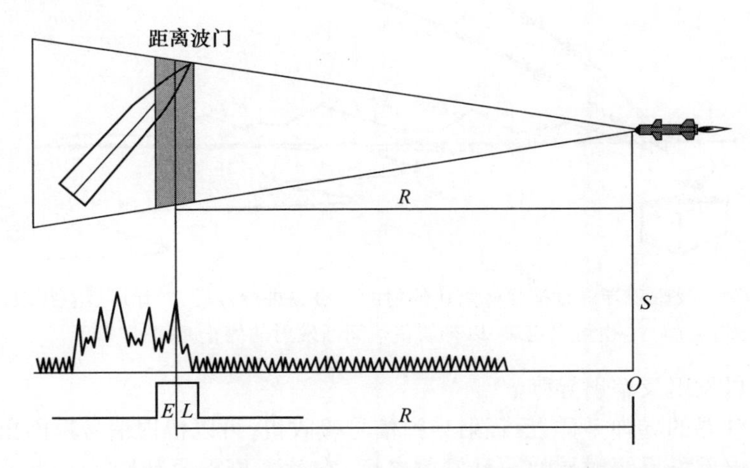

图 3.23　超窄雷达脉冲会使主动导引头锁定在舰船上不易受到攻击的点

3.4　被动反辐射导弹

反辐射导弹(ARM)能够在雷达辐射的电磁波的引导下,以很高的精度跟踪到该雷达。这是通过无源导引头来实现的,实际上,该导引头非常类似于一个小型的电子战支援系统,能够从被打击雷达的辐射波中提取出必要的角度引导数据[23,24]。

反辐射导弹在实际作战中发挥着重要作用,正是因为它的存在造成了敌方对雷达使用的顾虑。反辐射导弹通常安装在飞机上,以空对地形式专门用于压制敌方防空系统(Suppression of Enemy Air Defense,SEAD)的任务,如图 3.24所示。

通常,飞机上的电子战支援系统在截获、识别和定位了待攻击雷达后,会将目标雷达的脉冲宽度(PW)、脉冲重复间隔(PRI)、工作频率和可能的实时波门(即预期到达雷达脉冲的时间门)等技术参数发送至反辐射导弹导引头。反辐射导弹信号接收机“聚焦”到所接收到的信息之上,当导引头感知相应的目标信号,忽略所有其他信号仅锁定待攻击雷达的信号,并发送“应答”信号给飞行员,

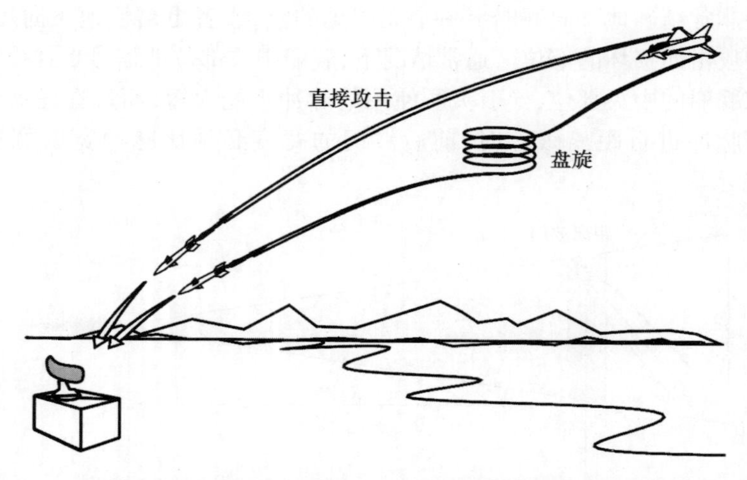

图 3.24　反辐射导弹根据目标雷达辐射的电磁波进行寻的:导弹可以直接攻击,也可以盘旋,以补偿雷达间断发射的停止时间

飞行员即可发射反辐射导弹。

和主动寻的导弹一样,反辐射导弹信号接收机,可以根据信号推断出引导所需的角度误差。反辐射导弹一旦发射之后,它就不再需要帮助了。为了保护自身安全,受攻击雷达可能会停止发射电磁波,但这并不意味着它能够确保其免受攻击,因为反辐射导弹可以根据记忆的坐标进行跟踪。但是,雷达可以寻求火控系统的帮助来摧毁来袭的反辐射导弹。

现在已经研制开发了许多不同类型的反辐射导弹,其工作频率覆盖了从 0.5 ~ 18GHz 的频段范围。反辐射导弹的主要目的是阻止敌方使用雷达,一部雷达如果不能正常工作,就会变得完全无效。反辐射导弹不仅代表一种主动式电子攻击技术,也是一种“硬杀伤”技术,因为它可能导致雷达被破坏。反辐射导弹是典型的防区外武器,它可以从很远的距离之外发射,载机无需冒险靠近目标。图 3.25 显示了反辐射导弹及其导引头的组成框图。

反辐射导弹所需的角度精度约为 1°量级,并且在任何情况下都必须与弹头的有效杀伤距离一致;为避免地面反射造成的影响,反辐射导弹通常在高仰角发射(70° ~ 80°);其数据速率大约为几十赫兹量级。

反辐射导弹的接收机可以调整到很宽的频带,从而覆盖大多数已知类型的雷达。然而,接收机频带的选择也存在一些限制。低频段(0.5 ~ 1GHz)的限制因素:因为所允许的天线尺寸有限,产生的波束宽度较宽,而角梯度斜率在宽波束情况下不足以使其有良好的测向能力。高频段的限制因素则是基于这样一个现实:目前毫米波段中不存在具有战术价值的雷达。

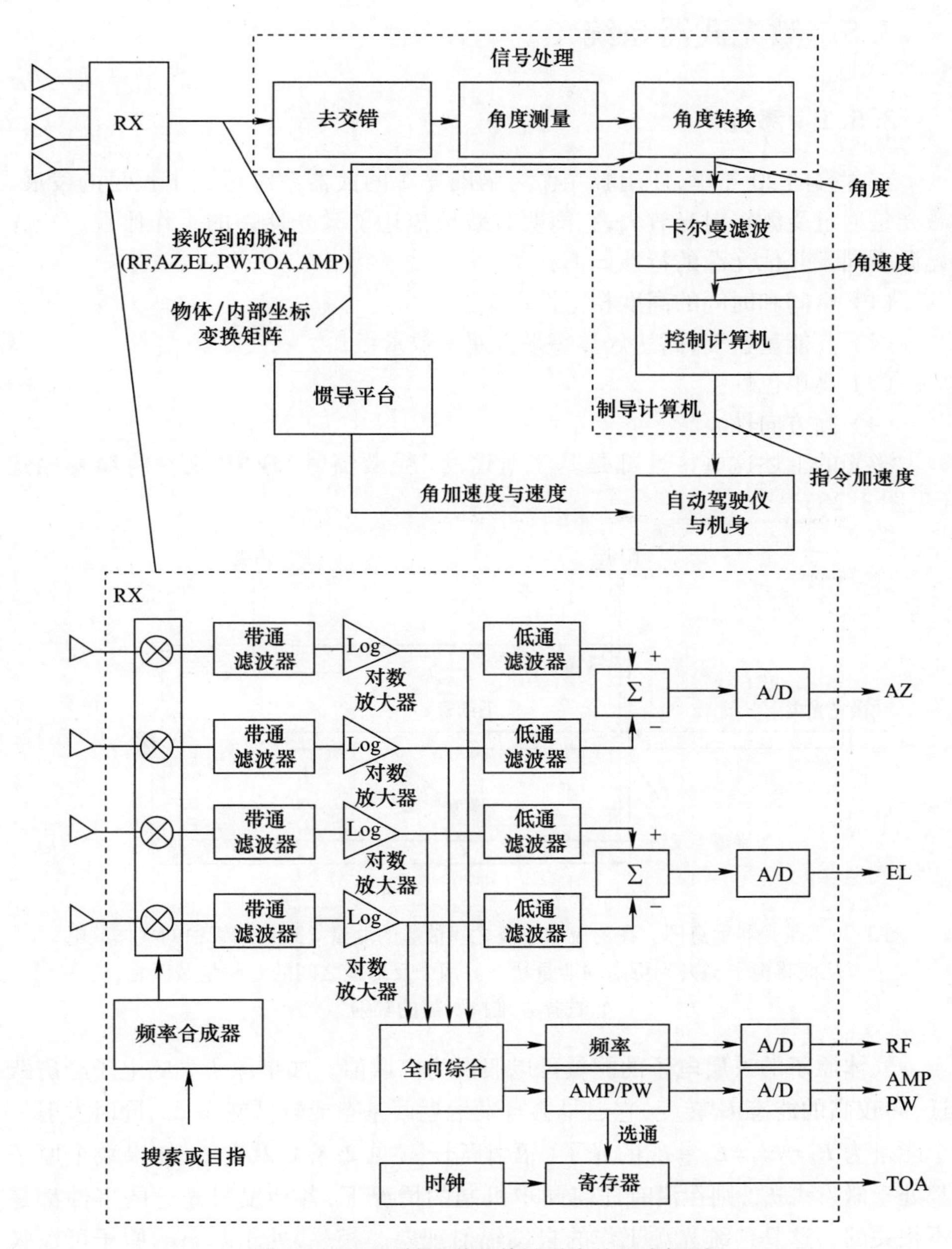

图 3.25　反辐射导弹及其导引头的组成框图

3.5 激光武器系统

3.5.1 激光

在过去的20年里,使用激光作为瞄准光源的武器系统得到了长足的发展。激光是通过受激辐射光放大,它简明有效地描述了激光器件的工作原理。激光光源不同于其他光源的特性如下:

(1) 空间和时间的高度相干性;

(2) 高能量密度,高达焦耳每平方厘米数量级;

(3) 高单色性;

(4) 高方向性。

激光的上述这些特性都是基于所谓的"受激辐射"现象,现在将简要描述(见图3.26)。

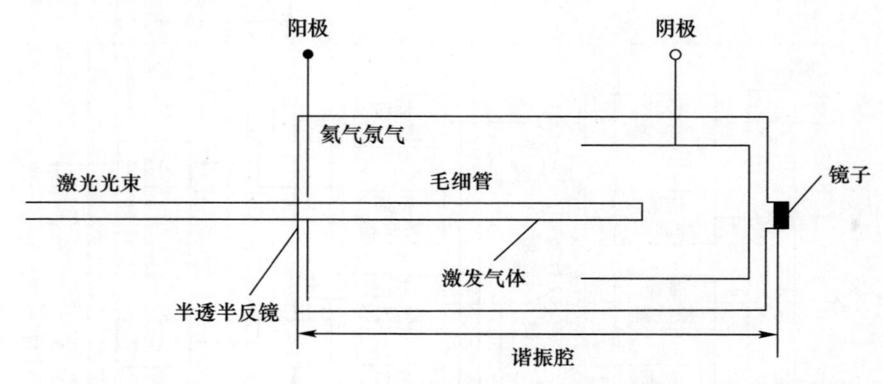

图3.26 激光器示意图。在阴极和阳极之间传递的能量导致毛细管中的气体放电,从而将电子提升到更高的能量状态。两个反射镜之间的空间是谐振腔,它选择并维持所需的辐射

气体原子的外层电子的能量可以假设为离散值。如果原子中的电子经历跃迁,向较高的能态 E_1 转变,它迟早会自发地返回基态或较低能态 E_0,同时发射一个能量为 $E_f = hv = E_1 - E_0$ 的光子(辐射跃迁)(见2.3.1.2节)。如果数个原子都处于激发态 E_1,则在没有任何同步机制的情况下,各种发射光子的事件都是不相关的。这是传统光源工作的自发辐射现象。相反,处于基态的原子可以吸收能量 E_f 的光子,进而跃迁到激发态 E_1,这种现象称为受激吸收。

然而,也可能发生光子与已经处于激发态 E_1 的原子相互作用,从而激发其

衰变,从激发态跃迁为基态。这样,受激原子将会发出一个具有相同相位、相同频率的光子,这就是受激辐射。

如果有 N 个原子,则受激吸收概率与受激辐射概率之比将等于基态E_0 中原子数n_0 与激发态E_1 中原子数$n_1 = N - n_0$ 之比。

在热平衡状态下,$n_0 > n_1$,其中有

$$\frac{n_1}{n_0} = e^{[-(E_1 - E_2)/kT]} \tag{3.19}$$

因此,与受激辐射相比,受激吸收则更容易发生。然而,有可能通过称为“泵浦”的过程,从原子系统的外部向系统提供能量,以形成称为“粒子数反转”的条件,这时的 $n_1 > n_0$;也就是说,所产生的受激辐射光子数大于受激吸收的光子数。

具有所需频率的光子数量的放大是通过称为“光学谐振腔”的装置来实现的。例如,法布里—珀罗装置的平行平面腔就是通过光学反馈来维持激光振荡的。

激光器一般由以下基本元件组成:

(1) 激光材料或活性介质。例如,在固态激光器中,由红宝石、Nd:YAG(钕:钇铝石榴石),掺杂离子的玻璃棒;气体激光器中的氩气或二氧化碳气体等。

(2) 泵浦源。例如,闪光灯,当有来自电源的高能脉冲激活时,能够发射出强烈的光脉冲,从而激发激光活性介质中的原子。

(3) 谐振腔。由两个分开一定距离、具有较高反射率的反射镜组成,能够选择具有所需能量的光子并维持自激震荡。

由于激光的特性,可以获得具有极小的发散度(在毫弧度量级)且没有旁瓣的光束,因此,能够在很长的距离内传输且保存激光能量的集中。

激光器输出的能量既可以通过发射时间进行控制(可在纳秒量级的时间内获得高达数兆瓦的峰值功率),也可以通过重复频率进行控制(可达到数千赫兹),还可以通过构造发射功率高达数百千瓦的连续激光器。

最后应该注意的是,由于激光的单色性,可以通过使用窄带滤光片来构造灵敏度高、体积小的激光接收机。

3.5.2 激光方程

通过计算激光接收机输出端的信号功率和噪声功率,可以很容易地计算出激光探测系统的作用距离。计算雷达工作距离所涉及的积累脉冲数、综合能量损耗、信噪比、P_d 和P_{fa},也同样适用于计算激光探测系统的作用距离。

如果被探测目标的面积小于激光束的截面积，则接收的激光信号功率可以表示为

$$S = \frac{2P_T}{\pi R_1^2} e^{-r_1 R_1} \rho A_B \cos \vartheta_L \frac{1}{\pi R_2^2} e^{-r_2 R_2} A_R \tau_0 \tag{3.20}$$

而如果被探测目标的面积大于激光束的截面积，则可以表示为

$$S = P_T e^{-r_1 R_1} \rho \cos \vartheta_L \frac{1}{\pi R_2^2} e^{-r_2 R_2} A_R \tau_0 \tag{3.21}$$

式中：带有下标1的物理量，与激光发射器到目标之间的距离有关；带有下标2的物理量，与目标到激光接收机之间的距离有关。如果发射器和接收机并排放置，则相应的值相等。符号具有以下含义：P_T 为发射时的峰值功率；γ 为大气衰减系数；ρ 为目标反射率；A_B 为目标的表面积；ϑ_L 为兰伯特角；A_R 为接收机光学系统的表面积；τ_0 为光学系统中的透射率。

与红外探测系统情况相似，通过将接收信号功率 S 乘以 D^* 表示的传感器响应度，可以获得有用信号和信噪比，即

$$V_s = SR = \frac{SD^* V_n}{(A_d \Delta f)^{1/2}} \tag{3.22}$$

可改写为

$$\frac{V_s}{V_n} = \frac{SD^*}{(A_d \Delta f)^{1/2}} \tag{3.23}$$

一旦确定了 V_s/V_n 的值，就可以获得所需的P_d 和P_{fa}，就可以求解关于 R 的方程，从而得到激光探测系统的作用距离。

3.5.3 激光应用

激光设备主要用作某些武器系统的基本组件，可以完成如下功能。

（1）距离测量（激光测距仪）。与传统雷达一样，此测量基于射向目标的激光脉冲和目标反射回波之间的时间差。由于其精度高，使用激光测距仪可以显著提高坦克、防空高炮和导弹系统的火控系统的作战效能。通常用于该领域的激光器的工作波长为1.06μm，脉冲持续时间为几纳秒，其峰值功率可达到数兆瓦，重复频率为1~20Hz。

（2）照射目标（激光目标指示器）。在此应用中，激光的任务是照射目标，以便使配备有相应激光接收机的导弹、炸弹或弹药能够在激光光斑的引导下命

中目标。一般情况下，这类激光器的工作波长为1.06μm，峰值功率高达10MW，重复频率为几十赫兹，采用序贯编码方式。使用这种技术的武器系统包括激光制导的GBU16炸弹、激光制导“铜斑蛇”炮弹（155mm）、“地狱火”模块化导弹（反坦克导弹）和激光制导的“小牛”导弹。

（3）指示攻击路线。在此类应用中，激光装备的任务是利用激光驾束技术引导导弹按照设定的飞行路线实施攻击。导弹上的专用接收机，确保导弹始终在激光光束之中飞行。

（4）定向能武器。高功率激光可用于直接损坏目标的最脆弱部分，通常是传感器。这种尚未完全成熟的技术特别适用于太空作战，如反卫星以及在未来用于构建威力强大的定向能武器。

激光设备的性能受到以下因素的强烈制约：

（1）大气衰减。激光传播对大气的依赖性，明显限制了激光装备的全天候作战性能。通常，通过增加所传输激光的功率，并不能有效抵消大气衰减和闪烁造成的影响。

（2）能量转换效率低。不幸的是，在大多数情况下，激光的产生只是百分之几的低效过程。因此，产生高功率激光必然会带来巨大的热耗散问题。

正是由于这些限制，激光通常用于短距离（6～10km）和极短距离（3～6km）的武器系统。

3.6 隐身飞机

隐身飞机是一种能够显著降低雷达防空性能的飞机解决方案，如图3.27所示。隐身飞机的制造依赖于一系列的隐身技术，进而使其能够达到极低的雷达反射截面积，以至于人们通常将隐身飞机称为“不可见”。与传统方法相比，隐身技术的关键在于将飞机的雷达反射截面积减少到原先的1/1000或更多，从而将雷达的威力范围降低到原来的17%或更低。

隐身技术主要基于以下几个基本原理：

（1）使用雷达吸收材料（RAM）涂覆可能会产生大量散射的金属部件，例如涡轮机入口的结合部；

（2）使用诸如碳纤维那样对微波（$\mu\varepsilon \approx \mu_0\varepsilon_0$）透明的合成材料来制造像机翼这类表面积较大的部件；

（3）利用几何学原理将散射聚焦到与入射方向不同的其他方向上，使飞机表面产生的散射能够降低到最低限度（例如，最小化各边的夹角，各种表面之间接近完美接合，不存在与角反射器类似的二面角）；

(4) 使用镜面材料来避免角反射效应(例如,在顶篷的透明材料中插入极薄的金属细丝);

(5) 减少红外线特征,将排气装置安装在机身上方;

(6) 将武器和电子对抗装备集成并安装于机身内部。

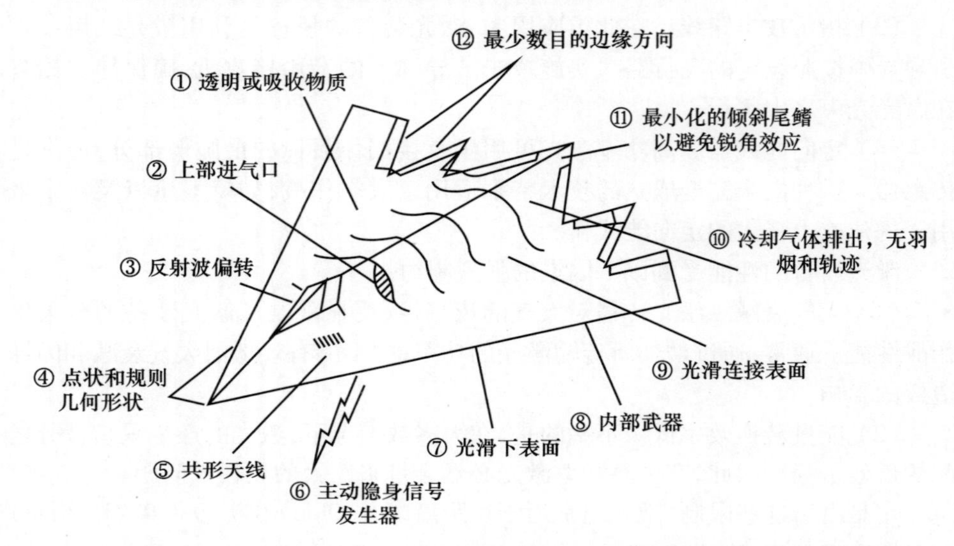

图 3.27 雷达传感器几乎检测不到隐身飞机。它们利用图中列出的技术来最小化散射和反射信号,并将残余信号聚焦在与传感器不同的几个方向上

最近,科学家们发现了计算低雷达反射截面积的方法,不仅适用于“三角形”表面,还适用于曲形表面。由这些方法引起的雷达探测威力的急剧降低,对空中和海军的防御造成严重影响。问题不仅在于信号的减弱,这点还可以通过增加接收机的灵敏度来解决,但由于雷达反射截面积非常小,几乎无法将隐身飞机与昆虫、小鸟区分开来。

在存在杂波的情况下,动目标检测设备必须将其改善因子增加 30dB,以便更好地检测雷达反射截面积如此小的目标,但这也许是不可能的。此外,由于通常情况下防线通常是相互重叠的,雷达反射截面积减少所导致的雷达探测距离的下降,直接造成防空体系的“漏洞”,隐身飞机因此可以不受干扰地穿越这些漏洞抵近目标,如图 3.28 所示。为了修补这些探测“漏洞”,进而恢复防线的连续性,防空雷达的数量必须增加 4 ~ 5 倍。为了获得与以前相同的覆盖范围,数量甚至必须增加 16 ~ 25 倍。隐身飞机具有的低雷达反射截面积特性,也使其自身防卫更加容易:只需使用较低有效辐射功率的干扰即可。

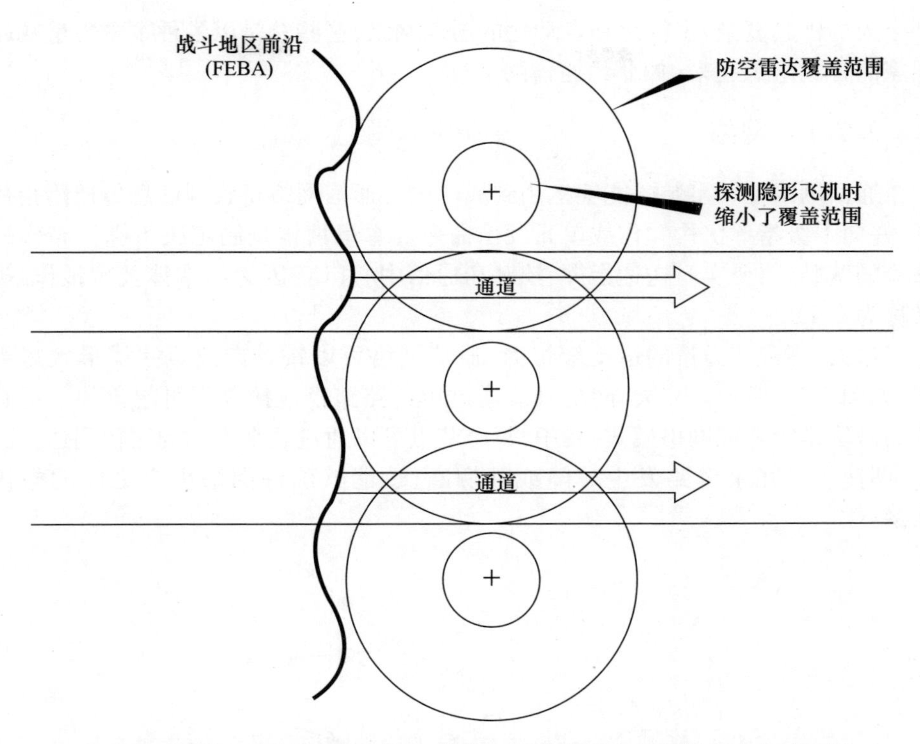

图 3.28　隐身飞机具备的低雷达反射截面积优势极大地降低了敌方雷达的探测距离,从而在敌防空体系中形成了有利的突防缺口

3.7　通信系统

军事组织及其在和平年代、战争时期执行任务的需要,将“指挥”和“控制”等概念联系在一起,而指挥和控制功能的实现,需要指令、信息、数据等的交互。

军事行动往往需要动用各种武装力量的大量车辆及人员,除非所有行动都经过密切的协调,否则,取得成功是不可想象的。而且,因为作战过程中存在着各种不可预见的、不可避免地需要改变预先计划的事件,所以,不仅需要在作战开始之前协同,在作战进行过程中也同样要密切的协同。

历史见证了战场上部队和作战行动机动性的快速增长,并向“全球化”作战方向发展。现代战争几乎总是涉及许多国家的多支武装力量(陆军、海军和空军),其行动更是集中在极其广阔和互通的战场之中。

军事通信是遵循这样的发展,它们已经从第二次世界大战时期的简单通信网络(其中包括一些节点和一些相当简单的设备,如电报,电传和无线电)发展到今天的极其复杂、多样化和自动化的通信网络，这些总是以各种军事力量或超国家的方式组织起来（如北约通信网络）。

3.7.1 网络

通信网络使军事装备能够运用到战斗中。通信网络将收到信息传递给指挥部，并向下级指挥机构和作战单元发出命令。军事情报是制定决策和发布作战命令的基础，需要实时送达指挥、控制和通信中心（C^3，因为经常涉及情报作战，又称为 C^3I）。

过去，当武装力量的运动缓慢时，通信网络可以按轴向或金字塔形式来组织，如图 3.29 所示。今天，网络只能通过单链路路径连接是不可想象的。更有效的做法是矩阵或网格模式，其中，每个节点可以通过几个不同的路径到达。因此，即使一些冗余链路发生故障或被切断，也能够确保网络用户之间的整体连接。

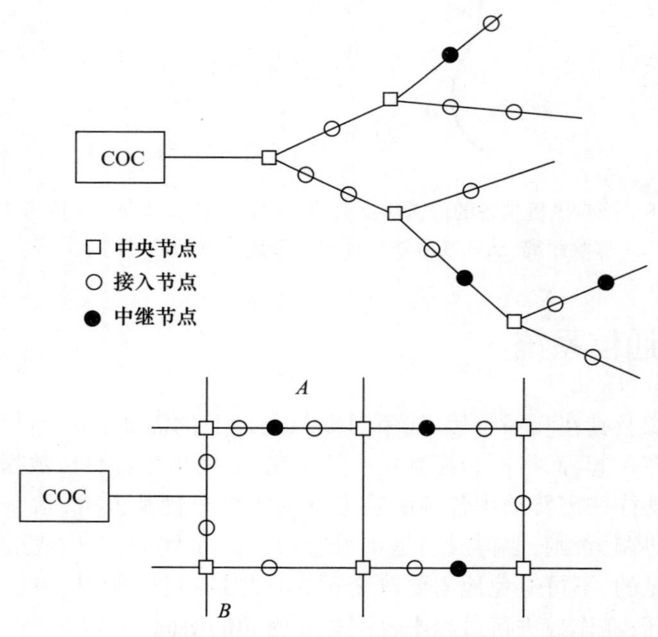

图 3.29 与金字塔形式的网络不同，矩阵网络允许通过几个不同的路径访问每个节点，从而确保通信网络有必要的冗余

这里列出了几种典型的通信网络：

（1）用于基础或战略用途的固定式多信道网络；

（2）固定式单信道 HF 网络；

(3) 用于战术用途的移动式多信道网络；

(4) 用于战术用途的移动式单信道网络；

(5) 所有用户共享的分时复用网络（例如，联合战术信息分发系统（JTIDS）（3.7.4 节））。

军事网络实际上是很复杂的，并且通常是可以扩展的。命令从指挥部通过各个中间层级指挥机构，到达不同的作战单元。这些作战单元可能在空中、地面，甚至可能是位于水下（潜艇），距离也有远有近。为了有效地为这些作战单元传输信息，需要根据网络的特定节点，采用同的技术和解决方案来加以解决。

3.7.2 传输模式（链路）

通信系统有许多类型，其分类方法通常是根据其所建立的链路类型，自动地选择要使用的电磁频率[25,26]。一般而言，主要的通信链路如下：

(1) 战术（有时是战略性的）远程链路，使用的频率为 1.5 ~ 30MHz（HF）；

(2) 战术地面链路——频率在 30 ~ 300MHz（VHF）之间，有时也用 HF；

(3) 战术地—空、空—空链路和无线电中继系统——频率在 370 ~ 3000MHz 之间（VHF – UHF）；

(4) 微波多信道无线电中继链路；

(5) 对流层散射链路；

(6) 卫星链路；

(7) 局域网的光纤链路；

(8) 与水下平台的链路。

3.7.2.1 HF 频段通信

这类通信系统主要用于战术和战略远程通信，也经常作为应急备用通信。频率范围通常在 1.5 ~ 30MHz。报文可以通过模拟语音链路（基带 300 ~ 3100Hz）或数字数据（最高达 1.2kb/s）链路传输。利用射频电传打字机和莫尔斯电报的报文传输仍然被广泛使用。

在 HF 波段，通过直达波和地面波的传播距离较短（在 100km 量级），而通过电离层反射的天波传播距离则非常远，特别是在白天距离会更远，从 100 ~ 1000km，甚至更远，如图 3.30 所示。

为了有效利用电离层，天线必须向上倾斜，电离层的反射特性会形成一个特殊的区域，这个区域靠近发射器，该区域无法产生链路（跳跃区）。只有频率低于 30MHz 的电磁波才能够被电离层反射。

现代无线电链路设备由计算机控制运行。为了保证白天良好的链路质量，这些计算机自动分析并优化选择发送—接收参数（功率，频率等），这些工作以

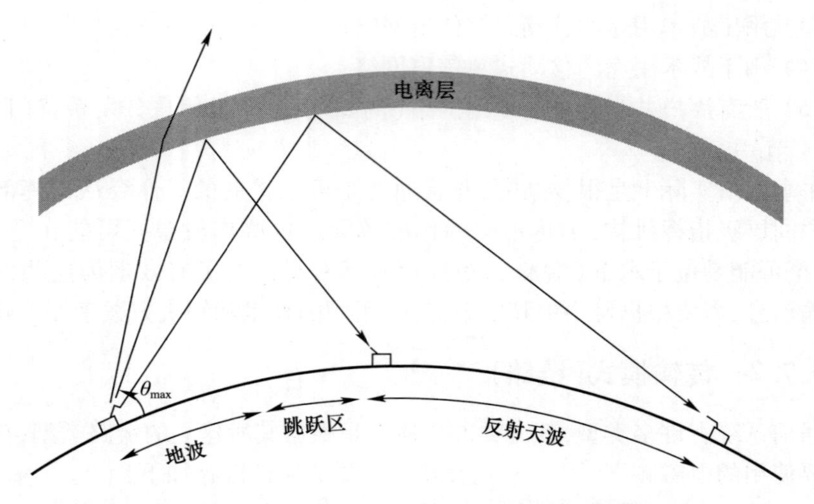

图 3.30　HF 链路可以利用地波形成，在远距离传输情况下，也可通过电离层反射的天波形成

前是由专业人员操作完成的。现代通信设备可以对报文进行数字化处理并进行加密，使敌人难以识别其中的信息；通过适当的编码方式和调制解调器的使用来加快信息传输速度；恰当的编码技术还可以实现误码的自动校正。

3.7.2.2　VHF 频段通信

此类通信主要工作在 30 ~ 300MHz 之间，几乎完全用于战术用途，其有效通信距离最远可达 50km。实际使用的频率范围在 30 ~ 88MHz。

在最新的通信设备中，一个 25kHz 的信道，既可通过引入伪随机码（加密）设备用于数字语音传输（16Kb/s），也可进行数据传输（高达 4.8Kb/s）。在数据传输中，经常使用前向纠错码（FEC）。战斗网电台（CNR）通常用这种类型的传输来实现。为了减少有意干扰的不利影响，通常使用如下电子反干扰技术：

（1）直接序列，将数据嵌入噪声信号中进行数据传输；

（2）跳频，在很多信道中进行切换，每个信道占用的时间都非常短，为毫秒量级；

（3）混合技术，例如前两种技术的组合。

3.7.2.3　流星余迹通信

VHF 通信中的一个特殊情况是流星余迹传输，它利用了每天穿过数十亿微小陨石产生的，在 85 ~ 120km 高的高层大气层形成的电离层，进行信息传输[27]。在这种情况下，通信系统的发射功率需要高达 1000W。由于链路很可能仅维持 1.5s，因此，其信号的发送和接收都是由计算机来控制，该计算机通过“握手”或数据序列交换，来保证通信链路的安全性。因此，报文被分成“包”并以高速进行传输。这种类型的通信，可用于相距2000km的站点之间通联。

3.7.2.4 UHF频段通信

UHF频段的频率范围为300~3000MHz。该频段特别适合用于多信道无线电中继系统(高达1850MHz)、地对空链路以及用于战术通信(225~400MHz)的空对空链路等战术通信系统。

无线电中继系统是远程链路，通过使用各种中间的中继站进行报文的发送和接收。其主要特征是将中间站分组为“节点中心”，其中通信信道可以从一条线路切换到另一条线路。

在该频段中还有时分多址(TDMA)系统，此系统是时分数据传输网络，其中，每个用户可以在精确的时刻接入网络，并且可以拥有许多用户(联合战术信息分发系统就是其中之一，参见3.7.4节)。

3.7.2.5 微波通信

微波传输的频率范围[28]为4.5~15.5GHz，不久的将来，会更多地使用高达70GHz的毫米波进行通信。

该链路容量高，主要用于地域性和国家内部的战略网络，也用于最远可达30km的战术近程通信链路。隐蔽通信也常常集中在该链路大气吸收系数较高的频段。

3.7.2.6 对流层散射通信

无论是出于地理或政治原因，还是由于时间限制而无法安装中间中继站，此时，就不得不采用利用高层大气散射的特定传输方式。散射的效果就像一个辐射源一样，可以被远处的通信接收机接收，如图3.31所示。

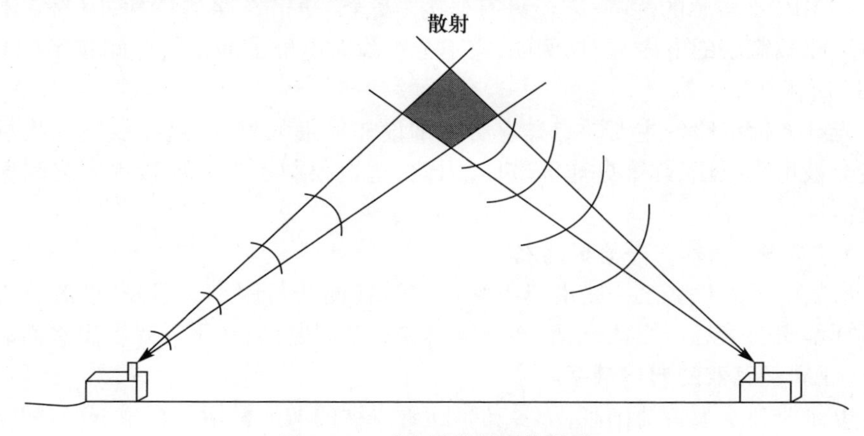

图3.31 对流层散射通信链路

典型的对流层散射通信发射机功率大约为10kW量级,工作频率在450MHz～5GHz或450MHz～6GHz。这样的工作频带可以实现高容量的链路,例如使用差分四进制相移键控(QPSK)调制。该链路覆盖的通信距离取决于散射现象发生区域的高度,最长可达1000km,但是,通信链路的效率和质量都非常低。

由于设备对发射功率要求高,加之相应的天线尺寸,对流层散射通信设备通常来讲都比较笨重。

3.7.2.7 卫星通信

在军事领域,与民用通信一样,也在积极开发卫星通信链路[29]。这种类型的链路可以用来构建长距离、大范围、抗干扰、低截获概率(LPI)特性的冗余型战略和战术通信网络。卫星通信的工作频率非常高,天线旁瓣很低,且卫星本身就具有信号处理能力。

用于军事电信的卫星系统的一个例子是军事战略战术中继卫星(MILSTAR)(见3.7.4节),该卫星上行链路工作频段在44GHz附近,下行链路工作频段为20GHz左右。

3.7.2.8 光纤通信

当需要搭建容量非常高的本地通信链路时,可以使用光纤,例如那些形成局域网的链路,其中船舶或飞机上的数据总线就是一个例子。当需要在作战环境中快速铺设临时线路时,也可以使用光纤[30]。即使对于非相干光而言,光纤也具有良好的传播性。在这种情况下,其衰减约为0.2dB/km。此外,由于容易获得具有高于千兆赫的频带的开关型光调制器,超宽带的光纤通信链路已经投入使用(高于1Gb/s)。

与其他更传统的通信链路相比,光纤通信链路提供了对核爆炸产生的电磁脉冲(EMP)不敏感的优势;它还具有作为“安全”通信链路的特性,因为它不会辐射可能被截获的电磁辐射,例如,它不会被瞬时电磁脉冲发射监测技术(TEMPEST)所截获。

光纤通信链路的主要缺点是它必须铺设非常细的线缆,这些线缆在战场上可能会被坦克碾压、炸弹爆炸等破坏,因此,这也限制了光纤连接单元之间通信的灵活性。

3.7.2.9 与水下平台的通信

潜艇的最大优势之一是潜艇下潜后对其检测非常困难。但是,潜艇也需要与指挥部交换信息。因此,潜艇必须解决的一个问题是:在不需要浮出水面的情况下,建立起有效的通信链路。

电磁波在水下传播困难,信号功率随着深度的增加呈指数衰减,并与频率的平方根成反比。因此,要建立一个通信链路,必须采用非常低的频率,如图3.32

所示。在非常低的频率(VLF:3～30kHz)下,可以通过环形天线或导线天线建立与潜艇的通信链路,这类天线实际上是一根非常长的、由浮标保持其漂浮在海面上的金属丝。由于环形天线通常必须保持在接近海面的地方,存在与船舶碰撞的风险,使得潜艇的航行变得不安全。导线天线需要一根非常长的金属丝(超过100m),并且必须保持与电磁波的到达方向或多或少地保持正交。

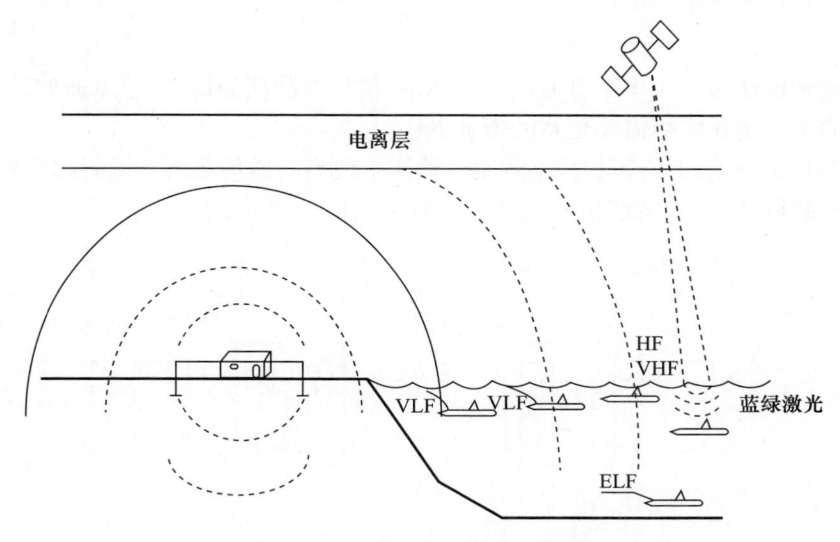

图3.32　与水下平台的通信链路

使用极低频率(ELF:3～30Hz及以下)可以在更深的地方建立与潜艇的连接。但是,在低频率下,信息的传输速率会非常慢。在工作频率100Hz时,通信深度为25～80m;在10Hz时,通信深度为80～240m;在1Hz时,通信深度可达280～780m。

激光通信可以克服极低频率通信的问题[31]。蓝绿激光($f=625$THz)传播深度可以与在低于10Hz的频率下可达到的深度相当,这使得人们有可能在人造卫星和潜艇之间建立起一条高容量的通信链路。

3.7.3　报文

通信网络用户之间交换的信息称为报文。能用于交换的报文基本上有两种类型:

(1)语音报文。可以以明文或编码方式发送,使得它们只能被预期接收者识别。

(2)数据报文。根据要传输的数据类型不同,报文可能或多或少比较复杂。

如果数据与服务有关,则可以在非常窄的范围内传输;另一方面,如果必须在很短的时间内传输大量数据,则通信频段必须比较宽。

报文的特性决定于其调制类型和占用频带。在民用领域,信道占用的带宽B_c尽可能窄(根据 CCIR 标准,语音通信信道可能占用4000Hz 的频带),因此,在通频带 B 的特征上,最大数量可以同时传输 N 个消息,从而可得

$$N = \frac{B}{B_c} \tag{3.24}$$

这种做法不适用于军事通信,为了降低信号被截获的概率,军事通信系统往往倾向于占用比实际需要更宽的带宽 B_c。

图 3.33 显示了语音和数字数据传输两个典型的通信链路。调制解调器(调制器—解调器)负责调制信号使其与发射系统相匹配。

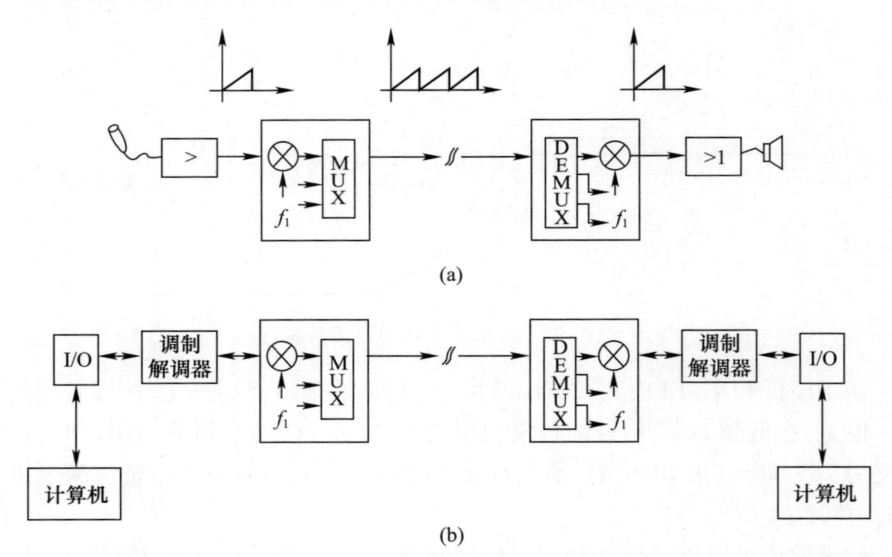

图 3.33　典型通信链路

(a)语音链路;(b)计算机之间的数据通信。

如图 3.34 所示,最常用的调制形式主要有:

(1) 幅移键控(ASK)。其中,幅度可以采用 m 个值,幅度中只有“0 - 1”的开关键控(OOK)是特例。

(2) 频移键控(FSK)。传输速率可高达 9600b/s。

(3) 相移键控(PSK)。适用于速率最高达 19200b/s 的报文传输。

在频移键控调制中,为了发送 1 或 0,频率以如下方式移离标称值,即

$$f_1 = f_p - \Delta = 0 \tag{3.25}$$

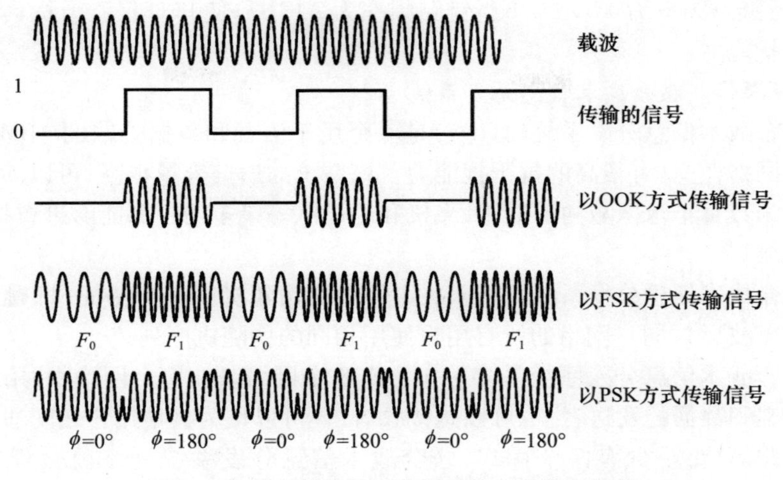

图 3.34　数字信号传输中使用的基本调制技术

$$f_2 = f_p + \Delta = 1 \tag{3.26}$$

通常,使用的频率可以假设 m 个离散值。

另一方面,在相移键控系统中,频率总是相同的;为了发送 1 或 0,传输信号的相位是可移位的,可以使用的相移不止一个,例如,0° ~180°,0° ~90°,90° ~180°,180° ~270°等。

有关报文调制的更多详细信息,请参阅相关的专业文献[32]。

图 3.33 中标识为“MUX”(数据选择器)的通用模块,实现了在既定的通信信道带宽内对多条报文进行编组并传输的功能,可以实现不同的复用方案,包括:

(1) 时分复用(TDM);

(2) 频分复用(FDM);

(3) 码分多路复用(CDM)。

3.7.4　通信系统示例

为便于读者参考,这里提供一些通信系统的实例[33]。

3.7.4.1　军事战略—战术中继卫星

军事战略—战术中继卫星(MILSTAR)是一个用于全球范围内军事指挥与控制的战略通信卫星网络。该系统为早期预警、外交通信和危机管理提供信号传输准备了中继站。

8 颗地球同步卫星为该系统提供了极高的生存能力;使用 EHF 频段进行通

信(上行链路频率为44GHz,下行链路频率为20GHz)使其对蓄意干扰具有很强的抗干扰能力。

3.7.4.2 联合战术信息分发系统

联合战术信息分发系统(JTIDS)是一个用于语音和数据传输的TDMA类型的通信网络,它具有很高的抗干扰能力。该系统的通信容量很高,可以满足分布在半径为数百千米区域内的船舰、飞机和巡逻队等诸多用户都能够进行指挥、控制和作战。

联合战术信息分发系统网络以决定传输的伪随机序列为特征(即跳频和扩频伪噪声波形),同一网络的所有用户使用相同的伪随机序列。

联合战术信息分发系统最多可包含128个网络。在每个网络中,用户既可以是报文和数据的发送者,也可以是接收者,还可以作为其他用户之间通信的中继。因此,只要至少有两个用户,联合战术信息分发系统网络就会保持工作状态。

联合战术信息分发系统网络的组织方式,如图3.35所示。一天24h被细分为112个时间单元,每个时间单元12.8min。每个时间单元分为64帧,每帧

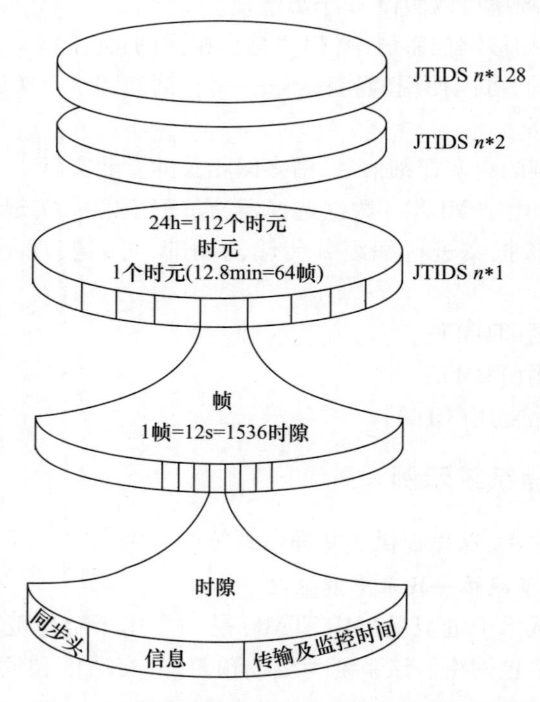

图3.35 联合战术信息分发系统中的时间划分

12s,每帧由 1536 个时隙组成,其持续时间为 7.8125ms。根据作战过程中的角色,每个用户都有一个或多个可以传输报文的时隙,而对于接收,一帧的所有其他时隙都可用,用户可以选择其感兴趣的信息。

由于一个时间单元分为 98304 个时隙,在每个用户只允许一个时隙的限制情况下,联合战术信息分发系统网络可以被超过 98000 个用户使用,但在实际中用户数量会少得很多。

每条报文必须包含有关用户身份、位置和状态的数据,所有这些都需要提交给网络。

每个时隙又按以下方式划分:一个同步串、一个识别段、编码后的报文本身以及允许报文有足够时间传输的保护段。

根据是否激活检测和自动校正功能,一条报文可以包含 225b 或 450b。报文可以是高度结构化和格式化的,在这种情况下,少量的数据位就可以承载大量的信息。

通过测量与其他用户交换的消息之间的延迟时间,可以在同步串的帮助下获得定位数据,以便联合战术信息分发系统可以充当相对导航系统。

联合战术信息分发系统的工作频率在 965 ~ 1215MHz,这个频段要除去 1030 ~ 1090MHz,因为这个特殊的频段是专门用于敌我识别的。

3.7.4.3 联合战术指挥控制协同系统

联合战术指挥控制协同系统(JINTACCS)是美军的一个军事计划,主要用于建立和维护战术信息交换配置项(CI)和作战程序。该系统的目的是,确保所有美国军事服务和北约部队的指挥和控制(C^2 和 C^3)和武器系统可以实现完全的互操作。为了通过无线电波(或线缆)提供有效的通信服务,联合战术指挥控制协同系统被用作为中继传输和接收战术数据的网络标准[38]。战术数据链路(TDL)牵涉到面向位的信息传输,需要通过称为战术数字信息链路(TADIL)的数据链路来提取。战术数字信息链路计划包括多个基于北约组织通信标准的不同的特定用途。最常用和最重要的通信链路有:

(1) Link -1;

(2) Link -4A,也称为 TADIL C;

(3) Link -11,也称为 TADIL A/B;

(4) Link -14,也称为 TADIL J;

(5) Link -16。

Link -1

Link1 主要是为北约的地面防空系统(NADGE)提供点对点通信。该链路的主要作用是在控制报告中心(CRC)和联合空中作战中心(CAOC 或部门作战中心(SOC)之间提供空中监视数据,数据速率为1200/2400b/s。如前所述,链路不是加密的,存在安全隐患,并且存在一个报文集(S 系列),专门用于空中监视和链路数据管理[39]。

Link -4A

Link -4A 或 TADIL C 是一种非安全的数据链路,用来为战斗机提供引导指令。它在 UHF 频段运行,数据速率为 5000b/s。这些链路通过建立直接的点对点通信,在地对空、空对空和空对地等场景中提供战术信息,在任务中发挥着重要作用。较差的安全性和加密性能也决定了其抗干扰性较弱。但是,Link -4A 通信容易实现和维护,且不会出现任何连接问题。

Link -11

Link -11 也称为 TADIL A/B,使用其特有的通信格式和技术,可在机载(TADIL -A)和船载/平台(TADIL -B)系统之间交换信息。TADIL -A/B 的主要用途是依靠单一平台报告传感器检测的位置信息。这个位置信息可以用附加数据进行放大,进而准确描述已经探测到的轨迹的特性[38]。

该战术数据链路可以在高频(HF)以及超高频(UHF)频段工作。大量作战平台使用 TADIL -A/B 进行信号情报(SIGINT)、通信情报(COMINT)或电子情报的数据收集。Link -11 的特点是高速的计算机与计算机数字无线电通信。这种适用性使得数据链路能够提供如下的数据终端功能:

① 动态;

② 单音;

③ 卫星传输。

此外,它还包含多路复用传输模式,允许在系统中的单元之间,管理和构建多达 4 个并行信道。

Link -14

Link -14 是典型的广播通信链路,主要用于海事环境中的高频电传链接。其目的是,通过战术数据处理,向没有战术数据处理能力的舰艇,提供从舰到岸或舰到舰的远距离监视信息。它可用于无法接收 Link -11 数据的作战单元,因为它提供了图像编辑和态势信息的广播功能。它还可以在不同的频段(从 HF 到 UHF)工作,以适应单元之间的最佳配置。

Link -14 在同一单元中可以提供多个网络服务,使得在某些任务中能够提供多个基于 Link -14 协议的不同网络。

Link -16

TADIL J,也称为 Link -16,是基于联合战术信息分发系统的相对较新的战术数据链路。它没有修改 Link -11 和 Link -4A 中使用的战术数据链路的基本

概念,但它为现有的战术数据链路功能提供了某些技术和操作上的改进,并且还提供了其他链路中遗漏的一些新功能。主要改进包括:

① 抗干扰性;

② 提高了安全性;

③ 范围扩展;

④ 提高流量;

⑤ 增加信息的粒度;

⑥ 增加入网用户容量;

⑦ 安全的语音能力;

⑧ 精确定位入网用户;

⑨ 减小了数据终端尺寸。

特别是 TADIL J 范围的扩展(JRE),可以在不使用专用的机载中继站的情况下,及时消除敌方超视距(BLOS)破译或干扰。

3.7.4.4 定位报告系统

定位报告系统(PLRS)是一个 UHF 通信网络,可以自动向指挥中心报告大约 400 个作战单元的地理位置。这个系统可以与联合战术信息分发系统一起使用。

3.7.4.5 全球定位系统

全球定位系统(GPS)是一种导航卫星测时与测距系统(NAVSTAR),使用户能够非常准确地定位其地理位置。

简单地说,GPS 系统是基于多卫星星座,通过 L 波段载波上的扩频消息来,传输关于它们的位置和准确时间的信息。GPS 接收机(用户终端)通过接收来自至少 4 颗卫星的上述信息,可以确定来自每个卫星的传播时间,进而确定其距离(伪距)。从这些信息开始,用三边测量方法计算出用户终端的位置。如今,GPS 无处不在,即使在个人智能手机中也是如此。特别是 GPS 用于无人机为其提供定位服务。

总而言之,通信系统所使用的电磁频谱,可以按照以下方式进行划分:

(1) ELF 3 ~ 30Hz,主要用于大深度潜艇通信;

(2) SLF 30 ~ 300Hz,主要用于大深度潜艇通信;

(3) ULF 0.3 ~ 3kHz,主要用于潜艇通信;

(4) VLF 3 ~ 30kHz,主要用于潜艇通信;

(5) LF 30 ~ 300kHz,主要用于大气反射通信;

(6) MF 0.3 ~ 3MHz,主要用于远程战略通信;

(7) HF 3 ~ 30MHz,主要用于超视距战术地面通信;

(8) VHF 30～300MHz,主要用于地对空和视距战术地面通信;

(9) UHF 0.3～3GHz,主要用于卫星和战术地对空通信;

(10) SHF 3～30GHz,主要用于卫星通信;

(11) EHF 30～300GHz,主要用于卫星通信;

(12) 625T Hz(蓝绿激光),主要用于潜艇通信。

3.7.5 软件无线电

随着数字技术的发展,在设计无线电通信设备的方式上,也发生了很大的变化,无线电通信设备越来越多地通过数字处理技术,而不是复杂的硬件电路来实现相应的功能。

如果无线电通信系统,通过个人计算机上的软件或通过特定的嵌入式系统来实现原先只能由硬件才能够实现的功能,我们就将其称为软件定义无线电(SDR)。软件定义无线电,通常包括一套由配有一个或多个声卡的个人计算机执行的软件、一个模数转换器和一些射频前端天线。

软件定义无线电的结构,允许处理并传输大量协议有显著差异的信号。软件定义无线电足够灵活,可以以一种或多种方式避免之前各个类型的无线电设计者的"有限频谱"假设,包括扩频、检测和校正技术,来修复由超宽带(UWB)技术引起的扰乱进而造成的误差。超宽带技术允许数个发射机在相同频率上以相同频率发送干扰很小、通常带有一个或多个错误的信号。

(1) 软件定义的天线自适应地"锁定"定向信号,以便接收机可以更好地抑制来自其他方向的干扰,从而允许它检测较弱的信号。

(2) 认知无线电技术,能实时检测正在使用中的频率资源,电磁用频使用者相互交流电磁用频信息、协同工作,以避免在使用电磁频率资源时出现相互干扰。

(3) 无线匹配网络,其中,每增加一个无线电用户都自动增加总容量,并降低任何节点所需的功率。每个节点只能全力搜索可行的信号传输方法,以便在该方向上跳到最近的模式,缩短远近问题并减少对其他用户的干扰。

理想的发射机和接收机方案非常简单,如图3.36所示。

接收机端,数字信号处理器读取转换器,然后,软件会把来自转换器的数据流转换为应用程序所需的其他任何形式。

发射机端,数字信号处理器生成的数字流,已被发送到连接到无线电天线的数模转换器。大多数接收机使用可变频振荡器、混频器和滤波器,将所需信号调制到公共中频或基带上,然后由模数转换器对其进行采样。然而,在一些应用中,没有必要将信号调制到中频,而是射频信号由模数转换器直接采样,因此,可以再次减少前端所需硬件数量,由数字处理来实现其功能。

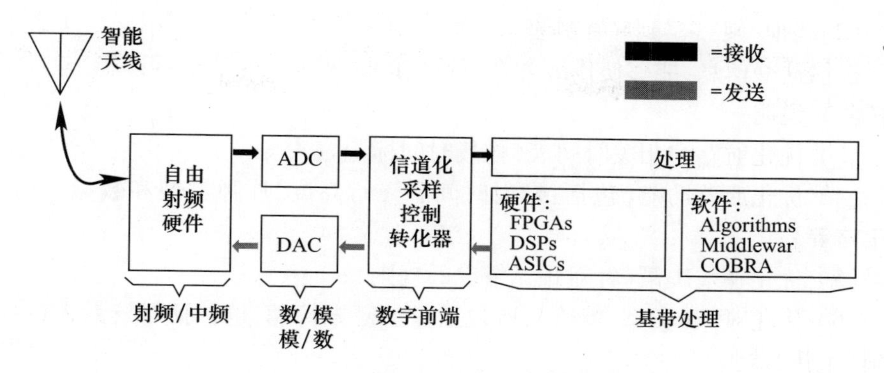

图 3.36 软件定义无线电的简化框图

3.7.6 民用通信网络

需要强调的是,现在,许多类型的通信网络并非是专门为军事用户和针对军事行动设计的,特别是在越来越重要的非对称作战行动中(反恐作战、维和行动等)。

可以引用以下实例:

(1) 移动电话网络。

(2) 虚拟专用网络(VPN)。

VPN 是受保护的网络,服务器通常遍布互联网,允许消息加密和 IP 屏蔽(通过所谓的“隧道”机制)。

它代表了一种方便易用的方式,可以提供额外的流量安全性。

(3) 具有增强隐私性的即时通信。

在互联网协议标准应用中,即时通信系统包括已保证消息加密的常见聊天程序,在某些情况下还包括删除客户端和服务器上流量跟踪信息的程序。

3.8 信息作战系统

一个性能优越的信息作战系统,可以获得针对敌人的巨大优势,因此,它可以被视为一种“软武器”资源。本节主要阐述信息作战的基本概念[34-36]。

现今,信息对于成功完成作战任务至关重要。例如,作战效能和相关的战场生存率在很大程度上取决于作战方的信息优势。事实上,为了执行作战任务,需要准确掌握以下内容:

(1) “谁/什么”受到攻击,或者,“谁/什么”需要防御(“谁/他/她/它”是谁?“他/她/它”是怎么做的?“他/她/它”具有什么能力?“他/她/哪里”容易受攻击?)?

(2)“他/她/它”到底在哪里?

提供这种信息,能够使作战方在正确的时间做正确的事情,可以参考空中打击任务来说明:

(3) 优化航路和相关时间表(作战时间标记);

(4) 优化武器功能(包括:发射时间和飞行高度、炸弹类型和数量、导弹发射策略等);

(5) 优化在线决策(针对预见情况的规则);

(6) 优化对策(类型、策略),既包括保护己方行动,也包括对抗敌人行动的措施(干扰、欺骗)。

事实上,最佳的任务实现,还需要阻止敌人采取与己方类似的作战过程(情报、防护、进攻)。

从上面可以清楚地看出,信息是一种非常重要的作战资源,可以代表一种获得优势的重要工具(力量倍增器)。这就导致了一个变化:过去,信息只是简单地有助于军事行动;今天,需要一些军事行动来保护这种重要资源。

3.8.1 信息循环:OODA 环

如前所述,信息作战代表着所有为提升己方军事力量作战效能而采取的,与信息获取、传输、存储或转换有关的军事行动。信息对于作战演练(即想定),做出正确决策和采取作战行动至关重要。通常的作战决策过程可以用所谓的OODA环(Oberve,Orient,Decide,Act,OODA)(包以德环)来表示(在决策过程中发生的最简单和最一般的循环),如图 3.37 所示。

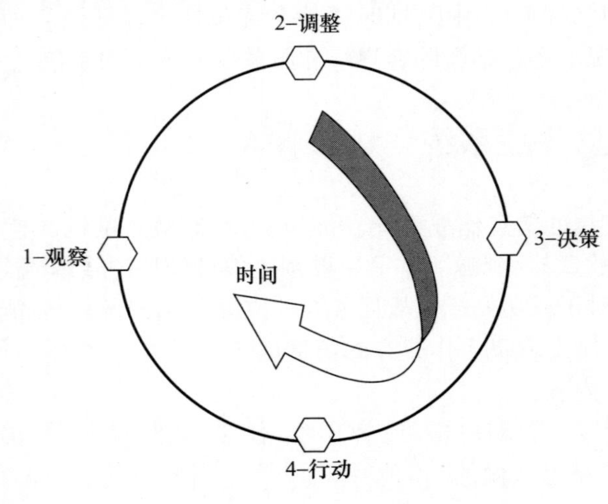

图 3.37 OODA 环

如图 3.38 所示，OODA 环在时间和空间上都很短，意味着：

（1）信息的快速可用性；

（2）利用更多更新后的信息；

（3）减少己方被敌方截获的行动（侦察、截获、欺骗、干扰）。

为己方的 OODA 环提供优势的一些策略有[37]：

（1）进入敌人的信息循环；

（2）尽快获得更好的信息；

（3）向对手提供虚假信息；

（4）使敌方对于信息产生疑问；

（5）让敌方猜测怀疑；

（6）快速关联和融合信息；

（7）更快地访问更新和存储的信息。

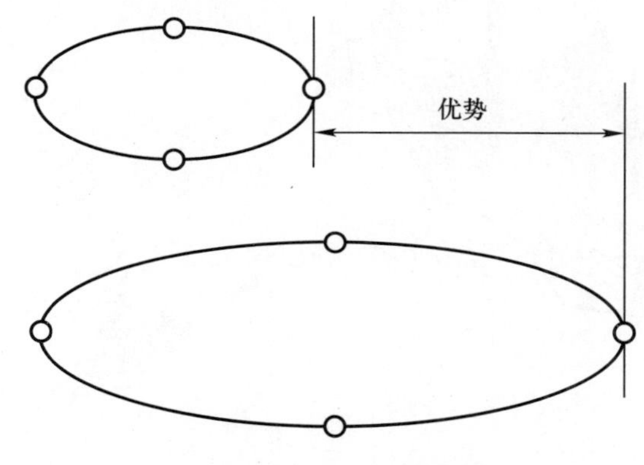

图 3.38　OODA 环缩短

3.8.1.1　信息及其获取时间

值得注意的是，现在根据作战行动的类型，在几天甚至几小时内完成 OODA 环至关重要。一个需要在远小于 1h 的 OODA 环的示例是：电子战系统的数据库需要近实时的更新，才能够有效应对作战中新出现的未知辐射源。

另一个需要快速完成的 OODA 环的例子是，用卫星来指示目标。如图 3.39 所示，在这里，卫星上的星载合成孔径雷达可以提供准确的目标指示，即使攻击平台看不到目标也可以发射导弹。

3.8.2　信息处理及工具

就信息作战而言，通常包含信息的获取、处理、存储、传输和利用。对于这些过程，与以下工具有关：

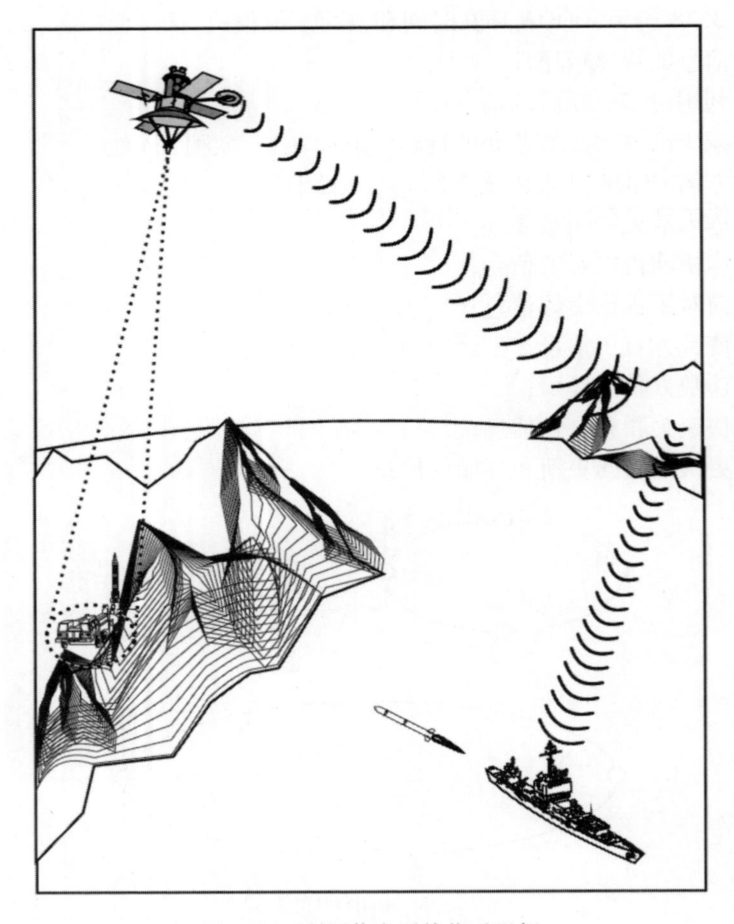

图 3.39　利用信息系统指示目标

1. 获取(获取信息)

(1) 技术工具(各种类型和特性的传感器、测量设备);

(2) 人力资源(监视、间谍、人工智能)。

2. 长期处理(即组装、集成、验证、战略情报处理)

(1) 分析工具(计算机、人/机接口、统计);

(2) 分类标准。

3. 存储(建立档案、数据库、文献库)

(1) 物理支持(磁带、磁盘、纸张);

(2) 软件支持(数据管理系统 DBMS);

(3) 格式、数据组织/结构、技术(例如面向对象);

(4) 数据检索/读取/重载。

4. 分发(在必要时将信息从一个地方传送到另一个地方;数据分发/交换、广播)

(1) 通信工具(射频传输、有线网络、电话、卫星、无线电中继);

(2) 报文格式;

(3) 信道容量和速度(传输速率、比特/秒、波特数);

(4) 传输保护(加密、跳频技术);

(5) 空间覆盖范围(范围、区域)。

5. 利用(即综合和决策)

(1) 过滤/归一化/关联;

(2) 相关和融合【来自不同来源的现有信息;需要先验信息(数据库)】;

(3) 态势感知(感知实际情况,获得关注区域的全面态势,相关单元的位置和特征);

(4) 情况评估(评估实际情况及其可能的演变,风险和/或机会的估计,估计敌方意图);

(5) 响应策略(例如通过模拟、评估、验证等手段,寻找和优化适当的解决方案/行动计划);

(6) 显示(数据表格、地理描述、参数曲线)。

3.8.3 信息内容(目标或事件)

信息内容通常由以下参数组成。

1. 可测量参数

(1) 空间(何地:位置、到达方向、地理区域);

(2) 时间(何时:出现时间、持续时间、变化速率、变化趋势);

(3) 气象(温度、湿度、能见度);

(4) 技术参数(数量、重量、尺寸、体积);

(5) 性能(速度、范围)。

2. 品质参数

(1) 外形;

(2) 气象条件(雨,雪,雾);

(3) 类型(例如一个作战平台:飞机、舰船);

(4) 功能;

(5) 身份(友方、敌方、中立方);

(6) 国籍;

(7) 安全性;

(8) 与其他对象/目标的相关性。

3. 行为参数

(1) 序列;

(2) 规则;

(3) 原则;

(4) 统计值。

3.8.4 定义信息价值的参数

信息的价值可以由给定数量的参数来表示,这些参数能够定义其内在价值(主要是指其内容)和快速管理、传输和利用的能力。安全程度(主要指其使用的工具和技术)。一些表示信息价值的参数如下。

1. 数量

信息的数量、已知参数数量、数据分辨率、数据传输距离、更新速率;对于实时收集的信息,它取决于信源的数量、测量能力、地理分布及其通信网络容量的清晰度;对于先验信息(数据库、地图),它还取决于存储能力。

2. 质量

(1) 准确度/精度:数据的数值必须具有最小的误差和离差。

(2) 可靠性:数据和信息的来源必须可靠,必须经过验证和认证。

(3) 完整性:必须包含任务区内所有对象的所有有用信息。

(4) 时效性:因为实际数据会随着时间的推移而变化(年代、温度、调整变化和部件更换等技术数据;此外,目标还会机动),情报信息必须尽可能是最新获取的真实信息。

(5) 预见性:尚未发现的情况,但可以从技术上预判(例如,辐射源所谓的"战时模式",通常不会使用,无法在和平时期或危机期间被发现)。

3. 内涵

内容丰富,重要性、意外情报的突然性/程度。

4. 速度

信息获取及时(例如,这取决于传感器的瞬时空间覆盖程度,传输延迟以及各种相关过程的延迟等因素;人在信息环中始终是一个关键因素)。

5. 整合度

对不同信息源所提供的信息进行融合,从而增加了信息的价值。

6. 免疫性

主要针对敌方的探测、侦察、欺骗和干扰等活动。

7. 稳健性

对环境条件的低敏感度性("全天时""全天候"能力:白天、黑夜、雨、雾)。

8. 使用灵活性

用户升级其系统软件时,这些信息所能够适用的程度。

9. 互操作性

不需要转换就可以被不同用户(设备、军队、组织、部门、平台)使用的能力。

3.8.5 战争中的信息

表3.1说明了信息作战对于战争的贡献。信息作战的这部分功能,有时被称为战争中的信息[37]。

随着网络中心战(NCW)概念的扩展,信息作战的重要性正在增加,参见3.8.6节。

表3.1 战争中的信息

情报	提供关于外军能力和作战意图相关的详细、简要和及时的分析,以便计划和指挥军事行动
监视	通过视觉、听觉、电子、图像或其他通常对时间不敏感的探测方式,系统地观察天空、太空、地表、战场、人或物等
侦察	监视的补充手段,通过目视观察或其他探测方法获取有关敌方或潜在敌方的军事活动及资源的信息;获取某一特定地区的气象、水文或地理特征的数据。通常因任务不同而对侦察有时间上的限制
气象服务	为实战和制定战略或战术作战计划提供及时和准确的环境信息,包括空间和大气层的气象情况
精确导航和定位	用于战略和战术级别的作战行动,提供精确导航定位和参考时间
分发信息	将信息从一个地方传送到其他需要信息的地方:数据的分发/交换、广播

3.8.6 网络中心战

网络中心战是一种军事理念:先将战场上的各种作战资源进行网络化整合,进而获取信息优势;再将这种信息优势成功转化为有利的作战态势。在网络中心战的定义中,包含这三个领域的网络化:

(1) 物理域;

(2) 信息域;

(3) 认知域。

在物理域,军队的所有资源都可靠地联网,实现安全、无缝的连接和互操作。而在信息域中,军队具有共享、访问和信息防御的能力,确保己方取得优于敌方的优势。在最后一个领域,也就是认知领域,军队对战场感知能力显著增强,并可基于高效的战场感知开展自协同的作战行动。

从某种意义上讲,我们可以将网络中心战看作一种基于信息优势的作战概念,它是通过网络将各种传感器、决策者和射手联合成一个有机整体,进而提高部队的战斗力。网络中心战允许实现战场态势感知的共享,提高命令速度(非常快速的 OODA 环),实现更高的作战速度、更强的杀伤力、更高的生存能力以及一定程度的自协同能力。

网络中心战通过有效地连接作战空间里在地理上分散配置和处于不同层级的知识实体,形成一个有机整体,进而促成信息优势转化为战斗力。

为了充分发挥其潜力,网络中心战必须深深扎根于全国范围的作战理论。传统的平台中心(PC)理论与网络中心战之间的主要区别在于"传感器""射手"和"决策者"层之间更加紧密的联系。

虽然在平台中心战中,所有的三个层级实际上都在同一平台上,但在网络中心战中,这些层通常是分开的。例如,传感器平台不一定是射手平台。

选择使用网络中心战方法,对会电子战资源有非常直接的影响。虽然平台之间连续进行信息交换可以改进其探测性能,但是可能难以将干扰引导到由较远的传感器引导的武器之中。

参考文献

[1] Wrigley, W., *Encyclopedia of Fire Control, Volume 1*, Fire Control Principles Instrumentation Laboratory, Cambridge, MA: MIT Press, 1957.

[2] Farrel, J. L., and E. C. Quesimberry, "Track Mechanization Alternatives," *IEEE Proceedings*, Vol. 2, NAECON, 1981, pp. 596 - 602.

[3] Kolbl, W. E., "Fire Control Systems for Main Battle Tanks," *Military Technology*, Vol. 21, 1997.

[4] *Handbook of Weaponry*, Dusseldorf: Rheinmetall, 1982, pp. 59 - 60and 199 - 227.

[5] Ball, R. E., *The Fundamentals of Aircraft Combat Survivability: Analysis and Design*, New York: AIAA Inc., AIAA Education Series, 1985, pp. 188 - 191.

[6] Held, M., "War - Heads for SAM Systems," AGARD Lectures Series, No. 135: Advanced Technology for SAM Systems, Analysis Synthesis and Simulation, May 1984.

[7] Russel, F. B., "Estimation and Prediction for Maneuvering Target Trajectories," *IEEE Transactions on Automatic Contro4* Vol. AC - 38, No. 3, March 1983.

[8] Chin, S. S., *Missile Configuration Design*, New York: McGraw - Hill, 1961.

[9] Jerger, J. J., *System Preliminary Design*, Princeton, NJ: D. Van Nostrand, 1960.
[10] Locke, A. S., *Guidance*, Princeton, NJ: D. Van Nostrand, 1955.
[11] Blakelock, J. H., *Automatic Control of Aircraft and Missiles*, New York: John Wiley & Sons, 1965.
[12] Garnell, P., and D. J. East, *Guided Weapon Control Systems*, Oxford, U. K.: Pergamon Press, 1977.
[13] Ivanov, A., "Improved Radar Design Outwits Complex Threats," *Microwave Journal*, Vol. 15, No. 4, April 1976, pp. 36 – 38.
[14] Fossier, M. W., "The Development of Radar Homing Missiles," *Journal of Guidance, Control and Dynamics*, Vol. 7, No. 6, November – December 1984, p. 641.
[15] Ivanov, A., "Semi – Active Radar Guidance," *Microwave Journal*, September 1983.
[16] Nesline, F. W., and P. Zarchan, "A New Look at Classical vs. Modem Homing Missile Guidance," AIAA 79 – 1727 R, 1981.
[17] Zarchan, P., and F. W. Nesline, "Miss Distance Dynamics in Homing Missiles," *AMA Guidance and Control Conference*, Seattle, WA, August 1984.
[18] Nesline, F. W., "Missile Guidance for Low Altitude Air Defense," AIAA, 1979, pp. 78 – 1317.
[19] Nesline, F. W., and P. Zarchan, "Missile Guidance Design Trade – Off for High – Altitude Air Defense," *Journal of Guidance*, Vol. 6, No 3, May – June 1983.
[20] Nesline, F. W., and M. L. Nesline, *An Analysis of Optimal Command Guidance vs. Optimal Semi – Active Homing Missile Guidance*, Bedford, MA; Raytheon Company, Missile Systems Division, M3 – 55, 1985.
[21] Carey, D. R., and W. Evans, "The Patriot Radar in Tactical Air Defense," *Microwave Journal*, May 1987.
[22] May, J. J., and M. E. Van Lee, "Electro – Optic and Infrared Sensors," *Microwave Journal*, September 1983.
[23] McLendon, R., and C. Turner, "Broad Band Sensors for Lethal Defense Suppression," *Microwave Journal*, September 1983.
[24] Mosko, J. A., "An Introduction to Wide Band Two Channel Direction – Finding Systems," *Microwave Journal*, February – March 1984.
[25] Mannel, W. M., "Future Communications Concepts in Support of U. S. Army Command and Control," *IEEE Transactions on Communications*, Vol. Com – 28, No. 9, September 1980.
[26] Fontolliet, P. G., *Telecommunication Systems*, Norwood, MA: Artech House, 1986, Chapter 3.
[27] Oetting, J. D., "An Analysis of Meteor Burst Communications for Military Applications," *IEEE Transactions on Communications*, Vol. Com – 28, No. 9, September 1980.
[28] Fontolliet, P. G., *Telecommunication Systems*, Norwood, MA: Artech House, 1986, Chapter 12.
[29] Dayton, A. D., and P. C. Jain, "Milsatcom Architecture," IEEE *Transactions on Communications*, Vol. Com – 28, No. 9, September 1980.
[30] Fontolliet, P. G., *Telecommunication Systems*, Norwood, MA: Artech House, 1986, Chapter 14.
[31] Wiener, T. F., and S. Karp, "The Role of Blue/Green Laser Systems in Strategies Sub – marine Communications," *IEEE Transactions on Communications*, Vol. Com – 28, No. 9, September 1980.
[32] Fontolliet, P. G., *Telecommunication Systems*, Norwood, MA: Artech House, 1986, Chapters 4 and 8.
[33] Brick, D. B., and F. W. Ellersick, "Future Air Force Tactical Communications," *IEEE Transactions on Communications*, Vol. Com – 28, No. 9, September 1980.
[34] Schleher, D. C., *Electronic Warfare in the Information Age*, Norwood, MA: Artech House, 1999.
[35] Waltz, E., *Information Warfare: Principles and Operations*, Norwood, MA: Artech House, 1998.

[36] Robinson, C. A., Jr., "Information Operations Sweep Across Milieu of Peace and War," Signal, September 1999.
[37] QuestTech, Inc., "Introduction to Information Warfare," *AOC Convention*, Washington, D. C., 1997.
[38] Hanel, D., "Military Link" (German) Paperback—January 19, 2018.
[39] DoD, Army Airspace Command and Control in a Combat Zone, Headquarters, Department of the Army, publication FM 3-52 (FM 100-103), August 2002.

第4章 电子侦察系统

4.1 概述

电子侦察系统主要用于实时探测作战过程中是否存在一个或多个如第三章中所讲述的武器系统发出的电磁信号。在简要回顾一些基本理论之后,本章将主要分析以下系统:

(1) 雷达告警接收机(Radar Warning Receivers,RWR),主要用于飞机,以便在能够向其相关的武器发送射击指令之前,快速探测到具有威胁性的敌方雷达。对于雷达告警接收机而言,快速反应时间、截获概率和可靠性均具有重要意义。

(2) 电子战支援系统(Electronic Support Measure,ESM),通过截获发射机的电磁辐射,来探测敌方作战平台,甚至可以在敌方雷达探测到防御平台之前就发现敌方平台(态势感知)。

(3) 电子情报侦察系统(Electronic Intelligence,ELINT),用于从潜在敌对国家的纵深收集战略数据,并准确分析敌方发射机参数。这对发射机参数测量的准确性是至关重要的。

(4) 红外告警接收机(Infrared Warning Receivers,IRWR),用于通过探测其红外辐射来发现敌方作战平台。

(5) 激光告警接收机(Laser Warning Receivers),用于检测激光照射以及激光测距机的存在。

(6) 通信侦察系统(Communications Intercept Systems,COMINT),用于截获与定位敌方出于战术目的而发射的电磁信号,以及获取敌方与通信信息系统相关的战略信息。

本章在分析了传统的雷达告警接收机、电子战支援侦察和电子情报侦察系统后,我们将重点介绍自本书上一版出版以来,技术进步对于实现先进的无源射频电子侦察系统所带来的影响。需要强调指出的是,在过去几年里,利用低截获概率波形的雷达和导弹系统已被认为是需要解决的重要问题之一。为了解决这个问题,需要灵敏度更高的雷达告警接收机/电子战支援侦察系统,但这又会使得接收机的虚警率由于脉冲重叠和干扰而变得很糟。实际上,通过增加灵敏度,接收机截获信号的通量显著增加,但由于信号重叠或干扰而导致侦测错误的概率也随之增加。因此,采用基于信道化接收机的更为复杂的接收体系结构已成为强制性要求。

此外,现代化的作战模式越来越需要雷达告警接收机/电子战支援系统能够为飞行员或电子战操作员提供全面的态势感知能力。这不仅包括对敌辐射源的精准识别,还包括测距和定位领域非常准确的无源定位能力。

特别地,对于雷达告警接收机和电子战支援系统,现代装备的要求包括:

(1) 100% 的截获概率(POI);

(2) 对低截获概率(LPI)波形的高探测灵敏度;

(3) 高通量处理能力;

(4) 已知和未知的辐射源探测与分类;

(5) 可靠的识别能力;

(6) 期望具备信号指纹识别能力;

(7) 期望具备辐射源定位能力;

(8) 小体积、低重量,以适应机载平台应用需求。

一般来说,一个无源射频系统可以通过下列步骤实现上述需求能力:

(1) 测量全部的接收信号参数。脉冲宽度和脉冲到达时间用来确定信号的脉冲重复频率、信号载频、脉冲到达角和幅度。与每个接收脉冲相关的参数信息,称为脉冲描述信息(Pulse Descriptor Message,PDM)或者脉冲描述字(Pulse Descriptor Word,PDW)。幅度信息对于确定辐射源的天线扫描方式(AST)和扫描周期(ASP)至关重要。

(2) 通过关联具有相似参数的脉冲来提取辐射源信息(分选)。

(3) 通过将检测到的辐射源参数与存储在目标数据库(ID 库)中的辐射源参数,进行比对来识别辐射源。

(4) 通过雷达信号指纹信息,实现识别雷达序列号的能力。

(5) 通过获取距离和位置信息,实现对辐射源的定位。

4.2 无源射频侦察系统

4.2.1 无源射频侦察系统方程

电子侦察系统的首要要求是要具有足够高的灵敏度。为了估算这种装备所需的灵敏度[2,3],可以用增益为 G 的天线截获的雷达信号功率表示,如式(4.1)

所示，即

$$S = \frac{P_t G_t G \lambda^2}{(4\pi)^2 R^2 L_{TX} L_p} F_p^2 \tag{4.1}$$

式中：F_p为传输因子（在自由空间为1）；L_p表示由于未知的雷达极化方向而产生的极化损耗。电子侦察接收机需要具备全极化接收天线，因此它并不总是与特定的辐射源天线完全匹配。

假设侦察系统的灵敏度为 s_0，这里所指的是工作灵敏度，也就是在该灵敏度下的信噪比可以确保以足够的精度对信号进行探测，该系统的作用距离 R_i 可以表示为[3]

$$R_i = \left[\frac{P_T G_T G \lambda^2}{(4\pi)^2 R^2 L_{Tx} L_p} F_p^2 \right]^{\frac{1}{2}} \tag{4.2}$$

值得注意的是，雷达系统和无源射频侦察系统在探测上，存在巨大差异。在雷达系统中，接收目标回波信号的强度由于传播损耗（$1/R^4$）而强烈衰减，并且为了匹配回波的脉冲宽度，设备允许的接收机噪声也被限制在一定范围；而电子侦察接收机的接收信号强度所受到的传播损耗较小（$1/R^2$），但是接收机噪声会由于需要覆盖射频信号的最大瞬时带宽而变得很高。

实际上，一般来说，电子侦察系统的接收机并不可能与所有接收信号的脉冲宽度都匹配，而是要与探测的最小脉冲宽度匹配。由于连续波信号工作在一个很窄的带宽内，所以，对它的探测是一个例外。

在雷达警告接收机中，要求在敌方相关武器系统雷达的作用范围之外，完成对雷达信号的探测与识别。作为安装电子战支援系统的平台，则要求必须在敌方雷达探测到自己之前，就能够探测到敌方雷达的电磁辐射。

电子战支援系统可以探测到雷达的距离，与雷达能够探测到电子战支援侦察平台的距离之比，称为距离超前因子（Rang Advance Factor，RAF），这是一种广泛用于快速验证电子战支援侦察装备工作性能的参数。

在计算距离超前因子时，人们经常错误地仅考虑雷达的有效辐射功率（Effective Radiated Power，ERP）（峰值功率乘以天线增益），而忽略了发射脉冲宽度，而这一点对于考虑雷达波形非常重要，因为有时候（特别是在脉冲压缩雷达的情况下）距离超前因子的幅度可能是小于1的。

需要注意的，雷达的作用距离不是由峰值功率决定的，而是由在目标驻留时间内照射到目标上的辐射能量决定的。

雷达作用距离的计算公式为

$$R_R = \left[\frac{N_i P_T n\tau G_T G_R \sigma \lambda^2}{(4\pi)^3 kTF\ (S/N)_{\text{Pdfa}} L} F_p^4 \right]^{\frac{1}{4}} \tag{4.3}$$

$$L = L_m L_x L_{TX} L_{RX} L_b \tag{4.4}$$

当作用距离以及其他所有条件均相同时，雷达设计者可以调节 $P_T n\tau$，并让 P_T 足够小，从而使得距离超前因子小于 1[1]。

需要指出的是，由于雷达损耗 L 是一个未知量，因此，很难计算出距离超前因子的确切数值。

4.2.2 雷达告警接收机

雷达告警接收机的基本特点是相对简单和低成本，它通常安装在需要保护的作战平台上，用来对抗已知雷达所引导的武器系统[1,4]。通常在雷达告警接收机的内存中预设脉冲宽度、频率和脉冲重复间隔等数据，以表征威胁辐射源特征。当雷达告警接收机检测到与其内存中存储的辐射类似的电磁信号时，它就会识别出该威胁，并给出适当的警告。内存中的数据列表（称为数据库）可能非常简单，也可能很复杂。

当雷达告警接收机安装在飞机上时，代表危险或"告警"威胁的信号极可能是导引防空高炮（Anti - Air Artillery，AAA）或锁定模式下地空导弹（Surface - to - Air Missile，SAM）的雷达信号，也可以是处于跟踪搜索模式下的机载传感器所产生的信号。最严重的威胁是稳定的连续波和中断连续波信号——探测到连续波信号意味着可能一枚导弹即将来袭，参见 3.3.3 节。

一般而言，锁定模式的检测，一般是通过雷达信号幅度的稳定性和持续时间进行判别的，如图 4.1 所示。实际上，如果雷达仍然处于搜索模式，雷达告警接收机将会收到一个以雷达天线方向图进行调制的调幅信号，仅当雷达波束直接照射雷达告警接收机时，其所接收的信号幅度最大。在锁定模式下，雷达波束稳定地照射在目标上，幅度的波动是由于天线指向的不稳定性和探测距离的变化引起的。

一旦产生告警信号，同时获得了威胁信号的到达角（the Angle of Arrival，AOA）等相关信息，可以采取以下行动：

（1）飞行员/操作员进行机动飞行以便到达一个更为安全的区域，或相对于武器系统进行规避性机动飞行；

（2）如果飞机配备了无源干扰设备，可以释放干扰来对抗跟踪雷达；

（3）使用主动干扰手段，使对方武器系统失效；

（4）发射反辐射导弹（如果本次任务配备了反辐射导弹）。

显然，雷达告警接收机必须具备非常高的可靠性、高截获概率和低虚警率等

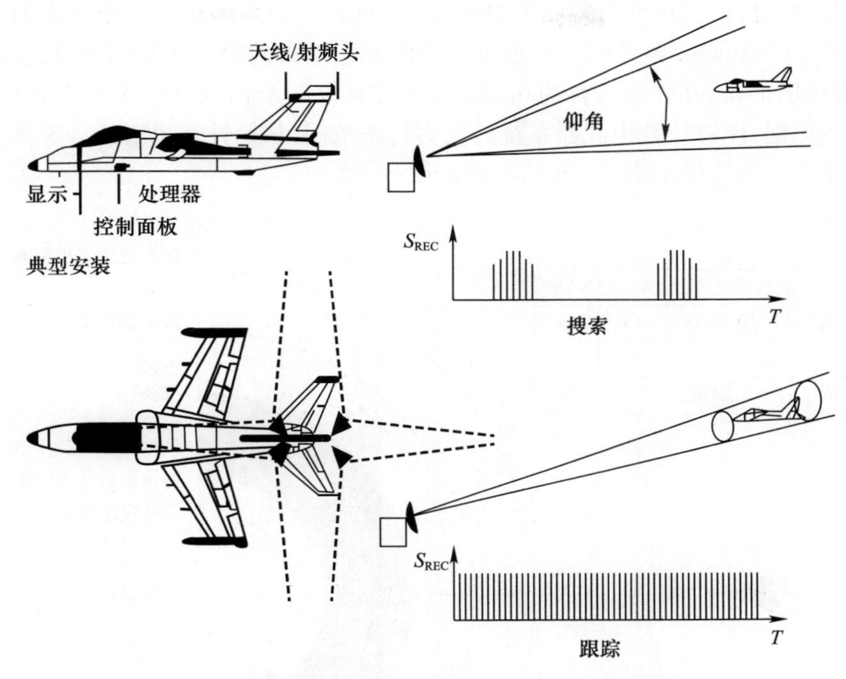

图 4.1　雷达告警接收机及其截获信号(雷达告警接收机通常只处理处于锁定模式或跟踪搜索模式的搜索雷达信号)

特点,为了获得良好的性能,雷达告警接收机必须妥善解决以下问题:

(1) 灵敏度,即具备在进入敌方武器系统射程之前对其实现探测发现的能力;

(2) 吞吐量,即在同时出现大量脉冲或连续辐射信号时,具备提供正确信息的能力。

4.2.2.1　雷达告警接收机灵敏度

为了评估雷达告警接收机所需灵敏度的数量级,本节将对防空高炮和地空导弹两种典型的武器系统进行一些简单的计算,假设这两个系统具有以下典型工作特征参数(根据电子战术语,雷达脉宽可以用 PW 表示):

(1) 防空高炮跟踪雷达:$P_T = 100\text{kW}$,$G_T = 35\text{dB}$,PW = 0.5;

(2) 防空高炮机枪:$R_{\max} = 6\text{km}$;

(3) 地空导弹照射器:$P_{\text{ill}} = 200\text{W}$,$G_T = 37\text{dB}$;

(4) 地空导弹导弹:$I_{\max} = 13\text{km}$(导引头在 20km 处锁定目标)。

雷达告警接收机必须能够在充裕的时间里,警告飞行员这些武器系统可能实施打击,也就是说,在进入其射程之前告警。

假设飞机的雷达散射截面为 $10\mathrm{m}^2$，并且朝向火炮系统运动。令飞机的飞行速度 $V_{AC}=300\mathrm{m/s}$，导弹的飞行速度为600m/s，弹头的最长飞行时间 $T_{\max}=10\mathrm{s}$（需要说明的是，在弹头飞行约6s之后，火控系统的杀伤概率会大大降低）。根据这些数据，能够计算出武器系统的火力打击范围，从而计算出雷达告警接收机必须发出告警的最小距离，如图4.2所示。

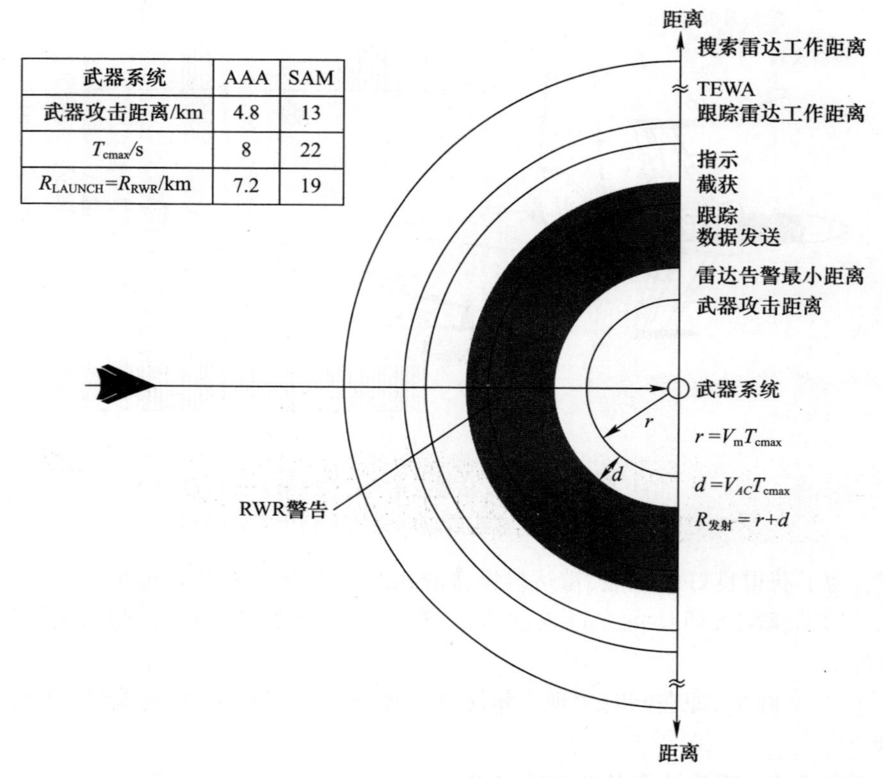

武器系统	AAA	SAM
武器攻击距离/km	4.8	13
T_{cmax}/s	8	22
$R_{\mathrm{LAUNCH}}=R_{\mathrm{RWR}}$/km	7.2	19

图4.2　当遭遇防空高炮或地空导弹袭击时，雷达告警接收机必须发出告警的距离

如果雷达告警接收机的天线增益 $G=3\mathrm{dB}$，则有

$$s_r=\frac{P_T G_T G\lambda^2}{(4\pi)^2 R^2 L_p} \tag{4.5}$$

将参数转换为分贝表示进行计算（L_{TX}忽略），人们发现在10km范围内正确探测到目标所需的灵敏度是－17dBm；探测半主动地空导弹系统发射机的连续波信号，表明可能即将发射导弹，由式（4.5）可以得到需要探测到大约－49dBm的连续波信号，如图4.3所示。

由于视频带宽容易压缩，晶体管视频接收机的灵敏度对于脉冲信号是

-40dBm,对连续波信号为-50dBm。这就是为什么今天大多数雷达告警接收机系统都是晶体管-视频类型的原因:它们的性能足以应对高功率、低重复脉冲武器系统,同时可以对抗连续波系统。

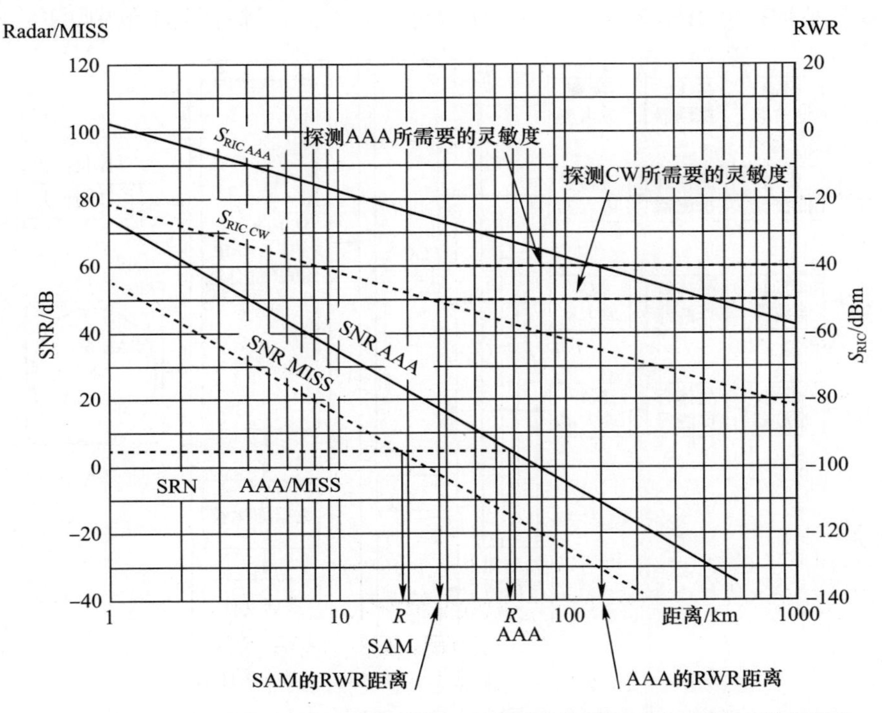

图 4.3 雷达告警接收机系统对脉冲雷达和连续波照射器进行探测的灵敏度需求

当大量具有高脉冲重复率的雷达同时出现时,一部雷达告警接收机将很难完成分选任务(例如,简单地根据脉冲结构,将具有类似特性的脉冲分为同一组)。通常,雷达告警接收机只能测量脉冲宽度、脉冲到达角、脉冲到达时间和幅度。在结构简单的雷达告警接收机中,对频率进行测量并作为分选特征的代价太高。如果要有效地分类大量脉冲,则需要对它们进行更为细致的划分。例如,不仅必须确定它们的频带,还要确定它们各自的频率;此外,还可能需要更好的选择性,以避免由重叠脉冲引起的错误测量。

雷达告警接收机系统可分为以下几类:

(1) 宽开式晶体管视频接收机;

(2) 调谐射频(Tuned Radio-Frequency,TRF)接收机;

(3) 窄带扫频式超外差接收机;

(4) 宽带超外差接收机。

图 4.4 显示了上述雷达告警接收机系统的组成框图，图 4.5 为一套真实的雷达告警接收机系统。表 4.1[1,8] 中列出了系统可以达到的性能，其中还提到了带有信道化接收机的宽带超外差结构。不过，表 4.1 列出的新体制宽开信道化接收机结构在电子战支援系统中的使用更为广泛，本书将在 4.4 节中讨论。

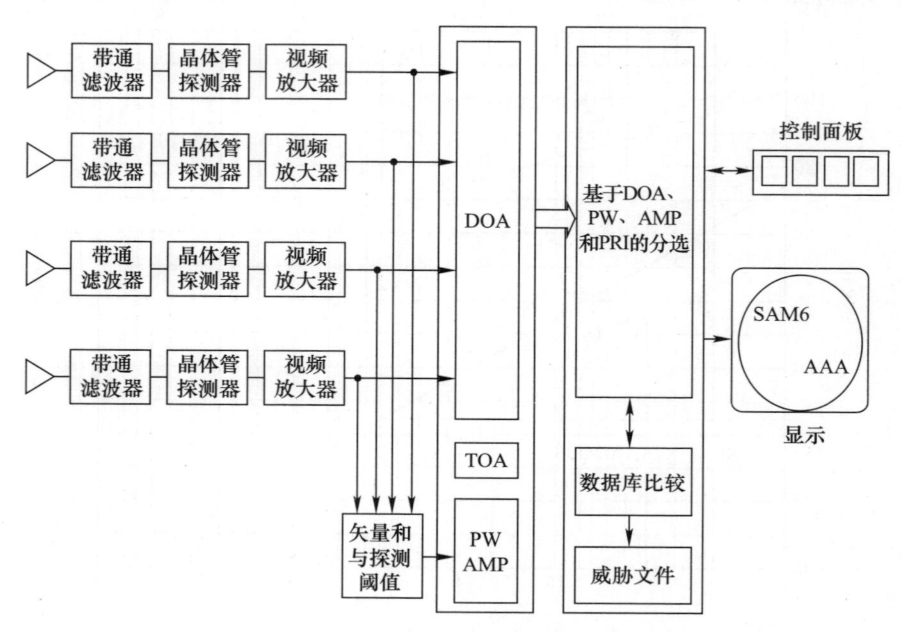

图 4.4　晶体管 - 视频雷达告警接收机系统结构框图

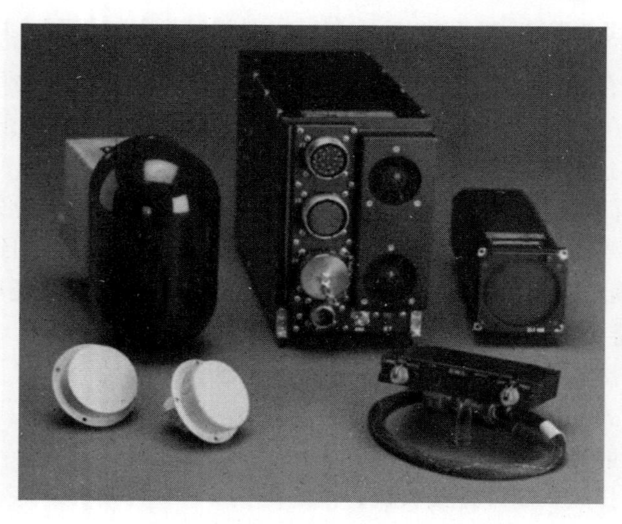

图 4.5　雷达告警接收机 AN/ALR - 67(V)3

晶体管－视频结构是最简单和最古老的接收机架构。它是在20世纪60年代越南战争期间研发成功的。后来,为了提高雷达告警接收机灵敏度,人们构思了使用可调谐射频滤波器和晶体管探测器的架构,如图4.6所示。通过降低接收机带宽,热噪声也随之减少,从而增加了系统的探测灵敏度。这个问题与射频滤波器的幅度匹配有关。当然,通过限制射频瞬时带宽,信号的截获概率也将下降。而且,由于当时的雷达告警接收机只能发现处于锁定模式的火控雷达或连续波发射机(这是真正的威胁),考虑到射频滤波器能够对感兴趣的射频频谱进行扫描,当探测持续处于锁定模式的发射机时,将具备足够的截获概率。

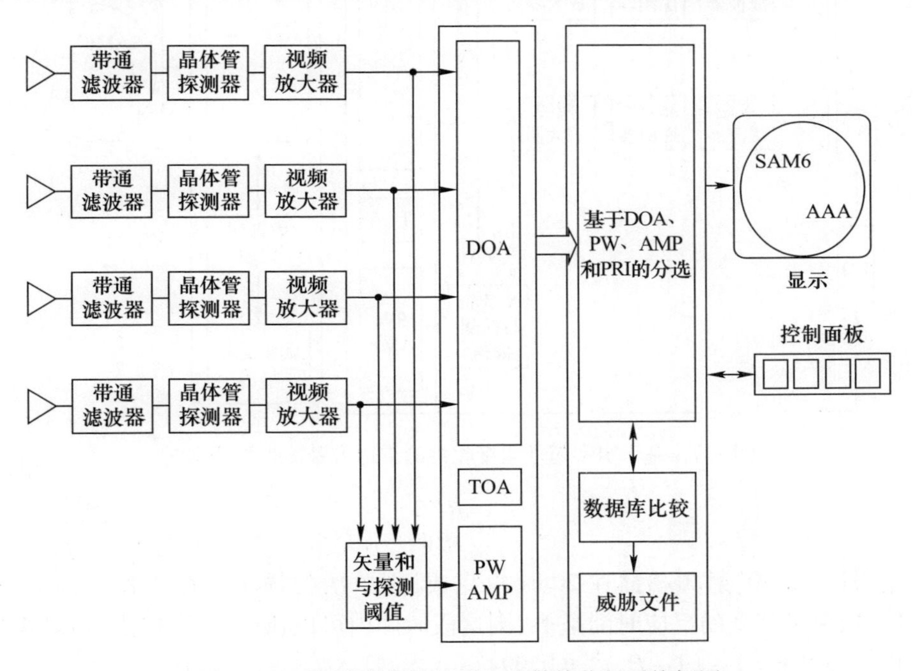

图4.6　可调谐射频滤波雷达告警接收机系统框图

提高探测灵敏度的一个更好的解决方案是采用超外差接收机。最简单的超外差架构如图4.7所示。为了在短时间内扫描频谱,超外差接收机的瞬时带宽应该非常大。为降低成本,超外差接收机不需要准确测频,只要知道辐射源所在的射频频带范围即可。对整个射频频带的扫描,是通过以适当的策略扫描下变频器的本振频率来实现的。

对于锁定模式下的发射机而言,在角度上(始终360°覆盖)宽开式超外差雷达告警接收机能够达到的截获概率,取决于超外差接收机的瞬时带宽与需要探测的总射频频带宽度之间的比率 n,即

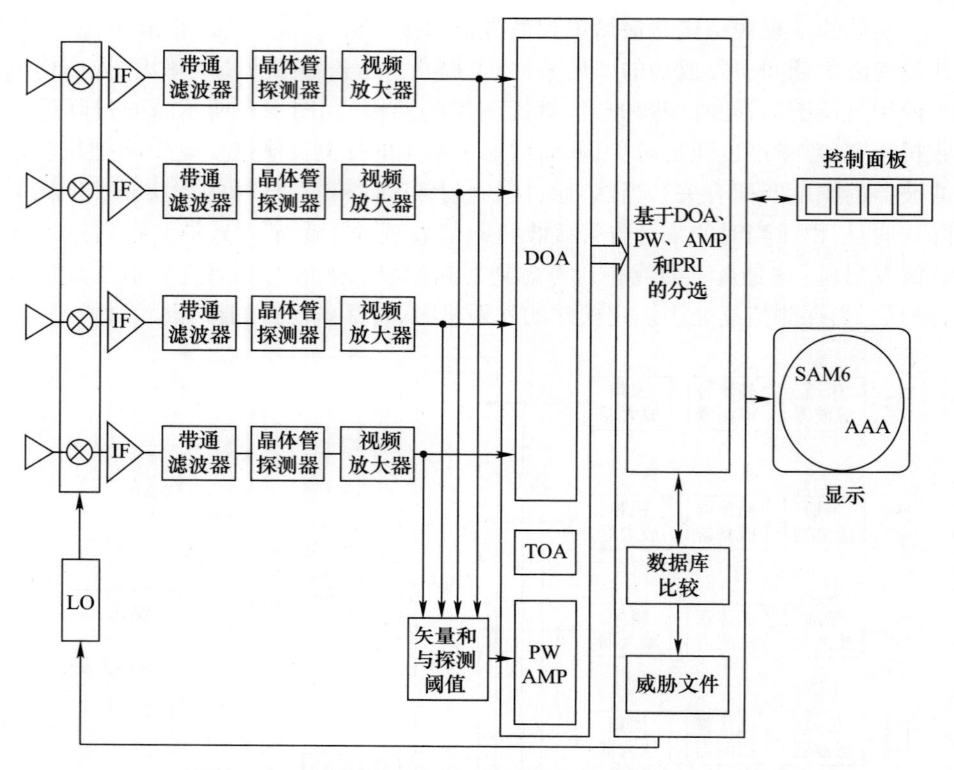

图 4.7　基于窄带超外差接收机的雷达告警接收机结构图

$$n = \frac{RFB}{IBW}$$

假设 $n = 10$，射频扫描在 20ms 内完成，则单次扫描中的截距概率为 $P_d = 0.1$。如果可接受的反应时间是 1s，则这段时间内可以执行 50 次扫描，则截获概率将变为 $\mathrm{POI} = 1 - (1 - P_d)^{50} = 0.994$。

为了增加截获概率，一些超外差雷达告警接收机会利用宽带滤波器实现。在这种情况下，可能需要二次滤波，如图 4.8 所示。

实际上，因为可能受到配备有效辐射功率低的导引头的主动制导导弹的威胁，现代化的告警接收机对灵敏度要求非常苛刻。在这种情况下，雷达告警接收机系统的灵敏度要求可能会非常高，如图 4.9 所示。

考虑到导弹和飞机的相对速度非常高（远超过 1000m/s），应当在远大于 10km 的距离就能够探测到入射导弹，以便有足够的时间做出反应并逃脱威胁。从图 4.8 可以得出结论，为了执行保护飞机的作战任务，雷达告警接收机操作灵敏度应优于 −70dBm。

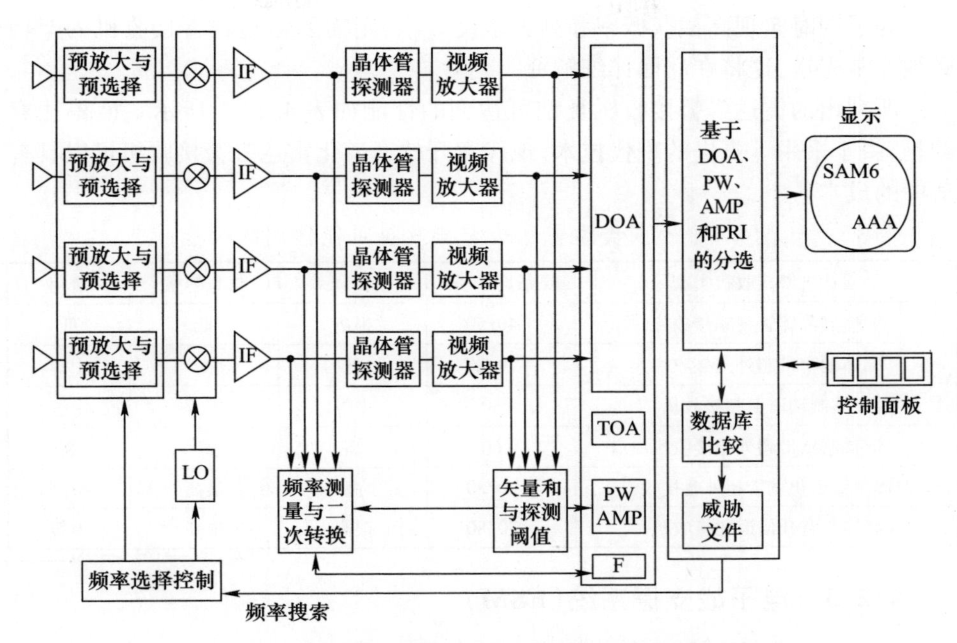

图 4.8　宽带超外差雷达告警接收机系统的方框图

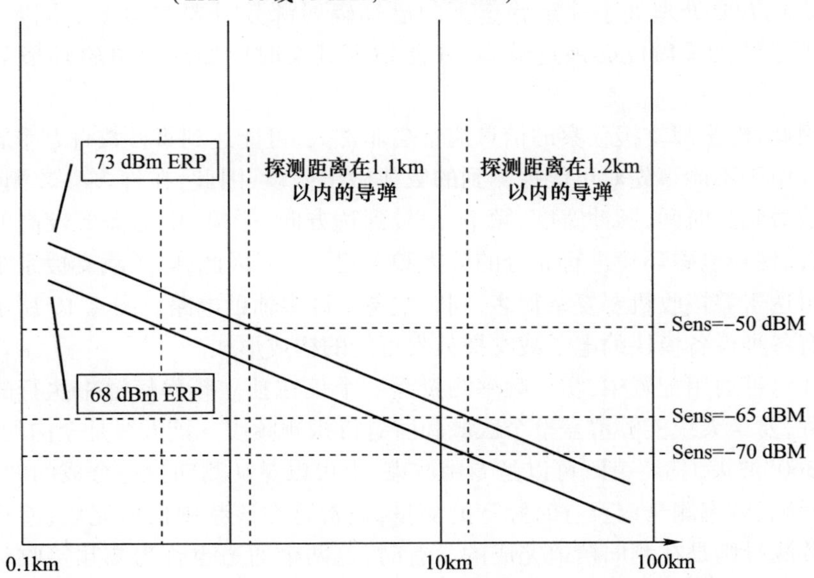

图 4.9　针对主动制导导弹导引头的现代雷达告警接收机灵敏度要求

为了同时实现高截获概率和高灵敏度要求，则需要雷达告警接收机的架构必须非常先进，这将在后面详细解释。

所列出的雷达告警接收机类型可达到的性能如表4.1[1,8]所示。值得注意的是，由于采用了先进的现代技术，现代宽开的通道化雷达告警接收机可以具有适中的成本。

表4.1 不同类型雷达告警接收机可能达到的性能

雷达告警接收机类型	灵敏度/dBm	截获概率	信息容量	费用
旧体制晶体管视频接收机	-40/50	很高	低	低
旧体制窄带超外差接收机	-70/80	低	高	中等
旧体制调谐射频接收机	-50	中等	中等	中等
旧体制宽带超外差接收机	-60	高	高	高
旧体制信道化宽带超外差接收机	-70/80	高	很高	很高
新体制宽开信道化接收机	-70/80	很高	很高	中等

4.2.3 电子战支援系统(ESM)

电子战支援系统的任务是为指挥员提供战场电磁环境和电子战斗序列信息，以便其做出正确的决策。因此，它必须对所有参与作战的辐射源进行探测，而不仅仅是那些看起来存在直接威胁的辐射源。这些目标的数量，比雷达告警接收机只需要处理处于锁定状态下的已知辐射源数量要多得多。同时，电子战支援系统的灵敏度必须足够高，才能发挥其实时感知战场电磁环境的内在优势。

因此，电子战支援侦察的信息流量会非常大，可能达到每秒数百万个脉冲的量级。由于不能事先对可能探测到的威胁做出假设，因此，在许多参数测量(主要是信号到达时间、脉冲宽度、频率、信号到达方向、振幅)中均需要较高的探测精度，以便对电磁环境进行充分的分类和重建[9,10]。因此，电子战支援系统比简单的雷达告警接收机要复杂得多，同时配备了许多辅助电路。图4.10所示为一种带有各种设备模块的电子战支援侦察可能的构成形式。

在这种通用配置中，实现频率测量是一个仅在独立频率信道中执行的高耗费过程，要求天线能够覆盖整个区域和所有待探测频段。该天线是全向的，具有水平360°波束，其波束既可以是专用波束，也可以是从测向信道合成的波束[1]。信号探测、频率测量以及有时脉宽的测量，通常是在该频率信道完成，而到达方向参数测量则是在测向信道完成的。有时，这两个通道也称为测频接收机和测向接收机。

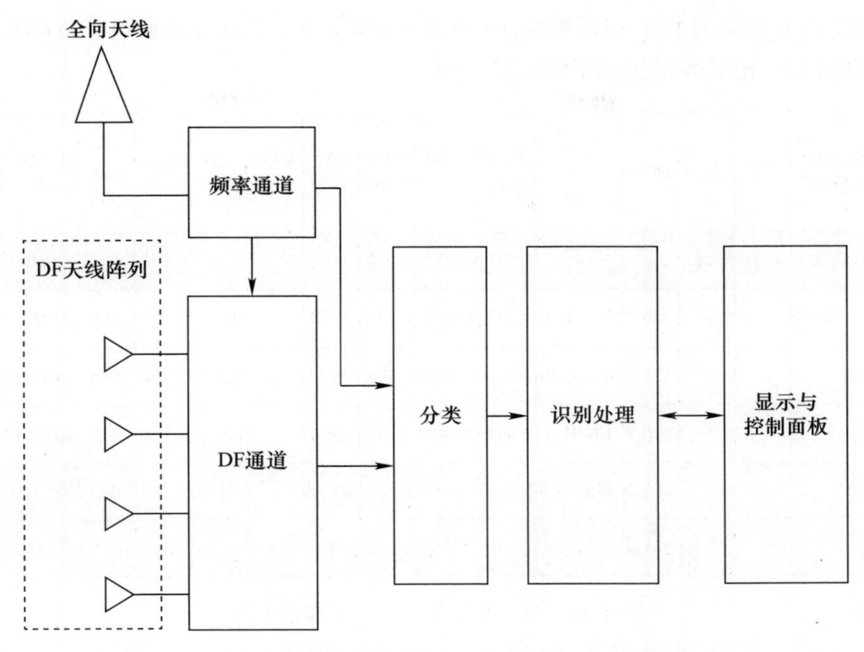

图 4.10　电子战支援系统原理框图。与雷达告警接收机不同，电子战支援系统处理所有截获的辐射源，包括扫描式辐射源

下面所给出的雷达告警接收机或电子战支援侦察接收机，均省略了必要的限幅器［以保护低噪声放大器（LNA）免受破坏性干扰］和低噪声放大器。当然，在天线之后，必须为所有接收通道提供足够的低噪声限幅放大器，有时还提供适当的射频滤波器。

测向接收机[3,11]通常由 n 个简单通道组成，每个通道都包含一个完整的定向天线。有时这些天线的增益被用来放大信号，以避免在主接收机之前再使用昂贵的放大器件。将不同通道接收到的信号振幅进行比较，就可以确定原始信号的方向。其脉冲特征参数被转换成脉冲到达时间、脉宽、频率、脉冲到达角和幅度等数字信息后，送到分选系统，区分成为不同的脉冲序列。

一台高速计算机或高速专用硬件，将特征参数相似、很可能来自于同一发射机的脉冲序列细分为组（分类或预处理），该计算机对数据进行初步分析[9-11]，并提取出已探测到的辐射源。第二台计算机则对分类器所判别的不同发射机信号进行相关分析，从而确定每个辐射源的工作模式（扫描或跟踪），计算其天线扫描周期，并可能通过将其参数与存储在数据库中的参数进行比对，进而识别辐射源。

在数据库中，存储了大量的辐射源及其特征。然后，在显示器上显示所有探测到的具有其测量特征和识别指示(点数)的辐射源,以及与其威胁等级(TL)和置信度(CF)相关等信息,如图 4. 11 所示。

Track Num	Soot/ Modn	CF	TL	DOA	Rado Freq (MHz)	Freq Type	PRI (us)	PRI Type	PW (us)	MOP Type	ASP (s)	AST	Aro (dB mV)	TOA (s)	Law TOA (s)
3	7003/0		14	43.3	15712	F_FIX	672000	P_FIX	5800			A_LNO	58.1	20000	25000
6	6006/0		11	278.1	10488.0	F_FIX	69000	P_FIX	6752		0.020	A_SCT	47.0	50000	56000
5				328.2	4185239	F_AGI	947000	P_FIX	4608		0.070	A_CIR	48.6	40000	61000
4				136.7	17401.0	F_FIX	261000	P_JIT	4564		0.008	A_TWS	53.7	30000	40000
2				185.2	4726718	F_DIV6	543000	P_FIX	6564		0.121	A_SCT	58.9	10000	43000
1				241.8	8587094	F_FIX	403000	P_FIX	13580		0.063	A_CIR	46.8	0000	26000

图 4. 11　电子战支援侦察结果显示示例

电子战支援系统可用于形成更高级别的探测系统。在这种情况下,电子战支援系统可以形成一个无源监视网络[12,13]。它们沿着边境线或防区边界,分别在已明显界定的地面位置上部署,通过通信链路互连以便能够相互交换数据。相邻的两个电子战支援侦察站的预期覆盖范围相互重叠。

当两个站点截获相同的发射信号时,可以采用三角测量法来定位辐射源,从而获得其距离,如图 4. 12 所示。为了获得可靠的位置数据,其测向精度应达到 1°甚至 0. 1°的量级。

辐射源的无源定位对于海军平台非常有用:一旦通过其发射信号探测到敌方舰船的存在,无须开启舰载雷达就可以发射反舰导弹。在这种情况下,必须有第二个海上侦察平台配合,并通过不易被敌方截获的、受保护通信链路链,与第一个海军平台进行数据通信,从而实现三角测量定位。

当电子战支援侦察设备部署在舰载直升机上时,就能够很容易地实现对固定辐射源的无源定位。这时,则不需要其他平台的配合。舰载直升机能够在一个位置(一个固定点)进行测向,然后快速移动到第二个位置再进行测向,从而完成对目标的三角测量。

显然,如果可以从机载平台来确定辐射源的位置,效果会更好。通过将连续的测向与飞机在其飞行中所记录的连续位置相关联,如图 4. 13 所示,计算机通过对已测量数据的必要计算,就可以轻松地定位敌方雷达的位置。

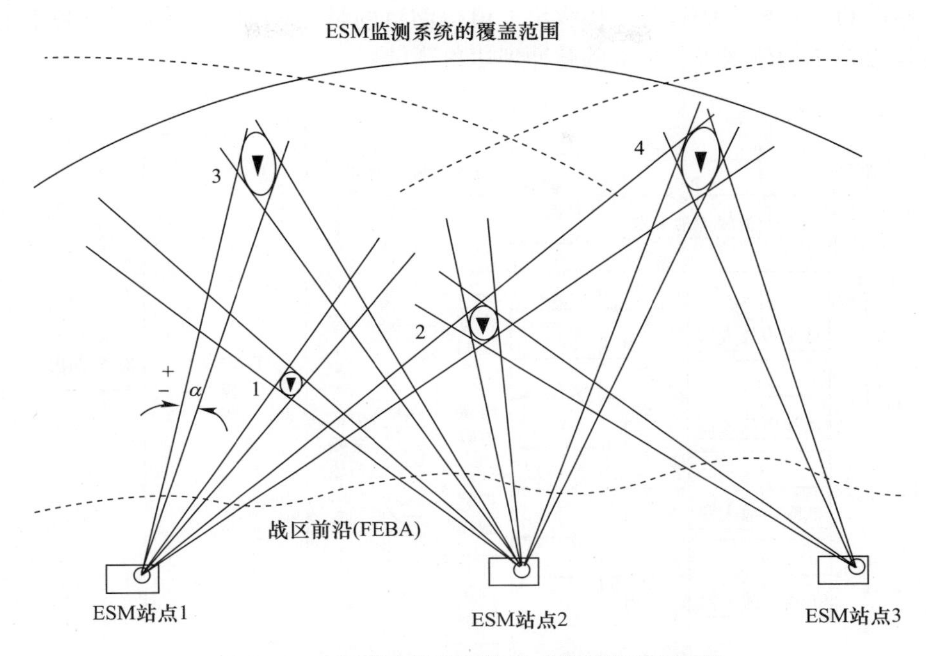

图 4.12 电子战支援侦察站构成的无源探测网络

图 4.13 安装在 Falcon 20 上的无源监视设备

可以根据图中不同框所代表的不同硬件，对电子战支援系统进行分类。图 4.14显示了一个非常常见的电子战支援侦察架构框图：使用测频接收机和测向接收机进行放大的宽开式接收机。值得注意的是,所示的测向接收机利用了宽动态范围构架来进行精确的脉冲到达角测量。

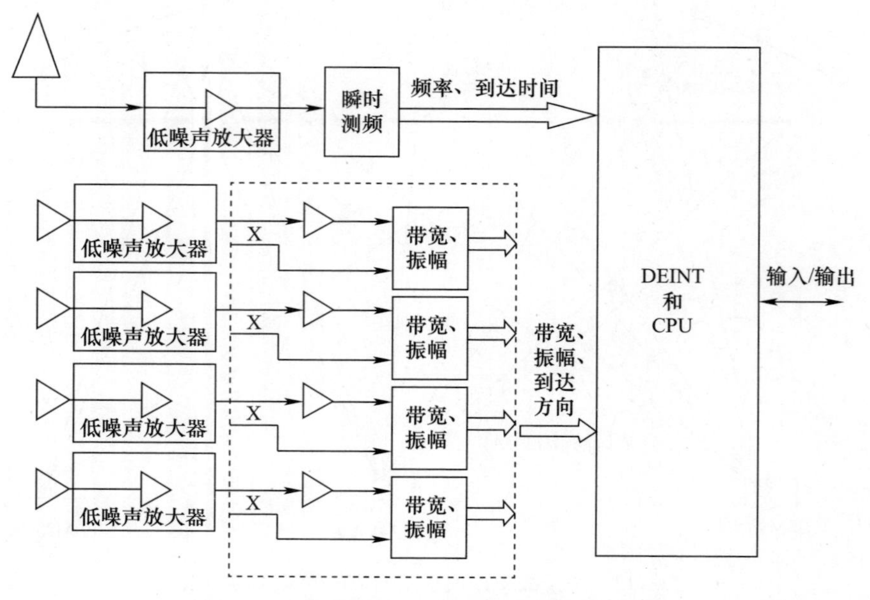

图 4.14　带前置放大器的宽开接收机结构图

在考虑最先进的电子战支援系统架构之前,有必要解释一下电子战支援系统是如何测量和发现可能的辐射源,如何接收信号的基本特征(通常是雷达脉冲或连续波信号),如脉冲宽度及其脉冲到达时间,并重构发射机的脉冲重复频率、载频、脉冲到达角及其幅度等参数。如上所述,这些测量形成了所谓的脉冲描述信息或脉冲描述字。在下文中,给出了一些重要的传统电子战支援系统组件和用于实施参数测量的方法。稍后,我们将关注数字式接收机在电子战支援系统中引入的重大变化。

4.2.3.1　全向天线

全向天线能够在非常宽的频带(许多倍频带)上,提供方位角平面内 360°覆盖和俯仰角平面内 30°~40°的覆盖。其形状可以是圆锥形的,如图 4.15 所示,也可以是双锥形的。

某些设计需要 45°极化。通常,在电子战支援系统中优选 45°极化,因为它能够探测到雷达所有可能使用的极化状态:垂直极化(跟踪系统常用)、水平极化(搜索和捕获系统常用)、左旋和右旋极化(雷达经常使用以减少雨水干扰)。

4.2.3.2　测向天线

测向电子战支援系统[3]的系统特性(精度、安全性、带宽),取决于其使用的

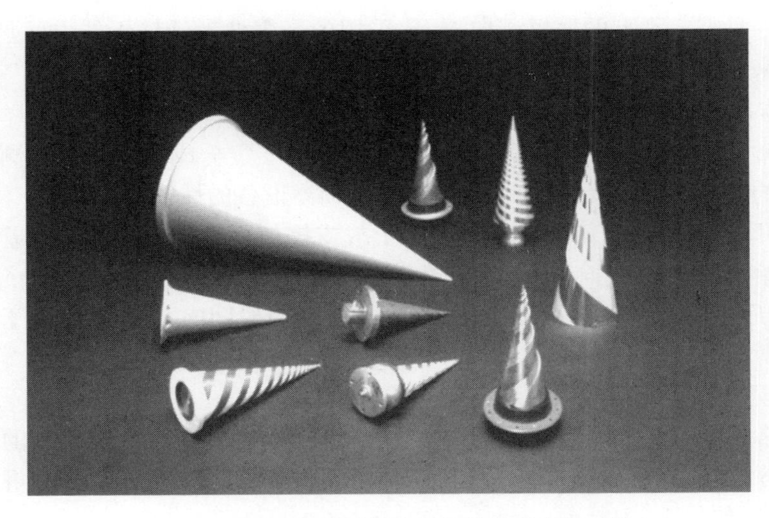

图 4.15 电子战支援侦察系统的锥形全向天线

天线类型。最常见的是平面螺旋天线(图 4.16)和对数周期天线。通常,测向仪可以是幅度比较型或相位比较型的。对前者而言,通过测量天线系统输出端的幅度差来确定脉冲到达角。对于后者,则是通过测量两个相邻天线的信号之间的相移来给出到达角信息的。相位比较型测向系统,具有更高的测角精度,但也更复杂:因为测量精度取决于信号频率,而对于宽角度覆盖系统,测向更容易受到干扰。

图 4.16 平面螺旋测向天线

有一种特定类型的振幅测向器,它采用的是多波束透镜天线,通过比较 16 个波束来完成测向,因此,其测向精度很高。

4.2.3.3 测频接收机和频率测量

通常,来自全向天线的信号被多路分波器[1,14-16]分成几个频带。测频接收机可能的各种架构形式,取决于电子战支援侦察设备的性能要求。

宽开放式结构,可瞬间覆盖整个电子战支援侦察频谱。窄带超外差结构必须根据给定的规则扫描,才能保证全频谱覆盖。前者的特征在于截获概率为 100% 。后者则会在足够的截获概率和期望的反应时间内,难以截获处于扫描状态的发射机。

1. 宽开频接收机和瞬时频率测量

最常见的宽开放测频接收机结构如图 4.17 所示。来自全向天线的信号通过 5 路分波器(能够将输出分成 5 个相邻射频频段的微波滤波器)信道化为 5 个常用频段,如图 4.17 所示。

(1) 1~2GHz(L 波段);

(2) 2~4GHz(S 波段);

(3) 4~8GHz(C 波段);

(4) 8~12GHz(X 波段);

(5) 12~18GHz(K 波段)

信号由 5 个放大器放大,并发送到 5 个干涉仪,进行瞬时频率测量(Instantaneous Frequency Measurement,IFM)。干涉仪[17]如图 4.18 所示,让直接输入的信号与经过长度为 L 的延迟线(其输出信号相位差为 $\varphi=2\pi L/\lambda$)延迟后的信号产生干涉效应。如果适当选择 L 值,则干涉仪两个输出信号 I(同相)和 Q(正交)分别表示一个矢量的两个分量,这两个分量的相位与频率成正比。该相移在感兴趣的频带的最小频率处为零,并且,在最大频率处为 360°。假设带宽是 Δf 并且鉴相器的精度是 α_{rms},则该干涉仪的频率测量精度可表示为

$$\sigma_f=\frac{\alpha\Delta f}{360} \tag{4.6}$$

如果一台干涉仪的延迟线,使得频带上的频率变化恰好引起 360°的相移时,则该干涉仪可以称为单倍程干涉仪。如果干涉仪的延迟线达到上述干涉仪的 4 倍,那么整个频带的频率变化将导致相移达到 360°的 4 倍(该矢量会完整地转动 4 圈),这类干涉仪称为四倍程干涉仪。在这种情况下,鉴相器的常见误差 α 所导致的频率误差只有单倍程干涉仪的 1/4,即

$$\sigma_f=\frac{\alpha\Delta f}{4\times360} \tag{4.7}$$

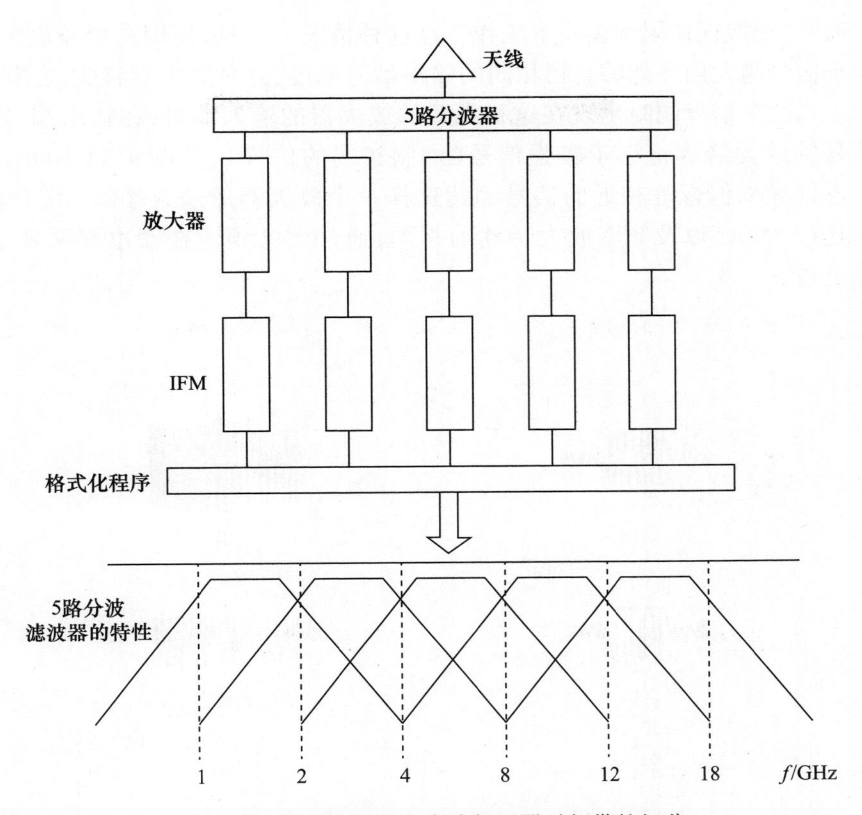

图 4.17　测频接收机中多路复用器对频带的细分

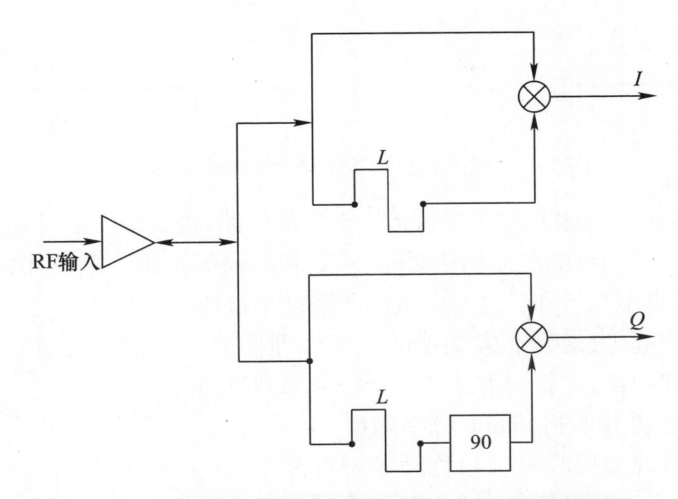

图 4.18　用于瞬时频率测量的混频器干涉仪组成框图

通常,干涉仪在限幅模式下工作。在这种情况下,一般使用高增益放大器,使得小信号与大信号能够获得相同的输出信号幅度,这种放大器称为硬限幅放大器。当两个信号同时出现在这种类型的放大器的输入端时,在输出端,较弱的信号的放大倍数将小于较强信号(抑制较弱的信号),如图 4.19 所示。当两个不同频率但幅度相近的信号到达这样一个放大器的输入端时,由于电压驻波比(VSWR)以及频率放大特性的不同,通常无法预测在输出端两者谁的信号更强。

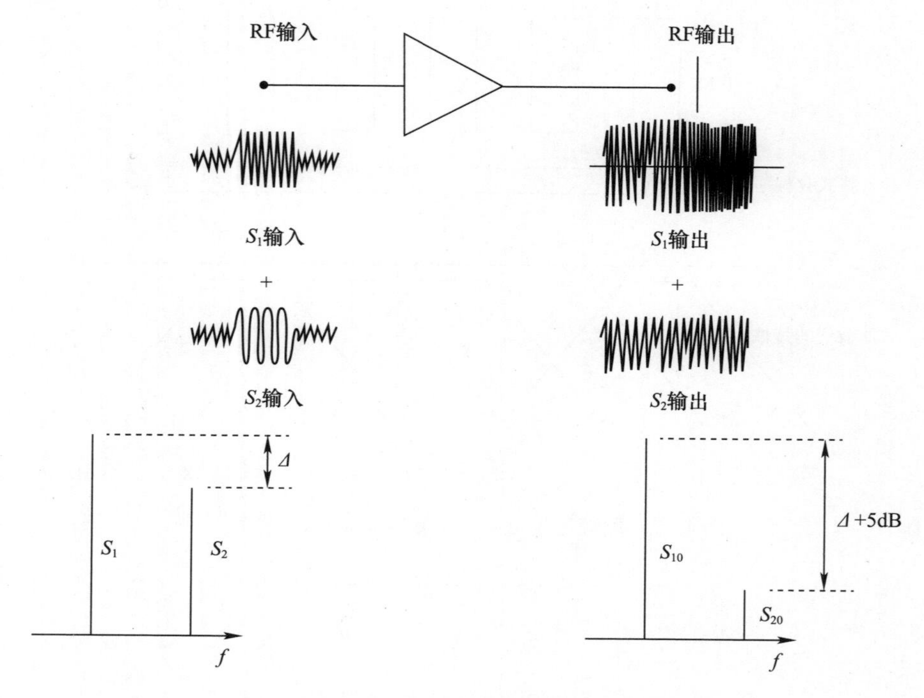

图 4.19　硬限幅放大器倾向于抑制较弱的信号

5 个放大通道所输出的信号被传送至后续电路,进行输入信号参数测量(测量相对于某一参考点的脉冲到达时间、脉宽和振幅等),但一般都不能保持其在线性范围内,也不会饱和。这些参数的测量结果被转换成数字形式,并与到达角的测量结果一起,发送到非常快速的数字处理器进行分选(对接收到的脉冲信号进行分类和隔离,并将同类脉冲置于一个系列里面)。

2. 宽开折叠接收机和瞬时频率测量

另一种宽开型接收机构架称为频带折叠式,如图 4.20 所示。在这种结构中,大量频带内的信号都将被合并到一个通道的干涉仪中去,虽然所需的干涉仪数量越少，但却存在一个风险：随着虚假信号重叠概率的增加，频率测量会出现错误。

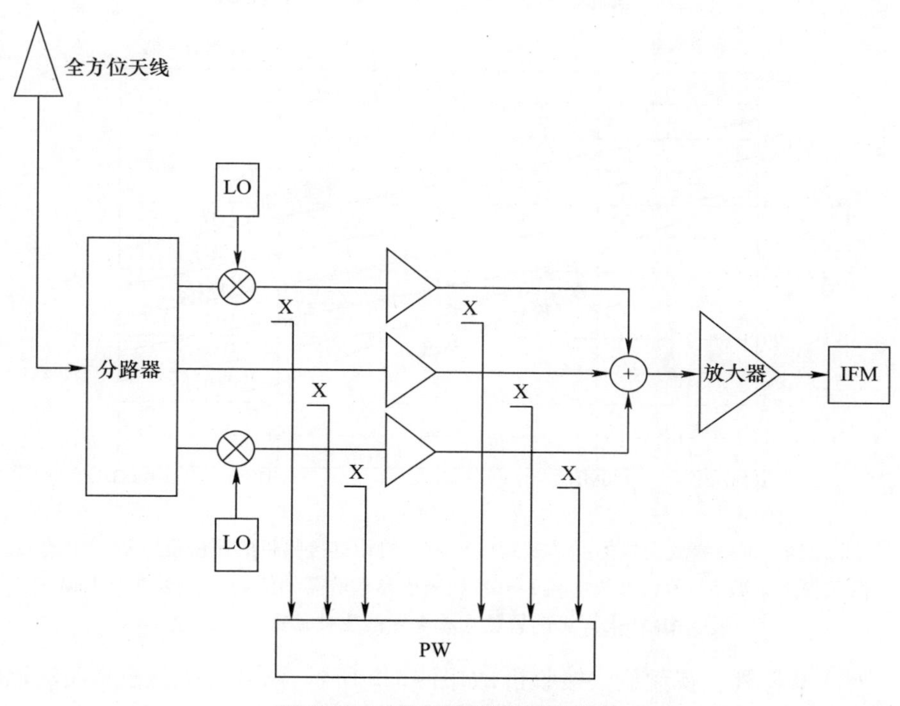

图 4.20　宽开型频带折叠接收机

（1）宽开放大式接收机的灵敏度。

在放大接收信号链中，如图 4.21 所示，射频放大器产生的噪声远高于晶体管视频放大器所产生的噪声[18-23]。在这样的接收链中，当射频带宽 B_{rf} 比视频带宽 B_v 大几十倍时，输入端的噪声大约为

$$N = kTB_{eq}F \tag{4.8}$$

$$B_{eq} = \sqrt{B_{\mathrm{RF}}B_V} \tag{4.9}$$

在输出端需要一定的信噪比，来获得利用一个单脉冲（可以认为是不变的）进行目标探测所需的发现概率和虚警率，或者在参数测量中获得所需达到的测量精度。射频接收机输入端的信号必须依据所要求的比率高于噪声。

因为天线和放大器之间存在无源器件（会引入损耗 L），天线输出端的信号必须大于 L，以便在接收机输出处产生所需的信噪比。

接下来，将分析普通的宽开放大接收机和宽开频带折叠接收机的灵敏度。

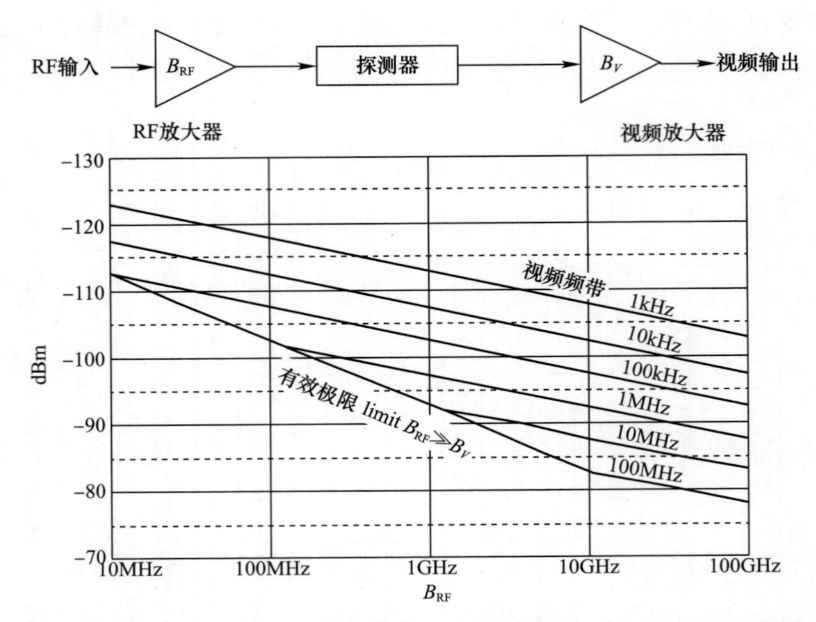

图 4.21　带前置放大器的晶体视频电子战支援侦察接收机的灵敏度。将图中的值与噪声系数 F(dB),系统损耗 L(dB)和测量参数所需的信噪比(dB)相加并减去天线增益,来计算前置放大型电子战支援侦察的灵敏度

对于晶体管 - 视频放大接收机,如图 4.22 所示,忽略与此分析无关的比例常数,输出信号 S_0表示为

$$S_0 = (S_i G_R)^2 \tag{4.10}$$

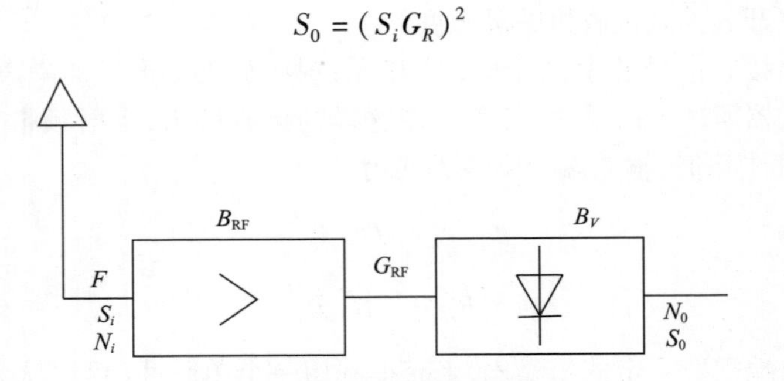

图 4.22　预放大的宽开接收机

式中:S_i为天线收集的输入信号;G_R为射频放大器增益。输出噪声 N_0 由以下三部分构成[4],即

$$N_0 = N_N + N_{im} + N_d \tag{4.11}$$

$$N_N = (N_i G_R)^2 \left[\frac{2B_v}{B_{\mathrm{RF}}} - \left(\frac{B_v}{B_{\mathrm{RF}}}\right)^2\right] \tag{4.12}$$

$$N_i = kTB_{\mathrm{RF}}F \tag{4.13}$$

$$N_{im} = (N_i G_{\mathrm{RF}})^2 \left[\frac{4B_v}{B_{\mathrm{RF}}} \frac{S_i}{N_i}\right] \tag{4.14}$$

$$N_d = \frac{(4kTB_v F_v)}{M^2} \tag{4.15}$$

$$M = \frac{\gamma^2}{R_0} \tag{4.16}$$

式中：N_N 为输入噪声 N_i 引起的噪声；B_v 为视频带宽；F 为射频放大器噪声系数；B_{RF} 为射频带宽；N_{im} 为输入信号 S_i 和输入噪声 N 之间的互调引起的噪声；N_d 为晶管体视频探测器的噪声；F_v 为视频噪声因子；M 为探测器的品质因子；γ 为探测器的开路电压灵敏度；R_0 为探测器视频阻抗。

如果射频放大器具有高增益（即 GRF≫1），则可以忽略 N_d。此外，如果 $B_{\mathrm{RF}} \gg B_v$，可得

$$N_0 \cong N_N + N_{im} \cong (N_i G_{\mathrm{RF}})^2 \left[\frac{2B_v}{B_{\mathrm{RF}}} + \frac{4B_v}{B_{\mathrm{RF}}} \frac{S_i}{N_i}\right] \tag{4.17}$$

因此，输出信噪比为

$$\frac{S_0}{N_0} = \frac{(S_i G_R)^2}{(N_i G_{\mathrm{RF}})^2 \left[\frac{2B_v}{B_{\mathrm{RF}}} + \frac{4B_v}{B_{\mathrm{RF}}} \frac{S_i}{N_i}\right]} \tag{4.18}$$

（2）宽开频带折叠接收机的灵敏度。

在宽开频带折叠接收机中，整个射频频带 B_{RF} 被分成 n 个信道，这 n 个信道的信号随后会在与/或测量完成之前折叠在一起，输出信噪比可以确定如下：

① 这里，假设对于带前置放大器的宽开接收机做出的相同假设，则每个通道中的输入噪声是 N_i/N（因为射频频带被分成 n 个）。

② 由于在信号探测之前对 n 个信道求和，因此，系统噪声系数 F 将变为 n 倍（即 nF）。因此有

$$S_0 = (S_i G_R)^2 \tag{4.19}$$

$$N_i kT \frac{B_{\mathrm{RF}}}{n} nF = kTB_{\mathrm{RF}}F \tag{4.20}$$

$$N_0 = (N_i G_{\mathrm{RF}})^2 \left[\frac{2B_v}{B_{\mathrm{RF}}} n + \frac{4B_v}{B_{\mathrm{RF}}} n \frac{S_i}{N_i}\right] \tag{4.21}$$

$$N_0 = (N_i G_{\mathrm{RF}})^2 n \left[\frac{2B_v}{B_{\mathrm{RF}}} + \frac{4B_v}{B_{\mathrm{RF}}} \frac{S_i}{N_i}\right] \tag{4.22}$$

这意味着,折叠式接收机将以比正常的宽开放接收机在测量时的信噪比差 n 倍,这个倍数等于折叠的通道数。

3. 窄带超外差测频接收机和相关灵敏度

除了基于与测向接收机子系统集成的测频接收机子系统的开放式架构外,还需要考虑另一种架构,其中的测频接收机是窄带超外差接收机[24]。当然,窄带超外差接收机的特点是灵敏度更高,但其截获概率非常差,见 4.2.3.3 节第 4 部分。

相反,如果不需要接近 100% 的截获概率,那么,使用窄带超外差作为测频接收机的架构可能会是一个非常简单的解决方案,瞬时频率测量可以是窄带的,如图 4.23 所示。

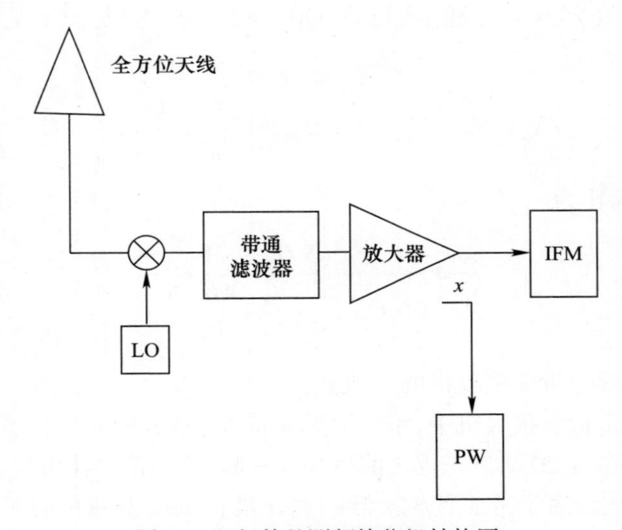

图 4.23　超外差测频接收机结构图

在这种情况下,只需要一个带宽为 B_{IF} 的中频信道,而将射频频带的所有可能的 n 个信道都被转换为这个信道,即

$$n = \frac{B_{\mathrm{RF}}}{B_{\mathrm{IF}}} \tag{4.23}$$

这种改变可以通过使用一个或多个压控振荡器(VCO)或通过频率合成来

调谐本振频率，来实现对整个射频频带的探测。

这种构架的缺点在于，当接收机调谐到一个频带时，它可能无法探测到在工作另一个频带中的威胁，也无法探测到发射时间很短的威胁。例如，假设机载边扫描边跟踪雷达（Track - While - Scan，TWS），如图 4.24 所示，照射电子战支援侦察接收机，同时根据超外差搜索策略被调谐到另一个频率上。除非边扫描边跟踪雷达连续工作，并且电子战支援侦察接收机灵敏度使得可以通过雷达天线旁瓣检测边扫描边跟踪雷达发射的信号，否则，这种威胁可能会被完全忽视。

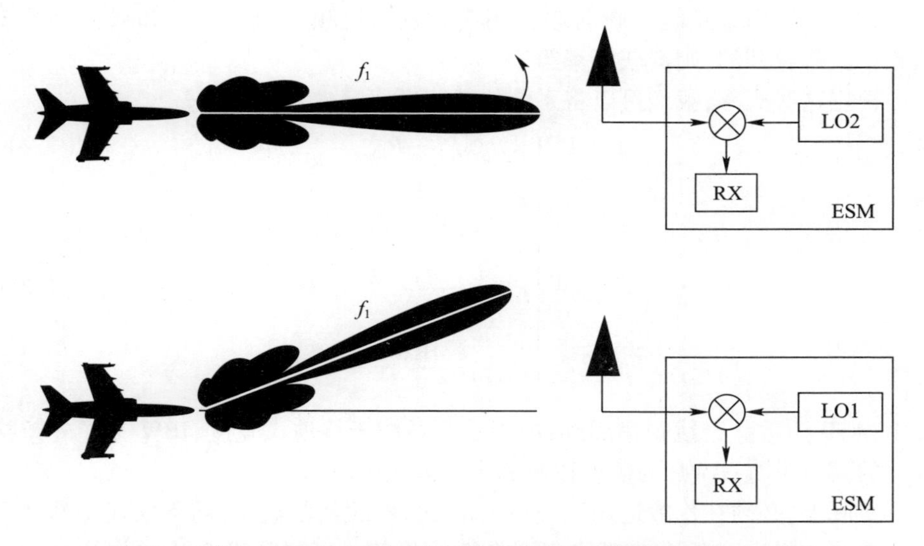

图 4.24　窄带超外差电子战支援侦察接收机的检测概率可能会很低。当接收机被正确调谐时，可能无法探测源于雷达天线旁瓣的信号

4. 截获概率

在雷达告警接收机/电子战支援侦察接收机设计中，截获概率和灵敏度代表着两个重要的特征。截获概率参数具有重要意义，特别是对于安装在飞机上的雷达告警接收机/电子战支援侦察接系统，其目的是提供告警以启动防御行动。漏警，甚至是延迟告警，都可能导致在试图进行任何防御行动之前就会被敌方导弹击中。

因此，必须使雷达告警接收机/电子战支援系统具有接近 100% 的截获概率。当然，必须在威胁雷达与目标对准所需的时间内（即在其目标驻留时间内（ToT））测量截获概率。

当然，电子侦察系统的截获概率必须在其作用范围内考虑，即角度覆盖范围、灵敏度、频率覆盖范围,在这些边界之外,截获概率为零。

在作战运用中,雷达可以通过使用扫描天线来实施空域监视。超外差电子侦察系统也可以进行角度扫描、频率扫描或两者同时扫描。对于这类系统,其截获概率由在某个确定时间截获信号的概率相乘得出。

(1) 雷达正在搜索电子侦察系统(P_{ToT})。如果雷达处于锁定状态,则该截获概率等于1。

(2) 电子侦察系统指向辐射源(P_{ascan})。如果侦察系统在角度上是宽开的,则其截获概率等于1。

(3) 电子侦察系统的瞬时频带调谐到发射机频率(P_{fscan})。如果侦察系统在频率上是宽开的,则截获概率等于1。

根据这些概率,我们可以将系统的截获概率定义为

$$\text{POI} = P_{\text{ToT}} P_{\text{ascan}} P_{\text{fscan}} \tag{4.24}$$

$$\begin{cases} P_{\text{ToT}} = \dfrac{\text{ToT}}{\text{ASP}} \\ P_{\text{ascan}} = \dfrac{\theta_B}{360} \\ P_{\text{fscan}} = \dfrac{\text{IBW}}{\text{BW}_{\text{full}}} \end{cases} \tag{4.25}$$

式中:ASP 为雷达天线扫描周期;θ_B为截距系统天线波束宽度;IBW 为超外差接收机的瞬时带宽;BW_{full}为需要探测的全部射频频段。

实际上,必须在作战运用层面讨论来 100% 的截获概率,而不仅仅是站在雷达告警接收机和电子战支援侦察接收机的角度。当接收机安装在作战平台上时,若平台上的雷达正在传输信号,此时,雷达告警接收机和电子战支援系统就需要关机。这种关机的情况在舰载平台上非常常见:由于一艘舰船上的雷达数量众多,需要关机的概率可能非常高,这并不罕见,有时关机时间甚至会达到20%~25% 。因此,即使接收机系统在设计时具有 100% 的截获概率,但当其安装在具体的武器平台上时,其有效截获概率可能仅为 75% 。

4.2.3.4 脉冲到达角测量

值得注意的是,测向接收机通常是决定电子战支援系统制造成本的重要因素。图 4.25 和图 4.26 表示两个系统:一个是幅度比较测向;另一个是相位比较测向。从这两个图中可以看出,他们之间复杂性和成本的差异是非常明显的。因此,必须准确地选择能够满足用户要求的测向接收机系统。

1. 幅度比较测向仪

在电子战支援系统中,测向接收机的目的是提供关于每个接收脉冲的到达

图 4.25　用幅度比较来测量信号到达方向的小型电子战支援系统天线复合体(船桅顶部)(由《意大利国防杂志》提供)

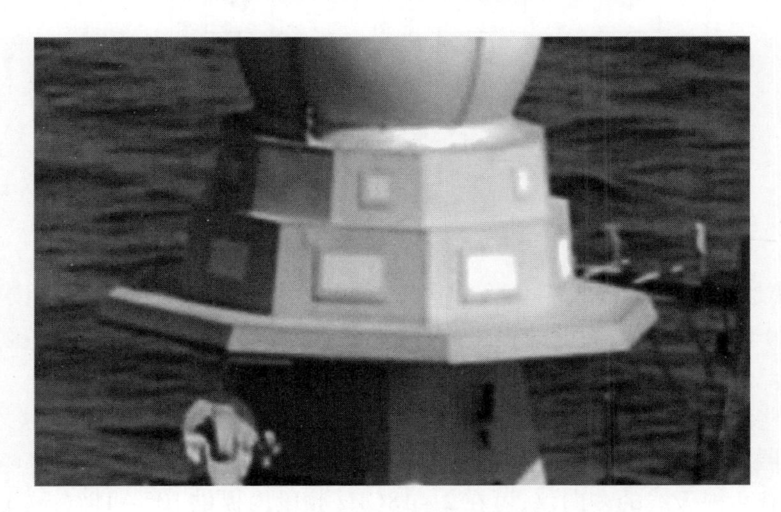

图 4.26　相位比较法来测量信号到达方向的天线复合体示例(由《意大利国防杂志》提供)

方向信息。通常,测向接收机由一定数量地连接到定向天线的信道组成,以形成单脉冲网络,如图 4.27 所示。

从方向 a 到达的信号将由不同天线的增益进行不同加权,这样就可以测量到达角[3,11]。天线的数量可以是 4,6,8 根或者更多。

如果已知天线方向图,则在非常宽的射频频带上将可以获得较高的测向精

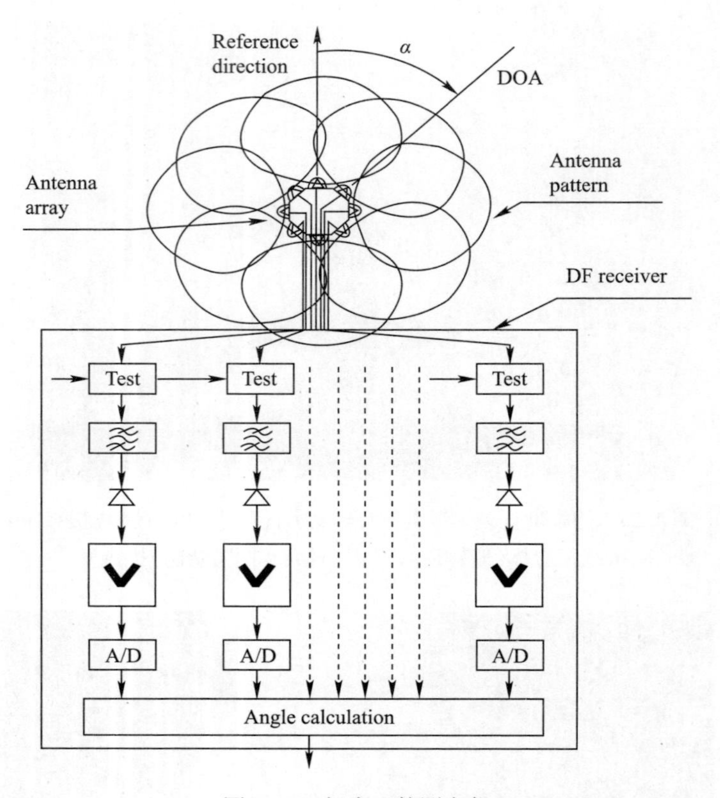

图 4.27　幅度比较测向仪

度，尤其是系统工作在数字化模式时——因为它允许使用可编程只读存储器（PROM）来校正系统，而可编程只读存储器已经存储了校正过程中所确定的校正数据。

这些设备需要指出来的问题是信道之间的振幅匹配，以及摆阔天线之间、次级放大器、探测器等设备之间的匹配等。

具有 4 根天线的测向仪，可在 2 ~ 18GHz 频段内提供 10° ~ 15°（rms）的测向精度。具有 8 根天线的测向仪精度可以达到 4° ~ 6°（rms）。另一个严重的问题是，当测向接收机是全开式时，强连续波信号的出现可以改变相关信道中的振幅电平，从而对不够强的脉冲信号产生错误的方向测量。如果有两个或更多连续波信号，那么这些信号本身的方向测量就成了问题。

为了减少这种现象的发生，可以借助于信道化或超外差信道技术，或者可以大大增加天线的数量，使得干扰被限制在靠近其到达方向的角度，并且可以通过关闭相关通道来消除干扰。一个多天线和多信道示例就是使用多波束天线的测向仪(图 4.28)。该天线能够实现 16 + 16 波束,从测向精度的角度来看,这个系统具备极高的性能。

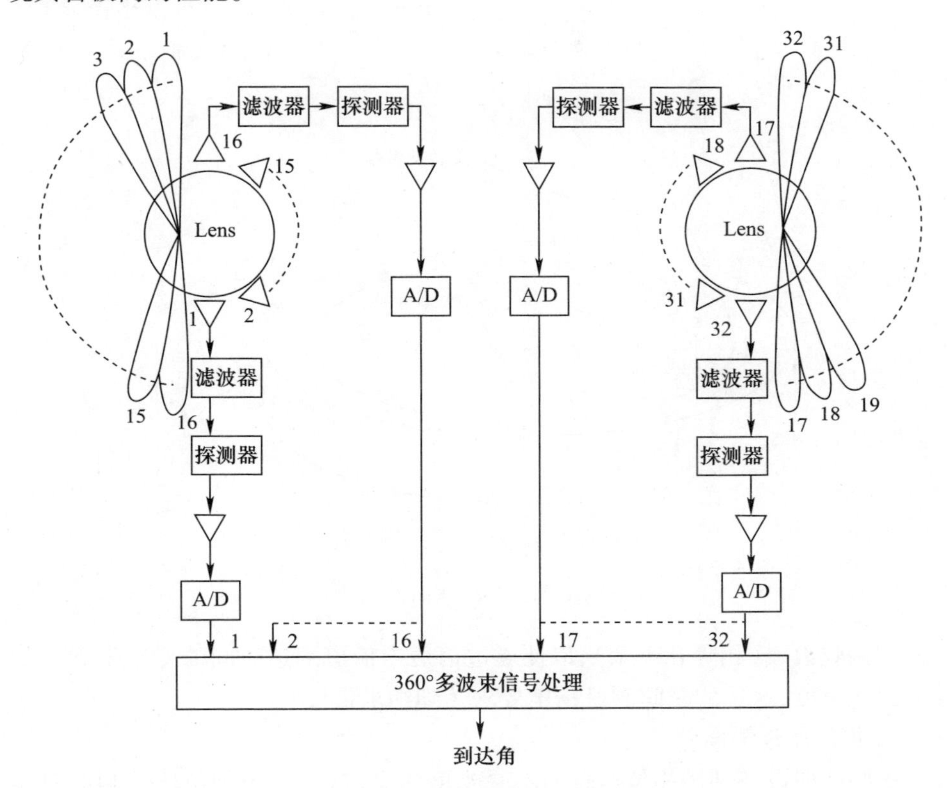

图 4.28　多波束测向天线

旋转天线是实现方向测量的另一种手段,如图 4.29 所示。它通常连接到由操作员或合适的处理器调谐的超外差接收机。系统从所关注的发射机接收一定数量的脉冲,检测所探测到信号的幅度,将它们与天线波瓣相关联,最后计算信号的到达角度。利用这种方法,来精确测量快速扫描发射机时会出现问题,因为可以被探测雷达的扫描会改变脉冲幅度。

改进这种测向系统的技术途径是:使用能够同时产生 Σ 和 Δ 信道的单脉冲天线,如跟踪雷达。在这种情况下,由扫描发射机产生的幅度调制对测向精度没有影响。

使用旋转天线进行测向不允许在信号分选过程中利用测向数据,所以该方法很少用于电子战支援侦察设备,但却被广泛运用在电子情报侦察装备。

还应该提到基于脉冲到达时间差测量的测向方法。这种方法需要使用间距

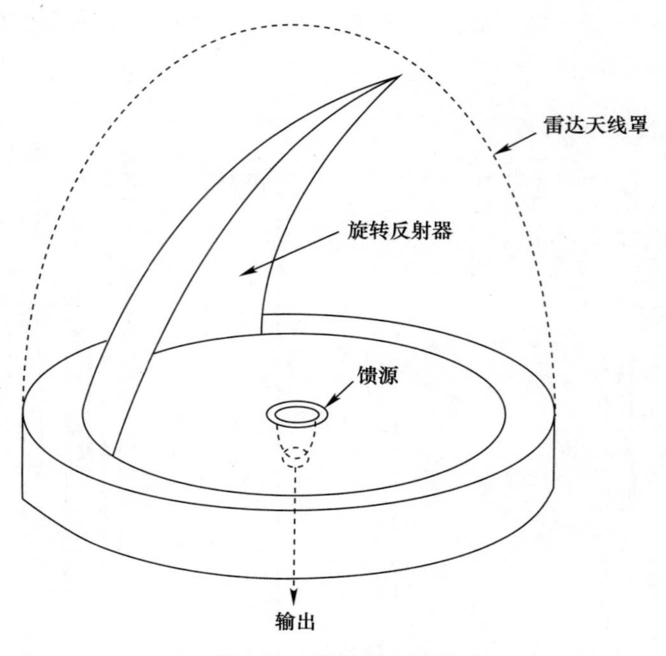

图 4.29 旋转测向天线

较大的接收天线(相隔几十米),以便通过信道中信道到达时间的差异来确定信号的到达角度,这是的时间测量精度要求达到纳米量级。

2. 相位比较测向仪

一些测向设备利用相位信息而不是幅度信息,这是因为相位比较测向只能在有限的角度扇区上实现高精度,所以它可以作为一个可以给出角度精确测量值的附加套件或新选项。对于 360°脉冲到达角测量,需要更多的相位比较基础。例如,可以使用 4 个相位比较基础覆盖每个 90°(±45°)。图 4.30 显示了一个相位比较测向仪如何工作的原理。从轴外方向 α 到达的信号引起相移为

$$\varphi = \frac{2\pi}{\lambda} L \sin\alpha \tag{4.26}$$

如果 L 足够大,测角精度就会非常高。然而,即使对于相对小的角度,相移也可能高于 360°,因此使得测量变得模糊。因此引入第三个通道,较短的基线能够进行粗略测向,但具有更高的角度动态范围,以消除更精确通道中的测向模糊。这些系统所面临的问题与干涉仪类似。

相移与波长相关,因此,为了能正确地计算到达角,必须将频率数据馈送到测量装置。图中的示例显示了基于三个天线的干涉仪。可以使用三个以上的天

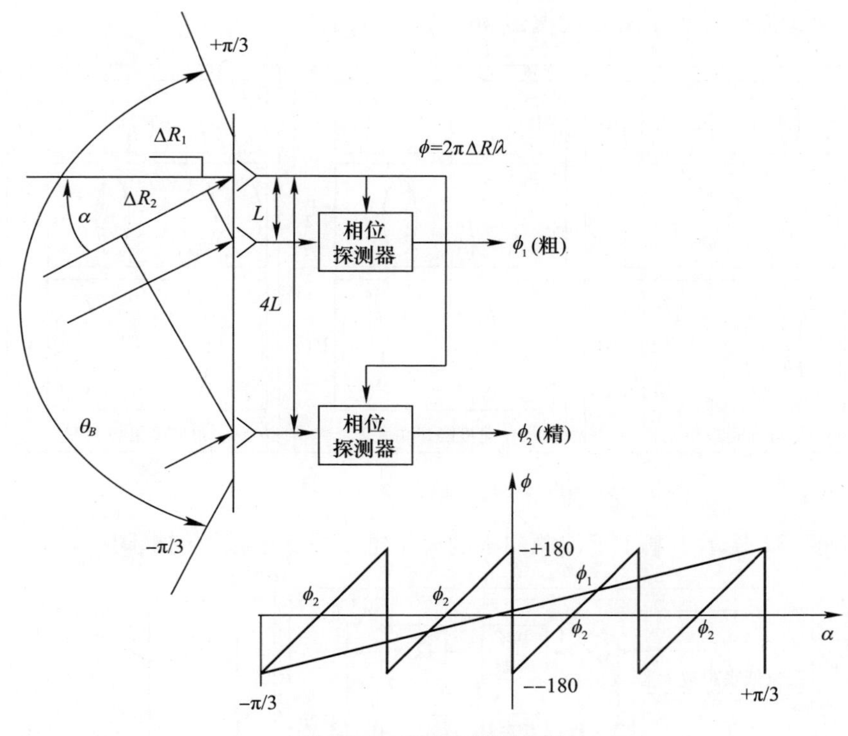

图 4.30　相位比较测向器

线来扩展到所有有用的射频频带。

如果被探测的发射机处于低仰角位置,则相位比较测向系统可以实现非常好的精度。实际上,如果高程很高,则测量中会出现明显的误差(称为圆锥误差)。产生这个误差(及其命名)是由于干涉仪输出端产生相同相位差的点都落在一个圆锥体表面上,而这个圆锥面则是通过脉冲到达角围绕轴线旋转所得到的,与穿过干涉仪天线的线路重合。因此,一台发射机如果在保持同一水平到达角 a 的情况下将仰角抬高到 Y_{ta},就会产生一个随仰角变化的 $\Delta\varphi$,即

$$\Delta\varphi = \frac{2\pi}{\lambda} d\sin\alpha\sin\eta \tag{4.27}$$

为了补偿该误差,当被探测的发射机在高仰角处时,相位比较测向系统必须包括还可执行高程测量的装置。这些方法之一可以是通过两个相邻的到达相位差测向单元来比较测量的脉冲到达角。

如前所述,相位比较系统是与频率相关的。因此,通常为了覆盖扩展的频谱,将相位差测向单元安排为分成子带的天线阵列是很方便的,如图 4.31 所示。

当然,至少需要 4 个单元才能覆盖 360°的方位角。

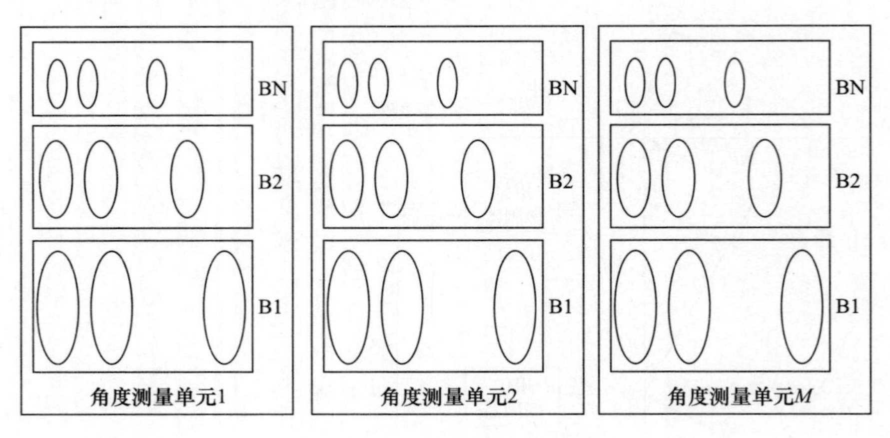

图 4. 31　海军干涉测向板

图 4. 32 显示了基于干涉测向板的海军电子战支援系统的框图。

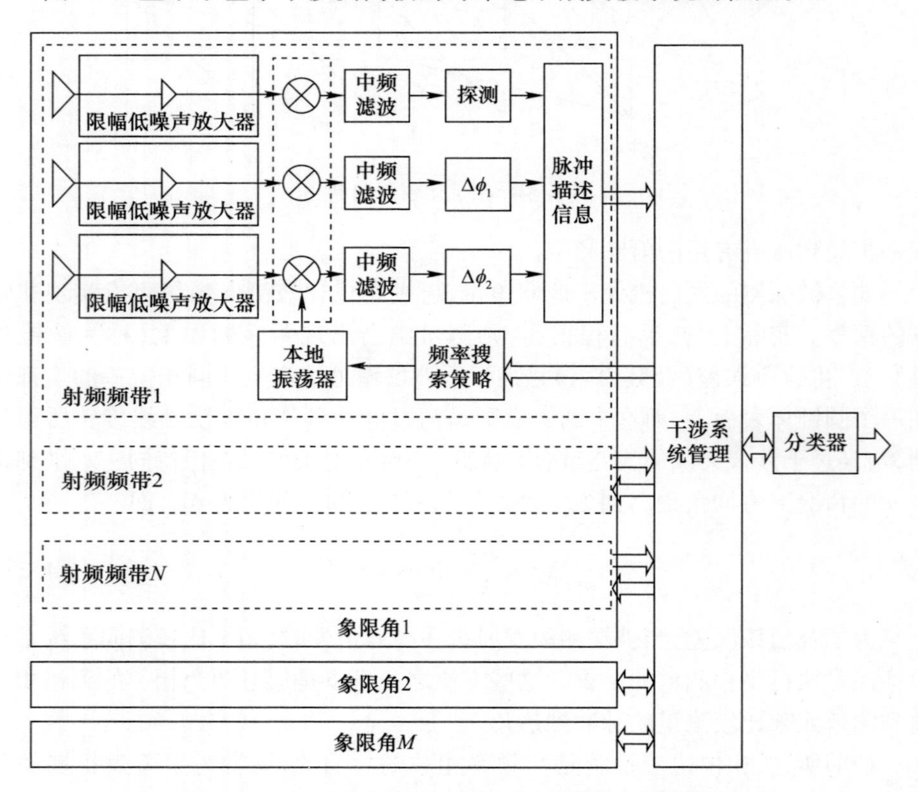

图 4. 32　基于干涉测向板的海军电子战支援系统框图

3. 到达时间差测向

假设雷达告警接收机或电子战支援系统可以以使得它们的天线之间具有相当大的距离(大约5~10m或更大),则可以实现称为到达时间差的测向方法。

考虑图4.32,采用来自系统视轴的方向α的信号将被两个天线接收,很容易计算其接收时间差,即

$$\delta T=\frac{\Delta R}{c}=\frac{B\sin\alpha}{c} \tag{4.28}$$

式中:c为光速。因此,有

$$\alpha=\arcsin\left(\frac{\delta Tc}{B}\right) \tag{4.29}$$

通过测量δT,可以测量到达的信号方向。值得注意的是,要测量的时间差非常短(可能小于1ns)。

通过对δT的计算式求导,得到

$$\delta(\delta T)=\frac{B\cos\alpha}{c}\delta\alpha+\frac{\sin\alpha}{c}\delta B \tag{4.30}$$

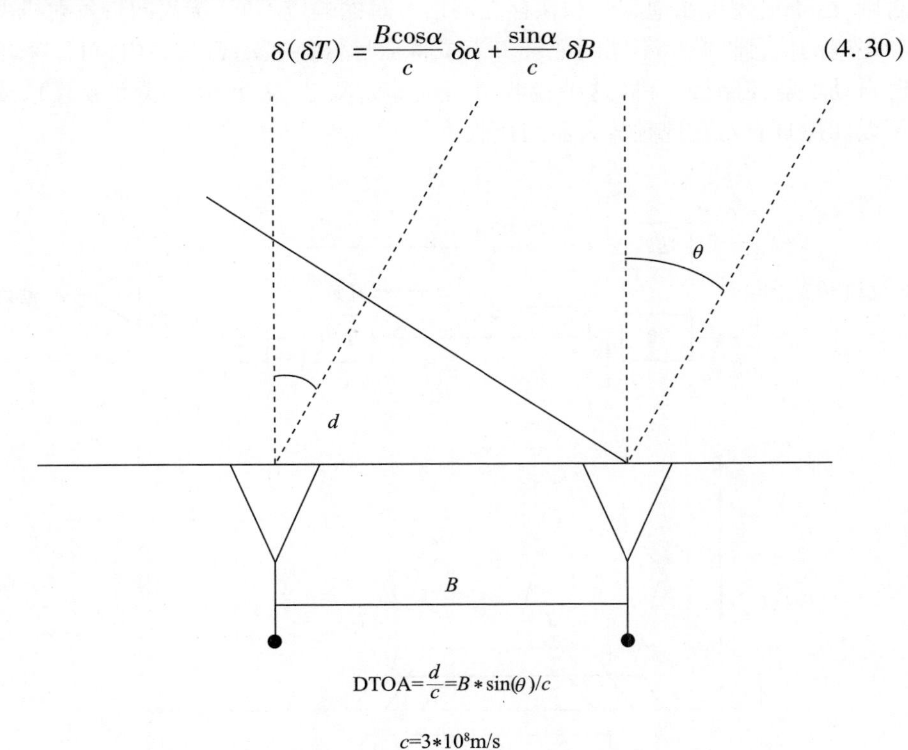

图4.33 时差测频系统

该等式表明这种测量方法对于电基线长度 B 的精度要求极高,因此有必要加入校准系统。而且,基本长度应尽可能长,并且测量精度随着到达角度的减小而下降。

由于到达时间测向方法需要具有大角度覆盖范围的天线,因此其天线增益通常较低。因此,该方法更适合于使用高灵敏度接收机的雷达告警接收机/电子战支援系统(例如,信道化接收机)。

将多个序列到达时间差测向测量装置集成起来,假设每个接收脉冲的测量精度可以达到1ns量级,那么对于一个约10m的基线长度而言,只要脉冲之间的误差相互不影响,误差也不依赖于雷达频率,测向精度就可以优于0.5°。通过使用适当的天线阵列可以减轻由多径或反射引起的误差,与干涉型测向方法一样,到达时间差测向系统的测量精度会受到高程圆锥误差的影响。

4.2.3.5 脉宽测量

脉宽测量必须是线性的(避免工作在接收机的非线性动态区)(图4.34);否则,由于接收机在饱和时和在存在弱信号时的响应不同,接收同一发射机副瓣和主瓣的信号将产生不同的记录。为了将信号保持在动态范围内,可以采用瞬时自动增益控制接收机(这种接收机目前非常复杂,需要延迟线等装置),或者可以使用具有对数视频放大器的接收机。

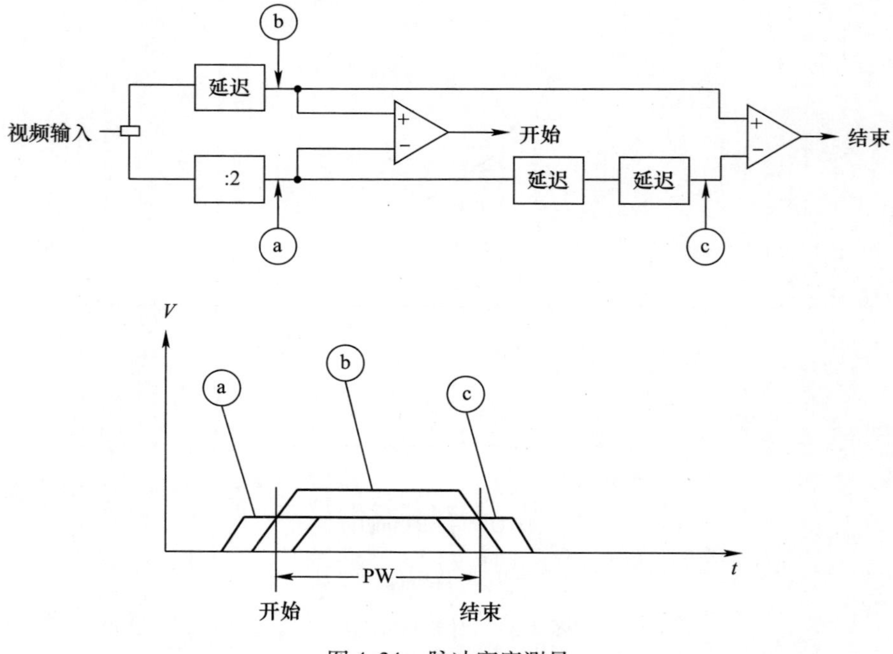

图4.34 脉冲宽度测量

当接收机采用射频放大时，可以使用图 4.34 所示的构架以避免饱和。虽然它更复杂，但它具有非常大的瞬时动态范围。

通常，还测量与脉冲宽度相关的脉冲到达时间和信号幅度。脉冲到达时间是计算发射机脉冲重复间隔并因此计算发射机脉冲重复频率所必需的非常重要的测量值。

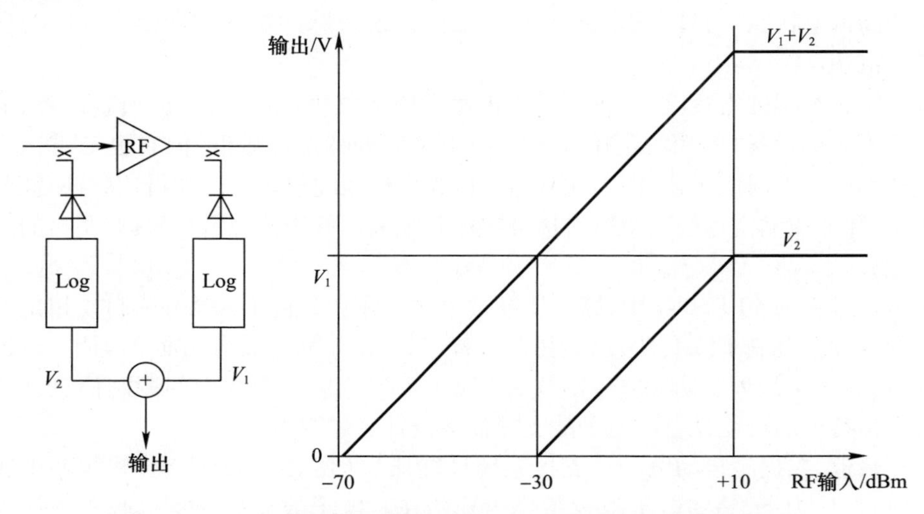

图 4.35　适用于脉冲宽度和幅度测量的超大瞬时动态范围接收机

4.2.3.6　脉冲调制测量

1. 概述

在雷达发展历史的最初 20 年中，雷达脉冲被认为只是时间较短的、未调制的射频信号。因此，人们认为信号幅度和射频频率在脉冲持续时间内是稳定的，从未考虑过相位调制问题。当然，这只是一个理论假设，实际上，雷达发射机从来都不是完美的，雷达脉冲在频率上既不是绝对稳定的，振幅也不是完美的矩形。从某种程度上来说，所有脉冲都受到某些不完美因素的影响，由不规则的振幅和频率组成（脉冲形状不是矩形）。

雷达脉冲上存在少量幅度调制（AM）、频率调制（FM）或相位调制（PM）被认为是不可避免的，并且很难测量，更重要的是不会影响早期雷达的基本性能。出于这个原因，它被雷达设备的设计者所接受，并被电子战支援侦察和电子情报侦察设备的设计者所忽视。

后来，当动目标指示功能成为大多数现代雷达的标准功能时，雷达信号在幅度和相位上的稳定性成为一个重要特征，设计人员开始花费精力来使得这种不希望出现的脉冲波形调制最小化。

然而,几年后他们意识到使用有意调制脉冲(IMOP)正在为一种称为脉冲压缩的创新型雷达技术开辟道路。用于这种目的的脉冲调制是频率调制(FMOP)和相位调制(PMOP),在实际工作环境中可能受信号传播严重影响的幅度调制(AMOP)在原理上就行不通。

脉冲压缩技术提高了雷达距离分辨率,有助于设计具有相对较低的峰值功率和高占空比,且与具有相同平均功率量的传统短脉冲雷达相同距离性能的创新型雷达。

所有类型的雷达电子侦察设备(雷达告警接收机、电子战支援侦察设备、电子情报侦察设备)的探测范围显然取决于它们的特定灵敏度,但它也与雷达峰值功率的平方根成正比,因为通常侦察接收机仅匹配较短的已知雷达脉冲宽度。因此,脉冲压缩雷达的远距离雷达可被探测距离远低于传统雷达,具有明显的战术优势。

在过去的 40 ~ 50 年中,脉冲压缩技术的使用(使用诸如频率调制或相位调制的脉冲上调制手段实现)已变得非常普遍,但出于实际操作方面的原因,通过分析(在电子战处于防御电子战支援侦察的一方)信号参数中的调制信息来描述雷达特征的可能性已被电子战支援侦察设计者忽视多年。

最近,在提高自动电子战支援系统性能质量(使其可靠、明确,并能够迅速反应)的压力下,一些电子战设备公司开始在其电子战支援侦察接收机中加入自动检测(并完全分析)的能力详细信息。各种类型的脉内调制,如幅度调制、频率调制和相位调制,在电子战支援接收机特别是数字式接收机中广泛使用。

当在雷达设计中为特定目的引入这些脉内调制(例如,实现脉冲压缩)时,它们被定义为有意脉冲调制,并且由于具有相当大的幅度,它们相对容易被检测到。当它们仅由雷达系统电路缺陷产生时,它们被定义为无意脉冲调制(UMOP),这些调制的幅度通常非常小,这使得难以检测和分析它们。

然而,值得一提的是,无意调制在大多数情况下对每个雷达个体都是极其特定的;也就是说,每部雷达的无意调制都不相同,即使它们具有相同的品牌和型号——因为这些无意调制都取决于各自的制造缺陷。

因此,这些调制可以代表产生相应信号的雷达的独特特征——指纹,允许(如果我们能够以所需精度探测到和分析它们)远距离识别此前已知的特性雷达个体指纹,并由此确定其搭载平台(例如,船名或船体编号)。

2. 脉冲调制检测与分析

脉冲调制检测是辐射源识别的重要信息,因此也是军方用户的重要信息。如果可以对所有接收到的脉冲实时检测脉内调制,则脉内调制也可以用于辐射源分选,以将没有脉冲调制的脉冲与具有脉冲调制的脉冲分离,这将有助于分选过程。

为了测量脉冲调制幅度，必须（在脉冲持续时间内）自动检测并实时测量雷达信号的射频频率及其不规则相位，并提供足够的细节（精确而快速的测量）来重构出可能出现在脉冲上的三种类型的调制：AM、FM 和 PM。

当然，为了检测和测量无意脉冲调制，首先必须具备测量脉冲调制的能力。过去，正如本书前一版[30]所述，脉冲调制参数的测量非常复杂。今天，由于数字接收机应用，使得脉冲调制的测量更加容易。

因此，脉冲调制和无意脉冲调制的具体讲解将在 4.2.3.6 节中完成。

实时脉冲调制分析的典型结果是数据包，在每个脉冲结束时存在于分析器电路的存储器中并可用于进一步处理。该数据可由系统以各种模式使用：

（1）如果在脉冲持续时间内检测到相应类型的脉冲调制，则将频率调制或相位调制标志实时生成（在脉冲结束后数百纳秒）并入到接收脉冲的脉冲描述信息中。

（2）快速评估脉冲上存在的调制量（例如，相位码的元素数量）也与脉冲描述信息相关联。

（3）自动准备（来自电子战支援侦察处理器），对于被识别为与指定辐射源有关的脉冲，详细描述分析的脉冲调制特性。该技术专门用于雷达有意脉冲调制的详细描述。

（4）自动准备（来自电子战支援侦察处理器）对频率调制和相位调制信号特征进行更详细分析，专门用于无意脉冲调制的详细描述，常用于辐射源指纹识别。

3. 无意脉冲调制

考虑到带有基于磁控振荡管发射机的简单雷达，在发射脉冲中引入的无意脉冲调制主要是由于以下原因：

（1）幅度调制。由磁控管传输的脉冲的包络形状就像臼齿。实际形状取决于施加到磁控管的高压脉冲（由单独的高压电源产生）的斜率与单独的磁控管本身之间的相互作用。每个发射机将产生具有不同个体特征的脉冲形状。因此，一旦数据库中已经存储了由不同发射机产生的脉冲形状，则通过分析脉冲形状，可以识别该脉冲的所属发射机。

（2）频率调制。在磁控管发射喜好的过程中，管内的微热环境可以引起一些可以测量的频率偏移，这取决于各个磁控管自身特性。

就基于行波管或固态放大器的现代雷达而言，有可能确认其以下无意脉冲调制特性：

（3）幅度调制。通常这种类型的雷达不会出现明显的非必需幅度调制，除非发生一些脉冲调制器故障。这些不必要的幅度调制可以取决于行波管 - 调制器复合体中的电压驻波比,也可能取决于脉冲放大造成负载突变引起的各个高压电源的不稳定性。

(4)频率调制。特别是如果发射脉冲属于啁啾类型时,则相对于频率调制的标称值(例如,啁啾的最小和最大频率)存在一些差异(在雷达容差内),这取决于发射机序列号。巴克(Barker)码还可以在相位码变化时产生频率扩展:非常快速的相位变化可以在变化期间扩大信号频谱。

(5)相位调制。假设对于相位编码脉冲(例如巴克码),所需的相位步长为180°。实际上,单个雷达调制器可能仅应用178或175相位步长。该相位误差可以表示那些不需要相位脉冲调制。

无意脉冲调制的检测和测量是可以建立形成指纹库的。虽然在过去这种类型的信息很难获得,但正如将在第4.2.3.7节第1部分中解释的那样,由于数字式接收机的使用,利用无意脉冲调制信息进行指纹识别似乎更加实用。

4.2.3.7 自动辐射源检测(分选)

对于接收到的每个脉冲,系统前端(即频率和测向天线和接收机组)将生成并传递包含以下信息的脉冲描述字:

(1)脉冲宽度一般为0.1~100μs;

(2)到达角度0~360°;

(3)频率从小于1~18GHz;

(4)幅度-70~0dBm;

(5)脉冲到达时间。

每秒接收的脉冲数(称为流量)可能非常高(高达每秒几百万),并且将取决于其工作环境中存在的可探测辐射源数量和类型。随后的数字处理(称为分类,分选或自动检测)必须从大量完全不相关的脉冲中,通过识别工作区域中存在的辐射源来重构其电磁场景,如图4.36所示[1,9,10]。

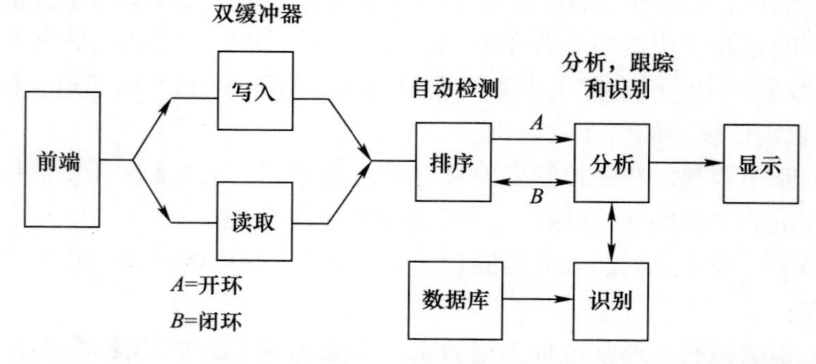

图4.36 自动电子战支援侦察检测器从接收到的信号中识别场景中存在的辐射源

在识别之前，首先要进行分类（或分选）。这需要将可能来自同一辐射源的所有脉冲组合在一起。如果同时考虑由接收机的不精确性引起的去相关效应，由辐射源参数捷变造成的影响，或者由环境造成的影响等。这些都会引起干扰和反射，那么这将不是一件容易的事。

如今，现代识别器通过在功能强大的 FPGA（固件）中实时运行复杂算法而得以实现其分选功能。那些不需要非常高运算速度的功能，例如控制、识别、演示和系统管理，则可以在功能强大的现代计算机中运行软件来实现。

在第一次关联处理以检测出可能的发射机之后，借助于复杂的软件进行分析以确定这些发射机的捷变、分选、模式和天线扫描类型和周期，并最终识别它们。结果以表格和图形形式显示在显示屏上，并在发现高优先级威胁时发出警告。

可以肯定地说，可靠的自动电子战支援侦察探测器的设计和实现是目前电子工程领域最困难的任务之一，其实施需要很多很多年的工作。

有两种基本类型的自动检测器：开环和闭环自动检测器。

1. 开环自动检测器

在开环自动探测器中（图 4.37），可为来袭脉冲提供一定数量的存储单元，这些的那元以辐射源的瞬时参数信息未标记，例如脉宽和到达角。当脉冲到达时，空的单元将声明自己可以接受具有与第一脉冲相同的脉宽和到达角的其他脉冲（在一定误差范围内）。可以使用适当的标准来考虑参数的捷变问题。

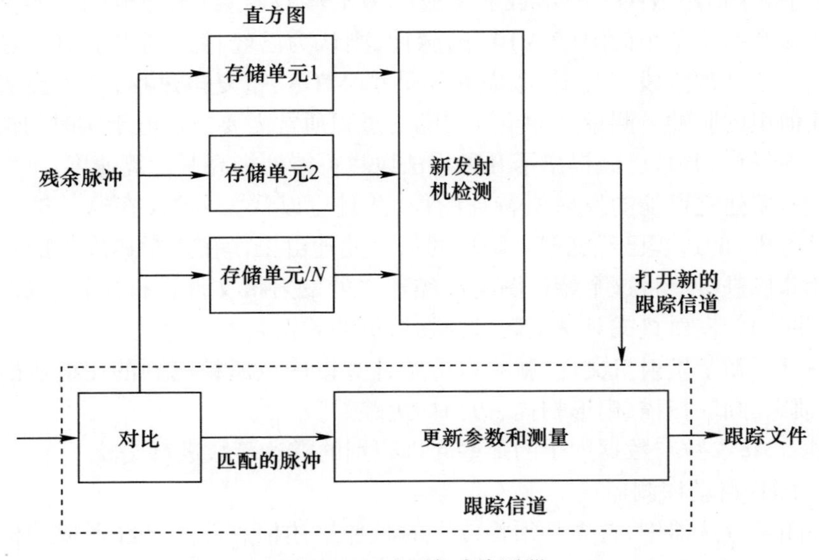

图 4.37　开环自动检测器

例如,如果需要可以以下标准用于检测固定频率和频率捷变的辐射源。在相同脉冲宽度和到达角的其他脉冲到达时,该单元可以根据其后到脉冲频率,调大或调小其脉冲频率范围。如果第一脉冲具有固定频率,则该单元会使其极化以仅接受具有那些频率、脉宽和到达角的脉冲,并始终将其容差保持在必须考虑的承诺书测量误差分布范围之内。相反,如果第一脉冲覆盖比较宽的频率范围,则该单元也会接受那些脉宽和到达角的脉冲,但其频率分布范围则会扩展达10%带宽。

每个单元只在数十毫秒的孔径时间内开放,在此期间它能收集的最大脉冲数是一定的。一旦该单元被存满,只有当新脉冲的振幅高于存储脉冲的振幅时,该单元才会用新脉冲代替旧脉冲。给定有限的存储器容量,采用这种方式进行分类时,其选择强度更高的脉冲进行分类,同时可以清理并且舍弃具有较低信噪比脉冲中包含的信息。

该标记过程避免了在后续处理中出现饱和,从而防止了系统去处理那些不包含任何信息的脉冲。例如,脉冲多普勒雷达每秒发出非常多的脉冲,而从电子战支援侦察的角度来看,这些脉冲都是相同的。

一旦孔径时间结束,单元内所存储的脉冲信息就会被发送到分类器,分类器试图确定存储在存储单元中的脉冲之间是否与典型雷达的脉冲重复频率存在某种时间关系。脉冲重复频率(或者脉冲重复间隔)的搜索和测量是基于对这些脉冲之间的到达时间差ΔTOA进行分析的基础上的。该过程通常通过搜索两个连续脉冲之间存在的最小ΔTOA并通过验证其他脉冲是否落入相同的时间窗口(时间门等于最小ΔTOA的倍数加上或减去足够的容差)来完成的。如果在门中存在多个高于某个门限(5~10)的脉冲,则认为已经检测到发射机并且可以开始下一个处理阶段。否则,考虑其他最小ΔTOA,重复该过程,并丢弃那些不属于任何组的脉冲。测量脉冲重复间隔的过程通常需要在接近于实时的情况下进行许多操作,并且已经提出了几种算法以尽可能地提高其运算速度。

最后要建立可能的发射机特征图像,并且可以认为分类(在这一框架下检测到发射机)的过程已经完成。随后的信号处理由工作在正常速度下的功能强大的计算机进行。将这个特征图与已经建立的发射机文件进行比较,以确定是否已探测到新发射机或只是更新已知发射机的数据。

一旦更新了发射机文件,就可以开始计算以确定所检测到的发射机的扫描模式:锁定、圆周扫描、扇形扫描、边扫描边跟踪。

最后,将参数与数据库中的那些允许识别的雷达参数进行比较。

2. 闭环自动探测器

在闭环分选器中,首先必须将传入的脉冲描述信息对照已经形成的信号文件。未被识别为属于已经提取的发射机的脉冲描述信息将被发送到缓冲器,从该缓冲器开始基于脉冲宽度、到达角和信号频率形成直方图,并触发发射机检测机制。一旦检测到发射机,就会打开一个跟踪通道(图 4.38)。被识别为属于该发射机的所有输入脉冲将用于改善或完成该发射机的信息,并从用于检测未知发射机的脉冲流中删除。

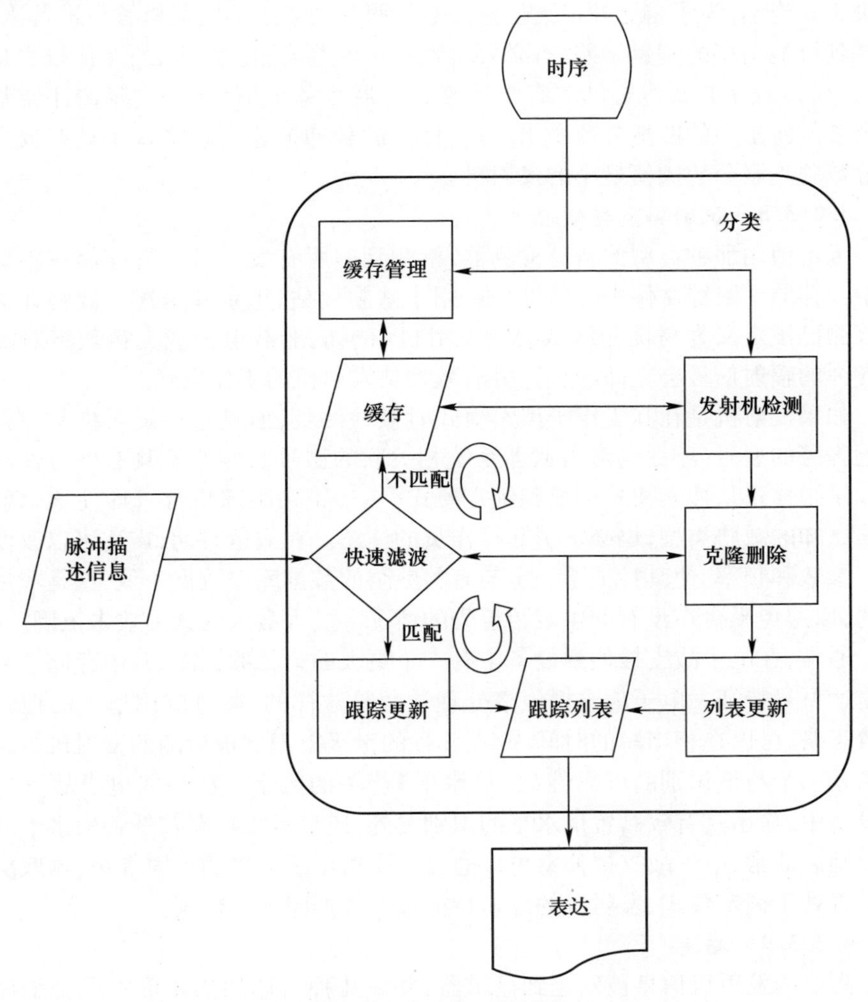

图 4.38　闭环自动检测器

这种结构的不同之处在于,所有输入脉冲首先与跟踪通道中已经存在的所有跟踪参数(跟踪列表)进行快速比较(快速滤波),如果脉冲属于该信道,则不再发送到检测过程。因此,短暂切换之后,检测过程变得更安全且压力更小,并且所有脉冲都用于巩固和改进已检测到的发射机数据。保护电路避免了高脉冲重频发射机可能引发的饱和。

当检测到新的发射机时，应该对其进行分析处理，以确保这个新发射机不是已经侦获的一个发射机的备份。

这种解决方案的瓶颈是快速比较滤波器（快速滤波器），必须快速可靠地做出决定。当然，为了将脉冲描述信息参数与跟踪列表中的发射机参数进行比较，考虑到可能出现的测量误差，有必要设置一个容差范围。今天，所有比较都是在FPGA中以数字方式进行的。有时快速过滤器是基于估计器的，该估计器基于几个参数匹配中的匹配分数做出决定：传入的脉冲描述信息将属于具有较高匹配分数并克服分数阈值最小的发射机。

4.2.3.8 识别和数据处理

无论使用那种类型的自动检测器，检测到的所有发射机都将存储在跟踪文件中。存储在跟踪文件中的信息稍后用于威胁评估、识别和描述。威胁评估包括检测已被定义为高优先级威胁的发射机（例如，船载电子战支援侦察对敌反舰导弹的辐射信号会立即警告），并有效评估发射机的工作模式。

如果发射机是在其工作于搜索模式时被检测到，而且这种发射机是一种不引起告警的型号（不是与敌方武器系统相关联的型号），则它不具有威胁性。但是如果扫描正从搜索模式切换到锁定模式（雷达正在跟踪平台），即使该辐射源不是已知的威胁类型，也必须引起操作员的注意。在战争时期，雷达可以改变其运行参数和频率，使其特征不一定与有关威胁的数据库中数据一致，这是非常必要的，以避免平台在没有产生威胁警告的情况下进入敌人的火力攻击范围。

通常，在电子战支援侦察设备中有一个更大的第二数据库，其中存储了数千个雷达型号特征。电子战支援侦察处理过程是这样的：通过应用适当的搜索和比较策略，可以在相当短的时间内，在几秒的量级上识别被检测的发射机。识别结果是一个与该识别的可靠性（置信水平）相关的数字。在一些电子战支援侦察设备中，除了具有较高置信水平的识别之外，还显示了具有较低置信水平的其他识别。通常，电子战支援侦察可以通过程序给出发射机的威胁等级，这取决于它是否处于锁定模式、发射机的波形特征以及数据库中的数据。

4.2.3.9 描述

提取的发射机信息被发送到显示器，并以几种可选的描述形式提交给操作员。最常见的三种描述形式如下，如图4.39[①]所示。

（1）表格；

（2）笛卡儿坐标，其中横坐标表示发射的到达角，纵坐标表示射频频率（这

① 原书误，译者改。

种类型的显示也称为$f-\alpha$)；

(3) 战术(或场景)。

在表格形式的描述中所提供的是一个表，其中每个发射机由跟踪号码(Track Number，TN)来表示，随后是其到达角、频率、频率捷变频带、脉宽、脉冲重复频率、脉冲重频的抖动或交错、天线扫描类型等的信息。

在$f-\alpha$表示中，到达角可以是相对于武器平台的，也可以是绝对的(即相对于地理北的坐标)。

如果操作员需要，标识每个威胁辐射源的所有数据都可以显示出来，还可以根据威胁等级来指令其跟踪。发射机的描述可能是合成信号，也可能只是其识别号码、跟踪号码，或者更为粗略的，只是所探测到信号的振幅。

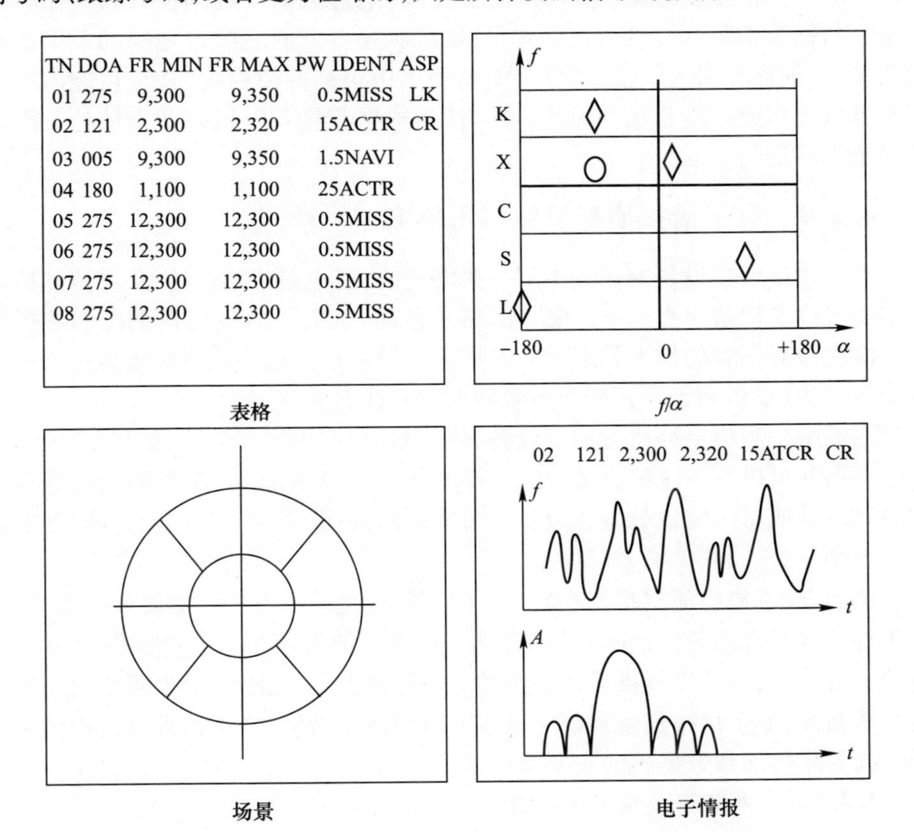

图 4.39　典型的电子战支援系统显示

在场景或战术描述中，发射机显示在圆形屏幕上，如 PPI 所显示的那样，作为其 AOA 的一种功能。径向距离可以表示发射机威胁等级或发射机的信号振

幅,从而给出关于发射机距离的提示,这可能从某个层面上适当解释了"提示"意义。发射机的距离为

$$R_i = \left[\frac{P_T G_T G \lambda^2}{(4\pi)^2 R^2 L_{Tx} L_p} F_p^2 \right]^{\frac{1}{2}} \tag{4.31}$$

式中:$P_T G_T$ 为雷达有效辐射功率,其中包括了传输损耗,虽然这是先验已知信息,但根据设备工作条件的不同会有 ±2dB 的变化;G 为电子战支援侦察接收机的天线增益,它可以从 ±2dB 之内的宽仰角区域中得知;L_p 为极化损耗,可以以 1dB 的精度进行估算。

结合这些误差,可以得出结论:一旦测量到被检测发射机的信号的幅度,对其距离的估算精度就可能在 ±40% 的数量级(这种大的不准确性导致我们将该作用距离称为伪距)。然而,在低水平,考虑到来自海面或来自地面的反射的传播因子 F_{p2} 的存在引入了幅度/作用距离关系中很高的模糊度,甚至可能由于大气波导效应而进一步恶化。因此,可以认为根据测量发射机幅度来估计其距离是完全不靠谱的。

4.2.4 电子情报侦察系统(ELINT)

电子情报侦察设备的任务主要是战略性的,但也是战术性的,从本章随后的阐述中可以看出这一点[3,23]。就其战略角色而言,电子情报侦察系统能够提供有关潜在敌对国家的技术状态及其军事活动的信息。这些信息必须转化为一个可能对政治、军事和工业领域产生影响的发展计划。

当系统检测由更高质量的新设备,或该设备使用新频带,只要有必要,一定会引发那些可以制衡这些新威胁的军事和工业计划的启动;而当系统检测到异常电磁活动或有一定数量雷达设备向边境运动,就要采取一些政治行动,要求澄清有关情况。

然而,电子情报侦察系统在其重要战术目标之外还有一个重要的战术目标:基于有关发射机精确详细的海量情报信息,电子情报侦察系统能够跟踪单个装备的位置移动,并可以提供非常精确的敌方作战命令。此外,由于所使用的传感器非常精确,电子情报侦察系统可以成为电子战支援侦察、雷达告警接收机和电子干扰等装备加载数据库的主要信息来源[5]。

4.2.4.1 电子情报侦察传感器

运行电子情报侦察的逻辑边界预期准确性和时间有关,电子情报侦察系统的主要特征是必须能够以最佳精度测量来测量辐射源参数,却几乎可以完全不考虑执行此操作所需的时间。事实上,电子情报侦察信息是专门用于获取敌人在雷达领域的情报(识别其系统的类型和设置,雷达的数量和布局,运行状态

等），用于战略和战术上分析敌方意图（可以根据特定区域中可移动系统的位置或已知系统的异常活动等方面来评估）。对电磁环境中连续采集的辐射信号，可以扩展其关于雷达信号随时间变化的情报，包括模式切换、不期望的参数变更、复杂辐射的观察以及旨在深入理解电子作战指令为目的而进行的分析。

图4.40所示为电子情报侦察传感器的原理图。由于其任务不是立即发出警告，而是提供非常精确的测量，所以为了避免干扰，电子情报侦察系统通常采用超外差式构架，具有旋转式、高增益、指向型接收天线，可以在自动通知装置的控制下跟踪感兴趣目标。这种结构为电子情报侦察系统提供了很高的灵敏度，使其探测距离达到几百千米。为了最小化由地球曲率引起的探测距离限制，这种设备一般安装在高架站点之上。

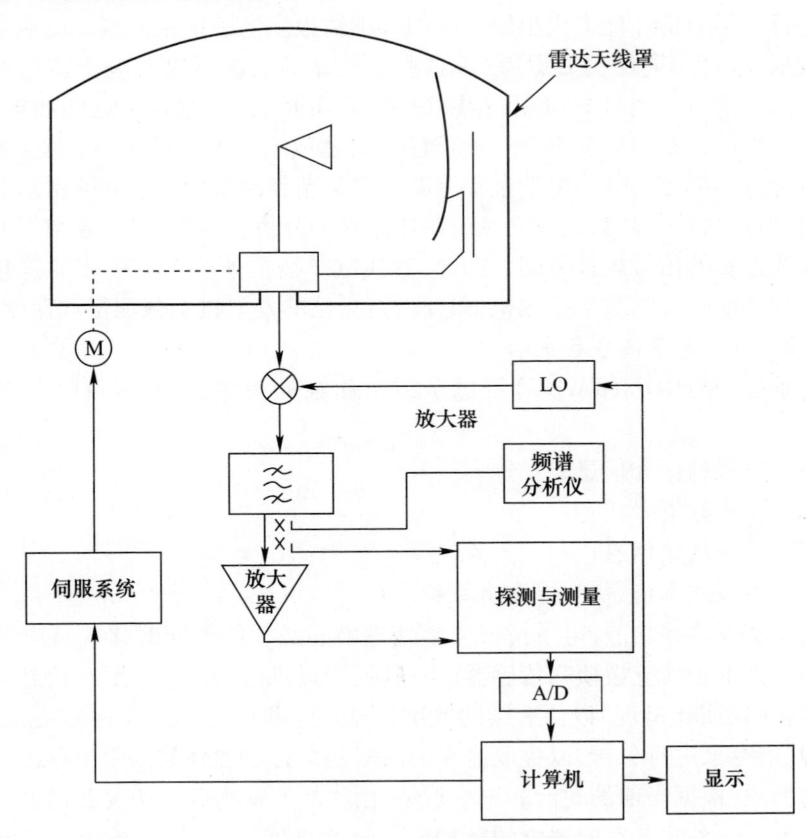

图4.40　电子情报侦察系统框图

基本的电子情报侦察系统配置必须确保其具有良好的截获概率，非常高的灵敏度和测量精度。这类系统通常选择一台快速扫频超外差接收机，因为它能同时确保较高的灵敏度和截获概率,并可将其成本控制在可以接受的范围之内(与注入信道化接收机等更为复杂的技术相比)。可以将接收机扫描或调谐到一个特定频率,以便对特定的辐射源进行深入调查研究。系统的瞬时带宽应该是可选择的,允许宽带模式工作(例如,大于 1GHz)用于截获捷变的辐射,或允许窄带模式工作(例如,小于 50MHz)用于进行高灵敏度测量。接收机通常耦合到一根高增益定向天线,该天线可以以一定的速度连续旋转以进行测向,或者针对特定角度进行超敏感扇区监视。电子情报侦察系统还可以提供 100% 角度覆盖的全向天线。必须检测其截获所有辐射并实时测量其参数(用于对辐射源的第一级识别),然后在延迟时间内对其进行深度分析,利用长时间收集到的大量数据,在分析实时测量参数的基础上进行筛选。只有对大量储存在缓存器中的数据进行详尽分析才能提供出辐射源的详细情报。电子情报侦察系统通常使用多个数据库(即不同层次数据库)。这些数据库的层次可以对应于雷达工作模式或平台识别或序列号的识别(指纹识别)。实际上,通过利用这些数据库,有可能将几种模式的雷达分组为一种特性的雷达或一种特定的平台,甚至是一个特定雷达的序列号。这些复杂过程需要在非常精确测量的参数和非常短的识别间隔内进行比较。显然,这种在延时阶段进行的分析,需要大量记录数据的缓存器以及非常长的信号处理时间。如今,现代电子情报侦察系统使用的是超外差接收机和功能强大的数字接收机,以便进行后续的发射机参数测量和深度分析。

4.2.4.2 电子战分析中心

电子战分析中心(EWAC)或电子情报侦察处理中心(图 4.41)具有以下功能:

(1) 收集数据和信息;

(2) 生成数据库;

(3) 生成战略信息;

(4) 生成战术信息(电子防务系统库)。

为了实现这些功能,电子情报侦察处理中心必须能够同时接收从电子情报侦察和其他电子战支援侦察传感器以及其他情报机构的信息。所有信息均需进行格式化(同质化呈现)以便后续的数字处理。这些信息必须经过相关、滤波等分析,并由专家进行分析,以提取潜在的战略信息并添加到数据库内存中。一旦数据库形成,根据当前的政治和军事形势,由作战专家为各个相关部门准备即将插入到电子防务装备存储器中的数据库。除此之外,电子战分析中心还允许我们通过提供来自其他电子情报侦察传感器和不同类型信息源(从商业信息到人类指挥)所获得的额外信息,从而使我们在延迟阶段的分析得以增强,进而获得敌方电子作战指令的精确表达。第二个应用是利用所获得的数据,为作战计划的创建与更新扩展这些系统(电子情报侦察,电子战支援侦察/雷达告警接收机)所使用的数据库。

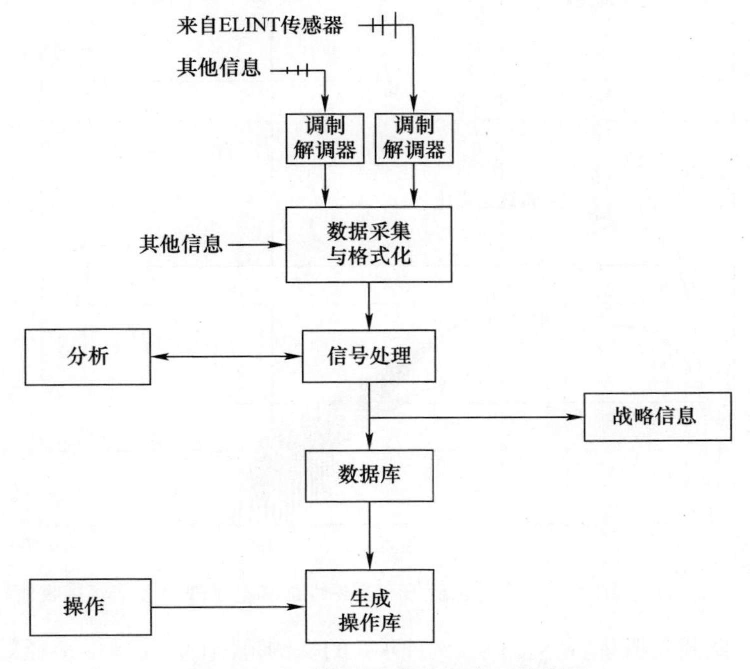

图 4.41　电子情报侦察处理中心结构图

4.2.5　现代电子侦察系统的数字式接收机

现代电子战支援系统正在寻求不断提高灵敏度,以便为电子战指挥员提供完整可靠的作战方案。正如前文所提到的,这个问题的最佳解决方案似乎是使用数字式接收机。

4.2.5.1　高灵敏度和高截获概率需求

众所周知,超外差结构可以实现高灵敏度,但是,系统同时对高截获概率也提出了要求。

1. 低截获概率(LPI)雷达问题(高灵敏度)

低概率雷达的广泛应用,特别是在海上作战中,需要电子侦察系统设计者以提高接收机灵敏度为设计目标。许多低截获概率雷达被用作导航雷达,是因为它们在为船舶提供导航的同时不易被敌方截获。因此,低截获概率的反舰导弹导引头也应当予以充分考虑[6]。

在图 4.42 中,仿真结果显示了具有 60dBm 有效辐射功率的海军低截获概率雷达,用于探测配备有 -60dBm 灵敏度的电子战支援侦察设备的海上巡逻机(MPA)。

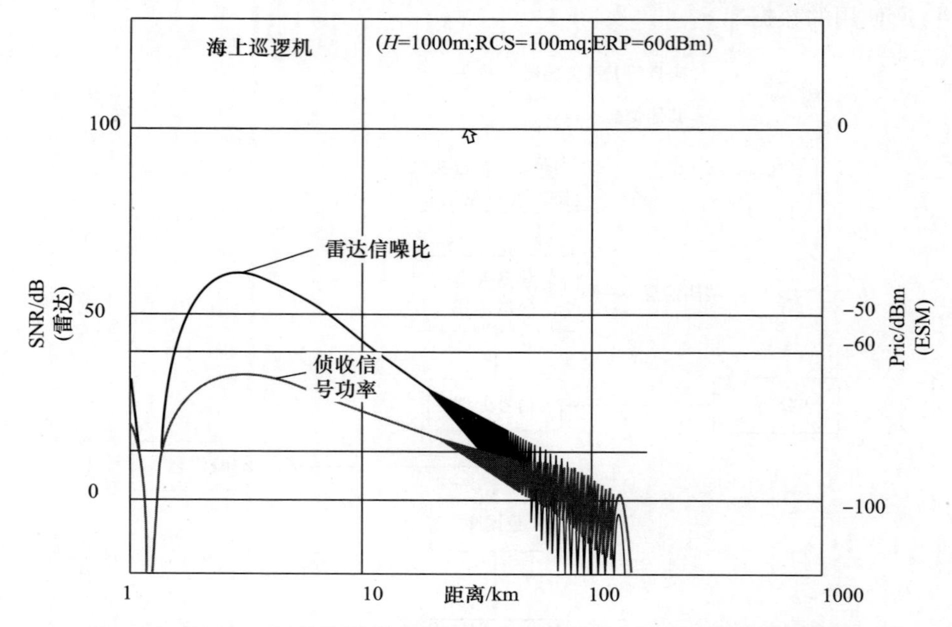

图 4.42　针对 MPA 的海军低截获概率雷达性能和电子战支援侦察接收信号

注意,低截获概率雷达提供大约 40km 的探测范围(波动是由多径效应引起的),而 MPA 的电子侦察系统甚至不能看到低截获概率雷达。为了实现有效探测,MPA 的电子战支援系统应具有约 -80 ~ -90dBm 的灵敏度。

在图 4.42 中,仿真结果显示具有 60dBm 有效辐射功率海军低截获概率雷达探测到具有 $1000m^2$(假设其为点目标)雷达散射截面的舰船,其配备具有 -60dBm灵敏度的海军电子战支援系统。注意,低截获概率雷达提供大约 12km 的探测范围(波动是由多径效应引起的),而 MPA 电子侦察系统仅能够在大约 1.5km 处探测到低截获概率雷达。同样,为了实现有效探测,海军的电子战支援系统应具有大约 -80 ~ -90dBm 的灵敏度。

此外,对具有非常高灵敏度的雷达告警接收机/电子战支援系统的要求似乎是强制性的。

2. 逃逸式发射机问题(高截获概率)

除了检测具有低有效辐射功率雷达时电子战支援侦察设备(船载和机载)需要较高的接收机灵敏度之外,其面临的另一个严重问题是逃逸式发射机的截获概率问题。

例如,逃逸发射机可以是安装在潜艇上的雷达,其天线仅出现几秒钟并通过单次扫描定位目标。为了以 100% 的概率截获这样的发射机,需要宽开结构的接收机。但是,这种结构可能与平台上的其他设备不兼容。

例如,船舶需要传输强大的连续波信号,用于卫星通信和半主动导弹制导。考虑到所涉及的功率水平,由此产生的干扰可能会影响电子战支援侦察性能,甚至可能使电子战支援侦察设备完全失明(图 4.43)。

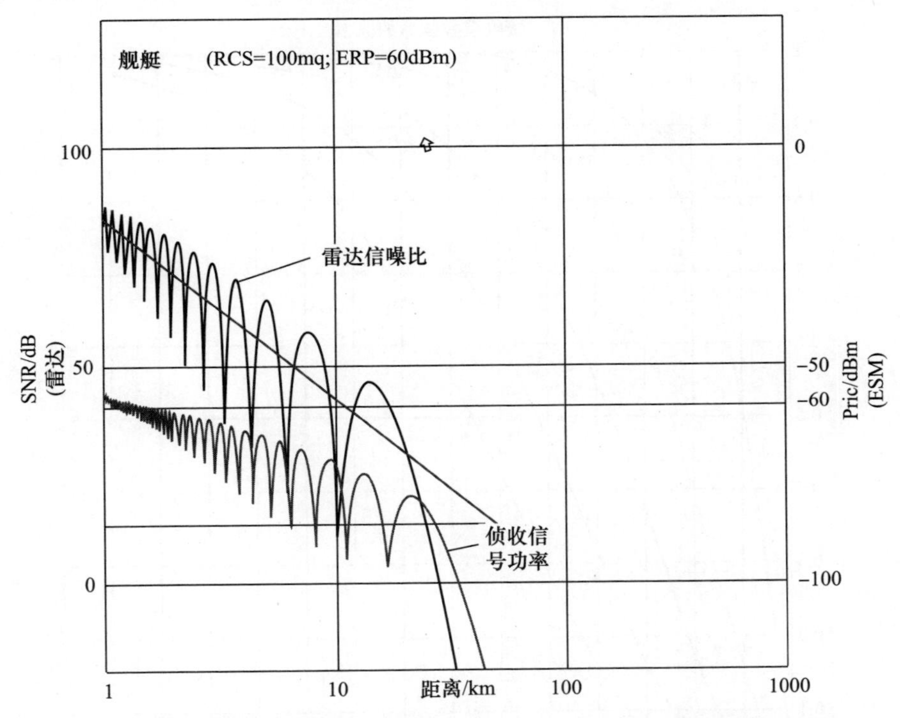

图 4.43 针对船舶的海军低截获概率雷达性能和电子战支援侦察接收信号

在电子战支援侦察信道中插入滤波器是复杂且昂贵的:必须对测频接收机和所有测向信道进行滤波,并且如果要使它们的功能不受影响,则必须满足严格的频率匹配条件。

这种对开放式系统的要求,对高灵敏度要求和对抗干扰的要求表明基于信道化接收机的架构是强制性的。如果在信道数量很高时仍不需要如此高的成本,则使用信道化架构似乎是理想的解决方案。因而,这些问题将通过开发新技术而得到缓解,这将使混合式构架得以实现,如第七章所述。

3. 对信道化接收机的需求

使用高灵敏度接收机将增加每秒接收脉冲数量的预期流量。信号流量将大大增加,这主要是因为新的发射机将被检测,并且通过诸如雷达天线旁瓣等设备看到辐射功率较强的发射机，同时考虑到现代发射机将利用长编码脉冲，获得脉冲重叠而导致错误测量的概率会变得很高。图 4.44 表示在进行脉冲测量时获得超过 1,2,3,4 和 5 脉冲重叠的概率关于信号流量的函数关系，该信号由 50% 的 0.5μm 脉冲、30% 的 1μm 脉冲和 20% 的 15μm 脉冲组成，信号流量以每秒脉冲（MPPS）为单位。

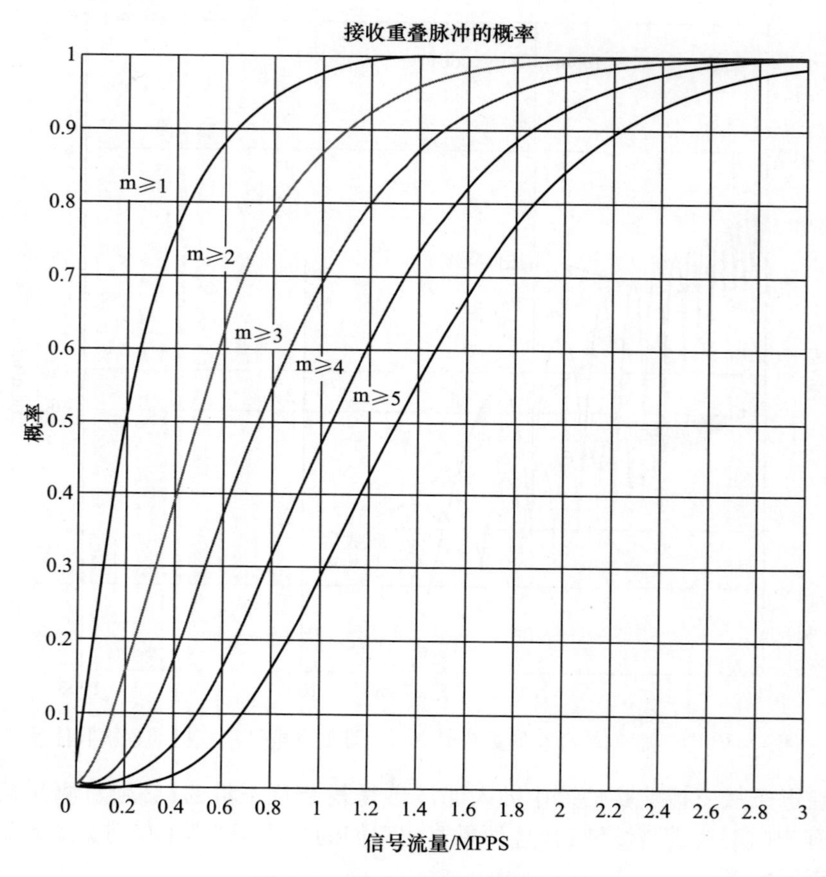

图 4.44　接收重叠脉冲的概率

因此，为了避免由脉冲重叠引起的高测量错误率，信道化接收机不仅需要获得高灵敏度，而且还需要避免脉冲重叠。

图 4.45 和图 4.46 详细介绍了使用信道化接收机而实现的重大进步。

请注意，如图 4.45 所示的传统系统中，所有接收到的信号都需要通过一个同一个信道。结果，在重叠信号的情况下出现了错误测量，从而导致了分类可靠性出现严重问题。

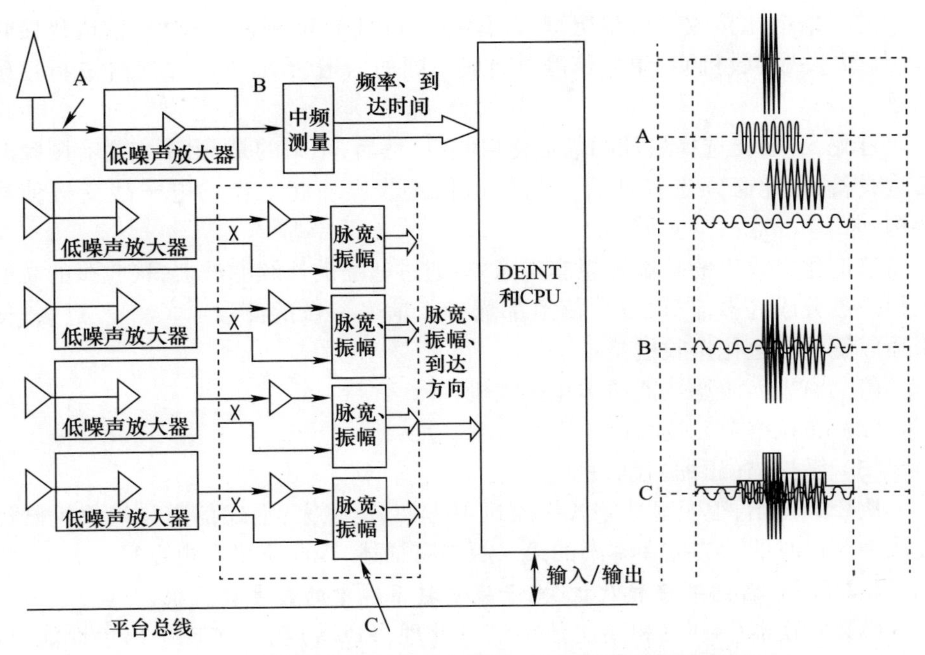

图 4.45　信道化接收机之前的电子战支援侦察参数测量

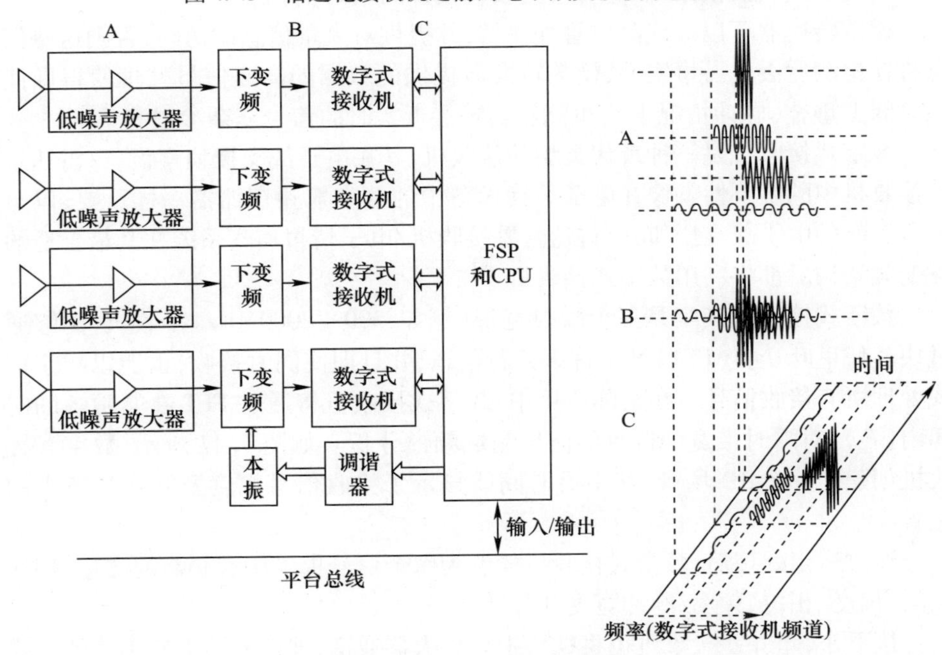

图 4.46　信道化接收机后的电子战支援侦察参数测量

使用信道化接收机时情况则有所不同,如图 4. 46 所示。这里,信道化接收机(如数字式接收机)将重叠信号分离成不同的信道,允许对每个脉冲进行正确测量。

首先,有必要选择最佳的信道化接收机,然后,不幸的是,由于它是有限瞬时带宽设备,因此必须选择适合于与信道化接收机一起工作的电子战支援侦察架构。

信道化接收机的基本思想非常简单:通过适当的连续滤波器,接收机的总射频频段被分成许多信道,每个信道都配备了信号参数的测量[16,25-29]。过去,使用最广泛的信道化接收机是:

(1) 声表面波滤波器通道化接收机;

(2) 布拉格单元接收机;

(3) 微扫描(压缩)接收机。

从今天开始,很明显数字式接收机更方便、更强大,上述信道化接收机已经被认为是过时的。它们在本书的第二版中有描述,因此这里不再重复。

4. 2. 5. 2 雷达告警接收机/电子战支援系统中的数字接收机

模数转换器(ADC)和高速数字信号处理(FPGA)已经实现了出色性能,这开启了电子战支援侦察/雷达告警接收机设计的新时代[7]。

模数转换器可以取代晶体管探测器,并提供对大量信息的访问,否则这些信息将在检测后丢失。事实上,模数转换器提供的数据的高速信号处理使得即使在时间上重叠(脉冲情况下),也能够实现接近实时的信号复杂参数测量。

数字式接收机是一种现代类型的接收机,其在电子战支援侦察设备/雷达告警接收机中的重要性就像在电子干扰设备中的数字射频存储器一样重要,以至于所有新的电子战支援侦察/雷达告警接收机/电子情报侦察系统在其最合适的下变频架构后都将利用数字式接收机[48]。

数字式接收机其实是一个瞬时宽带(例如,500 ~ 2000MHz)接收机,能够通过快速傅里叶变换(FFT)产生许多并行信道,并且即使同时接收,也能以数字形式处理所有接收信号。在实际应用中,数字式接收机将通过 FFT 在非常短的时间内(T_c),对瞬时带宽中接收的信号完成频谱分析。如图 4. 47 所示,数字式接收机创建了一个 3D 场景,其中沿时间线显示了接收信号幅度及其在频域中的位置。

经过适当处理后,数字式接收机能够为每个信号提供所有必需的测量:到达时间、幅度、相位、频率、脉冲宽度和脉冲调制。

接下来,超外差接收机也将视为中频放大器通道,即使实际上它不是数字式接收机的一部分。

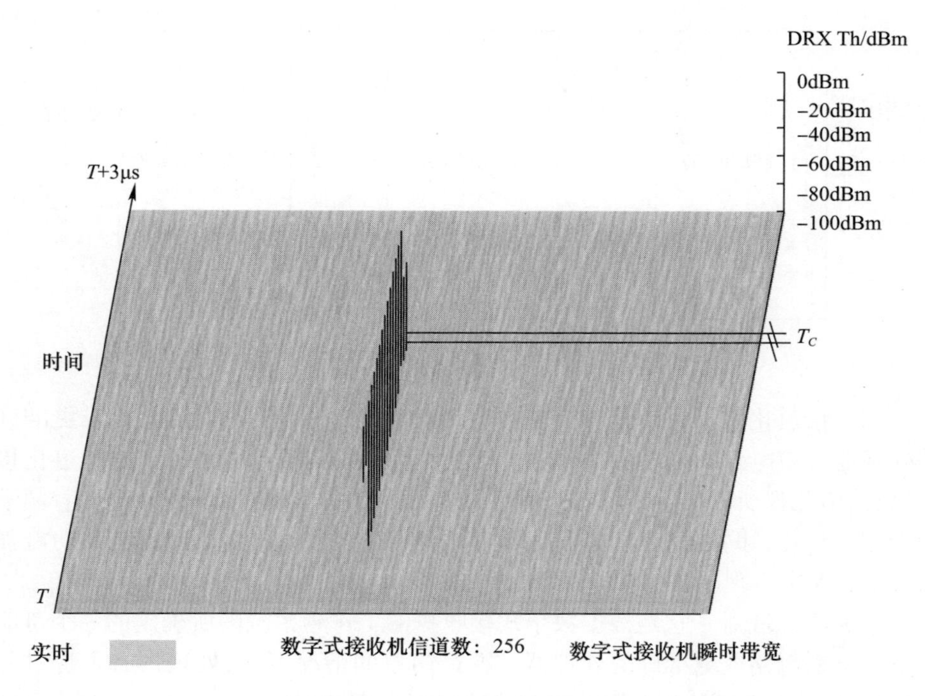

图 4.47　瀑布图表示的数字式接收机频谱－时间关系

通常，电子战支援侦察/雷达告警接收机/电子情报侦察系统必须提供非常宽的频率覆盖范围，通常为 2～18GHz 或 0.5～40GHz。超外差信道通功能是围绕射频频率值选择一个瞬时带宽并将其围绕中频频率值进行平移，使得数字转换器（ADC）可以将模拟信号转换为数字信号。当然，模数转换器的采样速率必须遵循香农采样定理（采样频率必须至少等于感兴趣的中频信号瞬时带宽的两倍）。（香农）

模数转换器输出端的数字信号将立即以非常高的速度处理，其算法主要基于重复使用短时傅里叶变换。该初始数字处理的效果等同于 N 个相邻滤波器阵列的效果，其中 N 是短时快速傅里叶变换信道输出的数量。

实现这种短时傅里叶变换处理的硬件称为信道化仪。信道化仪的输出可以在称为后处理器的电路中并行处理或分时处理。

数字式接收机主构模块数字式接收机通常由以下子组件组成（参见图 4.48）：

（1）数字化仪。它是一个执行快速采样并以符合奈奎斯特定理的速率对中频信号进行数字转换的电路，该电路还将同时增加数据流的并行性，以降低其输出速率，从而使其可以与信号化仪的数据读取速度相匹配。

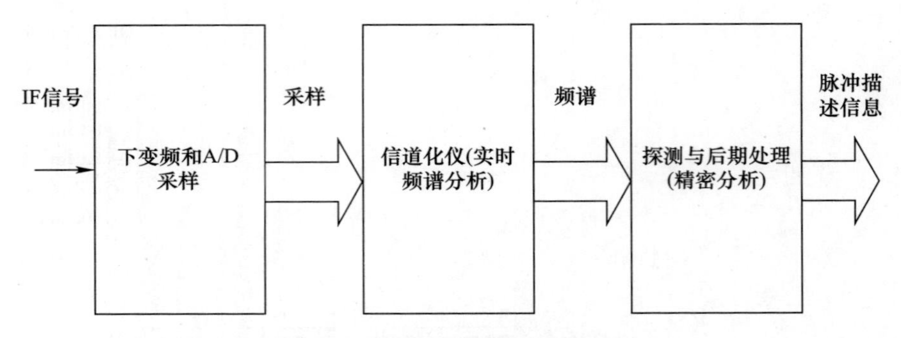

图 4.48　数字式接收机原理框图

(2) 信道化仪。它是能够在非常短的时间 T_c 内执行 FFT 的电路或更准确的处理器。该电路相当于由 N 个相邻的数字滤波器阵列实时工作的信道化接收机;信道化仪所输出信号的振幅和相位反映了输入信号的频谱,并会随着频谱的变化而变化(事实上,有时它称为数字式频谱分析仪)。此处理通常在功能强大的 FPGA 中实现。

(3) 后处理器。它是根据数字式接收机的工作频率范围所确定的一个可能非常复杂的电路或更准确的处理器。在最简单的情况下,后处理器必须提供关于信号的"存在"信息和它们的相关特性(例如,到达时间、幅度、相位、频率和脉宽)的测量信息。后处理器的主要目的是生成大部分脉冲描述信息数据,从而减少要发送到主系统(雷达告警接收机/电子战支援侦察/电子情报侦察)处理器的数据流。该处理通常在信道化器的同一 FPGA 中实现。

数字转换器和信道化器块的特征在于非常高水平的技术,并且根据现有技术的状态确定最大可实现的性能。最后一个块(后处理)可以认为是大脑;即使它基于标准数字处理,它也负责实际的数字接收机性能,并取决于其设计者的智力工作、专业知识和想象力。如上所述,目前,信道化器和后处理可通过功能强大的 FPGA 予以实现。

数字式接收机架构

超级外差信道在数字式接收机的输入端产生具有一定瞬时带宽的中频信号,确定数字式接收机的瞬时带宽。许多航空电子应用要求系统带宽为 2 ~ 18GHz,但一般情况下系统带宽也可能为 0.5 ~ 40GHz。超外差接收机将选择系统射频频谱的射频频带,并将其下变频到适当的中频,随后进行模数转换。射频频带宽度表示数字式接收机的瞬时带宽;目前可以实现轻松获得高达 0.5GHz 的瞬时带宽,并且在当今市场上,瞬时带宽可以超过 1 ~ 2GHz,以便能够立即覆盖当前雷达信号的频率捷变频带。

正如在所有变频器中所遇到的问题一样，互调干扰和本振频率选择等关键问题必须得到妥善解决；否则，超外差信道的性能可能会限制数字式接收机的有效动态范围。

因此，即使超外差通道不是实现数字式接收机的关键构件，它仍然很重要。如果数字式接收机必须在 60dB 或更高的动态范围内工作，则可能需要特别小心。

回顾一下前述的内容：采样率必须少是瞬时带宽的两倍，但只有在选择了数字式接收机的架构后才能确定采样频率。在这里，我们将考虑两种类型的数字式接收机架构，如图 4.49 所示。

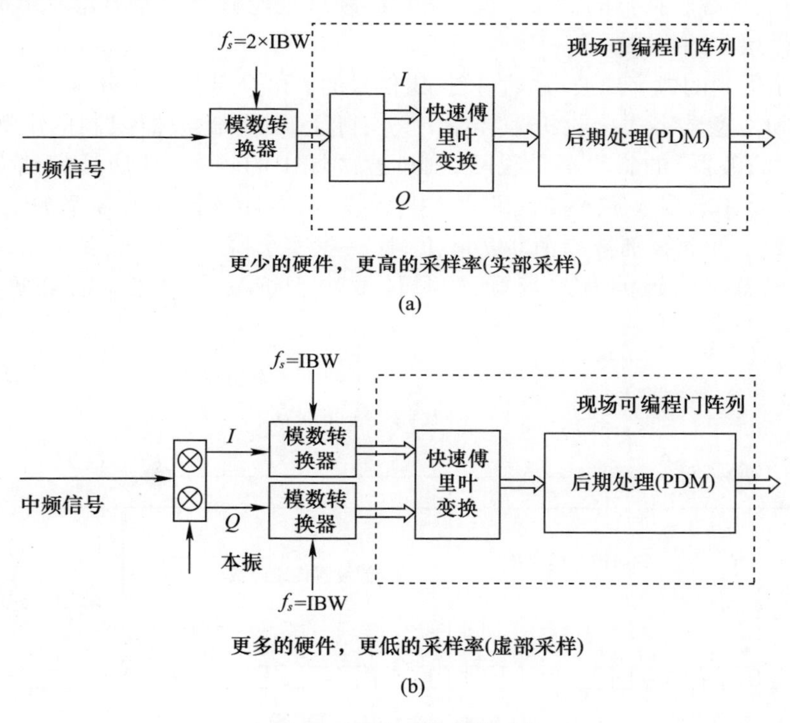

图 4.49 数字式接收机结构

(a)中频 ADC；(b) 基带 ADC。

值得注意的是，在图 4.49(a)所示的数字式接收机架构中，在模数转换器之后有两个箭头表示可以从实际样本开始生成 I 和 Q 信号。此外，值得注意的是，在该架构中，不存在用于基带下变频的混频器和本地振荡器（以及相关问题）。事实上，模数转换器直接连接到了在第一次将射频频带转换为中频频带的下变频之后的滤波放大器。通过信号的二次采样，可以直接在模数转换器中完成基带下变频(即,使用低于中频频率的采样率但始终遵循要分析的瞬时带宽的奈奎斯特定理)。该技术适用于带限信号[6],此时的采样频率 f_s 应当符合以下条件,即

$$f_s > 2\text{IBW} \tag{4.32}$$

也符合奈奎斯特定理,有

$$f_s = \frac{4f_{\text{IF}}}{2k+1} \tag{4.33}$$

式中:f_{IF} 为 IF 频率,以避免在 f_s 的频率倍数附近产生的频谱交叠。

当然,模数转换器的输入的视频带宽必须满足能够处理等于 $f_{\text{IF}} + \text{IBW}/2$ 的最大信号频率的要求。

一个适当的数字滤波可以直接提供信号的 I 和 Q 基带数字分量。

必须注意数字式接收机采样率 f_s。实际上,如果滤波器限制的中频频带(抗混叠滤波器)的斜率不是很陡,则过渡区域中的频率(从通频带到完全衰减频率)会在末端数字式接收机信道中折叠,从而导致错误的频率测量,除非它们在数字处理级别被取消。实际上,这一事实会降低一个或多个末端数字式接收机基本信道的有效带宽,这具体取决于抗混叠滤波器的有效性(见图 4.50)。

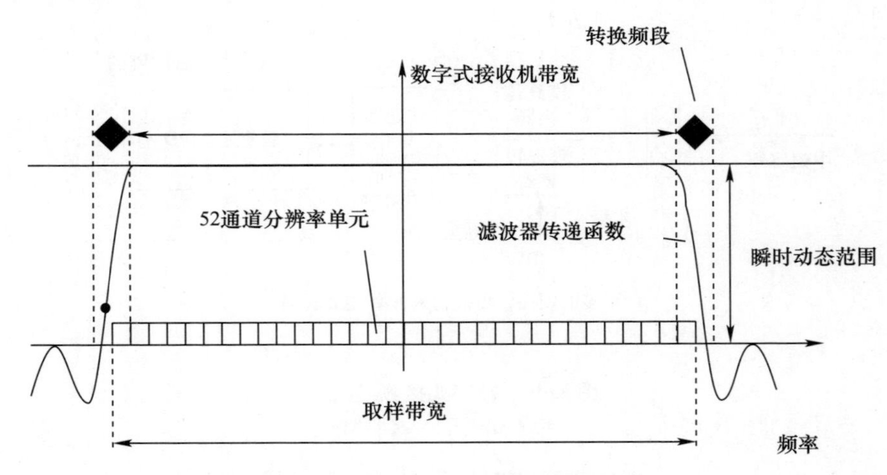

图 4.50 抗锯齿滤波导致的带宽缩减

因此,有必要设计比最小 $f_s = 2\text{IBW}$ 宽 10% ~20% 的数字式接收机带宽,以便顾及频率上限和下限处各有一个单元信道不能用作数字化接受的有效瞬时带宽。

这意味着，为了获得 1GHz 带宽的数字式接收机，其采样率应为 2.2 ~ 2.5GHz。通常，一个恰当的采样率为

$$f_s = 2.5\text{IBW} \tag{4.34}$$

在图 4.49(a)所示的数字式接收机架构示例中，需要一种要求苛刻的高速处理技术，以便在 FFT 之前以足够的速度和位数实现模数转换和数据处理。

图 4.49(b)所示的数字式接收机架构需要较低的采样频率。在此所采用的方法是生成两个相位相差 90°的输出通道，称为 I 和 Q 通道。在这种情况下，需要两个与其匹配的 A/D 转换器，每个采样时钟周期里输出两个实时的数字信号 (I,Q)。

根据相关理论，在这种情况下，采样率 f_s 必须大于 IBW。由前面的讨论可知，双通道数字转换器具有良好的采样率，即

$$f_s = 1.25\text{IBW} \tag{4.35}$$

在这种情况下模数转换器采样率减半，但是要求两个通道之间必须非常好的匹配。实际上，I 和 Q 通道中的不平衡可以产生能限制接收机的动态范围的镜像信号。为了避免这种情况，可以消除与每个强信号相关联的镜像频率，但是如果这样做的话，虽然可以获得一个良好的动态范围，但是数字式接收机上可用的有效信道数量也减少了。

图 4.49(a)所示的第一种架构看起来更简单，性能更高，但需要更高的技术水平，而图 4.49(b)所示的第二种架构看起来更容易被接受。

为了更好地评估这两种构架，提供了以一个示例，来考虑如何实现具有 1GHz 瞬时带宽的数字式接收机的问题。如果使用二级采样结构，必须有一个采样速率约为 2.5GHz 的模数转换器和一个非常速度的数字处理器，用于滤波和匹配模数转换器的实际数据到 FFT 电路。如前所述，更佳的工作状态建立在更复杂的采样之上。

相反，使用 $I-Q$ 通道下变频器，必须有一对匹配的模数转换器，采样率仅为 1.25GHz。在这种情况下，由于较低的采样率，模数转换器的要求会放宽。这种好处将通过努力达到 I 和 Q 信道间的平衡而实现，从而消除所需信号上的毛刺信号，或者在有必要时关闭存在杂散信号的 FFT 信道，即使这样会导致有效通道数目减少。

总之，数字式接收机瞬时带宽与模数转换器的最大采样频率相关联，并且还取决于下变频器的架构。

数字式接收机动态范围和灵敏度

数字式接收机性能由模数转换器采样率、模数转换器位数和为信道接收机

的采样数（FFT 点）所决定。

根据上面所给出的公式，模数转换器的最大采样率将决定最大瞬时数字式接收机带宽。

要了解模数转换器位数的作用，让我们首先回顾一些模数转换器的基础知识[8]：

（1）由模数转换器实现的量化意味着量化误差随着分辨率的增加而降低，因为最低有效位（LSB）的大小在较高分辨率（n = 位数）时较小。因此，量化信号受量化噪声的影响，量化噪声通常可以相对于输入到模数转换器的饱和正弦波以信噪比表示。信噪比和模数转换器位数之间的关系为

$$\mathrm{SNR}=6.02n+1.76(\mathrm{dB})$$

（2）模数转换器中的其他噪声源是非线性的，这就会导致谐波失真。信噪比和谐波失真的累积效应由信纳比（SINAD）表示，模数转换器制造商通常会参考此值来指定模数转换器的整体动态范围。

（3）为了简化模数转换器性能的评估，定义了参数有效位数（ENOB），表明模数转换器的性能与理论上完美的转换器一样，分辨率为用有效位数表示。

换句话说，因为这样的理想模数转换器绝对没有失真，并且其中的唯一噪声是量化噪声，信噪比等于信纳比。因此，可以通过将有效位数代入模数转换器 n 的位数来表示信纳比，即

$$\mathrm{SNR}_{\mathrm{ADC}}=6.02\times\mathrm{ENOB}+1.76(\mathrm{dB})$$

值得注意的是，这个值是指饱和正弦波输入，模数转换器噪声可表示为

$$N_{\mathrm{ADC}}=P_{FS}-\mathrm{SNR}_{\mathrm{ADC}}$$

例如，考虑到 ENOB = 8 的模数转换器（如典型的 10b 模数转换器）和 −2dBm的饱和输入功率，模数转换器噪声功率为

$$N_{\mathrm{ADC}}=-2-(6.02\times8+1.76)=-52\mathrm{dBm}$$

模数转换器的有效位数还可以确定数字式接收机的瞬时动态范围，其表示可以正确分辨的最大（$(2n-1)\times\mathrm{LSB}$）与最小（$1\times\mathrm{LSB}$）信号的比值。例如，8b 有效位数模数转换器通常将提供 42dB 的瞬时动态范围（为一个可以接受的动态范围，但离至少 60dB 的需求还有很大差距）。

基于以上定义，模数转换器瞬时动态范围 D_R 为

$$D_R=20\times\log(\mathrm{ENOB}-1)\mathrm{dB} \tag{4.36}$$

对于超出其动态范围的输入信号，模数转换器将饱和，从而在输出频谱中产

生许多谐波。

从雷达告警接收机/电子战支援系统的角度来看,模数转换器最重要性能规格之一是无杂散动态范围(SFDR),它是载波功率的均方根值与最主要杂散的均方根值之间的比值。其在 FFT 处理之后的整个数字式接收机的瞬时带宽中均有体现。例如,图 4.51 显示了使用安装在印刷电路板中的 e2V 10AS 150 模数转换器实现的动态范围性能,在 256 点 FFT 后,采样率为 4GS。

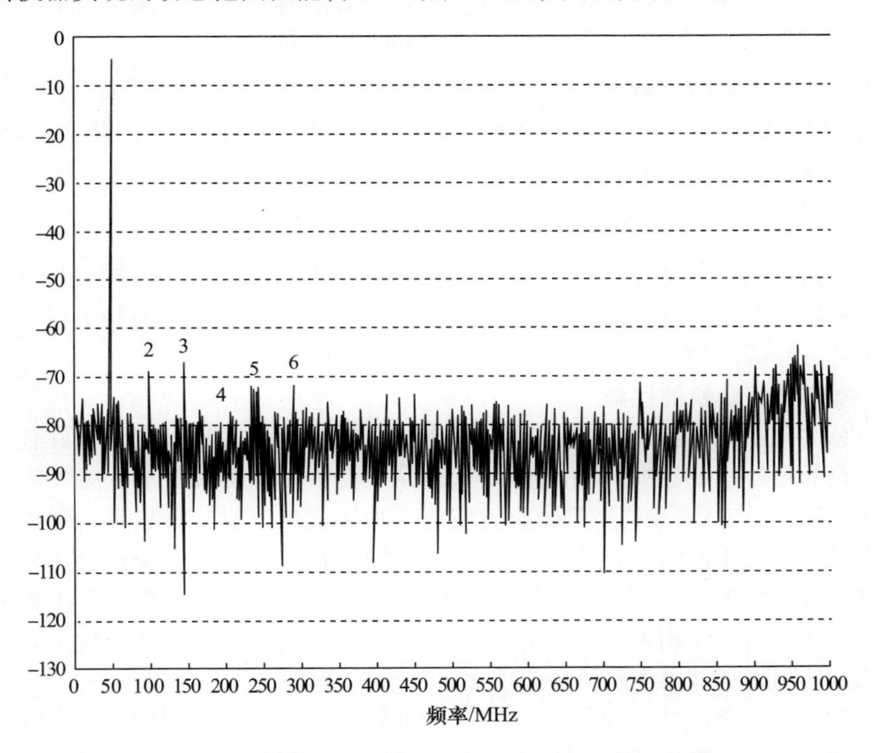

图 4.51　模数转换器中的杂散信号示意图

请注意,除噪声级别外,还会出现一些限制有用动态范围的杂散信号。例如,杂散信号可能在以非常高的采样率(几千兆次每秒采样)工作的模数转换器中生成,并通过交叠使用多个模数转换器实现,每个模数转换器的工作速率是总采样率除以交叠模数转换器的数量。在这种情况下,模数转换器之间的增益失配,非完美的时钟对准以及信号路径中的相位和幅度失配也可能导致杂散的存在,尽管模数转换器制造商提供了各种最小化上述影响的方法。

模数转换器的噪声功率将决定在低噪声放大器的输出端——雷达告警接收机/电子战支援侦察的噪声会被放大多少。当然,这种放大的噪声应该大于数字式接收机噪声,以使模数转换器的贡献可以忽略不计,但也不能放大过多,以避免数字式接收机动态范围地显着降低。通常,放大的低噪声放大器噪声保持比模数转换器噪声高几个分贝。随后,在数字式接收机的处理过程,数字式接收机会将此噪声分配到 FFT 通道中。因此,在每个通道中,噪声将大大降低,从而支持非常高灵敏度的雷达告警接收机/电子战支援系统。假设 FFT 通道的数量是 N,其系统噪声水平应当为

$$N_{SYS} = N_{LNA} - 10\log(N) + L_P$$

式中:LNA 由通常的接收机前端噪声 kTBF 给出,并且和损耗相关;L_P 为处理损耗(如 FFT 加权函数)。在经过天线增益之后,可以达到的雷达告警接收机/电子战支援系统灵敏度为

$$S = N_{LNA} - 10\log(N) + L_P + \text{SNR}_{MIN}$$

通过增加 FFT 通道数 N,可以实现非常高灵敏度的雷达告警接收机/电子战支援系统。但要注意,FFT 点越高,FFT 的运算时间就越长。关于 FFT 点数的折中标准将在后面的 4.2.5.3 节中给出。

数字式接收机的优势

总之,数字式接收机的优势在于它是一种数字设备。实际上,就像在任何一种经典的超外差接收机中所发生一样,数字式接收机从由天线下变频器输出的中频信号开始工作,最终得到数字比特流。数字式接收机的特点是这种类型的接收机可以在非常接近天线的位置就开始进行数字化处理,这个位置正好处于接收机链路保护、低噪声放大和第一次下变频之后(理想情况直接将无噪声的模数转换器与天线相连)。立即开始使用数字数据的愿望,来自于数字方法与模拟方法相比具有更多的信号处理优势。

众所周知,数字信号处理的优点是可重复性、稳定性、灵活性和可编程性。

数字系统完美的可重复性不仅使其可以用于相同的数字式接收机中,而且可以使用在同一组滤波器组的相邻滤波器中(在数字式接收机的相同信道仪中)。使用传统的模拟信号处理技术几乎不可能实现这些特性,工程师们花了大量时间试图在相邻的模拟滤波器之间实现良好的匹配。

就稳定性而言,值得注意的是,在数字设备中不存在模拟电路中的温度漂移、增益变化或直流电平转换。数字处理的高度灵活性允许其实现非常复杂的算法,例如对接收信号特性进行精细和细节化分析所必需的算法。

必须要注意到数字设备的可编程性是数字式接收机的重要特征之一,因为它允许用户改变数字式接收机的处理程序,并使其适应实际接收的场景。这在布拉格单元或微扫描接收机等其他信道化接收机中几乎是不可能的。

数字式接收机在电子战系统中的应用

如前所述,窄带数字式接收机已用于雷达系统,并且能够提供出色的信号处理能力。而在电子战领域,宽带数字式接收机使我们能够制造出非常可靠和高性能的接收机。例如,数字式接收机允许我们制造出同时具有高灵敏度(这对于检测低截获概率雷达波形非常重要)和高(接近100%)截获概率的电子战支援侦察设备。

在高灵敏度电子战支援侦察接收机中,接收重叠信号的概率非常高,并且在存在长脉冲时这一概率大大增加。如今现代雷达发射的都是编码波形,也就是经过脉冲调制的脉冲,长脉冲的出现非常平常。分析调制脉冲对于实现可靠的电子战支援侦察探测和识别非常重要。因此,在信号重叠时能够进行正确的分析十分重要,而选择一台信道化数字式接收机使其成为可能。

正如下文将要介绍的,数字式接收机可以对频率进行绝对精确的测量,这种精度可以用来区分出一台与其他发射机十分相似的发射机。同样,因为数字式接收机可以准确地测量一系列相干脉冲相位变化(例如,脉冲多普勒雷达发射的相位),甚至当电子战支援雷达的相对运动出现变化时,可以检测到脉冲串之间的多普勒频移(这将被用于实现被动定位技术)。

此外,由于数字式接收机可以提供接收信号的精确相位测量,因此它是先进的干涉测向系统中非常重要的设备。最后,由于信号处理链中使用的数据被临时存储在存储器中,因此根据后续处理的需要,可以及时取回数据并进行其他补充分析。这一特性与数字处理的实时重新配置特性,使数字式接收机成为现代电子战支援侦察/雷达告警接收机/电子情报侦察系统独特且不可或缺的基本工具。

4.2.5.3 数字式接收机测量辐射源参数

数字式接收机的第一项任务是通过 FFT 过程每 T_c 纳秒进行一次频谱分析。信号出现时的 FFT 输出如图 4.52 所示。数字式接收机应该能够在短时间内执行 FFT 处理,这个时间应当小于或等于累积等于 FFT 点的采样数所需的时间。即使这可能存在延迟时间,其仍能确保进行实时处理。例如,如果中频信号的瞬时带宽为 2GHz,则复数样本的采样率是 2GS 并且 FFT 点数是 256,样本累积时间是 $0.5 \times 256 = 128$ns。为了使 FFT 在每 T_c 时间内连续,FFT 处理时间 T_c 必须为 128ns 或更短。图 4.52 显示了 256 点 FFT,T_c 为 128ns 时 FFT 输出 256 个 FFT 信道。基本的 FFT 信道带宽为 2GHz/256 = 7.8125MHz。其中使用的信号是一个刚刚达到探测阈值的微弱信号。

在图 4.52 中,图片下部横线表示数字式接收机信道的平均噪声水平,而上部横线表示数字式接收机的检测阈值。如果接收信号很强而不是微弱信号,则 FFT 输出如图 4.53 所示。

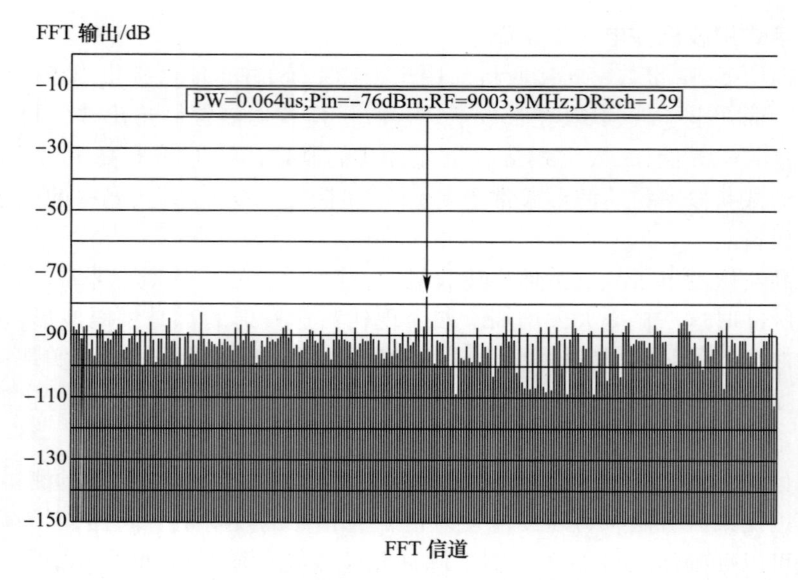

图 4.52　T_c 纳秒内产生的 FFT 输出

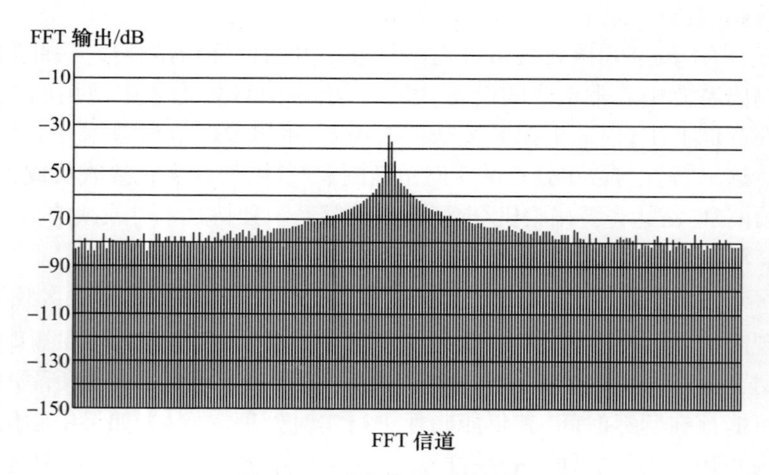

图 4.53　强信号的 FFT 输出

注意,对于在时间长度 T_c 中收集输入信号样本的 FFT 过程,频谱应该具有与短脉冲宽度 T_c 相关的 $\sin x/x$ 形状。因此,如果信号足够强,则在更多的频率信道中都会进行信号检测。为了避免这种检测扩展,需要在执行 FFT 之前对 T_c 中的样本进行函数加权(图 4.54)。

加权函数(也称为窗函数)将减少计算出的信号频谱旁瓣,将引入一些信噪比的损耗,并将增加信号频谱主瓣,如图 4.55 所示。

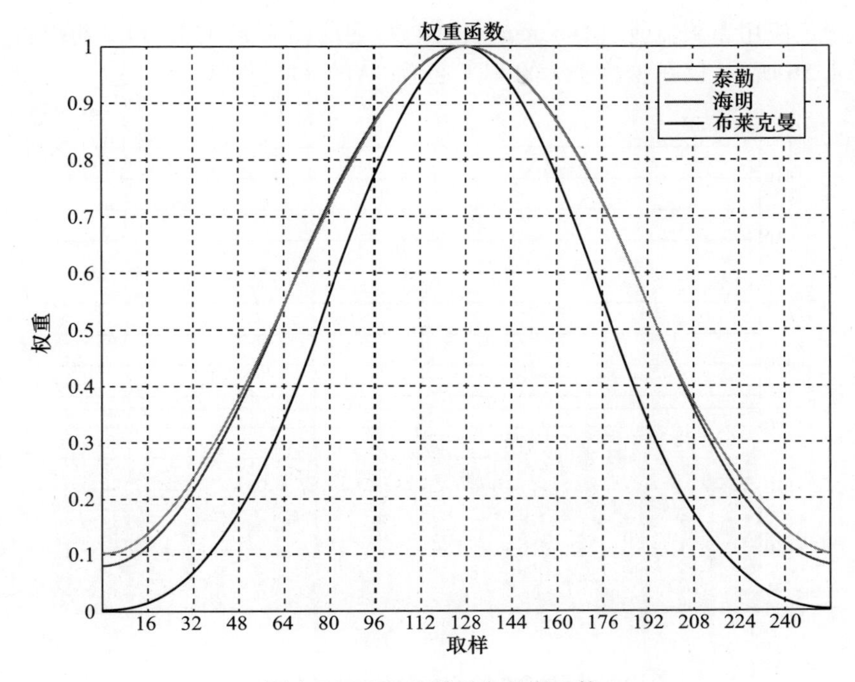

图 4.54　256 个采样点的窗函数

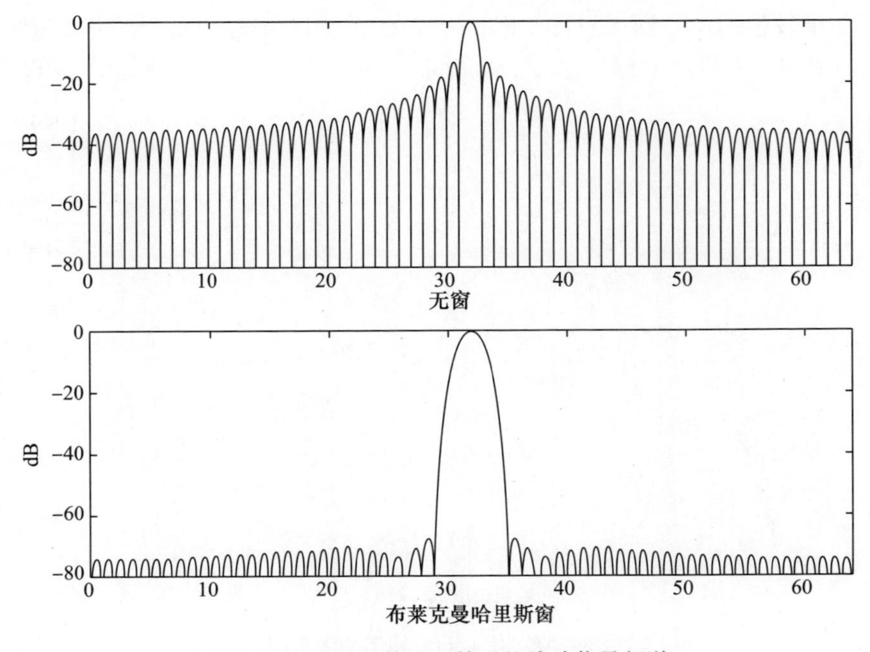

图 4.55　加权函数处理前后的脉冲信号频谱

通过应用布莱克曼(Blackman)窗函数,之前图 4.52 中的 FFT 输出将变为如图 4.56 所示,仅在少数连续的 FFT 通道中有信号出现。

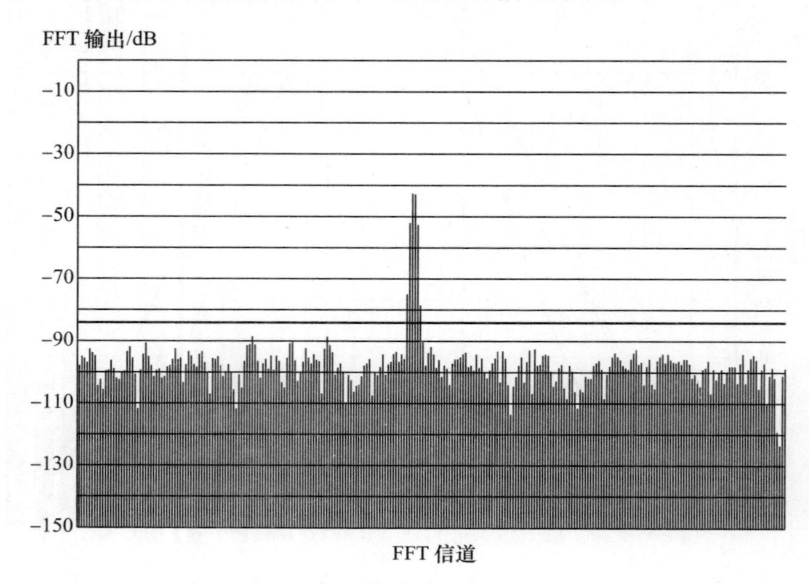

图 4.56 布莱克曼窗函数处理后的 FFT 输出

如果较强的信号到达与其频率相对应的信道中,则输出信号将远远超过阈值。在图 4.57 所示的瀑布图中,从时间 T 到时间 $T+3\mu s$,出现了许多 FFT 输

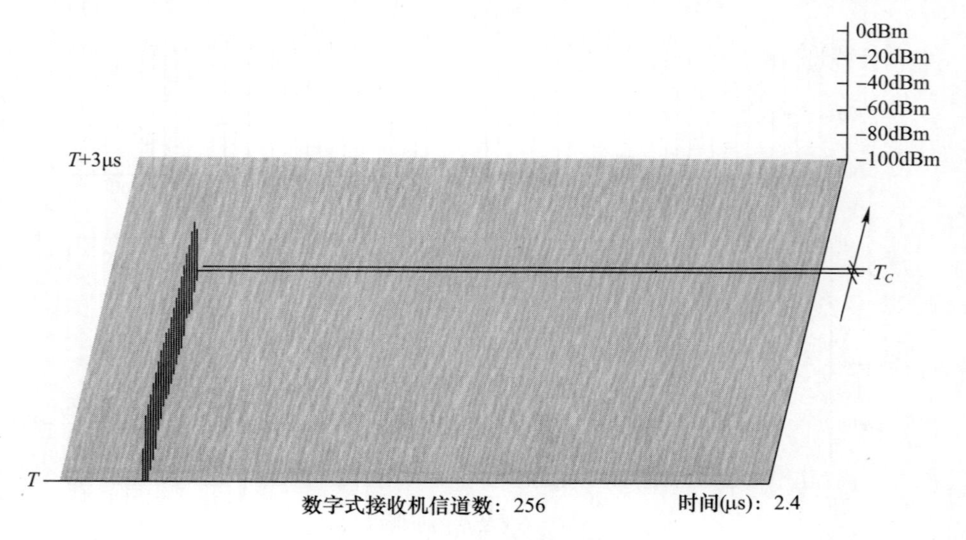

图 4.57 几个 FFT 输出的瀑布图

出，每个 T_c 时长就有一个。其中浅灰色垂直线表示每个 T_c 时长中的每个 FFT 通道中的噪声水平，而黑色垂直线则表示输入信号的幅度。

如前所述，如果不同频率信号同时到达数字式接收机，它们将在相应的 FFT 频率信道中分离，如图 4.58 所示。

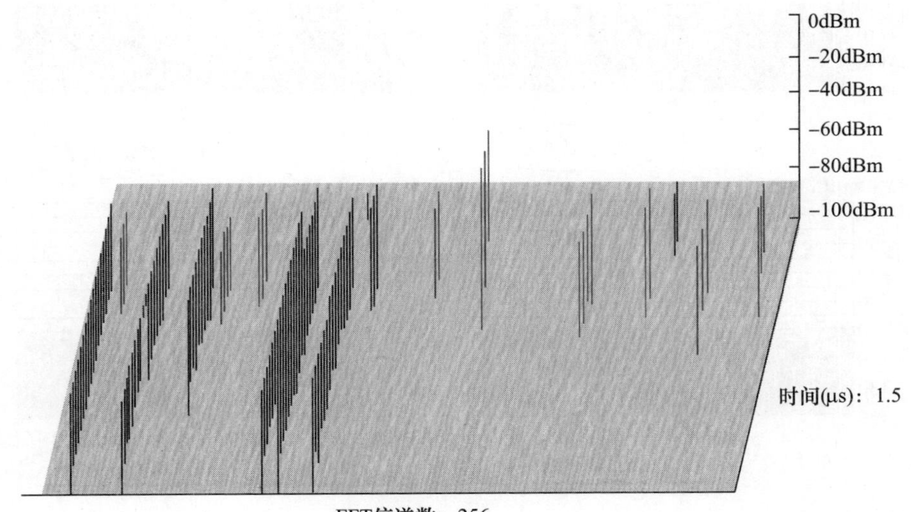

图 4.58 多脉冲条件下的 FFT 输出瀑布图

1. 数字式接收机测量脉宽

在进行信号检测的 FFT 通道中，可以轻松实现数字式接收机的脉宽测量。信号检测将启动脉宽测量过程。由于 FFT 的处理时间是固定的 T_c，因此可以通过在一个通道中连续检测计算 FFT 过程的次数来测量脉冲宽度，如图 4.59 所示。

测量的脉宽将是

$$\mathrm{PW} = T_{c_{\mathrm{STOP}}} - T_{c_{\mathrm{START}}}$$

数字式接收机提供的时间准确度将是

$$\mathrm{Accuracy}_{\mathrm{PW}} = \frac{T_c}{\sqrt{12}}(\mathrm{rms})$$

为了获得非常好的时间精度，FFT 点应该尽可能少，但这会降低系统灵敏度。

2. 数字式接收机测量脉冲到达时间

发生信号检测的第一个 FFT 时间帧的开始时间就是输入脉冲的到达时间。

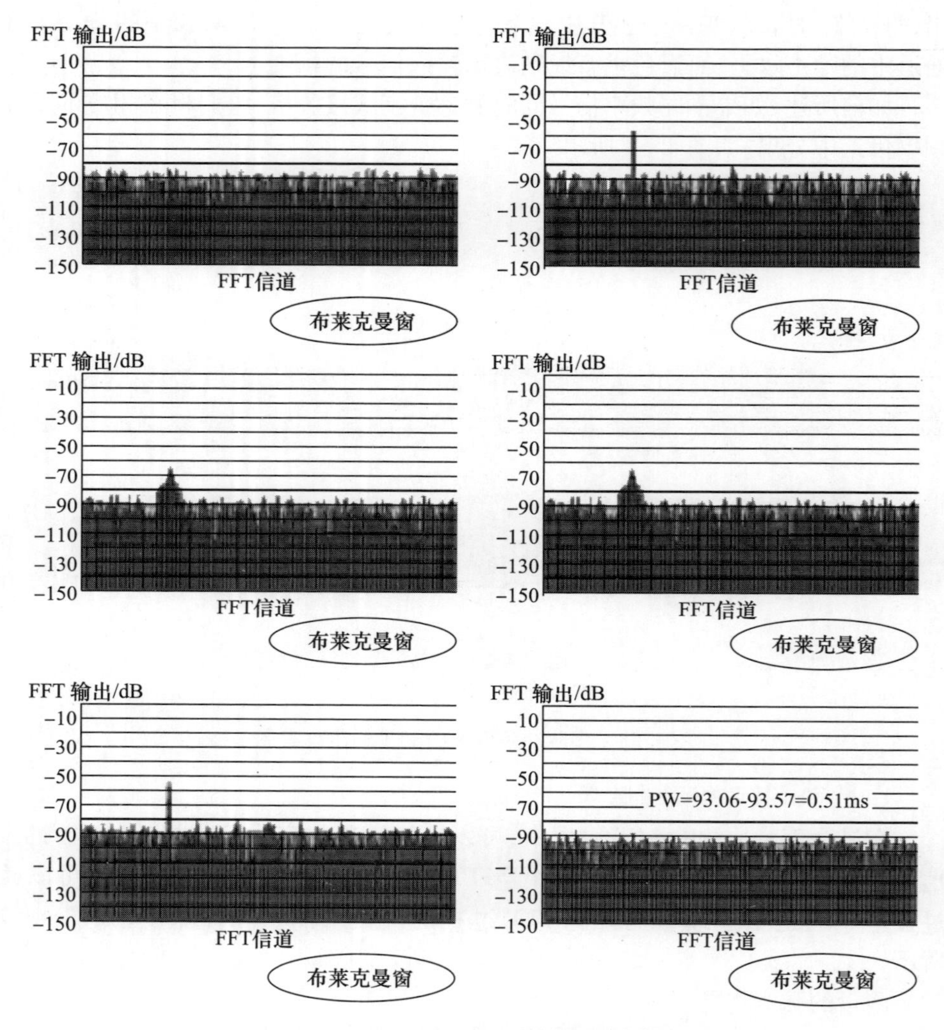

图 4.59　数字式接收机中的脉宽测量过程

在之前所提到的例子中,假设用2GS 的采样率收集复数样本进行256 点 FFT(即每 128ns 一次 FFT),得到的脉冲到达时间的鉴别时间为 128ns,得到的时间测量精度为

$$\text{Accuracy}_{\text{TOA}} = \frac{128}{\sqrt{12}} = 36.95\text{ns(rms)}$$

可以认为这个测量精度足以形成具有精确脉冲重复间隔的脉冲流,考虑到整体参数,可以正确地对其进行分选。当然,FFT 时间帧越短(FFT 点越少),到

达时间的测量精度越高:但这会使得数字式接收机的灵敏度和动态范围降低。电子战支援系统设计工程师必须根据具体需求进行最佳折中。

对于那些具有足够功率(在信号检测门限之上大约 10dB)并且脉宽足够长以通过两个或更多 FFT 时间帧检测的发射机,脉冲到达时间的测量可以更加准确。

实际上,考虑到第二个样本(完全充满 FFT 时间帧)与第一个样本之间的幅度比,可以估计 FFT 时间帧起始时刻与脉宽采样填满 FFT 时间帧的时刻相差多久,从而更好地估计实际的脉冲到达时间。

从这个角度考虑,我们可以说对于大多数接收脉冲,数字式接收机能够提供比上述等式更好的脉冲到达时间测量精度。图 4.60 显示了以数字式接收机为例,通过此处理可实现的脉冲到达时间测量精度提升(至少提高两倍)。

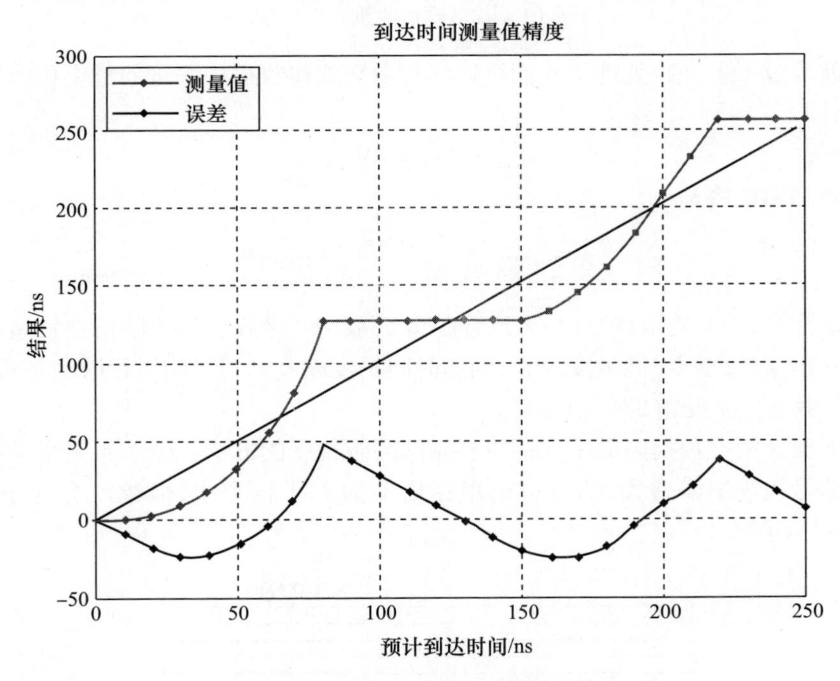

图 4.60 校正后的到达时间测量精度

3. 数字式接收机测量频率

频率测量非常简单:存在最大 FFT 输出 N_{CH} 的 FFT 信道乘以标称 FFT 信道频率带宽 BW_{CH}(即数字式接收机瞬时带宽除以 FFT 点)就是输入信号频率(见图 4.61)。

当然,数字式接收机测量的频率不是真实的射频频率,因为在数字式接收机

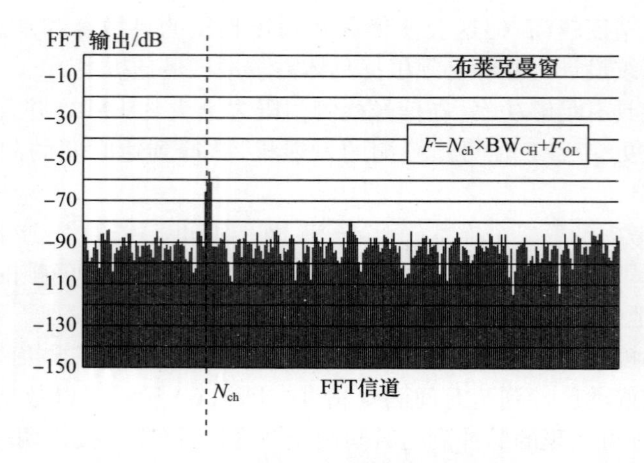

图 4. 61　数字式接收机频率测量

之前就经过了下变频处理。我们可以将在数字式接收机中测量的频率称为数字频率,即

$$f_{\mathrm{DIG}} = N_{\mathrm{CH}} \times \mathrm{BW}_{\mathrm{CH}}$$

频率精度将是

$$\mathrm{Accuracy}_{\mathrm{Frequency}} = \frac{\mathrm{BW}_{\mathrm{CH}}}{\sqrt{12}}(\mathrm{rms})$$

请注意,FFT 通道越窄(FFT 点数越多),数字式接收机的测频精度越高。实际上,FFT 点数越多(灵敏度越高,到达时间精度越差),FFT 的运行时间越长,所以必须找到一个很好的折中方案。

下面介绍一种提高数字式接收机频率测量精度的方法。由于布莱克曼窗函数使信号频谱主瓣增大,信号将出现在更多的 FFT 信道中,但幅度会变小(如图 4. 62所示)。

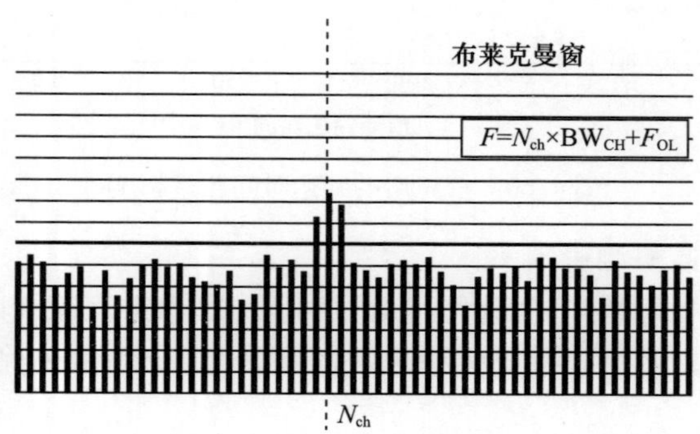

图 4. 62　布莱克曼窗函数处理后信号将不止占据一个信道

可以考虑通过比较最大输出信道两侧(即前一个和后一个 FFT 信道)的输出幅度,来实现更精确的频率测量。如果这两边的信号幅度相等,这意味着信号频率对应于 FFT 信道中心相反,若果两个输出信号中的一个要大得多,这意味着频率应当更接近该 FFT 信道中靠近大的那一边的边缘频率。(图 4.63)。

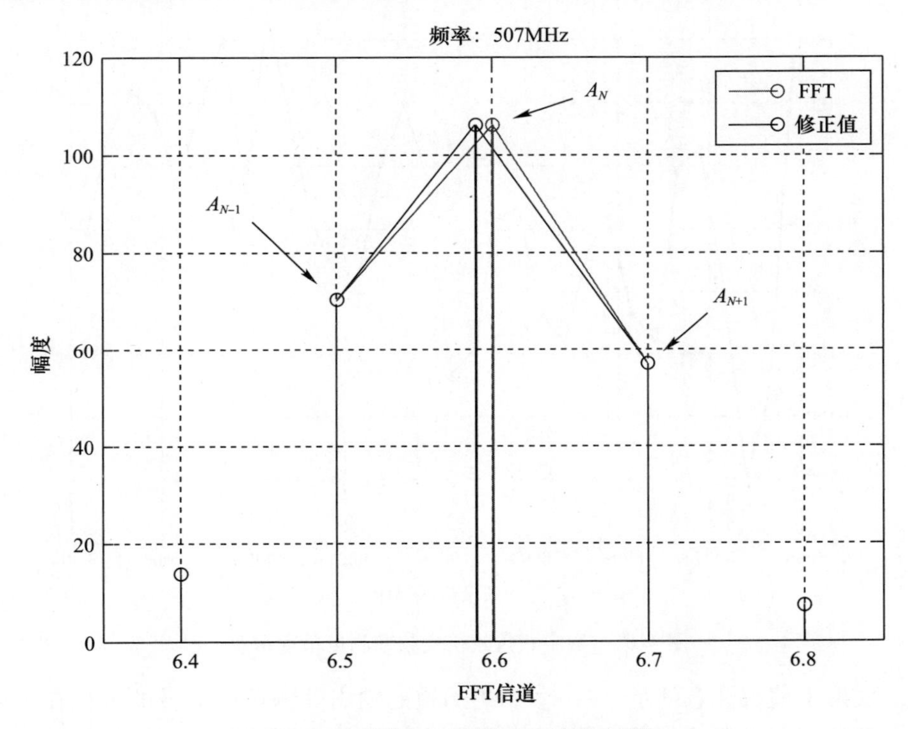

图 4.63　两侧 FFT 输出用于校正频率

参考图 4.63,定义 A_N为信道 N 中的信号幅度(即信号较大),A_{N+1}和 A_{N-1}为两个相邻 FFT 信道中信号的幅度,那么频率校正 f_{CORR} 可表示为

$$f_{\mathrm{CORR}} = k\frac{|A_{N+1}| - |A_{N-1}|}{|A_N| + |A_{N+1}| + |A_{N-1}|}$$

式中:k 为使校正适应 FFT 信道宽度的经验校正系数。准确的数字式接收机所测量的数字频率 f_{DIG}应当是

$$f_{\mathrm{DIG}} = (N-1)\times f_Q + f_{\mathrm{CORR}}$$

图 4.64 表示可实现的数字频率测量精度。由于用于下变频到中频的本振信号的 f_{LO}通常非常稳定,因此数字式接收机达到的频率精度可以达到几百千赫兹,这是一个非常令人印象深刻的结果!

该技术可以应用到非常短的脉冲测量。对于由许多 FFT 帧组成的较长脉冲,考虑到 FFT 采样的相位特性,可以获得更好的测频精度。

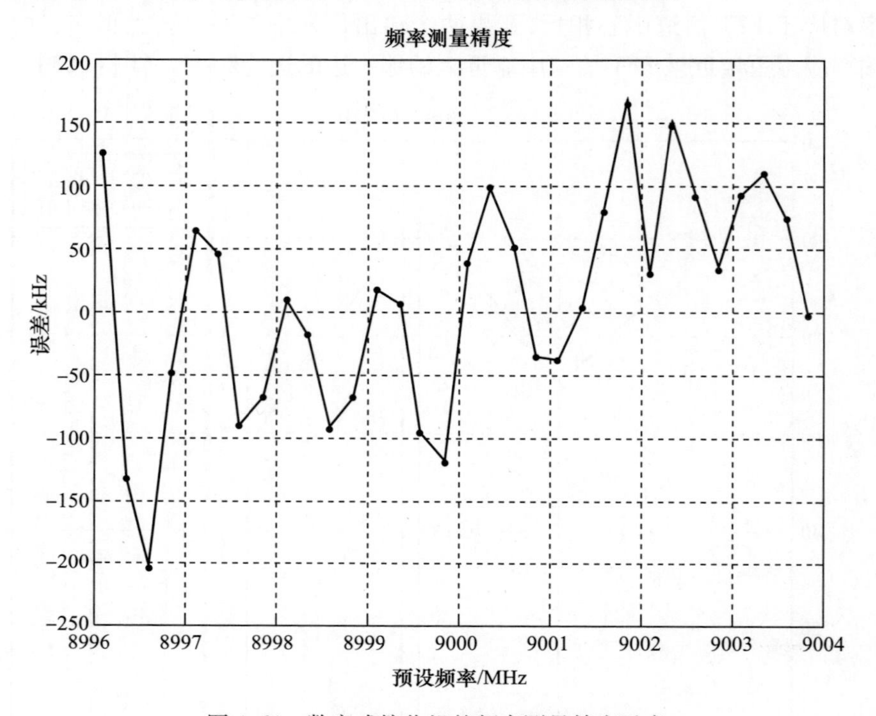

图 4.64　数字式接收机的频率测量精度示意

实际上值得注意的是,在一个 FFT 通道的输出处测量的信号的特征在于幅度和相位。假设雷达告警接收机/电子战支援系统在固定频率下接收的脉冲比 T_c 长得多。如果输入信号频率是与感兴趣的 FFT 信道的标称频率相对应的相同频率,则每个 T_c 时长内的所有后续 FFT 输出将具有相同的相位。如果频率稍低但仍然在同一个 FFT 通道中,则每个 T_c 的 FFT 输出将具有较低的相位;如果频率稍高但仍然在同一个 FFT 信道中,则每个 T_c 的相位都会更高。实际上,在 FFT 通道内,从不同 T_c 时长之间相位变化可以达到 $\pm\pi$。因此,如果测量从一个 T_c 到下一个 T_c 的相位差,则可以非常精确地测量接收信号频率,即

$$F = 2 \times \pi \times \Delta\varphi / T_c$$

图 4.65 显示了对长脉冲的频率测量:相位差为 $-p_i$ 表示该信号频率处于 FFT 带宽中的较低频率值,相位差为 $+p_i$ 则表示处于较高频率值。在 FFT 信道中心,相位差应当为零。在图 4.65 的示例中,FFT 通道带宽为 7.8125MHz(±3.95625MHz)。

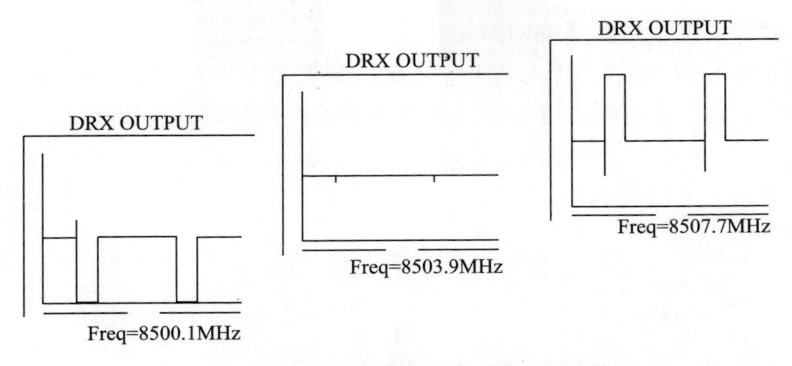

图 4.65　数字化接收机信道中的频率测量

因此,通过分析 FFT 输出的相位差,可以获得准确的信号频率测量。此外,通过这类分析还可以发现是否存在脉冲调制:出现毛刺、使用巴克码,或者啁啾频率连续变化。

4. 数字式接收机测量幅度

数字式接收机测量的信号幅度在其动态范围内表现出优异的线性和稳定性。如果数字式接收机输入端的信号达到并超过模数转换器饱和功率,则会出现谐波/杂散信号。在图 4.66 中,使用 8b 模数转换器和 10b 模数转换器测量的相同强信号,可以看出在更宽动态范围(10b)的情况下,可以正确测量强信号。

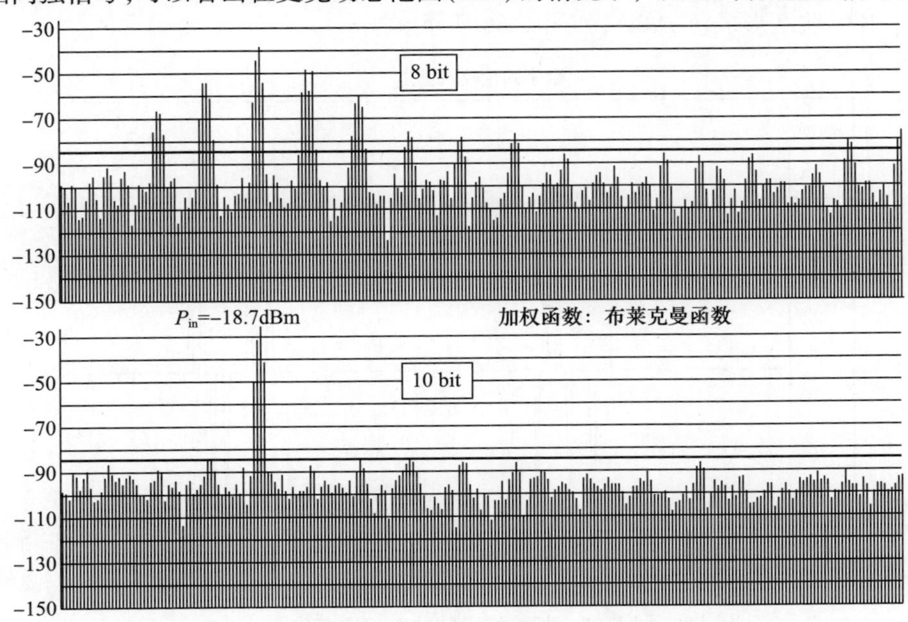

图 4.66　如果强信号超出接收机的动态范围而产生的杂散信号

5. 数字式接收机测量 IMOP

在如图 4.67 所示的瀑布图中，巴克码接收信号(右)与简单的脉冲信号(左)完全不同。这意味着可以检测脉内调制的存在及对其进行测量。

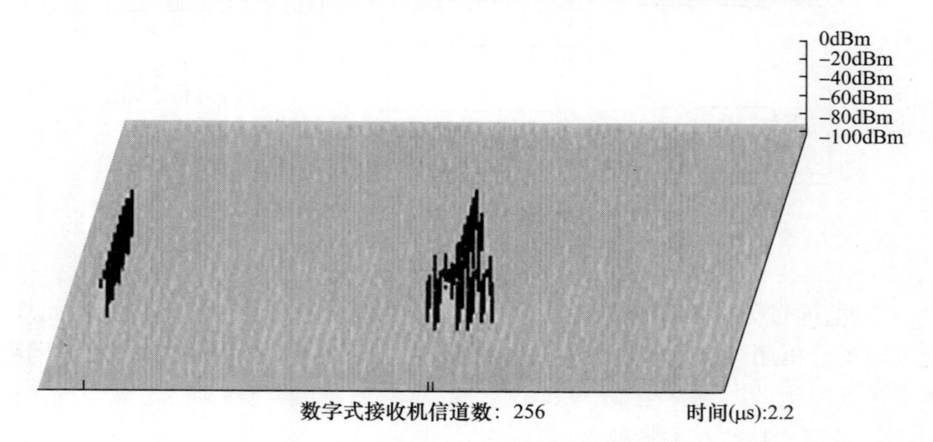

图 4.67　非编码与相位编码脉冲输出的瀑布图

实际上，如上所述，FFT 采样输出提供了测量点的幅度和相位 φ。在数字式接收机中，从采样点到采样点的相位差 $d\varphi$ 将指示 FFT 信道内的频率值。在存在巴克码的相位跳跃的情况下，相位的差将产生尖峰(+180°跳跃形成正尖峰和-180°跳跃形成负尖峰)，如图 4.68 所示。

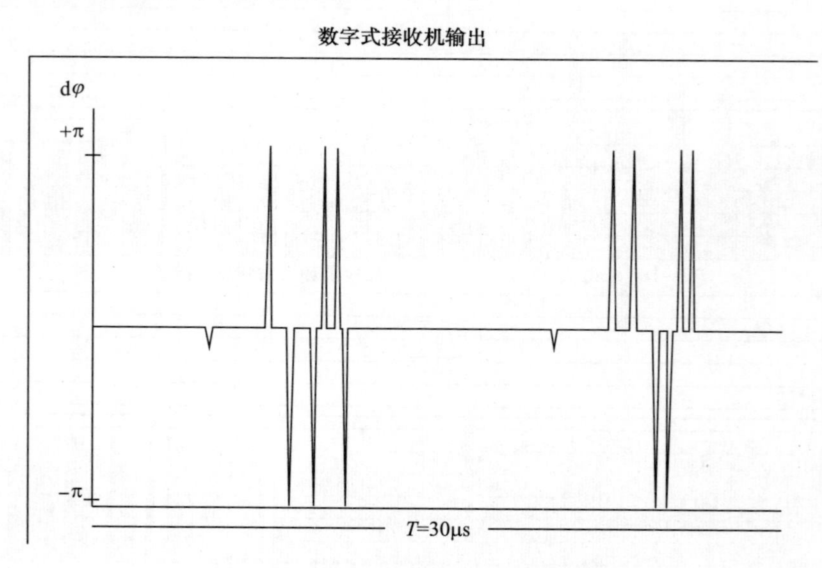

图 4.68　相位编码脉冲的相位变化图

对于啁啾调制，信号将在 FFT 频谱上移动，以指示其频率正在变化(图 4.69)。

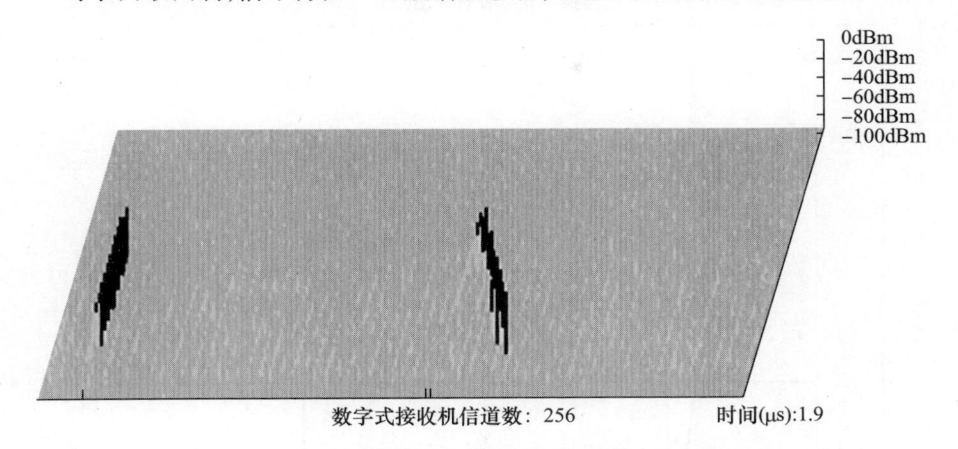

图 4.69　非编码脉冲和啁啾调制脉冲的输出瀑布图

在这种情况下，相位差不是常数，并且将呈现出表征啁啾扫描规律的斜率。同时可以用于区分不同的啁啾调制(图 4.70 和图 4.71)，特别是考虑到对相位进二阶求导：它可以是 0(无啁啾)、正值或负值。

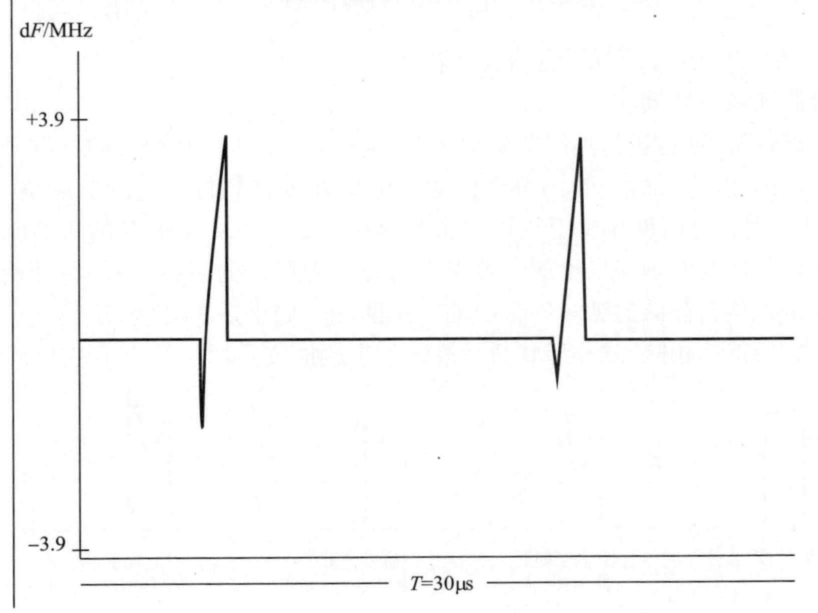

图 4.70　上行啁啾脉冲的相位变化

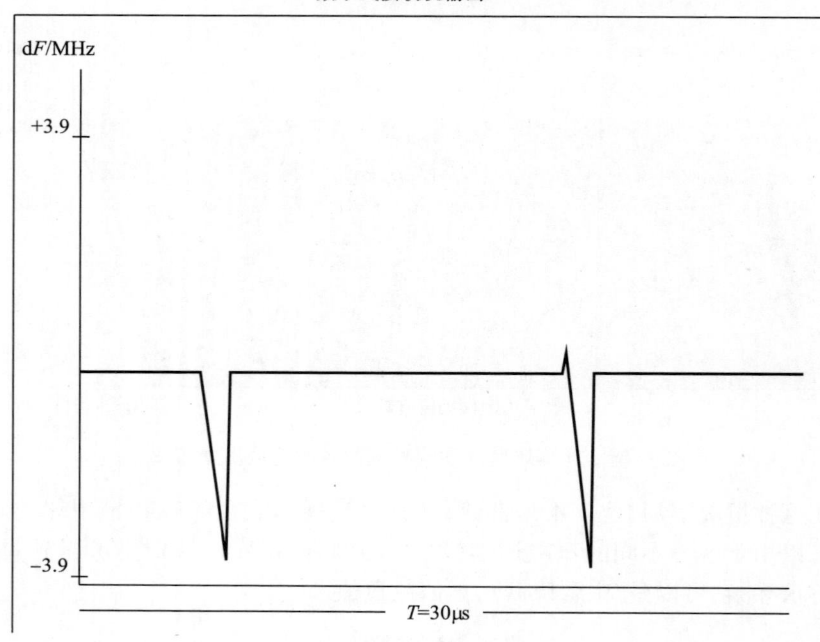

图 4.71　下行啁啾脉冲的相位变化

6. 数字式接收机测量无意脉冲调制

幅度无意脉冲调制

不难理解,通过进行连续的短时 FFT,可以在 T_c 时间内测量接收信号的幅度变化。因此,基于磁控管的每个雷达发射机都具有其自己的波形形状(参见图 4.72),因此可以创建专用数据库来存储由 100 ~ 1000 个截获的雷达脉冲形成的平均脉冲波形。一旦检测到被识别为磁控管雷达的雷达信号,将开始验证该雷达是否与已存储的脉冲形状中的一个匹配。如果是,则此次截获雷达与存储在库中的雷达相同,脉冲形状几乎等同于雷达指纹。

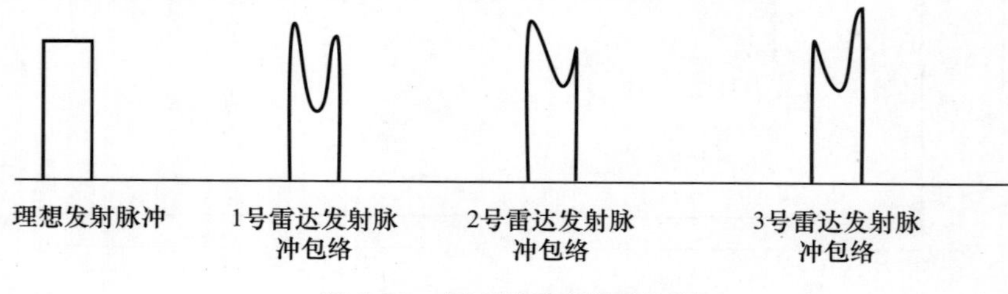

图 4.72　幅度的无意脉冲调制

频率/相位无意脉冲调制

如上所述,数字式接收机是一种功能强大的仪器,用于测量和数字存储接收的脉冲特性,尤其是可以观察相位差的变化(精细频率测量)。如果相位差出现一些跳跃,这意味着其中存在相位编码脉冲。跳跃的幅度将表征雷达设计者所使用的相位跳跃方式。假设相位代码是巴克码,设计的相位跳变为 +180°或 -180°。这是设计值,但实际上实现的跳跃可能只有175°或170°。通过对测量的跳跃值进行平均,该测量可以是用于区分不同雷达之间的雷达序列号(见图4.73)。

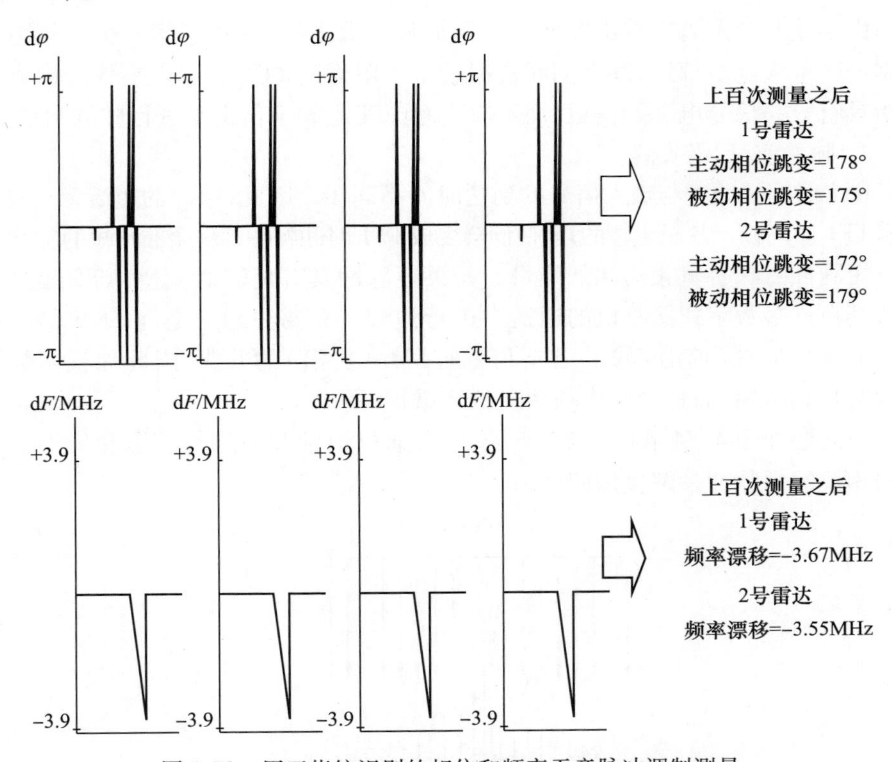

图4.73 用于指纹识别的相位和频率无意脉冲调制测量

对于线性或非线性调频脉冲的啁啾编码雷达也是如此:通过对频率调制特性进行多次测量,可以创建一个数据库来识别其雷达序列号(例如,仅存储对精啁啾频率变化的幅度的精确测量值)。

4.2.5.4 对低截获概率雷达的探测

假设在 PDM 生成过程的同时,在对 FFT 信道输出积分之后生成一个并行的 PDM 处理过程,则可以增加数字式接收机的灵敏度,以检测低截获概率雷达信号。

4.2.5.5 数字式接收机存在的问题和解决方案

实际上,为了成功地将数字式接收机用作脉冲描述信息的测量设备,有必要减轻源自其结构的一些问题,尤其是以下问题和相关的可能解决方案。问题包括信号的频谱占用、脉冲前沿和后沿尖峰、分配信号的信道移位、脉冲宽度测量期间产生的空洞以及脉冲调制产生的尖峰。

值得注意的是,在数字式接收机中正确、实时的参数测量所需的所有逻辑都可在一个或两个 FPGA 固件中实现,这在几年前是不可能实现的。

1. 频谱占用

由上述几个图可以看出即使在使用加权函数之后,高功率信号也可能不只占据一个最大电平信道,甚至同时占据若干个附近的 FFT 信道。参数测量将主要指具有较高信号电平的信道,而不应当考虑其他 FFT 信道来进行脉宽测量。

2. 脉冲前/后沿尖峰

FFT 时间帧通常与输入信号的到达时间不同步。因此,脉冲的边沿无法完全填满 FFT 时间帧。甚至更糟的是,他们会变成 FFT 时间帧中的一个非常短的脉冲。

短脉冲意味着宽频谱和低能量。如果短脉冲具有足够的能量,则宽频谱将导致其在许多数字式接收机的通道中进行检测。需要注意的是,由于短信号将位于 FFT 时间帧(前沿)的末尾或 FFT 时间帧(后沿)的开头,因此加权函数根本没有什么所用,而且会产生很明显的频谱扩展。

该问题如图 4.74 和图 4.75 所示,可以通过识别并消除与前沿和后沿到达时间相关的短脉冲来解决该问题。

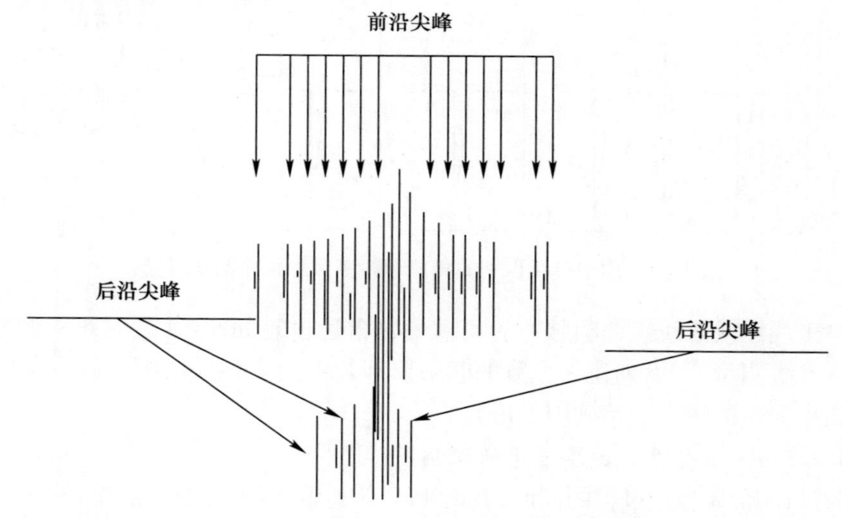

图 4.74 强脉冲在脉冲上升和下降沿产生的毛刺(瀑布图表示)

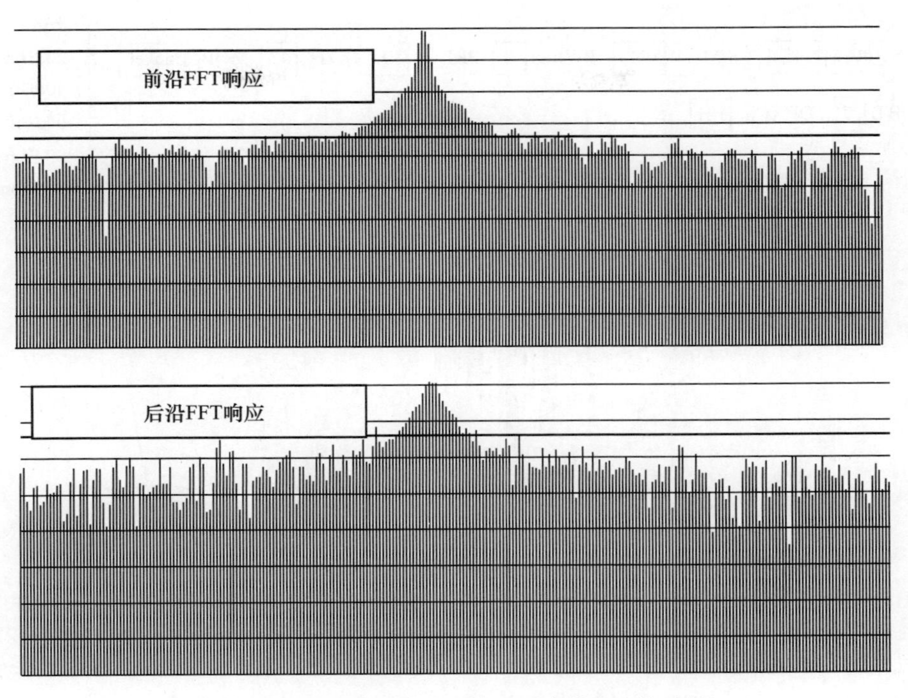

图 4.75　强脉冲在脉冲上升和下降沿产生的毛刺

3. 脉冲调制尖峰

在发射机脉冲表现出有意相位调制(脉冲相位调制)的情况下,在 FFT 采样期间可能会发生相位变化。因此,可能会出现两个脉冲:第一个脉冲具有某一相位,第二个脉冲则在第一个脉冲结束时从另一个相位开始,两个脉冲都位于同一个数字式接收机通道上。这种情况类似于在脉冲在 FFT 时间帧期间内开始或结束的情况(没有脉冲相位调制时),从而导致前沿和后沿问题。

图 4.76 显示了由 Barker7 编码调制的脉冲产生尖峰的示例。

类似于在前沿和后沿脉冲边沿处产生的尖峰,上述脉内调制尖峰可以通过识别并消除该尖峰与较高级编码脉冲的相关相关性来解决该问题。

4. 由于低信噪比导致的脉宽空洞

由于低信噪比导致的脉宽空洞问题严格地与低信噪比信号的接收有关,实际上,在这种情况下,脉冲持续期间 FFT 输出的样本可能会高于或低于检测阈值。

由于应用了启停逻辑,并且脉宽的测量是通过对那些输出最大值高于阈值且处于相同数字式接收机通道的 FFT 时间帧(T_f)进行计数来实现的。因此一旦这一检测信号丢失,则脉宽测量停止并在同一数字式接收机通道中生成新脉

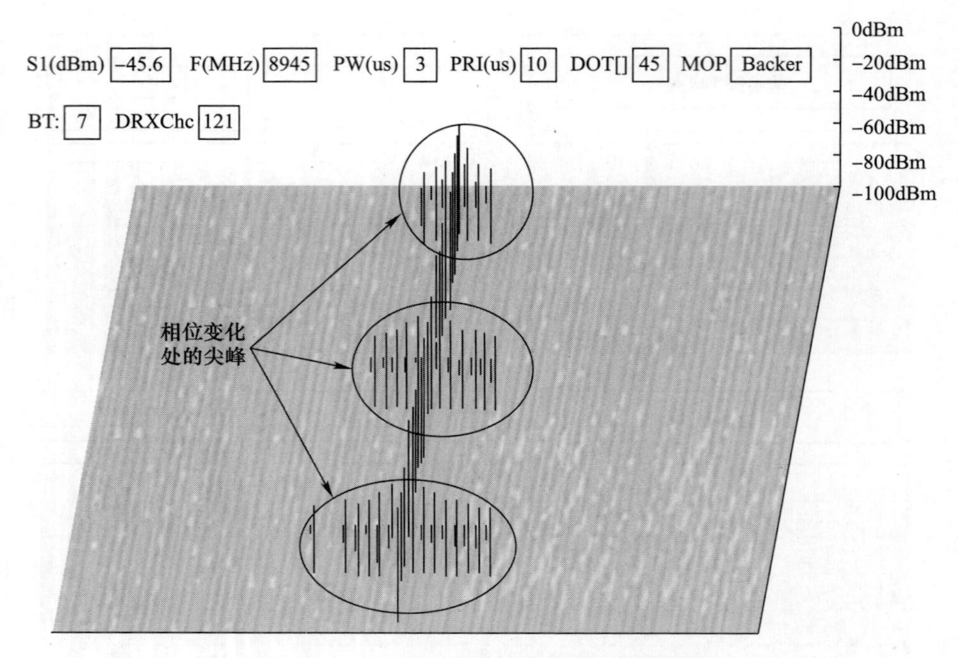

图 4.76　由 Barker 7 编码调制的脉冲产生尖峰

冲。然后,系统将考虑一系列不同的脉宽信号。

因此,除了频移之外,低信噪比也会导致脉宽空洞和错误的测量结果。

图 4.77 显示了低信噪比接收脉冲幅度与时间的关系,并清楚地表明低信噪比脉冲幅度有时会低于检测阈值。

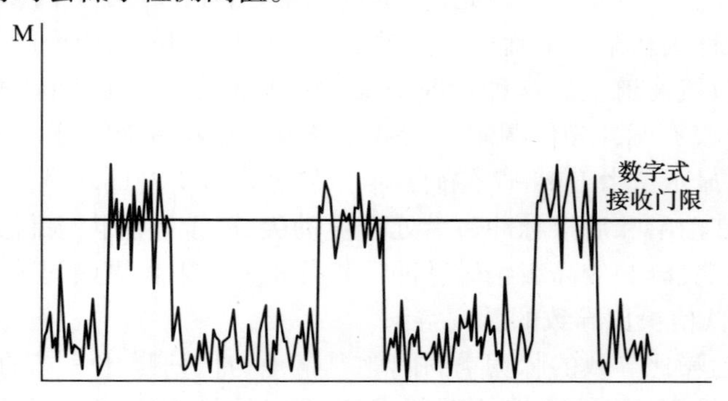

图 4.77　低信噪比接收脉冲幅度与时间的关系

为了避免脉宽测量在第一次信号衰减处就停止,应当使用以下规则:一旦接收到弱信号,阈值暂时以某一个因子降低(例如,=0.6)。因此,估计时会有两个阈值,如图 4.78 所示。

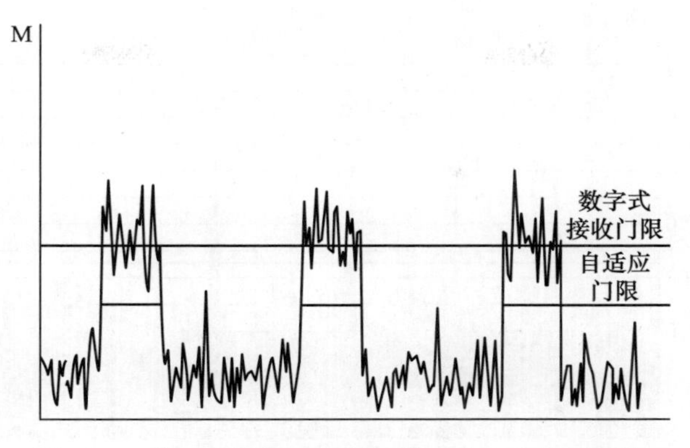

图 4.78　第一次检测后门限就设置在一个较低的值

可以看出,即使由于噪声使得信号正在变弱,仍能使其保持对脉冲的检测。当然,一旦该信号检测完成,阈值水平就应当恢复到常规水平。

在脉宽测量期间可能存在的脉宽空洞使得所需要的启停逻辑更加复杂。例如,不是在第一次检测不到信号时就立即宣布脉宽测量结束,而是将测量保持在待机模式进行多达三次丢失的检测。如果在三次无检测之后又检测到信号,则刚才的空洞应当被填满;否则,脉宽在第一次丢失检测信号时就已经结束了。

5. 由于信号流量造成的脉宽空洞

流量是另一个可能造成脉宽测量中出现空洞的原因。

当同时接收到的脉冲数量超过可同时处理的最大脉冲数时,就会发生这种情况。实际上,可能发生的情况是,在接收到最大脉冲数的长脉冲时,存在具有高脉冲重频的短脉冲或高功率发射机。在这种情况下,高功率短脉冲发射机会在长脉冲测量中引起脉宽空洞。图 4.79 显示了同时正确接收 4 个长脉冲的情况(FFT 序列帧为 M)。假设逻辑是最多同时处理 4 个高于阈值的信号。

如果在帧 N 处接收到比前 4 个信号中的至少一个更强的另一个信号(第 5 个信号),则第 5 信号的存在将导致在前 4 个信号中的较弱信号出产生一个空洞(见图 4.80)。在该图中,第 5 信号是具有第二大电平的信号,因此它前面的第 4 信号就被忽略了。

一旦第 4 个信号脉冲结束(在帧 $N+1$ 或 $N+2$ 中),就可以再次看到那个最弱采样点。在任何情况下,同时出现许多脉冲重叠是很罕见的,所以这通常并不是什么大问题。

6. FFT 信道移位

错误的起始通道

接收脉冲与 FFT 时间帧不同步。如果其脉宽第一部分没有完全填满 FFT

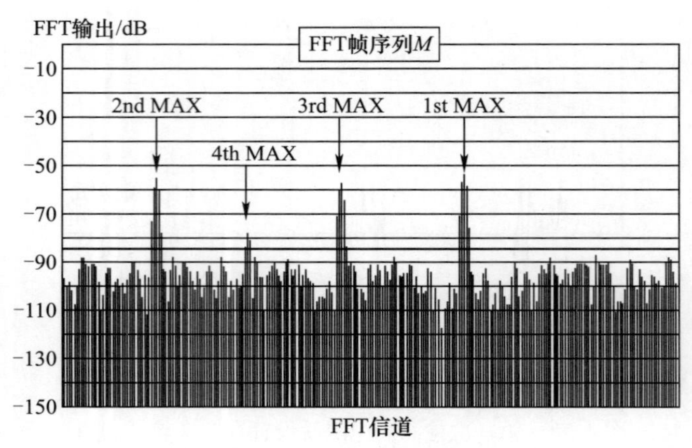

图 4.79　4 个长脉冲信号

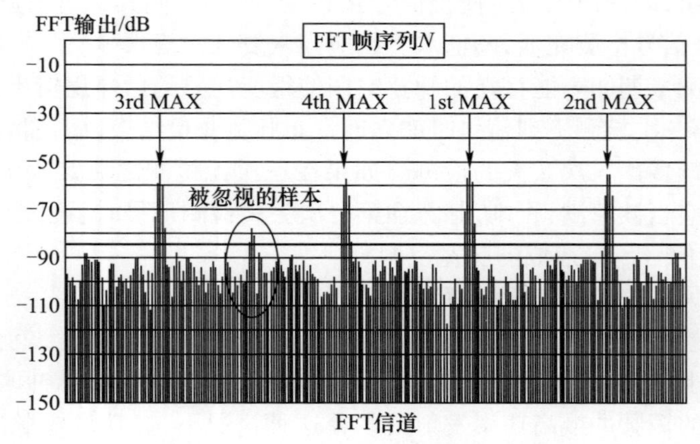

图 4.80　第 5 个信号出现时导致之前的一个弱信号消失了

时间帧,它就无法检测到(导致脉宽测量不准确)。如果接收到的脉冲强度不够,它还可能会在更低的信噪比上被检测到。在这种情况下,噪声会导致数字式接收机的起始信道不正确。

在这种情况下,后续测量全部对齐第一个通道的逻辑可能是错误的。实际上,如果要进行相位测量,则不应当在错误的 FFT 通道中进行。

为了解决这个问题,如果脉冲信噪比很低,则需要控制下一个 FFT 的采样幅度:如果下一次采样的信号幅度比第一次检测到的信号幅度大,并且其信道更好或更差,这意味着需要对第一个检测通道进行纠正,并且所有脉冲测量必须在新通道中继续进行。

信道切换

在数字式接收机进行参数测量时的另一个问题是信道切换。当接收到的信号频率使得其能量在两个相邻的 FFT 信道中被等分时就会出现这个问题。在这种情况下,根据噪声贡献,被选作信号检测的 FFT 通道可以移动到下一个通道。

由于脉宽测量在通道中存在信号检测时就开始了,并且当该通道中的信号检测停止时才停止。因此一旦存在通道移动,新通道中的新检测将重新开始测量脉宽,而上一个信道上的脉宽测量中止。这就导致新旧通道中的脉宽测量都不正确。当然,这意味着产生了错误的脉冲描述信息。

解决该问题的方法是在脉冲持续期间的所有 FFT 采样中进行自动频率(信道)校正。

如上所述,FFT 信道编号是检测阈值上的最大幅度信道编号。校正过程为:首先存储脉宽测量开始的信道号,如果在下一个 FFT 时间帧中信号最大值以 ±1个数字接收机信道发生移动,则认为 FFT 的输出与初始的 FFT 信道相关联。

4.2.5.6 数字式接收机的实验结果

FPGA:真正的突破

值得注意的是,在数字式接收机中正确进行参数测量所需的所有逻辑过程,目前都是在一个或两个 FPGA 固件中实现的。在 FPGA 中,还可以写入必要的显示查找表(Lool - Up - Table)以加速复杂的处理过程或存储必要校正信息。FPGA 的一个优点是它的可编程性:如果有必要对一个处理过程进行一些改进,只需要重新安装新的固件而无须重新设计印刷电路板。

结果

以下数字式接收机实验结果是在配备有 4 个模数转换器和两个功能强大的 FPGA 的印刷电路板中获得的(见图 4.81)。

图 4.81 瞬时带宽为 2GHz 的 4 通道数字化接收机

在以下三个试验中，在收集 819 个脉冲描述参数时进行参数测量，并且输入信号功率能够满足产生约 30dB 的信噪比。在第一次试验中，雷达信号的特征是 PW = 3μs，Freq = 9249.5MHz，PRF = 50kHz(PRI = 20μs)，并且信号功率使得信噪比达到约 30dB。雷达脉冲没有任何脉冲调制。该试验结果如图 4.82 所示。

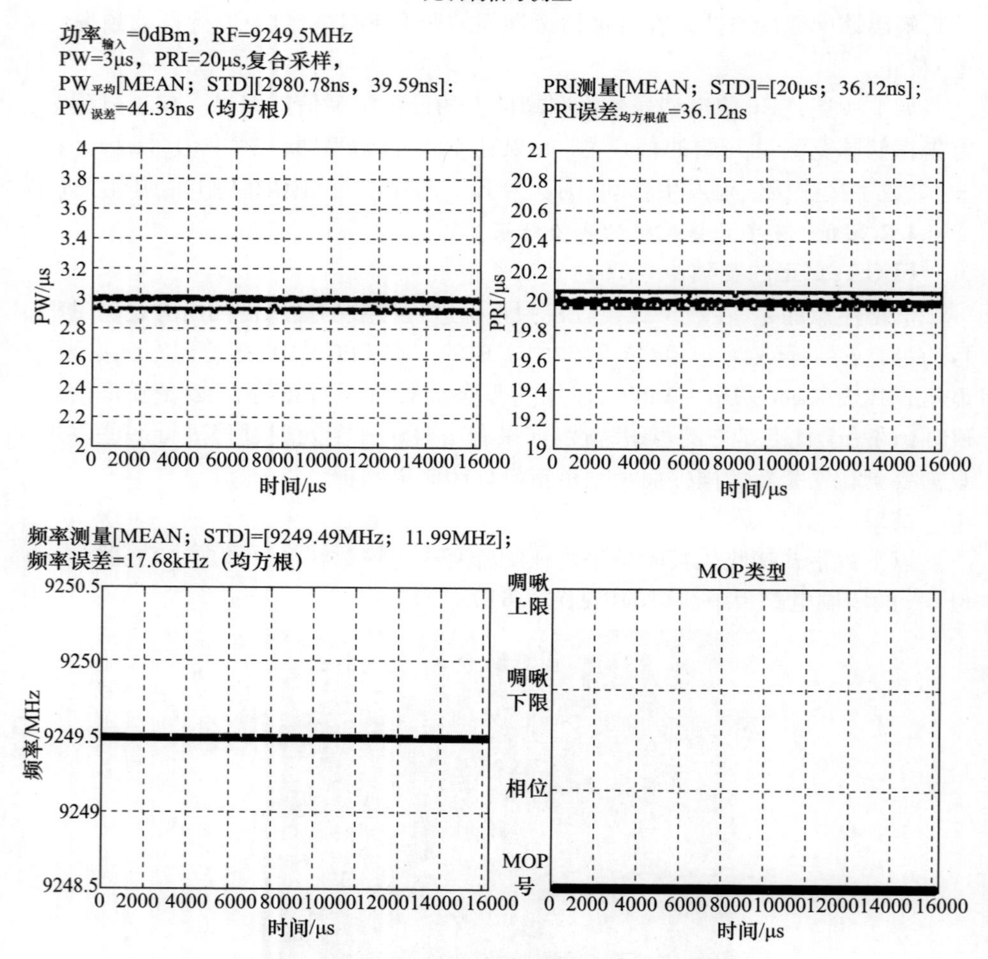

图 4.82　数字式接收机进行的脉冲描述信息测量可以表现出很好的性能。右下方的图表示无脉冲调制情况

可以看到，测量结果的精度非常高。

第二次试验结果(图 4.83)是对于具有相同频率、相同的脉冲重复频率、PW =

5μs 且采用巴克码调制的发射机所获得的结果。请注意,巴克码的存在始终被能够被很好地探测和识别。

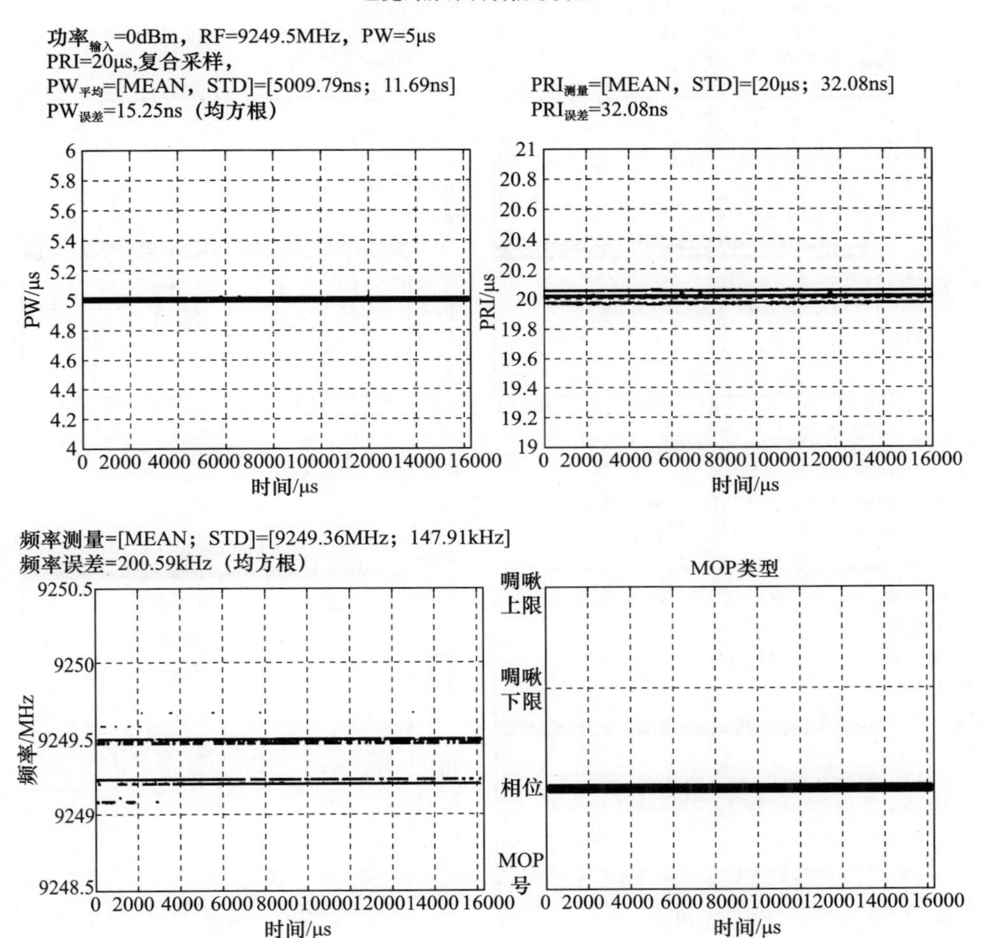

图 4.83　数字式接收机进行的脉冲描述信息测量可以表现出很好的性能。右下方的图表示相位脉冲调制情况

第三次试验结果(图 4.84)是对于相同频率(9249.5MHz),PRF = 10kHz(PRI = 100μs)、PW = 15μs,且啁啾调制为 5MHz 的发射机的性能。还要注意,这里已经能够很好地检测并识别出啁啾的存在。

下一个试验结果表明,在 256 个 FFT 通道的输出端检测到 – 70mdBm 的接收信号，远远超过了噪声（图 4 - 85）。

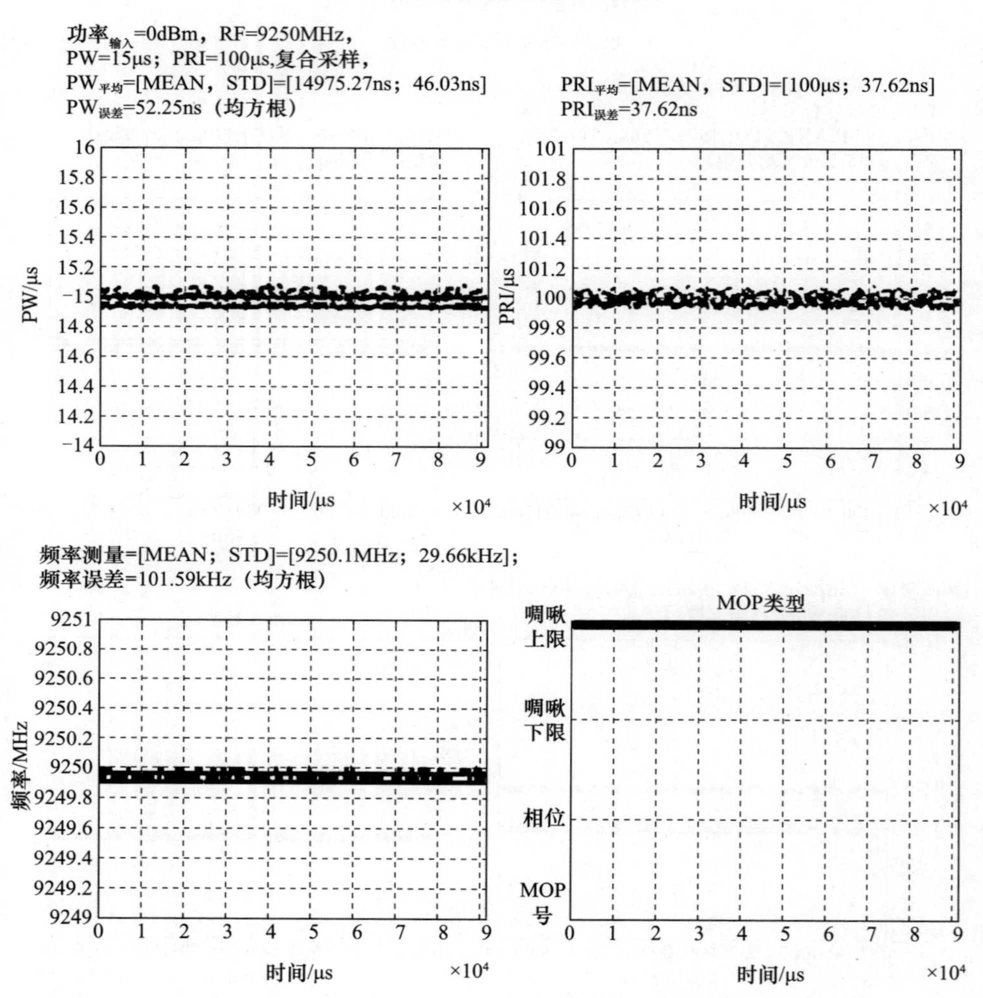

图 4.84　数字式接收机进行的脉冲描述信息测量可以表现出很好的性能。右下方的图表示啁啾正调制脉冲情况

图 4.86 显示，在存在弱低截获概率信号的情况下，正常的 FFT 通道输出无法检测其存在。相反，如已经预期的那样，FFT 信道输出与长时间常数累积，可以检测与低截获概率雷达相关的 - 80dBm 的极微弱信号，如图 4.87 所示。

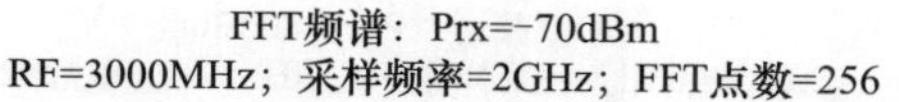

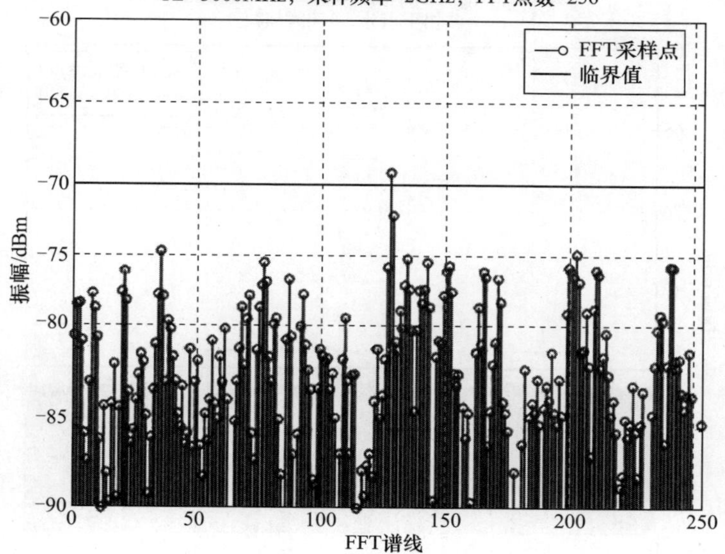

图 4. 85　-70dBm 探测信号

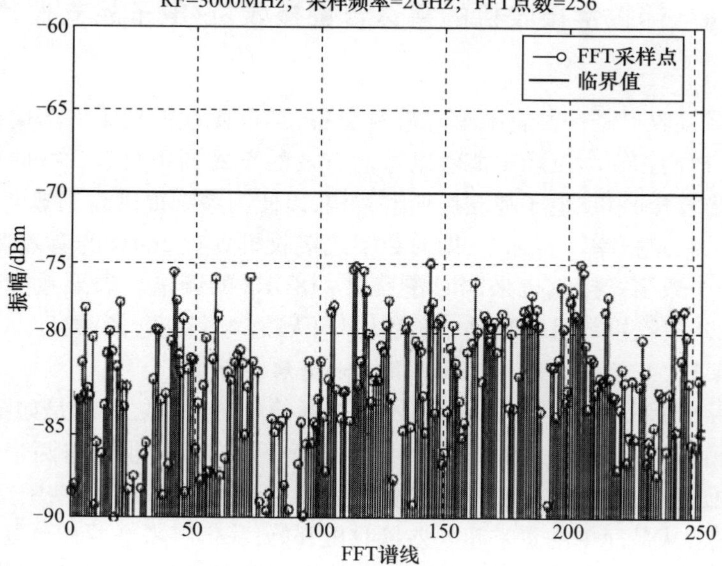

图 4. 86　常规的 FFT 不能处理低于 -80dBm 的低截获概率信号

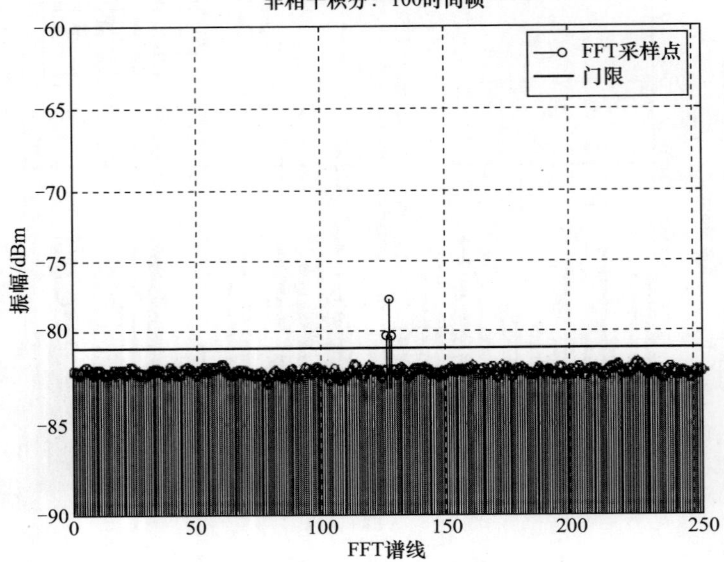

图 4.87　辅助累积之后 -80dBm 信号被探测

4.2.6　带数字接收机的雷达告警接收机/电子战支援侦察体系结构

数字式接收机是一种有限瞬时带宽设备，其重要性得到了许多电子战工程师的认可，他们正在尝试确定能够以经济有效的方式利用数字式接收机实现最佳的雷达告警接收机/电子战支援侦察架构，以便为系统提供高灵敏度的同时达到给长高的结果概率。实际上，即使数字式接收机具有 2GHz 的有效瞬时带宽，也需要 16 个数字式接收机来同时覆盖 2 ~ 18GHz 的频谱。如果系统必须覆盖 360°，数字式接收机数目应当是 16 乘以测向天线(4 个或更多)数目。

4.2.6.1　基于数字式接收机的简单初始解决方案

当数字式接收机仍然是昂贵的设备时，最简单的架构之一就是如图 4.88 所示，其中普通的前置放大式宽开系统可以将两个数字式接收机与两个测向信道相连，以便适应在该方向和频带范围内的信号通量过高。

接下来，从最简单的宽带超外差接收机开始，我们将考虑两种更复杂的数字式接收机架构：一种利用单比特接收机来代替某些多位数字接收机；另一种利用折叠接收机(有时称为超折叠接收机)折叠的射频子带的数量超过 4 个，其将接

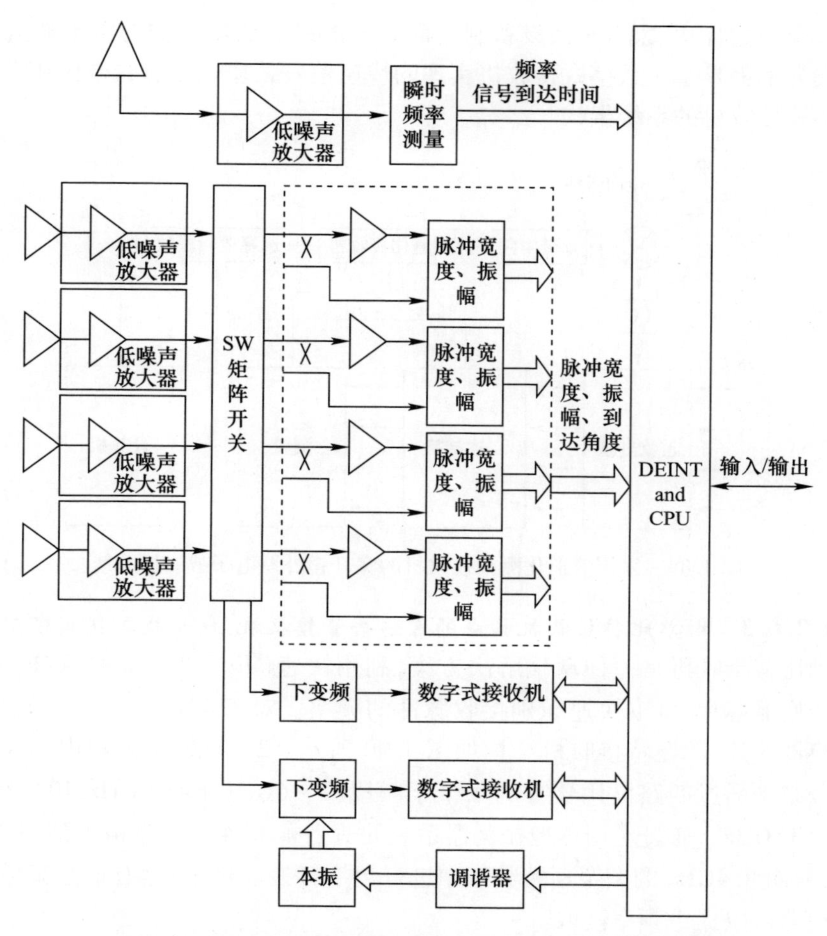

图 4.88　带前置放大器的宽开系统与两个数字化信道相连

收的信号直接传送到数字接收机中。然后,在具有 4 个天线和 4 个接收信道的电子战支援侦察 - 雷达告警接收机系统中,描述和比较这两种解决方案。

4.2.6.2　宽带超外差接收机接数字式接收机

为了克服窄带超外差接收机低截获概率的缺点,使用了超宽带超外差设备,其带宽在整个电子战支援侦察频段内可调谐带宽为 1 ~ 2GHz(见图 4.89)。在这种情况下,信号的截获概率增加,但是为了减少增加带宽的后果(更高的热噪声和更易受到干扰),宽带超外差接收机必须使用数字式接收机。正如前文所述,信道化接收机通常能够实现对脉宽、脉冲到达时间、频率和幅度的准确测量,即使在超外差的宽带上出现脉冲重叠的情况下也是如此。脉冲描述信息中的脉冲到达角测量将通过由 DXR 调谐的窄带超外差测向接收系统来实现。

迄今为止,由几家电子战设备制造商确定的最具成本效益的电子战支援系统解决方案都是基于数字式接收机实现的快速信号处理。目前的差异在于所利用数字式接收机的系统架构。

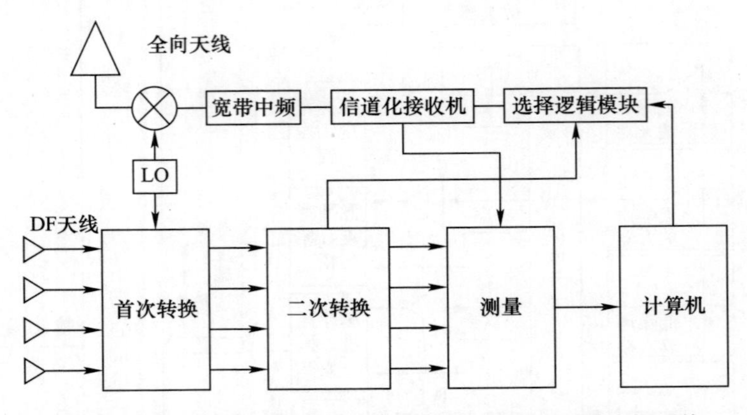

图 4.89　采用信道化测频接收机的宽开超外差电子战支援系统

4.2.6.3　由单比特接收机构成的雷达告警接收机/电子战支援侦察架构

单比特接收机是一种现代解决方案,利用快速(几千兆次每秒采样)的 1b 模数转换器芯片,可以快速识别接收脉冲的频率。对于 10GHz 采样率的 1b 模数转换器芯片,单比特接收机结构如图 4.90 所示。2 ~ 18GHz 频段内的输入射频信号必须通过四路复用器分为 4 个子频段:2 ~ 6GHz,6 ~ 10GHz,10 ~ 14GHz 和 14 ~ 18GHz。通过应用本地振荡器系统的适当频率,4 个子带被带到 4GHz 的基带,从而在 4GHz 的奈奎斯特频带中进行数字转换。这里,具有适当集成的数字处理器可以提供频率读取。

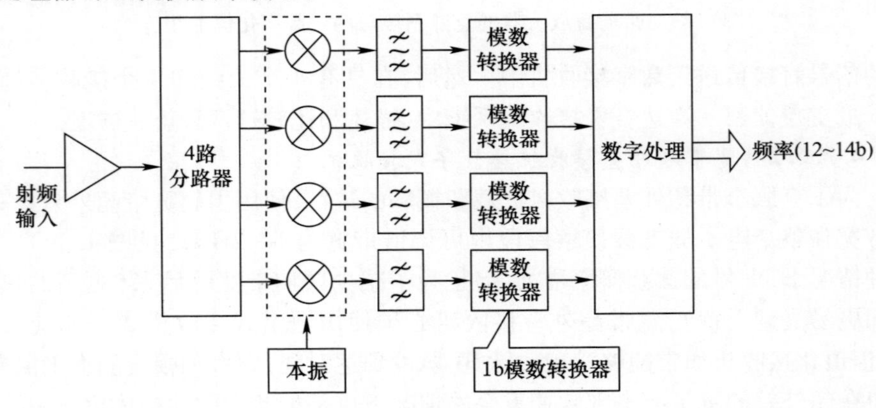

图 4.90　单比特接收机

利用单比特接收机的电子战支援侦察架构如图 4. 91 所示。在这里,单比特接收机充当先进的瞬时频率测量设备,可自动检测输入脉冲。由于该接收机是单信道的,因此在脉冲重叠的情况下其性能不是很好。由于这个原因,单比特接收机需要通过一些快速可切换的射频滤波器来对其进行保护:出现脉冲重叠时,快速可切换的射频滤波器将消除具有高信号流量的频带。该频段将由具有高动态范围的多比特数字式接收机替换和处理,该动态范围将在该频段上快速调谐。在这种架构中,主要困难是在正确的位置分配合适的资源所需的时间。

该体系结构由许多组件组成:

(1) 全向通道,后跟可切换的射频滤波器;

(2) 单比特接收机;

(3) 可切换的本地振荡器单元;

(4) 超外差接收机,然后是数字式接收机;

(5) 补充下变频器和数字式接收机通道;

(6) 执行测量并生成脉冲描述信息的电路。

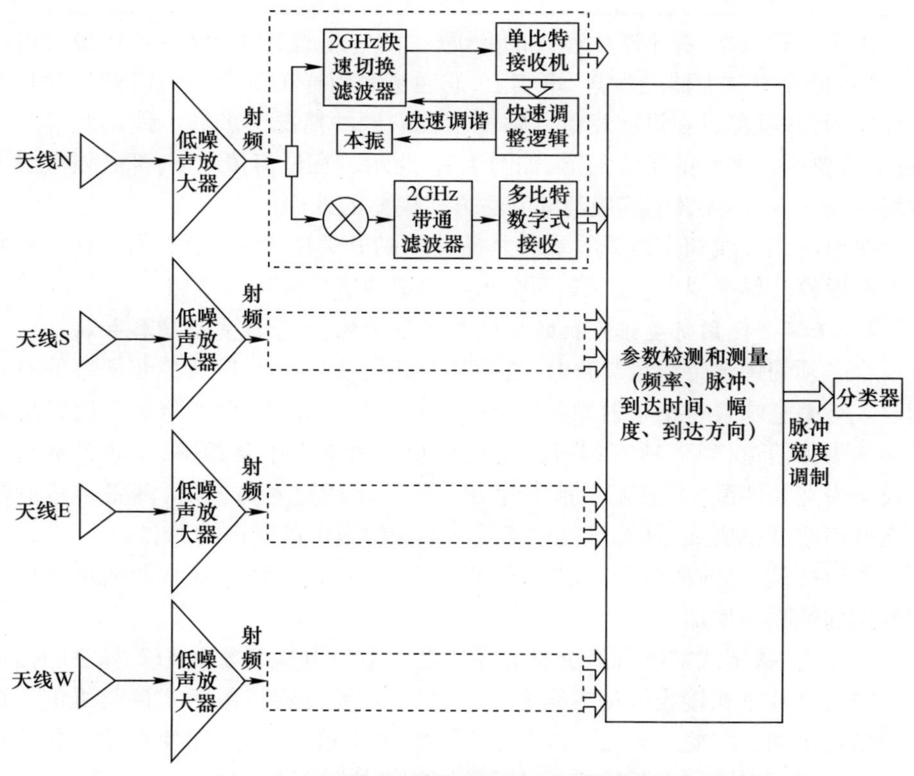

图 4. 91 基于单比特接收机的电子战支援构架

即使该构架很复杂，但其是宽开式的。可实现的系统灵敏度是单比特接收机可实现的灵敏度。

假设单比特接收机可以将整个射频频段(2～18GHz)分为4个4GHz(IBW = 4GHz)来接收，包括前端损耗在内的低噪声放大器的噪声系数为8dB，并且单比特的数字处理可以提供15dB的增益(例如，32点的快速FFT)，可实现的灵敏度为

$$\text{Sensitivity} = |kT + F + \text{IBW} - \text{FFT}_{\text{gain}} + \text{SNR}_{\min}|_{\text{dBm}}$$

其中，各参数的含义和取值如下所列

$k \cdot T$	-114	dBm
噪声水平 F	8	dB
瞬时频带宽度 IBW(4GHz)	36	dB
傅里叶变换增益 FFT_{gain}	15	dB
所需信噪比 $\text{SNR}_{\min}$	12	dB
灵敏度	-73	dBm

为了节省成本，在不产生额外的麻烦时，南-北通道以及东-西通道都可以求和(在低噪声放大器之后)。事实上，北通道和南通道的天线可以被认为是各自独立的，并且可以在没有相位-幅度干扰问题的情况下求和。使用此解决方案，只需要两个完整的接收通道，如图4.92所示。在任何情况下，都必须考虑灵敏度损失3dB，并且必须实施消除到达方向模糊的处理。

在对南北天线和东西天线求和之前使用的开关电力，对于实现去除信号到达方向模糊度是必要的。当然，两个求和通道的信号流量会增加。

4.2.6.4 使用折叠接收机的雷达告警接收机/电子战支援侦察架构

当必须使用窄带测量装置时，折叠接收机解决同时实现高截获概率的有关问题。折叠意味着将整个射频频段划分为多个射频信道，以便将每个射频信道转换为中频信道(对于所有射频信道使用相同的中央中频频率，中频带宽与测量设备带宽相匹配)并且汇总所有中频信道。采用这种方式时，测量装置的输入端噪声将变得更高，其等于存在于每个中频信道中的噪声的总和。

幸运的是，目前的数字式接收机可以完全恢复由于数字式接收机信道化折叠所引起的噪声增加。

事实上，数字式接收机最重要的好处之一是利用基于数字FFT算法的信道化。在每个数字式接收机基本信道FFT之后，信噪比将以数字式接收机信道数量为倍数增加。因此这将允许以非常高的灵敏度检测信号，即使在数字式接收机输入处由于射频-中频信道折叠导致了较高的噪声水平。

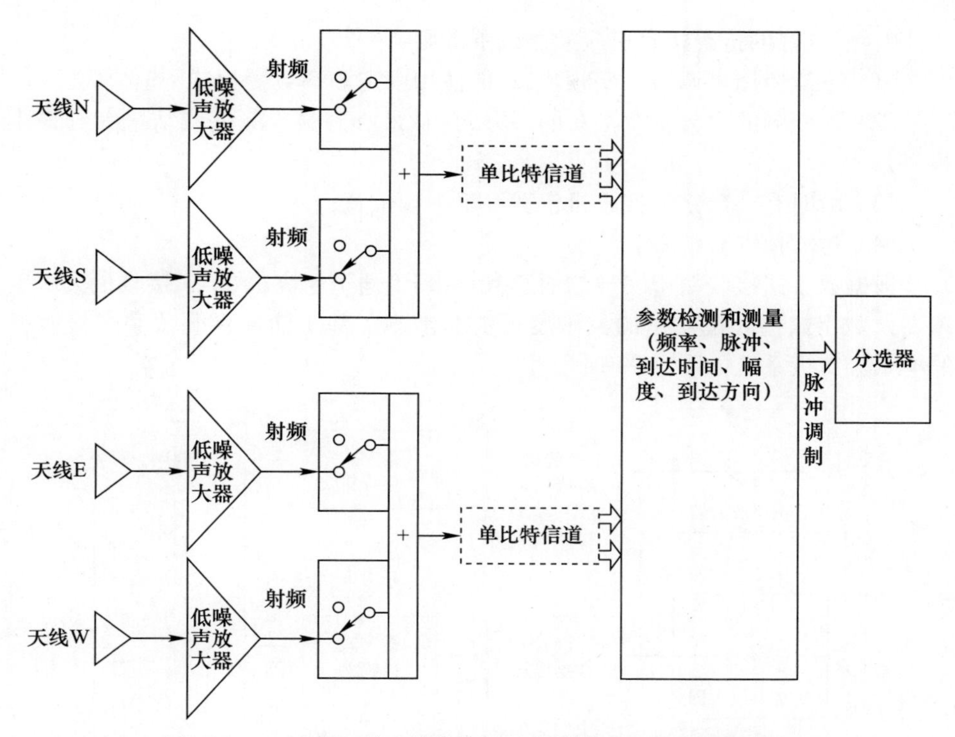

图 4.92　一个基于单比特接收机的高效费比电子战支援构架

信道折叠数字式接收机的原理如图 4.93 所示。

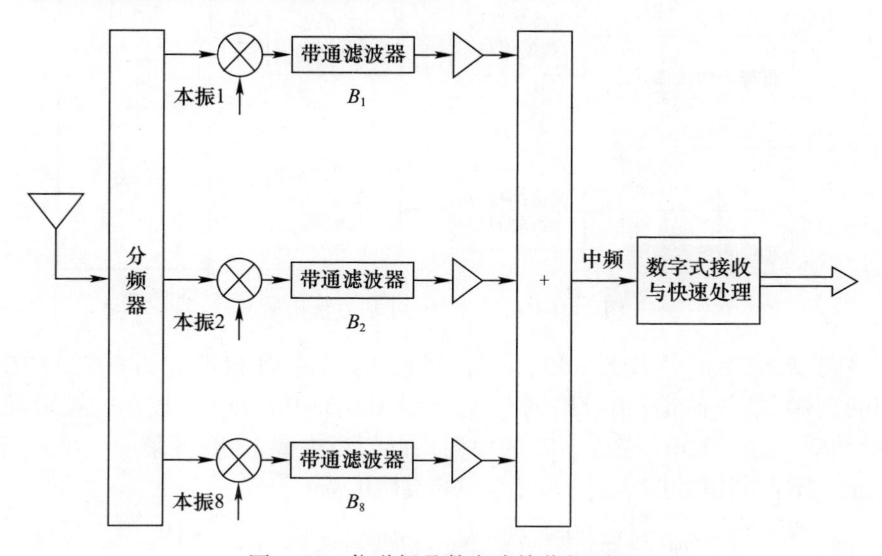

图 4.93　信道折叠数字式接收机原理

因此，良好的折叠接收机应遵循以下准则：

（1）不能使用可调谐下变频器，只能使用固定频率下变频器（晶体管）；

（2）下变频的中频带宽都在同一方向（从最小到最大频率或从最大到最小频率）；

（3）瞬时有效数字式接收机带宽等于中频带宽；

（4）过滤掉混叠信号。

根据数字式接收机中实现的通道数量（FFT 通道越高，数字式接收机灵敏度越高），数字式接收机输出的灵敏度可能非常高。基于信道折叠数字式接收机的电子战支援系统如图 4.94 所示。

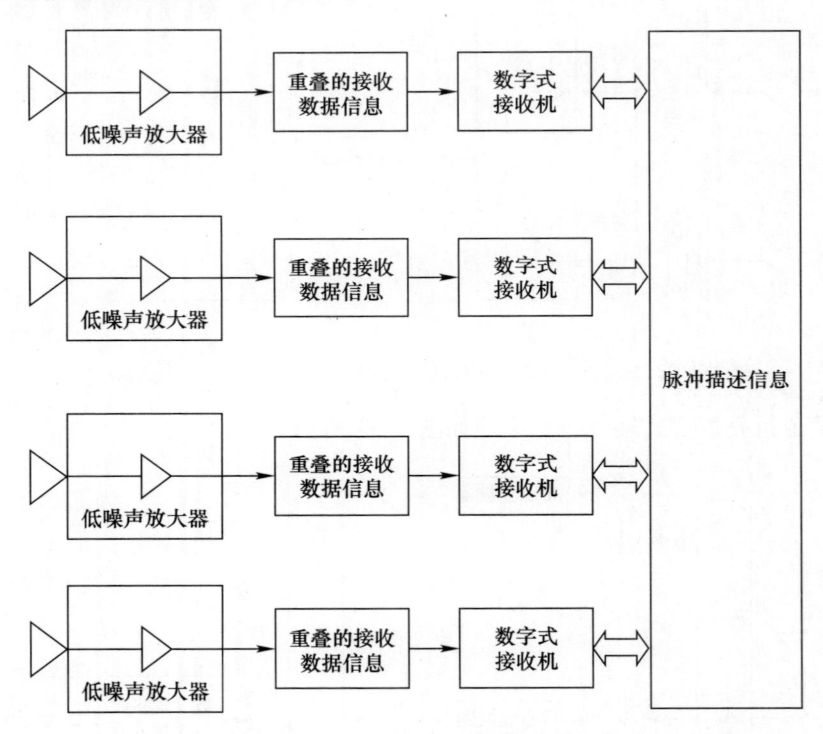

图 4.94　超折叠式电子战支援构架

假设系统噪声系数为 8dB，总电子战支援侦察射频带宽为 2 ~ 18GHz，8（9dB）射频/中频信道，中频瞬时带宽为 2GHz（33dB/MHz），数字式接收机为 256 个基本信道（21dB，考虑 3dB 的损耗），并假设需要 12dB 的信噪比来进行测量，每个数字式接收机基本信道可实现的灵敏度为

$$\text{Sensitivity}_{\text{DRX}} = \left| kT + F + \text{IBW} + \text{Noise}_{\text{Fold}} - \text{FFT}_{\text{gain}} + \text{SNR}_{\min} \right|_{\text{dBm}}$$

其中,各参数含义和取值如下。

$k \cdot T$	-114	dBm
噪声水平 F	8	dB
瞬时频带宽度 IBW	33	dB
折叠造成的噪声增幅 $Noise_{Fold}$	9	dB
傅里叶变换增益 FFT_{gain}	21	dB
所需信噪比 SNR_{min}	12	dB
灵敏度(DRX)Sensitivity	-73	dBm

该架构需要一种方法来分辨来自 8 个折叠信道中的射频信道。这可以通过在折叠接收机的每个射频信道中引入简单的检测电路或通过其他方法来完成。

低于 2GHz 和高于 18GHz 的带外信号可以按照常规方法处理。

注意,根据数字式接收机的有效瞬时带宽,射频部分可以非常复杂或者非常简单。如果数字式接收机瞬时带宽太窄(例如,0.5GHz),则需要许多下变频信道,这会导致系统的复杂度和成本大大增加。如果使用具有 2GHz 的有效瞬时带宽数字式接收机,则要折叠的信道的数量被限制为 8 个以覆盖 2~18GHz 的频带,并且 IFR 变得相对简单。该架构能够达到的性能优势是采用了数字式接收机和相关的数字处理技术。通过相对简单的数字处理,即使是少量的信号残余杂散也会被消除。

上述数字化处理的雷达告警接收机-电子战支援侦察架构,不仅制造经济实惠且成本划算。同时,对于折叠式接收机架构,可以考虑一个更低成本的方案来汇总南-北信道和东-西信道。

4.2.7 现代海军电子战支援系统的典型性能

4.2.7.1 现代电子战支援侦察特征

就基于数字式接收机的电子战支援侦察架构而言,现代电子战支援侦察海军系统的典型特征如下。

(1) POI:接近 100%;

(2) 瞬时频率覆盖:2~18GHz(选项:0.5~2GHz 和 32~38GHz);

(3) 瞬时角度覆盖:360°(方位角),40°(仰角);

(4) 极化:线性极化 45°或圆极化;

(5) 工作灵敏度(脉冲):-71dBm;

(6) 工作灵敏度(低截获概率或连续波):-81dBm;

(7) 发射机脉冲类型(有/无脉内调制):连续波或中断的连续波;

(8) 参数范围:

① 脉宽(最小 - 最大):0.05 ~ 200μs(可编程);

② 脉冲调制标志和类型;

③ 脉冲重复频率(最小 - 最大)50Hz(可编程) ~ 300kHz;

④ 脉冲重复频率类型:固定,抖动,交错,切换;

⑤ 频率:2 ~ 18GHz;

⑥ 频率类型:固定,捷变,多样化;

⑦ 输入流量: > 1000000pps;

⑧ 跟踪数:256。

(9) 测量精度:

① 脉冲宽度:50ns 或 0.1%,以最大者为准;

② 脉冲重复频率:0.2%;

③ 频率:200kHz;

④ 幅度: ±1dB;

⑤ 到达方向:1°rms(ADOA + PDOA);3° ~ 5°rms(ADOA)。

4.2.7.2 作战环境中的作用距离超前因子 (RAF)

对电子战支援系统而言,在敌方探测到己方电子侦察支援系统的搭载平台之前探测到敌方雷达至关重要。在下文中,将为先进的海军雷达电子战支援侦察计算距离超前因子,其特性见 4.2.7.1 节,其天线(图 4.95)应安装在海拔 40m 的船桅杆上。

图 4.95 先进的海军雷达电子战支援侦察天线

假设要检测的雷达是图 4.96 所示作战场景中的雷达[机载预警雷达(AEW),机载电子侦察设备(AI),导航雷达(导航)和低截获概率雷达],具有以下特点：

（1）预警雷达：$P_T = 100\text{kW}, G_T = G_R = 30\text{dB}, \lambda = 0.1\text{m}, \tau = 0.5\mu\text{s}, n = 52, h_a = 4000\text{m}$。

（2）机载电子侦察设备：$P_T = 200\text{kW}, G_T = G_R = 33\text{dB}, \lambda = 0.03\text{m}, \tau = 0.5\mu\text{s}, n = 1, h_a = 2000\text{m}$。

（3）导航雷达：$P_T = 200\text{kW}, G_T = G_R = 33\text{dB}, \lambda = 0.03\text{m}, \tau = 0.5\mu\text{s}, n = 1, h_a = 25\text{m}$。

（4）低截获概率导航雷达：$P_T = 1\text{W}, G_T = G_R = 30\text{dB}, \lambda = 0.03\text{m}$，FMCW 处理增益 $= 35\text{dB}, h_a = 25\text{m}$。

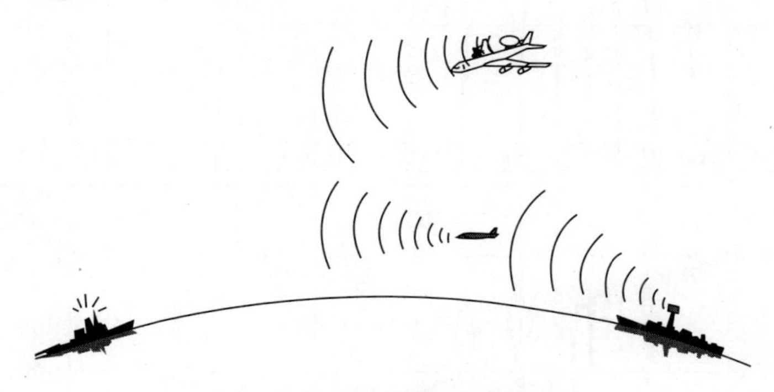

图 4.96　典型的海军作战场景

然后做出如下假设：

（1）船舶的 $\text{RCS} = 10^4\text{m}^2$；

（2）雷达集成的脉冲数，$N_i = 20$；

（3）所有雷达的总雷达损耗 $L = 10\text{dB}$；

（4）所有雷达的 $F = 6\text{dB}$；

（5）雷达探测阈值 $P_{dfa} = 14\text{dB}$（信噪比）；

（6）$G = 0\text{dB}$（有效电子战支援侦察天线和接收机增益）；

（7）$s_0 = -71\text{dBm}$（电子战支援侦察相对于脉冲的操作灵敏度）；

（8）$s_0\text{LPI} = -81\text{dBm}$（电子战支援侦察相对于低截获概率雷达的操作灵敏度）。

最后，根据雷达方程和电子战支援侦察作用距离方程，即

$$R_R = \left[\frac{N_i P_T n G_T G_R \sigma \lambda^2}{(4\pi)^3 kTF \ (S/N)_{P_{dfa}} L} F_{pt}^4 \right]^{\frac{1}{4}} \tag{4.37}$$

可以绘制出一幅显示雷达信噪比和电子战支援侦察信号与探测距离依赖关系图，这样就可以分别得出其作用距离，从而计算出电子战支援侦察设备获得的距离超前因子（图 4.97）。注意所考虑高度为 7m 的雷达信号被视为点目标。由

于船舶是扩展目标，雷达信号实际上由多径效应产生的，缺乏全程附加衰减的波动点。

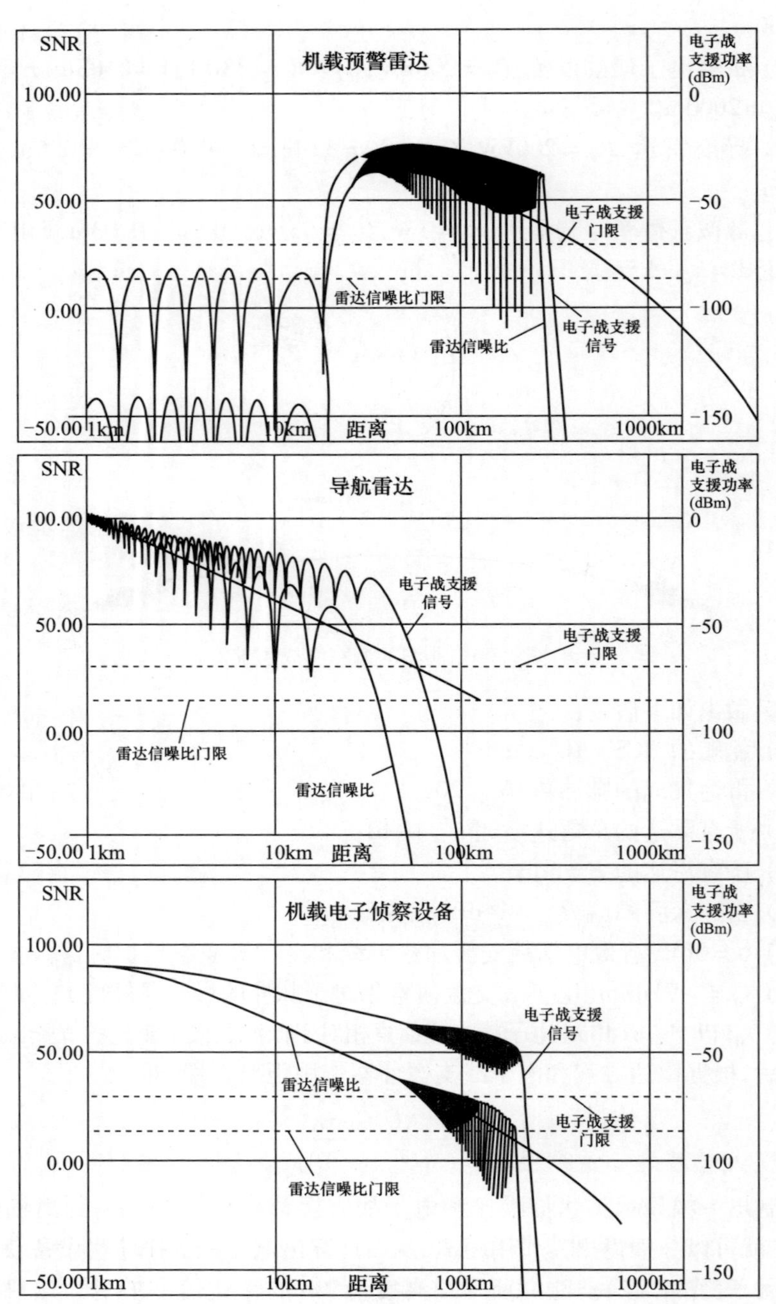

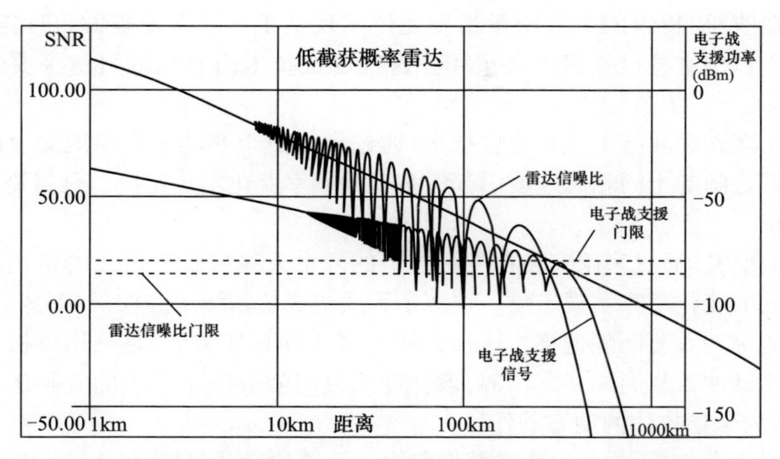

图 4.97　距离超前因子计算中的雷达信噪比与电子战支援信号

在编码雷达出现之前，约 -40dBm 的灵敏度足以获得远高于 1 的距离超前因子。然而，电子战支援侦察必须在一个与预期最短脉冲相匹配很宽的视频带宽下工作（当要检测 0.1μs 脉冲时，带宽大约为 10MHz）。因此，如果雷达采用编码体制，且以非常低的峰值功率工作，则它可能比电子战支援侦察更具优势。对于相等的平均功率（也就是相等雷达作用距离），使用 n 元编码可以使雷达的峰值功率减少 n 倍，从而使电子战支援侦察的作用距离较少到 $n^{1/2}$。

由于信号会在其超出水平线便立即遭遇很强的衰减，所以无法通过增加电子战支援侦察灵敏度来尝试改善距离超前因子以克服雷达表面辐射。重要的是，所选取的灵敏度应该可以正确检测到一个雷达发射机的存在而又不让雷达在此范围内具有显著优势。

当大气波导效应介入时，电子战支援侦察和雷达的实际可视范围的增加不可预测，而且无法进行完全可靠的计算。

如果电子战支援侦察设备安装在陆地上，则必须考虑该区域的地形和树木造成的信号衰减（见第 2 章）。考虑地形造成的衰减时，因衍射而造成的衰减和因山脉、丘陵、建筑物等不透明障碍物引起的衰减均应计算在内。

4.2.8　机载高级电子侦察系统和定位技术

4.2.8.1　现代机载电子侦察系统

如 4.2.6 节所述，基于数字式接收机的现代雷达告警接收机/电子战支援侦察架构可以非常小巧轻便。因此，这些架构可以供海军使用，并且通过必要的修改后可以与飞机上设备兼容，从而在机载平台使用。另外，由现代数字处理（如数字式接收机）提供的参数测量精度允许实现基于运动学原理的目标定位，否则海军平台中这些设备将不再实用。这些定位技术由它们的自身主要特点描述，具体如下[5]：

（1）多普勒频移。这种定位技术，通过利用由于移动平台与地面上的固定雷达位置之间的不同相对速度引起的多普勒频率变化实现定位。只需要一个天线接收机。

（2）LBI。通过利用安装在飞行器上的两个天线接收机接收的雷达信号之间相位差的变化率来实现定位。这两个天线构成长基线干涉仪（LBI）系统。

（3）脉冲重复间隔偏移。这种方法与多普勒频移类似，是利用飞机上所测得的表观脉冲重复间隔来定位的，该脉冲重复间隔取决于飞机的实际运动行为（运动行为是指物体的动态动作）。

值得注意的是，如果以所需精度获取飞行器的运动参数，将雷达发射机置于地表上某一固定点，那么装载在一家沿固定线路飞行的飞机上的无源系统（雷达告警接收机/电子战支援侦察）都可以采用这些定位技术。而安装在移动平台上的发射机位置的无源定位是一个更复杂的问题。这种反无源定位系统（IPLS）是本书作者目前正在申请的发明专利，并在文献[9]中进行了描述。

4.2.8.2 多普勒频移

多普勒频移法是指在特定时间间隔内（如发射天线扫描周期），可以在至少三个已知点测得雷达频率信息。当通过雷达主瓣接收其辐射信号时，必须在脉冲照射时间内进行测量。在通过雷达旁瓣接收信号时，可以在电子战支援侦察中产生等效的脉冲照射时间（或孔径时间）：例如，每2或4s的孔径时间为20或40ms。还假设在定位时间内，发射机频率是固定且稳定的（例如在动目标检测雷达中使用石英晶体管），并且假设照射时间足够短使得即使飞机在运动其多普勒信息保持不变。

因此，让我们假设一架飞机以 V_A 的速度通过第1,2和3点直线飞行，并且雷达从固定位置 P 以频率 f_0 发射信号（图4.98）。为简单起见，假设飞机和雷达都在同一平面上。当飞机处于点1时，它将接收频率为 f_1 的信号，而当它处于位置2时，它将接收频率为 f_2 的信号（因为多普勒频率不同）。此外，假设雷达信号在点1的到达方向是 θ，在点2的到达方向是 $\theta+\Delta\theta$。可得

$$f_1 = f_0 + \frac{V_A\cos\theta}{\lambda} \tag{4.38}$$

$$f_2 = f_0 + \frac{V_A\cos(\theta+\Delta\theta)}{\lambda} \tag{4.39}$$

$$\Delta F = \frac{V_A}{\lambda}(\cos\theta\cos\Delta\theta - \sin\theta\sin\Delta\theta - \cos\theta) \tag{4.40}$$

$$\cos\Delta\theta \cong 1 \tag{4.41}$$

$$\sin\Delta\theta \cong \Delta\theta \tag{4.42}$$

$$\Delta f \cong -\frac{V_A}{\lambda}\sin\theta\Delta\theta \tag{4.43}$$

$$\Delta\theta \cong -\frac{\Delta f\lambda}{V_A\sin\theta} \tag{4.44}$$

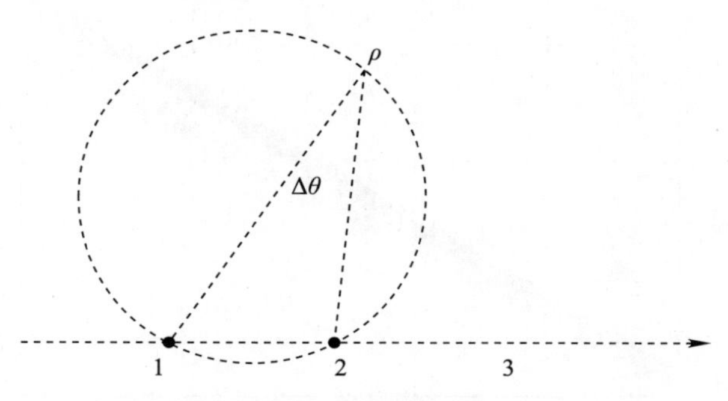

图 4.98　多普勒频移定位的几何关系

上述等式表明对平面山雷达可能位置 P 的张角为 $\Delta\theta$(值得注意的是,如果 $\Delta\theta$ 足够小,所使用的 θ 角即为飞机的实际位置,θ 的微小误差时可以接受的)。由几何学可知,这些点都可以落在一个圆周上(易于计算)。

通过考虑点 2 和点 3 重复该过程,可以确定第二个圆圈。两个圆的交点即为雷达位置。这样的计算很容易实现。无源定位系统可以测量的多普勒频移越小,实现定位所需的时间间隔越短。如 4.4.4.4 节所述,可以测量的频移大约为几赫兹。

实际上,飞机和雷达的高度是不同的。如果高度差已知,就很容易将其考虑在内。如果不知道,则必须考虑适当的估算方法。

使用数字式接收机的多普勒频移

实现多普勒频移定位方法需要在扫描天线的目标照射时间内(约 20 ~ 40ms)非常准确地测量接收频率。当然,不可能在短时间内进行精确的绝对频率测量,因为通常所需的精度(如 1Hz)将需要等于 1/精度(即 1s)的测量时间。

幸运的是,使用数字接收机,可以在相关 FFT 通道的输出端观察每个数字式接收机采样点的相位变化。在这种情况下,可以测量在数字式接收机信道频率中接收的信号相对于参考本地振荡器和信道号参考的相位变化率。由于数字式接收机的相位稳定性非常高,并且直接以数字形式实现,因此可以对相位行为进行精确测量。通过考虑 FFT 输出处的接收信号的相位斜率,可以完成多普勒频移测量(通过测量脉冲照射期间接收脉冲的连续 FFT 采样之间的相位差并使得相位的平均斜率)。该平均相位斜率表示在脉冲照射期间测量的精确多普勒频率。通过在下一个照射时间内重复该测量，测得在两个测量的相位斜率之间产生的差异，并通过将该差除以 $2\pi \cdot \mathrm{TFFT}$，来计算多普勒频移。

在图 4.99 中给出了频率偏移为 5Hz 的两个 9GHz，500μs 脉冲宽度脉冲相位变化。使用 500μs 只是为了清楚地显示相位斜率。

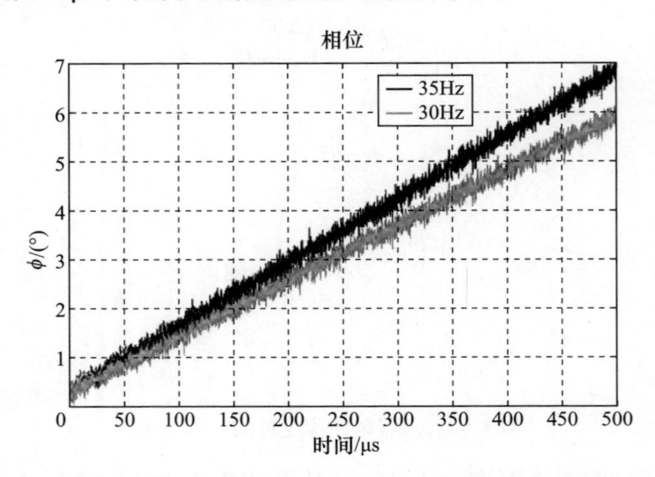

图 4.99　数字化接收机中频差为 5Hz 的两个信号相位斜率

两个 9GHz 信号被下变频为 30Hz 和 35Hz 频率的相关数字式接收机信道。

可以看出，数字式接收机在很短的时间内很好地测量了与两个 9GHz 信号之间 5Hz 的频率差。

值得注意的是，重要的是相位差的测量，而不是测量相位绝对值。

如果在目标时间内接收到几个脉冲，则可以存储相位斜率变化，如图 4.100 所示。

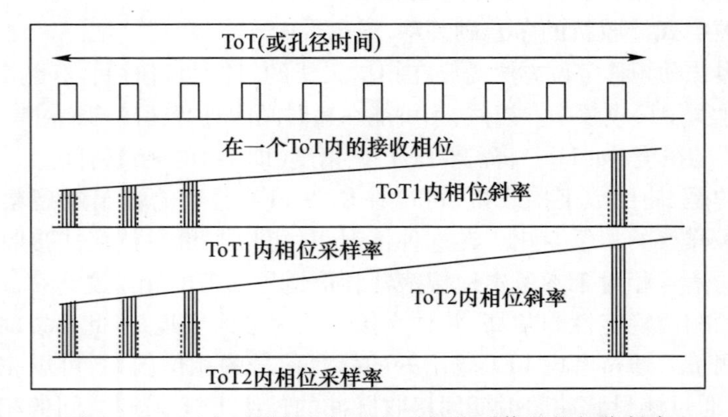

图 4.100　两个不同的目标驻留时间收到信号的相位斜率

在一个数字式接收机通道中的接收频率是相对较高的值时（大约 10 或 100kHz），接收的相位变化类似于图 4.101 中所示。

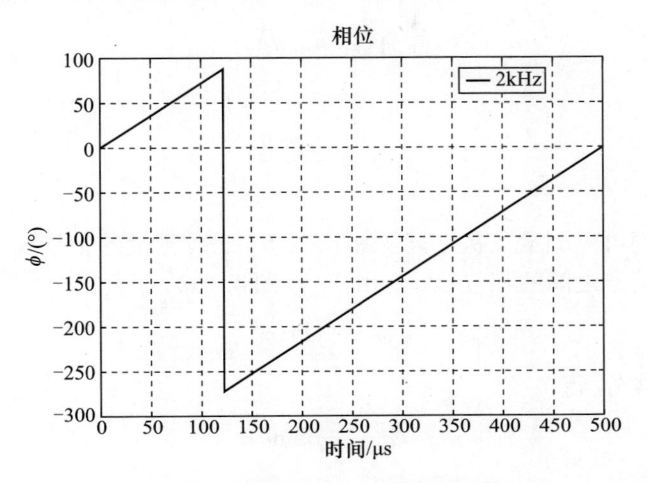

图 4.101　高值信道中的相位斜率变化

此外，始终可以将相位值存储在一个脉冲照射时间内，并与新的相位值和存储的相位值之间进行比较。当然，在这种情况下，我们必须考虑几种可能出现的 2π 相位变化。

最近，已经证明，太空的低地球跟踪卫星（LEO）可以对地球表面上的雷达进行极高精度的定位。

4.2.8.3　长基线干涉仪（LBI）

假设一架飞机以 VA 的速度飞行并且雷达从固定位置 P 辐射。为简单起见，假设雷达和飞机都处于同一平面（图 4.102），并且角度为 θ。

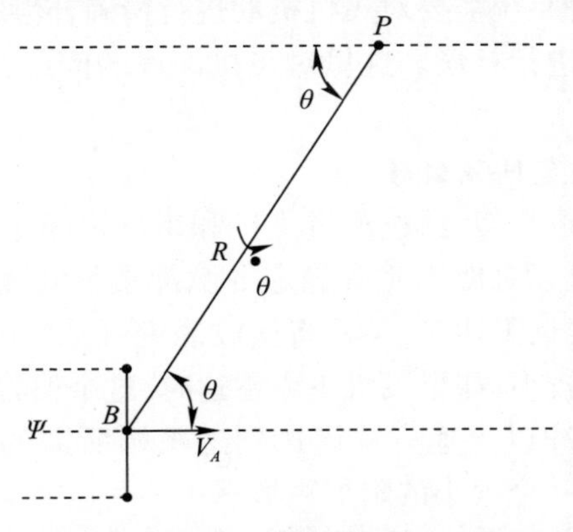

图 4.102　LBI 定位系统的几何关系

当飞机正在飞行时，雷达和飞机之间的连线将以速度 θ 旋转，根据运动学原理可得

$$V_A\sin\theta = R\dot{\theta} \tag{4.45}$$

因此，有

$$R = \frac{V_A\sin\theta}{\dot{\theta}} \tag{4.46}$$

假设我们可以测量飞机上间隔距离为 B（干涉测量的基线长）的两根天线接收的雷达信号之间的相位差 ψ。由于（见图 4.102）

$$\psi = \frac{2\pi}{\lambda}B\sin\theta \tag{4.47}$$

通过对时间微分，得

$$\dot{\psi} = \frac{2\pi}{\lambda}B\sin\theta\,\dot{\theta} \tag{4.48}$$

因此，我们可以通过测量 $\dot{\psi}$ 的变化率而得到 $\dot{\theta}$，即

$$\dot{\theta} = \frac{\dot{\psi}\lambda}{2\pi B\cos\theta} \tag{4.49}$$

由第一个方程，可得

$$R = \frac{V_A\sin\theta\cos\theta}{\dot{\psi}}\frac{2\pi B}{\lambda} \tag{4.50}$$

所以，当 V_A，θ 和 $\dot{\psi}$ 已知，我们可以实时计算辐射雷达的距离 R。

该方法看起来非常快，并且可以在不到 1s 的间隔内完成定位。

值得注意的是，该系统需要对飞机机动进行精确补偿，或者在翼尖安装天线的情况下对机翼振动进行补偿。这里对飞机高度的问题，采取与前文相似的方法处理。

4.2.8.4 脉冲重复间隔偏移

与多普勒频移定位相似，通过测量飞机和雷达之间相对运动而产生的表观脉冲重复间隔偏移，可以对使用非常稳定的脉冲重复间隔（PRI）的地面雷达进行定位。实际上，在接近雷达时，飞机将接收固定且稳定的脉冲重复间隔信号，但该脉冲重复间隔值较小；如果飞机飞离雷达时，这个值将变大。

这是由于每个脉冲以光速 c 从雷达到达飞机所需的时间（几十到几百微秒）内，飞机已经飞过一个很小的附加距离。

由于产生了多普勒频率，必须考虑单程传输问题，所以有

$$\delta \mathrm{PRF} = \frac{V_R}{\mathrm{PRI}c} \tag{4.51}$$

$$\mathrm{PRF} = \frac{1}{\mathrm{PRI}} \tag{4.52}$$

$$\delta \mathrm{PRI} = -\mathrm{PRI}^2 \delta \mathrm{PRF} = -\frac{V_R \mathrm{PRI}}{c} \tag{4.53}$$

实际的测量系统几乎不可能检测到单个脉冲重复间隔中的脉冲重复间隔偏移。但是,可以通过比较在不同时间间隔收集一定批次脉冲所经过的总时间来测量脉冲重复间隔偏移:如果存在相对速度变化,则可以测量脉冲重复间隔偏移并因此实现位置算法,这与采用多普勒频移技术定位时的情况相同。

4.2.9 无源侦察系统网络

电子战支援侦察和电子情报侦察传感器可以代表空中/地面监视网络的核心部分,从而监控较为广泛的区域。该网络可以包括多个固定或可移动的电子战支援侦察/电子情报侦察传感器,通过多种通信介质(光纤,无线电/电缆链路等)互连,并由远程控制中心(RCC)监控。该网络允许 RCC 协同(发射机位置/跟踪)和信息流向 RCC 以及远程控制传感器(甚至无人)。收集到的信息可以传递给上级中心,以便进一步分析和战略融合,电子战支援侦察/电子情报侦察信息可以与监控雷达网络信息融合在一起,以便更好地了解整个战场态势。可以考虑两类电子战支援侦察/电子情报侦察系统:具有非常好的脉冲到达角精度的系统和具有非常好的脉冲到达时间精度的系统。第一类将允许通过三角测量来实现发射平台的定位和跟踪,而第二类则通过多点定位实现。

4.2.9.1 三角测量被动监视

电子战支援侦察站的网络可以布置在领土范围内。通常,两个站之间的距离为 20 ~ 50km,并且没必要接收相同的发射机信号。无论如何,侦察站之间的距离应该使得至少两个站能够在几秒内以高概率截获同一个辐射源信号。为了进行三角测量,至少需要两个侦察站。

参考图 4.103,提供定位误差[圆误差概率(CEP)]作为传感器 D/F 精度 σ_i 的函数的数学关系,测量传感器和发射机之间的 D/F 角 γ_i 和传感器之间的距离目标发射机 R_i,有[10]

$$\mathrm{CEP} = \frac{C_1 + C_2}{2}\sqrt{K}$$

$$C_1 = \frac{1}{\sqrt{\sum\left(\frac{\sin^2\gamma_i}{R_i^2\sigma_i^2}\right)}}$$

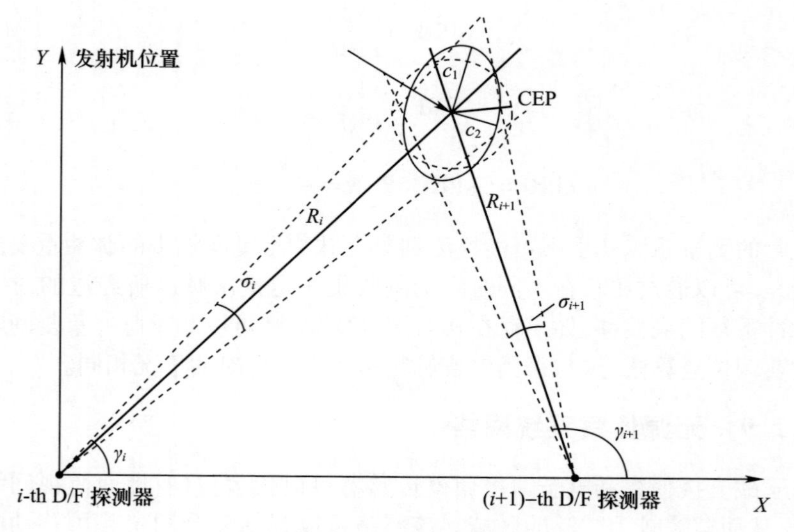

图 4.103　三角定位精度

$$C_2 = \frac{1}{\sqrt{\sum\left(\frac{\cos^2\gamma_i}{R_i^2\sigma_i^2}\right)}}$$

式中:$K = 1.177$ 为经验常数;C_1 和 C_2 为不确定椭圆的半轴。

4.2.9.2　多点定位的无源侦察

众所周知,如果两个电子战支援侦察站接收到信号具有固定的信号到达时间和方向,则可以确定位于笛卡儿平面中的位置(具有相同的信号到达时间和方向信号被两个侦察站所接收到的位置)。同样在这种情况下,应在该地区部署一定数量的站点,以获得良好的定位效果(至少三个)[5]。让我们考虑一个电子战支援侦察主站和一个分站。为了可靠测量到达时间差,必须确保两个站中所接收到的信号不仅来自于同一发射机,还应来自于同一组信号。这就导致两个局限:

(1) 雷达脉冲重复间隔应该比两个站之间的传播时间距离长;

(2) 两个站的距离应足够短,以确保雷达波束照射两个站。

一旦测量到相同信号的到达时间差,就可以绘制出具有相同到达时间差值的描述接收机可能位置的双曲线。在加入另一个分站,重复上述过程,再次可以得到另一条曲线。两个曲线之间的交叉点将表示出在二维笛卡儿平面中的发射机所处的位置,如图 4.104 所示。因此,为了通过多点定位测量发射机距离,至少需要三个接收相同信号的侦察站。考虑到 d_1 和 d_2 传感器 $S_1 - S_0$ 和 $S_2 - S_0$

之间的距离,以及(X_E,Y_E)发射机坐标,可以得到描述这两个双曲线(等延迟曲线)的方程,即

$$\sqrt{((d_1-X_E)^2+Y_E^2)}-\sqrt{X_E^2+Y_E^2}=c\mathrm{DTOA}_1$$
$$\sqrt{((d_2-X_E)^2+Y_E^2)}-\sqrt{X_E^2+Y_E^2}=c\mathrm{DTOA}_2$$

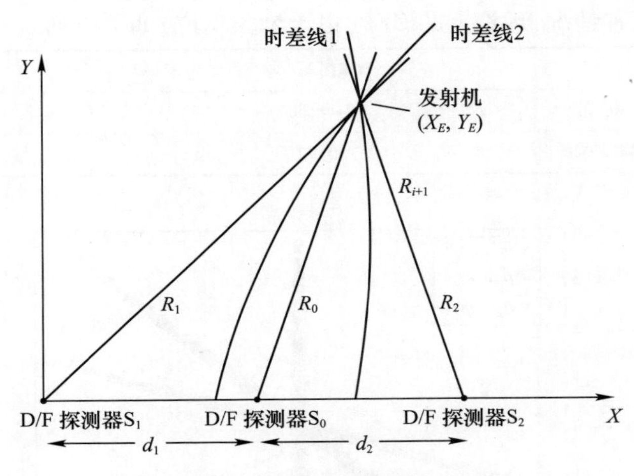

图 4.104　二维平面内的多点定位

定位精度取决于信号到达时间和方向的准确性。以下示例将显示可实现的准确度,如图 4.105 所示。

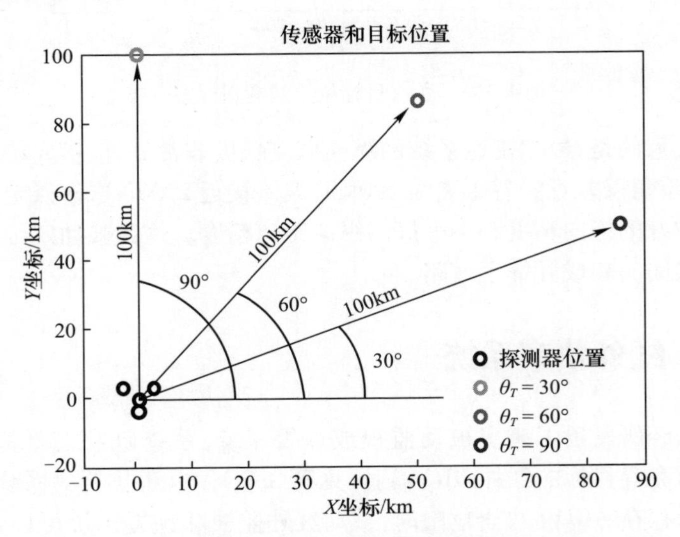

图 4.105　电子战支援接收机与辐射源位置关系

(1) 由 4 个电子战支援侦察站组成的无源侦察系统：一个主侦察站和三个距离主站 4km 的分站[5]。

(2) 在三个不同方向上，距离主站点 100km 的目标（$\theta_T=30°$，$60°$和 $90°$）。

图 4.106 中假设有 2ns 的 DTOA 的 rms 误差，给出了每个目标位置的预期定位精度。

对于这三种情况，理论上的 CEP（以千米为单位）如下所列。

CEP[km]		
$\theta_T=30°$	$\theta_T=60°$	$\theta_T=90°$
0.44	0.72	0.13

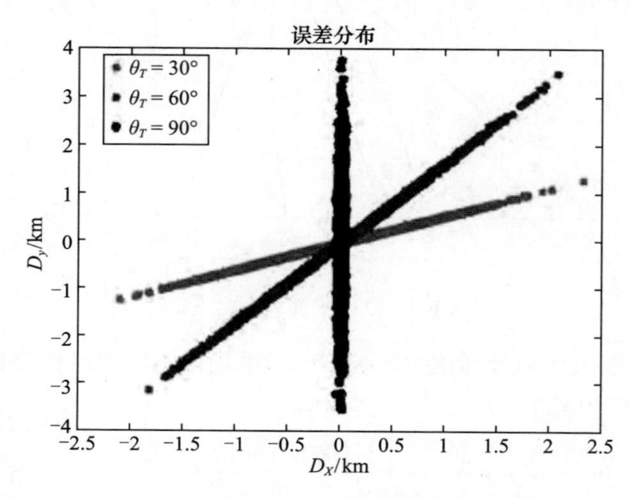

图 4.106　所有目标位置的椭圆误差分布

值得注意的是，虽然雷达系统的纵向探测精度非常好，但横向精度可能不太好（1°的方位角误差意味着距离为 100km，误差接近 2000m），多点定位被动系统将提供非常好的横向精度和不太好的纵向距离精度。这为被动定位系统和雷达定位系统之间的集成开辟了道路[5]。

4.3　红外侦察系统

目前已经研发出了诸多被动监视或预警系统，系统研发主要基于飞机、导弹、船舶、坦克等目标的红外（IR）辐射（见第 2 章）。几种重要的系统如下：

(1) 当存在 ARIVI 攻击危险时，被动红外监视和预警系统可以作为防空雷达站的备用系统。

(2) 红外系统作为传感器用于近程武器系统协调中心，如肩扛式红外制导导弹。

(3) 空基导弹发射预警系统。

(4) 舰载监视和预警系统。

(5) 机载监视系统，称为线扫描仪。

(6) 卫星探测系统。

(7) 用于夜间导航的前视红外(Forward - Looking Infrared, FLIR)系统。

红外系统可以用于扫描传感器头以及凝视型传感器头。

扫描描传感器头通过移动的表面反射系统来确保基本视场(FOV)扫描整个感兴趣的角度扇区。

扫描头使用移动反射表面系统，以确保基本视场扫描整个感兴趣的角度扇区。当传感器元件固定时，最多可以覆盖180°方位角。如果要获得更广泛的覆盖范围，就需要旋转传感器组。

在基本视场非常小的情况下，为了覆盖垂直方向较宽的视场，通常通过使用一个传感器阵列来解决这个问题。通过这种方式，加以适当的滤波处理，可以使红外背景信号低于感兴趣的目标信号。

一个凝视的传感器头由一组探测器组成，每个探测器拥有一个基本视场，它们共同覆盖一个非常宽的瞬时视场，可以在方位角和仰角上实现大约几十度的覆盖范围，具体大小要取决于基本视场的宽度和传感器的数量。传感器数量越多，红外头的复杂性和成本就越高。与扫描系统相比，凝视技术允许连续并行处理来自每个像素的信号，扫描系统只有在观察目标时才能提供有关目标的信息(图4.107)。

图4.107　红外焦平面器件实现宽瞬时视场角的凝视系统

4.3.1 导弹发射告警器/导弹逼近告警器

导弹发射告警器(Missile Launch Warner,MLW)系统能够在视场范围内探测到导弹的发射。主要安装在易受红外制导导弹的袭击的飞行平台上。由于红外制导导弹发射可以在没有任何射频信号的情况下实施,因此,探测红外制导导弹发射的唯一可靠手段是使用具备探测 IR 辐射或有 UV 辐射能力的武器装备。利用这种设备特性,飞机可以在必要时刻以最优化的方式发射配备数量有限的红外曳光弹。

具备导弹逼近告警能力的 IR 系统正处于研究之中,雷达技术仍然是执行此功能的最佳工具。专门探测来袭导弹信息的装置称为导弹逼近告警器(Missile Approach Warner,MAW),MAW 是小型连续或脉冲多普勒雷达,能够通过小型雷达反射截面积探测快速接近的目标。

这些系统的主要缺点是它们都是主动式的,因而不能让其搭载飞机偷偷接近目标。

这些系统的主要缺点是它们是主动式的,因此,不允许运载机隐蔽地接近其目标。而且,它们通常不会给出精确的角度坐标。为了避免敌人发现己方安装了 MAWS,可以在导弹发射警告发出以后再开启导弹逼近告警器。这意味着飞机必须配备两个系统,从而增加了成本和重量。

4.3.2 前视红外(FLIR)

FLIR 系统是扫描型系统能够基于红外信号生成仿电视信号,与监视系统类似,但仅能覆盖有限的角度扇区,其视频输出甚至与标准 CCIR 兼容。

在机载 FLIR 系统的辅助下能够实现夜间导航和夜间着陆。在传感器扫描整个视场 FOV 期间,电视屏幕上将显示检测到的所有目标信息,无须任何特殊处理。操作员再从屏幕显示的信息中提取相关信息。

红外搜索与跟踪系统(Infrared Search and Track,IRST)是升级版的红外系统。该系统能够从背景中自动提取感兴趣的目标,同时将误警率维持在一个可接受的水平。先进的传感器头通常能够监测多个红外波段(多色传感器),经过一个复杂的空时滤波系统后得到一个信号,通过与自适应阈值和数据库进行比较来便检测目标,进而进行更为详细的目标识别。红外搜索与跟踪系统存在的主要问题是具有较低的背景过滤能力。这些系统尚未展现出较好的的整体性能。

4.4 通信电子战支援侦察和通信侦察系统

通信电子战支援侦察设备(COM - ESM)的功能是为军事行动人员提供以

下支持:

(1) 利用敌方通信获取其有关作战内容、作战模式及 C^3 系统中重复率最高的行动等信息,从这些信息中可以获取敌方进攻、兵力或交通工具调集等情报(且无论何时,只要可能,就要设法获取敌方的作战意图)。所做一切同时具有战术电子战支援侦察和战略通信侦察的目的。

(2) 获取通信中心和 C^3 中心(如有可能)的位置。

(3) 获取干扰机的型号。

此外,在和平时期,这些系统还是培训我方作战人员和查找自身通信网络漏洞的最佳手段。

4.4.1 通信电子战支援侦察

通信电子战支援侦察设备系统根据以下几点而有所区分:

(1) 必须截获链路;

(2) 安装平台;

(3) 必须拦截的敌方通信网络作战功能。

这些系统性能将取决于所采用的工作频率和传输技术,从 ELF 到 MF,从 HF 到 UH。相应技术包括常规传输、扩频或突发传输、无线电中继、对流层散射和卫星传输等。

例如,考虑两种类型的战场通信系统:一种基于使用跳频的 VHF/UHF 设备;另一种基于无线电中继系统[11]。

这两种通信系统通常与常规的作战网络无线电一起使用,需要不同的电子战支援侦察技术。VHF/UHF 跳频通信的特征在于每个信道中发射极为短暂,并且不能用其频率信息参数区分和判定发射机。

另一方面,针对无线电中继系统,要求电子战支援系统具有高灵敏度,而对于反应时间没有太高要求。此外,无线电中继系统可在很宽的频率范围内工作,从 VHF 到 D 频段,并使用宽带多信道频分复用(FDM)和时分复用(TDM)调制技术,而调频通信通常限制于 VHF/UHF 频段,采用改进的频移键控(FSK)调制。

所有这些差异意味着电子战支援系统的接收机、分析设备和天线必须是不同类型的。此外,根据安装通信电子战支援系统平台不同,还需要不同的设备。例如,信号传播模式根据平台是机载、船载还是安装在陆地上而有所不同,因此所需的灵敏度和电磁环境也会发生变化,所需定位技术也有所不同。虽然固定发射机可以通过单个机载测向仪或通过多个协同地基测向站来定位,但机载发射机的定位只能通过同步测向站的协作完成。

此外,当需要实时分析快速逼近的空中平台(近距离空中支援)的辐射源时,电子战支援侦察的功能将变得非常复杂。在这种情况下,需要对截获信号的参数进行时序分析,该参数能够抑制传播异常引起的波动。

被截获的通信系统的功能也可体现在通信电子战支援侦察设备系统的差异。通信系统包含以下类型:

(1) 区域 C^3 系统;

(2) 炮兵 C^3 系统;

(3) TDMA 数据分发网络;

(4) 用于第二梯队攻击的通信支援系统;

(5) 近距离空中支援系统;

(6) 战场网络电台;

(7) 情报和目标定位支援网络;

(8) 空军战术综合信息系统。

信息流量、单个辐射持续时间、网络组织、网络流动性等差异,要求使用与其相适应的技术,以确保所需要的 POI 和参数测量的可靠性。通信电子战支援侦察设备系统的一般功能结构,如图 4.108 所示。

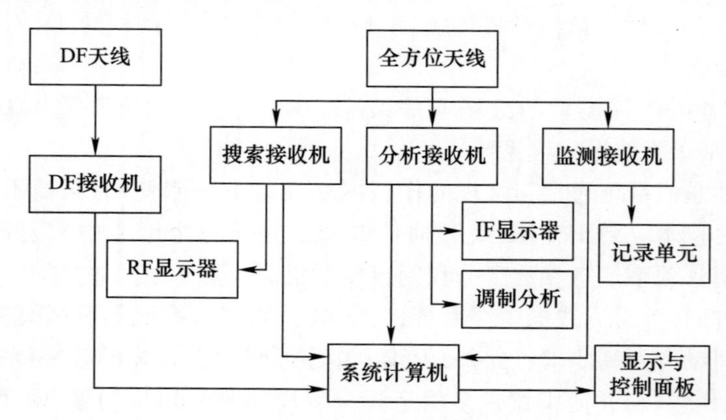

图 4.108　ESM - COM 系统的一般功能结构

通信电子战支援侦察设备系统的主要功能是:

(1) 频段的连续扫描(CS);

(2) 频段的离散扫描(DS);

(3) CS + DS;

(4) 执行测向测量;

(5) 电子干扰作战。

自动 CS 可以连续扫描一个或多个指定子频带，其电磁频谱以表格和图形形式(一种合成的射频显示)显示在操作员面前。不同的子带将通过诸如以下参数来表征：

(1) 威胁等级；

(2) 搜索滤波器和接收机的扫描速率；

(3) 检测阈值；

(4) 信道抑制(因为它们处于友方频率或无关信号)。

在扫描中，根据数据库存储的相关标准，被截获的辐射会进行频率上的相关处理。识别号和基本参数(跟踪编号、频率、第一个和最后一个截获的时间、调制样式、信号频带、威胁等级)在文字显示器上呈现给操作员。一般情况下，会特别强调首次截获的辐射源(需要由操作员监听和分析)。合成射频显示器提供电磁活动和持续时间的显示。它允许操作员将频率区域放大到 1MHz 或 2MHz，分辨率低于信道化的分辨率。

系统的性能取决于超外差接收机的灵敏度，良好的接收机和有源宽带天线可获得的灵敏度值介于 0.5 ~ 5μV/m 之间。

探测概率(由多个发射机组成的电磁环境中的所有发射机被正确检测和处理的概率)不仅取决于场景，还取决于和辐射源平均持续时间相关的接收机扫描速率。它还取决于计算机的处理能力，特别是它的编码管理技术。例如，在机载雷达的情况下，UHF 频段的通信持续时间为几秒，因此 25 ~ 50MHz/s 的扫描速率是可接受的。这可以通过窄带超外差接收机实现，扫描速率为每秒 1000 ~ 2000 个信道，可以保证最佳的灵敏度、保真度和频率测量精度。

在搜索阶段，接收机需具有良好的分辨率和精确的频率测量能力。这两个参数很重要，分别可以用于鉴别不同的发射机和确保相关算法正确运行而不产生虚假追迹。分辨率可接受的值是大约 25kHz，测量精度为数千赫兹。

为了准确分类辐射源，对调制方式的自动识别非常重要。这种识别也可以由操作员手动执行，但是自动识别可以缩短其反应时间，进而提高系统的性能。

一个好的通信电子战支援侦察设备系统能够执行暂停和抑制功能。暂停功能可以使搜索接收机在活动信道中暂停工作，允许操作员通过将相关测量结果发送到系统计算机，从而选择最适合的参数监听和分析所截获的辐射。

在对截获辐射分析的基础上，操作员可以决定是否抑制该信道(使用抑制功能或将其插入离散扫描表)，是否将其发送到监视或定位子系统以实现通信侦察功能，是否将其发送到干扰子系统以产生适当的电子干扰。扫描接收机不再截获被抑制的辐射源信息，从而节省宝贵的时间。DS 模式仅允许扫描威胁等级超过操作员预设的辐射,以便对其进行反复分析、监听或监视。

另一种可能的工作模式是混合 CS + DS。在这种模式下,系统分时循环执行 CS 和 DS 功能,从而允许操作员既可监视电磁频谱,又能连续监视较高威胁等级的信道。

如果有必要截获跳频通信,则频率参数不能用于辐射源的识别或分类。在这种情况下,确认跳频辐射源存在、尽可能多地截获跳频信道、确定每个信道的工作时长及其(如果可能)频率的跳变方式等非常重要,这样才有可能在大部分跳频器使用过的信道上预先设置测向仪以等待出于测向目的的采样信号到来。一般情况下,无法分析跳频通信内容。

4.4.2 通信侦察系统

通信侦察系统所实现的功能主要是监控、定位和记录通信电子战支援侦察设备系统截获的辐射源,以便进行后续分析。

监控功能需要:

(1) 解调一定数量感兴趣的信道,使其可供操作员使用;

(2) 允许操作员监听感兴趣的信道;

(3) 记录与截获的辐射源有关的所有数据以及其自身信息。

定位功能需要:

(1) 对各中心或各种固定测量点(如果是移动平台)之间的数据进行相关处理;

(2) 记录位置数据以及所有其他截获的参数。

所有截获的数据都在数据库中分类且排列储存,并发送到控制中心进行后续分析和处理,以确定敌方可能的战略部署。

参 考 文 献

[1] Schleher, D. C. Introduction to Electronic Warfare, Norwood, MA: Artech House, 1986.

[2] Wiley, R. G. "The Interception of Radar Signals," in Electronic Intelligence, Dedham, MA: Artech House, 1985.

[3] Morgan, T. E., "Spiral Antennas for ESM," IEEE Proceedings, Vol. 132, No. 4, Pt. F, July 1985.

[4] Tsui, J. B. - Y., "Tangential Sensitivity of EW Receivers," Microwave Journal, October 1981.

[5] De Martino, A., Modern EW Systems, Norwood, MA: Artech House, 2012.
[6] Yuce, M. R., A. Tekin, and W. Liu, "Design and Performance of a Wideband Sub - Sampling Front - End for Multi - Standard Radios," International Journal of Electronics and Communications, Vol. 62, No. 1, 2008, pp. 41 - 48.
[7] Tsui, J., Digital Techniques for Wideband Receivers, Norwood, MA: Artech House, 1995.
[8] Gray, N., "ABCs of ADCs," National Semiconductor Corporation, Rev. 3, June 2006.
[9] SIAE, Artist, [Art]. Deposito N. 0003891, Romaof 20 - 09 - 2000 Italy.
[10] Torrieri, D. J., "Statistical Theory of Passive Location Systems," IEEE Transactions, Vol. AES, No. 2, March 1984.
[11] Adamy, D. L., "Trends in Tactical Communication ESM," in International Countermeasures Handbook, C. H. Wiseman (ed.), EW Communications: Palo Alto, CA, 1987, pp. 53 - 57.
[12] Barton, D. K., Radar System Analysis, Dedham, MA and Englewood Cliffs, NJ, Prentice Hall & Artech House, 1976.
[13] Wiley, R. G., "The Interception of Radar Signals," in Electronic Intelligence, Dedham, MA: Artech House, 1985.
[14] Brann, A., "RWRs Face New Threats," Microwave Systems News, November 1986.
[15] Herschell, F. M., "100 Percent Probability of Intercept?," Defense Electronics, February 1988.
[16] Hatcher, B. R., "Intercept Probability and Intercept Time," EW, March - April 1976.
[17] Self, A. G., "Intercept Time and Its Prediction," Journal of Electronic Defense, August 1983.
[18] Whittall, N. J., "Signal Sorting in ESM Systems," IEEE Proceedings, Vol. 132, No. 4, Pt. F, July 1985.
[19] Belk, H. J., J. D. Rhodes, and M. J. Thornton, "Radar Warning Receiver Subsystems," Microwave Journal, September 1984.
[20] Davies, C. L. and P. Hollands, "Automatic Processing for ESM," IEEE Proceedings, Vol. 129, No. 3, Pt. F, June 1982.
[21] Bullock, L. G., G. R. Oeh, and J. J. Sparagna, "An Analysis of Wide Band Microwave Monopulse Direction - Finding Techniques," IEEE Transactions on Aerospace and Electronic Systems, Vol. AES - 7, No. 1, January 1971.
[22] Baron, A. R., K. P. Davis, and C. P. Hofmann, "Passive Direction Finding and Signal Location," Microwave Journal, September 1982.
[23] Tsui, J. B. - Y., P. S. Madorn, and R. L. Davis, "Advanced Electronic Warfare Receiver Forecast," Optical Technology for Microwave Applications III, Vol. 789, 1978.
[24] Lochead, D. L., "Receivers and Receiver Technology for EW Systems," Microwave Journal, February 1986.
[25] Tsui, J. B. - Y., Microwave Receivers with Electronic Warfare Applications, New York: John Wiley & Sons, 1986.
[26] East, P. W., "Design Techniques and Performance of Digital IFM," IEEE Proceedings, Vol. 129, No. 3, Pt. F, June 1982.
[27] Edwards, J., "Sensitivity of Crystal Video Receivers," IEEE Proceedings, Vol. 132, No. 4, Pt. F, July 1985.
[28] Klipper, H., "Sensitivity of Crystal Video Receivers with RF Preamplification," Microwave Journal, Vol. 8, No. 8, July1965, pp. 85 - 52.
[29] Lucas, W. J., "Tangential Sensitivity of a Detector Video System with RF Preamplification," IEEE Proceed-

ings, Vol. 113, No. 8, 1966.

[30] Davenport, W. B., and W. L. Root, An Introduction to the Theory of Random Signals and Noise, New York: McGraw - Hill, 1958.

[31] Erst, S. J., Receiving System Design, Dedham, MA: Artech House, 1984.

[32] Dean, J. E., "Suspended Substrate Stripline Filters for ESM Applications," IEEE Proceedings, Vol. 132, No. 4, July 1985.

[33] Webb, D. C., "AO, SAW, BAW, and MSW Technology for Frequency Sorting," IEEE Ultrasonic Symposium, Williamsburg, VA, 1986.

[34] Higgins, T., "Channelized Receivers Come of Age," Microwave Systems News, August 1981.

[35] Allen, D. E., "Channelized Receivers: A Viable Solution for EW and ESM Systems," IEEE Proceedings, Vol. 129, No. 3, Pt. F, June 1982.

[36] Tsui, J. B. - Y., "Channelizers and Frequency Encoders," Microwave Journal, September 1989.

[37] Spezio, A. E., J. Lee, and G. W. Anderson, "Acousto - Optics for Systems Applications," Microwave Journal, No. 14, February 1985.

[38] Gatenby, P. V., "Broadband Integrating Bragg Cell Receiver for Electronic Support Measures," IEEE Proceedings, Vol. 136, No. 1, Pt. F, February 1989.

[39] Mergeria, D., and M. E. C., "Integrated Optical RF Spectrum Analyzer," Microwave Journal, September 1980.

[40] Grasse, C. L., and B. D. L., "Acousto - Optic Bragg Cell Speeds EW Signal Processing," Microwave Systems News, January 1983.

[41] Joseph, T. R., "Integrated Optic Spectrum Analyzer," IEEE Proceedings, Vol. 129, No. 3, Pt. F, June 1982.

[42] Hamilton, M. C., "Wideband Acousto - Optic Receiver Technology," Journal of Electronic Defense, January - February 1981.

[43] Berg, N. J., M. W. Caneday, and I. J. Abramowitz, "Acousto - Optic Processing Increases EW Capabilities," Microwave Systems News, February 1982.

[44] Yarboroughs, J., "Second Generation Bragg Cell Receiver," Journal of Electronic Defense, October 1985.

[45] Adler, R., "Interaction Between Light and Sound," IEEE Spectrum, May 1967.

[46] Young, E. H. and S. K. Yao, "Design Consideration for Acousto - Optic Devices," IEEE Proceedings, Vol. 69, No. 1, January 1981.

[47] Gordon, E. I., "A Review of Acousto - Optical Deflection and Modulation Devices," IEEE Proceedings, Vol. 54, No. 10, October 1966.

[48] Quate, C. F., C. D. Wilkinson, and D. W. Winslow, "Interaction of Light and Microwave Sound," IEEE Proceedings, Vol. 53, No. 10, October 1965.

[49] Harms, B. K., and D. R. Hummels, "Analysis of Detection Probability for the Acousto - Optic Receiver," IEEE Transactions on Aerospace and Electronic Systems, Vol. AES - 22, No. 4, July 1986.

[50] Jack, M. A., P. M. Grant, and J. H. Collins, "The Theory, Design and Application of SAW Fourier - Transform Processors," IEEE Proceedings, Vol. 68, No. 4, April 1980.

[51] Matthews, H., Surface Wave Filters Design, Construction and Use, New York, John Wiley & Sons, 1977.

[52] Jack, M. A., et al., "Real Time Network Analyzer Based on SAW Chirp Transform Processor," Ultrasonic Symposium Proceedings, September 1976.

[53] Lardat, C., "Improved SAW Chirp Spectrum Analyzer with 80 db Dynamic Range," in Ultrasonic Symposium Proceedings, Annapolis, MD, 1978.
[54] Harrington, J. B., and R. B. Nelson, "Compressive Intercept Receiver Uses SAW Devices," Microwave Journal, September 1974.

第5章　电子干扰系统

5.1　概述

电子干扰系统的作战目标是使用非常规武器来阻止敌方武器系统正常发挥效能[1-3]。例如,针对红外制导武器的电子干扰系统称为红外干扰系统。电子干扰装备按照技术特性的不同可进行简单分类,如图5.1所示,接下来的阐述也将据此展开。

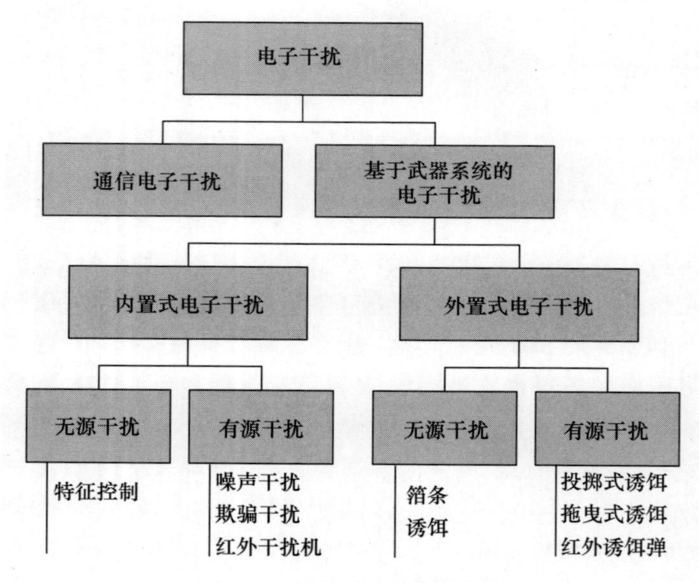

图5.1　电子干扰系统的分类

5.2　内置式电子干扰系统

内置式电子干扰系统包括所有安装并保持在防护平台上的电子干扰设备。如果这些电子干扰系统不需要传输信号,则认为它们是无源(被动)的;如果需要传输信号,则认为它们是有源(主动)的。

5.2.1 无源系统

内置式无源电子干扰系统的目的是降低平台的雷达信号特征。需要注意的是，雷达信号特征不仅与平台自身有关，还与安装在平台上的天线有关。

5.2.1.1 特征控制

众所周知，最好的防御就是避免被敌发现，因此，被保护的空中或海上平台必须尽量减少其对敌人射频、红外或光学侦察系统的可见性。

为了降低雷达的信号特征[4,5]，可以利用以下技术(图 5.2)：①使用吸波材料；②使用可透射射频信号的复合材料；③降低边缘、表面不均匀性和锐角反射；④降低目标在雷达方向上的辐射特性。

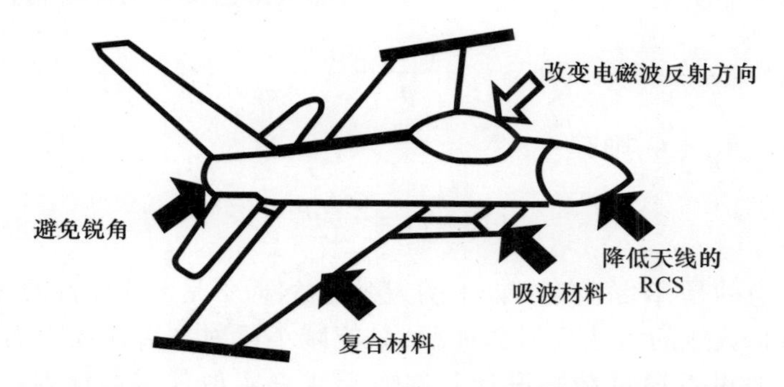

图 5.2 部分隐身技术可用于降低传统武器平台的辐射特征

为了降低目标的红外辐射特征，可采取如下措施：①遮挡平台中温度最高的部分，如飞机的发动机喷口或舰船的烟囱；②尽量降低排放气体的温度；③在燃料中加入添加剂，使其辐射的波谱处于大气透过率较低的光谱区域。

采用低反射率的伪装涂料和适当的颜色也可以降低平台的光学辐射特征。

5.2.1.2 降低天线的雷达反射截面积 (RCS)

平台的雷达反射截面积不仅取决于其表面积、几何形状和构成材料，还取决于安装在其上的传感器天线。对于隐身平台而言，天线的雷达反射截面积可能是其雷达信号特征的主体。根据雷达反射截面积的一般定义，天线的雷达反射截面积是在探测方向上二次辐射的信号功率与入射功率的比值。

天线的二次辐射功率主要由两部分组成：一是由天线结构所散射的功率 P_s，这部分信号不易预测；二是由于天线与接收端不完全匹配而造成对入射信号的反射形成的，记为P_p，其二次发射增益为G_T。如果入射信号功率密度为 p，接收天线增益为 G_R，则在接收输入端的功率为

$$P_i = p\frac{G_R\lambda^2}{4\pi} \tag{5.1}$$

设电压驻波比(Voltage Standing - Wave Ratio, VSWR)为 r,则接收端反射的信号功率为

$$P_r = P_i\left(\frac{1-r}{1+r}\right)^2 = \rho^2 P_i \tag{5.2}$$

式中:ρ 为由 r 决定的反射系数。因此,有

$$(\mathrm{RCS})_A = \frac{P_r G_T + P_s}{p} \tag{5.3}$$

假设有可能实现一个可忽略 P_s 的天线,那么雷达反射截面积将是

$$(\mathrm{RCS})_A = \frac{P_r G_T}{p} = \frac{\rho^2 G_T G_R \lambda^2}{4\pi} \tag{5.4}$$

如果 $G_T = G_R = G$,则有

$$(\mathrm{RCS})_A = \frac{G^2\lambda^2\rho^2}{4\pi} \tag{5.5}$$

需要注意的是,G 是观察方向上的天线增益,而不是天线增益的最大值。

为了降低天线的雷达反射截面积,只能减小反射系数 ρ,如校正不匹配接收,因此,一般可以通过精心设计和制作天线来实现其雷达反射截面积的最小化。

如果需要一个雷达反射截面积非常小的天线,则应优先选用性能灵活的相控阵天线。如图 5.3 所示,相控阵天线是基于下述考虑设计的。

(1) 假设 ρ 主要源于辐射单元和移相器之间的不匹配,且每个阵列单元的二次辐射信号都经过了相同的相移。一般情况下,沿某个方向到达的辐射信号会沿其镜面反射的方向再次辐射出去。因此,相控阵天线的雷达反射截面积在每个方向上都特别低,除了与阵列表面正交的观测方向外。

(2) 假设 ρ 主要源于移相器之后的不匹配,则需要先分析一下移相器的工作原理。移相器可以与频率无关,也可以通过不同长度的延时移相器来实现,并与频率有关,此时有

$$\Delta\varphi = \frac{2\pi}{\lambda}L \tag{5.6}$$

式中:L 为延迟线长度,相应的时间延迟量为 $\Delta t = L/c$。

移相器可以是互易型或非互易型。在后一种情况下,相位差取决于传播方向。一些非互易移相器只在选定的方向插入损耗。

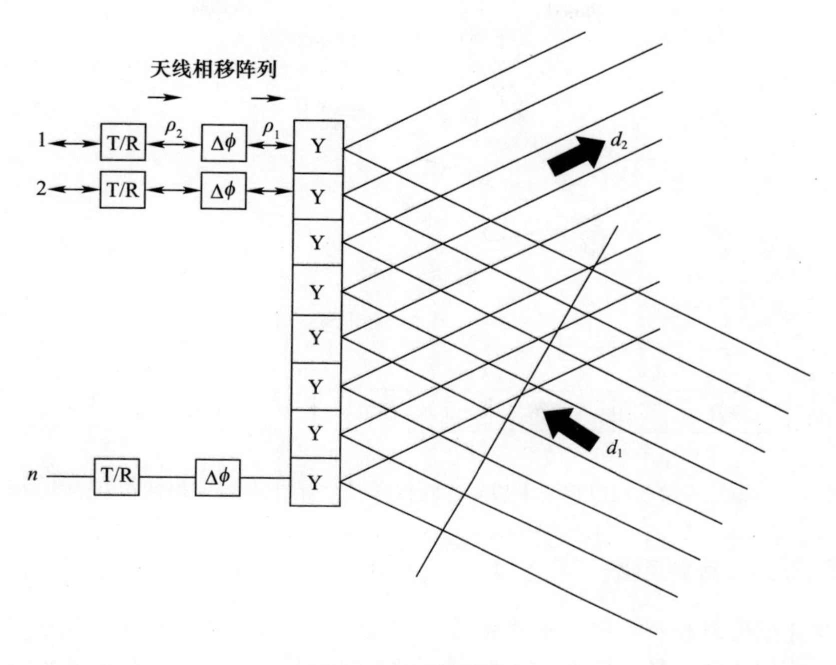

图 5.3 相控阵天线

现在就比较容易讨论这种情况下的 G_R 和 G_T 了。当移相器为非互易型时，二次辐射信号即为随机相移信号的和，那么 G_T 的平均值就等于除了与阵列正交的观测方向外的旁瓣增益。而 G_R 则取决于天线的指向方向，对于相位扫描型的移相器，它取决于频率。

对于互易型移相器（一般 $G_T = G_R$），上述关系仍然有效。当天线指向观测方向时，天线的雷达反射截面积最大。需要注意的是，对于互易型频扫移相器，雷达反射截面积在所有频率上都具有最大值，而相扫描移相器的雷达反射截面积只在天线工作频率上有最大值。为了使天线的雷达反射截面积在使用频扫移相器情况下最小化，可以让天线波束只在完成指定任务所必需的时间内（约为毫秒量级）指向观测方向，随即扫描其他方向，这样就可以使得天线在潜在观测者面前的平均雷达反射截面积非常低。

这种情况可运用于对空中目标的探测，例如，在跟踪空中目标的过程中，相控阵雷达只在传输一个脉冲所需要的时间内将其波束指向目标方向，然后再次在可接收到目标回波的最短时间内将其波束指向目标，如图 5.4 所示。

综上所述，即使 ρ 主要源于移相器之后的不匹配，相控阵天线的雷达反射截面积也可以非常小。

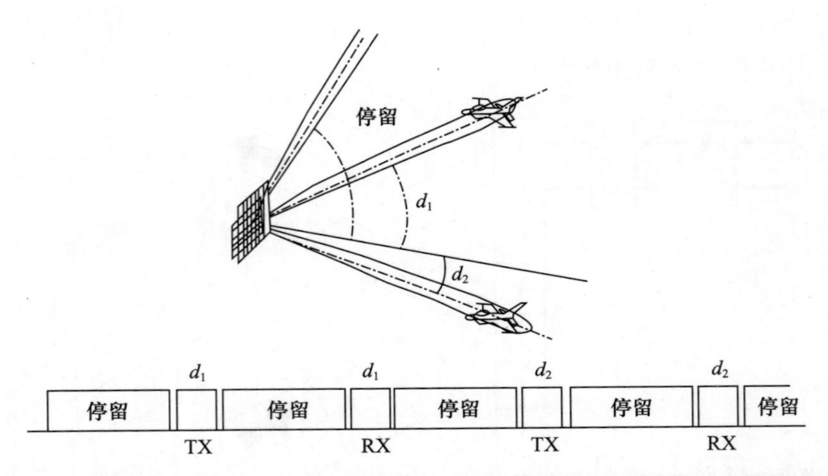

图 5.4　相控阵雷达可以将波束瞬间指向目标,使其在其他时间停留在合适的方向

5.2.2　有源系统

在介绍传统和现代电子干扰系统的技术之前,有必要了解在不同作战场景中如何使用这些系统。因此,本文简要介绍了自卫干扰(SPJ)、支援干扰(SOJ)、随队干扰(EJ)等干扰类型。介绍了电子进攻的概念。在接下来的章节中,我们将阐述如何在传统的有源电子干扰系统中产生干扰的基本技术,如噪声干扰和欺骗干扰。该理论和模型对于 5.3 节中解释的新一代电子对抗系统仍然有效,只是所使用的硬件区别较大。

5.2.2.1　干扰模式:自卫干扰、支援干扰和随队干扰

在阐述不同的干扰技术之前,首先介绍一下电子干扰系统在不同干扰模式下是如何工作的。

自卫干扰(SPJ)是最常见的干扰方式,通常安装在需要保护的作战平台(如飞机,舰船或阵地)上以对抗正在受到的攻击。根据实际情况,可以同时使用噪声和欺骗干扰技术。

支援干扰(SOJ)主要用于干扰敌方防空系统的搜索预警雷达,使我方战机可以安全地进入敌方领空(图 5.5)。在支援干扰中,电子干扰设备通常安装在特定平台上,并远离敌防御区域(在敌人武器的射程之外)。为了对多部雷达同时进行干扰,需要进行调配管理,因此,一个功能强大的电子侦察系统是必不可少的。支援干扰中使用的经典干扰技术是噪声干扰:噪声干扰可以增加雷达接收系统的噪声,从而减少雷达的探测范围。例如,当雷达接收机噪声增加 12dB,雷达探测距离将减少一半。但考虑到雷达技术的进步,为了有效掩护我方目标,

仅使用噪声干扰对脉内调制(MOP)或脉冲多普勒雷达是不够的。出于这个原因,对雷达实施欺骗性干扰,尤其是多假目标欺骗性干扰,是比噪声干扰更有效的一种干扰方式。特别是考虑到雷达接收机利用频率捷变或频率分集技术,同时在相对雷达较近的距离上掩护己方兵力时,噪声干扰需要更高的有效辐射功率。而生成多个假目标则可以在不提高恒虚警阈值的情况下使搜索雷达的跟踪通道饱和。高负载多假目标的产生会导致恒虚警阈值上升,除非目标的回波特征比假目标强得多,否则不会检测到目标。

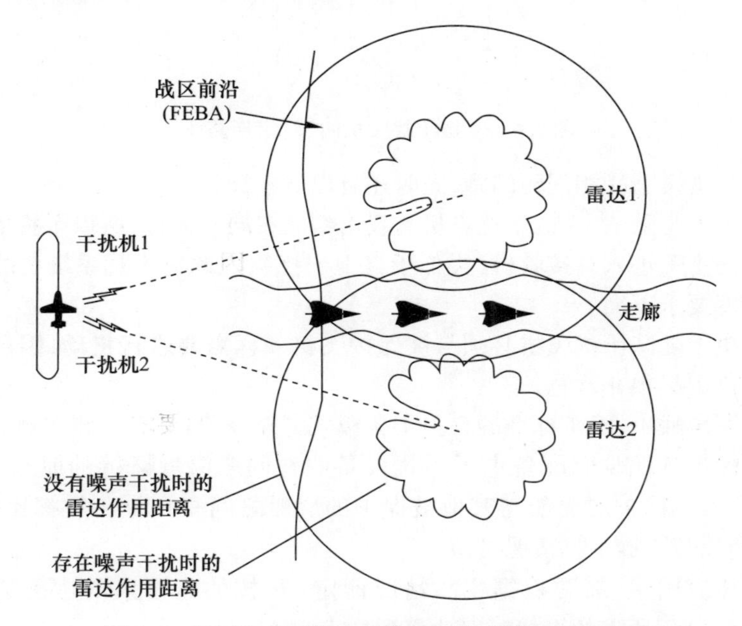

图 5.5　通过支援干扰在敌防空系统中形成突防走廊

如果干扰机没有 360°连续方位覆盖能力,则有必要设定一个合适的巡回路径来确保对保护区域的持续覆盖。例如,如果支援干扰的干扰机可以安装在飞机平台上,这样它可以确保在机鼻方向 ±210°的角度范围内持续干扰,如果飞机沿“8”字形 30°角飞行(图 5.6),则其可以对整个区域实施连续的雷达干扰。

对搜索雷达实施支援干扰,大部分干扰信号是从雷达的旁瓣进入雷达接收机的,因此,需要一个适当的干扰功率。但是,针对利用捷变参数的现代雷达(如频率捷变、重频捷变或脉内调制捷变),支援干扰系统可能需要更高灵敏度的侦察系统来跟踪雷达的参数,而不是非常高的干扰辐射功率。

随队干扰(EJ)模式是干扰飞机伴随我方攻击机群一起进入敌方领空,这时

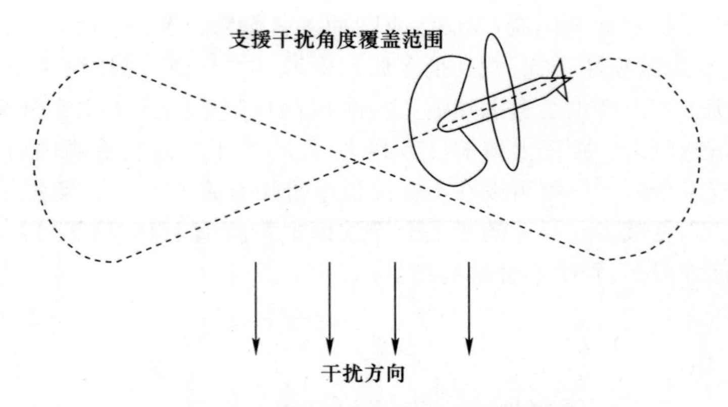

图5.6　支援干扰飞机的“8”字形路线

需要考虑与支援干扰相同的问题,同时还有以下差异:

(1) 由于是随队干扰,干扰飞机与攻击编队在同一方位,所以干扰信号将从敌方雷达的主瓣进入其接收机(类似于自卫干扰),因此对干扰系统中的干扰功率和灵敏度要求不高。

(2) 由于随队干扰飞机必须与被保护飞机一样需要进行机动,因此天线角度的覆盖范围必须非常宽。

在海军作战中,除了标准的自卫干扰模式之外,有时要求安装在舰船上的干扰机必须保护其他没有配备电子干扰设备的在同一海域航行的船只(区域防护)。由于实施防护的舰船与其他被保护的舰船之间角间距一般都比较大,所以,这种情况与支援干扰情况类似。

在具体应用中,需要根据实际情况而定(对抗的是搜索雷达还是跟踪雷达),并仔细分析所需的干扰辐射功率和技术。

本章将给出运用了实际参数的干扰方程,可用于自卫干扰、支援干扰和随队干扰等干扰模式的计算。

5.2.2.2　电子进攻

电子进攻(EA)是对搜索雷达或在搜索/获取阶段的跟踪雷达实施的干扰。需要注意的是,电子进攻不仅可以用于支援干扰或随队干扰,也可以用于自卫干扰。事实上,电子进攻对于防止敌人的硬杀伤行动或冲淡威胁强度非常有用。

电子干扰似乎是电子进攻中最具成本效益的进攻方式,特别是多假目标欺骗干扰。实际上,要创建一个虚假目标,不需要创建一个比平台回波大的信号,但它要足以超过雷达的检测门限(通常比雷达热噪声高几分贝)。如图5.7仿真结果所示,边搜索边跟踪系统的搜索雷达在基于假目标干扰的电子进攻下,自动录取航迹是无用的。

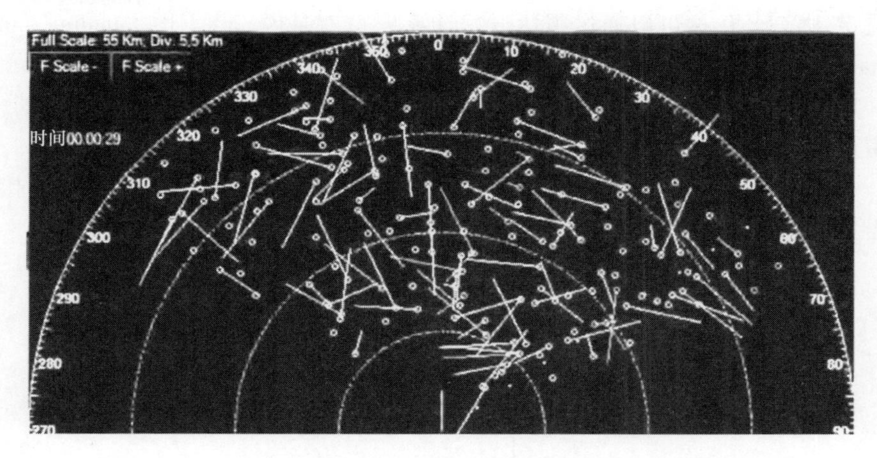

图 5.7　对边搜索边跟踪雷达系统实施多假目标干扰的仿真示意图

通过电子进攻保护舰船

考虑到一艘遭到攻击的船只,敌人将设法协调其武器,以确保该船将被消灭。根据这艘船的防御能力,敌人将从一艘舰船或姊妹平台(其他船、海上巡逻飞机或直升机)协调发射几枚反舰导弹。目的是超过目标舰船的武器饱和度范围。事实上,如果多枚导弹几乎同时到达,目标舰船就不能有足够的火力来做出有效的反应。在这种情况下,至少会有一枚反舰导弹击中目标舰船。这就是为什么目标舰船需要一个有效的自卫干扰系统。舰艇的生存能力将完全取决于自卫干扰系统对使用反干扰措施的导引头的干扰有效性。不幸的是,由于攻击导弹和舰艇之间的距离很短,加上舰艇的雷达反射截面积很大,要求干扰机的有效辐射功率必须非常高,导致需要成本非常高的电子干扰系统。考虑到反舰导弹可能使用的反干扰措施(第 6 章),会导致自卫干扰的有效性降低,因此,很多人认为内置式自卫干扰系统不是很划算。然而,由于电子进攻可以在更远距离上工作,并且需要的干扰辐射功率比自卫干扰要低得多,所以基于内置式干扰机的支援干扰可能是一种更划算的电子进攻方式。

通过电子进攻保护飞机

掩护进入敌方空域的飞机,需要对其早期预警雷达或捕获雷达实施电子进攻,以便造成混乱,推迟射击。由于这些雷达通常工作在低射频频带区域,因此,内置式电子干扰系统通常称为低频带干扰机。

5.2.2.3　噪声干扰

噪声干扰系统是一种可以对雷达接收机产生干扰以阻止其探测目标的电子

干扰设备。为了使干扰有效，干扰机所产生信号在雷达接收端的功率 J 必须能覆盖雷达信号 S（这可以通过雷达方程计算），也就是说，干信比（Jamming - to - Signal Ratio）必须足够大[1,6]。

理想的干扰是通过产生与目标雷达的热噪声非常相似的噪声来实现的，这样雷达就无法辨别出目标和干扰信号。

一般来说，干扰机（图 5.8）由接收机、干扰信号发生器和发射机组成。接收机需要识别需要干扰的雷达信号，并将干扰信号发生器调谐到正确的频率。

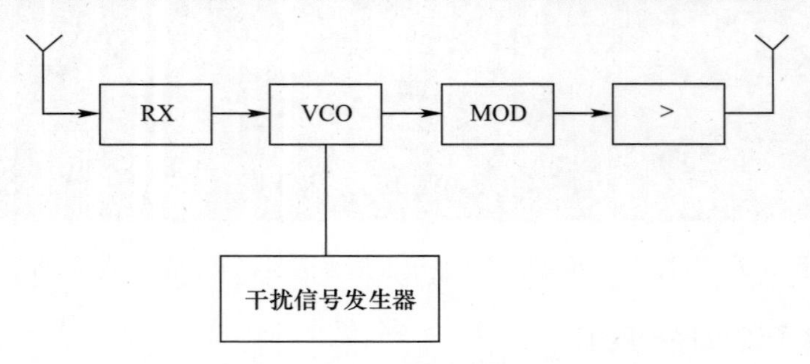

图 5.8　噪声干扰机组成框图

RX—接收机；VCO—压控振荡器；MOD—调制器；>—放大器。

干扰机所产生的信号是一种以被干扰雷达的信号频率为中心频率，具有一定带宽的噪声。如果干扰机的接收天线和发射天线之间没有被隔离，则在干扰信号传输中断处于侦察观测时进行频率调谐，以便正确地接收被干扰雷达的信号。但是，这对干扰效果有一定影响，因此必须谨慎确定侦察周期的长短。

干扰机的基本特性参数包括：①空间覆盖范围；②频率覆盖范围；③接收机灵敏度；④接收机动态范围，包括脉冲宽度的最小值和最大值、脉冲重复频率的最小值和最大值；⑤干扰信号发生器的调谐精度和速度；⑥信号带宽；⑦信号质量；⑧有效辐射功率（发射功率与天线增益的乘积）；⑨极化方式。

噪声干扰机通常可覆盖方位 360°、俯仰 20° ~ 40°的空间。对于空中平台，一般认为可覆盖前后 120°的扇区是合适的。

由于使用行波管的连续波雷达功率不能太高（在 X 和 K 波段的功率为几百瓦），因此需要调整天线增益以获得所需的有效辐射功率。但这样一来，天线的波束宽度将变窄。为了实现全覆盖，需要为天线提供伺服驱动装置，以便使干扰机可以指向电子侦察系统所指示的目标方位和俯仰。

如果干扰机天线的波束非常窄（只有几度），除非电子侦察系统提供的目标数据特别精确，否则无法满足干扰需求，此时干扰机必须直接跟踪被干扰雷达的电磁辐射，但这会导致整个系统非常复杂。假设，当电子侦察系统的目指精度为 σ 时，孔径为 $\pm\sigma$ 的波束可以保证被干扰雷达发射机处于干扰机天线 3dB 波束内的概率为 67%。因此，通常认为孔径 $\vartheta_{BJ} = \pm\sigma$ 的波束是可以被接受的。

（1）噪声的产生。

为了有效地干扰雷达接收机，必须产生尽可能模拟雷达接收机热噪声的噪声。这样，雷达操作员就不能确定雷达是否被干扰了，特别是对于可使阈值随噪声而变的恒虚警接收机而言。

热噪声实际上是高斯白噪声，这意味着它的频谱是统一的：在感兴趣的频带内的所有频率都有相同的存在概率，其振幅呈高斯分布，如图 5.9 所示。实际干扰时应该向雷达中输入具有这些特征的信号。

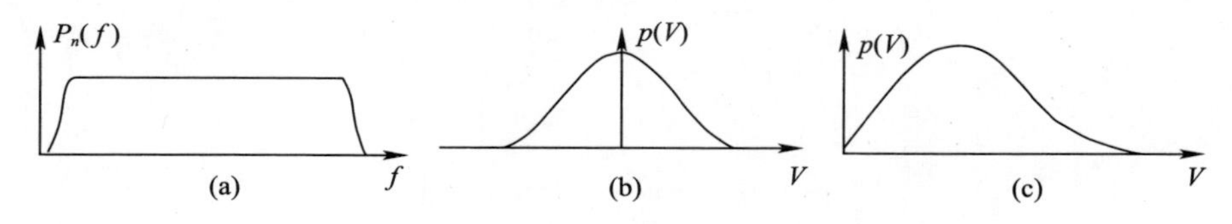

图 5.9 高斯白噪声

（a）光谱；（b）在 IF 段的概率密度；（c）检波后的概率密度。

产生这类信号的方法[1]是：噪声源（例如高增益二极管）所发出的某个频段内的噪声经过滤波后，直接被含有功率放大器的发射机放大到最大功率。这种方法称为直接噪声放大（Direct Noise Amplication. DIVA），但由于线性宽带功率放大效率不高，现在几乎不采用这种方法。通常以行波管饱和功率放大器来代替功率放大器，其工作带宽较宽（超过一倍频程），具有相对较高的效率和功率[3]。

然而，这种方法的发射功率是恒定的，必须采取进一步的措施来产生噪声。如图 5.10 所示，在观察模式中，自动频率控制（Automatic Frequency Control, AFC）设备使压控振荡器调谐到被干扰雷达的工作频率并保持。然后，噪声加载到压控振荡器的调谐电压上，使其频率得以随机调制。由此所得的信号被输入到行波管功率发射器，以恒定的功率向被干扰雷达发射。该信号被随机地进入和退出被干扰雷达的调谐频率，导致雷达接收机的输出电压幅度如同噪声一般发生随机变化，如图 5.11 所示。雷达因此产生尖峰脉冲，其持续时间和幅度取决于干扰机频率如何通过雷达带宽。

在上述过程中，干扰机的噪声功率将分布在一个比较宽的频带上（图 5.12），这将导致干扰功率谱密度下降，这种损耗通常还包括产生高质量噪声过程中的损耗。

$$L_n = \frac{B_j}{B_R} \tag{5.7}$$

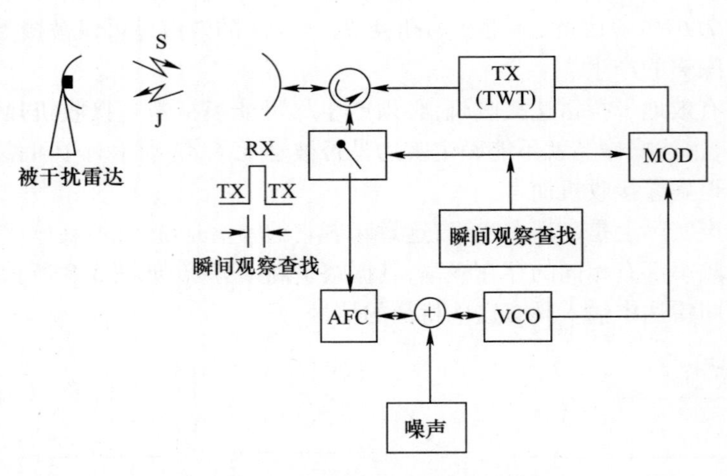

图 5.10　噪声干扰信号的产生

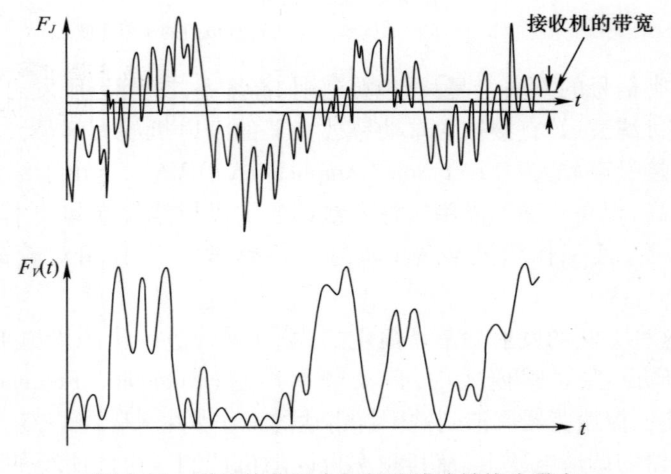

图 5.11　雷达接收机中扫频连续波转换为噪声

在具有产生数字干扰信号和饱和固态高功率放大器的现代电子干扰系统中,通过对连续波信号进行适当的相位调制,可以达到与扫频干扰具有相同的干扰效果。

(2) 噪声的类型。

实际应用中的噪声干扰形式如下:

① 连续波干扰噪声,可使雷达接收机饱和,但对现代雷达接收机通常无效。

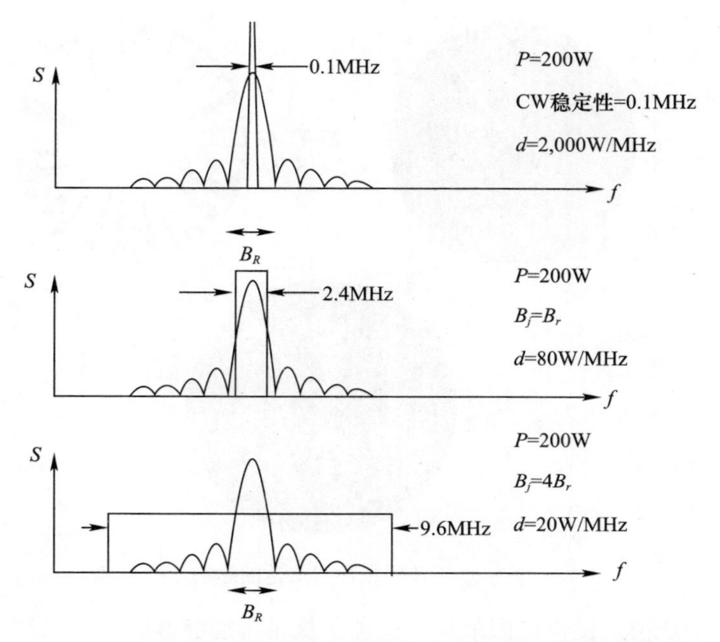

图 5.12　雷达接收机中噪声功率密度与信号功率密度的比较

② 扫频连续波干扰噪声,是一种快速扫过雷达接收机带宽的窄带信号,它所产生的高强度尖峰脉冲会导致接收机在第一级出现振荡。

③ 瞄准式干扰噪声,其信号带宽仅能覆盖雷达辐射信号的频谱和射频雷达载波的微小的随机变化。

④ 阻塞式干扰噪声,是一种宽带噪声,它覆盖了被干扰的频率捷变雷达的所有带宽,可用于同时干扰平台上的几部同类雷达。

⑤ 选通噪声,只在雷达作用距离内的某一个区域产生噪声。因为可以同时干扰几部雷达,因此这种形式的噪声非常重要。但这种技术非常复杂,这是由于该技术需要在进行干扰的同时接收被干扰雷达的信号,而且干扰机的选通波门需要随被干扰雷达的脉冲重频同步开启。

⑥ 灵巧或相干噪声,采用脉冲内调制生成射频噪声带宽,并保持一组连续干扰脉冲的相位相干性,从而避免在干扰多普勒雷达时的额外处理损耗。

如果调幅能提高干扰系统的效能,则所有这些干扰系统都可以采用幅度调制,而这正是干扰圆锥扫描雷达时所需要的。图 5.13 示意了不同形式的噪声对缺乏反干扰手段的搜索雷达的干扰效果。

5.2.2.4　欺骗式干扰

欺骗式干扰是指通过产生与被干扰信号相似但功率更高(干信比较高)的

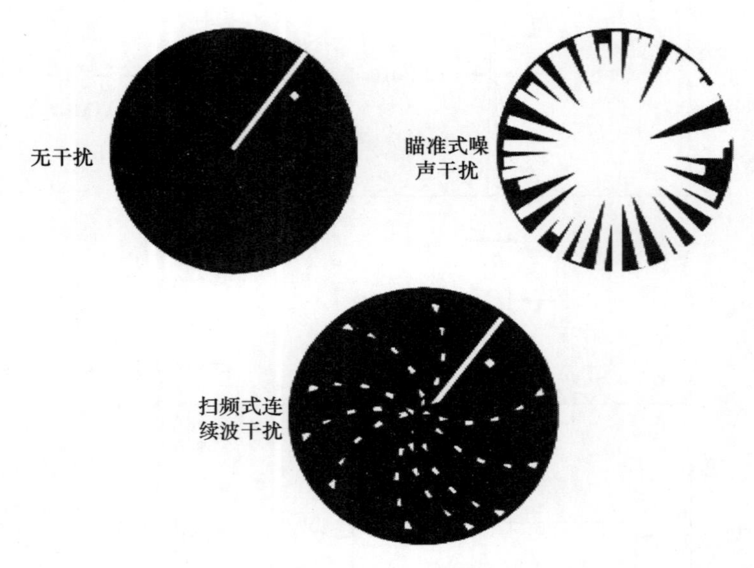

图 5.13　各种干扰对雷达的影响

信号,向被干扰雷达提供虚假信息。这种干扰设备能够接收和存储目标信号,并在适当的时间对信号进行适当的振幅、相位或极化调制,再将调制信号转发出去。

简单的欺骗式干扰主要有以下几种基本形式:①多假目标干扰,主要对搜索雷达或处于搜索阶段的跟踪雷达进行干扰,是一种非常有效的电子进攻方式(图5.7);②距离波门拖引(Range Gate Pull - off,RGPO),干扰跟踪雷达,目的是将其距离波门引至错误的距离;③速度波门拖引(Velocity Gate Pull - off,VGPO),干扰利用了多普勒效应的跟踪雷达;④生成叠加幅度调制的目标信号,而使顺序扫描型雷达产生错误的角度信息。

接下来将讨论各种可实现的欺骗式干扰技术和主要类型设备。

(1) 脉冲欺骗式干扰机。

图 5.14 所示为可向被干扰雷达转发脉冲的欺骗式干扰机框图。天线所接收的信号被输入到雷达电路中,该电路可以对信号进行检测并确认是否存在威胁。一般情况下,该逻辑电路可以对脉冲宽度和脉冲重复频率进行鉴别。如果这两个测量值都处于报警样本的范围内,欺骗程序就会被启动。这些程序一般包含着距离波门拖引,可对跟踪雷达进行距离欺骗。在距离波门拖引上增加振幅调制,可以对圆锥扫描雷达、旁瓣转换雷达、被动圆锥扫描雷达、被动旁瓣转换雷达、甚至边搜索边跟踪雷达进行角度欺骗。频率记忆电路(FML)是用来复制接收脉冲的基本电路。

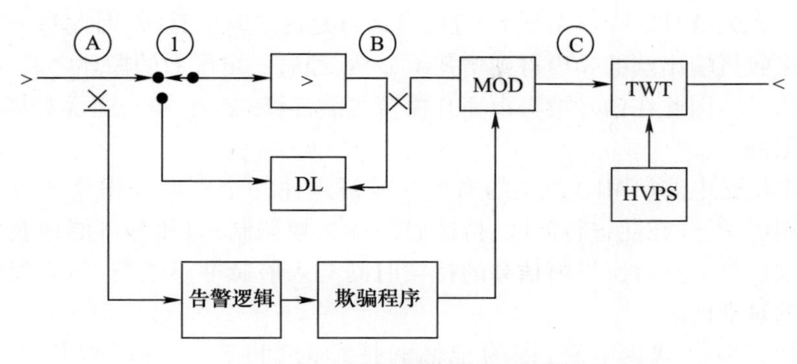

图 5.14　转发式欺骗干扰框图

这种电路的工作原理非常简单。所接收信号经过开关 1 之后,在告警逻辑电路中进行检测的同时被放大,然后被送往延迟线(通常为 100~200ns)。当达到延迟线的延迟时间时,开关 1 改变位置,中断接收并开始采集延迟线输出端的信号。这个信号被再次送往放大器,由此形成循环。输出端的信号与输入信号的频率相等,包含持续时间与延迟线的延迟时间相等的一系列相邻"片段",如图 5.15 所示。最后,调制电路产生欺骗信号,并在适当的时刻以适当的持续时间将其发射出去。

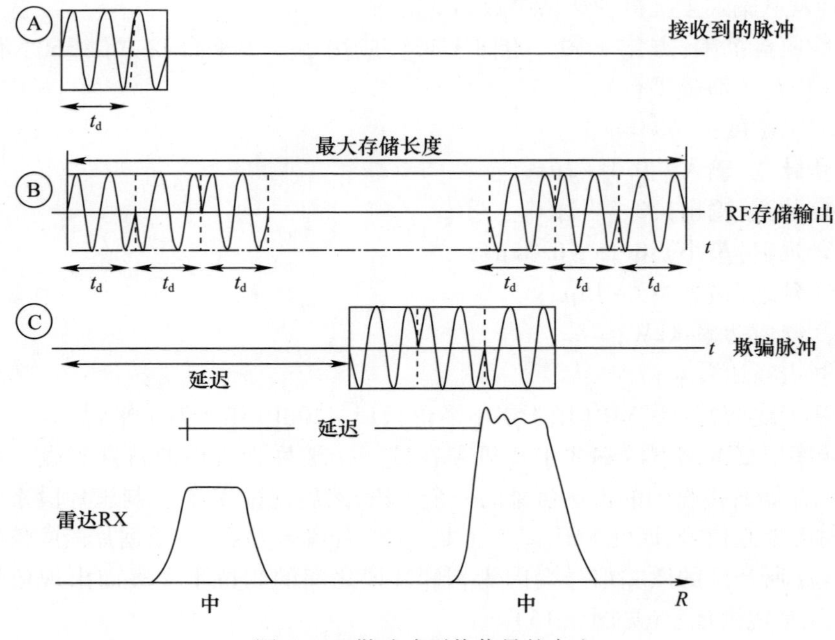

图 5.15　欺骗式干扰信号的产生

由于放大器具有噪声系数 F,且信号通过延迟线时会衰减,因此每一次循环都会使接收机输出端的噪声得到增强。显然,经过一定次数的循环之后,噪声将会强于信号。因此在信号被噪声完全覆盖之前,循环必须中断,通常对存储时长有严格限制[7]。

频率记忆电路(FML)产生的射频信号被送往一个由欺骗程序产生器所控制的调制器中,并在此进行时间、持续时间和振幅调制,以便尽可能地获得最有效的欺骗信号。有时所发射信号的持续时间与入射脉冲不匹配,但会保持在一个恒定的基准值。

这种类型的欺骗电路,因为记忆的持续时间(3 ~ 10μs,对应于 450 ~ 1500m 的雷达探测范围)较短,这个范围内几乎是不可能实现近距离波门拖引的(例如,产生一个逐渐接近雷达系统的假目标,见 5.3.6 节和 5.3.7 节)。近距离波门拖引只能针对固定脉冲重复频率和固定雷达频率(针对后者,只有当自动频率控制系统能够保持压控振荡器或其他微波源对目标雷达频率的调谐)。

如果安装天线时允许发射机和接收机之间具有足够的间距,则可以同时接收和发射信号[1,3],否则,在延迟线完成信号延迟之前不可能发射信号。因此,应在满足延迟要求条件下尽可能地缩短延迟线的长度。

转发欺骗式干扰机的典型参数如下:

① 覆盖范围:方位 ±50°,俯仰 ±20°(应用于空中平台);方位 360°,俯仰 ±20°(应用于海上平台);

② 灵敏度:-40dBm;

③ 脉宽(输入):0.1 ~2μs;

④ 脉宽(输出):0.3 ~1μs;

⑤ 延迟(最小):0.15 ~0.25μs;

⑥ 延迟(最大):3 ~15μs;

⑦ 峰值功率:1kW;

⑧ 占空比:1%;

⑨ 天线增益:1 ~5dB(用于空中平台),15 -20dB(用于海上平台)。

频率记忆电路型欺骗式干扰机存在着一个被称为跳模的特殊缺点。由于 FML 只存储所接收到的雷达信号的一个片段,然后通过 M 次复制该片段来生成待发射的欺骗信号,因此 FML 基本上是一个“分段转发器”。依据片段的持续时间和频率所产生的欺骗信号会因为相邻片段之间的相位不连续而出现信号衰减,这就是跳模现象(见图 5.16)。

由于引入了相位调制,干扰信号的能量分布具有以射频频谱上一些与频率

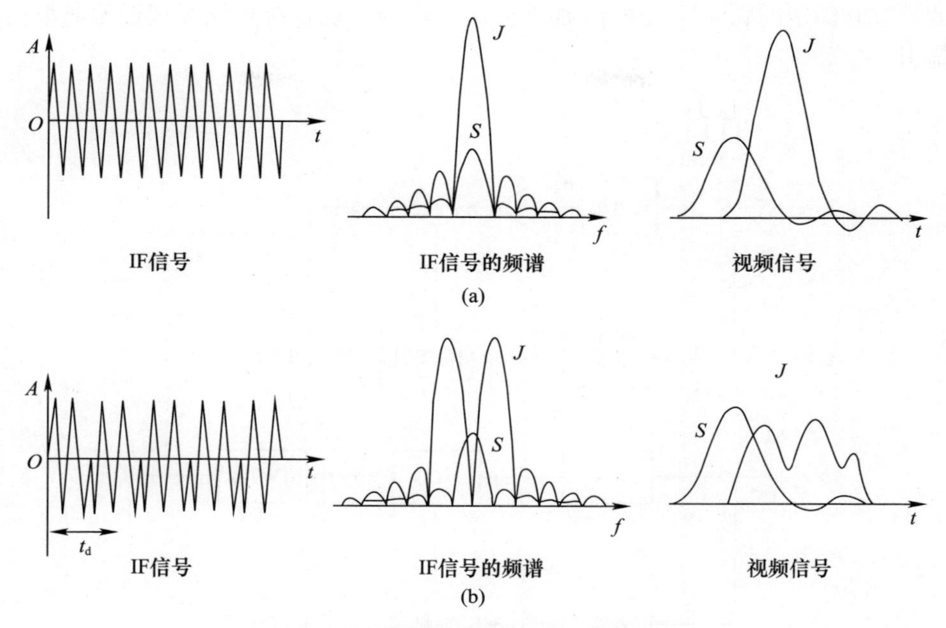

图 5.16　跳模会导致欺骗功率的显著衰减

(a)无跳模现象时；(b)有跳模现象时。

有关的特殊点(相互之间的距离为 $1/\tau$)为中心的趋势,存在着不能充分覆盖被干扰雷达频带的风险,这会导致干信比明显下降[8]。

不难理解的是,当相邻片段的相位 180°反相时将出现最坏的情况。此时所生成信号的频谱如图 5.16(b)所示。

至少有两种办法可以缓解跳模问题。第一种方法是巧妙地扩展干扰机能量,确保不会在与被干扰雷达频率对应的位置上形成孔洞。但是,该方法是以最好的情况为代价来缓解最坏的情况,而且平均下来将不得不接受干扰信号与雷达信号所占波带比的损失。

第二种方法是尽力校正相邻片段之间的相移,尽量使跳模现象可被忽略。这种方法可使干扰机的几乎所有能量进入被干扰雷达,从而使干信比最大化。第二种方法的效果可能更好,但其实现起来却更困难。

现在,由于欺骗干扰机都是基于数字技术(5.3 节)的,因此,跳模现象将会被完全消除。

(2) 连续波欺骗干扰。

连续波欺骗干扰包括相干干扰和非相干干扰[3],工作框图如图 5.17 所示。第二个框图实际上与噪声干扰机相同,这里再次表明:如果被干扰雷达具有固定的频率和固定的脉冲重复频率，那么采用这样的系统就有可能实现近距离波门拖引。

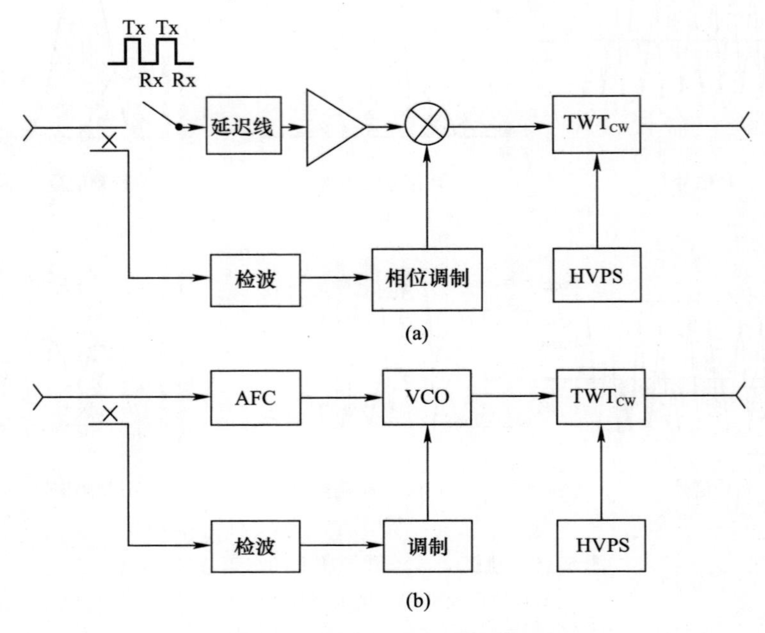

图 5.17　连续波欺骗干扰机框图

(a)相干；(b)非相干。

为了产生看似正在接近被干扰雷达的假目标，原则上只需将其频率调谐到与所接收的雷达信号相一致，并采用调制器生成脉冲序列，这些脉冲的延迟最初严格等于脉冲重复间隔且与真实回波信号完全一致，但随后被延迟的时间则越来越短。

但是，实际上所有的军用雷达都具有抖动或交错的脉冲重复频率，而且往往是频率捷变雷达，因此，可使用近距离波门拖引的应用场合非常有限。

引起更多关注的是连续波干扰技术。目前，它是对雷达半主动制导的空空导弹和地(舰)空导弹系统最有效的干扰装备。这种类型的欺骗式干扰机可用于空中平台的自卫。但是，空中平台由于缺乏足够空间而难以实现收发天线的良好隔离，而如果将干扰机安装在最常使用的吊舱内，隔离问题就会变得更加严重。

天线隔离问题可以通过分时收发来解决。接收机只在延迟线完成延迟后才接收信号，当接收中断后，再将延迟线输出端的信号经适当的放大和调制后发射出去。对发射信号进行这样的开关调制，则会引起功率损耗，如图 5.18 所示。

延迟线通常只有 0.1μs 长，所以开关频率只有几兆赫。

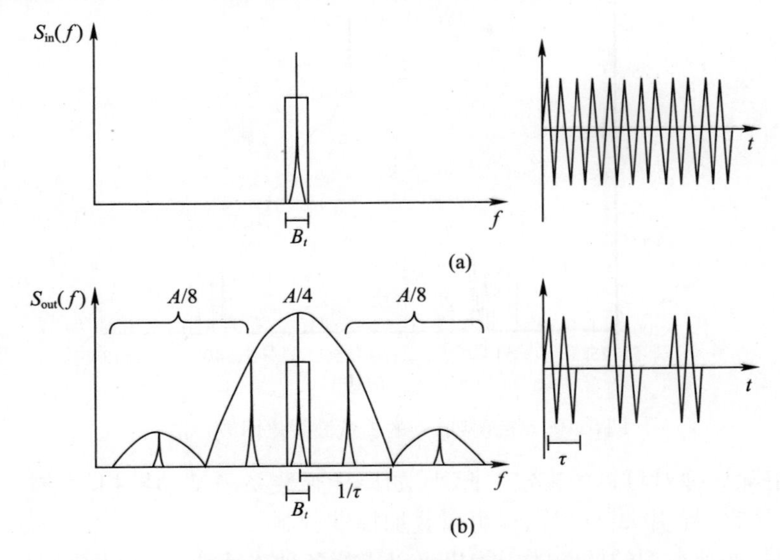

图 5.18 连续波欺骗信号的频谱图

(a) CW 蒙皮回波；(b) CW 欺骗。

半主动制导的导弹所接收到的信号与飞机蒙皮的回波相干。事实上，来自飞机表面单个单元散射体的矢量和所具有的各种相位分量，对于欺骗信号而言可忽略，因此其更为纯净。

图 5.19 所示为半主动制导导弹在跟踪被保护飞机时所接收到的信号频谱。导弹接收机在数千赫量级的频率处设置一个针对目标的多普勒波门，从而避免其他如杂波之类的信号的干扰。这些杂波信号往往比导弹所需要的回波强得多。通过在多普勒频率上对这些信号进行处理，导弹可以提取出所有将其导引至目标所必需的角度信息。

欺骗式干扰机的目的就是诱使导弹的多普勒门（速度门）偏离目标而移动到杂波之上，这样导引头就会飞向杂波而不是真实目标。为了达到这一目的，欺骗式干扰机延迟线的输出信号经过前置放大之后被再次调制以产生频移。为了获得这一频移，可以对行波管螺旋线的电压进行锯齿波调制。由于信号在行波管的传输时间取决于加载在螺旋线上的电压，所以可通过某个相位来对信号进行周期性调制。

更新颖的一种方法是采用相位调制器来产生所需的频移。首先，发射未经频率调制的欺骗信号；然后，如同距离波门拖引一样（参见 5.3.7 节），逐渐增大频移；一旦速度门被成功拖离，干扰机就可以关闭，或者重新开始其循环。这样

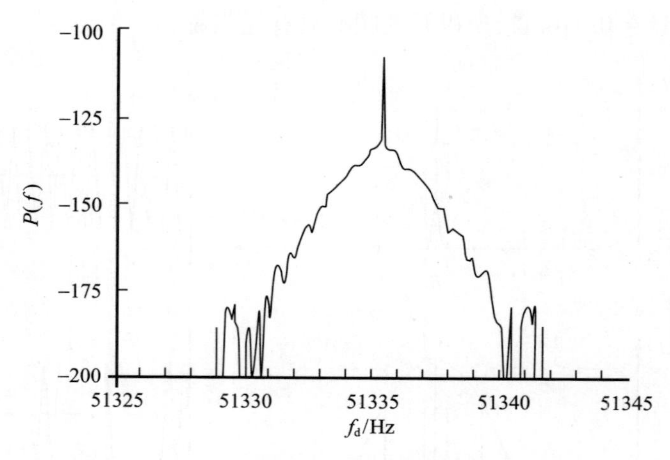

图 5.19　导弹接收到的连续波蒙皮回波频谱

就可以解除导弹对目标的锁定。此外,如果导弹装备了被动锥扫/旁瓣(隐蔽锥扫/隐蔽接收)导引头,这里同样可以叠加幅度调制。

显然,这种类型的欺骗式干扰机可以干扰各种连续波雷达,不仅包括导弹半主动制导雷达,而且还能有效干扰采用中断连续波的雷达。

连续波欺骗式干扰机的典型参数如下:

① 角度覆盖范围:方位 ±50°,俯仰 ±20°(应用于空中平台);

② 频率范围:子带为 5 ~ 18GHz;

③ 灵敏度: -60 ~ -40dBm;

④ Δf:0 ~ 50kHz;

⑤ 功率:50 ~ 200W;

⑥ 天线增益:0 ~ 5dB。

当发射天线的增益达到 30dB 量级,波束因此很窄(大约 3° × 3°)时,欺骗式干扰机必须采用被动跟踪系统才能使其始终指向被干扰雷达。为了达到这个目的,可以采用能在瞬时观察期间给出角度信息的单脉冲系统。在相同的周期内,非相干连续波欺骗式干扰机可更新自动频率控制电路。

5.2.3　干扰方程

衡量干扰机有效性的参数是干扰功率与目标信号功率之比 J/S(或 JSR);如果 J 大于 S,雷达性能就会受到影响。但要注意的是:这个比率必须在雷达接收机的输出端测量,以考虑信号处理增益。

5.2.3.1　雷达信噪比 (SNR) 和干扰机干噪比 (JNR)

首先需要回顾一下雷达方程,雷达对于一个雷达反射截面积为 σ 的目标所

产生的信噪比为

$$\frac{S}{N}=\frac{P_t G_t G_r \lambda^2 \sigma n}{(4\pi)^3 (kTB_R F) R^4 L_{tx}(L_{rx}L_{bt}L_{br}L_m L_x L_{\mathrm{atm}})}\frac{N_i}{L_i}F_p^4 \tag{5.8}$$

式中:n 为雷达编码长度或带宽时宽积(相位编码雷达或线性调频脉冲压缩雷达);L_{tx}为发射损耗(从发射机到天线);L_{rx}为接收损耗(从天线到接收机);L_{bt}为发射波束的波形损耗(对于扫描天线);L_{br}为接收波束的波形损耗(对于扫描天线);L_m 为匹配损耗;L_x 为目标信号处理损耗;L_{atm}为双程大气损耗;N_i 为目标驻留时间内(对于角度搜索模式)或者伺服系统时间常数内(对于跟踪模式)的脉冲数目;F_p^4 为目标回波的双程模式传播因子;L_i 为雷达的非相干积分损耗,这里假设 $L_i=N_i^f$(其中 f 的取值范围为 0.16 ~0.5)。

考虑到 $P_t G_t/L_{tx}$是雷达有效辐射功率 ERP_R,再将括号中雷达损耗项集中表示为 L_R,则有

$$\frac{S}{N}=\frac{\mathrm{ERP}_R G_r \lambda^2 \sigma n}{(4\pi)^3 (kTB_R F) R^4 L_R}\frac{N_i}{L_i}F_p^4 \tag{5.9}$$

同样,对于噪声干扰或欺骗干扰,干扰信号功率 J 与噪声信号功率 N 之比可表示为

$$\frac{J}{N}=\frac{\mathrm{ERP}_J G_r \lambda^2 G_{pj}}{(4\pi)^2 (kTB_R F) R_j^2 (L_{rx}L_{br}L_{\mathrm{atm}j}L_p) L_j}\frac{N_i}{L_{ij}}F_j^2 \tag{5.10}$$

式中:ERP_J 为干扰机向被干扰雷达方向所发射的有效功率(即包含了发射损耗);G_{pj}为雷达对干扰信号的压缩增益,如果相干干扰机能够再现雷达脉内调制信息,则 G_{pj}等于 n,而对于噪声或非相干干扰机,G_{pj}等于 1;$L_{\mathrm{atm}j}$为单程大气损耗;L_p 为极化损耗,这是由于一般情况下干扰机的极化方向与雷达的极化方向并不一致;L_j 为干扰损耗,它取决于干扰机的样式;L_{ij}为干扰累积损耗,它取决于干扰机的样式;F_j^2 为干扰机的单程模式传播因子。

用 L_{Rj}代替括号内一系列发生在干扰信号进入到雷达接收机之前的损耗,可得

$$\frac{J}{N}=\frac{\mathrm{ERP}_J G_r \lambda^2 G_{pj}}{(4\pi)^2 (kTB_R F) R_j^2 L_{Rj} L_j}\frac{N_i}{L_{ij}}F_j^2 \tag{5.11}$$

值得注意的是,由于雷达信号是目标所有基本散射体信号的矢量和,所以目标的模式传播因子是各单元散射体模式传播因子的加权平均。因此,如果目标是一个扩展目标(如平静海面上的一艘船),对于目标信号来说,典型的多路

径模式往往会消失,如图 5.20 所示,而对于干扰信号来说则会保留多路径模式。

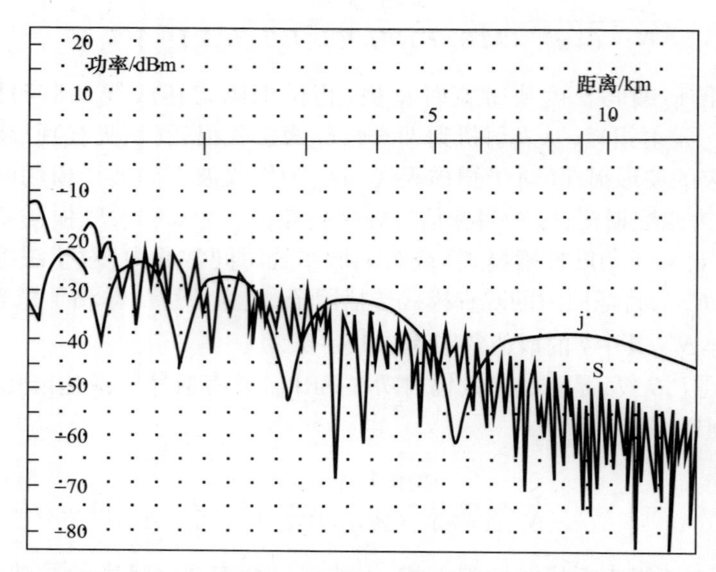

图 5.20　多路径情况下,反舰导弹导引头所接收的目标信号和干扰信号的功率

5.2.3.2　干信比方程

对于自由空间的情况,干信比 JSR 等于 JNR/SNR,见图 5.21,则有

$$\frac{J}{S}=\frac{\mathrm{ERP}_J}{\mathrm{ERP}_R}\frac{4\pi\ (R^2/R_j)^2}{\sigma}\frac{L_R}{L_{Rj}}\frac{G_{pj}}{n}\frac{1}{L_j}\frac{L_i}{L_{ij}}\frac{F_j^2}{p} \tag{5.12}$$

式(5.12)中有三个参数与运用的干扰类型密切相关:①G_{pj}为雷达对干扰信号的压缩增益;②L_j 为干扰损耗;③L_{ij}为干扰累积损耗。因此,有必要将噪声干扰与欺骗干扰区分开来。

(1) 噪声干扰。

如前所述,在噪声干扰情况下,干扰机总是试图替代或增加雷达接收机中的自然热噪声。根据上述方程,雷达对干扰信号的压缩增益 $G_{pj}=1(0\mathrm{dB})$。干扰机损失 L_j 可以表示为

$$L_j=L_n\cdot L_{nq} \tag{5.13}$$

式中:L_n 为噪声信号在转换为连续波信号时发生的损耗。众所周知,这种转换通常是通过对干扰机产生的连续波进行频率调制来实现的,这样干扰功率就分布在一个带宽 B_j 上。为了达到可接受的噪声质量,B_j 应该大约是$4B_r$(B_r 是与雷达脉冲宽度匹配的雷达中频带宽),在这种情况下,损耗等于 6dB,L_n 是带宽

比损耗。

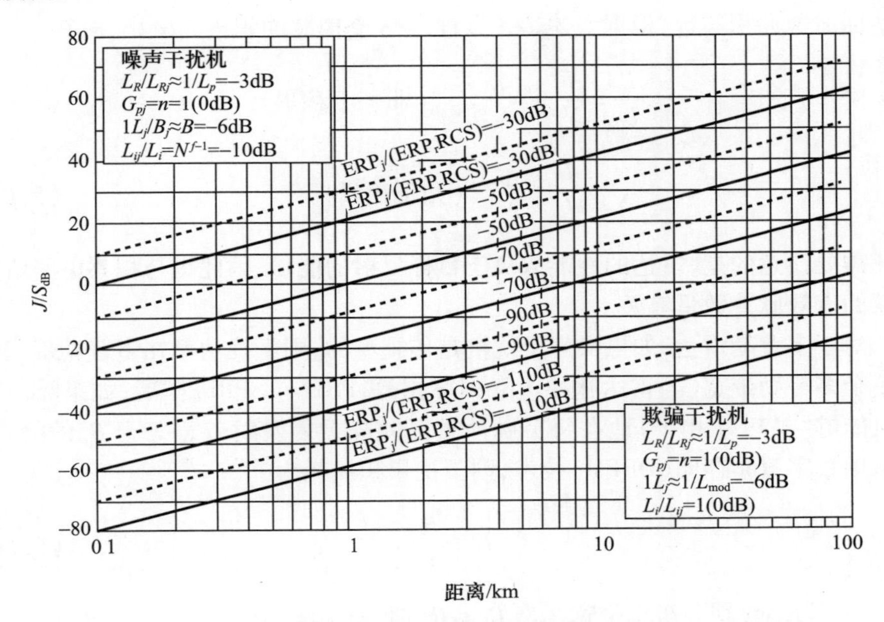

图 5.21　雷达和干扰机的典型有效辐射功率值($R_j = R, F_j = F_p = 1$)
噪声和欺骗干扰机产生的 J/S 是距离的函数

不管用什么方法来产生噪声信号,我们都可以假设干扰机产生的最大信号至少要损失 6dB。考虑到现代电子干扰设备的性能,这里不考虑由于调谐问题而造成的损失。

这里还考虑了雷达采用频率捷变带来的带宽比损耗:在存在频率捷变的情况下,干扰噪声带宽 B_j 必须至少等于雷达使用的频率捷变带宽。因此,这些损耗为

$$L_n = \frac{B_{ag}}{B_R} = \frac{B_j}{B_R} \tag{5.14}$$

当然,只有采用了频率捷变技术,才会考虑这些损失。

L_{nq}是一个取决于噪声质量的因素[6,9]。如果噪声与热噪声非常相似,这个因子可以假设为 1(0dB),否则,它将比 1 大(有时大得多)。

L_{ij}是干扰累积损耗。对于噪声干扰机,可以假设它们等于热噪声的累积损耗,即

$$L_{ij} = N_i \tag{5.15}$$

这对相干或非相干雷达都适用。因此，在噪声干扰情况下，J/N 比不依赖于雷达回波脉冲积累数，根据上述 J/S 方程，J/S 会因脉冲积累而减小，故有

$$\frac{L_i}{L_{ij}}=\frac{N_i^f}{N_i}=N_i^{(f-1)} \quad \text{（非相干积累）} \tag{5.16}$$

$$\frac{L_i}{L_{ij}}=\frac{1}{N_i} \quad \text{（相干积累）} \tag{5.17}$$

需要注意的是，雷达的性能取决于目标反射的能量，因此也与积累电路所能积累的有效脉冲数量有关。

对于多普勒雷达，如果噪声干扰机是传统型的，则干扰功率在多普勒带宽内沿整个多普勒带宽（与雷达脉冲重复频率相等，PRF = 1/PRI）扩展；如果噪声干扰机能够“灵巧”（相干）地在每个脉冲重复间隔重复发射带宽等于 B_{jc} 的噪声，如采用数字射频存储（DRFM）技术，则干扰累积损耗为

$$L_{ij}=\frac{B_{jc}}{B_d} \tag{5.18}$$

式中：B_d 为多普勒分辨率带宽。当 $B_{jc}\leqslant B_d$ 时，有 $L_{ij}=1$。

（2）欺骗干扰。

相干型欺骗干扰的信号是被干扰雷达信号的复制品（包括任意一种可能的编码），因此将历经与雷达信号完全相同的信号处理过程，这样作用于干扰脉冲的雷达信号处理增益 G_{pj} 将等于作用于目标信号的压缩增益 n。而对于非相干型欺骗式干扰，则有 $G_{pj}=1(0\text{dB})$。

欺骗式干扰机的干扰损耗为

$$L_j=L_m L_{\text{tun}} L_x L_{\text{mod}} L_{sw} L_d \tag{5.19}$$

$$L_{\text{mod}}\cong\left(\frac{\text{PW}_j}{\tau_{\text{s}}}\right)^2 \tag{5.20}$$

式中：L_m 为雷达匹配损耗；L_{tun} 为与欺骗信号调谐时间有关的损耗，对于现代干扰机可以忽略不计；L_x 为雷达处理干扰信号的损耗；L_{mod} 为跳模损耗，起因于被干扰雷达的信号频谱与更宽的欺骗信号频谱的比较（欺骗信号频谱因为循环复制雷达信号片段而变得更宽）；PW_j 为干扰脉冲宽度；τ_{s} 为循环片段的持续时间；L_{sw} 为 TX/RX 脉内快速切换技术引起的损耗（如果 D_c 是开关波形的占空比，那么这一损耗的估算值为 D_c^2）；L_d 适用于快速扫频干扰，该类干扰为了在被干扰雷达接收机中产生高强度的窄脉冲而采用连续波信号在给定的频带内

扫频。

干扰机损耗可以认为来自尖峰脉冲的时间长度，如果尖峰脉冲的时间长度 τ_{sw} 比雷达脉宽短，则有

$$L_d = \frac{\mathrm{PW}}{\tau_{sw}} \tag{5.21}$$

对于欺骗式干扰，干扰累积损耗 L_{ij} 和损耗比 L_{ij}/L_i 可作如下近似。

① 干扰相干雷达时（$L_i = 1$）：

对于相干型欺骗式干扰机，有 $L_{ij} \approx 1, L_{ij}/L_i = 1$；

对于非相干型欺骗式干扰机，有 $L_{ij} \approx N_i, L_{ij}/L_i = N_i$。

② 干扰非相干雷达时（$L_i = N_i^f$）：

无论是相干型或非相干型欺骗式干扰机，都有 $L_{ij} = L_i \approx N_i^f, L_{ij}/L_i = 1$。

5.2.4 数字射频存储器

5.2.4.1 简介

如第2章所述，自20世纪70年代以来，军用雷达广泛使用了脉冲压缩、脉冲多普勒和SAR技术。所有这些技术都是基于相干信号处理的，存储并利用信号相位信息进行检测和主要参数（距离、速度、方位、仰角）测量。

相干信号处理是在自然干扰环境下提高雷达性能的一种手段，在对抗基于传统距离波门拖引干扰、电子欺骗以及其他欺骗伪装等技术基础的电子战手段时，被证明是一种非常有效的反干扰措施。

转发式干扰机无法有效对抗相干信号处理的原因是其所转发的信号与原始信号不再相干，因此不能获得雷达对于回波信号的相干处理增益。这种情况迫使电子战设计者去研发可以存储并相干复制输入雷达信号的技术。他们发明了一种基于数字射频存储（DRFM）的改进型装备[10-13]，这是一个非常经典的突破，对于产生相干干扰程序非常有用。

5.2.4.2 数字射频存储技术

数字射频存储技术（DRFM）的工作原理很简单，其难点在于技术实现。如图5.22所示，输入信号通过一个适当的混频器（LO），变频到工作频带（如在约1GHz的载频附近）；然后被1GHz的混频器转换到基频，生成两个差频信号 I（同相）和 Q（正交）。这两个信号通过采样快速转换到数字形式（如时钟周期只有几纳秒），并存储到数字随机存储器（Random Access Memory，RAM）中。在图5.22所示的例子中假设采用2bit量化，1bit用于 I 信号，1bit用于 Q 信号。

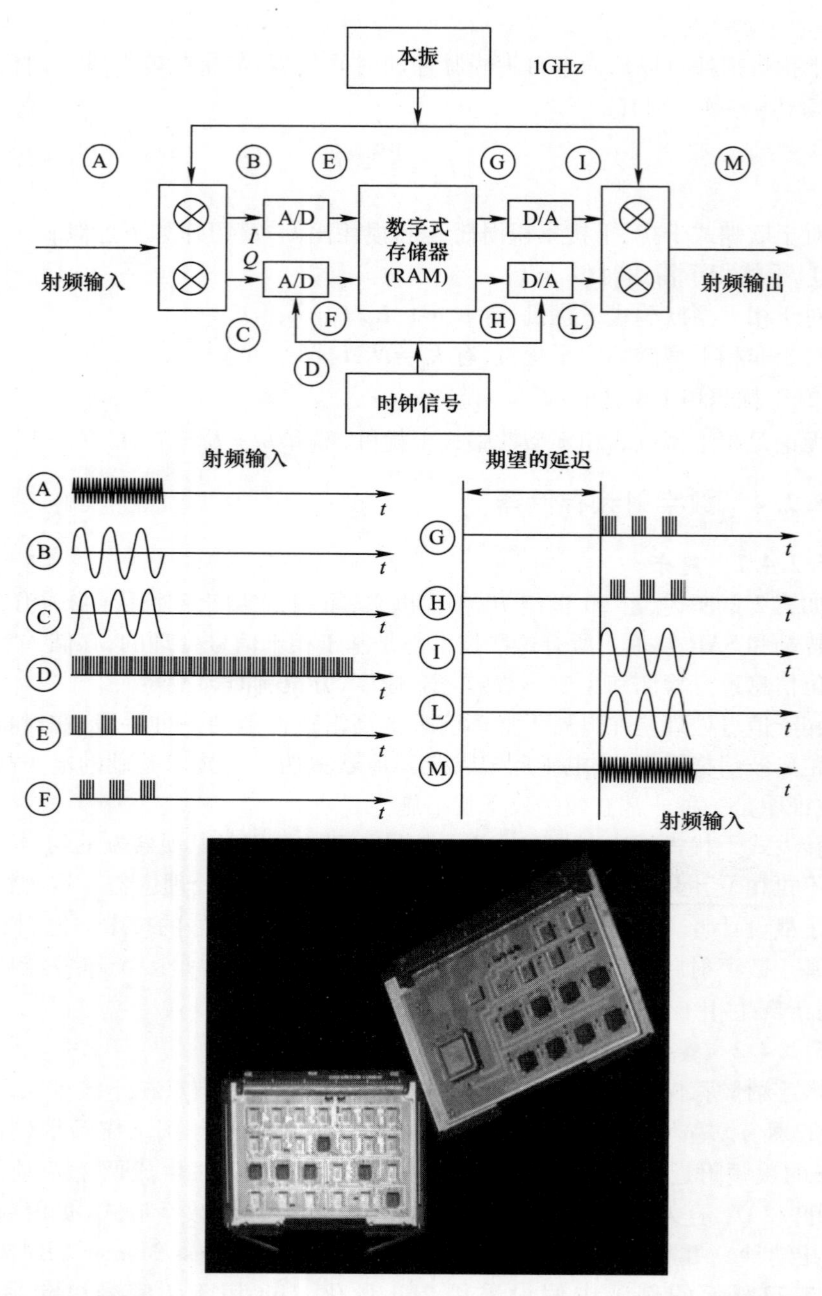

图 5.22　数字射频存储技术原理框图及其主要信号(框图的简单性隐藏了其实现所需的高技术。照片展示了其数字电路部件,它可以在 500MHz 的时钟下工作

如果转换中使用的振荡器足够稳定(如晶体控制振荡器),则存储的信号会保存输入信号的所有相位信息。

为了重现输入信号,数字射频存储技术需要以同样的时钟速率读出存储器中的数字信号,从而产生所存储信号的两个拷贝信号 I 和 Q。这样,转换器输出端的信号与输入信号基本一致,只是因为采样量化会存在一些寄生分量。

为了使寄生分量尽可能小,需要谨慎选择量化位数。随着比特数的增加,存储容量以及发热量都将增大,所以需要找到一个折中的办法。存储器的带宽与时钟频率有关,能被采样的最高频率为时钟频率的函数,即

$$f_{\max} = \frac{f_{\text{clock}}}{2} \tag{5.22}$$

因为有两个通道 I 和 Q,所以数字存储器的带宽为

$$B = f_{\text{clock}} \tag{5.23}$$

数字射频存储技术具有以下功能:①存储和相干重构接收信号;②根据需求对输出信号进行任意时间的延迟;③通过调整读出时钟的稳定性来生成频率与接收信号相近的噪声信号;④频带内任意频率合成;⑤产生相干干扰信号。

总而言之,数字射频存储是一种直接由计算机控制的、可以实现本节所讨论的相干或非相干型干扰技术的设备,具有数字设备的可重复性和稳定性。

数字射频存储的内存可以按照以下可选存储类型加载:

(1) 脉冲片。在这种情况下,只采样和存储脉冲的起始部分(片)。干扰机将通过连续读取存储的片(片重复)或甚至连续的连续波信号来重建虚假雷达脉冲。在快速重复模式下,该方法消除了发射天线和接收天线之间的必要隔离问题。

(2) 完整的脉冲。脉冲在整个长度内进行采样。在这种类型的存储中,干扰器能够通过在适当的时间多次读取内存来生成多个假目标。这种方法对于脉内调制雷达也是必要的。

需要注意,存储类型会影响系统性能,并决定发射机和接收机之间的隔离级别,这将在 5.2.4.4 节论述。

5.2.4.3 数字射频存储器的组成

通常数字射频存储器至少包含如下主要单元:①可下上变频的超外差变频器(Down - up Superheterodyne Converter,DUC);②A/D 转换器 + 调制器 + D/A 转换器,在此称为前端(FE);③数字存储器和控制器(RAM 处理与控制,(RH&C))。

将射频信号转换成基频信号的需求与信息存储的问题有关。到目前为止,

以可接受的时间和质量限度存储信息的唯一方式是采用半导体存储器,但它却只能存储数字信号。因此,输入信号必须转换为比特流,依据奈奎斯特(Nyquist)定律需要进行变频及数字化。

从以上描述可以看出,数字射频存储器在原理上非常简单,但是由于其需要进行高速数字信号处理,所以在技术实现上比较复杂。随着高速数字信号处理技术领域的持续发展,目前的数字射频存储器生成器不仅可以满足存储和相干复制输入雷达信号的基本要求,还可以对信号进行其他手段难以想象的处理。例如,可进行相位校正的分段转发器或产生可靠的大目标回波(目标仿形)来欺骗技术复杂的高距离分辨率雷达。

综上所述,一个数字射频存储器由以下三个主要部件组成:

(1) 超外差变频器(DUC),或对雷达的频域信号由下向上变频的转换器;

(2) 双重 A/D 前端(FE),可将模拟信号转换为比特流的 A/D 转换器(数字转换器)以及可进行反向变换的 D/A 转换器;

(3) RH&C(RAM 处理和控制),用于存储比特流的 RAM。

超外差变频器(DUC)是一种射频设备,它担负着下述两个主要任务:①对射频信号进行滤波和下变频,使其转换成为与输入前端相匹配的中频信号;②将前端的输出信号上变频到射频频带。超外差变频器(DUC)所使用的技术与其他电子干扰超外差接收机所使用的技术非常相似:有些参数可能会因为某些特殊用途的需要而被特别重视,例如,在要求生成品质非常好的假目标时,会特别重视本地振荡器的稳定性和相位噪声。

FE 是数字射频存储器更为重要的组成部分,它既是模拟电路和数字电路的双重边界,又对其组件有速度要求。FE 有两个重要功能:①将下变频之后的中频信号由模拟形式转换为数字形式,并降低数据流的变化速率,使其与 RH&C 电路板的数据存取速率相匹配;②加快从 RH&C 所接收的数据流的速度,对其进行相位、频率及振幅调制(如果必要)并将其由数字形式转换为模拟形式。FE 是一个宽带模拟电路与高速数字电路组成的混合电路。

RH&C 本质上是一种高速数字电路板,以实现与外部"慢速"信号的接口,其上的 RAM 以及控制电路用来管理数据写入与读出过程。通过这个接口,电子干扰系统可以控制以下功能的实现:以一定时延复制信号、存储输入信号、切断输入信号以及产生具有一定带宽的噪声信号。

5.2.4.4 数字射频存储的关键参数

影响数字射频存储器工作性能的关键参数如下:①工作带宽,即所接收和处理的射频信号的频率范围;②瞬时带宽或基带带宽(IBW),即视频处理和采样速率所对应的频带宽度;③AD 转换器的位数;④存储器容量。

本节将简单讨论上述所有参数。

(1) 数字射频存储器带宽。

一般来说,可以定义三种带宽。

工作带宽(OBW)是指可能接收到(通过选择合适的混频器频率)并需要进行处理的射频信号的频率范围。工作带宽的大小仅取决于作战需求。

瞬时带宽(IBW)是指瞬时可能接收到并进行处理的射频信号的频率范围,其大小决定了所能处理的雷达捷变频率的范围。

处理带宽(PBW)是视频处理的带宽,也是所接收到的雷达脉冲具有的最大瞬时带宽。

例如,通过第一级混频器,可将输入端 2 ~ 18GHz 的工作带宽转换到瞬时带宽约 2GHz 的中频信号(IF)(在一个信号到达时间或脉冲重复间隔跟踪电路的控制之下——该电路可预测某个确定发射机的脉冲信号的到达时刻);在中频频段,高速瞬时测频(IFM)电路可以测量信号频率,并据此快速校正第二级混频器,以便将信号转换到数字射频存储器的处理带宽。

在不使用高速瞬时测频的情况下,处理带宽与瞬时带宽相同(此后,处理带宽和瞬时带宽将被视为同义的 IBW)。

选择数字射频存储器瞬时带宽的最好方法是:带宽上限可适应所能预测的雷达最大捷变频率,带宽下限可避免增加出现伴生脉冲的概率。

实际上,典型数字射频存储器的主要任务是在单个脉冲(同一时刻只有一个脉冲)的基础上处理更多的雷达信号,这是因为几乎所有的电子干扰的发射机是恒定功率(饱和)型,所以分配给每个脉冲的功率并不好预测。

(2) 数字射频存储器的瞬时带宽和采样率。

瞬时带宽(IBW)决定了数字射频存储器工作时的采样率。采样率越高,存储器的容量要求及所需尺寸、功耗、成本也越大。确定处理带宽,首先要考虑的是所存储信号的带宽。除非信号频率的所有信息都被保存下来,否则精确复现信号是不可能的。现阶段雷达的最大瞬时带宽为 0.5GHz,但就像前面所提到的那样,确定数字射频存储器的瞬时带宽较好方法是使其覆盖所预期的雷达射频捷变带宽(约 1GHz)。

因此,瞬时带宽决定了数字射频存储器必须运行的采样率。采样率越大,内存存储需求就越大。

采样率通过奈奎斯特定律与瞬时带宽联系起来。通常的数字射频存储器技术标准认为:对于双通道数字转换器,瞬时带宽等于采样频率;而对于单通道数字转换器,瞬时带宽等于采样频率的 1/2。实际上,考虑到为避免混叠而进行的必要滤波,更可取的做法是:对于双通道数字转换器,瞬时带宽等于采样率的

0.8 倍；对于单通道数字转换器，瞬时带宽等于采样率的 0.4 倍。

（3）数字射频存储器的位数和尖峰。

数字射频存储器的 A/D 转换器的位数会直接影响以下数字射频存储器特性（除了影响信号复制的重现精度之外）：①欺骗行为；②分段转发器；③输出功率电平；④输出寄生电平和信噪比。

欺骗行为

为了分析数字射频存储器的这一特性，需要首先记住脉内调制（MOP）雷达接收机的原理框图，仔细地分析欺骗脉内调制雷达的工作过程。首先，将输入信号与混频器信号的相位进行比较，生成含有相位差的 I 和 Q 信号；然后对 I 信号和 Q 信号在一个时钟周期内的积分进行采样，并将采样信号按"时钟"送往移位寄存器；最后模拟加法器按照所编程序根据发射脉冲的脉内调制选择移位寄存器的极性，只有当移位寄存器里的信号与脉内调制代码相吻合时，加法器才会生成一个最大的 N 输出信号。如果信号里不存在正确的脉内调制代码，或者虽然出现了正确的脉内调制代码，但已被噪声或频率抖动所干扰，因而会在一个脉内调制序列中产生一个逐渐累积的相位误差，相关运算就会失败。两位相位编码（Two - bit Phase Encode，TPE）数字射频存储器对于一个脉冲序列可产生最大 ±45°的累积相位误差。如果信号的初始相位为 +45°，则信号输出时的相位就会线性地达到 -45°，然后移位寄存器在每个阶段都会产生一个与相位误差的余弦相关的输出信号，加法器输出端的积分值等于 sin45°/45°（0.90063），这与理想的脉内调制回波仅存在 0.9dB 的相关损耗，所以两位相位编码数字射频存储器的复制信号可满足脉内调制雷达中大多数匹配滤波器的要求。

分段转发器

这里有必要先定义一下分段转发器。当采取欺骗行为干扰脉冲雷达，发射和接收天线并没有充分隔离时，为了避免与收发工作有关的 50% 占空比因子所导致的 6dB 功率损失，较好的做法是存储信号的一小段样本，然后发射一连串该信号片段的复制信号。对复制信号所进行的频谱分析表明，在很多情况下（取决于片段宽度与信号周期的比值），复制信号的频谱与雷达信号差别很大，会导致干扰效能损失（跳模损耗）。这一损耗源于前后两个信号片段复制品的相位不匹配。先进的数字射频存储器可以通过必要的相位校正来减少这种不希望的调制，采用相位校正，2bit 模数转换器的跳模损耗有可能保持在 2dB 的平均值，而对 3bit 模数转换器而言，则可低至 0.5dB。

输出功率电平

这个问题与功率受限的电子干扰发射机中因反馈尖峰而造成的功率损失有关，表 5.1 所列为这种效应的测量值。

表 5.1　尖峰造成的干扰功率损失

相位编码模数转换器	总尖峰功率/dBm	干扰信号功率	尖峰功率/%
2bit	-7	81	19
3bit	-11	92	8
4bit	-15	97	3

分析表明,2bit 相位编码的模数转换器也具有合理的性能。

输出信噪比和无尖峰动态范围(Spurs - Free Dynamic Range,SFDR)

对于 n 位相位编码数字射频存储器,其 SFDR 的理论值为[11-13]

$$\mathrm{SFDR} = 20\log(2^n - 1) \tag{5.24}$$

因数字编码而产生的输出信噪比约为(见表 5.2)

$$\mathrm{SFDR} = 20\log(2^n) - 5 \tag{5.25}$$

表 5.2　与位数有关的数字射频存储器的输出信噪比和 SFDR

n/bit	2	3	4	5	6
SFDR/dB	9.5	17	23.5	30	31
SnR/dB	7	13	19	25	31

对于位数固定的数字射频存储器,有可能以牺牲输出信噪比为代价来提高 SFDR:通过增加混频器信号的相位噪声,可以将 SFDR 提高 6dB,这意味着输出信噪比将会下降大约相同的数值(通常可以接受)。

这是频率位于数字射频存储器中心频率附近的信号的典型特征。如果考虑到整个频段的情况,还需要考虑一些附加损失。

(4) 存储器容量。

数字射频存储器存储容量的大小与以下参数有关:①A/D 转换器的位数和数字射频存储器的类型;②瞬时带宽和采样率;③需存储的最大脉冲长度;④需同时存储的最大脉冲数目。

前两个问题已经在前几节中分析过了(也请参阅数字射频存储器类型的 5.2.4.6 节)。至于脉冲长度,一般认为 100 ~ 200μs 的脉冲宽度完全满足要求,因为大部分雷达都采用更短的脉冲;而对于最后一点,通常需要存储 4 个(或最多 16 个)不同的脉冲。综上所述,可以得出结论:一般需要采用 CMOS RAM。

5.2.4.5　数字射频存储的综合特性

超外差变频器由两条链路组成。一条链路用于将射频信号(2 ~ 18GHz)下变频到基带,然后进行模数转换,这条通道与数字接收机所采用的电路非常相似(或相同);另一条链路是数字射频存储器所特有的,用于进行逆过程处理(将存储的信号上变频到原来的射频频段)。与数字接收机(DRX)中的超外差通道相同的考虑在这里依然适用。

典型情况下,2 ~ 18GHz 频段的信号被变换到具有数吉赫兹瞬时带宽的第一级中频,根据需要进行滤波和放大后,再被变换到以适宜频率(一般为 2 ~ 4GHz)为中心且具有期望瞬时带宽(如 1GHz)的第二级中频。在这里,信号下变频到基频带,并进行了模数转换。为了实现上述过程,需要一个合适的本振。

FE 是任何数字射频存储器的技术核心,决定了瞬时带宽、SFDR、最小延迟时间、延迟分辨率和实时数字调制等重要参数。瞬时带宽为 0.5GHz、SFDR 为 20dB 的 FE 已经生产出来,低至 30ns 的最小延迟时间也是可以实现的;延迟分辨率通常不是一个关键参数(30ns 是典型值,必要时可达到 8ns)。信号转发之前的典型实时调制方式包括:相位调制、频率调制和以接近采样时钟的速率进行开关幅度调制。考虑到性能、成本和可靠性等因素,在可能的情况下,数字调制(替代模拟调制)更受欢迎。出于这一目的,应首选相位编码数字射频存储器。

FE 的另外一个作用就是降低(反之亦然)数据流的速率,使其可以被传输到 RH&C 数字电路板,常用的数据传输率高达 150MHz。

存储器和 RH&C 的相关控制器必须保证其可以容纳和处理 FE 数据,容量高达 5Gb 的 RAM 已经投入使用。

5.2.4.6 数字射频存储的类型及其性能

本节将考虑三种主要类型的数字射频存储器:①振幅编码单信道数字射频存储器;②振幅编码双信道(I - Q)数字射频存储器;③相位编码双信道(I - Q)数字射频存储器。

在对编码(模数转换器)过程进行测试时,至少需要考虑两个方面的问题:所允许的输入信号的动态范围及其最低性能(在动态范围的最低限制下所得到的工作性能)。

简单地说,假设一个数字射频存储器的动态范围至少为 30dB,则其最低性能相当于一个 4bit 相位编码数字射频存储器和 1GHz 瞬时带宽,可用于存储长度为 1000μs 的脉冲。让我们计算一下这三种数字射频存储器架构所需要的 RAM。

对于振幅调制的单通道数字射频存储器,接收到的雷达信号下变频到基频段以后被采样,在每个采样时钟周期内只输出一个实时数据。采样比大于 2 倍 DRFW 瞬时带宽(2.5 倍时较好)。采用一个模数转换器将采样数据转换为数字信号并储存到数字射频存储器存储器里。

对于 30dB 的动态范围,所需要的最小位数为 5bit,加上其最低性能所要求的 4bit,则每个采样时钟周期共需要 9bit。在瞬时带宽为 1GHz 和脉冲宽度为 100μs 的情况下,需要存储的数据量为 $9\text{bit} \times 2500\text{MHz} \times 100\mu\text{s} = 2.25\text{Mb}$。

振幅调制双通道数字射频存储器所采用的方法是生成两个相位彼此相差90°的信号通道(I、Q),在每个采样时钟周期里都有两个实时数据输出(I、Q),采样率大约为数字射频存储器 瞬时带宽的1.25倍。对于30dB动态范围,所需要的最少位数为5bit,加上最低性能所需要的3bit,每个通道在每个采样时钟周期共需要8bit,在瞬时带宽为1GHz和脉冲宽度为100μs情况下,需要存储的数据量为8bit×1250MHz×100μs=2Mbit。

对于相位编码数字射频存储器,接收到的雷达信号下变频为I和Q分量,与双通道振幅调制的数字射频存储器相似,但又与其对I、Q信号的振幅进行操作有所不同,它需要将I、Q信号所定义复数的相位角信息转换为数字信号存储在存储器里。实际上,由于雷达信号不包含开关调制之外的振幅调制,仅对其相位进行编码就足够了,采样率大约为数字射频存储器瞬时带宽的1.25倍,每个采样时钟周期所需要的最少位数为4bit,在瞬时带宽为1GHz和脉冲宽度为100μs的情况下,需要存储的数据量为4bit×1250MHz×100μs=0.5Mbit。

由此可以得出结论:相位编码型数字射频存储器所需要的RAM是其他类型数字射频存储器的1/4或更少(复杂性最少)。大部分电子干扰技术需要进行相位、频率和振幅开关调制,而在相位编码型数字射频存储器中,这些调制都可以很好地通过数字电路来完成,而且在信号相位领域,也已经很好地完成了极具威力的、带相位校正的分段转发器研发。

5.2.4.7 数字射频存储的优点和缺点

数字射频存储器有很多优点。在电子干扰装备中引入数字射频存储器,会带来许多与数字信号处理相关的优点:可重复性、稳定性、可靠性、灵活性、可编程性和可扩展性。

正是因为有了数字射频存储器,现在的电子干扰装备既可当成欺骗式干扰机,也可当成噪声干扰机来使用,而在过去,这是两种不同类型的装备。特别是数字射频存储器允许我们设置相干和非相干干扰程序——相干干扰程序的可能性已成为一项对抗波形编码和脉冲多普勒雷达的重要成就。

如果不考虑数字接收机的功率限制,可以预计电子防务系统会在其主动部件与被动部件之间进行更多的融合。

数字射频存储器的缺点是其对先进技术的需求及其瞬时带宽的可实现问题。老式的欺骗型干扰机非常简单,可以覆盖非常宽的瞬时带宽(可到10GHz),但它们的作战效能也因此相当低,它们不能生成包含技术手段的欺骗信号来对抗特殊威胁源。

5.2.4.8 数字射频存储系统的使用

数字射频存储器是构建电子干扰系统的基本模块。为了构建一个干扰系

统,除数字射频存储器之外,必须再添加以下三个主要部件:

(1) 干扰时间控制器(一个用于控制欺骗信号及其复制信号时间的单元);

(2) 干扰程序控制器(一个用于确保电子战系统对于每个威胁目标都能采取合适对抗措施的单元);

(3) 功率发射机及天线。

5.2.5 发射器

在天线增益的共同作用下,采用前述方法所生成的噪声和欺骗信号需要放大到足够产生所期望的有效辐射功率。广泛用于电子干扰装备中的功率放大器是行波管(TWT)(见5.2.2.1节),其在以下方面具有显著性能:

(1) 带宽(6.5~18GHz);

(2) 连续波功率(200~400W)和高占空比脉冲功率(占空比为7%~10%时的峰值功率达2000W);

(3) 效率(15%~30%)。

为了获得更高的功率,可以将几个行波管通过使用巴特勒矩阵的方法组合起来使用。如图5.23所示,依据所发送的指令,每个发射机的功率既可以输出到对应的4个分支,也可以都集中到一个输出端口。到目前为止,使用行波管进行功率放大的主要缺点如下:① 需要很高的电压(7000~25000V,取决于峰值功率),当存在湿气或处于高空时存在着放电危险;② 使用寿命名义上较长(1000~2000h),但本质上很短。

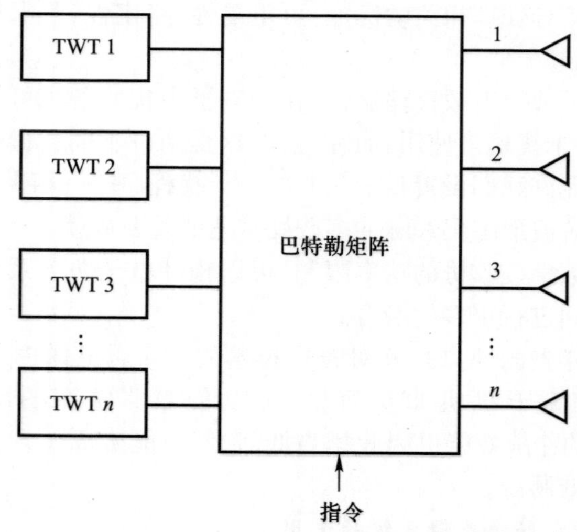

图5.23 通过巴特勒矩阵实现发射机功率合成

为了随时可用，阴极必须始终保持在加热状态，同时还必须采取一系列预防措施来避免阴极中毒之类的损伤。即使不需要发射指令，装备也必须保持待用状态，这意味着行波管名义上的使用寿命会很快被消耗掉。而储存的备用管也必须每隔几个月就要进行简单的通电，防止行波管因其金属部件漏气而可能导致的真空度下降。

不过，从技术角度上看，固态功率产生技术现在已经崭露头角。实际上，目前已经有了甚至可在最高频率产生几瓦特功率的场效应管(Field Effect Transistors，FET)。通过平行排布多个固态放大器并使其相位匹配，目前已有可能获得大约100W的功率，这表明未来有可能避免今天因使用行波管而产生的发射机问题，包括使用寿命、高压以及后勤保障等。

最近10年，一种产生微波功率的称为微波功率模块(Microwave Power Module，MPM)的新技术已臻成熟，人们也已经意识到了它的重要性。如图5.24所示，微波功率模块是一种混合技术，其源于这样一种思路：使用固态(Solid_State，SS)放大器将信号功率放大到数瓦，再采用一只非常小的行波管对信号功率进行最终放大。由于将输出功率限制在大约100W量级，因此所要求的行波管增益也就不需太高，而且使得高压电源(HVPS)可以被封装在一个很小的空间内。

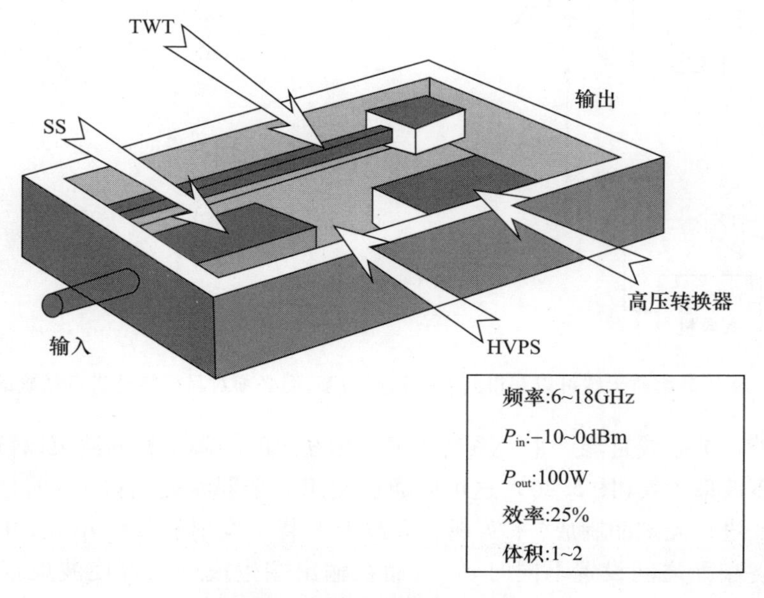

图5.24　微波功率模块示意图

所以，微波功率模块的外形将如同一个小盒子，但它可以在很宽频带内放大射频信号,并且在带宽、功率和使用寿命方面都具有很好的性能[14]。几个厂家所生产的微波功率模块目前已可以覆盖所有工作频段。微波功率模块是一种单通道放大器,可放置在罗特曼透镜之后,用来给图 5.30 中电子干扰天线的辐射单元馈电,或者经过合适包装后用于拖曳式诱饵。

5.2.6 电子干扰天线

用于电子干扰的天线是多种多样的。当方位角和俯仰角都需要非常宽的波束时,可以使用简单的喇叭天线;当要求有效辐射功率很高时,需要使用高增益天线。在这种情况下,由于天线波束很窄(笔形波束),需要一个非常精确的定向(DF)测量系统来精确地指向它。角信息可以从电子战支援子系统中获取,也可以从电子干扰本身中获取,方法是给它配备一个自动跟踪装置。在观察期间,该装置必须能够检测到要被干扰的辐射源的存在,并测量角度指向误差,以便通过伺服系统正确地引导天线(图 5.25)。

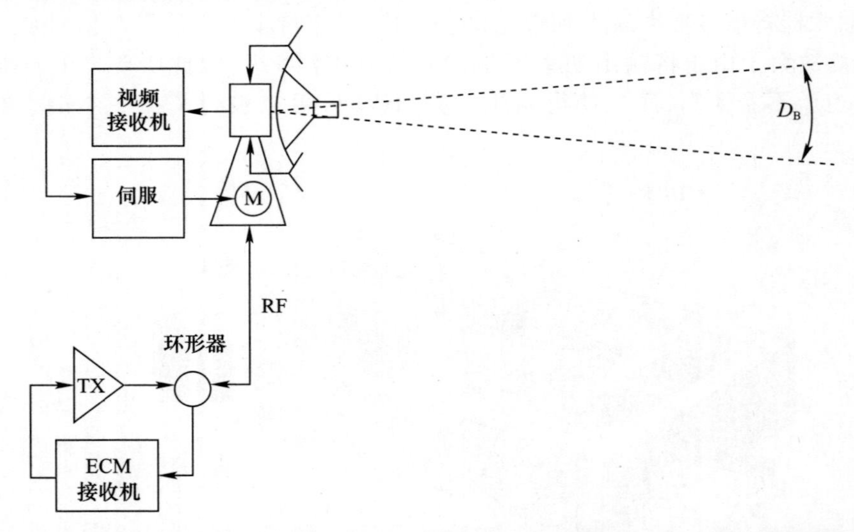

图 5.25 使用高增益天线可以获得高有效辐射功率,但必须对目标雷达进行精确的角跟踪

另外一类天线是能产生一系列狭窄且相互之间轻微重叠的波束以覆盖一定扇区的多波束天线(图 5.26),这可以通过使用一个罗特曼透镜(目前是在电介质基板上进行光刻而制成)来实现。天线上安装了发射和接收单元,并且可以通过在各单元之间设置不同时延,从而在输出端生成一个可使波束指向所需方向的相位。其波束指向与频率无关,这对于超宽带系统而言是一个很大的优点。

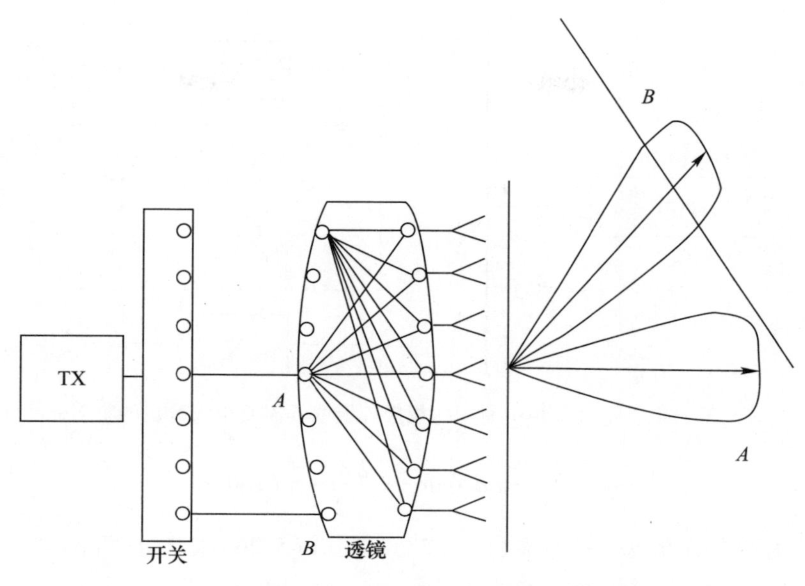

图 5.26　多波束电子干扰天线(波束指向取决于所选择的输入)

5.2.6.1　相控阵天线

电子干扰装备通过使用相控阵天线以获得高扫描率,从而可同时对抗数个威胁[15]。雷达的相控阵天线要求具有超低旁瓣、窄波束且没有栅瓣的特性,因此辐射单元数量必须高达数千个,与此不同的是,电子干扰系统中天线阵元的数目可以非常低:根据所需要的性能,一般为 10 ~ 250 个。

对角度干扰而言,功率在其他方向上的辐射被衰减。例如,功率降低 20 倍(旁瓣电压在 13dB 左右),并不是多大的缺陷,但对于雷达而言,如果其动态范围为 90dB,当来自旁瓣的接收信号相对于主瓣仅仅衰减 26dB(发射时衰减 13dB 加上接收时衰减 13dB)时,雷达将在完全错误的角度上探测到其他威胁的存在,这将是不能接受的。如图 5.27 所示为相控阵天线的框图。

移相器是相控阵天线的重要元件。它们可以是铁氧体移相器(如果传递的功率为几十瓦),也可以是 PIN 二极管移相器(如果功率只有几瓦)。铁氧体移相器的优点是插入损耗较低(0.5 ~ 1dB),但是要求相对较高的相控电流并且处理命令相对较慢(大约 10 ~ 50μs);PIN 二极管移相器命令执行时间较快(10 ~ 50ns),但是插入损耗相对较高(对 6 ~ 18GHz 带宽有 7 ~ 10dB 损耗)。

为了使波束指向确定的角度,除非相移是通过真正的时间延迟装置实现的,否则必须考虑频率。为了使波束指向确定的方向,第 n 个移相器的相移应为

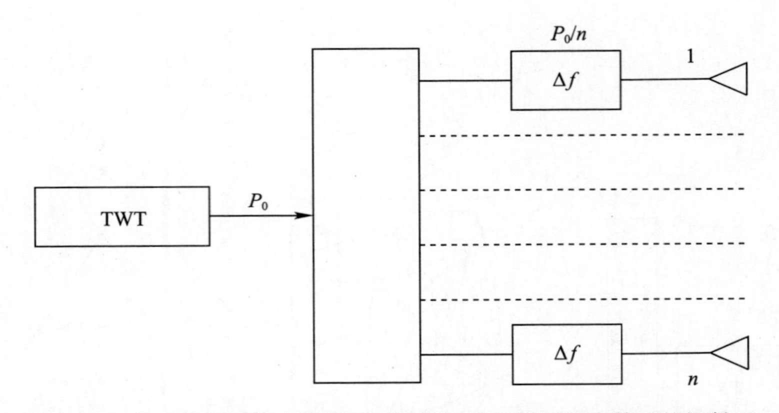

图 5.27　电子干扰系统中使用的相控阵天线不需要很大数目的辐射元

$$\varphi_n = \frac{2\pi}{\lambda} \cdot nd \cdot \sin\alpha = \frac{2\pi}{c} f \cdot nd \cdot \sin\alpha \tag{5.26}$$

式中：d 为两个移相器间的距离（图 5.28）。对式（5.26）求微分，可得

$$\delta\varphi_n = \frac{2\pi}{c} \delta f \cdot nd \cdot \sin\alpha + \frac{2\pi}{c} f \cdot nd \cdot \delta\alpha \cdot \cos\alpha \tag{5.27}$$

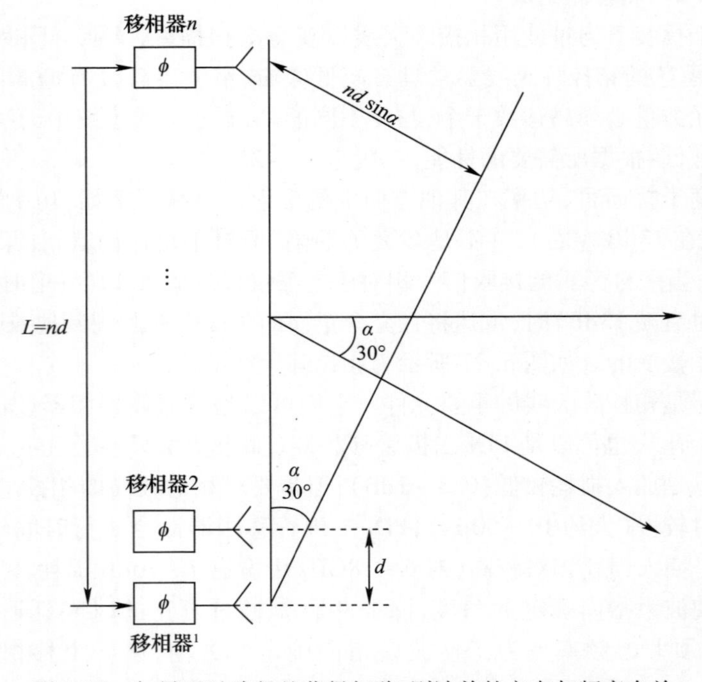

图 5.28　如果通过路径差获得相移，则波前的方向与频率有关

从这个方程很容易得出以下结论：

(1) 如果在频率变化的情况下，波束需要保持在同一个方向(如必须等于0)，则相移方程变化为

$$\delta\varphi_n = \frac{2\pi}{c}\delta f \cdot nd \cdot \sin\alpha$$

这种情况说明 $\delta\varphi_n$ 的变化必须与频率的变化成比例，这是使用时间延迟装置时"自然"会产生的情形。

(2) 当使用真正的移相器时，相移相对于频率保持不变($\delta\varphi_n = 0$)。从上面的方程可得

$$\delta f \cdot \sin\alpha = -f \cdot \delta\alpha \cdot \cos\alpha \tag{5.28}$$

最终得到

$$\delta\alpha = -\frac{\delta f}{f} \cdot \tan\alpha \tag{5.29}$$

该式表明：使用真正移相器的相控阵天线，波束的指向会随着频率的相对变化和波束指向的正切值而变化。

5.2.6.2 有源相控阵天线

相控阵天线中的功率分布在其大量单元上。除了可采用单一发射机产生所有功率再进行分配之外，也可以在局部通过一组微型行波管产生功率再直接馈送给一个或多个单元。此时天线和发射机整合在一起，称为有源相控阵天线。但此类结构具有难以实现天线互易性的缺点。

有源相控阵天线的理想解决方案如图 5.29 所示，采用固态收发模块来替代微型行波管[16]。此时，固态射频功率在天线内产生，从而避免了许多发射损耗。

一个必须解决的问题是收发模块的效率。目前，效率处于 20%(整个 TX/RX 模块)~25%(仅 TX 通道)是完全可以接受的。但因为大部分被吸收的能量转换成了热量并由此产生了耗散问题，因此制冷问题需要给予极大的关注。微波集成电路(MIC)和单片式微波集成电路(MMIC)工艺的采用，使得收发模块在具有竞争力的成本上实现了宽带宽(6~18GHz)和高功率(几瓦)。

目前，由于有了可应用于机载雷达的窄带 TX/RX 固态模块，因而可实现具有数千单元的有源相控阵天线，这种具有数千单元的相控阵天线既可用于雷达也可用于电子防务，从而可实现用于综合系统的共孔径天线。

有源固态天线解决了行波管的高压和低寿命问题。这类有源天线的 MTBF (平均无故障工作时间)至少高于行波管系统一个数量级。而且，此时系统具有很好的降级功能(容错，在 10% ~20% 单元产生故障后仍然具有较好性能)。

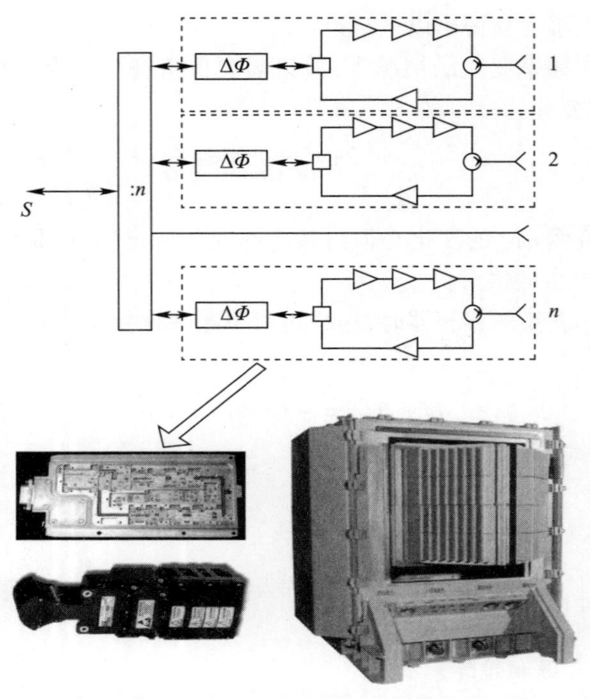

图 5.29　用于电子干扰系统的固态相控阵天线
（照片展示了空军和海军使用的固态电子干扰相控）

这种类型的天线发射机可以有效减小功耗，从而减少电子干扰系统的总重量。图 5.30 示例了两种产生 55dBm 有效辐射功率的方法（可在小于 100ns 时间内指向其角度覆盖范围内的任何方向），表 5.3 列出了每种方法的参数。

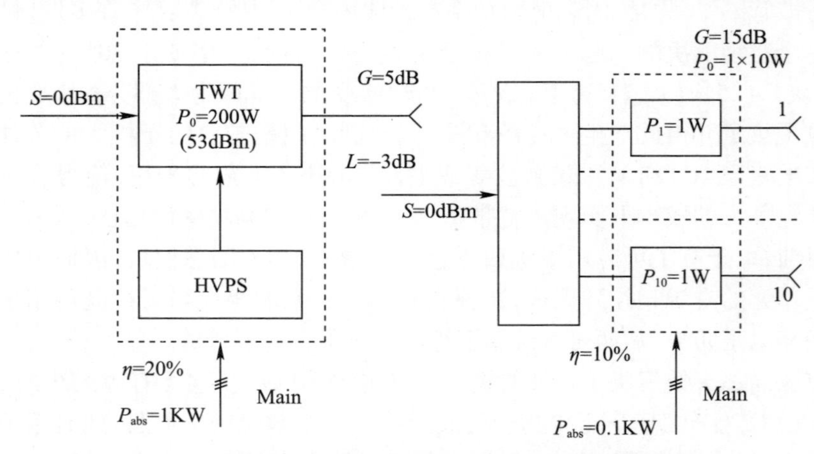

图 5.30　行波管与固态模块产生有效辐射功率的比较

表 5.3　行波管和固态模块产生的有效辐射功率的比较

性能	TWT	固态
有效辐射功率(ERP)	55dBm	55dBm
方位角覆盖范围	120°	120°
俯仰角覆盖范围	60°	60°
功率	53dBm	40dBm
损耗	3dBm	0dBm
增益	5dBm	15dBm
效率	20%	10%
馈电功率	1kW	100W
耗散功率	800W	90W
质量	15kg	5kg

5.2.6.3　有源相控阵天线的有效辐射功率

有效辐射功率定义为天线的输入功率与天线增益的乘积,即

$$\mathrm{ERP} = P \cdot G \tag{5.30}$$

如图 5.31 所示,考虑一个具有 $m \times n$ 辐射源的矩形相控阵天线,每个辐射源在 x 方向的尺寸为 $\mathrm{d}x$, y 方向的尺寸为 $\mathrm{d}y$,假设单个辐射元的效率为 η,而馈电功率为 P_{el},由于

$$G = \frac{4\pi}{\lambda_2} A_{\mathrm{eff}} \tag{5.31}$$

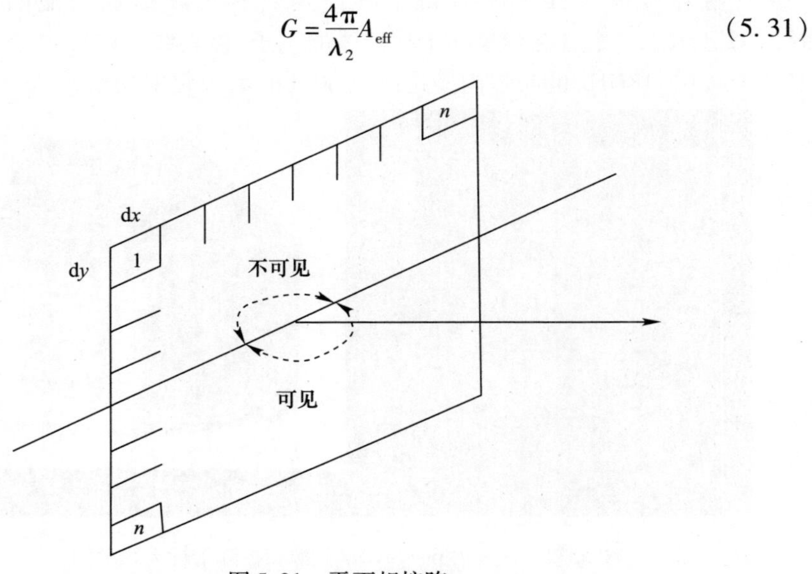

图 5.31　平面相控阵

则有

$$\mathrm{ERP}=\frac{4\pi}{\lambda_2}\mathrm{d}x\mathrm{d}y\eta\, P_{el}=\frac{4\pi}{\lambda_2}\mathrm{d}x\mathrm{d}y\eta P_{el}(\mathrm{nm})^2 \tag{5.32}$$

如果在方位角 α 和俯仰角 ε 的范围内扫描时没有明显的栅瓣,则辐射元的最大尺寸为

$$d_x=\frac{\lambda_{\min}}{1+\sin a} \tag{5.33}$$

$$d_y=\frac{\lambda_{\min}}{1+\sin\varepsilon} \tag{5.34}$$

式中:$\lambda_{\min}$为与相控阵所使用的最大频率相对应的波长。

定义扫描因子 F_s为

$$F_s=(1+\sin a)(1+\sin\varepsilon) \tag{5.35}$$

则波长为 λ 的有源相控阵的有效辐射功率表达式为

$$\mathrm{ERP}=\frac{4\pi}{F_s}\left(\frac{\lambda_{\min}}{\lambda}\right)^2\eta P_{el}N^2 \tag{5.36}$$

式中:$N=nm$ 为辐射源。

如果电子战支援系统能够提供比干扰机使用有源相控阵天线更精确的目标方位,并且能够根据电子战支援系统的天线矩阵产生干扰信号,则对于仅发射的基于有源相控阵天线的干扰机不必使用具有角度跟踪功能的接收通道。图 5.32显示了一个有源相控阵干扰天线的例子,该天线能够在一个非常大的角扇区中从 6 ~ 18GHz 的频带内发送超过 60dBm 有效辐射功率。

图 5.32　仅发射 6 ~ 18GHz 有源相控阵干扰天线示例,
左边覆盖水平 90°范围,右边覆盖水平 180°范围

5.2.7 吊舱

机载电子干扰装备可以内置,也可以采用外挂的吊舱。如果在设计阶段平台内部没有提供安装空间,就必须在后续阶段寻找这样的空间,但这将会非常困难。对于后者而言,还需要重新对其适航性进行认证。

如图5.33所示,吊舱要求电子干扰装备安装在流线型的容器内,该容器通过外挂架与飞机连接。这种类型的安装方式非常有用,特别是当对电子干扰装备进行改装升级并且飞机内部无法提供足够的空间或电能时。

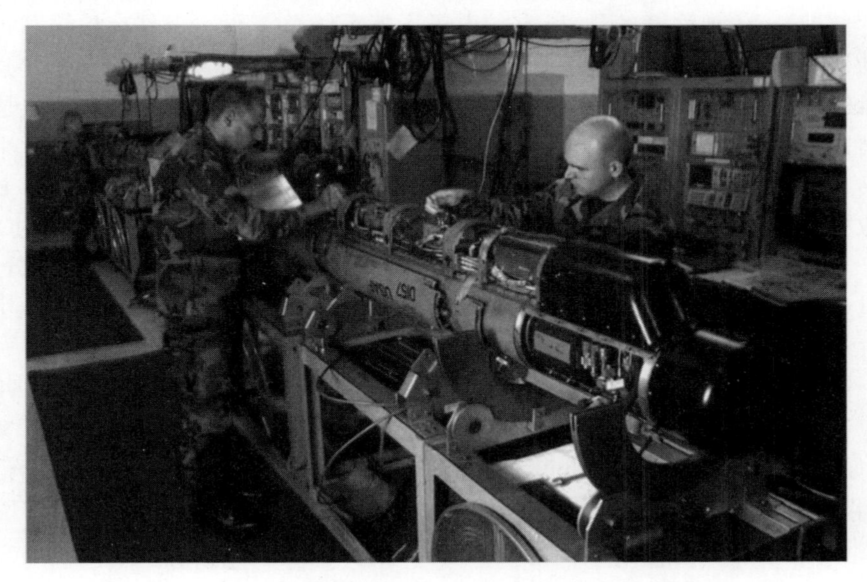

图5.33　正在接收测试的美国空军电子干扰吊舱系统

一方面,通过使用吊舱,飞机可以避免一些在不执行特殊任务时不必要的电子干扰装备自重所带来的负担;而另一方面,在执行战斗任务时,飞机可以放弃原本就很少的挂架中的一个电子干扰吊舱,使所需配置的系统数量降至最小。当飞机即将执行的任务需要某种特殊的电子干扰功能时,具有该功能的吊舱将专门安装在执行该飞行路线的平台上。

吊舱可以悬挂在机身或机翼下。当悬挂在机身下时,其体积和质量通常都很大,但这时的装备不会过多地受到环境的影响。当安装在机翼下时,吊舱通常更小、更便于管理,且内部的电子系统必须能经受剧烈的振动,为了满足平均故障时间间隔(MTBF)要求,吊舱的设计和制造必须具有较高的质量。

带有吊舱的飞机的飞行能力将会下降,与高度有关的最大可接受速度将低于没有吊舱的飞机。吊舱引起的适航能力下降非常重要，当飞行员决定恢复完全的飞行能力时可使用专门的飞控系统将吊舱抛弃。保形吊舱对飞机的适航性损害最小，一旦安装后，它们与飞机外形匹配得非常好，以致它们看起来像是飞机的一部分。

5.3 内置式现代电子干扰系统

如前所述，好的干扰信号发生器将利用一个好的数字射频存储器（数字射频存储器）。值得注意的是，所有的电子干扰系统总需要一个具有检测和识别威胁信号能力的子系统，进而去引导干扰。实际上，它们需要一个合适的雷达告警系统/电子战支援系统（RWR/ESM）。如第四章所述，现代雷达告警/电子战支援系统将使用先进的数字接收机（DRX）。数字接收机能够通过数字化采样来转换所有输入信号，包括那些要被干扰的信号。对于 I 和 Q 双通道来说，数字接收机的模数转换器（ADC）可利用的不再是 1 ~ 2bit 数据而是通常要超过 8 ~ 10bit 数据。因此，在现代集成电子战系统中，可以这样说，所有输入信号都已经通过采样和数字化形成大量的比特数据，因此不需要为电子干扰系统的数字射频存储器添加任何其他的数字化设备。

图 5.34 可反映出多比特的数字接收机 模数转换器的好处。在图 5.34 中可以看到，使用多比特的波形复制可以避免失真，从而避免产生虚假信号。实际上，如图 5.34（d）所示，用 10bit 数据率进行采样得到的正弦信号是对原始信号的精确复制。

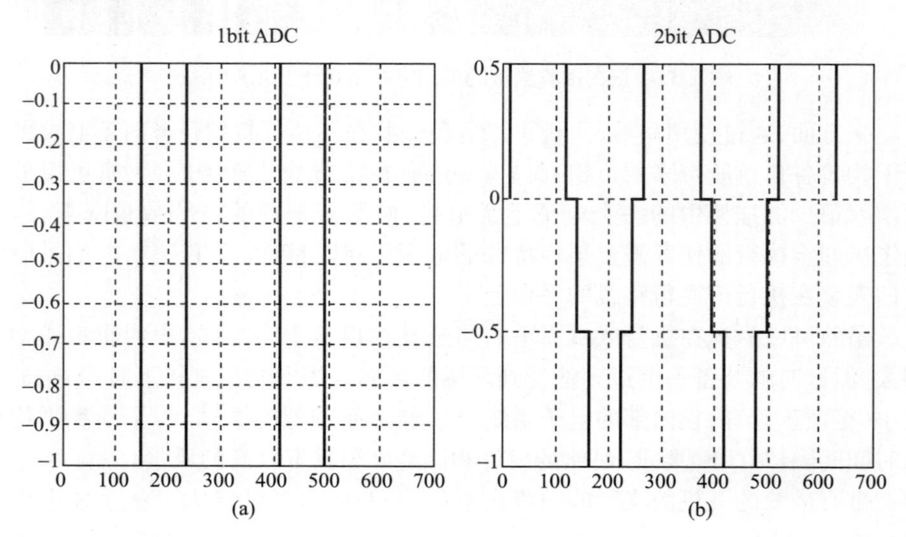

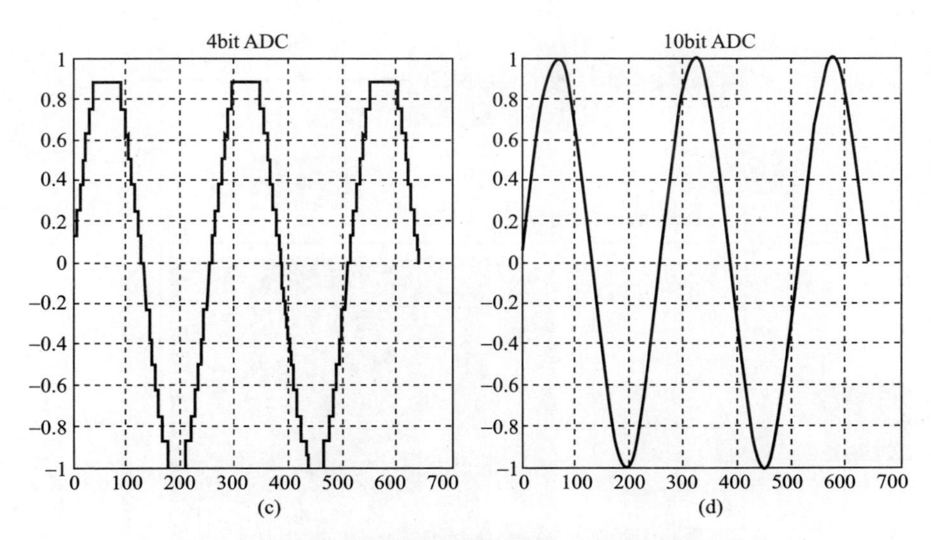

图 5.34　使用不同比特数据的模数转换器数据采样结果

综上所述,在现代电子干扰系统中实施数字射频存储器只需在所有数字接收机模数转换器样本中选择与发射器相关的样本进行干扰即可。

数字接收机是实现数字射频存储器第一部分的最佳选择。因此,在现代系统中,通过探索数字接收机来实现强大的数字射频存储器是很自然的事情,正如许多年前这本书的第二版所预期的那样。接下来需要选择与发射器相关的电子战支援模数转换器样本点进行干扰,这可以通过时间－频率滤波器来实现。如果电子战支援分类器是闭环类型,时间过滤器很容易实现。实际上,闭环分类器可以生成一个实时门(RTG),这是一个时间门,我们希望每个被电子战支援跟踪的发射器发射的下一个脉冲在这个门内。因此,可以使用 RTG 去及时选择电子战支援模数转换器样本。此外,集成的电子战系统非常清楚地知道发射器的数字接收机的射频频率和数字频率会实施干扰。此信息可用于对已经过时间过滤的电子战支援模数转换器样本进行频率选择。因此,经过时频选择的样本用于填充数字射频存储器。

当需要非常短的重复时间(通常小于 100ns)时,数字射频存储器可以加载一部分输入脉冲。如果使用适当的相位信息,数字架构可以完全消除多模效应(5.2.2.3 节)和相关损失。

与连接电子战支援数字接收机的现代数字干扰技术发生器如图 5.35 所示。

现有的现代数字设备可以配置数字射频存储器和所有必要的快速数字处理器,使得其可以在同一印刷的电路板中以电子战支援数字接收机为载波产生干扰,如图 5.36 所示。

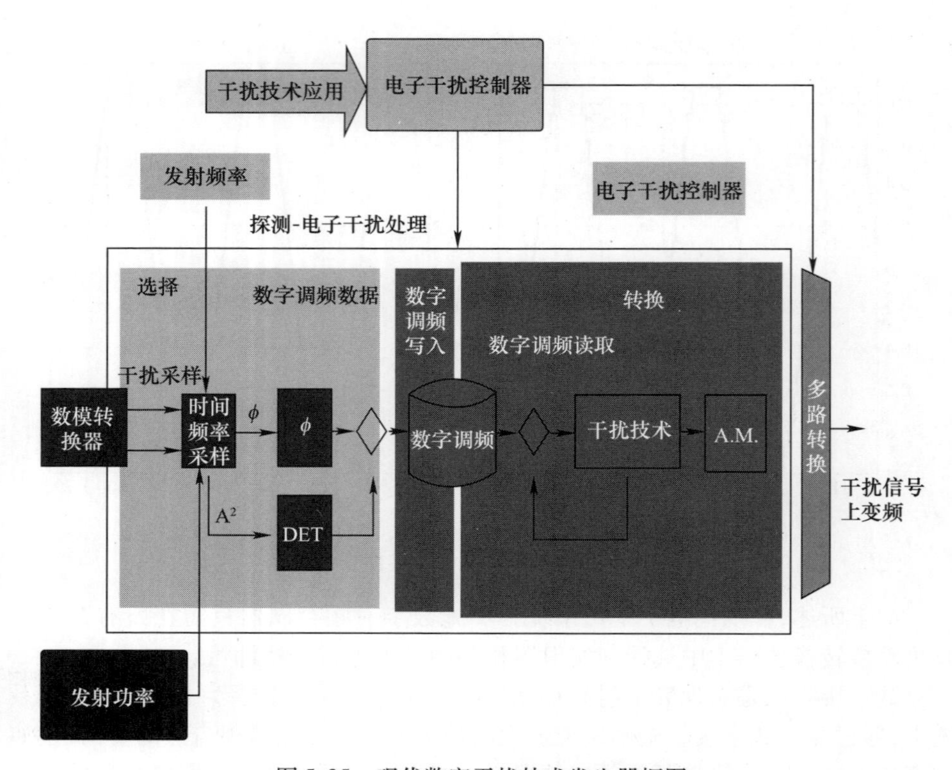

图 5.35　现代数字干扰技术发生器框图

图 5.36　包含 4 个数字接收机数字干扰技术生成器和 PCB 载波示例

其中数字接收机的相关数模转换器、模数转换器位于夹层中，图中没有显示。

因此，在过去虽然不同的接收机对于集成电子战系统的电子战支援部分和电子干扰是必要的，但在现代电子战系统中，电子战支援接收机也可以用作电子干扰接收机。

一旦 EW 操作员选定发射器去实施干扰，电子战支援分类器将提供 RTG 和频率信息，去选择数字接收机模数转换器样本，这些样本是给数字射频存储器馈送去实施干扰所必需的与发射器相关的信号，而要想有效地运行，只是需要一个完整的采样周期。假如拥有一个好的电子战支援信号到达方向测量系统，则干扰系统可能只需要一个只用于发射的 AESA 天线架构，而不需要更复杂的接收-发射 AESA 天线架构。一个现代集成电子战系统的典型框图如图 5.37 所示。

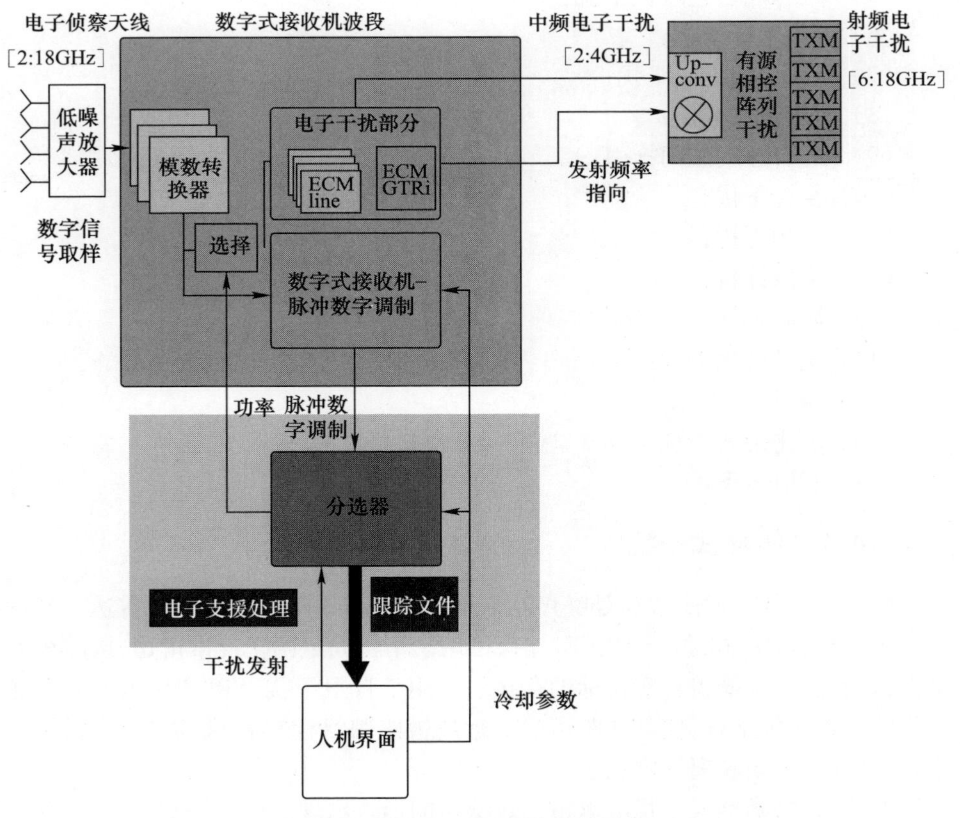

图 5.37　现代集成电子战系统的典型框图

5.4 电子干扰技术

在5.2节和5.3节中描述的电子干扰设备可以实现具备噪声和欺骗类型的基本电子干扰技术[17]。下面将详细地介绍这些技术,重点是操作目的而不是实现方法。许多例子都是基于现代的电子干扰信号发生器,这些信号是基于电子战支援数字接收机模数转换器样本产生的去供给数字射频存储器。

基本的电子干扰技术有以下几类。

(1) 瞄准式干扰;

(2) 阻塞式干扰;

(3) 扫频/连续波干扰;

(4) 选通干扰;

(5) 噪声调幅/连续波干扰;

(6) 多假目标干扰;

(7) 距离波门拖引干扰;

(8) 速度波门拖引;

(9) 距离/速度波门拖引;

(10) 复合干扰;

(11) 倒相干扰;

(12) 递减计数;

(13) 协同干扰;

(14) 交叉极化干扰;

(15) 斜视;

(16) 地物杂波干扰;

(17) 照射箔条。

5.4.1 瞄准式干扰

瞄准式干扰技术的特点是噪声功率谱密度高,可直接用于干扰雷达。当用于支援干扰(SOJ)和随队干扰(EJ)时,可用于干扰固定频率搜索雷达,以减少其最大探测范围,并掩盖真实目标的存在。当用于自卫干扰(SPJ)时,可对固定频率跟踪雷达实施干扰,使其在距离门上远离被跟踪目标,当干扰消失后,目标不在距离门内,从而脱离锁定状态。

如前所述,瞄准式干扰应以雷达热噪声的形式出现。而要做到这一点,就必须用带宽至少为目标雷达带宽4倍的信号来调制载波频率。

通过第 i 个脉冲发射器接收存储在数字射频存储器中的样本，可以产生瞄准噪声的数字干扰信号（DJS）。其中与第 i 个脉冲相关的数字干扰信号和第 n 个样本之间的关系为

$$\mathrm{DJS}_i[n] = \mathrm{e}^{\mathrm{j}(\varphi_{\mathrm{DRFM},i}[n] + \varphi_{\mathrm{JP},i}[n])} \tag{5.37}$$

式中：i 表示第 i 个脉冲；φ_{DRFM} 表示读取数字射频存储器的相位项；φ_{JP} 表示从一组样本到另一组样本之间变换的随机相位。

如果噪声的带宽是参考带宽的 4 倍，那么在发射过程中就足以产生 4 倍 φ_{JP} 值，如图 5.38 所示。

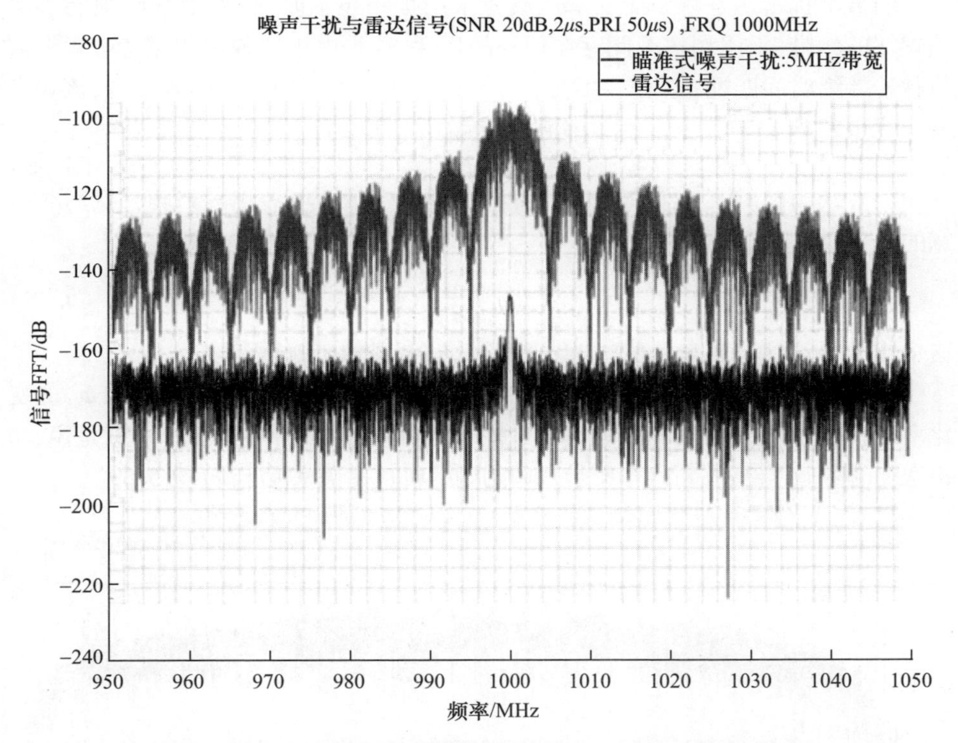

图 5.38　瞄准噪声干扰：噪声功率谱密度要比目标回波的功率谱密度强很多。瞄准噪声可以有效地用于干扰固定频率雷达（通常是传统的雷达或使用动目标检测的雷达）

使用雷达技术或反干扰技术使得这种类型的干扰效果较差，这些技术包括：①频率捷变；②频率分集；③反向偏压和噪声干扰消除器；④脉冲压缩；⑤脉冲多普勒处理；⑥跟踪干扰源；⑦旁瓣消隐；⑧旁瓣对消；⑨零陷技术。

关于反干扰技术的更多细节见第七章。

瞄准噪声可以产生连续信号或门限信号（门限噪声）。在使用连续噪声的

情况下，由于在传输时难以接收，因此有必要设定一个观察周期。在一个观察周期内将允许在一段时间内发送，其余时间内接收。一般情况下，干扰机可以传输80ms，用剩余的20ms 接收。如果接收机与发射机分离，则可以采用查看技术连续接收超过发射干扰信号剩余电平的信号而不是通过观察。当干扰信号被很好地限制在频谱范围内时，就有可能实现一种可以在不存在干扰信号的频谱区域内接收信号的环视技术。

5.4.2 阻塞式干扰

当被干扰雷达是频率捷变雷达或者采用扩频技术时，噪声干扰必须能够覆盖较宽的频带，干扰功率因此存在额外的损耗，这是由于这种雷达保持中频带宽与脉冲持续时间匹配，迫使干扰机不得不将其功率扩展到较宽的频带内，该频带内干扰带宽 B_j 大于等于雷达频率捷变带宽 B_{RF}，即

$$B_j \geqslant B_{\mathrm{RF}} \tag{5.38}$$

一般认为因频率捷变所引起的干扰损耗等于雷达所占用的射频带宽与其带宽的比值，即

$$L_{ag} = \frac{B_{\mathrm{RF}}}{B_{\mathrm{IF}}} \tag{5.39}$$

这个比值可达到非常大的值(100 ~ 1000)，并会降低干扰效果。

参考前几节介绍的数字干扰信号(DJS)生成，可以通过增加随机相位 φ_{JP} 的变化率来获得更宽的噪声带宽，但其缺点是干扰功率在频谱中的展宽。也就是说，功率密度的降低，导致在雷达中频带宽内的干扰机功率谱密度下降(图 5.39)。

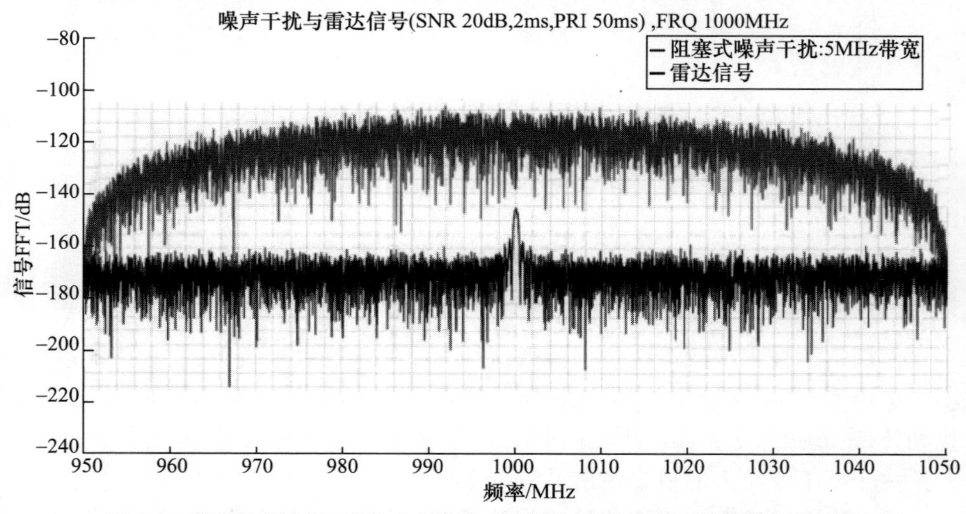

图 5.39 阻塞式干扰：干扰功率谱密度低但频带宽能够干扰频率捷变雷达

5.4.3 扫频/连续波干扰

扫频窄带噪声干扰是一种常用的干扰方法,它通过在平面位置指示器上产生大量的虚假目标,压制自动检测系统。恒虚警率(CFAR)接收机在出现短脉冲干扰时并不总能保持其性能;在扫频连续波的情况下也会发生同样的事情。此外,在后一种情况下,当扫频频率非常高时,雷达接收机就会产生强烈的尖峰,在第一阶段就可能产生振荡(图5.40)。

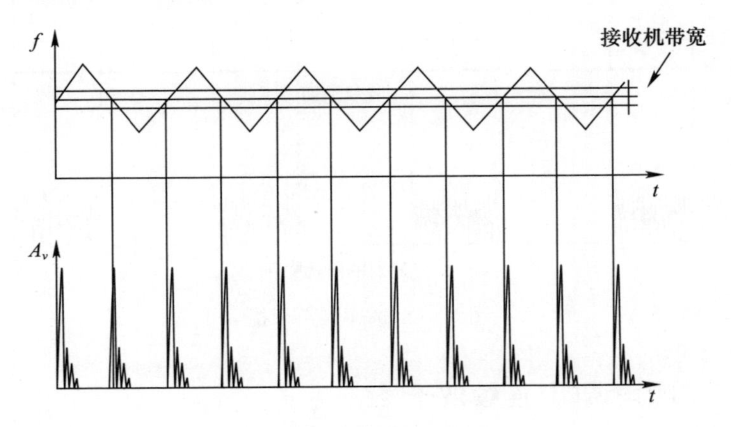

图5.40 扫频连续波干扰

扫频干扰通常可用于对抗搜索雷达,以掩护被保护平台。显然,对于这种在非常宽的频带内进行扫描的干扰,频率敏捷并不有效。一个有效的反干扰设备是宽-限-窄接收机,这将在6.2.2.1节中描述。

5.4.4 选通干扰

选通噪声在目标附近产生,用于掩盖目标的真实距离(图5.41)。该技术比连续波噪声更复杂,其有一个可以预测噪声发射时间的电路,无论雷达的重频是固定的还是跳变的,这个时间都必须与雷达的重频同步,因此也是一种更有效的干扰方法。实际上,对于能够探测干扰机的存在从而使雷达转换到跟踪干扰模式的反干扰设备来说,这种转换一般只针对连续波噪声干扰机,因此选通噪声能够规避上述反干扰措施。选通噪声的另外一个优点是在分时模式中可同时干扰多个威胁源[18],并且可有效干扰频率捷变雷达。

选通噪声可以在目标的真正回波之前生成,这样就可有效地干扰边缘跟踪雷达(6.3.2.2节)。此时应记住,如果要干扰频率捷变雷达,则干扰噪声的功率应该分布在整个捷变频带上。如前所述,这会严重地降低该技术的作战效能。

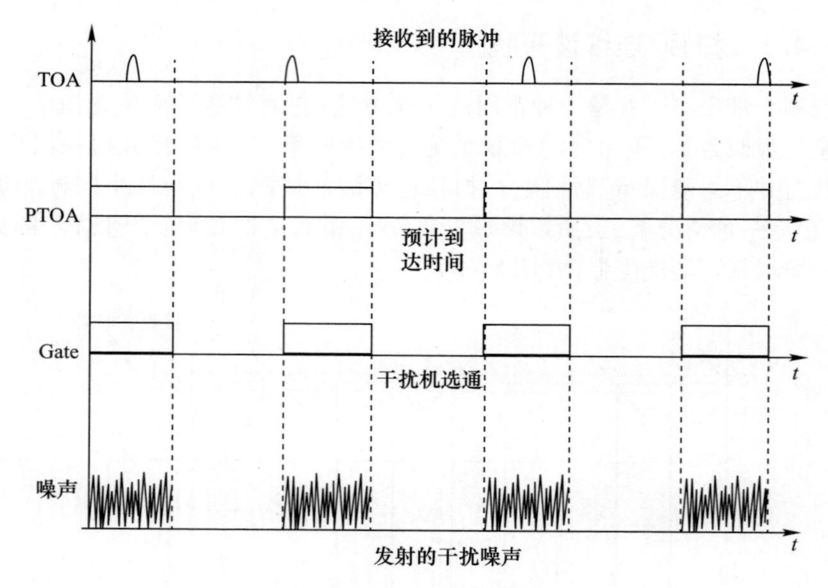

图 5.41　选通噪声干扰

5.4.5　噪声调幅/连续波干扰

前面所描述的干扰技术以及调谐到被干扰雷达频率的连续波信号，都可以进行幅度调制。幅度调制（Amplitude Modulation，AM）通常用于干扰跟踪雷达而不是搜索雷达。如果采用 AM 可以干扰余弦扫描、旁瓣切换、隐蔽锥扫以及隐蔽接收等类型的雷达，具体方式如下：①工作频率在接近雷达传感器的扫描频率附近，欺骗跟踪雷达的相干检测器；②工作在超低频率，干扰伺服回路。此时必须利用雷达设计上的缺陷。为了成功实施干扰，期望自动增益控制环路不能补偿典型值在 0.2 ~ 2Hz 的低频幅度变化，同时期望在这些频率上伺服系统过载。

为了干扰余弦扫描、旁瓣切换、隐蔽锥扫及隐蔽接收等类型的雷达，应该根据雷达接收机的设计结构使用连续波或噪声干扰，当雷达接收机与处理电路是交流耦合时，检波后的信号将被滤除（图 5.42）。但是跟踪雷达的接收机经常是选通式的，这种情况下干扰再次生效。

无论如何，连续波和噪声干扰的目的都是通过干扰角度控制环路或距离控制环路来破坏雷达的跟踪。当遭到连续波干扰时，跟踪雷达通常会切换到跟踪干扰机模式，以试图对干扰机进行角度跟踪。如果没有电子战支援系统，雷达将使用以相对较大的时间常数来记忆目标速度的设备以确定距离。该外推距离是

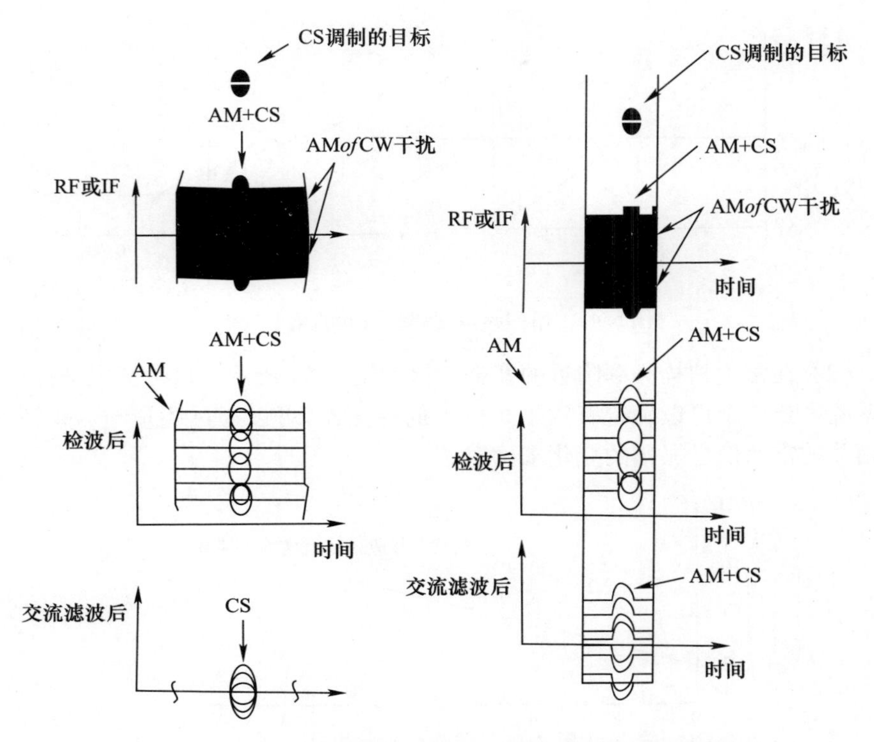

图 5.42 连续波干扰对开放式和选通式耦合接收机的干扰效果

根据切换到跟踪干扰模式之前给出的最后距离 R_0 加上所记忆的雷达速度 V_0 与经过时间的乘积，即

$$R = R_0 + V_0 t \tag{5.40}$$

在这种情况下，AM 的角干扰是非常有效的。

如图 5.43 所示，无论通过电子防务系统实时测量还是通过先验知识获得雷达扫描频率，以扫描频率为中心的窄带调幅扫频干扰都非常有效，即

$$f_{am} = f_0 + \Delta f\left(1 - \frac{2t}{T}\right) \tag{5.41}$$

当扫描频率可以测量时，倒相干扰也是可能的（5.3.11 节）。

当目标雷达的扫描频率未知时，可采用以下技术：

（1）宽带扫频。这种情况下，只在调制频率经过雷达扫描频率时才会产生明显的角度干扰效果。关键问题是停留时间（干扰机停留在有效调制频率上的时间比例）。因为干扰机必须在有限时间内完成宽范围的频率扫描，因此扫描速度必须很快，并且在有效干扰频率上的驻留时间不能很短。

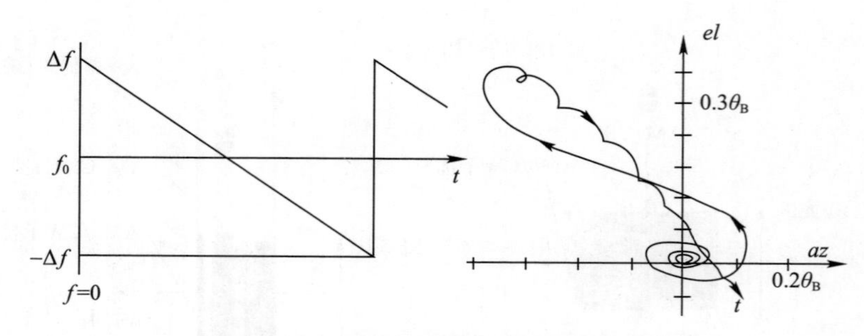

图 5.43　由扫频幅度调制引起的角度误差

（2）在雷达扫描频率附近的宽带扫描如图 5.44 所示。这种情况下，电子干扰系统需要一个可以确定有效干扰位置的探测器，可以通过测量与 AM 频率扫描相关的雷达信号振幅的变化来确定。

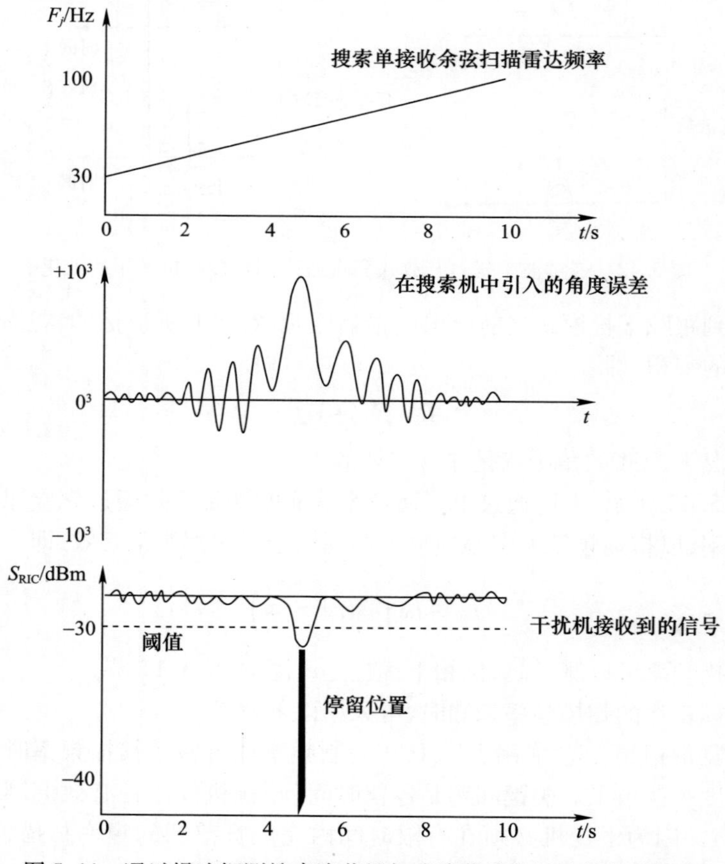

图 5.44　通过慢速探测搜索隐蔽锥扫或隐蔽接收雷达的扫描频率

如果雷达天线有一个相当高频带的角伺服系统,例如,在导弹的搜索系统中,扫描信号经过雷达扫描频率的第一个阶段便会产生角度误差,这会导致天线指向的强烈振荡,电子防务系统可以探测到所接收雷达信号中的强烈波动,这样宽带扫描就可以缩减到这个频率值附近。这种方法只有在雷达采用固定频率扫描时才有效。

当雷达的扫描频率未知时,可使用开关 AM(也称谐波振幅调制)。例如,通过在低频位置进行开关调制,可在发射信号的波谱内产生一系列线状谱来干扰雷达的振幅调制。这就是谐波干扰,如图 5.45 所示。“抖动”通常是加载在开关频率上以确保“覆盖”雷达的扫描频率。这个过程中有很大的转换损耗,所以这种方法只适用于 J/S 被认为足够高的情况。

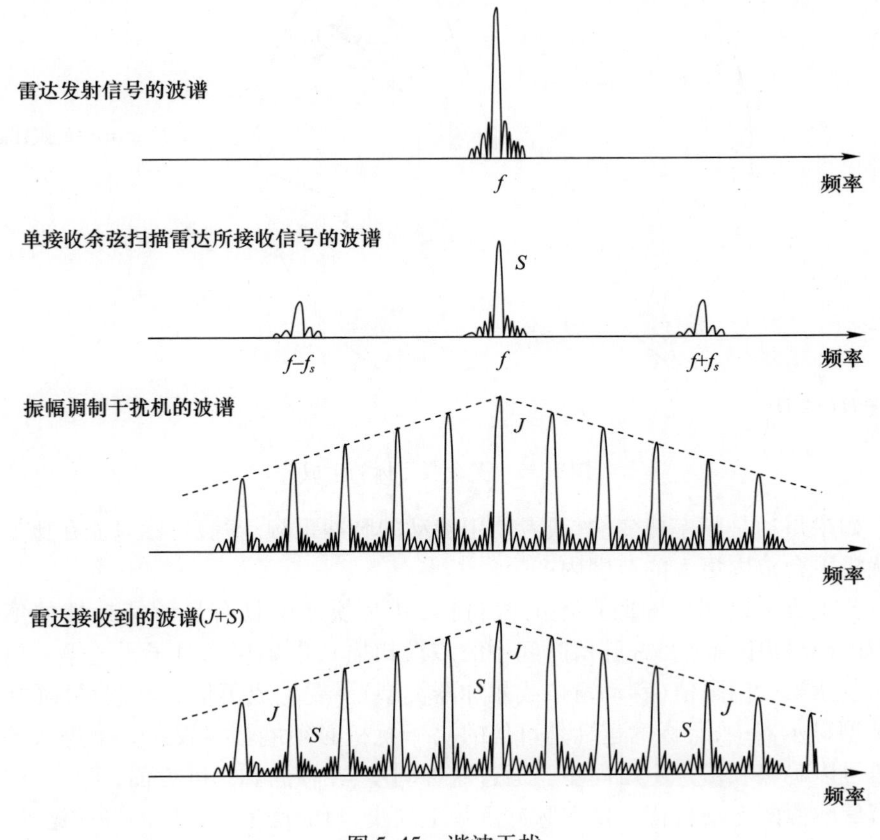

图 5.45　谐波干扰

当雷达扫描频率未知时,另一种有效的 AM 方法是递减计数方法,这将在 5.4.13 节中讨论。

5.4.6 多假目标干扰

该技术对搜索雷达和处于搜索状态的跟踪雷达有效。它既可用于自卫,也可用于对抗干扰。特别是,它可以作为有效的电子进攻手段。

当电子干扰系统能够调整自身到雷达频率并与雷达脉冲重频同步时,就有可能在搜索雷达P型显示器上创建一系列虚假目标(图5.46)。

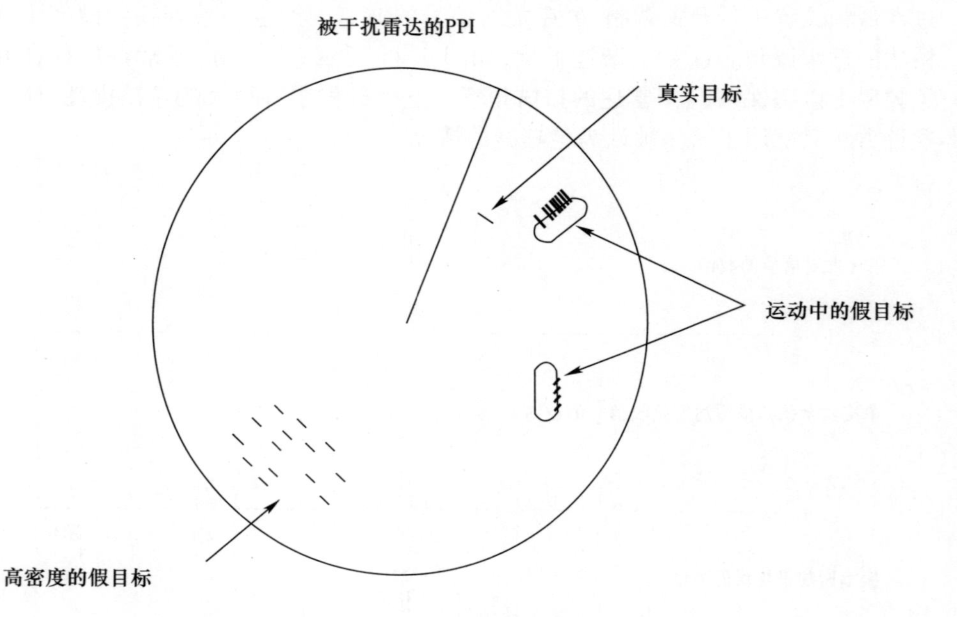

图5.46 多个假目标的生成

如果雷达是频率捷变的,或者使用扰动的脉冲重频,虚假目标只能在比安装干扰机平台范围更大的范围内产生。

要生成可以产生虚假点迹的假目标,就必须产生具有足够持久性的信号(例如在相同距离上目标驻留时间中的多次扫描),以确保通过了雷达第一门限值和雷达第二门限值(移动窗口或累加器类型)。要生成可信的虚假目标(在雷达P型显示器中,目标的运动是可信的),干扰机必须能够接收从旁瓣进入的雷达信号以确保和雷达主瓣同步。通过这种同步,在径向和角度方面,可以产生一个可信的假的运动目标。仅在脉冲重频上同步,只能产生假目标的径向运动,通过延迟或预测传输以产生混淆。

边搜索边跟踪雷达一般采用机载方式,对重传信号进行调幅实现与雷达扫描频率同步,可以在与目标方向不同的方向上产生高强度回波(图5.47)。

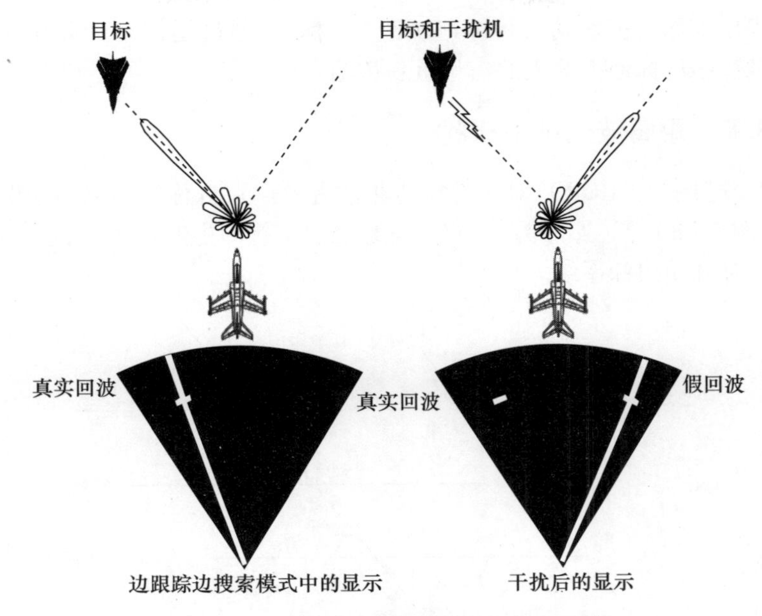

图 5.47　对边搜索边跟踪雷达的欺骗干扰

5.4.7　多普勒假目标干扰

在脉冲多普勒(PD)雷达中,生成相干假目标(有相同的多普勒频率但在不同的距离上)和多普勒假目标(在同一距离内或不同距离内不同速度的假目标)是很方便的。针对脉冲多普勒雷达,假目标的产生必须是相干的,因为脉冲多普勒雷达总是在快速傅里叶变换(FFT)过程后才做出决策:如果目标不相干,其能量就会分散到 FFT 谱中,导致信号很微弱。众所周知,机载截击雷达经常利用 PD 技术,通过脉冲的相干集成和经过 FFT 对预期的一批脉冲进行光谱分析。由于脉冲多普勒雷达需要使用高的脉冲重频,因此它们的不模糊范围是相当有限的,通常只有几千米。因此,脉冲多普勒雷达需要一个处理流程去解决距离模糊。为实现这一目的,需要使用一批不同的高重频脉冲;用一个相对简单的过程,在每个脉冲重复频率内通过测量明显的目标距离,可以确定真正的目标距离(一个经典的例子是利用 7 个脉冲重复频率,如果目标被检测到发生在第 5 个脉冲之后,这样处理可以解决距离模糊)[33]。需要注意的是,在这种雷达中,所有的决策都是 FFT 在每个模糊距离单元中执行之后做出的。

由于现在很容易理解,不仅可以在一定距离内产生假目标,而且对于相同的距离,还可以在不同的脉冲多普勒雷达上产生多个假目标。干扰机的目的是使得雷达处理达到饱和,致使雷达没有时间或存在大的延时来检测感兴趣的目标。

这种干扰技术称为多普勒假目标(MDFT)干扰,它通过增加时延和相位调制产生多个多普勒目标使得输入的信号重新传输。

5.4.8 距离波门拖引干扰

距离波门拖引(RGPO)对跟踪雷达非常有效。它也称为距离门拖引和距离门欺骗(图 5.48)[2]。迄今为止,它一直是自卫干扰的主要技术,而且非常有效,特别是针对自动跟踪系统。

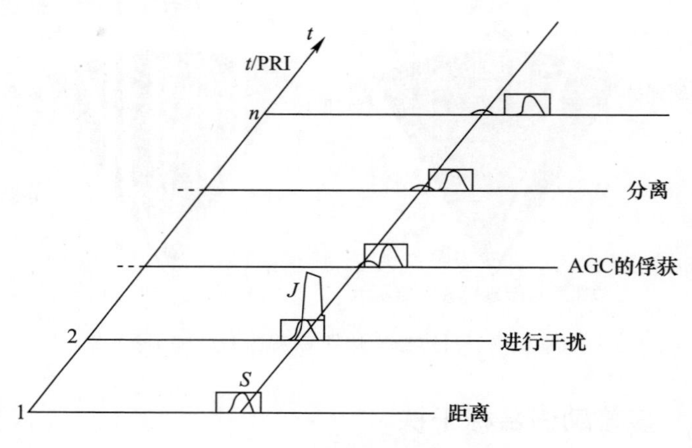

图 5.48 距离波门拖引干扰

欺骗信号的距离波门拖引延迟律(假回波相对于目标回波的运动)如图 5.49所示。首先,以最小的延迟在一段时间内发射欺骗信号,以捕获目标火控雷达的自动增益控制。这样,目标信号的衰减率与产生的 J/S 的衰减率相同。然后,在雷达相信加速度的情况下,假回波被托离目标。通常,跟踪雷达的距离门跟踪假回波。一旦达到最大延迟,可以切断干扰信号的传输,使雷达没有目标。这将导致雷达再次开始搜索和捕获过程,从而防止武器系统发射。或者,也可以创建一个远离真实目标的虚假目标,这样敌人的武器系统就会在错误的地方开火。在任何情况下,欺骗系统都是迭代的。也就是说,在循环结束时,如果警告条件持续存在,它将自动重新启动延迟序列[33]。

延迟律可以是简单的(图 5.49 中的实线)或交错的(图 5.49 中的虚线),可以有各种加速度值,一般高值适用于机载平台的保护,低值适用于海军平台的保护。

在没有操作员发现欺骗和引导距离门回到真实目标的情况下,它就足以拖引雷达距离门远离真实回波,然后使欺骗信号本身的传输失效。然后,只有接收机的热噪声留在距离门,这意味着断锁。而一旦断锁,雷达必须重新启动搜索和捕获阶段,然后才能继续跟踪,从而损失宝贵的时间。

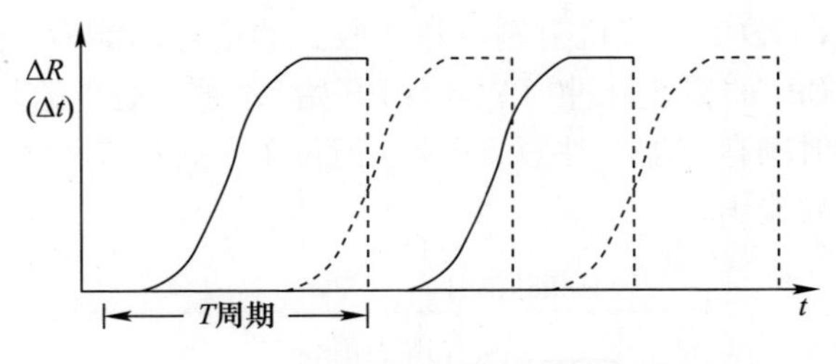

图 5.49　交错的距离波门拖引规律

由于这种产生欺骗信号的技术依赖于射频存储器,而射频存储器是通过脉冲调谐的,因此它对频率灵活的雷达也很有效。此外,即使雷达使用随机脉冲重复频率也是有效的。

有时在距离波门拖引中加入调幅。这种调制在扫描跟踪雷达中同时产生角误差,但对单脉冲雷达几乎没有效果。距离波门拖引可以通过一种反干扰技术——反距离波门拖引(ARGS)或前沿跟踪——有效地对抗雷达。该技术在6.3.2.2节中讨论。

老式欺骗干扰机工作在一个低占空比周期和一个相对较高的峰值功率,通常没有连贯性和有限的内存持续时间。因此,它们对使用高占空比脉冲(如脉冲多普勒雷达)或长编码脉冲的现代雷达并不是很有效。相反,基于数字射频存储器的现代干扰机没有这些问题,由于它们的数字处理,它们实际上可以用任何调制、任何延迟、任何类型的雷达信号进行复制。图5.50展示了现代数字射频存储器干扰机复制编码雷达信号能力的示例。

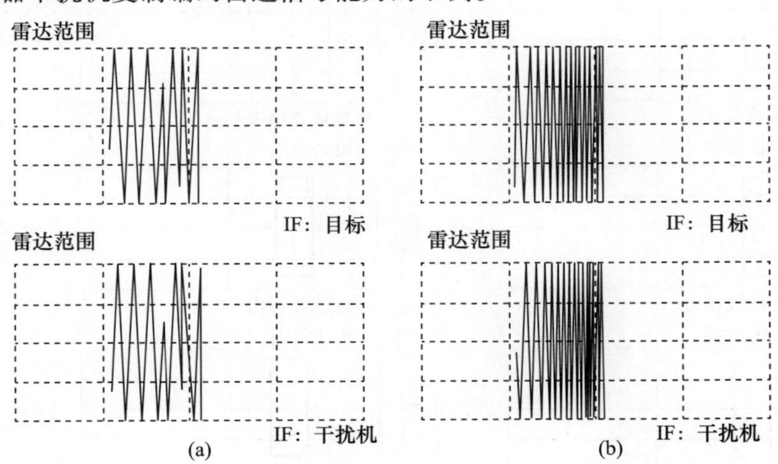

图 5.50　目标和基于数字射频存储器雷达中频接收机中复制的信号
(a)复制信号的相位信息;(b)复制信号的脉冲信息。

图 5.51 显示了数字干扰机复制雷达接收到的信号的能力，从写入数字射频存储器的大约 100ns 的雷达脉冲（PW = 1s）开始，并通过适当的复制整个脉冲延迟时间阅读数字射频存储器。注意，当读写门位于干扰机单元时，表示信号位于雷达匹配滤波器的输出端。

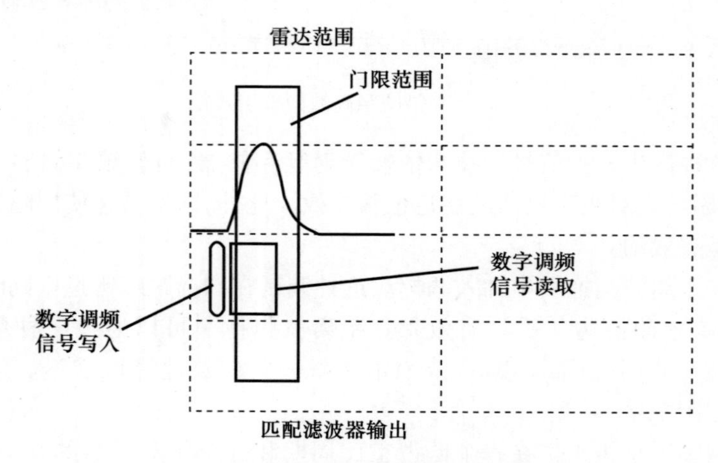

图 5.51　由现代数字干扰机复制的目标信号

图 5.52 显示了在读取实现距离波门拖引的数字射频存储器时，随着延迟时间的增加而得到的目标信号的复制序列。

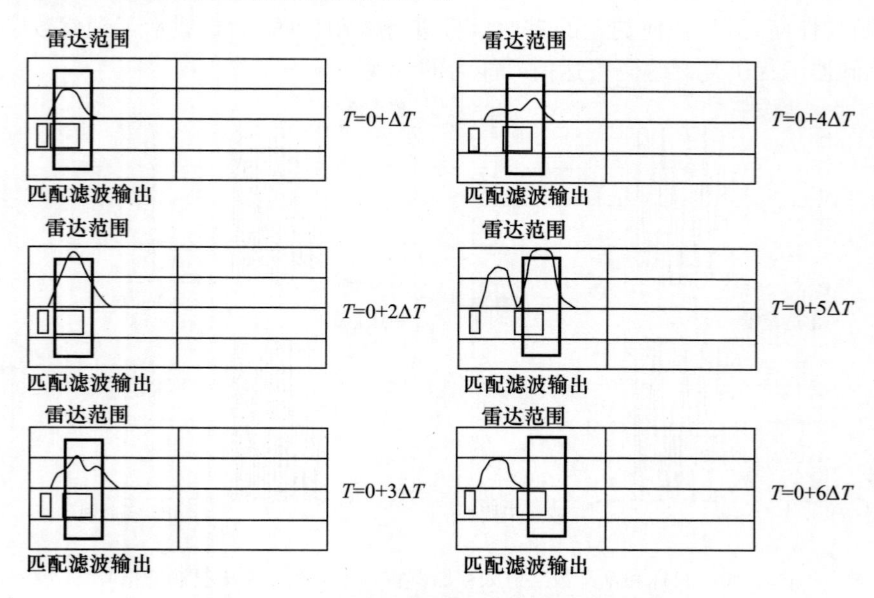

图 5.52　现代数字干扰机使用的距离波门拖引

前面所说的主要是远距离波门拖引干扰,下面介绍近距离波门拖引干扰。

针对传统雷达使用固定脉冲重复频率和固定频率,有可能实现近距离波门拖引(RGPI)。在等于脉冲重复间隔的时延(1/PRF),在自动增益控制捕获后,减小延迟以实现所需的近距离波门拖引定律。对于使用频率捷变或随机脉冲重复频率的雷达,近距离波门拖引实际上是不可能的。

相比之下,先进的现代雷达利用长多普勒雷达和脉冲编码传输。

脉冲压缩雷达接收到所有编码后会形成回波(图5.53)。如果干扰机立即重新传输,传输脉冲的最后一部分会发生什么?雷达脉冲压缩网络将连贯地总结所有的代码元素。如果缺少部分代码,结果是产生一个较弱的信号,但是当带有代码最后一部分的错误目标完成时,脉冲压缩网络将生成目标。如果干扰机再反射回来的信号是20~30dB大于噪声的调制或等于第二个一半的完整代码,错误的目标将失去3dB(一半的代码),但将由一半的代码出现在一系列预期时间(图5.54)。

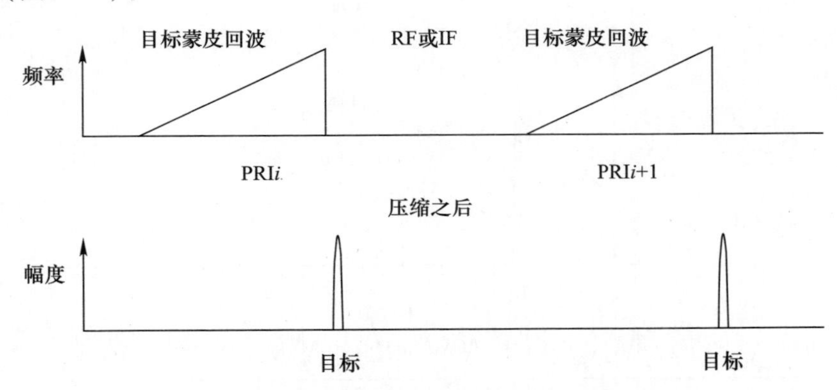

图5.53 无干扰时脉冲压缩雷达的目标信号

因此,即使编码雷达使用频率捷变或随机脉冲重复频率,近距离波门拖引总是可能的,如图5.55所示。

脉冲多普勒雷达在对一批脉冲重复间隔(通常为16、32、64、128或更多脉冲重复间隔)执行FFT过程后将形成目标回波。这意味着脉冲多普勒雷达需要在一个固定的脉冲重复频率和固定频率下用于完整的脉冲重复间隔批处理。在新的脉冲重复间隔上调整脉冲重复间隔跟踪器或分类器的RTG之前,即使干扰机需要一些脉冲重复间隔,当距离小于目标的距离时,在某一时刻干扰机也可以产生假目标,进而实现近距离波门拖引(图5.56)。在相应的脉冲重复间隔时延下重新发送假目标,然后从一个批次到另一个批次,通过减少这个时延来模拟近距离波门拖引目标的移动。

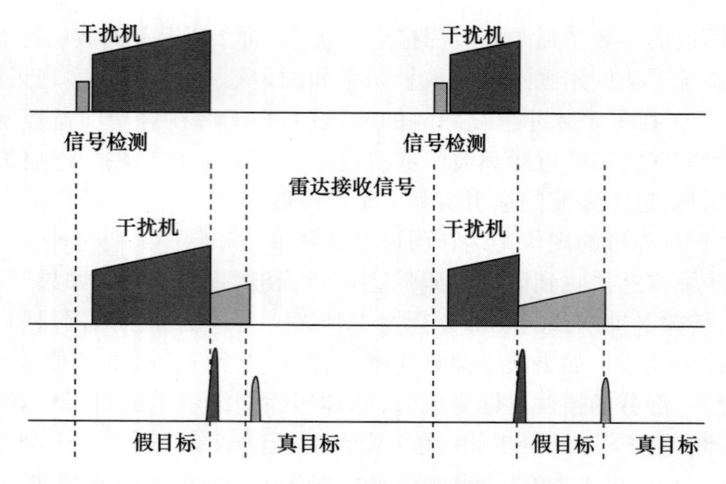

图 5.54　对脉冲压缩雷达的近距离波门拖引

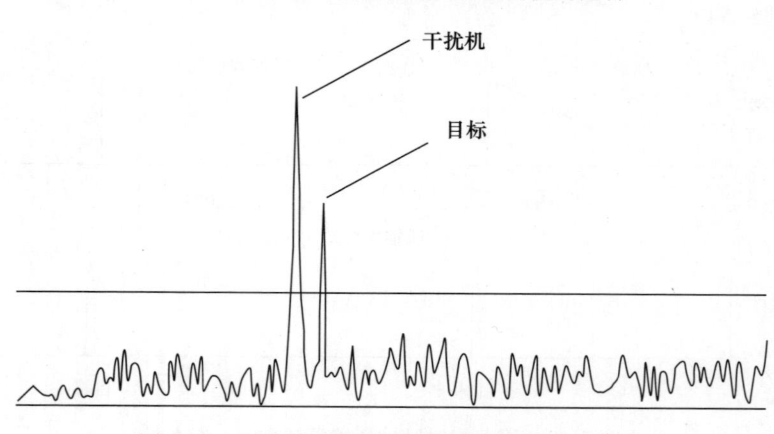

图 5.55　对脉冲压缩雷达的近距离波门拖引仿真

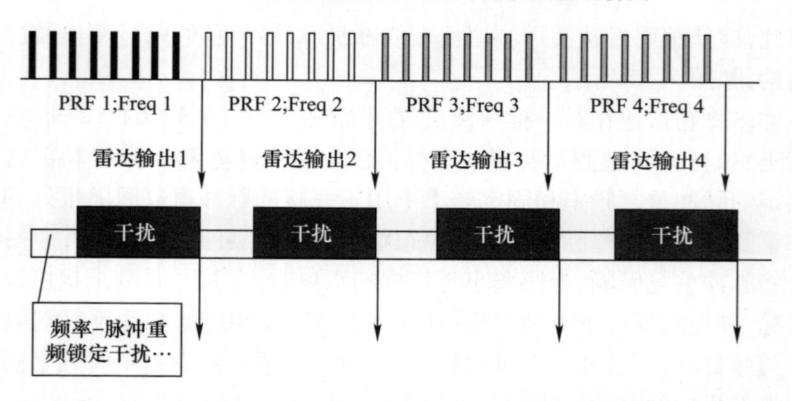

图 5.56　在近距离波门拖引的干扰周期内可用于脉冲多普勒雷达

5.4.9 速度波门拖引

针对利用连续波信号和多普勒效应的跟踪系统，如半主动寻的导弹，使用速度波门拖引（VGPO）的欺骗干扰技术是有效的[3]。这是一种欺骗技术，工作在连续波，因此，峰值功率相对较低。

通常，速度波门拖引采用了连续波，其功率远高于照射在目标上产生的表面反射波功率。开始，它对于导弹接收机所呈现的多普勒频率相同，将会获得自动增益控制；随后，改变欺骗信号的频率，将其牵引至速度波门上，目的是将速度波门引诱至杂散回波生成的多普勒谱线处（因此处于更低的多普勒频率），这样导弹就会“上钩”并飞向杂散波。

在任何情况下，一旦速度波门被引开，切换到跟踪欺骗信号的状态就会导致破锁，这样便会迫使导弹重新开始搜索和获取多普勒相位。而当导弹已经处于飞行状态时，重新获取相位是极其困难的。如果导弹接收机采用防御波门（6.3.2.3 节）作为其反干扰措施，速度波门拖引的作战效能可能就会降低。在这种情况下，主波门（欺骗信号）和防御波门（目标表面的回波）里会同时出现一个信号，致使系统切换到存储状态，而导弹则依然基于其最后一次所测得的速度值工作；如果继续发射欺骗信号，导弹就会转向跟踪干扰模式而飞向目标。

同样，对抗扫描型角度跟踪系统十分有效的振幅调制也可以添加到速度波门拖引上来。

5.4.10 距离/速度波门拖引

如前所述，利用 PD 技术的跟踪雷达从速度门（适当的 FFT 信道）提取在跟踪距离门中执行 FFT 处理后的所有跟踪信息。因此，传统的距离波门拖引必须采用相干干扰结构来进行，以避免严重的损失。通常，使用数字射频存储器的现代干扰机是相干的。在这种情况下，当产生距离波门拖引或近距离波门拖引时，假目标将自动显示为具有合适距离和多普勒变化的可信目标。值得注意的是，当实现速度波门拖引（或 VGPI）时，相干干扰机需要计算假目标的匹配范围变化。

图 5.57 显示了脉冲多普勒雷达接收机在中频电平（左部分）和在雷达跟踪距离门（右段）执行 FFT 输出时发生的情况。所示信号仅与目标和目标距离/速度波门拖引干扰相关。在距离/速度波门拖引干扰中，真实目标完全消失，只有假目标存在。当然，由于强干扰，FFT 输出的目标干扰信号值较高。值得注意的是，噪声水平也有了很大的提高：这是由于数字干扰机在产生虚假目标（数字接收机 模数转换器、模数转换器量化、相位调制量化等）过程中引入了不必要的相位噪声调制。

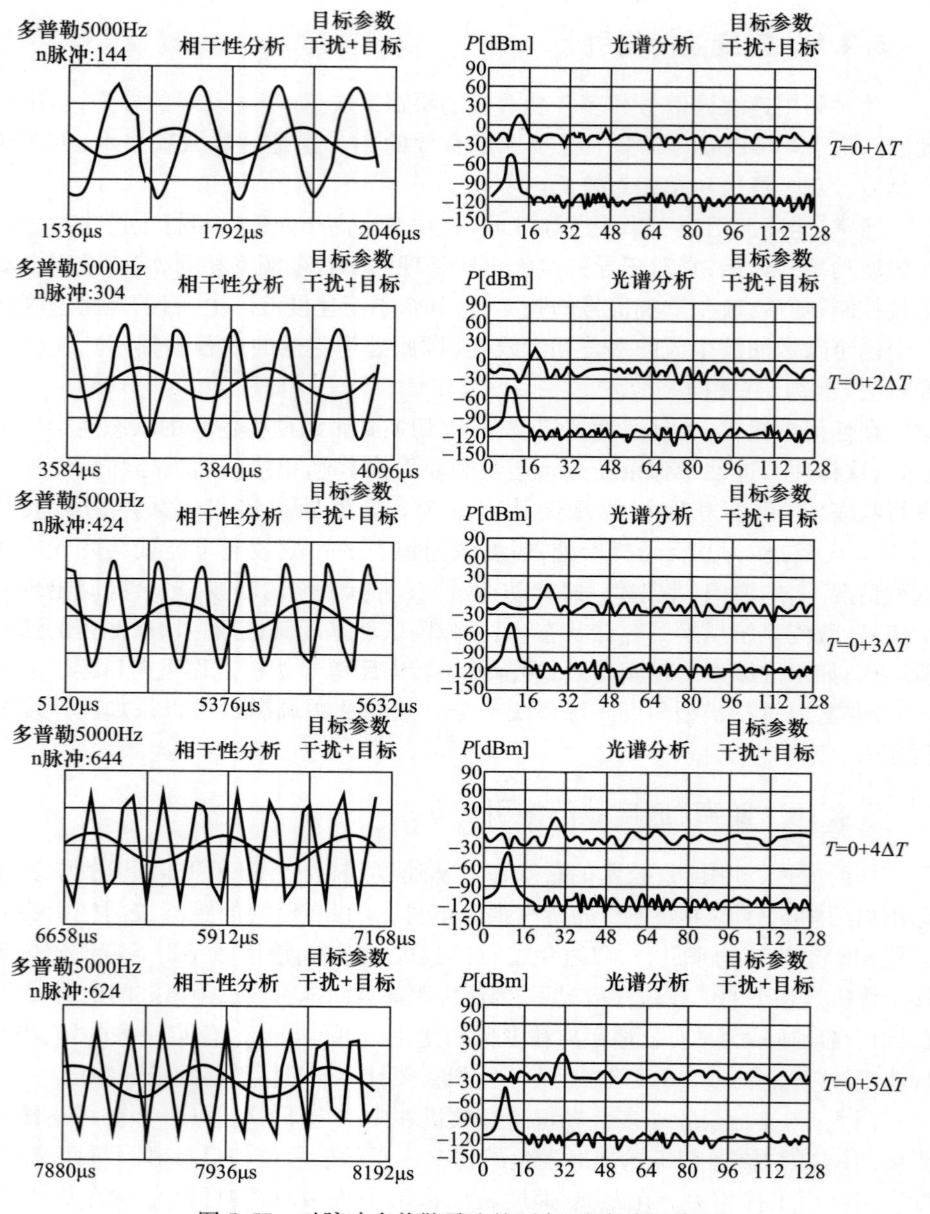

图 5. 57　对脉冲多普勒雷达的距离/速度波门拖引

5. 4. 11　复合干扰

通常，对于前沿跟踪器等反电子干扰设备，距离波门拖引无法成功，而噪声干扰由于频率捷变不总是很有效。然而,这两种技术的结合是成功的。噪声干扰大大降低了前沿跟踪器的性能,而距离波门拖引对频率捷变不敏感。

通过同时使用这两种技术,就可以在不可能单独使用每种技术的情况下实现脱离锁定(图 5.58)。脉冲和连续波的双重工作模式可以通过使用两个行波管来实现,一个是脉冲的,另一个是连续的,也许使用一个调制器,或者使用能够在脉冲和连续的工作状态下同时工作的行波管[2]。

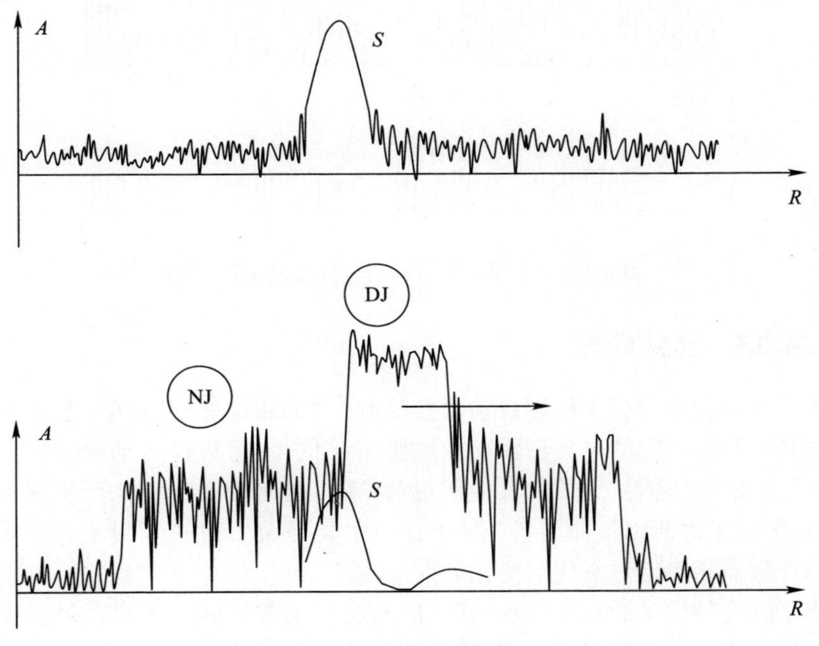

图 5.58　同时产生噪声干扰和欺骗干扰的复合干扰

由于这种技术需要在干扰传输过程中产生欺骗,因此在安装过程中,必须确保发射机和接收机之间的正确隔离。否则,该技术只能用于固定频率和固定脉冲重复频率雷达。

5.4.12　倒相干扰

倒相干扰技术提供欺骗或噪声干扰,其相位调制与目标产生的相位相反,如图 5.59 所示。

锁相环(PLL)或自适应门限电路决定由雷达引起的调制,并相干地产生开关型的最简单情况下调制。这种调制方式能够使目标雷达以一种与正确跟踪所需方式的相反方式移动,从而实现解除锁定。

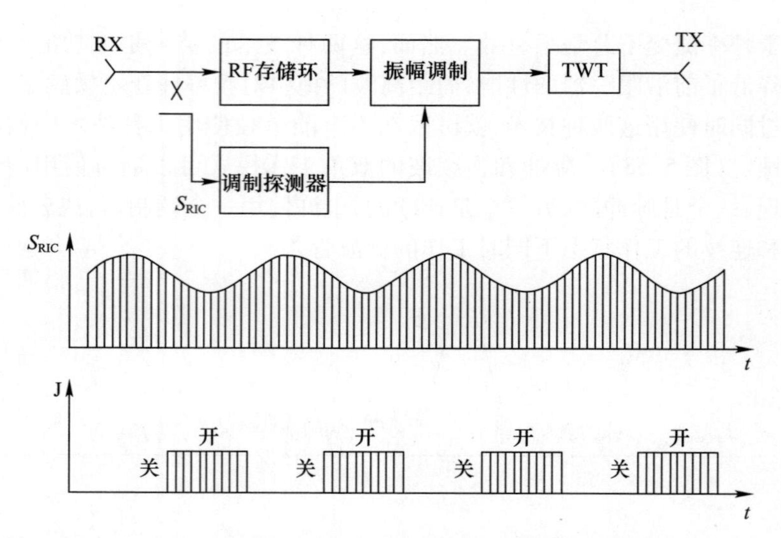

图 5.59 倒相干扰:欺骗信号的调制与雷达跟踪信号的调制相反

5.4.13 递减计数

将倒计时技术应用于使用自动增益控制[2,3]的跟踪雷达的角干扰。发射一种频率和占空比一定的开关型噪声或欺骗干扰信号,可以使自动增益控制始终达不到正确的电压值。为了使其应用更为广泛,通常使其占空比产生周期性地变化,这种技术之所以被命名为“倒计时”,主要是由于最初采用了一个用于倒计时的计数器来确定占空比的变化周期。

要了解这种技术的有效性和局限性,有必要简要回顾一下自动增益控制电路的工作模式。一般情况下,一部雷达接收机的自动增益控制电路工作于中频放大器,如图 5.60 所示,所探测到的信号(已设定距离波门)通过采样保持电路转换为一个连续电压信号(2.2.6.1 节),将该电压与一个参考电压进行比较,如果其高于参考电压,则生成一个误差信号来减小中频放大器的增益,反之则生成一个信号来增大其增益。

自动增益控制电路往往可以补偿闪烁、距离远近和目标尺寸等因素所导致的回波幅度的变化,以及所有发生在频率非常低时的信号波动。

如果雷达是圆锥扫描或旁瓣切换型,必须要注意的是:将自动增益控制带宽限制在扫描频率的 1/10 以下,避免由于圆锥扫描或旁瓣切换所带来的振幅调制(2.2.6.1 节)。实际应用中,这种类型雷达的自动增益控制带宽保持在几个赫兹以内,当扫描频率高于 100Hz 时可达到其最大值 8~10Hz。一部具有较大动态范围的雷达的自动增益控制电压特性曲线如图 5.60 所示。

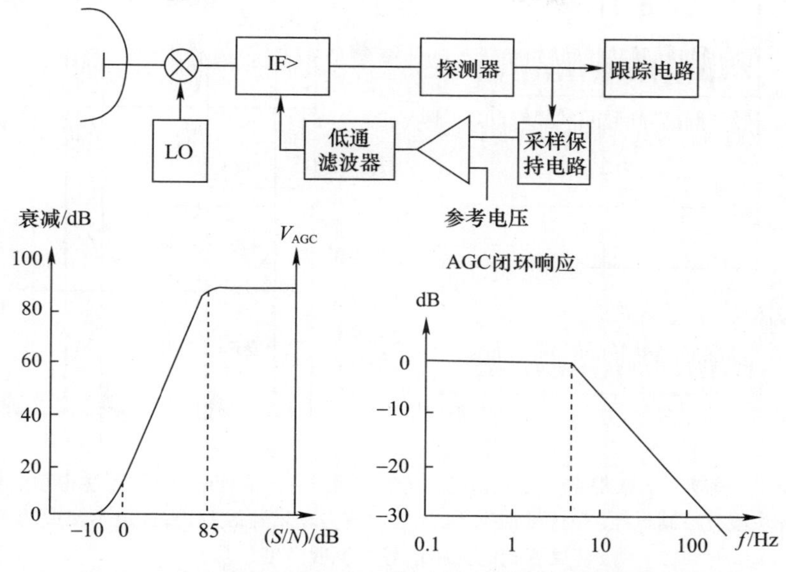

图 5.60　自动增益控制雷达框图和自动增益控制电压特性曲线

这种类型雷达接收机的动态范围处于自动增益控制阈值电压所确定的范围之内,大约在 15dB 量级,如果超出这个范围,接收机的输出端就会出现饱和或者没有信号输出。

图 5.61 所示为不同阶段的雷达信号。由于自动增益控制电路工作于低频(处于输入信号频率的平均值附近),在每个非连续输入信号之后,自动增益控制电路需要耗费几十毫秒才能将接收机的输出控制在其动态范围之内。

如果一个具有确定的占空比和较高频率的干扰信号(无论是脉冲还是连续波干扰信号)以开关模式发射,自动增益控制将进行自我调节,以便能正确接收输入信号的平均值。如果所选取的占空比合适,如图 5.61 所示,雷达既不能从干扰信号有效防止雷达进入跟踪干扰模式,也不能从真实信号中提取出跟踪所必需的调制信号——因为太小了。

要确定倒计时技术对抗单脉冲雷达是否有效,必须时刻记住其角度信息是包含在一个单脉冲里的。如果因自动增益控制失调而致使接收机的增益不正确,引入到角度控制环的校正信号的符号虽然是正确的,但其幅度要么太大(接收机饱和),要么太小(接收机增益太小)。

考虑到单脉冲雷达自动增益控制的带宽很容易达到几十赫兹,倒计时型的干扰必须在更高的开关频率下工作。在这些开关频率下,在饱和或低增益条件下,角度控制环将根据平均测量误差进行工作。事实上,尽管这些误差信号有时

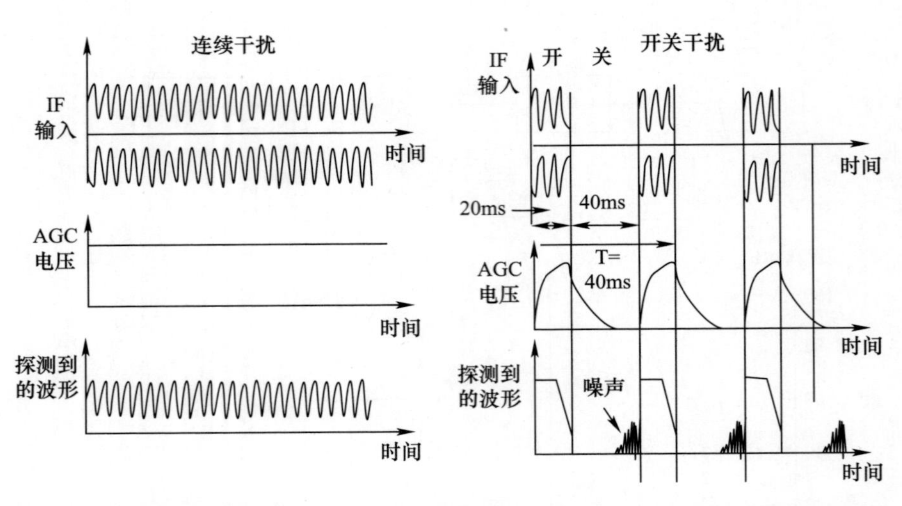

图 5.61　持续干扰或根据一定的占空比进行开关干扰(倒计时)时的雷达中频信号和自动增益控制电压(在这种情况下,无法实现自动增益控制,雷达也不能成功地从探测到的视频信号中提取角度信息)

太强有时太弱,但其符号是正确的,因此其平均值处于正确水平。真正的问题可能是循环距离问题。实际上,当存在噪声时(开启状态),目标回波被噪声掩盖。当噪声不存在(关闭状态)时,接收机增益太低,无法显示目标回波信号。因此,雷达将失去目标的距离信息。为了避免倒计时造成的问题,最好是为单脉冲雷达提供宽自动增益控制带宽。

5.4.14　协同干扰

协同干扰是一种电子干扰技术,需要两个平台的协作,每个平台都具有欺骗或噪声干扰器(图 5.62)。它针对的是跟踪雷达,属于一般的非特定目标类型;也就是说,它不依赖于雷达使用的跟踪系统[3]。特别是,它对于单脉冲雷达是有效的,正如前面提到的,在角度对抗方面有很强的抵抗力。该技术采用闪烁或协作模式,使雷达一会儿指向一个平台,一会儿指向另一个平台。因此,瞄准点将从一个目标移动到另一个目标,这些弹头或导弹极有可能最终会落在两个平台之间不击中任何一个。协同干扰需要在两个平台之间建立无线电链路,以保证干扰是同步的。

如果目标雷达是 AAA 阵地的雷达,那么这两个平台必须始终保持在其分辨率单元内,在距离上需要在几十米之内,在角度上则有

$$\Delta R_{\max} = \frac{c\tau}{2} \tag{5.42}$$

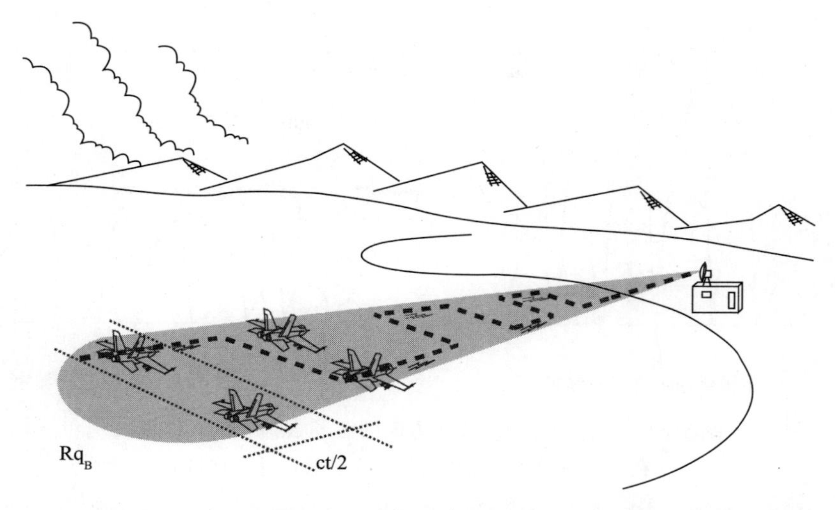

图 5.62　协同干扰(当两架飞机交替发射干扰信号时,雷达被迫在一架飞机和另一架飞机之间来回徘徊,从而引起视轴振荡,削弱武器系统的效能)

$$\Delta L_{\max} = R\vartheta_{B} \tag{5.43}$$

如果目标雷达是导弹的打击目标,则两架飞机的速度必须保持在其速度门内;ΔL 必须使两架飞机都能够接收到雷达辐射信号,而且两架飞机都必须在导弹的波束内。

5.4.15　交叉极化干扰

这种电子干扰技术对利用馈电反射天线的跟踪系统是有效的[3]。它在使用相控阵天线的雷达试验中没有显示出任何效果。交叉极化技术利用了这样一个事实:对每一个天线而言,在与设计的极化方向正交的极化方向上,天线模式在主瓣上不是最大值而是零点(图 5.63)。

如果天线为单脉冲型,则 Σ 和 Δ 波束的方向图如图 5.63 所示,很明显,在正交极化中 Σ 与 Δ 交换。因此,在实际应用中,目标均衡跟踪点被移动约一个波束宽度 ϑ_B。

对于有效的交叉极化干扰系统而言,第一个要求是测量目标雷达信号极化方式的能力,第二个要求是能够通过精确的正交极化来二次发射信号(图 5.64)。

要估计系统的成本效益,需要考虑下列因素:

(1) 交叉极化天线的增益比雷达同极化天线的增益低大约 25 ~ 30dB;

(2) 如果此前没有实施距离波门拖引,或者没有使用跟踪干扰机模式,则交叉极化信号必须比目标的表面回波至少强 25 ~ 30dB;

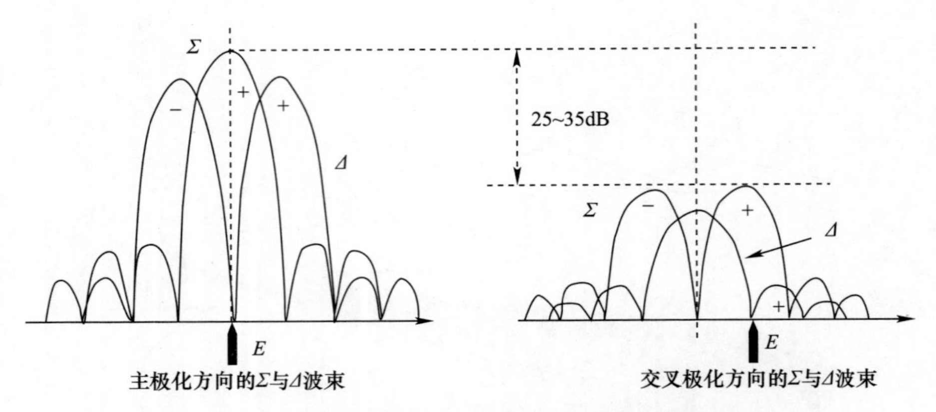

图 5.63　在标准和正交极化方向的 Σ 与 Δ 波束的天线模式
（在后一种情况中，跟踪雷达的平衡点远离视轴）

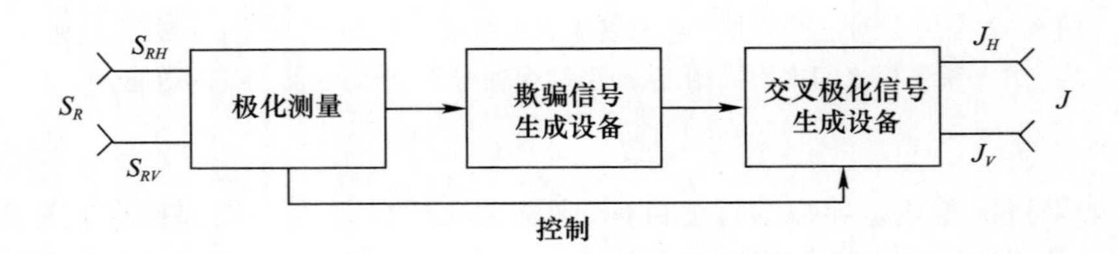

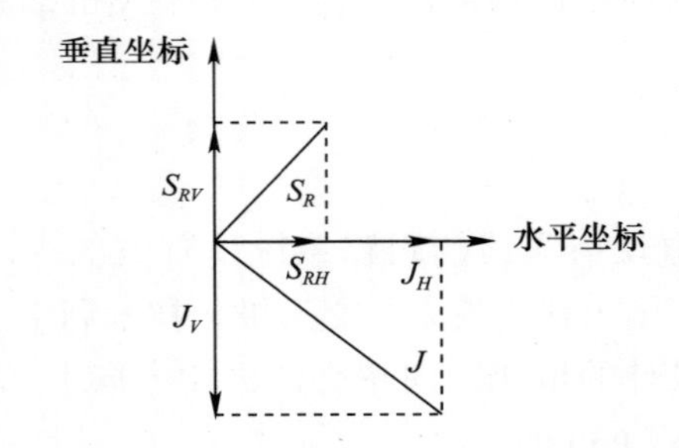

图 5.64　交叉极化欺骗干扰机框图

（3）如果干扰信号的交叉极化并不精确地等于 90°，它将具有与雷达同极化的分量，而这将有助于雷达成功地跟踪目标；

（4）对相控阵天线交叉极化可能无效。

例如，假设需要对垂直极化雷达进行干扰（图 5.65）。必须产生强水平极化干扰信号 P_j。如果在产生正交极化信号时存在 2°误差，则将产生一个信号 V_{jb}，即

$$V_{jv} = V_{jb}\sin 2° = 0.035V_{jb} \tag{5.44}$$

相应的功率为

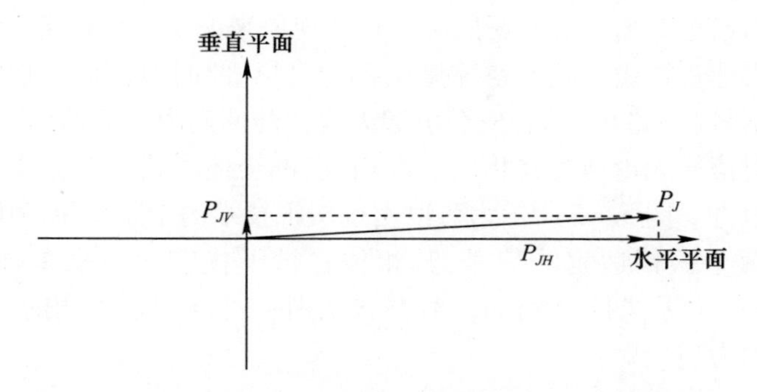

图 5.65　交叉极化所要求的正交精度，干扰机极化的小偏差可以帮助雷达进行正确的跟踪

$$P_{jv} = 1.2 \times 10^{-3} P_{jb} \tag{5.45}$$

因此，有

$$\frac{P_{jv}}{P_{jb}} \cong -29\text{dB} \tag{5.46}$$

干扰信号 V_{jb} 的垂直极化分量可帮助雷达跟踪目标，其功率大约比发射的干扰信号功率低 30dB。由于天线通常会使交叉极化分量至少衰减 30dB，而且后者必须要比真实信号强很多，因此干扰系统必须能以高于 1°的精度测量被干扰雷达的极化方向。另外，被干扰雷达与所遭遇的目标之间的视角将随目标的战斗机动而变化，干扰机必须能适应由此引起的主极化方向变化，并以与上述相同的精度将干扰信号发射出去。

经过对雷达传感器进行相对较小的修改，即在天线系统中添加一个极化滤波器，交叉极化信号可进一步衰减 20 ~ 5dB。

交叉极化造成的误差必须用来实现破锁。也就是说，一旦产生了足够的偏离，就应该暂停干扰；否则转瞬之后，导弹还会继续其飞向目标的航线。

为了正确评估这种技术的成本 - 效益，需要认识到这一点，至少它在对抗老式武器系统时还是非常有效的。

5.4.16　斜视（外置虚拟诱饵）

斜视技术是另外一种可以有效干扰所有射频跟踪系统的通用角度干扰系[3,19,20]。统斜视系统的工作原理是：两个相距 L 的相干干扰源所辐射的信号到达被干扰雷达时幅度匹配但相位相反，从而可能产生波前相位失真。由于所有跟踪系统都指向与波前正交的方向，所以被干扰雷达将产生角度误差。不过由于斜视对技术的先进性要求很高，因此很难实现。

我们可以通过2.2.7节所述的一个自然现象来说明斜视技术干扰雷达的有效性。假设雷达正在跟踪超低空掠海飞行的目标，此时海面所反射的辐射信号和直接辐射信号（多路径）的合成会引起天线在俯仰面内的振荡（点头），这是因为这两种辐射信号无论何时在相位上都相反，都会使天线趋于指向比目标真实位置更高的地方。图5.66所示为可以实现斜视技术的干扰系统的配置图，实际所需是生成两个振幅适宜的信号，其相位在被干扰雷达看来是彼此相反的。图5.66中，从一个天线接收到的信号又被另外一个天线发射出去，反之亦然。这种模式也称为逆反射。

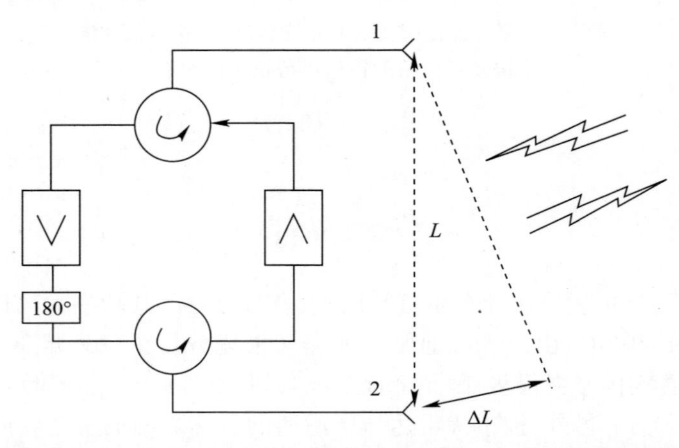

图5.66　斜视欺骗干扰机示意图（目标雷达接收到两个相位相反的欺骗信号，导致波前失真）

从波前开始分析，天线2所接收到信号的相位为 $\varphi = 2\pi\Delta L/\lambda$，其在系统中先经过相移 φ_0，然后再加上一个180°的更大相移，最后经过适当放大后被天线1发射出去；天线1所接收到的信号也历经了 φ_0 相移（假设相位匹配，即使两条通道的长度不同）和经过距离 ΔL 所产生的相移 $\varphi = 2\pi\Delta L/\lambda$。因此，所发射的两个干扰信号的相移差为

$$\Delta\varphi = \left(\frac{2\pi}{\lambda}\Delta L + \varphi_0 \; + 180°\right)\left(\varphi_0 + \frac{2\pi}{\lambda}\Delta L\right) = 180° \tag{5.47}$$

不过，我们将会看到两个辐射信号的功率并不相等。由第2章可知：两个距离为 L 的各向同性相干源会产生干涉，在距离 R 处可接收到其功率为

$$P_r = \left[\sqrt{P_1}\sin\left(\frac{2\pi}{\lambda}R_1\right) + \sqrt{P_2}\sin\left(\frac{2\pi}{\lambda}R_2\right)\right]^2 + \left[\sqrt{P_1}\cos\left(\frac{2\pi}{\lambda}R_1\right) + \sqrt{P_2}\cos\left(\frac{2\pi}{\lambda}R_2\right)\right]^2 \tag{5.48}$$

这是由于雷达所接收到的两个辐射源的信号之间存在着变化的相移。当两个信号同相时，接收功率为最大值；当相位相反时，功率为最小值。

图5.67所示为距离处所接收到的相位和功率。需要重点说明的是，当所接收到的两个信号相位相反时，雷达的表观中心被移到了位置 I 上。

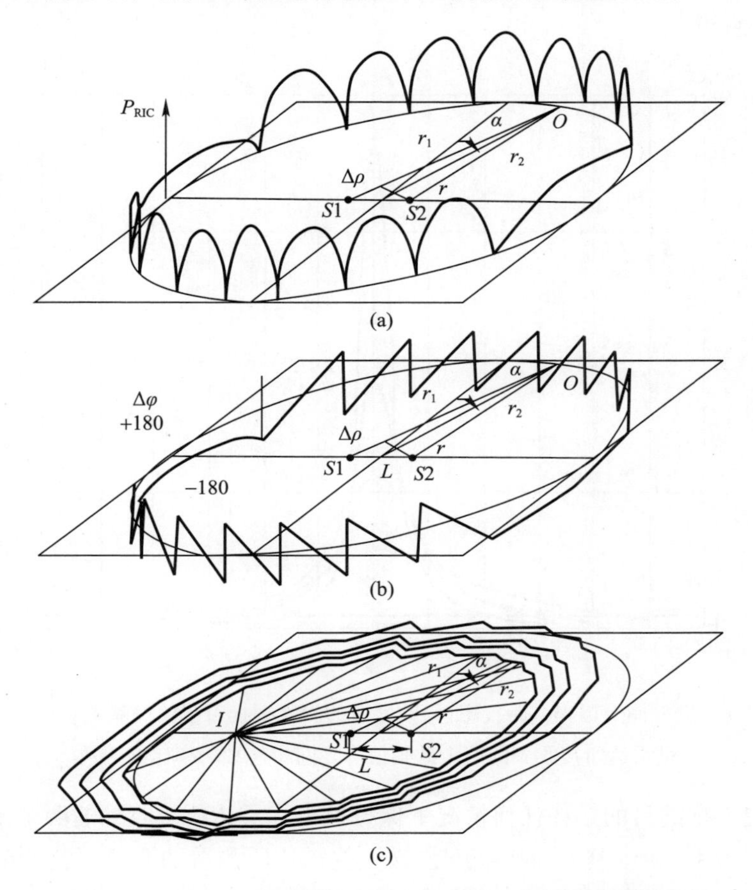

图5.67　距离 R 处所接收到的由两个相干各向同性辐射源组成的系统所辐射的两个同相信号

(a)功率；(b)相位；(c)波前。

假设两个辐射源各向同性，跟踪雷达的天线波束非常宽，则可以按如下方式表述斜视技术因波前失真而产生的角误差为

$$\delta = \frac{L\cos\alpha}{2}\frac{1-k^2}{1+2k\cos\varphi+k^2} \tag{5.49}$$

式中：α 为两个干扰源所组成系统的法线与两个信号源连线中点和被干扰雷达连

线之间的夹角；k^2 为信号功率比值；φ 为两信号源所发射信号相对于雷达的相移。

比值 $2\delta/L\cos\alpha = G_{CE}$ 称为斜视增益，实际上表示了被干扰雷达所看到的雷达中心点相对于质心的偏移量，该偏移量以 $L/2$ 投影的倍数来度量。

当相移接近 180°时，波前失真最严重。以 φ 为自变量，可得到如图 5.68 所示的 G_{CE} 曲线。

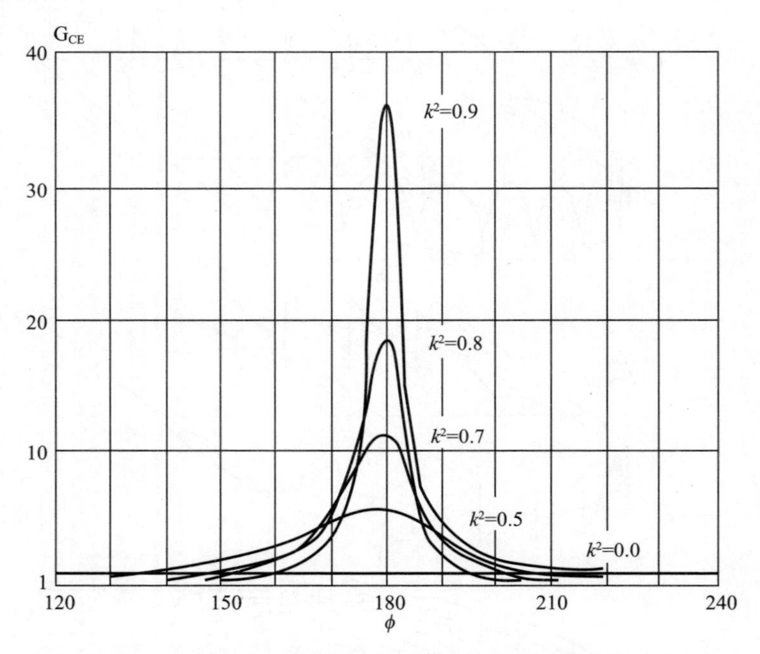

图 5.68　以半基距投影、倍数度量的斜视干扰引起的误差 G_{CE}，是雷达所接收到的两个欺骗信号之间相移和功率比的函数

斜视干扰的目的是在任何情况下保持被干扰雷达所接收到的两个干扰信号的功率比为 k^2、相位差为 180°，于是，被干扰雷达所测得的两个干扰源的质心移动了干扰源半基距 $L/2$ 的 G_{CE}倍。

该现象只是位置偏移而不是角度偏移，所以在远距离情况下角度误差几乎没有意义。但是，角误差存在是有价值的，而且当炮弹或导弹试图接近目标时，上述偏移量将发挥作用，最终将它们引至错误的地方。

假设 $\varphi = 180°$、$k^2 = 0.8$，则可得

$$G_{CE} = \frac{1 - 0.8}{1 - 1.789 + 0.8} = 18 \tag{5.50}$$

应该指出，要想正常实施斜视干扰，必须保证两个信号源之间具有一个可观

的基线距离。

如果雷达沿着两个信号源的连线方向接收欺骗信号，斜视干扰就会失效。这种干扰技术的一个固有问题是其所产生的两个相位相反、幅度近似相等的信号往往相互之间对消。因此，为了可靠地实施斜视干扰，每个干扰源的 J/S 都必须在 20dB 量级。

实现斜视干扰所存在的问题是需要在任何作战条件下都能使其所发射的两个干扰信号之间保持正确的相位和功率关系，这些作战条件包括平台的移动、振动、视角，等等。干扰波形既可以是所接收波形的复制，也可以是噪声波形，但都需要经过合适的相位调制以保证信号之间的相干性。前一种波形可用于干扰包括频率捷变雷达在内的所有雷达，而后者只能干扰采用跟踪干扰源这一反干扰手段的固定频率雷达。

斜视干扰也可用于干扰半主动导弹系统。但在这种情况下，为了建立合适的对抗被动导引头的波前失真，需要进行复杂的测量。斜视型角度欺骗通常要求所接收信号穿越基线 L，所以这种欺骗存在固有时间延迟。因此，一种可能对抗这种干扰技术的方法是使用频率捷变的超短脉冲雷达。

需要指出的是，尽管其所要求的技术水平很高，但斜视干扰现在已经得以实现，而且搭载在直升机、高速飞机和舰船上进行了成功的试验[21,22]。参考文献中介绍了如何通过采用正确的幅度和/或相位失衡或失衡定律而将斜视技术作为一种新的干扰工具来使用和调配，以便干扰包括单脉冲雷达在内的各种类型的雷达。

关于斜视干扰需要重点考虑的一个问题是，如果使用具有足够的幅度线性动态范围的逆反射结构来实现斜视干扰，则通常的关于烧穿距离的概念不再适用。事实上，当一架逐渐逼近的飞机被一部窄波束单脉冲雷达跟踪时，如果斜视干扰开启且 J/S 足够令人满意，就会产生飞机和跟踪点之间的偏移。由于斜视干扰的误差是一个几乎与距离无关的位移量，因此角度误差将会随着飞机的逼近而增加（至少在所关注的距离范围之内），当角度误差大于雷达波束的 1/2 时，雷达回波将会因为雷达天线增益的双程减小而开始承受大于 6dB 的功率损失，但干扰信号却只承受天线增益的单程减小所带来的功率损失，因此，当飞机持续接近雷达时，J/S 将维持在有利于干扰机的水平上并且雷达将产生破锁。可是对于所有其他形式的干扰手段来说，雷达信号都会作某个特定的距离（烧穿距离）上变得强于干扰信号。

斜视干扰可将被保护平台转换为假目标，这个假目标被置于平台外的可控位置，几乎不可能与真实目标相区分：这种效果类似于将雷达目标转变成为一个外置的虚拟诱饵。

5.4.17 地物杂波干扰

地面反射技术被低空飞机用来防御来自其上方的、装备了主动脉冲多普勒导引头或半主动连续波导引头的防空导弹的攻击。该技术直接将干扰信号射向地面,使其朝被干扰导引头方向上散射的干扰信号覆盖飞机真正回波(图5.69)[3,20]。

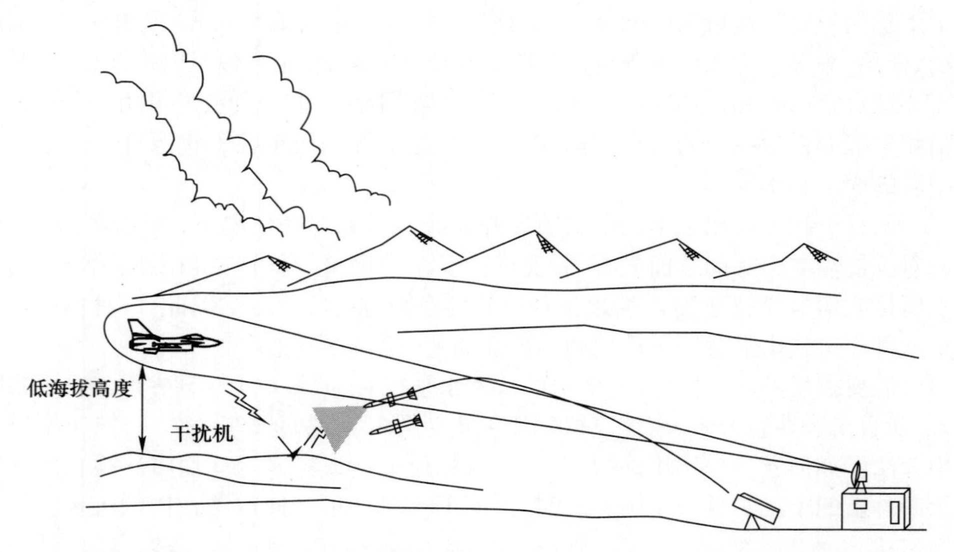

图5.69 利用地面反射信号来欺骗跟踪雷达或导弹导引头(它可用于保护低空飞机)

为了使地面反射技术发挥作用,导弹所接收的地面后向散射信号应强于干扰机天线旁瓣直接辐射且被干扰雷达直接接收的(不期望)信号,因此,理想天线应该在地面方向上具有最大发射强度,而在导弹方向上为零。

当导弹还处于距离较远的位置上时就必须启动该技术,以使地面散射的干扰信号和目标的回波信号都包含在相同的雷达距离分辨单元之中。

开始,雷达天线将跟踪两个接收信号的质心;随着飞机和导弹之间距离的减少,两个信号的张角会接近雷达天线的波束宽度,此时达到临界点;之后,雷达将选择跟踪强度更高的信号,如果地面后向散射的信号更强,则导弹将会诱离真化的目标。这种技术也可以有效扰单脉冲雷达。

5.4.18 照射箔条

干扰机照射箔条技术,在文献中也称为扰机+箔条(Jammer+箔条,JAFF)或照射箔条(CHILL),常用于自我隐蔽或作为一种机载支援技术(关于箔条见

5.5.1.2 节)。如图 5.70 所示,该技术将噪声或欺骗信号照射到此前所投放的箔条云上,以便被干扰雷达接收到交错的虚假目标,从而造成雷达角度破锁。

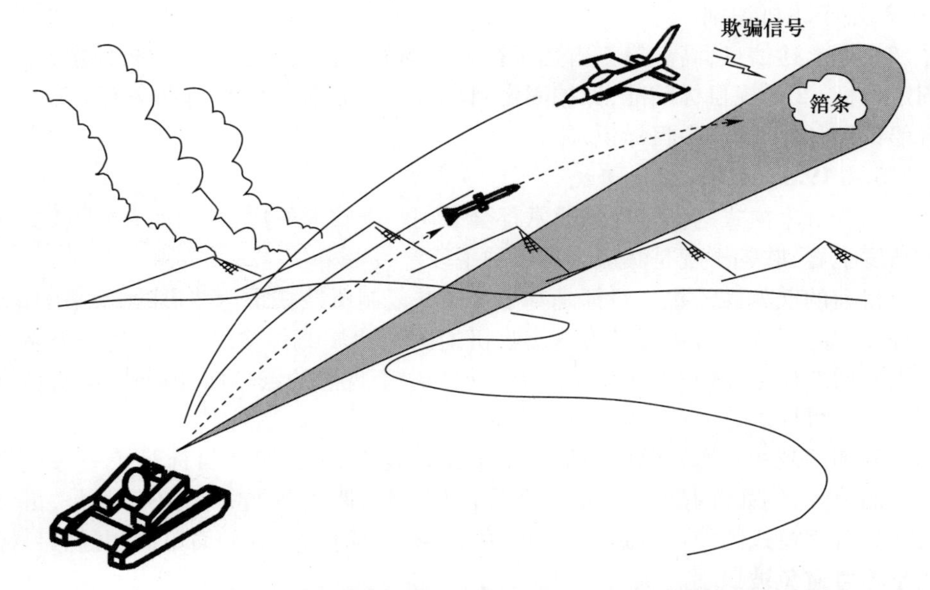

图 5.70 箔条被动目标检测滤波器强烈衰减(但如果箔条被相干欺骗信号照射,它就可以成为一个非常好的假目标,具有正确多普勒频率)

这种技术的主要引人之处在于可赋予雷达所接收到的箔条反射回波合适的多普勒频率(如与飞机的多普勒频率相等)或可覆盖多普勒频率的合适带宽,可解决使用箔条干扰相干雷达时存在的一个主要问题:相干雷达利用多普勒信息来滤除和抛弃静止目标。

从根本上说,这种技术的目的是生成成本相对较低的非平台/舷外式诱饵,用于干扰相干雷达、脉冲多普勒雷达、连续波雷达、动目标检测雷达以及单脉冲雷达等。

5.4.19 高分辨率雷达干扰

现代雷达通常含有高分辨率模式。高分辨率模式一般有两种:高距离分辨率(High Range Resolution,HRR)模式和 SAR 成像模式。HRR 模式一般采用脉冲压缩技术,依据距离像(沿距离方向的回波幅度)来识别和分类目标。SAR 模式目前既可以装载在侦察平台上用于观测监视,也可用于瞄准目标(战斗机上的多模机载雷达)。卫星平台也可以采用 SAR 模式。

根据作战目的，一般可以将高分辨率雷达的工作模式分为以下几种：①侧视SAR，用于侦察；②聚束SAR，用于固定目标瞄准；③中/高距离分辨率或SAR，用于舰船瞄准；④HRR和逆合成孔径雷达（ISAR），用于舰船识别；⑤HRR和ISAR，用于飞机识别。

根据上述信息，高分辨率雷达干扰的目的如下：①干扰卫星/飞机侦察，保护固定目标；②干扰目标瞄准，保护固定目标；③干扰目标瞄准，保护舰船；④干扰舰船识别；⑤干扰空中目标识别。

5.4.19.1 HRR雷达干扰

高分辨率模式的信号处理通常都会采用一个较大的增益，因此，至少从能量的角度上看，欺骗干扰是其最为有效的手段。

目前的欺骗性干扰一般都是基于存储并复制所截获雷达波形的，不幸的是，这种简单的干扰信号在经过雷达接收机的匹配滤波器传输之后，会变成个易于识别的回波信号：其在雷达显示器上显示为一个理想的点目标，因而很容易被辨别出是假目标。

外加调制和对所存储的波形进行不完全复制，可以给假目标赋予一些更为真实的特征，例如，闪烁、蓄意的多普勒位移、增大距离范围等，但不幸的是，雷达的高分辨率模式的使命就是处理复杂的波形/图像信息，这种简单调制的假目标还是不可避免被识别。

唯一可生成“真实”假目标的手段是：产生一种看起来好像是源于几个散射点的回波。从理论上讲，有可能通过发射几个所截获波形的复制信号来生成复杂目标，从而产生所需距离分布模式，但要做到这一点，必然需要系统可对信号进行线性处理，并可对功率进行线性放大，而这两者都成本很高且难以实现。特别是为了增加信号的可信度，还必须将角闪烁也添加到假目标之中，这会使得信号处理更加困难。

5.4.19.2 SAR/ISAR干扰

SAR/ISAR成像模式看起来也很难被欺骗，事实上，这种模式结合了高距离分辨率（如使用脉冲压缩得到高斜程分辨率）和SAR获得高横向距离分辨率的信号处理手段。

就像2.2.6.1节所描述的那样，基于雷达和目标之间的实际距离，可通过采用一种与点目标的相位历史相匹配的信号处理方法而获得横向距离分辨率。如前所述，目标和雷达之间的相对运动会在接收波形上产生时间尺度上的变化（多普勒效应），这种变化可转化如下：①接收脉冲延迟；②包络失真（接近目标时被压缩，离开目标时被展宽），除非多普勒频移占据了雷达带宽相当大的份额，该失真通常被忽略；③无线电载频的多项式相位调制（多普勒频移是其线性项;多普勒速率是其二次项系数)。

延迟和相位调制取决于雷达与目标之间的相对位移和视角,SAR 将所接收到的信号当作是此刻被雷达天线波束指向的那部分场景的散射信号来处理。

通常情况下,在实施欺骗干扰的过程中,干扰机的真实位置与假目标的位置之间分开了较大的角度和距离(取决于实际波束指向和表观距离延迟),因此,SAR/ISAR 如果错误地聚焦于假目标之上,就会蒙受很大损失。

发射逼真的假目标信号需要采取适当延迟,其相位调制规则是补偿上述差异,但因为雷达和干扰器的相对位置未知,这种调制一般难以实现,如图 5.71 所示。

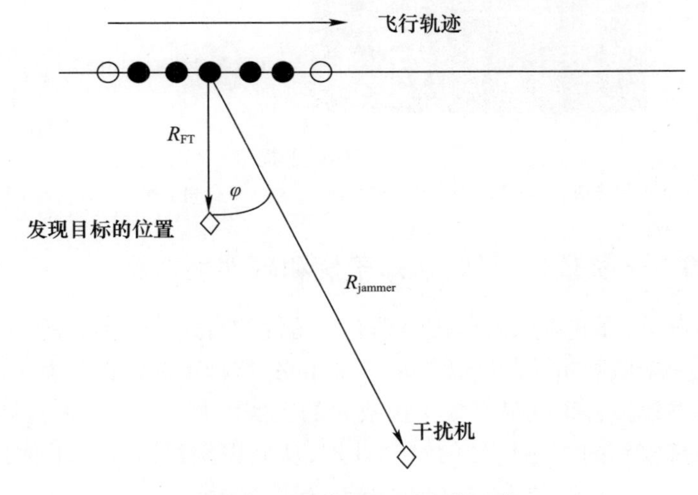

图 5.71 干扰 SAR 雷达的困难

利用噪声干扰干扰 SAR/ISAR 雷达显得更加容易。噪声干扰操作不需要知道目标雷达的位置,但为了克服较大的 SAR/ISAR 雷达处理增益,需要有更大的干扰功率来进行欺骗干扰。

可以成功地使用雷达脉冲的部分相关性,并进行相位调制,以使其在预期的多普勒带宽范围内的智能噪声波形(图 5.72)。

在自卫干扰的情况下,欺骗干扰更容易实现。实际上,在 SAR 和 ISAR 聚束模式下,光束始终指向目标,尤其是 ISAR 需要通过跟踪一些显著的目标点以消除雷达与目标之间的旋转运动,从而可估测目标的旋转运动。因为自卫干扰假目标和散射点非常靠近干扰器平台,所以不需要进行补偿,从而可以实现相干欺骗。

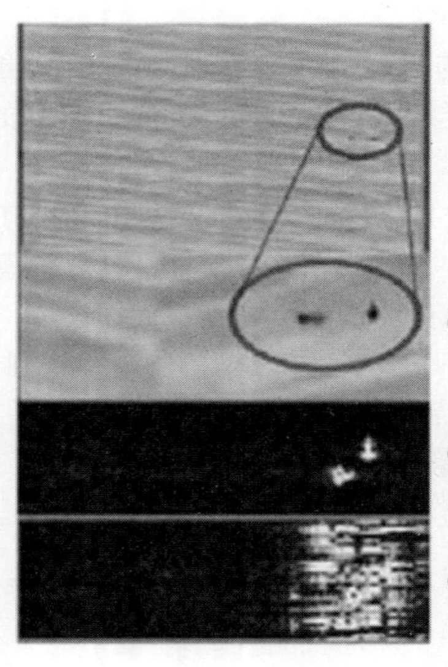

图 5.72　SAR 干扰

(a)地面上有两架飞机；(b)在清晰条件下被 SAR 发现；(c)在相干噪声干扰条件下被掩盖。

5.4.20　干扰效果评估:认知干扰和硬件模拟器

通常情况下,那些本应被干扰的具有威胁性的雷达并不为人所知。因此,很难确定对某一个威胁雷达的干扰效果。多年来,这种不确定性激发了两种活动:一是寻找能够模拟去识别最有效干扰威胁的真实硬件模拟器(硬件环 HIL);二是寻找基于接收到的雷达信号的自动处理,从而识别最有效的干扰技术(认知干扰)。

HIL 模拟器预测硬件模拟雷达将安装在微波暗室中,此雷达准备接收被测数字干扰系统(SUT)产生的辐射干扰信号,以便能够评估其有效性,包括传播效果。

值得注意的是,一个昂贵而复杂的硬件威胁模拟器需要一个专门的团队来操作,而且还需要很长时间才能确定选定的干扰技术的有效性,这可能是一个不符合成本效益的解决方案。而且,雷达性能不仅取决于雷达硬件组件,如发射机、天线和接收机,以及物理传播,还取决于雷达设计者选择的特定逻辑。不幸的是,硬件仿真器制造商仍然完全不知道这些规则。

同样要考虑的因素或多或少也适用于认知干扰:无论雷达波形如何,干扰效果将取决于目标雷达的实际反干扰措施和雷达设计者选择的特定规则。

通常,一个良好的雷达电子战软件模拟器能快速且便利地操作,可以提供关于选择的干扰技术效果的有用和及时信息,为电子战设计者或电子战作战指挥者提供参考。

简而言之,最好的干扰技术是基于物理事实的,如斜视干扰技术或外置有源诱饵。

5.5 红外干扰

5.5.1 调制源

当前飞机面临的最主要威胁为红外制导导弹。大部分已列装的导弹采用了相对简单的红外导引头,从所接收的红外信号的幅度调制信号中提取角度信息。

调制盘的类型如图 5.73 所示,图中还示出经适当放大后的红外传感器的输出信号。利用与调制盘位置有关的调制信号,可提取导弹制导的所需信息。

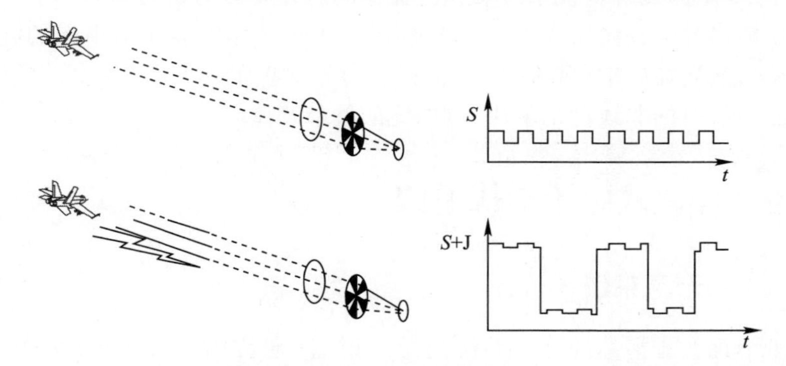

图 5.73 幅度调制红外辐射源产生的干扰红外导引头的角度干扰信号
(与圆锥扫描雷达在类似情况下产生的信号相似)

高强度辐射源产生的角度干扰信号与飞机的发动机和尾气的辐射处于红外频谱的相同部分,可以进入导弹的制导回路。这些辐射源所产生红外信号的强度高于飞机辖射信号的强度,但调制方式不同,这类似于针对隐蔽锥扫系统的调幅干扰。目前,这些辐射源所需要的馈电功率很高,且工作时间相对较短。从生产制造的观点来看,需要选择辐射波谱与被防御平台需求一致的辐射源。对抗这种干扰源的反干扰设备采用了焦平面阵列探测器,不需要机械扫描即可通过单脉冲方法实时获得角度信息。

5.5.2 定向红外对抗系统(DIRCM)

在最新一代红外导引头的引导下,红外导弹的效能不断提高,推动了一种新的红外对抗系统定向红外对抗系统的发展。定向红外对抗系统是基于可调谐激光器产生的红外能量的传输。目前有几种类型的定向红外对抗系统正在生产中。低功率激光定向红外对抗系统可以用来欺骗利用旋转调制盘的老一代红外导引头。实际上,通过对激光能量的振幅调制,可以产生一种强干扰,使红外导弹指向错误的方向。高功率激光定向红外对抗系统(一般是光纤激光器,考虑到其更高的效率和紧凑性)可用于饱和或损坏更先进的红外搜索系统,甚至成像系统。当然,由于激光束的发散角很小,非常精确的角度指向来袭的红外威胁是必要的[32]。

对于平台防御,为了降低红外导引头的性能,开发了利用激光技术的防御系统。这些系统是基于在极窄的激光束中发射极高的功率,对导弹导引头的影响也可能是各种类型的,从传感器探测器的饱和到对探测器材料(一般来说是光敏半导体)的破坏性影响,随后导弹失去制导。

多年来,定向红外对抗系统实施的关键问题是有效对抗导弹导引头,激光波长必须与导弹导引头使用的相同。考虑到不同的导弹可能使用不同的波长,一个可变波长激光器(如果或在可用的情况下)是必要的。今天,这个问题已经通过利用晶体材料的非线性来解决,例如铌酸锂(LiNbO3)[32]。

5.6 外置式电子干扰系统

5.6.1 无源系统

用于干扰敌方雷达的无源系统是角反射器(通常用于海军)和无源消耗性诱饵(箔条)。

5.6.1.1 无源诱饵

无源诱饵是一种易耗型装备,其基本工作原理是所产生的雷达信号特征与受保护平台的特征对于敌方武器系统而言大致相同。

对于海军,有必要提一下角反射器。它们可以是充气式,也可以放在浮标上,或者是拖挂式、自由放置。如图 5.74 所示,依据其几何特征,角反射器总能以最大增益进行反射且反射表面面积等于底部面积,从而很容易地计算出其雷达反射截面积。实际上,三个面互成 90°的角反射器可将很大入射角范围内到达其表面的所有辐射全部反射出去。

设角反射器的边长为 l,边长为三角形的面积为

$$A = \frac{\sqrt{3}}{4}l^2 \tag{5.51}$$

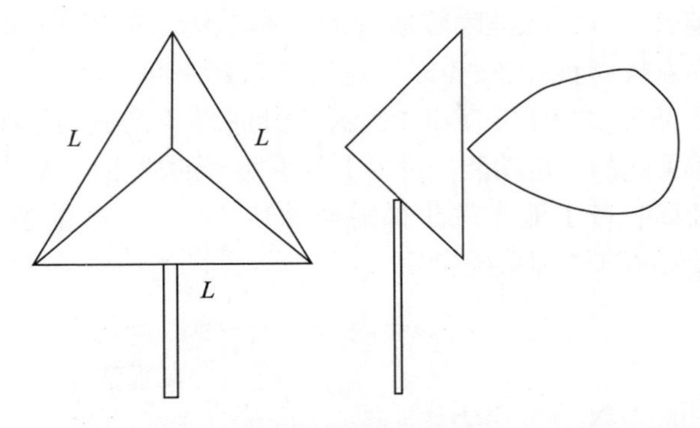

图 5.74　角反射器可在一个较大的角度范围内,产生非常大的雷达反射截面积

这个孔径的有效面积是

$$A_{\text{eff}} = \frac{\sqrt{3}}{4} l^2 \times \eta \tag{5.52}$$

假设 $\eta = 0.7$,有效面积近似为

$$A_{\text{eff}} = 0.3 l^2 \tag{5.53}$$

雷达反射截面积公式为

$$\text{RCS} = \frac{A_{\text{eff}}^2 (4\pi)}{\lambda^2} \tag{5.54}$$

得到角反射器的雷达反射截面积为

$$\text{RCS} = \frac{4\pi (0.3 l^2) 2}{\lambda^2} \tag{5.55}$$

空军使用的诱饵可布放于飞机尾部,也可通过火箭发射的方式布放于前方(前向发射诱饵)。这些诱饵内含小的角反射器或龙伯透镜以获得足够大的雷达反射截面积。

5.6.1.2　箔条

箔条是雷达对抗中使用的最古老的形式之一[23,24]。箔条由布散在大气中的微小偶极子云构成,可以制造出一个高强度雷达回波区域来掩盖真实目标的存在。在第二次世界大战中首次使用时,英国人称之为“窗口”,现在则普遍使用美国人发明的单词“箔条”来描述这种材料。首次使用的箔条由铝箔碎片组成,期间尽管也曾尝试并使用过其他材料,但现在的箔条几乎都是由镀锅的玻璃偶极子组成。其整体平均直径大约为 25μm。

在空战中,箔条最初是用来构建箱条走廊以掩护我方攻击——或者制造我方即将进行攻击的假象,又或者用来制造假目标回波。图 5.75(a)所示为使用箔条走廊或箔条窗口以便战机隐蔽通过的经典案例。直到 20 世纪 80 年代，箔条的这些功能都发挥得很好，被美军广泛用于东南亚冲突之中。但是，如今机载箔条几乎只用于防御，如图 5.75(b)所示，其目的是"诱骗"或破坏高炮和导弹火控系统上跟踪雷达的锁定功能。世界上几乎所有的战斗机、战术直升机以及越来越多的运输机都装备了能布散防御箔条的装置——机载箔条(Aircraft Self - Protection Chaff, ASPC)防御系统。

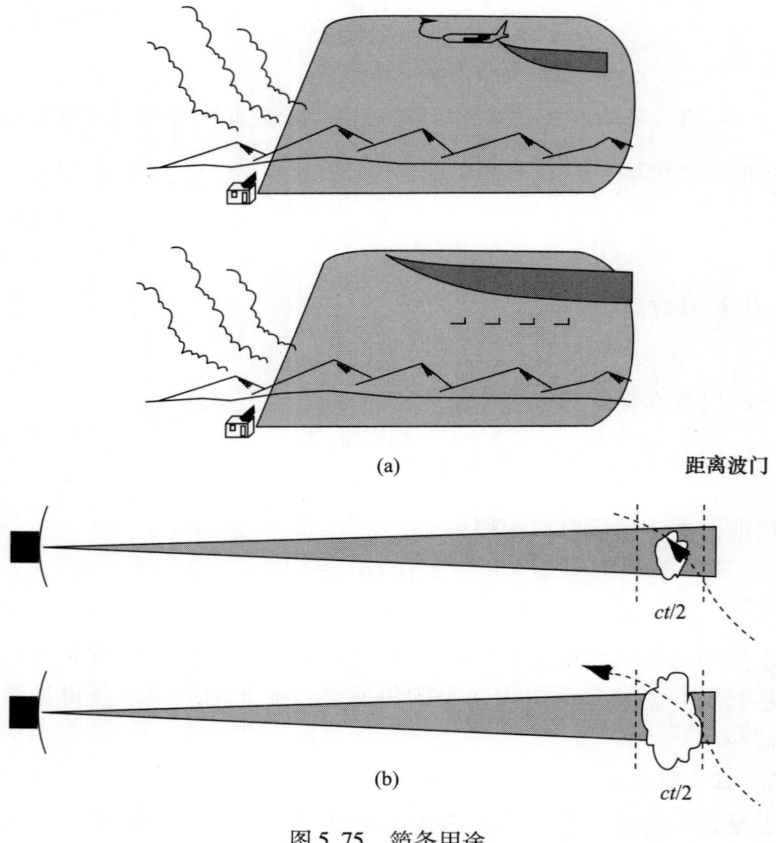

图 5.75　箔条用途

(a)掩护战斗机；(b)自卫。

电磁偶极子由一根根镀铝玻璃纤维组成，实际应用中，它们是无源的二次辐射天线。纤维被密集包扎成捆，然后按指定的偶极子长度进行切割，它们通常称为半波偶极子，这意味着它们会与波长长度为偶极子两倍的电磁波产生谐振。半波偶极子在随机方向上的理论雷达反射截面积为 $0.155\lambda_0^2$。实际应用时，箔条偶极子所产生的有效雷达反射截面积响应波段可以覆盖从低于半波谐振基频向上扩展到超出一次谐波的频率；此外，实际偶极子的最佳半波响应波长稍小于 $0.5\lambda_0$。以上两个事实使得偶极子在任意方向的理论雷达反射截面积响应表达式近似等于 $0.17\lambda_0^2$。

箔条云造成的电磁散射在射频段是完全共振的，这有别于与雾和灰尘相关的散射机理。典型的箔条云中包含了几百万个偶极子，如果将箔条云划分成为大量的散射单元，我们就可以得出一个单元中的偶极子响应的平均值，这样就可以考虑一个“平均后”的偶极子时，可表征为在雷达方向上的后向散射（这就是雷达反射截面积回波），再加上一个造成雷达反射截面积观测损失的各向同性散射分量。

根据这一偶极子散射模型可通过射线追迹的方法计算出箔条云内的雷达反射截面积损失。射线从箔条云中的每个单元开始向后追迹到雷达，每个单元的后向散射雷达反射截面积将因沿射线返回雷达路径上的其他单元的各向同性散射而减少。如果我们假定单元数目不变，则随着箔条云尺寸的增大，每个单元中的偶极子密度就会降低，这将导致箔条云浑浊度的降低，从而也将减少散射损失。详细的理论计算很复杂，但有人证明了箔条云雷达反射截面积的增长可以用如下经验公式近似表示为

$$\mathrm{RCS} = \mathrm{RCS}_{\max}\left[1 - \mathrm{e}^{(t/\tau)}\right] \tag{5.56}$$

式中：雷达反射截面积为时间 t 的雷达截面积；$\mathrm{RCS}_{\max}$ 为箔条云的最大雷达反射截面积（完全散开）；τ 为一个时间常数。

当特定平台使用箔条云时，上述雷达反射截面积增长特性对确定箔条弹的有效载荷及其结构极为重要。迫使雷达破锁的 ASPC 系统和海军反导诱饵箔条弹的构造都需要保证箔条云的迅速撒布或散开。

战机使用快速抛射 ASPC 时，箔条的有效寿命大约为 0.5s；而用做舰载导弹诱饵时，箔条的有效寿命需达到分钟量级；如果用于干扰/迷惑用途，则可能需要几十分钟，用于遮蔽甚至需要几个小时。因此，单个 ASPC 的有效载荷通常以数十克计（对于机载平台而言为 30/40 ~ 100g，而舰载箔条弹可能携带重达 10kg 的箔条）。根据前述偶极子散射损失模型可见，多重散射效应在箔条云形成过程中的“完全散开”阶段作用明显。

然而，根据试验数据的分析认为“完全散开的箔条云”这一表述并不恰当。随着箔条云的扩散，由于浑浊度减少，其雷达反射截面积将会增大，最终达到雷达响应理论值（尽管极化效应将修正这一响应）。实际上，因为箔条云会扩散到跟踪雷达的波束宽度和距离波门的限制之外，因此我们从来不会得到这一响应。从箔条云的工作时间来看，我们首先看到的是一个增长阶段（用前述的指数方

程描述)，紧接着进入稳定期(替代了"完全散开"状态)，然后雷达反射截面积逐步下降(因为箔条云的扩散远远超过了跟踪雷达的分辨单元)。

由于箔条云是一个偶极子集中度呈高斯分布的弥散体，因此任意时刻的箔条偶极子分离距离的变化范围很大。典型的分离距离在中央核心区是0.5m量级，在中间区域是1m，而在更分散的区域则可能大约有4m。箔条云在形成的早期阶段几乎全部由核心材料组成。通过在箔条云的生命周期内使用单个偶极子共振模型进行详细分析表明，雷达反射截面积损失(不包括雷达分辨单元的影响)完全归咎于多重散射，实验数据支持这一分析。通过实验数据有可能构造一个经验极化比模型。这种模型已经被证明对于箔条撒布系统的范围可以提供一致预测。它解释了为什么对于所有的箔条云类型来说，在箔条云形成的早期阶段，可以观测到极化比 $H:V=1:1$，而之后极化比变为 $H:V=3:1$(额外因素可能导致观测到的极化比高达5:1)。

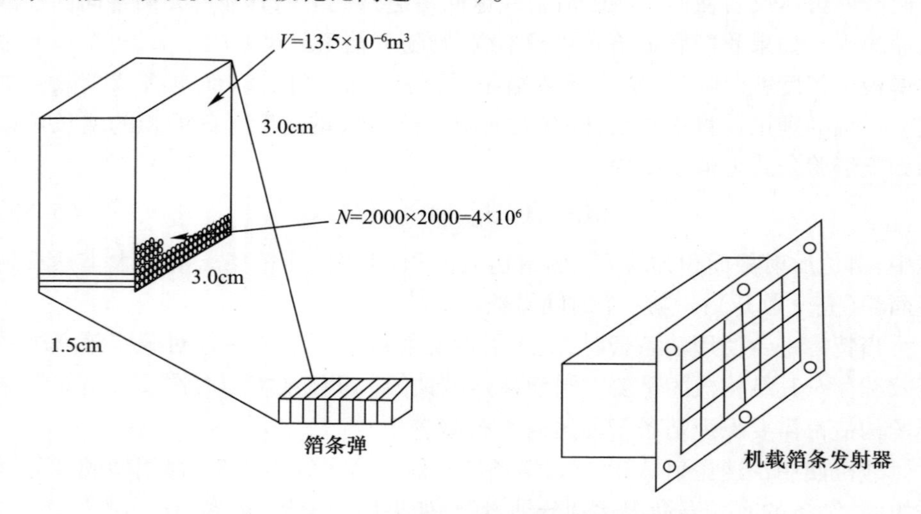

图5.76 数百万微小偶极子被装入箔条盒

至于箔条包的体积和重量，下面给出一个使用箔条干扰X波段雷达($\lambda_0=0.03$m)的例子。偶极子的长度为0.015m。假设镀铝玻璃纤维偶极子的理论直径为其长度的1/1000，则镀铝玻璃纤维的理论直径为15μm。因此，在图5.76中所描述的小体积中，有

$$V=13.5\times10^{-6} \tag{5.57}$$

如果包装密度为0.5，则可包含 2.5×10^6 个偶极子。在这种情况下，考虑到镀铝玻璃的密度是2.5，每个箔条包的总质量将仅仅为16.8g。箔条包完全散开后产生的 RCS_{max} 可表示为

$$\mathrm{RCS_{max}} = N \times 0.155\lambda_0^2 = 2.5 \times 10^6 \times 1.4 \times 10^{-4} = 350\mathrm{m}^2 \tag{5.58}$$

这表示每克箔条的潜在雷达反射截面积相当于 $20\mathrm{m}^2$。

关于雷达反射截面积增长更进一步的观点是有效载荷的频率响应。实际上，箔条载荷一般包含 2～5 个（甚至更多）箔条偶极子“切段”（独立的偶极子长度）。这确保了箔条有效载荷能对一定范围内的雷达频率产生响应。另外，在考虑二次甚至三次谐波的条件下，为增加针对特定频率响应的雷达反射截面积，箔条有效载荷的切割长度还要进行调整。例如，3GHz 的箔条切段除了对 3GHz 的频率产生响应外，在 6GHz 和 9GHz 这两个重要频率（从雷达对抗的角度）也会产生明显的回波。类似地，尽管实际上以传统的箔条有效载荷制作方法难以实现响应频率为 35GHz 的 4mm 箔条切段，但从 8mm（17.5GHz）箔条切段的二次谐波处仍能得到合适的 35GHz 频率响应。该技术对于实现箔条有效载荷效能的最大化十分重要。

为了有助于箔条的快速撒布或散开，传统的镀铝玻璃箔条在其最初状态时要涂上一层润滑涂层，通常是一种类似于软肥皂的脂肪酸，这可使有效载荷在给定的构成形式下，偶极子之间的相互粘着度最小。此外，在有效载荷制作的最后阶段，即利用切割装置将箔条“束”切割到适合装配成有效载荷的长度时，润滑涂层对切割装置可起润滑作用；同时，润滑涂层还可阻止箔条的氧化，以便于完全装配和包装好的箔条弹长期贮存。箔条的有效载荷可制作成为相当紧密的方块，以便将最大数量的偶极子尽可能压缩到最小的空间。典型的包装密度（相对于固体）约为 40%～50%，而通过使用特殊技术，一些 ASPC 有效荷所实现的包装密度可高达 58%。

由雷达测得的箔条云偶极子的平均下降速度是 0.3m/s。但这一数据只适用于典型的良好天气状况，如英国沿海地区。根据当地实际的天气条件，尤其在存在强烈上升或下降气流的情况下，该数据可能发生相当大的变化；目前有记录的变化量是在 0.1～1m/s 之间。在高湿度/降水的情况下，由于水滴附着在偶极子上，下降速率将偏高；而在干燥的夏季，由于存在大量的（上升）暖气流，下降速率将偏低，甚至为零（或者甚至可能观测到上升速率而不是下降速率，此时箔条云在大气中可停留数小时，并随着高空气流漂移。由于风可能将箔条吹进空中雷达管制附近，因此在夏季进行箔条试验是十分危险的）。

早期的机载箔条弹的布散方法是在箔条弹裂开或破开后通过重力作用（手动或机械方式）释放箔条。尽管可以采用一些更加先进的手段，但一些 ASPC 系统仍然采用机械方式布散。而当前最常用的 ASPC 箔条弹布散方式通常是将箔条封装在塑料容器内，利用箔条弹或箔条弹体（更多采用这种术语）底部的小型爆炸引信（称为小型点火器）来实现。ASPC 箔条弹体的小型点火器通电发火后，引爆小型爆炸引信；爆炸产生的膨胀气体压力将使其所携带的箔条从弹体抛射出去。尽管这种抛射机制的能量并不大（初始速度约为30m/s），但该布散方式可实现箔条释放的精确定时；实际上，从常用的25mm^{2}RR170这种安装了小型点火器的弹体中抛射出来的箔条，在点火器抛射力的单独作用下，其移动距离不会超过几米。因此，布散（箔条云的膨胀和散开）的主要过程总体上是受布散点附近的气流影响，之后还与飞机/直升机尾流中的能量/端流有关。

机械方式释放ASPC通常是利用活塞将箔条弹从携带箔条弹的弹体中推出，同时采用某种方法将包装外壳打开并释放箔条。就其特性而言，尽管布散周期一般更长，但其定时精度不如使用爆炸引信式弹体的箔条布散方法。然而，在所有布散方式中，使雷达破锁的ASPC程序都是采用齐射，即以极短的时间（几十微秒）间隔引爆（放出）一系列箔条，在一些特定情况下所要求的齐射时间间隔可能更长。一次典型的ASPC箔条齐射大概会释放0.25g～1kg的箔条。

为飞机或直升机开发雷达破锁的箔条布散程序并评估其效果时，一个重要的方面是要重视布散的箔条与雷达分辨单元的关系，如图5.75所示。雷达分辨单元（Radar Resolution Cell，RRC）的尺寸在平面上由方位和俯仰方向上的雷达波束尺寸定义，而在深度上则是雷达距离波门的函数。

箔条通过产生一个或一组与真实目标处于同一雷达RRC中，且与真实目标非常接近的虚假目标来干扰单脉冲跟踪雷达的工作，从而实现俯仰方向破锁，或更多的是方位方向或距离破锁。对ASPC而言，非常重要的一点是要知道这些假目标或者诱饵的产生时间周期非常短（对高速喷气式战斗机以几十毫秒计）。以一个典型的近程防空（Short - Range Air Defence，SHORAD）导弹系统为例，该系统的方位角和俯仰角为2°，脉宽为400ns，那么对于典型的6km作战距离而言，RRC的尺寸将为：横向距离（或平面上）210m，深度（或距离）60m。当被跟踪的飞机处于RRC中心时，飞机到RRC边缘的距离（位于对角穿过RRC顶角的最佳交叉轨道上）是108m，这就是为了有效破坏雷达跟踪功能而展开ASPC的空间。因此，我们应该意识到当箔条完全散开后，发射后的箔条几乎是在瞬间就使目标的所有前进通道消失，在规定的动态范围内，RRC（雷达对该空间的覆盖）的速度为目标飞机或直升机速度的函数。对于速度为232m/s的飞机，所需时间为465ms；而对于速度46m/s的直升机，所需时间为2.33s。因此，在改进雷达破锁的箔条布散程序时，重视上述交战时的几何关系及ASPC的有效寿命非常重要。

所给出的例子在6km范围内；应该认识到，目标越接近雷达，有效寿命就越小,反之亦然;波束宽度尺寸的变化与此相似。

总体目标是将撒布的箔条沿 RRC 横向尽快散开。实验表明,通过某个单元一次性炸开大量箔条无法实现这一目标,因为在其有效寿命时间内,这些箔条沿 RRC 横向散开距离不会太大。这样,在其有效寿命内以极短的时间间隔发射少量箔条弹来获得大得多的雷达反射截面积是可能的。该技术在最近研发的数字式改进型箔条发射系统中得以实现(早期系统的最短爆炸时间是 100 ~ 125ms,现代发射系统的爆炸时间可达 30 ~ 50ms)。若要使所发射的箔条覆盖雷达分辨单元,可使用多个箔条发射器。如果飞机或直升机上装有两个或多个箔条发射装置,且其间距很大(如分别置放于飞机两翼),当所有发射器同时发射箔条时,可使其覆盖范围更大的 RRC。

虽然可以进行理论预测,但在大多数情况下,最佳配药组合是通过使用典型的雷达破锁场景进行实际飞行试验得出的。

转移及冲淡技术广泛应用于自我防御中。转移技术是通过在距离被保护平台不同位置处设置假目标来实现的,如图 5.77 所示。其主要目的是混淆跟踪雷达的捕获系统。一般而言,在干扰装置对雷达破锁之后,或者是在导弹寻的器获取导弹信息之前,箔条是以相互配合的方式发射出去的。冲淡通常是将箔条置于和目标所在位置相同的雷达单元中,如图 5.78 所示。在箔条引起的雷达反射截面积(后向散射)大于平台后向散射的情况下可使用该技术。

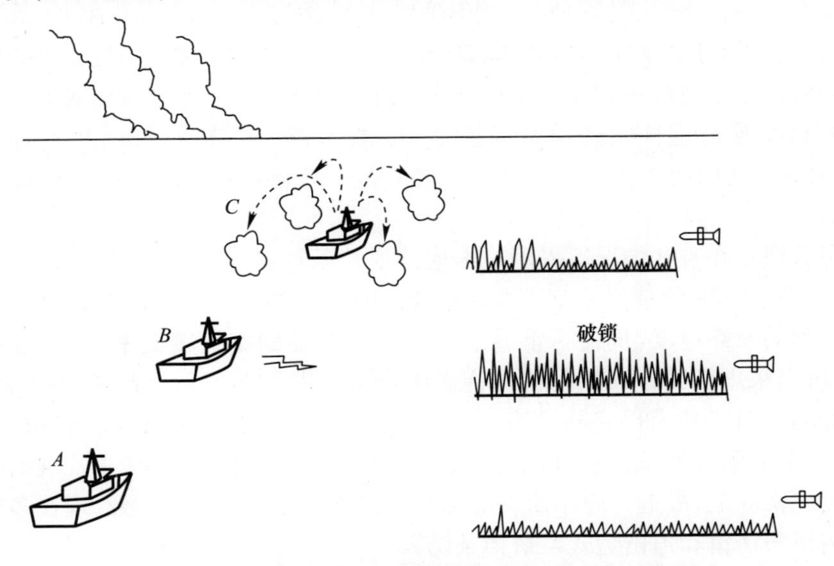

图 5.77　转移箔条(噪声干扰机实现破锁后,舰船采用箔条设置假目标以分散导弹寻的器的注意力)

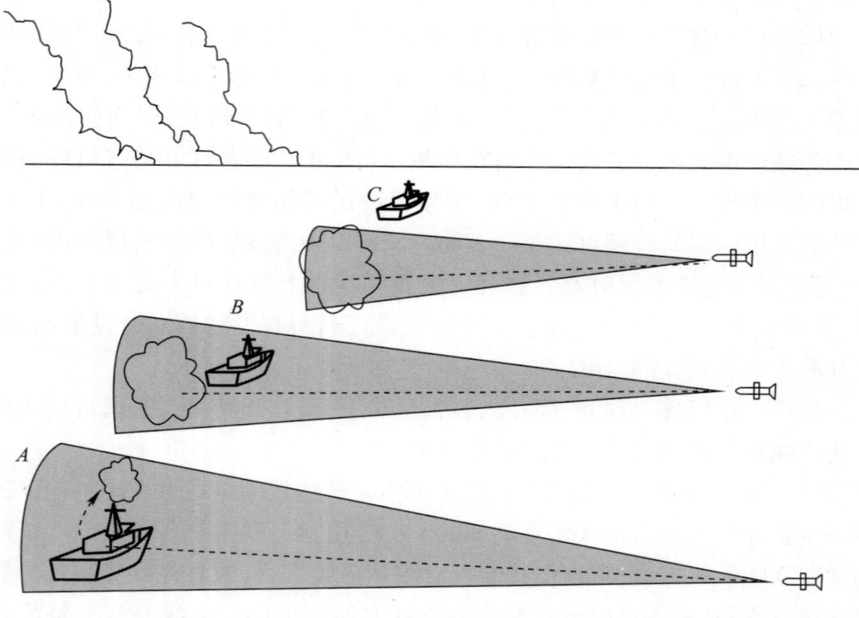

图 5.78　冲淡箔条(具有合适雷达反射截面积的箔条弹在相应于舰船出现位置的雷达单元处爆炸,最后舰船移动使其与箔条分离)

海军使用箔条时,尤其是在工作时间较长的情况下,箔条云的速度(等于当时的风速)约等于舰艇的实际速度(20kn)。使用箔条诱饵的目的是在射频制导反舰导弹的波束宽度内建立一个比真实目标更具吸引力的假目标(从雷达反射截面积角度看),这样雷达更容易被拖引(图 5.78)或被诱引,这并不是由于ASPC的成功使用而致使其超出动态范围,从而完全破坏了雷达的破锁现象造成的。

尽管海军在有些情况下采用迫击炮发射箔条诱饵,然而最典型的发射方式还是采用火箭,两种情况下都需要发射 4 ~ 10kg 的箔条。实际的诱饵火箭有一个可预测的最终速度(同时可能具有一个非常高的固定旋转速率)。在这种情况下,可以采用机械方式发射箔条弹。由迫击炮发射器发射出的诱饵弹是"完全燃烧的",且必然沿固定轨迹有个飞行过程,这些弹体的最终速度相对较低。然而,海军的两种箔条弹发射方式,都可采用中心燃烧爆炸的方法来实现箔条弹的发射。实际上,最近为海军研发的爆炸型箔条发射方案非常有效,现在多应用于火箭箔条诱饵和迫击炮式发射箔条诱饵。

箔条的优点是简单易用。被保护平台使用一个简单的雷达告警接收机(Radar Warning Receiver,RWR),已足以给出告警并在合适的时候启动箔条弹发射。

无论雷达反射截面积还是 J/S 都非常重要，即使在给定方向所测得的箔条雷达反射截面积小于飞机的平均雷达反射截面积的情况下，ASPC 对单脉冲雷达也可实现破锁。当前雷达普遍使用了动目标检测技术（对抗多普勒），箔条和雷达之间的相互作用就变得非常复杂：如果飞机发射箔条的速度迅速降到零（相对于当时的风速），云层的雷达反射截面积特性将会发生很大的变化，会致使脉冲回波产生很强的振幅调制，这将会扰乱动目标检测的对抗逻辑。

无论如何，为了避免先进动目标检测/脉冲多普勒雷达所带来的相关问题，同时避免箔条所产生回波相对于飞机回波减小 30 ~ 40dB（取决于雷达多普勒滤波器质量），飞行员应在发射箔条之前进行适当机动。这样一来，飞机相对于敌方雷达的多普勒频移很低，且雷达滤波器对箔条回波的衰减也不十分严重。然后就可以成功发射箔条，并让飞机最终回到原来的航线上，如图 5.79 所示。

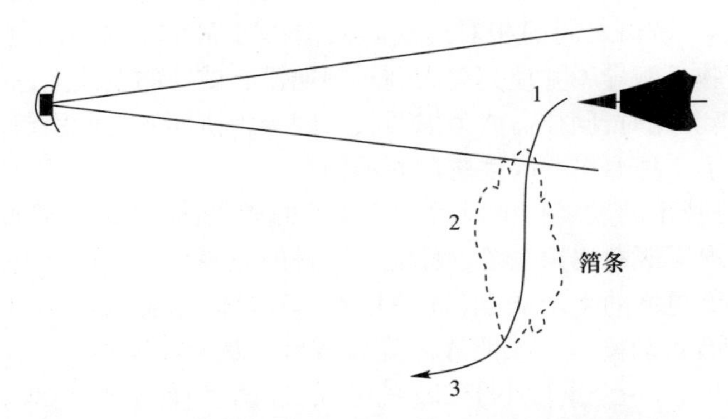

图 5.79 箔条用于自卫（飞机的机动可以产生较弱的多普勒回波，所发射的箔条具有较的雷达反射截面积，可吸引雷达距离波门）

5.6.2 有源系统

由于机载无源诱饵在对抗使用了脉冲多普勒技术/导引头的现代威胁时效果较差，舰载无源诱饵又会面临风速和风向的影响，加之现代反舰导弹采用了反干扰措施，所以有必要对有源干扰系统展开研究。

这些系统的主要功能是通过发射与真实回波非常相似但更有欺骗性的回波信号或产生强噪声，触发雷达的跟踪干扰机的反干扰工作模式，从而将迫近的威胁引向诱饵。

这些诱饵既可以由平台拖曳（拖曳式诱饵），也可以被发射出去（一次性诱饵）。空中平台的防御和海上平台的防御必须加以区分并分别讨论。

5.6.2.1 用于海上平台的诱饵

对于海上平台的诱饵，所要解决的主要问题是产生具有足够功率的信号，从而掩盖具有较大雷达反射截面积的舰船。所需功率既可以通过天线增益获得，也可以由行波管产生的射频功率获得。但是，对于前者，尺寸有限的诱饵上能否携带高定向性天线和指向系统值得怀疑；而对于后者，诱饵必须携带相当重的负载，包括电子线路、高压电源以及附带合适冷却系统的行波管。

如果诱饵被放置在浮标上拖曳，载重就不再是问题，但是由于反舰导弹具有高超的距离鉴别能力，因此仍然存在着诱饵的可靠性问题。

因为角反射器通常可以产生非常强的回波信号，且成本比有源系统低很多，因此可以很方便地用于诱骗跟踪雷达，致使其远离真实目标。

如果威胁包含两枚导弹，则必须假设诱饵可能被第一枚导弹摧毁；这时，及时地将第二个拖曳诱饵布放于合适位置非常重要。

对于海军一次性诱饵，除了空间有限和可允许的负载重量问题，还需要解决与导弹 - 目标 - 诱饵之间的相对运动以及诱饵可靠性相关的问题。如图 5.80 所示，为了欺骗反舰导弹并使其偏离到对舰船没有威胁的航线上，必须在正确的时刻发射诱饵。此时，同样需要考虑两枚反舰导弹协同发射所引起的附加问题。图 5.81 展示了一种海军一次性诱饵的示例。

随着固态技术的发展和小型无人机技术的成熟，许多先进实验室正在加紧工作，以提高海军舰载诱饵系统的性能。改进的主要目标包括以下几个方面：①更好的性能；②更低的生产成本（固态技术、新载体、新材料等）；③易于操作和机载集成（所有自动操作）；④能够覆盖 X 波段和毫米波波段。

在图 5.80 中，一个重量小于 2kg 的无人机（诱饵）能够产生非常高的雷达反射截面积，并具有适当的闪烁以对抗具有识别箔条干扰的设备。低重量无人机允许其以高速度和高加速度以在适当的时间和任何气候条件下应对突然的导弹袭击，并且整个对抗完全是自动化的，无人机将在任务完成后以自主的方式回收。图 5.81 至图 5.83 为装备图。

5.6.2.2 用于空中平台的诱饵

采用外置式有源干扰设备保护飞机，必须首先解决如何模拟飞机多普勒频率的问题。由于所有的防空系统都采用了功能强大的多普勒滤波器，因此干扰能量不能通过滤波器的电子干扰是无效的[25]。

（1）拖曳式诱饵。

拖曳式诱饵[26]是一种用于自卫的电子干扰技术，其干扰信号由分立的拖曳式负载发射，目的是诱骗敌方导弹或跟踪雷达。拖曳式诱饵可以用来保护海军或空军目标。海军的拖曳式诱饵通常漂浮在水面上，因此会受到海面杂波的影

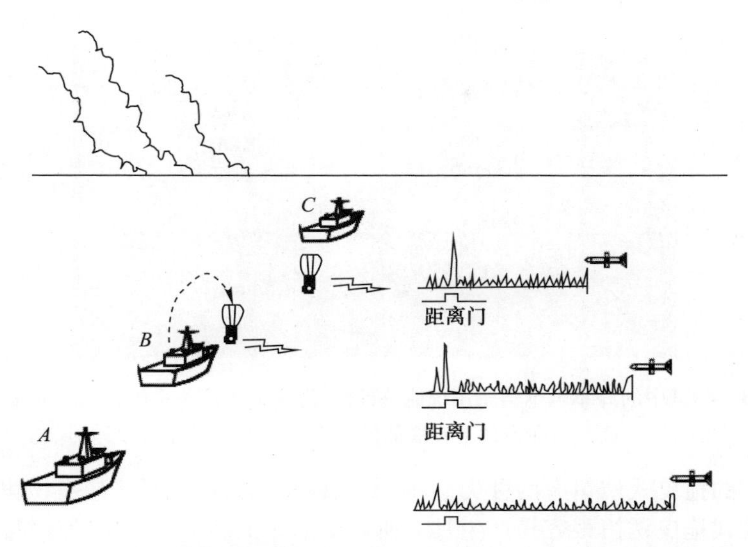

图 5.80　海军投掷式诱饵可产生诱骗导引头距离波门的高强度欺骗信号

图 5.81　从墨尔本 HMAS 发射的 Nulka 诱饵(属于澳大利亚皇家海军)

图 5.82　海军电子箔条系统(NECS)部件

图 5.83 测试中的海军电子箔条系统能够预测，海军电子箔条系统将具有非常优越的性能，以在任何风向条件下在舰船的各个方向上应对任何导弹的攻击

响。空军的拖曳式诱饵有两种类型：转发式拖曳诱饵和光纤式拖曳诱饵。

转发式拖曳诱饵很容易产生具有所需要的相关多普勒频率的连续波干扰信号，因此它们是对抗连续波半主动制导导弹以保护平台的一种简单有效的方法。实际上，由于系缚在平台上，这类诱饵本质上具有与平台相同的速度和多普勒频移，因此它们能够产生所期望的具有合适功率的欺骗或噪声信号，从而捕获威胁雷达或导弹的跟踪波门。

为了能够干扰比连续波半主动制导导弹更为先进的威胁，研制了光纤式拖曳诱饵，它由安装在飞机上的电子干扰主系统接收信号，并由类似于数字射频存储器产生更加智能的可对抗多种类型雷达的干扰信号，通过光纤光缆将干扰信号传输到位于拖曳负载上的功率放大器上。

一般来说，拖曳式诱饵经常面临角覆盖范围的问题。如果防空导弹的跟踪系统被引向拖曳式诱饵，导弹就向该诱饵寻的飞行，但是在前向和后向一定角度的扇区内，无法保证平台的防御。如图 5.84 所示，对于前向，导弹的引信系统无论如何都会导致弹头摧毁飞机；而对于后向，虽然脱靶量很小，但由于诱饵的尺寸太小，向诱饵寻的飞行的导弹有可能不会被引爆，而是继续向飞机飞行。

为了减小或避开前后向危险锥形区，一旦探测到处于锁定状态的导弹，飞行员就要控制飞机进行机动以保证导弹不会进入危险锥形区。当然，为了做到这一点，应该精确获知导弹的到达角，而且飞机在机动期间所呈现出的更高雷达反射截面积不会影响所要求的干信比。

如果导弹引信被诱饵弹体触发并且摧毁了该诱饵，则发射系统必须及时投放第二个拖曳式诱饵对抗可能来袭的第二枚导弹。因此，拖曳式诱饵系统的投放时间是非常重要的参数。

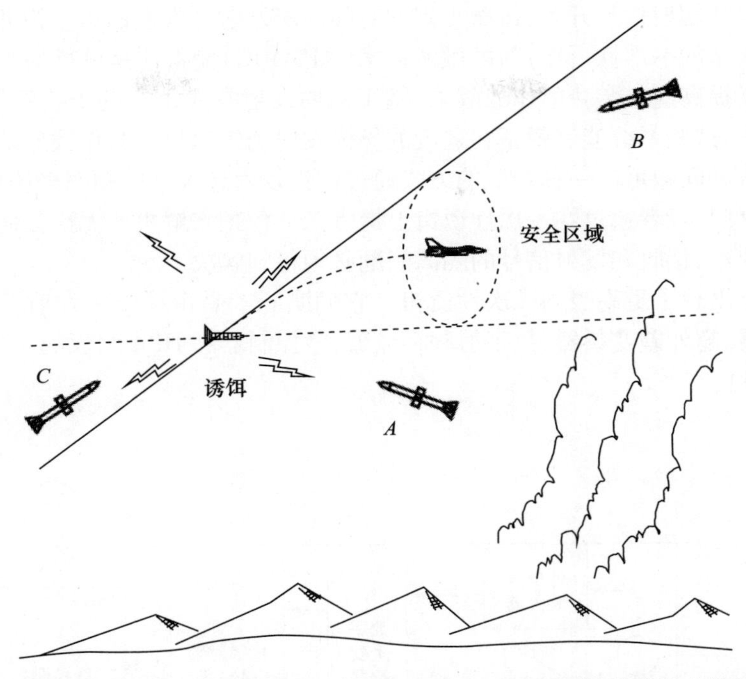

图 5.84　拖曳式能够产生持续时间长且与真实目标具有相同多普勒信息的回波，然而，对与前部和后部（导弹 B 和 C），它不能提供有效的防护

拖曳式诱饵可以有效地干扰半主动导弹系统，这是由于适中的功率就足以提供有效保护来对抗如今已部署的大部分武器系统。拖曳式诱饵可能无法有效干扰指令制导导弹，这是由于其操作者很容易分辨飞机与诱饵。此外，拖曳式诱饵一般也无法有效干扰频率捷变雷达，这是由于其很难提供足够高的功率，使处于频率捷变模式的雷达转换到跟踪干扰机模式。

在科索沃战争期间，拖曳式诱饵在数千次飞行作战任务中得到了成功应用。据报道，战争期间（稍长于一个月的时间）曾使用了数千枚诱饵弹。这引起了关于拖曳式诱饵这一电子干扰技术使用寿命成本的批评。

（2）一次性诱饵。

一次性诱饵干扰系统的原理是发射类似于导弹的小型物体，其有效载荷能产生欺骗信号以诱骗威胁的跟踪波门。这里要解决的两个主要问题是多普勒频率和有效期。第一个问题之前已经提到过（解决方法将在后面进行讨论）。第二个问题是这样的：一旦一次性诱饵发射之后，就与飞机突然分离，从而很难长时间地维持其有效性。因此，在发射一次性诱饵之前，应该确认导弹正在迫近并处于合适的距离。当无法获得上述信息时，需要从检测到半主动制导导弹照射器的连续波辐射信号开始，按照规则的时间间隔发射一次性诱饵。为此，飞机必须配备大量的一次性诱馆；新的微波技术（如 MMIC）使得这是可行的。

为了提高这些装备的作战效果，基于前向发射有源诱饵的干扰系统已经被研发出来，这些系统能够朝正在逼近的导弹发射诱饵以提供其作战效能。

多普勒问题可以一种合适的方式通过诱饵发射计算好的频率来诱偏防空导弹的速度门，或者通过在一次性诱饵上提供开环校正来解决。无论如何，在如此小的对象中，接收和发射信号的隔离问题必须得到解决。

最近出现了更高级的一次性诱饵。它们实际上是由接收－发射天线、低噪声放大器、超外差变频器、数字射频存储器、微控制器和 HPA 组成的小型干扰机（图 5.85）。

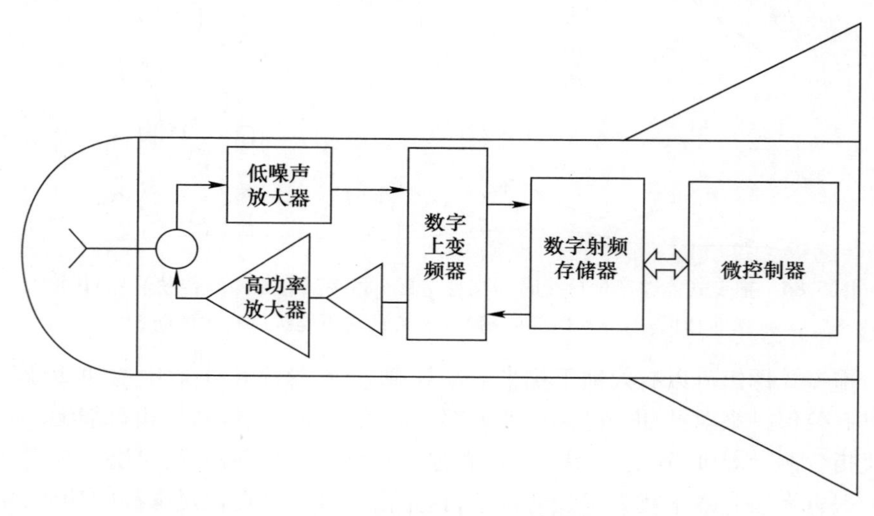

图 5.85　用于空中平台的一次性诱饵构造图

5.6.2.3　闪烁诱饵

如图 5.86 所示，干扰红外制导武器非常有用的方法就是发射红外诱饵弹。红外诱饵弹置于特殊的弹筒内，并且储存在与用来投放箔条一样的布撒器内。诱饵弹一旦被发射出去，就会在几秒钟内产生比被保护平台大很多的辐射强度。导弹将被诱向诱饵弹而忽略了真正的目标。

用来表征红外诱饵弹特性的参数有：①进入导引头内的辐照强度（W/sr）；②起燃时间；③持续时间；④重量。

这种干扰手段所存在的问题是，平台不能携带无限数量的诱饵弹，并且由于无法知道导弹是否正在逼近，因而不能确定何时发射诱饵弹。

为了解决这个问题，可以采用导弹发射告警（Missile Launch Waring，VILW）

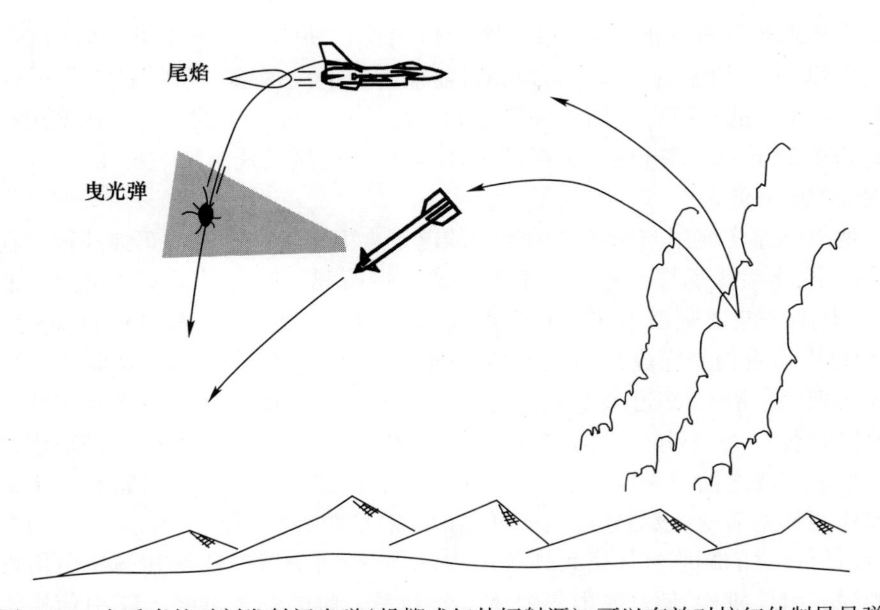

图 5.86　在适当的时刻发射闪光弹(投掷式红外辐射源),可以有效对抗红外制导导弹

或导弹逼近告警(Missile Approach Warning,MAW)。前者利用红外辐射被动工作,可以发出导弹已被发射的警报;后者采用雷达技术对逼近导弹发出警报。通过这两种方式可以一直等到真正需要的时候才发射诱饵弹。

红外诱饵弹是第二个也是更重要的问题,生产商宣称采用了成像(或者是准成像)导引头的新一代导弹对诱饵弹的投放不敏感。如果果真如此,对抗新一代导弹唯一有效的方法是基于激光损伤的定向红外对抗系统(DIRCM)。

(1) 红外诱饵。

为了对抗新出现的红外制导的防空导弹,美国在 20 世纪 60 年代初期入侵东南亚期间,最先研制了红外诱饵弹来用于飞机和直升机防御。顾名思义,红外诱饵弹的作用是通过产生强度更高的红外辐射来诱骗红外热寻的导弹的导引头,使导弹飞离目标。全世界的红外热寻的导弹基本上都工作在近红外和中红外波段(在 1 ~ 5μm 的波段内),早期的导弹工作波长更短,随后出现的导弹则工作在中红外波段。

除少数特例之外,所有的红外诱饵弹都具有与箔条弹相同的尺寸,也是从用于飞机自卫的箔条弹撒布器中投放出去的。红外诱饵弹最普遍的尺寸为 2in × 1in × 8in(50mm × 25mm × 200mm),在美军术语中命名为 MJU7B 型诱饵弹,而在英军术语中命名为 218 型诱饵弹;这种诱饵弹通常由 ALE – 40 类型的撒布器投放。类似地,更小的 1in × 1in × 8in 的诱饵弹基本用于直升机。美国海军的飞机和直升机偏爱 36mm 的诱饵弹;法军飞机则喜欢使用 40mm 或更一般的 60mm 的诱饵弹;英军研制的 55mm 诱饵弹目前被世界上大多数“狂风”战斗机所使用(“EF-2000”战斗机也使用这种尺寸的诱饵弹);美国空军的一些飞机使用稍大一些的 2. 25in×2. 25in 的正方形诱饵弹;苏联所研制的诱饵弹主要为 26mm 的,其次为 50mm 的。

诱饵弹通常使用与箔条弹同类型的电发火引爆管来抛射诱饵弹药剂。在某些情况下,电发火引爆管还可用于引燃诱饵弹药剂。而在早期的诱饵弹制造标准里,上述功能要通过保险、解除保险或引爆(Safety And Arming or Ignition, S&A/I)引信机构来完成,或者通过采用最近发展起来的顺序式/隔断式引信机构来实现(早期的 S&I 引信机构由于使用具有连锁功能的重力传感器和膛内销而易受干扰)。S&I 引信机构和顺序式引信机构都具备两个功能:一是防止诱饵弹在抛射完成之前意外走火;二是可靠引燃诱饵弹。两种装置都装有位于诱饵弹弹体底部的活塞,该活塞固定于弹体内装有诱饵弹药剂的一侧,可以将引爆管起爆后所产生的膨胀气体密封在弹体内,从而推动诱饵弹药剂和 S&I 引信机构或顺序式引信机构,使其抛射出弹体。药剂另一侧的粘条可将 S&I 引信机构或顺序式引信机构固定于包覆诱饵弹药剂的金属箔上。

传统红外诱饵弹的主要组成部分是用来产生红外辐射的诱饵弹弹药(美军术语里称之为“药粒”)。目前,诱饵弹药剂几乎毫无例外地添加镁用作燃烧剂(有时也使用铝作为添加材料),使用聚四氟乙烯或联苯作为氧化剂。这些呈粉末状或者颗粒状的材料采用氟橡胶等黏合剂黏结在一起,同时也添加了一些其他材料来改善生产工艺。目前,普遍使用镁—联苯—氟橡胶类的诱饵弹,通常缩写为 MTV 诱饵弹。

红外诱饵弹根据结构的不同,可以以两种方式燃烧:一是完全燃烧,它要求诱饵弹药剂被设计制作成为在抛射过程中可以直接由引燃点转变为完全燃烧;二是“香烟式”燃烧,它要求将所抛射的诱饵弹药剂装于一个铝制弹体里,使药剂只能从其一端开始燃烧(苏联研制的 26mm 诱饵弹常采用这种结构),这种方式较少采用。

诱饵弹药剂的生产方式有两种:在铸模里压制而成(所谓“模压式”诱饵弹),或者通过模具挤压成型(所谓“挤压式”诱饵弹,圆柱形诱饵弹通常采用这种制作方式)。两种类型的诱饵弹都各有其优点并存在性能上的差异,主要是其燃烧特性不同。“模压式”诱饵弹具有各向同性的结构,因而燃烧更稳定;而“挤压式”诱饵弹生产成本更低,但抛射时容易破碎。

整装诱饵弹包含 MTV 诱饵弹药剂,这种药剂可通过挤压成型工艺制成,而更多是采用模压工艺制成,其外表面通常覆盖有易燃的引火药或点火药。药剂常采用铝制箔片包裹,它可将引火药引燃后所释放的热量短暂密封,从而有助于诱饵弹的引燃。带有 S&I 引信机构的诱饵弹药剂装在成型的铝制套筒里,并通过塞入式塑料端盖固封,与之配套的塞入式引爆管埋在套筒的底部,该引爆管所产生的热膨胀气体可使药剂及其相关的 S&I 引信机构从套筒内抛出。在使用 S&I 引信机构的诱饵弹中,当重力传感器(假设抛射速度足够大)和膛内销连锁产生联动后(在装药离开套筒的时刻),会致使一个由弹簧驱动的击针撞击并引爆装有少量弹药的针刺火帽,该火帽置于诱饵弹弹药的底部;然后,火帽引燃覆盖诱饵弹的引火药,从而完成诱饵弹的点火过程。在安装了顺序式引信机构的诱饵弹中,引爆管所发出的燃气可引燃引信机构内部的少量引火药装药,但是,受到由膛内销装置驱动的隔断机构的阻断,其火焰此时并不能引燃诱饵弹,只有当药剂被抛出药筒,膛内销释放了隔断机构,火焰才可通过顺序式引信机构引燃装药点火药。如果没有这两种引信机构,诱饵弹将直接由引爆管燃气释放的热量引燃(如美军的 M206 为 1in × 1in 的诱饵弹和苏联研制的诱饵弹)。

目前,点源式红外诱饵弹的性能通常用三个参数来描述:上升时间、峰值功率和燃烧时间。

(1) 上升时间,通常在几十毫秒之内,是指诱饵弹达到峰值功率或峰值功率的一定百分比时所需要的时间。

(2) 峰值功率,是在指定波带内,以瓦或千瓦/球面度为单位测得的诱饵弹在燃烧时间内所能达到的最大辐射功率。通常情况下,所测得的辐射功率表观值要依据国际公认的 Lowtran 表进行校正,这样做的目的是校正与观测距离有关的大气辐射损耗。

(3) 燃烧时间,是诱饵弹产生出可测量到辐射功率的总时间(通常飞机投放的点源式红外干扰弹的燃烧时间为 3 ~ 6s)。

同时,应该清楚,燃点在 2000°C 的镁粉诱饵弹的峰值辐射波长接近,但是其在 3 ~ 5μm 微米波段所产生的辐射能量足以与温度为 600°C ~ 800°C 的直升机引擎的辐射水平相匹配。

针对 MTV 点源式诱饵弹的改进从其出现至今已进行了很多年,主要改进在于更为有效的机动发射技术和/或从材料方面提升诱饵弹性能指标,特别是提高峰值辐射功率或给定弹体尺寸下可输出的总功率。

不过,根据 Chemring 公司模块化一次性成块(Modular Expendable Block, MEB)的概念,可找到一种新的方法以改进诱饵弹在直升机上的装载方式。MEB 通过预先将发射药和引爆管与曳光剂或箔条制作成模块,使用后即可丢弃,用以替代使用弹仓和药筒的传统布置形式。采用 MEB 概念的红外诱饵弹,可更好地适应其所保护的直升机平台的特点和设计要求,而且通常可使弹药仓空间容纳双倍的弹药量。除了少数特例，直升机的特征信号通常远弱于固定翼飞机，因此虽然诱饵弹尺寸变小，但仍然能产生强于直升机自身的辐射能量。MEB 概念还具有其他优点，例如节约全寿命成本，又如在保障方面可实现更快的直升机重新装填和装卸，从而降低对飞机航次和人力支持上的要求。

可以认为，红外导弹近年来已成为空中平台的最大威胁，特别是在称为便携式防空导弹(MANPADS)的个人便携式装备出现后。在考虑红外导弹威胁时，通常将红外导弹划分为以下几代：①第一代导弹不具备鉴别红外诱饵的能力；②第二代导弹具有早期的抗诱饵弹干扰的能力；③第三代导弹是最新一代导弹，具有复杂和更鲁棒的抗诱饵弹的能力；④第四代导弹，也是最新一代导弹，采用了成像技术进行目标跟踪。

尽管成像系统被认为具有识别红外诱饵弹的能力，但应该注意，一些宣称采用了成像技术的第四代便携式导弹导引头更多是用于对抗红外干扰机而不是诱饵弹，它们对于诱饵弹的反应与第一、二代红外导弹威胁没有不同之处，而红外诱饵弹是可有效干扰这两代导弹的。

通常情况下，当目前的点源式 MTVIR 诱饵弹与所需保护的飞机恰好匹配时，只能有效干扰 SA－7/9 和早期 AIM9 系列等之类的第一代红外导弹，但是如果采用了现代 MTV 诱饵弹投放/作战技术，可有效地干扰采用早期诱饵弹识别技术的第二代 SAM 导弹。相当多的措施也在开发所谓先进诱饵弹的过程中得到了应用。

先进诱饵弹通常专指所设计的用于对抗导弹的诱饵弹对抗技术，即在第二代和第三代红外热寻的导弹中所采用的反点源诱饵弹技术。这些导弹采取了一系列措施来辨别红外诱饵弹和目标飞机。这些措施通常分成两个步骤来实施。第一步是触发，通过该机制探测到诱饵弹的出现；第二步是滑翔，它是一种导弹在绕开或识别诱饵弹后继续飞向目标的过程中所采取的飞行模式。

触发机制既可以单独使用，也可以采用几种不同的技术组合成为一个复杂的机制，这取决于试图使导弹免受诱饵弹影响的导弹制造商。触发机制所包含的技术如下：①分辨速率和空间位置识别能力，目前的红外诱饵弹存在作战效能快速下降的缺点；②特征识别，采用双波段目标识别机制，两个波段既可以都处于红外波段内(即双光谱识别)，也可以分别处于红外和紫外波段(即双色带识别)；③探测闪光特征的上升时间，即在导弹视场内探测红外辐射特征值的快速变化。

为了有效对抗这些新技术以保证诱饵弹对于改进型导弹的欺骗作用，既需要采用新型材料和配方技术，也需要采用各种新方法。对于固定翼飞机，可采用运动学技术，使诱饵弹与飞机的相对位置是时间和距离的函数(尽管应用于直升机的诱饵弹的运动学问题可能更复杂)。对于直升机，诱饵弹投放器在机上布置的位置以及发射的方向变得尤为重要，如果能正确实施并与直升机的低速体制相吻合，就能达到与使用运动型诱饵弹相类似的作战效能和工作性能。

先进的诱饵弹同样需要研发其在点火和燃烧阶段的控制技术和材料，以便克服其与被保护目标之间上升时间的差异。同样，还需要研发新型材料来克服它们在波谱上的差异，以使其与飞机/直升机的辐射特征更为接近（需要记住的是，与典型的排气管发动机温度为600°C ~ 800°C 相比，目前 MTV 诱饵弹的燃烧温度大约为 2000°C）。

显然，由于现代红外导弹采用了各种不同的复杂反干扰技术，对诱饵弹的改进也不能是单一形式。许多人还在争论系列先进诱饵弹的发展方向，这些诱饵弹可以单独使用，也可以组合（即使是目前通用的 MTV 诱饵弹的组合）起来使用，诱饵弹的作战效能在某种程度上就是能对其可能遭遇的一些先进导弹产生诱骗作用。

为了有效使用这些先进的诱饵弹，所要对抗的导弹的型号或大致的类型必须已知。这应该在释放诱饵弹之前确定，既可以通过正在战场上飞行的飞机的先验知识来确定，也可以通过舱面上的传感器来确定，或者利用两种方法一起确定。此外，还需要考虑一些其他的方面，例如：对所有载人空降作战平台装配一个可靠的导弹预警系统（MWS），不仅必须预测已经被发射出的导弹，还必须预测配置了导弹告警系统 MWS 的飞机是否是导弹的预定目标。

（2）光电对抗。

光电威胁目前已在大部分导弹（有时也包括火炮系统）的导引系统中应用。许多最新的陆基火炮和导弹都采用了光电（EO）技术进行目标角度跟踪，例如对比度或边缘电视跟踪技术。此外，一些最新的便携式导弹采用了激光驾束制导技术，通常由导弹的操控者通过目视光学技术控制导弹飞向目标。现在很少有可行的干扰手段来对抗这些技术。

针对人眼以及用于目标角度跟踪的对比度和边缘电视跟踪技术，为闪光诱饵弹对抗措施提供了用武之地。闪光诱饵弹及其制造的技术和方法，已经被应用于夜间照相侦察大约几十年。显然，与其相配的取胜条件（起码在明亮的阳光下和白天的时间里不行）决定了光电对抗手段在交战时所能发挥的作战效能。尽管如此，根据研究所得出的理论照度及其持续时间，闪光形式的一次性诱饵弹可以被开发成为在一定条件下对抗部分光电威胁的光电对抗手段，但其费效比是否恰当还有待确定。

自从激光被用于目标指示器和测距机后，战场上对激光的使用显著增加。一些火控雷达也采用了激光测距技术，有些用作确定目标距离的主要方式，有些用作备用方式。在飞机和直升机越来越多地装备了激光告警器的情况下，可以看出它们几乎都是采取了机动飞行措施，而不是进行激光对抗。实际上，激光光束极窄的几何尺寸使现有任何形式的对抗手段都难以有效地对抗激光——交战时很难在其所指示的目标飞机/直升机和来袭激光方位之间的所有方向上都采取对抗措施。

(3) 海军(投掷式)红外干扰。

仅仅在过去20年或更短的时间内，红外寻的技术就已经被融合到了射频反舰导弹中，用以完成末端飞行及其对目标的攻击。舰船红外辐射特征中的主要能量来源于轮机舱和烟囱。不幸的是，在大多数舰船的设计中，轮机舱和烟囱都处于中间部位，而这正是反舰导弹可取得最大攻击效果的理想寻的位置。早期的海军红外诱饵弹主要是美国所研制，只包含一个基于空军诱饵的材料和技术的红外诱饵引爆单元。为了实现更大的散布范围，建立在RF(箔条)弹基础上的中心爆炸技术被研发出来。目前，基于Mk36甲板多管撒布器发射的5in/130mm口径的北约"海蚊"诱饵引出了两个重要的概念。

第一个概念包括一系列从舰艇位置开始随距离增加渐次引爆的假目标云团，逐步实现导弹与其欲攻击目标舰船之间的最大分离。这种被称为"拖引"的技术，特别适合舰船机动能力受限(例如在经过扫雷区通道时)的沿海海区作战(尽管在某些风速和舰船运动方向下，"拖引"技术有可能表现得更像"拖近"技术)。这种作战概念最初体现在德国Buck公司研发的130mm红外诱饵中。

第二个海军红外诱饵概念包括数量很多的诱饵弹在空气中爆炸产生的假目标云团，它们先引诱反舰导弹偏离目标，再利用布置在同一范围内的许多个漂浮在海面上的发烟体假目标云团继续欺骗反舰导弹，使得导弹射向海面上某一设定位置。这种作战概念源于美国Pains Wessex(现在的Cheming Countermeasures)公司研制的130mm口径红外诱傅弹。与单个或多个空气中爆炸的诱饵弹相比，空气和水面相结合的爆炸技术可以生成更接近于舰舷的大面积烟幕墙，这对于采用了成像技术的最新型反舰导弹更有效，如果烟幕墙足够高，甚至有可能成功引诱仅在大气层下搜索的掠海反舰导弹。

这些海军的最新红外诱饵弹材料不同于空军MTV红外诱饵所使用的材料。海军红外诱饵弹尽管也使用碳织物材料作为红外诱饵源，但大部分采用磷作为主要材料，这与陆上装备所使用的材料更相似。

海军红外诱饵弹的性能要求与机载MTV诱饵弹的性能要求有明显的区别，但同样重要的是，产生与舰船匹配的峰值辐射功率，并使得诱饵更具有欺骗性。海军红外诱饵弹的燃烧需要维持一段时间，这段时间与所预计的反舰导弹的飞行时间(要求在30~60s)相当，这主要取决于有效载荷的容量以及红外材料辐射能的衰减速度。此外，海军红外诱饵弹需要在接近中红外(3~5μm)和远红外(8 ~ 14μm)的两个波段都能产生辐射能,而且为了对抗更先进的可能具有辨认波谱能力的红外热寻的反舰导弹,还要求诱饵弹在这两个波段按照一定的比例来辐射能量。最后,红外诱饵弹需要能产生并维持舰船尺寸大致相当的空间辐射,以对抗采用了成像技术并具有更先进的空间识别能力的热寻的反舰导弹。

5.7 通信干扰

可搭载在陆地、海上或空中平台上的通信干扰装备的主要作战目标如下:①通过将虚假信息注入敌方通信网来欺骗敌方的 C^3 系统;②分析和评估对敌方实施的通信干扰效果;③在尽可能不被察觉的情况下,通过干扰通信系统来降低敌方 C^3 系统的性能;④将敌方通信网络中的最重要节点指示给反辐射导弹,从而摧毁该节点处部署的雷达。

通信欺骗干扰机的一个较好的实例是能够侦听和记录敌方通信信号,并可延迟一定时间后再将其转发出去,从而迷惑敌方。

为了说明了通信干扰系统的功能,下面给出干扰战斗机制导通信链路的噪声干扰机系统框图(图 5.87)。该装备一般安装在处于安全区域的飞机上,目的是使敌方飞行员无法正确接收来自控制塔台发送的控制引导信息。

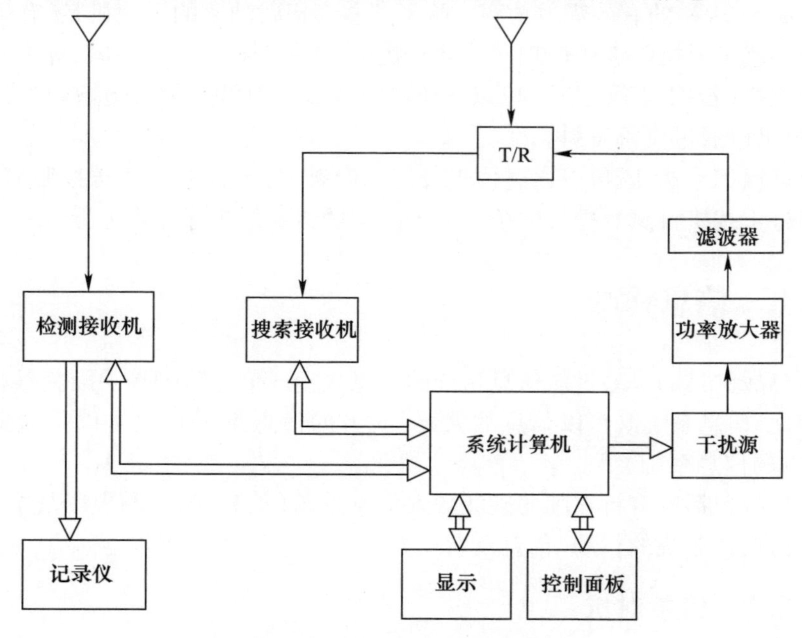

图 5.87 通信噪声干扰机框图

在存在干扰的情况下,影响无线电通信可懂度的因素有:①人为因素;②被干扰接收机解调器的干信比;③多频率干扰能力,包括干扰信号同时发射的数量、信道驻留时间以及瞬间观察周期;④被干扰信号和干扰信号之间的频移。

第一个因素强调可懂度取决于作战环境中操作人员的精神压力状况和受培训程度。

第二个因素强调干扰信号的统计特性,这是由于干信比取决于像发射损耗这样无法精确计算的参量。有效的干信比应该接近 0dB[27]。

第三个因素再次强调了当多频率干扰采用单一的分时干扰机时,所需功率会随着需要干扰的辐射信号数量的增加而增加。干扰效果不仅取决于瞬间观察周期,该时间应尽可能短并与作战环境相适应;还取决于干扰信号在每个信道的驻留时间、干扰周期的平均值以及干扰源的调谐速度。

第四个因素强调被干扰信号和干扰信号之间的频移,实际上意味着干扰机接收机必须能在瞬间观察周期内以几百赫兹的精度测量被干扰辐射信号的频率,同时干扰源能以同样精度在几十微秒内完成调谐。在调幅干扰中,如果频移高于 1kHz,则每增加 100Hz 频移,干扰效果将降低约 1dB。

如前所述,为通信干扰所设计的高功率干扰机在天线增益的共同作用下,可能具有高于 2kW 的有效辐射功率。除了这些高辐射功率的干扰机,还有一些置放于被干扰发射机附近的低功率伪装干扰机,这些干扰机不再回收,称为一次性噪声干扰机(投掷式干扰机),可以在撤退时通过发射特殊的火炮炮弹进行人工布放,也可以通过飞机发射。

启动通信干扰,既可以通过预先设定的时钟,也可以通过发送控制信号,还可以通过干扰机自身所携带的小型电子战支援告警系统等方式进行。

5.8 信息作战

信息战的目的是通过对信息系统的信息攻击或信息防御等手段获得制信息权。因此,信息系统既可以信息战武器(我方的信息系统),也可以是信息战目标(敌方的信息系统)[29,30]。

信息战包括所有旨在削弱破坏敌人信息系统(信息对抗,与电子战类似)和保护自己信息系统的行动(信息反对抗)。

5.8.1 信息对抗

信息对抗的目标主要包括:①敌方的信息,试图使敌方信息系统无法获得信息，或者获得欺骗性信息；②敌方的信息系统或资源，试图削弱或摧毁敌方信息资源，特别是计算机网络；③敌方的信息处理（包括人为因素），试图去影响敌方的信息处理，致使敌方得出错误结论。

表 5.4　信息对抗方法

心理战	利用信息影响敌方的理性思考
电子信息战	通过攻击敌方射频通信网络而使其无法获得准确信息
军事欺骗	使敌方对己方的实力和意图产生错误判断
物理破坏	将储能转换为破坏力（从常规炸弹到电磁脉冲武器）来摧毁敌方信息系统单元
信息攻击	将破坏性信息植入敌方的计算机网络（计算机网络攻击，CNA），但从物理实体上看不到变化（例如，病毒或 Bug 的注入与渗透）

表 5.4 显示了几种可用的信息对抗方法。所涉及的信息攻击有以下几种类型：

（1）SW 攻击，能像计算机病毒、特洛伊木马、逻辑炸弹和陷阱门一样使系统崩溃。微芯片可能有预先编制的或可被敌方利用的隐藏的附加功能（破解）。

（2）黑客，能擅自进入信息系统进行渗透、欺骗、偷窃、诈骗或破坏。

（3）数据攻击，能嵌入数据并操纵信息系统进行破坏文件、干扰无线电数据的传输，广播欺骗性宣传以及制造垃圾信息（发送大量与输入无关的数据）。当数据攻击导致了错误信息的宣传或者影响了决策人的决定，那么它就成了一种心理作战行动。

（4）物理攻击，例如制造火灾，使用炸弹，产生电磁脉冲（Electromagnetic Pulse，EMP）、高功率微波［HPM 或超宽带高功率脉冲（UWB）］和其他定向能等有害环境。商用连续波干扰机可扰乱全球定位系统（GPS）或移动电话服务。

5.8.2　信息反对抗

与信息对抗相似，信息反对抗所关注的是：①我方的信息，以增强自身信息的安全性（例如，引入加密方法）；②我方的信息系统，以检测和防御敌方的信息对抗，增强所有有关资源（例如，通信系统、计算机 I/O 以及计算机 I/O 协议）的安全性；③我方的信息处理（包括人为因素），以检测和反击敌方的信息对抗，增强人力资源的安全性。

为了保护己方的信息系统，可以采用以下几种方法：①安全措施，能应用于作战、通信、计算机和人员的安全策略和方法；②反情报侦察，能及时检测入侵和发布的虚假信息；③物理安全，能对资源进行物理防护，以避免物理破坏；④安全技术,能在计算机/通信网络中实施反对抗技术措施。

为了防止入侵,可以采取多种安全措施;为了在信息网络中检测和防止入侵,可以采取如下安全技术手段:①防火墙;②高保险警戒;③认证-初始化校验;④审核;⑤入侵检测;⑥加密;⑦安全管理。

参考文献

[1] Boyd, J., *Electronic Countermeasures*, Los Altos, CA: Peninsula Publishing, 1978.

[2] Van Brunt, L., *Applied ECM*, *Vol.* 1, Dunn Loring, VA: EW Engineering Inc., 1978.

[3] Schleher, D. C., *Introduction to Electronic Warfare*, Norwood, MA: Artech House, 1986.

[4] Johnson, R. N., "Radar Absorbing Material: A Passive Role in an Active Scenario," *International Countermeasures Handbook*, 1986, pp. 375 - 381.

[5] Harmuth, H. F., "On the Effect of Absorbing Materials on Electromagnetic Waves with Large Relative Bandwidth," *IEEE Transactions on Electromagnetic Compatibility*, Vol. EMC 25, No. 1, February 1983.

[6] Knorr, J. B., "Simulation Optimizes Noise Jammer Design," *Microwave Journal*, May 1985.

[7] Arcoumancas, E., "Effectiveness of a Ground Jammer," *IEEE Proceedings*, Vol. 129, Pt. F, No. 3, June1982.

[8] Deisenroth, C. W., "Analog Countermeasures Memories: Key to Delay and Replication," *International Countermeasures Handbook*, 1986.

[9] Turner, F. M., "Noise Duality Optimizes Jammer Performance," *Electronc Warfare/Defense Electronics*, November - December 1977.

[10] Scheleher, D. C., *Introduction to Electronic Warfare*, Norwood, MA: Artech House, 1986.

[11] Spector, S. C., "A Coherent Microwave Memory Using Digital Storage: The Loopless Memory Loop," *Electronic Warfare*, January - February 1975.

[12] Schneider, W. J., "Digital Countermeasures Memories: New Techniques Possible," *International Countermeasures Handbook*, 1986.

[13] Webber, G., "DRFM Requirements Demand Innovative Technology," *Microwave Journal*, February 1986.

[14] http://www.littonedd.comj/wite_paper/MPM97.html.

[15] Bardash, I., "Phased Array for ECM Applications," *Microwave Journal*, September 1982.

[16] Boyle, D., "Phased Array Going Active. GaAs Expanding Fast," *International Defense Review*, Vol. 9, 1989, pp. 1249 - 1251.

[17] Hovanessian, S. A., "Noise Jammers as Electronic Countermeasures," *Microwave Journal*, September 1985.

[18] Marinaccio, R. E., "Self Protection CM: Present and Future," *Microwave Journal*, February 1987.

[19] Vakin, V. A., and L. N. Shustov, "Principles of Countermeasures and Reconnaissance," *Osnovy radioprotivodeysviya i radiotekhnichescoy razvedky*, Moskow. (Translated by: Foreign Technology Division, Wright - Patterson Air Force Base, OH, 1969.)

[20] Johnson, G. R., "Passive Lobing Radars," *Electronic Warfare*, March - April 1977.

[21] Neri, F., "Experimental Testing of Cross - Eye Jamming," AOC Conference and Symposium, Las Vegas, NV, October 1 - 4, 2000.

[22] Falk, L., "Physical Basis of Cross - Eye for Ship Defense," AOC Conference and Symposium, Las Vegas, NV, October 1 - 4, 2000.

[23] Armand, D. R., "Chaff Primer," *Microwaves*, December 1970.

[24] *IEEE Proceedings*, Special Issue on Electronic Warfare, Vol. 129, Pt. F, No. 3, June 1982.

[25] Liebman, M., "Expendable Decoys Counter Missiles with New Technology," *Defense Electronics*, October 1986.

[26] Rivers, B. P., "Towed Decoys Come Out of the Black," *Journal of Electronic Defense*, November 1999.

[27] Follis, L. E., and R. D. Rood, "Jamming Calculations for FM Voice Communications," *Electronic Warfare*, November - December 1976.

[28] Self, A. G., "Expendable Jammers Prove Indispensable," *Microwaves & RF*, September 1984, pp. 143 - 149.

[29] Schleher, D. C., Electronic *Warfare in the Information Age*, Norwood, MA: Artech House, 1999.

[30] F. Neri, "Experimental Testing on Cross - Eye Jamming," AOC Conference and Symposium, Las Vegas, NV, 2000.

[31] Waltz, E., *Information Warfare: Principles and Operations*, Norwood, MA: Artech House, 1998.

[32] De Martino, A., *Introduction to Modern EW Systems*, Norwood, MA: Artech House, 2002.

[33] Stimson, G. W., *Introduction to Airborne Radar*, El Segundo, CA: Hughes Aircraft Company, 1983.

第6章　反干扰系统

6.1　简介

一旦电子干扰系统的效能发挥明显,武器系统就必须依靠可以对抗干扰的其他电子设备以确保自身正常工作,即反电子干扰系统[1-3]。本章将讨论可以使武器系统和通信系统在恶劣环境中正常运行的反电子干扰系统。涉及的武器系统和通信系统是:

(1) 搜索雷达;

(2) 跟踪雷达;

(3) 电光系统;

(4) 通信系统。

6.2　搜索雷达反干扰措施

如第3章所示,搜索雷达既可以作为覆盖广阔区域的防空网络中的一个要素,如NADGE系统,以提供广阔的全景视图,也可以在较小的范围内组织防御,如船舶或车队等小区域。在这两种情况下,攻击机都会尝试通过采用合适的飞行航线和剖面来避免探测,最重要的是利用电子干扰技术手段[4]。

对于单个飞机的攻击,可以用于干扰搜索雷达的电子干扰很少且干扰范围有限。电子干扰装备要做的不仅是掩盖战机雷达回波,而同时还要隐藏干扰的方向。

随队干扰的任务是对编队中其他平台的电子防务,支援干扰的任务是干扰机保持在安全距离的同时保护其他攻击平台,这两种方式可用的干扰方法非常多。最初针对这种电子干扰的就是雷达告警配备反电子干扰设备。

一些反电子干扰设备只是用于改善雷达性能的简单技术衍生产品,而有些反电子干扰设备则是用来专门用于对抗干扰机,它们的采用需要增加雷达的重量或略微降低某些雷达功能。在下文中,将研究最广泛使用的反电子干扰技术。尽管许多其他技术的名称比较炫目,但仍然属于电子防务基本范畴。

6.2.1 非专用反干扰措施

6.2.1.1 灵敏度时间控制

灵敏度时间控制用于使雷达接收机的灵敏度或增益随距离变化，如图 6.1 所示。首先，它用于限制发送到处理器的雷达信号的动态范围。试想一下，雷达接收信号的功率变化和 $1/R^4$ 成正比，大目标的回波或短距离的杂波，可以迅速使雷达接收机饱和；在一个简单的雷达的 PPI 上会出现大的白点，导致其他目标无法被辨别。

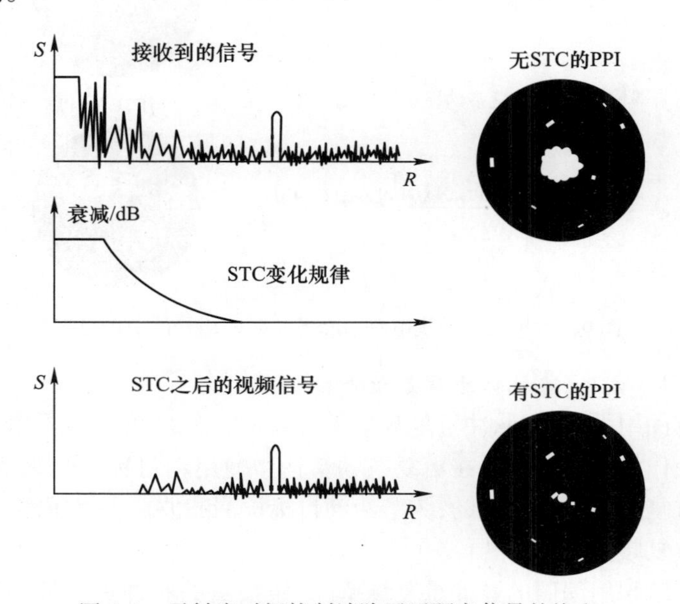

图 6.1 灵敏度时间控制消除了近距离信号的饱和

在大多数情况下，灵敏度时间控制不仅用于保持目标信号在动态范围内，还用于保持由目标加杂波组成的信号在动态范围内，使得随后的动目标检测可以充分地增加目标对杂波的可见性。

实际上，雷达中用于其他目的的灵敏度时间控制就是一个无成本的反电子干扰设备，能够在短距离干扰的情况下防止饱和。

6.2.1.2 抗雨雪干扰电路

抗雨雪干扰电路是与雷达脉宽 τ 匹配的差分电路。抗雨雪干扰电路会切断持续时间长于 τ 的所有信号，如图 6.2 所示；当存在大量混乱或有意地长时间干扰信号时，只有其前沿信号会通过。

尽管信号会被拦截以便不干扰 PPI，但是在存在强干扰信号的情况下，接收机的灵敏度几乎降低到干扰信号的水平。这意味着连续波信号不会干扰 PPI，但只有比连续波信号高或低几分贝的信号才能辨别。有一种雷达设备称为反偏接收机,可以被用于消除连续波干扰而没有使强烈灵敏度降低的雷达设备将在 6.2.2.2 节中讨论。

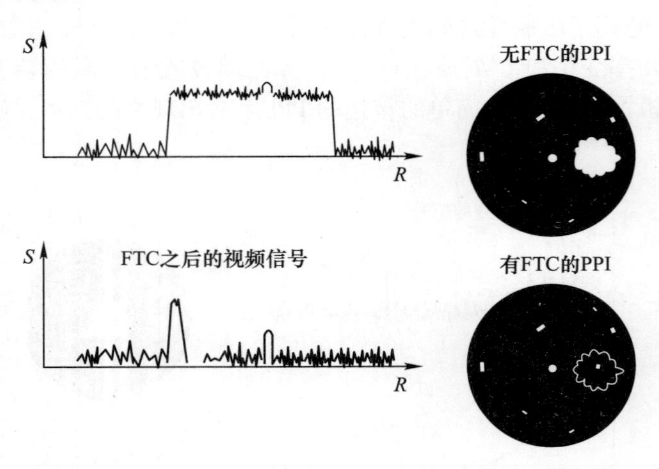

图 6.2 抗雨雪干扰电路消除了长时间信号的负面影响

6.2.1.3 编码/随机脉冲重复频率

在所有民用雷达中,脉冲重复频率既可以是固定的,也可以在需要改变雷达范围时由操作员进行调整。在更复杂的雷达中使用动目标检测来消除杂波,而单个脉冲重复频率是不合适的;为了给动目标检测滤波器提供所需的特性,需要多个脉冲重复频率。

雷达可以采用编码的脉冲重复频率(一定数量的脉冲重复频率分布在确定的序列上),以实现一定的反电子干扰功能,可以对抗那些试图在短于干扰机自身距离的范围内创建虚假目标的干扰机,如图 6.3 所示。干扰机缺乏创建范围相关脉冲的能力,除非它能够检测和利用雷达交错的水平和序列编码。为了防止干扰机实现这一目的,在不需要动目标检测消除第二次和第三次回波的情况下,最先进的动目标检测雷达将使用一个完全随机的脉冲重复频率。在没有动目标检测的简单雷达中,随机脉冲重复频率仅用于第二次回波的去相关。

在军用雷达中,脉冲重复频率的变化范围最少在 10%~20%;随机脉冲重复频率应该是值得期待的,因为干扰机很难预测它,并且该技术很容易实现。

动目标检测的出现最初并不是因为反电子干扰。它的主要任务是用于减弱来自地面、海洋和雨水的回波(2.2.4.1 节)。然而,当搜索雷达被箔条干扰时,动目标检测可以被用作强大的反电子干扰电路[5-6]。发射出去的箔条将漂浮在

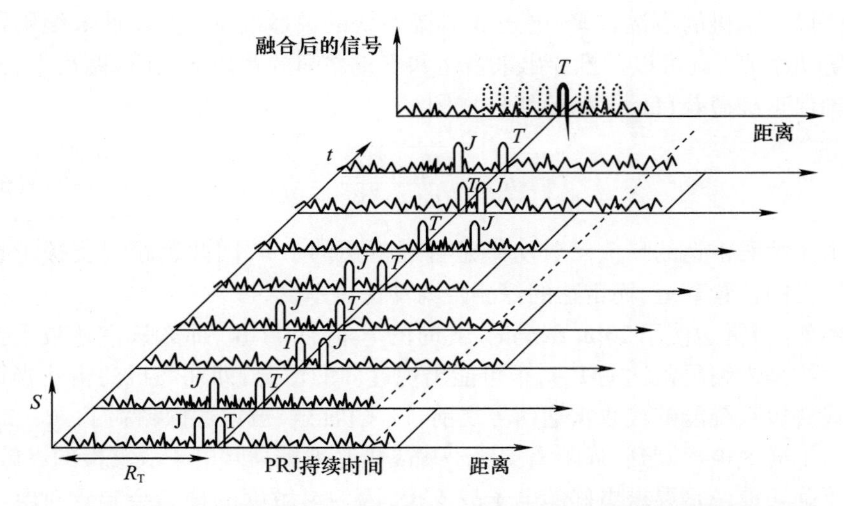

图 6.3 使用抖动或交错的脉冲重复频率去除了创建的欺骗性信号推进时间目标

空中(5.5.1.2 节),此时,它将类似于由风中的雨水,并将在一定程度上被动目标检测本身的特征所取消。例如,一个动目标检测的双消除器可以将来自箔条的信号衰减 20～30dB。

6.2.1.4 脉冲压缩的反电子干扰能力

编码脉冲压缩雷达的功能在 2.2.4.4 节已经讨论过。脉冲压缩为搜索雷达提供了高杂波消除能力和高范围识别能力,使雷达能够输出可靠的又可被计算机管理的数据。计算机化的数据管理确保雷达系统具有较短的反应时间,这对于对抗超高速、超低空飞行的威胁是必不可少的。在下文中,将讨论脉冲压缩的衍生反电子干扰能力,主要有两个基本特性:

(1) 降低编码波形的可截取性,从而具备低截获概率特性[7];

(2) 降低编码波形对欺骗干扰的敏感性[8]。

考虑有这样两部雷达,一个具有脉冲压缩功能,一个没有,两者具有相同的探测距离,都受到远距离支援干扰飞机的干扰,该飞机试图为攻击机创建一个走廊。

脉冲压缩雷达将具有比未编码雷达低 n 倍的峰值功率,n 是该编码中的码元数量,它能减少远距离支援干扰飞机上雷达告警－电子战支援系统的距离超前因子。

远距离支援干扰机通常位于武器系统范围之外的安全距离上,因此,尽管其具有显着的雷达反射截面积,但它仍可以正确地检测目标雷达的辐射信号而确保自身不会被检测到。

假设干扰机的雷达告警/电子战支援系统的灵敏度为 S_0，并且未编码雷达的发射功率 P_T，则可以推推导出来雷达和飞机之间的距离 R（在该距离上，飞机可以确保正确截获目标雷达的信号），即

$$R = \sqrt{\frac{P_T G_T G \lambda^2}{(4\pi)^2 S_0}} \tag{6.1}$$

由于编码雷达的峰值发射功率是普通雷达的 $1/n$，因此远距离支援干扰机必须自己的位置移近，而雷达的探测距离却保持不变。

例如，当雷达使用 13bit 编码时，此时的 P_T 降低 11dB，那么该雷达被干扰的距离大约是未编码雷达的 1/4，很可能出现这样的情况，即在飞机的雷达告警－电子战支援系统能够接收雷达信号之前，该飞机已经被雷达探测到了。

为了避免被探测到，远距离支援干扰飞机必须提高其电子战支援的灵敏度，或者更确切地说是寻求更好的电子战支援，因为灵敏度的提高会导致对电子战支援计算机的输入速度的大幅增加。

因此，编码雷达只需使用具有码元位数较多的代码（即 τB 的值很大），就可以具有良好的低截获概率特性。

由于雷达通常在发射期间不可能接收，因此除非使用具有独立的且隔离性能良好的天线的接收机，否则雷达发射的持续时间应保持在可接受的范围内，一般是几十微秒。这意味着如果需要编码的码元数较大，则每个码元的发射时间必须非常短。

因此，编码雷达的发射脉冲频谱将变得非常宽，以至于类似于扩频传输[9]。而检测这种波形需要高灵敏度的电子战支援接收机。

如果脉冲压缩乘积 $\tau \times B$ 增加，为了获得同样的雷达探测距离，B 不变，则所需的峰值功率必须随着传输时间的增加而减小。极端情况下，发射信号几乎是连续的，编码的码元数可以很大，几乎是随机的[10]。在这种情况下，为了确保发射和接收之间的必要隔离，必须使用单独的天线系统。而发射的波形也变得像噪声一样。通过电子战支援系统检测这种信号则非常困难。

脉冲压缩实现的另一个反电子干扰特性源于这样的事实，即只要欺骗干扰机通常就不能发射与目标雷达相同的脉冲编码，或者说转发这样的编码，如图 6.4所示。正因为如此，传统的欺骗干扰机将无法实现以下目的：

（1）欺骗雷达，因为只有少数码元被干扰，因此，其效果只会是旁瓣的轻微增加和真实信号最大强度的轻微波动；

（2）通过生成假目标来实现距离波门拖引，或制造假目标来混淆雷达 PPI；

（3）恢复干扰的有效性—除非干扰机升级，并且必须采用诸如数字射频存

储器等先进技术。

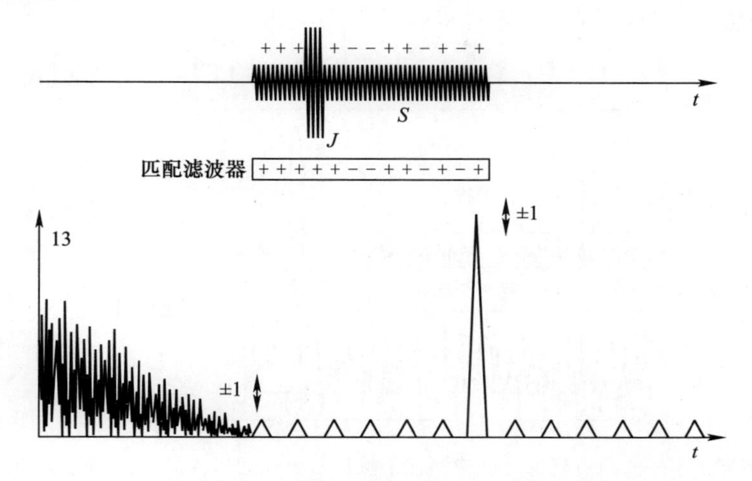

图 6.4 编码雷达的反电子干扰功能。干扰编码中的一个码元只会导致压缩信号的峰值和旁瓣上的一位波动

6.2.1.5 恒虚警率接收机

为了对低空飞行的高速攻击机做出足够快速的反应，搜索雷达必须能够提取出计算机可以使用的信息。计算机的主要问题是过多的虚警饱和。

例如，一部雷达的探测距离为200km，距离分辨率为100m，脉冲重复频率为500Hz，天线扫描周期为4s。在方位上一次360°的扫描中，该雷达将收到式(6.2)所示的采样信号。这意味着，如果虚警率为1×10^{-6}，那么雷达在每次扫描时，由于热噪声以及真正的目标，计算机将不得不处理之外的4次虚假回波。考虑到动目标检测过滤后的地面，海洋和雨水杂波残留，实际检测到的假目标数量可能会高出10倍，即

$$N = 4 \times 500 \times \frac{200000}{100} = 4 \times 10^6 \tag{6.2}$$

如果此时存在干扰，这个数字可能会变得非常高，并且可能使专用于TEWA的计算机严重饱和，而TEWA负责提取雷达轨迹，评估其威胁等级以及选择反应。

为了消除这种风险，搜索雷达、防空雷达或要点防御雷达必须配备这样一个装置，该装置能够保持稳定的虚警率，例如不高于1×10^{-6}。这种装置具有恒虚警率特性，如图6.5所示[11]。正如2.2.4.2节所述，广泛使用的恒虚警率设备具有自动波门，它通过对每个距离分辨单元内的回报信号取平均值来生成自适应阈值，以便通过调整一个参数α将虚警率固定在所需值。

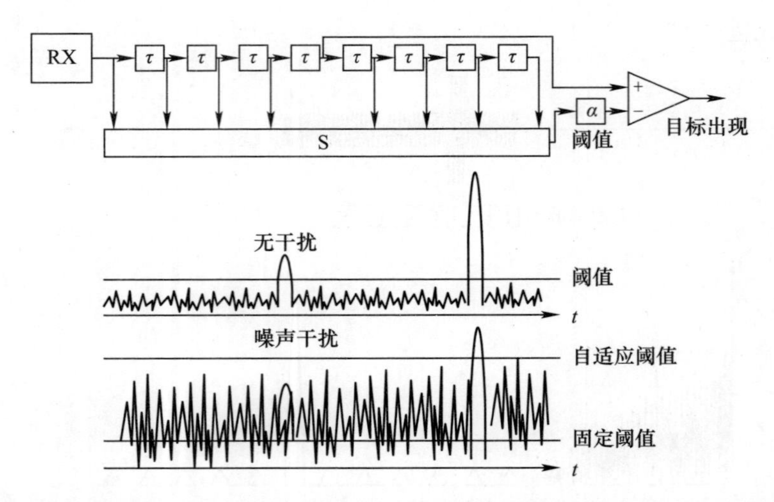

图 6.5 恒虚警率接收机可确保正确检测比干扰信号更强的目标信号,而不会产生太多虚警

也可以使用通过循环过程实现基于自适应阈值的其他设备,这种情况下,当计算机需要处理的检测信号达到最大值时,检测阈值可以相应增大到某个数值。

一些其他特殊设备也被认为是恒虚警率设备,因为它们可以以特定方式降低虚警率上升,宽 - 限 - 窄接收机就是一个例子。正如 6.2.2.1 节所述,宽 - 限 - 窄接收机侧重于减少高强度窄脉冲干扰的影响。此外,消除由连续波信号引起虚警的反偏置接收机(6.2.2.2 节)也可以认为是恒虚警率设备。由于这些设备专门用于对抗干扰的影响,因此本章后面将专门将它们作为真正的反电子干扰进行讨论。

硬限幅接收机也可以认为是具有恒虚警率特性的接收机。例如,在干扰源产生的噪声高于雷达热噪声的情况下,硬限幅器可以保证输出端的虚警率不变,如图 6.6 所示。

6.2.1.6 频率捷变

与已经提到的其他技术一样,在电子干扰未出现以前,频率捷变(载频在单个脉冲到脉冲组上的移动)被用来改善雷达的正常性能;而在电子干扰出现以后,频率捷变又被作为一种强大的反电子干扰技术。

频率捷变和固定频率相比有巨大优势(2.2.4.3 节)。这些优点是:

(1) 探测范围最高可增加 35%,在其他参数相等的条件下;

(2) 减少未配备动目标检测的雷达杂波;

(3) 减少跟踪雷达的角闪烁;

(4) 减少或消除搜索雷达的旁瓣波束;

(5) 减少跟踪雷达的摆动;

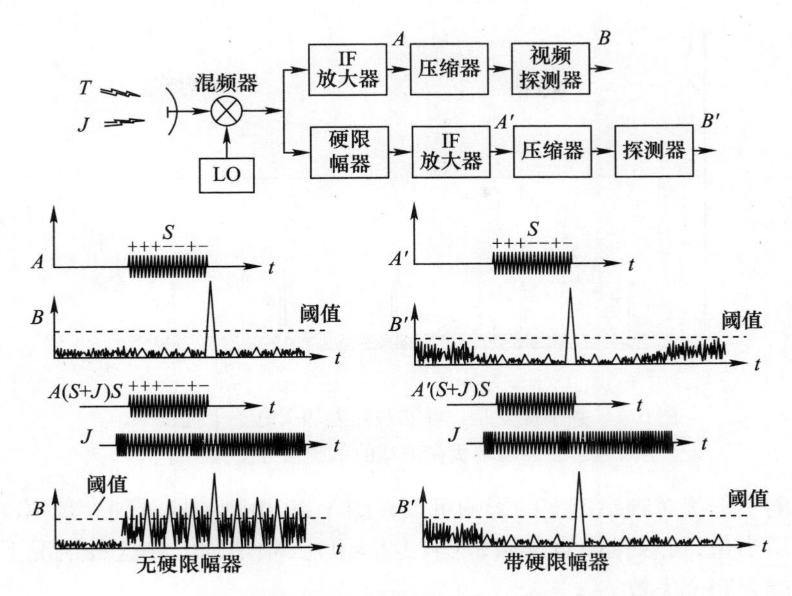

图 6.6　硬限制接收机的恒虚警率特性。在硬限制器之后，干扰机不会能够引起错误的阈值交叉

（6）降低干扰机的有效性[12-13]。

频率捷变使雷达对噪声干扰具有很强的对抗性，有时甚至对欺骗干扰也具有很强的对抗性。例如，它对近距离波门拖引和多个假目标干扰非常有效。

由于雷达频率无法预测，如果雷达的捷变带宽为 B_a，干扰机的带宽 $B_j \geqslant B_a$ 时，干扰才能有效。因此，干扰机的功率必须分布在比雷达脉冲瞬间带宽 B（约为 $1.2/\tau$）宽得多的捷变带宽 B_a 上，由于捷变带宽可以比雷达频带 B 宽 500～1000 倍，因此进入雷达频带的噪声干扰功率被大大降低。

干扰机的噪声功率密度 P_j 可表示为

$$P_j = \frac{P_j}{B_j} \tag{6.3}$$

雷达接收的干扰功率 J 可表示为

$$J = \frac{P_j\left(\dfrac{B}{B_j}\right)G_j G_R \lambda^2}{(4\pi)^2 R^2 L_p} \tag{6.4}$$

当雷达工作在固定频率时，B_j 约等于 4B，因带宽比产生的损耗约为 6dB。

当雷达是频率捷变时，B_j 必须高于或等于 B_a，可以是 B 的 500～1000 倍，带宽比损失约为 27～30dB，如图 6.7 所示。

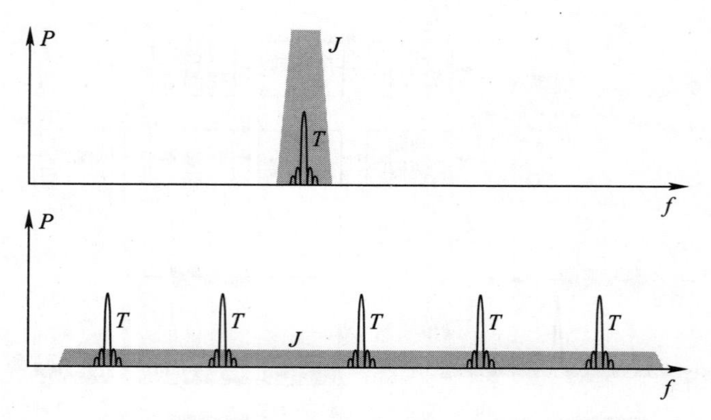

图 6.7 频率捷变是一种非常强大的反电子干扰技术，因为它会强制干扰在很宽的范围内分配其功率

反电子干扰对频率捷变的影响可以在图 5.20 中清楚地看到。其中，考虑到 B/B_j 取适当值，可以推断自屏蔽范围（$J/S=0$）大幅增加。在这种情况下，噪声干扰可能会完全失效。

由于捷变频雷达中的下一个脉冲重复间隔中的频率不同于上一个，且干扰机在接收到来自雷达的下一个脉冲之前将不知道其频率，因此，频率捷变可防止欺骗干扰机在小于干扰范围的距离上产生虚假目标。

6.2.1.7 频率捷变兼容动目标检测

为了实现良好的杂波消除，发射—接收设备必须具有高度的相位稳定性，并且脉冲之间的杂波不能波动过大。当使用频率捷变时，杂波是去相关的，这就阻止了动目标检测的消除。另一方面，频率捷变在处理目标和干扰方面具有巨大的优势。

以下技术使频率捷变和动目标检测兼容[14]。一旦发射了脉冲信号，双极视频信号就会被数字化并存储在整个范围轴上。在下一个脉冲重复间隔中，随着频率的变化，所有的回波都被存储；这一过程在多个脉冲重复间隔中重复，同时注意保持每个使用频率的一致性。然后采用简易双向动目标检测过滤对频率相同的对所有回波进行过滤。使用这种方法时，虽然动目标检测性能可能会明显下降，但可以使用频率捷变，并且上述所有优点都会发挥作用。

依据图 5.20，通过给出合适的比率 B，可以评估干扰机的作战效能损失值。

6.2.1.8 数字接收机

值得一提的是，数字接收机是一个强大的反电子干扰手段。实际上，通过允许足够的瞬时带宽，数字接收机可以围绕目标频率提供实时频谱分析。通过这种方式，雷达可以轻松运用逻辑判断哪些信号最有可能被视为目标，并在数字接收机输出中对这些信号进行跟踪。例如,雷达可以区分确定属于目标的调制和属于干扰的调制。当然,数字接收机可用于搜索和跟踪雷达。

6.2.2 专用反干扰措施

6.2.2.1 宽-限-窄接收机

宽-限-窄接收机可以作为对抗高强度宽带干扰的反电子干扰手段[15]。这种类型的干扰可以通过连续波信号快速扫过非常宽的频带来实现。例如,用50μs时间扫过内的2GHz,可用于干扰具有2MHz带宽的雷达接收机。当连续波信号扫过雷达波段时,接收机输入端会产生持续时间为50ns的高强度尖峰脉冲。通常,这些脉冲能够在放大器的第一级激发振荡,从而使雷达接收机饱和"失明",如图6.8所示。

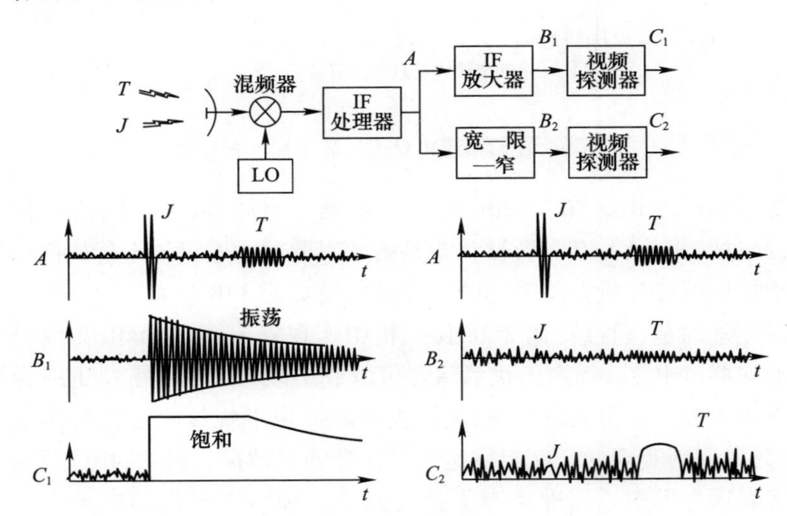

图6.8 宽-限-窄接收机对连续波干扰的有效性

宽-限-窄接收机由两部分组成。第一部分是宽带宽 B_w 的滤波器,其后是硬限幅器。第二部分是窄带宽 B_s 的匹配滤波器。第一部分用于放大所有宽带信号,信号不会在这里振荡并将被限制在预设值(通常比噪声低几分贝)。在第二个部分的放大是在将带宽缩小到与脉冲匹配的值之后完成。信号与干扰比 S/J 的增益等于两个接收机带宽 B_l/B_s 的比率。

6.2.2.2 反偏接收机

反偏接收机是针对窄带连续波干扰或瞄准噪声干扰的反电子干扰设备[16],如图6.9所示。该接收机具有用于检测连续波干扰信号或峰峰值幅度在给定的时间段内是准恒定的信号的电路,并且能够抑制这些信号,而仅留下脉冲信号。

该装置对于在其频带内出现的连续波类干扰信号非常有效，例如由频率调制连续波（带宽相对窄）产生的瞄准噪声。

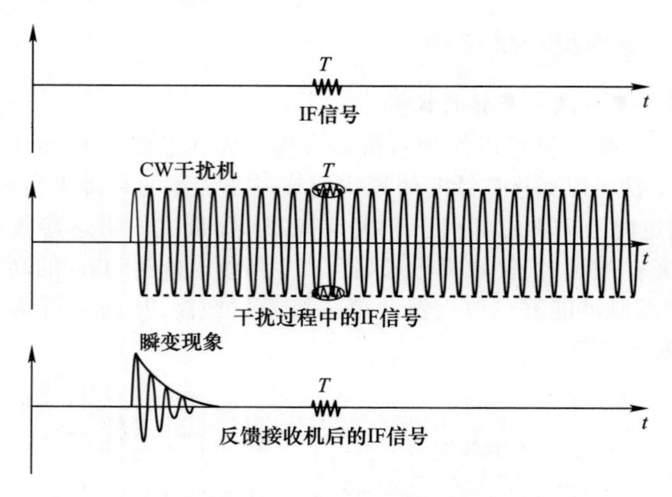

图 6.9　反偏接收机对连续波干扰的有效性

干扰压缩可以获得 50～60dB 的干扰抑制。因此，两个相同信号相干产生的噪声，经过解相关后，有时会被认为是由频率调制的连续波干扰机产生的噪声干扰。增加反偏接收机会使雷达的最大灵敏度降低 3dB 左右。

值得注意的是，通过在宽带 IF 接收机中实现反偏概念，可以实现强大的噪声干扰消除器（NJC）。噪声干扰消除器可以成功地对抗来自雷达主或旁瓣的连续瞄准噪声干扰。如第五章所述，现有大多数噪声干扰技术是通过连续波信号的相位/频率调制实现的。在与雷达信号匹配的窄带接收机中，相位频率调制的连续波将表现为噪声。瞄准噪声干扰可能是一种特别有效的电子干扰。如果 IF 接收机是宽带 IF 接收机，则调制的连续波将恰好作为相位频率连续波信号出现而没有任何幅度变化。在宽带 IF 接收机中，可以应用窄带反偏接收机的相同概念，因此相位/频率调制的连续波将消失，并且仅保留具有回波信号。与噪声干扰消除器的后偏置接收机一样，目标信号也会损失约 3～5dB，但瞄准噪声的消除可能超过 30dB。

6.2.2.3　干扰机选通

干扰选通是一种用于向搜索雷达提供瞄准式干扰到达方向的装置，它的实现方法有很多种。最广泛使用的是全向辅助天线，如图 6.10 所示。将来自信道接收的信号和辅助信道接收的信号对比，当从主天线信道 A 输出的信号大于辅助天线信道 B 的信号时，主天线朝向就是干扰信号方向。这种类型的电路可用于实现另一个反电子干扰器件,即旁瓣消隐,下一节中将进行介绍。

6.2.2.4 旁瓣消隐

如图6.10所示,当B处的信号变得高于A处的信号,输出就会消隐,因为它肯定来自旁瓣,而不是来自主瓣。旁瓣消隐可用于脉冲信号,因此可防止欺骗干扰,也可用于对抗噪声干扰。由于通过干扰噪声比J/N灵敏度降低,因此在后一种情况下,必须确保预测的干扰不会导致太大的灵敏度损失[17-18]。

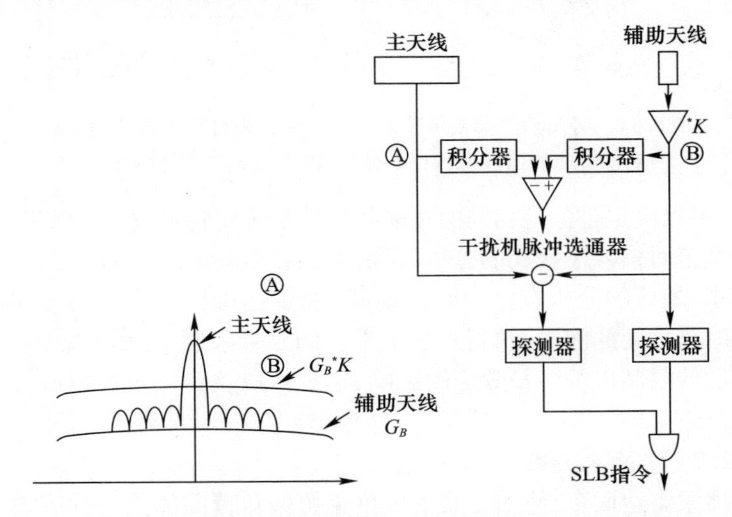

图6.10 干扰选通是识别干扰到达方向的设备。只要旁瓣信号高于主天线的信号,旁瓣消隐就会抑制接收机输出

6.2.2.5 旁瓣消除器

旁瓣消除器是一种在旁瓣中沿干扰方向设置零点的反电子干扰技术。通过这种方式,可以减少远距离支援干扰在雷达防空网络中产生走廊的有效性。如图6.11所示,要消除的信号样本在雷达接收机的A点采样,在噪声干扰的情况下,它将是准连续波信号。通过控制增益G,调整从全向辅助天线到达的信号幅度和相位,以使连续波信号最小化。这是通过设置合适的时间常数完成的,以便雷达天线在保持扫描的同时将零点保持在干扰机的方向上。此时可实现高达20dB的干扰衰减[19-21]。

6.2.2.6 自动频率选择

最复杂的雷达能够相对快速地改变发射频率,这种雷达配备一种称为自动频率选择(AFS)的特殊设备,它允许自动选择未被干扰的频率[13]。这种有效的反电子干扰有两种基本类型。第一种是基于对雷达可以使用的频谱的分析,其在特殊的脉冲重复间隔中执行,在该脉冲重复间隔期间不发射雷达脉冲。在完

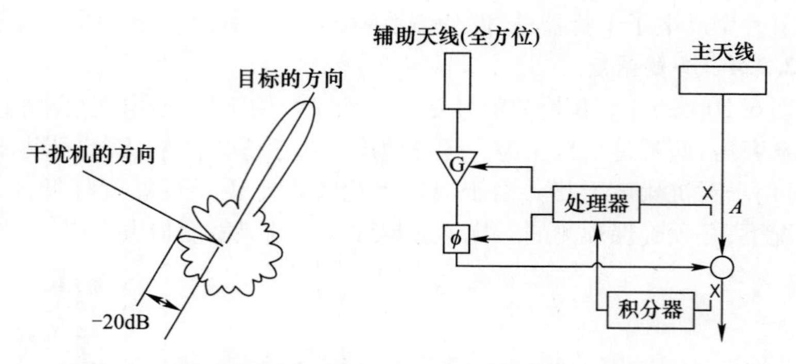

图 6.11　旁瓣消除器或零陷是一种允许将来自主天线的信号和来自旁瓣的信号进行相干处理,以衰减旁瓣信号的技术

成分析后,可以决定是保持相同的传输频率还是改变到未被干扰的发射频率上。第二种是基于对信号干扰比的分析,该信干比必须满足雷达工作要求,并且干扰噪声比最小,最后的分析在空载时间期间(在雷达最大作用距离时间和下一个脉冲发射时刻之间的间隔)执行。由于干扰的频带限制、旁瓣零点的移位、干扰的调谐速度的限制以及多径效应的影响,通常可以找到一个可以改善信号干扰比的频率。

6.2.2.7　多波束天线

对于搜索雷达而言,使用多波束来覆盖俯仰角范围的是一种有效的反电子干扰。当只有一个仰角波束时,干扰的存在会降低雷达在所有高度的探测能力,如图 6.12 所示。但是,如果雷达具有多个波束,则只有被干扰波束的探测能力会降低,而其他所有高度的性能不受影响。多波束的能力可以通过 FRESCAN[22] 来实现,可以通过发射频率分集的长脉冲或脉冲串,或者通过更灵活性的相控阵天线,实现俯仰方向上的多波束能力。通常,雷达仅在接收时使用扫描或多个波束,而在发射时,其束不会被分割[23-25]。

6.2.2.8　相控阵天线调零

可以为相控阵雷达提供特殊算法,以在检测到的干扰方向上产生零点。因此,一旦在某个方向上检测到干扰,就可以在控制天线波束方向的数字移相器进行相位调整,使数字移相器在期望的方向上产生零点(实际上是旁瓣电平的减小)。有时,为了节省创建调零的时间,可以准备 2 - D 方向和频率的函数作为查询表,以便可以应用相位校正而无需等待计算时间。

如果我们假设检测到的干扰方向为 $\alpha = 28°, \eta = 0°$,则可以通过迭代过程计算,要添加到天线移相器的相位分布,以增大旁瓣衰减。例如,在干扰方向为 20dB,而不会在其他天线方向上,特别是在主波束方向上产生明显的干扰。

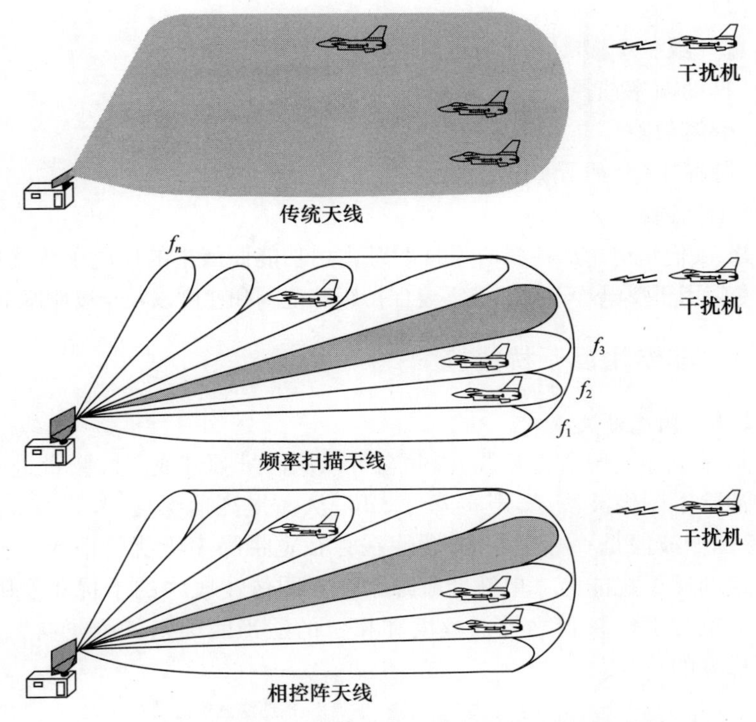

图 6.12　多波束雷达的反电子干扰功能。干扰机只能干扰其中一个波束，雷达其他波束能力保持不变

6.3　跟踪雷达反干扰措施

在启动跟踪模式运行之前，跟踪雷达必须能够看到和获取目标。因此，许多在搜索雷达上行之有效的反电子干扰也适用于跟踪雷达。最重要和最广泛使用的主要有：

(1) 快速时间常数；
(2) 灵敏度时间控制；
(3) 随机脉冲重复频率；
(4) 频率捷变(具有各种频率规律)；
(5) 移动目标指标；
(6) 恒虚警率接收机；
(7) 背偏置接收机；

(8）噪声干扰消除器；

(9）宽－限－窄接收机；

(10）自动频率选择；

(11）旁瓣消隐；

(12）脉冲压缩(码元)；

(13）干扰选择。

接下来,我们将讨论那些精心设计跟踪雷达功能而衍生的反电子干扰功能,然后再阐明专门用于反电子干扰以及需要保持跟踪范围和速度以及角度跟踪的设备。

6.3.1 非专用反干扰措施

6.3.1.1 预选滤波器

由于热噪声存在于所有频段,因此它可以从信号频带或图像频带进入 IF 频带。如果消除了图像波段,噪声将降低 3dB,从而提高信噪比,如图 6.13 所示。因此,消除图像波段是一种好方法,即使在存在宽带噪声干扰的情况下,这也可以提高雷达的反干扰能力。单脉冲跟踪雷达对图像波段中的干扰非常敏感(因为不能保证正常工作频带之外的幅度和相位的适当匹配),使得干扰甚至可以反转角度梯度的符号。

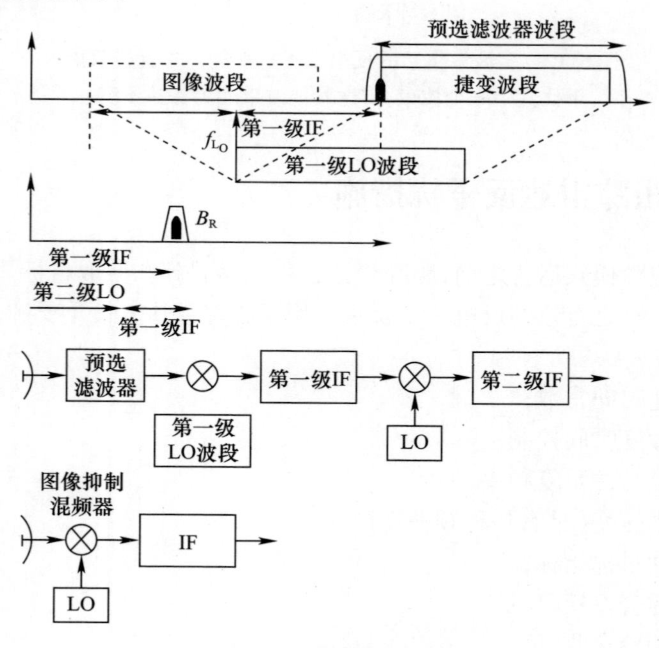

图 6.13　图像波段抑制

为了消除图像波段，可以使用预选滤波器。如果雷达是频率捷变的，则 1 个预选滤波器是不够的，因为 IF 频带通常比捷变频所使用的频带窄得多。在这种情况下，雷达可以使用两级或多级中频滤波器。一种更简单的方法是使用图像抑制混频器，可以将图像频波段的响应降低大约 20dB。

6.3.1.2 低旁瓣

使用低旁瓣的天线是最小化干扰对跟踪雷达影响的一种好方法[26,27]。通过旁瓣到达的噪声或欺骗干扰可能导致雷达锁定假目标，并可对相关武器系统的瞄准造成不良后果。具有小旁瓣的天线的实例是极化扭曲卡塞格伦天线，其第一旁瓣比主瓣约低 30dB。

6.3.1.3 中频滤波器

另一种降低干扰效应的技术是为 IF 频带提供匹配的高斜率滤波器。这在单脉冲雷达中尤其重要，为避免边缘干扰，滤波器斜率设计为每 10 倍超过 60dB。边缘干扰是以非常高的功率发射欺骗干扰，频率偏移大约为 IF 带宽一半的雷达将在 IF 滤波器频带的边缘接收脉冲，由于难以检测幅度和相位的匹配，因此不能确保跟踪精度。

6.3.1.4 快速自动增益控制

快速自动增益控制用于对抗幅度调制的干扰机非常有效。它可以在单脉冲雷达中轻松实现，但不能通过圆锥扫描雷达实现。为了使用圆锥扫描雷达实现快速自动增益控制性能，需要使用图 6.14 所示的特殊配置。在图 6.14(a)中，截止频率高于圆锥扫描频率。通过适当的滤波，直接从自动增益控制电压导出由扫描引起的幅度调制。但是，在图 6.14(b)中，自动增益控制电压可以通过位于该频率上的陷波滤波器来补偿信号的所有波动，但圆锥扫描频率除外。

在任何情况下，跟踪雷达正常设计的自动增益控制截止频率远低于伺服环路的截止频率。

如果圆锥扫描雷达使用大约 30Hz 的频率，则自动增益控制的截止频率被限制在 1 ~ 3Hz 之间，并且伺服带宽小于 0.1Hz，这导致相当慢的跟踪。这就是现代圆锥扫描雷达使用特殊设备来增加扫描频率的原因。

6.3.1.5 对数接收机

为避免调制干扰的破坏性影响，通常采用具有对数特性的接收机，如图 6.15所示。尽管在这种情况下角度梯度的灵敏度和线性度将降低，但是将避免由于等待自动增益控制而造成的饱和，以及通过欺骗干扰机捕获自动增益控制等所有缺点。在信号非常小的情况下，接收机通常表现为线性。因此，它称为线性对数(Lin - Log)接收机。

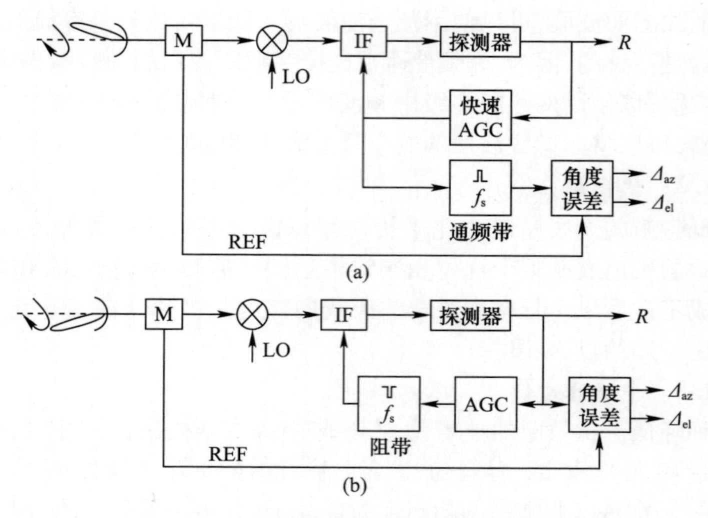

图 6.14　圆锥扫描雷达的快速自动增益控制

(a)无陷波滤波器；(b)带陷波滤波器。

因为对数压缩对对于扫描雷达幅度调制的影响太大，所以对数接收机通常用于单脉冲雷达。

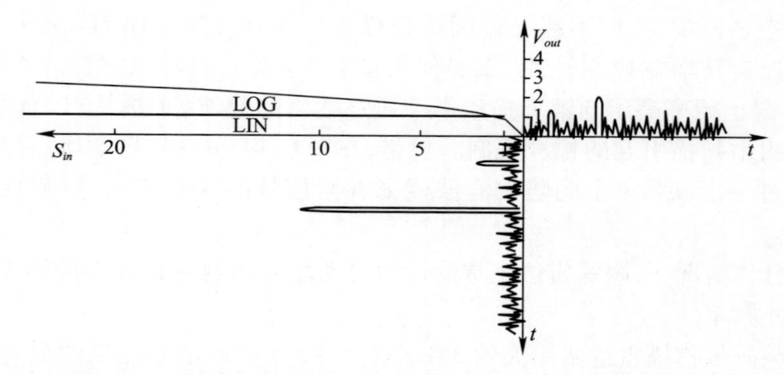

图 6.15　线性对数接收机的特性允许所有输出信号均为低动态范围

6.3.2　专用反干扰

6.3.2.1　干扰探测器

跟踪雷达经常配备能够探测噪声干扰的设备。这种装置通常允许激活跟踪－干扰反电子干扰并将威胁情况警告给操作员。

干扰探测器可以在雷达静默时使用多个波门，或者在目标前后打开波门门。

通过从速度存储器更新距离跟踪系统和从干扰信号本身导出用于角度跟踪的数据,可以利用干扰存在信号。最先进的雷达能够检测到干扰机搜索信号周期的存在。在这种情况下,雷达就在干扰机关闭的时间段内正确地更新其跟踪参数。该设备有时也称为透视反电子干扰。

6.3.2.2 反距离波门拖引

反距离波门拖引(ARGPO)反电子干扰也称为ARGS。实现此反电子干扰性能有两种方法。第一种是基于跟踪真实回波的引导;第二种是基于距离跟踪环路的平衡损失,早期(E)和晚期(L)门加权不同。

在第一种方法中(图6.16),第一个接收机具有低输出动态特性,以避免欺骗信号比真实信号更强。例如,避免自动增益控制被捕获。宽-限-窄接收机和对数接收机等受限的接收机属于这种类型。接收机输出到差分电路,该差分电路实际上消除了超过某个预定值的所有信号拖尾。

假设雷达具有随机脉冲重复频率或频率捷变以避免距离门拖引。然后,只要真正的回波和欺骗没有分开,当欺骗干扰机试图延迟回波时,实际上只有真实回波的第一部分才会出现在微分电路的输出端,如图6.16中B和T_1所示。当真正的回波和欺骗被分开时,距离门将不会检测到第二个回声,因为它仍然锁定在第一个回声上,如图6.16中B和T_2所示。

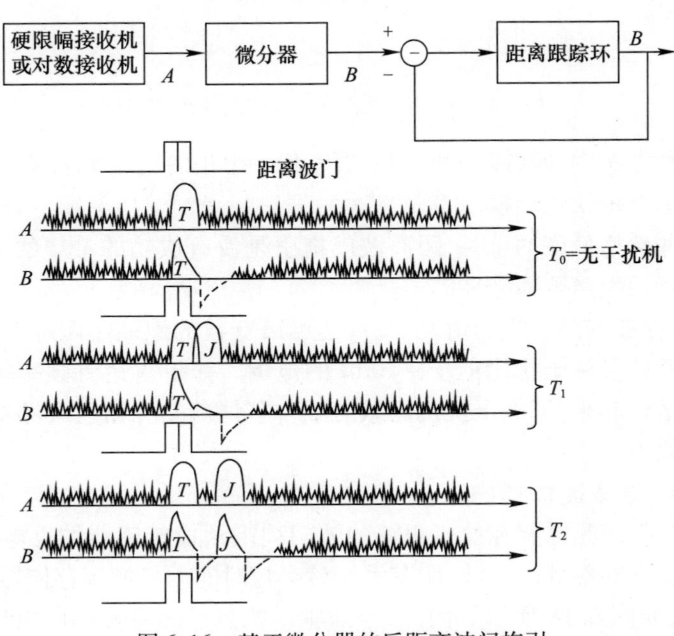

图6.16 基于微分器的反距离波门拖引

在第二种方法中(图 6.17),在受限或对数接收机之后,早期门的值的加权大于后期门的值,这导致距离值向前移动,测量的距离短于实际距离,但这是可以预定的,因此不太重要。图 6.17 说明了工作原理。由于波门的前向移位,距离跟踪系统不受欺骗回波的影响。

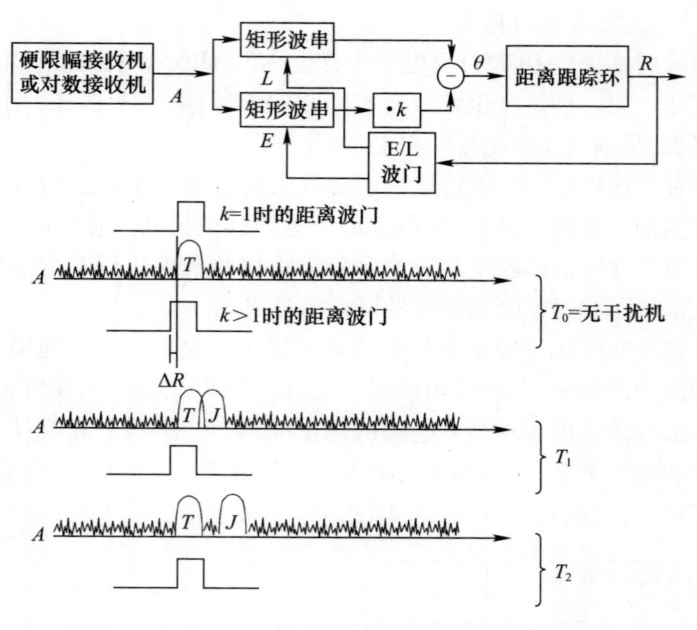

图 6.17　基于 E/L 门的差分加权的反距离波门拖引

在这两种方法中,跟踪环的时间常数就像一个小的反电子干扰,因为它倾向于确保波门不会被快速切换。

对于这些价格低廉的设备,距离波门拖引是没有成功的希望的。干扰机的唯一途径是利用噪声覆盖脉冲。

有时,在存在噪声干扰的情况下,雷达可以有目的地缩小跟踪环的频带,从而成功地跟踪信号-干扰比低于-10dB 的范围。如果雷达将频率捷变与反距离波门拖引结合起来,那么干扰机能做的唯一事情就是在角度环路中而不是在距离内进行攻击。

6.3.2.3　警戒波门

警戒波门技术是需要在执行跟踪的波门周围预设传感器的反电子干扰,以便一旦检测到存在额外的回波,跟踪系统就会短时间内切换到存储器,然后重新获取原目标,如图 6.18 所示。因此,当欺骗干扰机试图将跟踪门引诱到假目标时,一旦真实回波和欺骗性回波分离,真实回波将进入警戒波门,从而阻挡跟踪门。当传感器指示欺骗性回波消失时,波门将再次正确定位。如果欺骗性信号超出预先设定的时间,系统将切换到跟踪 - 干扰纸模式(见 6.3.2.5 节)。

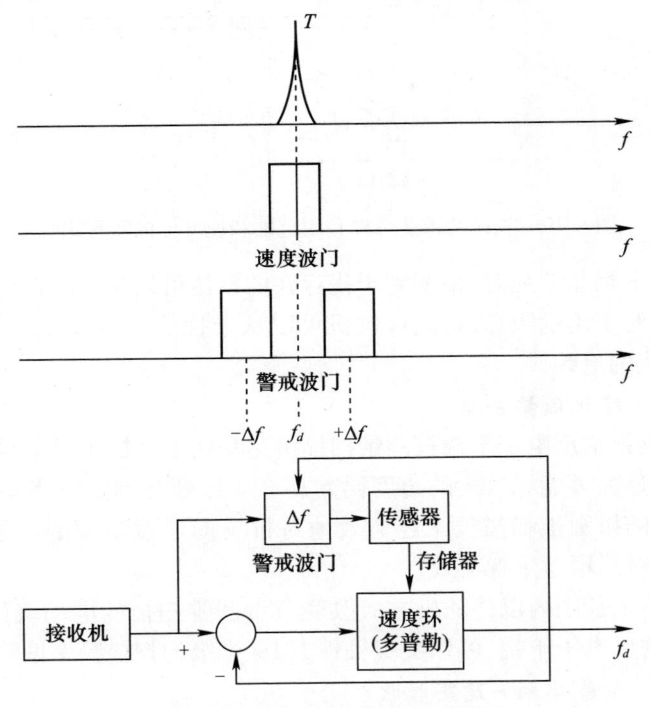

图 6.18 警戒波门反电子干扰

这种技术经常用于半主动导弹系统,该系统通过从导弹的攻击目标产生的多普勒信号中提取角度信息和速度来实现跟踪。如果被攻击飞机尝试速度波门拖引(5.4.9 节),警戒波门将阻止其工作。因此,警戒波门技术也称为 AVGPO。

6.3.2.4 双距离 - 多普勒跟踪

脉冲多普勒处理通常用于机载雷达。因此,使用快速傅里叶变换(FFT)算法来处理距离和速度轴上的信号。通过这种方式,目标产生的回波在距离和速度(多普勒)中都具有特征,可以进行双重跟踪,如图 6.19 所示。

如果干扰机试图产生与所产生的多普勒不一致地移动的目标,则脉冲多普勒雷达的逻辑准则会忽略它。从这个意义上说,FFT 可以被视为是一个强大的反电子干扰。

6.3.2.5 跟踪干扰

即使当噪声干扰机使雷达的探测距离失效时,雷达通常也希望不丢失目标的角度跟踪。在许多情况下(如反舰导弹),精确的距离信息并不是最重要的。

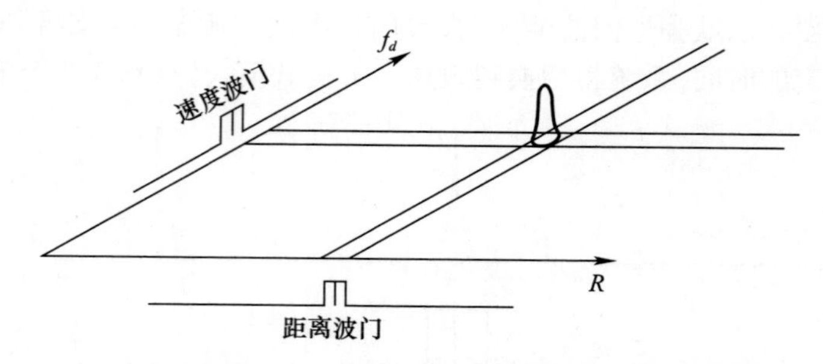

图 6.19　先进的雷达可以利用范围和速度上的双重跟踪

因此，当噪声干扰非常强时，检测到干扰存在的雷达可以从速度存储器更新距离跟踪回路，而对于角度跟踪，雷达接收机可以从干扰信号本身提取所需的信息，这就是对干扰的追踪。

6.3.2.6　随机圆锥扫描

随机圆锥扫描反电子干扰被圆锥扫描雷达利用来对抗干扰信号中的幅度调制，幅度调制过大可能导致大的角度误差甚至导致断开锁定。当基于圆锥扫描频率测量时，随机圆锥扫描技术还有效地对抗反向增益类型的电子干扰系统。但是，它对瞬时反增益干扰无效。

通过在给定范围内以伪随机方式改变负责圆锥扫描的电动机的速度，来实现这种简单的反电子干扰，可以实现每秒 10Hz 量级的扫描频率偏移。

6.3.2.7　隐蔽锥扫－隐蔽接收

隐蔽锥扫和隐蔽接收雷达完全是为了反电子干扰目的而实现的。

在发射期间，隐蔽锥扫雷达天线的波束由以视轴为中心的馈电产生，而在接收期间使用偏移和旋转馈电，其能够适当地调制信号以进行角度跟踪。

然而，隐蔽接收雷达通常发射所有的波束，但在接收时却扫描单独的光束[28]。

隐蔽锥扫雷达的天线系统在发射过程中会产生轻微的调制[28]，不管多么小，必须非常小心，以确保干扰机无法检测到它。前面已经提到了通常用于这些类型雷达的角度电子干扰，它需要以可变频率产生幅度调制的干扰信号，同时试图通过测量在观察期间的幅度变化来检测雷达反应频率。一旦识别出该频率，就会停止扫描并且以该频率继续调制干扰。考虑到伺服带宽，这个过程可以持续数十秒。

6.3.2.8　单脉冲

对抗角度欺骗和干扰的最有效的反电子干扰是单脉冲。如果雷达设计中没有缺陷，则实际上不可能仅通过幅度调制产生角度跟踪误差。

到目前为止,具有对数接收机、反距离波门拖引和单脉冲的频率捷变雷达几乎不受干扰。频率捷变可防止在接收机内产生足够的噪声功率,从而在很大程度上降低其探测和捕获能力。对数接收机确保所有输出动态都被压缩,并且可以通过范围和角度环伺服系统进行管理,而无须担心自动增益控制被干扰机捕获。即使存在强大的欺骗干扰,反距离波门拖引电路也能确保正确的距离跟踪。最后,单脉冲角度跟踪可抵抗任何类型的调制干扰。

唯一可以成功对抗单脉冲技术的电子干扰技术是:

(1) 如果雷达未配备动目标检测,则进行箔条和平台机动;

(2) 合作干扰;

(3) 地形反射;

(4) 交叉极化;

(5) 交叉眼;

(6) 诱饵;

(7) 金属箔条;

这些都在第五章中进行了描述。

6.4 红外反干扰

红外传感器几乎没有干扰的余地。到目前为止,红外电子干扰基本上由调制源和干扰弹组成(5.4.1 节和 5.5.2.3)。

针对这些电子干扰技术,其特征在于与受保护平台的光谱不同的光谱,反电子干扰系统可以分析接收信号的频谱,从而将它们与感兴趣的信号区分开。

对于调制源,可以采用单脉冲红外系统。虽然成本高得多,但这些系统不需要顺序扫描以确定角度误差。

对于干扰弹,人们可以使用具有数千个基本传感器的焦平面阵列的寻的器,它能够通过图像处理技术来区分目标和干扰弹。

6.5 通信反干扰

为了避免干扰造成的问题,或避免敌人截获和利用自己的信号,现代通信系统采用以下反电子干扰或掩蔽方法[32]:

(1) 跳频(扩频);

(2) 突发传输;

(3) 空转向;

(4) 直接序列;

(5) 消息格式的一致性;

(6) 加密。

6.5.1 跳频

跳频有许多可用于消息传输的信道,并且以伪随机方式选择一个,它在跳到另一个之前占用极短的时间,见图 6.20[29,30]。

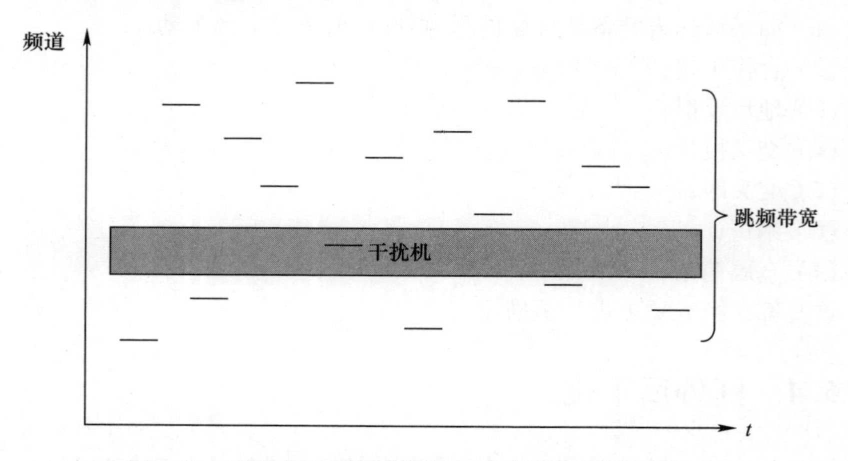

图 6.20 跳频是通信领域最强大的反电子干扰技术之一

为了实现这一点,发射机和接收机都知道哪些频率将用于传输,这通过在接通发射 - 接收设备的同时使用预先安排的伪随机代码和实时重新定相来实现。

跳频可以是慢速(大约每秒 50 跳)或快速(大约每秒 500 跳)。

这种技术的优点是:

(1) 通信系统很难被截获和定位。在事先不知道通信系统使用的频率时,COM - 电子战支援设备在几毫秒内实现测向测量并不容易。

(2) 防止敌人截获的信息,因为无法跟踪或监视随机使用大量信道的发射信号。

因为干扰机被迫在太宽的频带上分配其功率,通信系统几乎不受干扰。例如,在频率跳变为 100Hz 时,链路信道将占用不到 10ms。为了引入明显的错误率,干扰机应该能够在几毫秒内自我调谐,这只有在事先知道要调谐的信道时才有可能。在高密集电磁环境的战场上,跟踪指定辐射源的跳频是极其困难的,战场上可能同时存在数百个辐射源。

6.5.2 猝发传输

猝发传输技术要求在极短的时间(100ms)内传输信息,以避免被定位、拦截或干扰。

操作员在键盘上键入消息和接收者的地址,在显示器上检查它们,在便携式无线电的情况下,显示器将是液晶类型。与无线电相关联的计算机适当地对消息进行编码,并在很短的时间内将其发送给接收者。

例如,这种类型的传输用于在地面攻击行动期间从地面引导飞机,或者在防御行动期间用于防空武器协调。

6.5.3 天线调零

利用类似于雷达所描述的技术,可以通过辅助天线产生干涉信号,该干涉信号降低系统在干扰方向上的敏感度,从而允许正确接收从不同方向到达的有用信号[31]。

6.5.4 直接序列

直接序列技术在噪声中传输嵌入的消息。即使普通的信道化搜索接收机也不能检测到这种类型的传输。用于检测这些信号的技术可能要基于由一个或多个接收机接收的信号的相关性。然而,直接序列传输至少在通信领域并没有被广泛使用,主要是因为远近效应;因此,尚未开发出适当的探测技术。远近效应是对附近友邻设备的无意干扰,因为辐射信号太强,以至于系统的处理增益无法取消它,因而导致友邻设备不能从它们所链接的远方站正确地接收消息。

6.5.5 格式的一致性

为了不让敌人察觉出不同操作阶段之间的差异(例如,在即将发生的攻击的情况下),应该尝试向敌人展示以相同方式组织的所有传输。例如,不应区分次要信息的传输和非常重要的传输。出于同样的目的,还应避免通信传输量地显著变化。

6.5.6 加密

对于容易被敌人拦截的信息,可以加工成除了预期接收者之外的其他接收者难以理解的形式。为此,引入了看起来是混乱代码的设备(密码)对信号进行编码(加密)。该装置在调制器[34]之前被添加到普通无线电中。

消息的预期接收者(即链接到发射器的站)能够通过接收机输出端的合适解码器解密消息。

数量大的加密代码可以根据预先建立的策略,或根据分发给网络的授权用户的代码密钥来改变。

参考文献

[1] Johnston, S. L., "WW – II Radar ECCM History," *IEEE Radar – 85 Conf. Rec.*, May 1985, pp. S – 2, S – 7.

[2] Johnston, S. L. (ed.), *Radar Electronic Counter Countermeasures*, Dedham, MA: Artech House, 1979.

[3] "Methodology for Specifying Jammer System Parameters," International Countermeasures Handbook, EW Communication 4th Ed., 1978, pp. 406 – 410.

[4] Schleher, D. C., Introduction to Electronic Warfare, Norwood, MA: Artech House, 1986, pp. 109 – 183.

[5] Mahaffey, M., "Electrical Fundamentals of Countermeasure Chaff," International Countermeasures Handbook, 2nd Ed., 1976, pp. 512 – 517.

[6] Johnston, S. L., "Radar Electronic Counter Countermeasures Against Chaff," International Radar Conference, Paris, May 1984, pp. 517 – 522.

[7] Carson, E. J., "Low Probability of Intercept(LPI) Techniques andImplementations for Radar Systems," IEEE Proceedings National Radar Conference, 1988, pp. 56 – 60.

[8] Raines, R. M., and S. A. Blankenship, "The Impact of Advanced Modulation Techniques on EW," Defense Electronics, October 1986, pp. 81 – 97.

[9] Dillard, R. A., and G. H. Dillard, Detectability of Spread Spectrum Signals, Norwood, MA: Artech House, 1989.

[10] Albanese, D. F., "Pseudo – Random Code Waveform Design Trade – Off for CW Radar Application," Radar – 77, IEE Conf. Pub., No. 155, 1977, pp. 513 – 514.

[11] Tong, P. S., and P. E. Steichen, "Performance of CFAR Devices in ECM Environment," DDRE Radar Symposium, London, 1976; also in S. L. Johnson, Radar Electronic Counter – Countermeasures, Dedham, MA: Artech House, 1980.

[12] Bergkvist, B., "Jamming Frequency Agile Radars," Defense Electronics, January 1980, pp. 75 – 83.

[13] Strappaveccia, S., "Spatial Jammer Suppression by Means of Automatic Frequency Selection System," Radar – 87, IEE Conf. Pub., No. 281, 1987, pp. 582 – 587.

[14] Petrocchi, G., et al., "Anti – Clutter and ECCM Design Criteria for Low Coverage Radar," Proceedings International Radar Conference, Paris, December 1987, pp. 194 – 200.

[15] Picardi, G., Elaborazione del segnale radar, Rome: Franco Angeli Editore, Section 4. 12, 1988.

[16] Picardi, G., Elaborazione del segnale radar, Rome: Franco Angeli Editore, Section 14. 3, 1988.

[17] Aranciba, P. O., "A Sidelobe Blanking System Design and Demonstration," Microwave Journal, Vol. 21, No. 3, March 1978, pp. 69 – 73.

[18] Maisel, L., "Performance of Sidelobe Blanking Systems," IEEE Transactions on Aerospace and Electronics

Systems, Vol. AES - 4, No. 2, March1968, pp. 74 - 180.

[19] Chapman, D. J., "Adaptive Array and Sidelobe Cancellers: A Perspective," *Microwave Journal*, Vol. 20, No. 8, August 1977, pp. 63 - 64.

[20] Bucciarelli, T., et al., "The Gram Schmidt Sidelobe Canceller," IEE Radar - 82, London, October 18 - 20, 1982.

[21] Er, M. H., "Techniques for Antenna Array Pattern Synthesis with Controlled Broad Nulls," IEE Proceedings, Vol. 135, Pt. H, No. 6, December 1989.

[22] Hammer, I. W., "Frequency - Scanned Arrays," in M. I. Skolnik (ed.), Radar Handbook, New York: McGraw - Hill, 1970, Chapter 13.

[23] Barton, P., "Digital Beam Forming for Radar," IEE Proceedings, Vol. 127, Pt. F, No. 4, August 1984.

[24] Mucci, R. A., "A Comparison of Efficient Beam Forming Algorithms," IEEE Transactions on Acoustic, Speech and Signal Processing, Vol. ASSP - 32, No. 3, June 1984.

[25] Valentino, P. A., "Digital Beam Forming: New Technology for Tomorrow's Radar," Defense Electronics, December 1984.

[26] Evans, G. E., and H. E. Schrank, "Low Sidelobe Radar Antennas," Microwave Jourrial, Vol. 26, No. 7, July 1983, pp. 109 - 117.

[27] Powell, N. F., "System for Obscuring Antenna Sidelobe Levels," U. S. Patent No. 4,435,710, March 1984.

[28] Dunn, J. H., D. D. Howard, and K. B. Pendleton, "Tracking Radar," in M. I. Skolnik (ed.), Radar Handbook, New York: McGraw - Hill, 1970, Chapter 21, pp. 21 - 31.

[29] Van, P. E., "New Concepts in Battlefield Communications. Part 1," International Defense Review, Vol. 3, 1987.

[30] Sundaram, G. S., "New Concepts in Battlefield Communications. Part 2," International Defense Review, Vol. 5, 1987.

[31] Hodges, R. A., "Interference Cancellation Equipment: An Alternative ECCM," International Defense Review, Suppl. Vol. 17 - 5, 1984.

[32] De Martino, A., Introduction to Modern EW Systems, Norwood, MA: Artech House, 2002.

第7章　新的电子防务技术和工艺

7.1　简介

目前正在使用的现代电子防务技术和工艺在本书中已得到充分讨论。本章将集中讨论随着技术发展而为设计人员提供新的、功能更强大且越来越小的设备，以及现代电子防务系统可能的发展方式。

这适用于所有数字域，包括模数转换器、FPGA和CPU电路，以及微波领域，其中砷化镓(GaAs)的改进特别是强大的氮化镓(GaN)[25]单片微波集成电路(MMIC)使复杂网络的微型化设计成为可能。这在几年前完全不可想象(图7.1)。它也适用于软件，允许利用人工智能(AI)技术，更可靠地管理和解析数据。

本章将概述电子防务和雷达系统架构如何在新技术的影响下发生变化，尤其是防御方数字处理器(数字接收机)和对抗方固态发射机的影响。在对微波、数字和红外技术进行评估之后，本章还将讨论合成孔径以及可预见的直接能量武器(RF)领域的发展。

图7.1　旧的X波段磁控管(200W，平均值)和GaN芯片之间的比较。S波段，600WHPA(左)和X波段50WHPA(右)

针对反辐射导弹的可能对策也会被讨论。由于其硬杀伤能力,这种武器通常被视为威胁,而不是电子干扰。

最后,将讨论一些旨在对抗隐身飞机威胁的系统。首先,将讨论电子防务基础技术的预期发展。

7.2 电子防务基础技术的进步

20 世纪 90 年代,在微波和视频/数字领域,特别是基于Ⅲ – Ⅴ材料(门捷列夫分类表Ⅲ和Ⅴ所列材料,如镓和砷)。最近,GaN 技术的出现使得 MMIC 能够根据射频频率和尺寸[25]提供高射频功率,最高可达千瓦。在快速数字处理方面也有了很大的改进,如 FPGA 的处理能力。

除了设备技术之外,与互联和封装相关的重要技术也会有新的进步。事实上,新的多层结构将允许开发能够集成微波和数字设备的集成多功能组件。特别是在芯片上实现低成本系统(SoC)将允许设计和制造性能更好、尺寸更小、重量更轻、成本更低的新型雷达和电子防务系统[26]。

本节将概述 MMIC 和快速数字处理技术(模数转换器、数模转换器、FPGA)的现状。

7.2.1 单片微波集成电路技术

晶圆代工厂制造的单片微波集成电路(MMIC)设备,可以用于电子战和雷达设备中,以减少其体积和重量,并实现现代操作系统所要求的高性能。

当系统架构需要大量相同或相似的电路时(如有源相控阵天线,由成百上千个发射/接收模块组成),MMIC 的使用不仅受到欢迎,而且是强制性的。实现 MMIC 电路主要采用 GaAs 和 GaN 两种技术。

7.2.1.1 低信号/低噪声器件

由于伪晶型高电子迁移率晶体管(PHEMT)的 GaAs 处理器的出现,目前可以设计出工作波段高达毫米波的多功能 MMIC 器件。

栅极长度是场效应晶体管的一个重要参数,它定义了工作最高频率,表征了噪声系数。

例如,一个栅极的长度为 0.15μm 时,设备工作速率可高达 90GHz,在 18GHz 工作时设备噪声低于 2dB。

今天,晶圆厂为有源(如晶体管)和无源(如电阻和电容)器件提供了性能良好的电气模型,以便设计多功能 MMIC,如图 7.2 所示,其中,一个放大器、单极双掷开关和一个 4bit 衰减器被集成在同一芯片中,该设备可以在高达 18GHz 的宽频率带宽下工作。

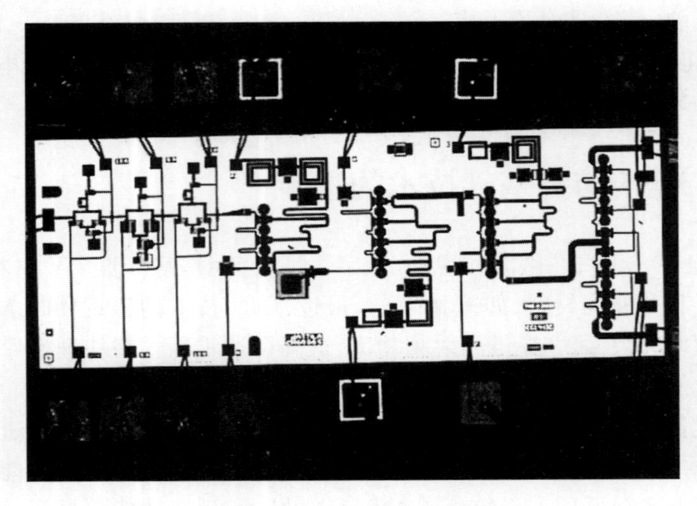

图 7.2　复杂功能可以集成在一个 MMIC 中

7.2.1.2　固态功率设备

在当今的功率领域,伪高电子迁移率晶体管(PPHEMT)和异结双极晶体管(HBT)是能够在微波频率下提供输出功率的器件。通常,PPHEMT 器件的输出功率性能为:

(1) 输出功率为 0.7W 每毫米栅外围;

(2) 效率为 30% ~40% 。

为了获得高的输出功率电平,必须使用多触点器件,如图 7.3 所示,但这会增加门源电容(C_0)并降低最大工作频率。

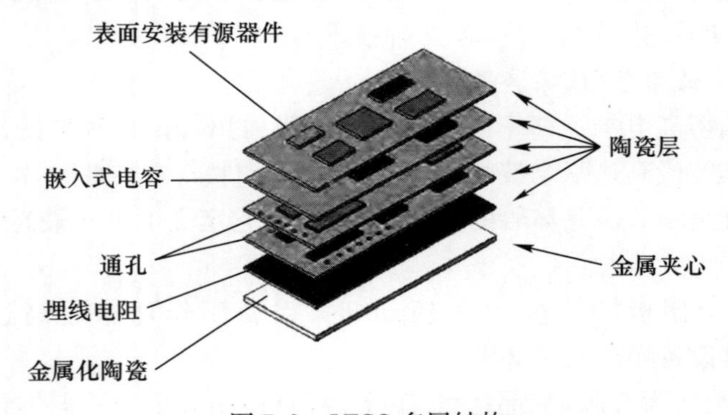

图 7.3　LTCC 多层结构

几种频率下的典型可用输出功率如表 7.1 所列。

表 7.1　几种频率下的典型可用输出功率

频率/GHz	3	6	12	18	30
输出功率/W	10	8	6	4	2

与场效应晶体管相比,HBT 是一种高功率器件。对于频率不超过 12GHz、带宽相对较窄的应用场合来说,HBT 是一种有用的设备。在这些限制下,HBT 适用于输出功率(10W 以上,10GHz)和相对高效(高达 40%)的 MMIC 放大器。

从生产的角度来看,目前生产 MMIC 的晶圆直径为 4in,现在改为 6in。这将大大降低芯片的价格,使用大量 MMIC(例如,由数百或数千个发射/接收模块组成的有源固态相控阵天线)的设备更加便宜。事实上,根据电路复杂性和铸造必须进行的测试,预计每平方毫米 MMIC 芯片所消耗的 GaAs 从 4~6in 晶圆直径,其成本将减少 20%~30%。

7.2.1.3　氮化镓技术

氮化镓(GaN)技术是一种利用宽隙半导体获得较高输出功率的新工艺。应用最广泛的工艺是碳化硅基体上的氮化镓(AlGaN)。AlGaN 最重要的特征是:

(1) 输出功率高,7~10 倍的砷化镓 PPHEMT 过程;

(2) 高效率(高达 50%);

(3) 更强大的电气性能;

(4) 高导热系数(T_C);

(5) 更高的最大结温(T_j),通常是 200°C。

表 7.2 显示了 AlGaN 等宽带设备与 PPHEMT 典型设备的功率性能对比。

表 7.2　宽带射频功率器件的性能

	输出功率/mm^2	效率/%	功率密度/(W/cm^2K)	频率/GHz	温度/℃	电压/V
PPHEMT	0.7W	30	0.5	50	150	18
AlGaN	3W	50	1.5	30	200	80

GaN 技术在低噪声的芯片放大器的低电平信号下表现出良好的性能,使得接收机模块可以利用低噪声 GaN 来消除限幅器对接收机的保护。这意味着接收机将有一个更好的噪声指标。

从应用的角度来看,相控阵系统的射频 T/R 模块可以在一个集成了 HPA、LNA 和开关的芯片上实现,消除了循环器和限幅器。

通过几个 GaN 和 HPA 的组合,就有可能实现一个大功率发射机来替代旧的行波管,且在功率方面有很大的优势。

7.2.1.4　RF-Digital 芯片集成

显而易见,将复杂的微波电路与数字指令相结合的技术是非常重要的。

混合信号多层电路

以增加电路功能集成为目标的产业发展趋势引发了模拟－数字混合技术的快速发展。

混合信号多层基板技术允许在同一层基板上集成视频/数字电路和射频元件(如 MMIC)。这种技术通过漏洞以及导电性金属实现印刷过程,这对高频应用实现多层结构基质对 RF－passive 单元(如过滤器,耦合器,功率分配器,有源 MMIC 放大器,开关,和衰减器和视频数字电路以及 FPGA,DC/DC 转换器)是非常有用的。

混合信号集成电路中数字和模拟设备的集成通常是为特定目的而设计的,它们的设计可能需要高水平的专业知识和仔细使用计算机辅助设计工具。从组装的角度来看,混合信号多层电路可以集成裸片或封装芯片。裸芯片集成需要微电子组装设备,而封装芯片使用表面安装技术(SMT)。

LTCC

在过去的 20 年里,LTCC 似乎是最有前途的多层结构。实际上,它提供的通过孔印刷和导电金属化工艺对高频应用实现多层结构的基板是有用的,既可用于无源元件,如过滤器、耦合器、功率分压器,也可用于有源 MMIC,如放大器、开关和衰减器。

为了更好地理解什么是 LTCC 多层结构,需要关注是它是如何制造的。通常,每一层都是 0.1mm 厚的陶瓷基板,金属喷镀采用的是 7～9μm 银合金或 bondable 金线。

第一步是在未焙烧的陶瓷胶带上钻孔,然后进行金属喷镀。第二步是筛选每一层金属化的图案电路,将各层按顺序放置并压在一起,加热到约 850°,使之成为一个单板芯片。图 7.4 显示了一个简化的多层结构。

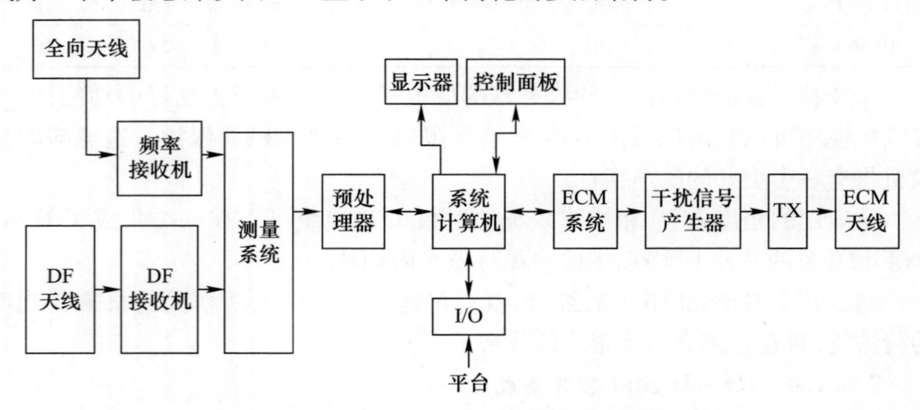

图 7.4　20 世纪 90 年代综合电子防务系统的框图

LTCC 技术可用于将微波器件(芯片放大器、开关、衰减器)和视频/数字电路高度集成在受电磁保护的射频通道中,在同一层板上实现射频功能和视频信号处理功能。这样,在性能、尺寸、重量和生产成本方面都获得了巨大的优势,同时大大减少了生产、装配和测试时间。

封装 MMIC

通常晶圆厂生产的是裸片 MMIC。这意味着组装过程和设备在一个非常清洁通常为 1.000 或 10.000 等级的房间进行,用于连接芯片电路线路的高级焊接机器所用金线直径在 18/25μm。这些设施(微电子实验室)的成本和维护成本都非常高。值得注意的是,现在的 MMIC 可以包含许多功能(例如,HPA、电源开关和 LNA)。裸片可以打包,因此这些设备有几个优点:它们更容易管理,组装过程可以使用表面贴装技术,不需要高级洁净室和精密的黏合机器。即使一个封装的 MMIC 比裸片成本更高,其组装过程的成本更低,也会导致总电路成本更低。

7.2.2 快速数字处理

现代雷达或电子防务系统的发展需要选择三种重要的设备:模数转换器,数模转换器,跟踪和保持放大器。其中:模数转换器,获取必要的数字信号;数模转换器,将数字信号转换成模拟信号,实现所要求的功能的数字处理设备。

在雷达中,数模转换器用于雷达激励器,当雷达需要发射电磁波时,数模转换器用于将数字信号转换为模拟信号。利用模数转换器将相对窄带的雷达信号转换为数字形式。雷达的数模转换器将需要许多位(通常为 12bit 或更多)来实现一个大的信号动态范围,而采样率不会很高(几百或几百毫秒),除非需要直接的射频采样。

对于电子防务系统,数模转换器将负责将电子干扰子系统产生的数字干扰信号转换为适当的 IF。数模转换器的特点是具有高比特数和非常高的采样率,以提供必要的宽带干扰信号。对于电子战支援接收机,正如第四章已经在论述的那样,将需要几个吉(例如,处理一个 2GHz 的瞬时带宽,一个 4 - Gs 模数转换器或两个 2 - Gs 的 I 和 Q 通道)和尽可能多的位(通常是 8 ~ 10b)。

最近,因为采样时钟的时间变得可用,一种称为跟踪和保持放大器(THA)的新设备能够实现非常高的模拟射频输入频率(20GHz 或更多吉赫兹[12]),能够非常精确地存储输入信号振幅。这种装置允许以可接受的方式实现射频信号的亚采样,即使是在非常高的频率(如 18GHz)。实际上,由于其精度高和采样时间抖动小,它可以存储射频信号的幅值,后面的模数转换器将把信号转换成数字形式。跳时算法(THA)可以实现折叠射频电子战支援架构,也可以在不使用传统变频器的情况下生产雷达:一个简单的射频滤波器将足以限制雷达噪声并选择雷达射频带宽。

数字处理设备(FPGA)

数字处理设备的可能选择是:

(1) 数字信号处理器(DSP);

(2) 现场可编程现场阵列(FPGA);

(3) 应用专用集成电路(ASIC)。

对于雷达和电子战系统,由于需要高采样速度,数字信号处理器设备是不够的,只能使用FPGA或ASIC。众所周知,当FPGA需要与实现许多功能的高速时钟一起工作时,尽管是耗电的(散热问题),但可享受重新编程的灵活性;也就是说,如果需要对算法进行修改,那么进行修改是很容易的。ASIC具有低功耗的特点,不能进行修改,因此只有在预计大规模生产而不需要进行任何更改时才建议使用。因此,一个新的设计真正感兴趣的设备是FPGA。

FPGA是一种由许多逻辑单元(LE)组成的数字设备,通过在HTML语言中实现适当的固件来实现雷达或电子战系统等复杂系统的功能,从而实现互联。FPGA架构利用了操作的巨大并行性,在时钟控制下可以实时实现许多操作。通过更改固件实现不同的功能,而无须进行硬件更改。

近年来,随着基本单元体积的减小和功耗的降低,以及LE的数量,FPGA实现功能的数量和速度都有了很大的提高。例如,一个新的高级FPGA可以利用5540850个LE,比几年前的1728个LE增加了3000多倍!在新的FPGA中,不仅LE的数量大大增加,而且LE中可用的工具也得到了改进,从4个寻址输入和8个D触发器的LUT到表7.3中详细描述的工具。

表7.3 FPGA 工具

CLB 切片	6 输出 LUT	触发器	主链和进位链	宽多路复用器	分布式 RAM	移位寄存器
切片 L	8	16	1	F7,F8,F9	n/a	n/a
切片 M	8	16	1	F7,F8,F9	512	256

此外,高级FPGA还可以提供以下功能。

(1) DSP48:该设备是一个硅块,用于实现数学功能,不消耗LUT和D触发器。

(2) RAM块:一个RAM块是一个36kbit的专用RAM。

(3) 嵌入式内存控制器:该设备是一个硅块,用于将FPGA与外部内存芯片(RAM、Flash等)连接。

(4) 嵌入式PCIE块:该设备是一个硅PCIexpress终点。它是用来连接在一个基于 PCIexpress 的系统中的 FPGA。

（5）高速嵌入式收发器：该设备为硅高速串行收发器（最高 32Gbit/s）。它被用来连接 FPGA 与远程系统，例如一个或多个光学链接。

（6）嵌入式以太网 MAC：该块用于在 FPGA 中实现以太网端口。

所有这些功能使得 FPGA 成为先进雷达或电子战系统的基本设备，特别是具有大量的 DSP48 和 RAM 块的 FPGA，将足以实现相关的固件。

FPGA 的一个重要方面是输入输出功能的可用性。实际上，通常在一个 FPGA 中实现一些功能是很重要的，然后可能需要将数据实时传输到另一个 FPGA。为了实现这一功能，FPGA 可以利用高速嵌入式收发器（HSET），这是一种能够以串行形式转换数据并以每条通道 32.75Gb/s 的速度传输数据的工具。这些 HSET 与嵌入式 PCIE 块或嵌入式以太网 MAC 一起，允许 FPGA 连接到其他 FPGA 或 CPU 等设备。在这些设备中，高级软件（例如，控制系统显示和键盘的必要软件）可以完成雷达或 EW 系统的功能。

7.3 新型电子防务和雷达体系结构

研发一个新的电子防务系统需要几年的时间。一个成功的现代电子防务系统必须平衡使用最先进技术与过时技术的风险。图 7.5 的框图显示了 90 年代传统电子防务系统的原理。

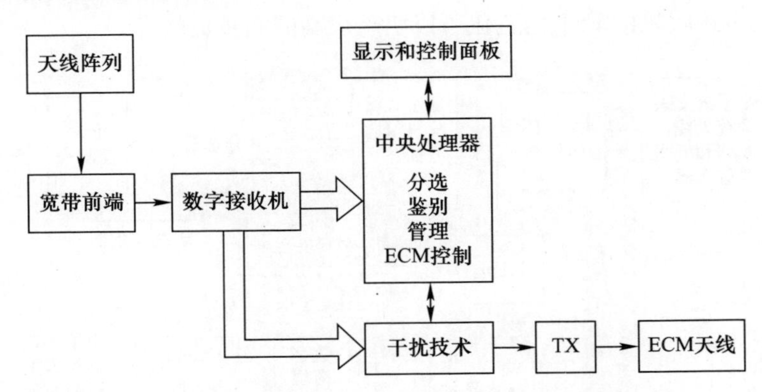

图 7.5　为 21 世纪初集成电子防务系统的高级体系结构

本书的第二版（图 7.3）所描述的进的电子战系统的框图仍然是有效的，但现在为了重新绘制如图 7.5 所示的综合电子防务系统架构，有必要考虑新技术（例如，THA、模数转换器、FPGA）和新的需求（例如，定位技术和低截获概率雷达探测）。本节将讨论目前或预期在不久的将来可以实现的技术和工艺。

7.3.1 电子战支援天线

目前可供选择的能够满足各种要求的天线有很多。物理上的限制和技术的成熟,电子防务系统的天线辐射元件没有特别的突破。

在系统层面,数字处理的高相位稳定性允许电子战支援考虑将振幅信号到达方向与相位信号到达方向结合的可能性;ADOA 可以作为一种粗测量,用来消除高频下 PDOA 的模糊性。因此,在信号到达方向度量上预期会有一些改进。

7.3.2 宽带前端和数字接收机

先进技术的应用使强大的侦察接收机得以实现,为了避免干扰,侦察接收机将试图尽快将接收到的信号转换为数字信号[2]。

特别是考虑到 THA 的可用性,这种方法这是可行的。THA 使得电子战支援系统所覆盖的所有 RF 频带都可以通过子采样技术[12]进行直接的 RF 采样。这样就有可能实现扩频数字接收机通道,利用数字处理的振幅和相位稳定性来分析全射频频谱。当然,与微波电路相比,数字处理具有较低的生产成本。考虑到子采样的影响,实现的数字接收机通道将包含与实现的奈奎斯特带宽相等的基带宽的折叠接收机。因此,需要一种频率模糊分解方法来识别输入信号的真实射频频率。以上考虑表明,高级电子战支援前端架构将类似于图 7.6 所示。通过为每个 D/F 天线使用一个宽开频率通道,实现了一个全宽开结构,其特点是通过数字接收机的 FFT 信道化可以实现很高的同步灵敏度。

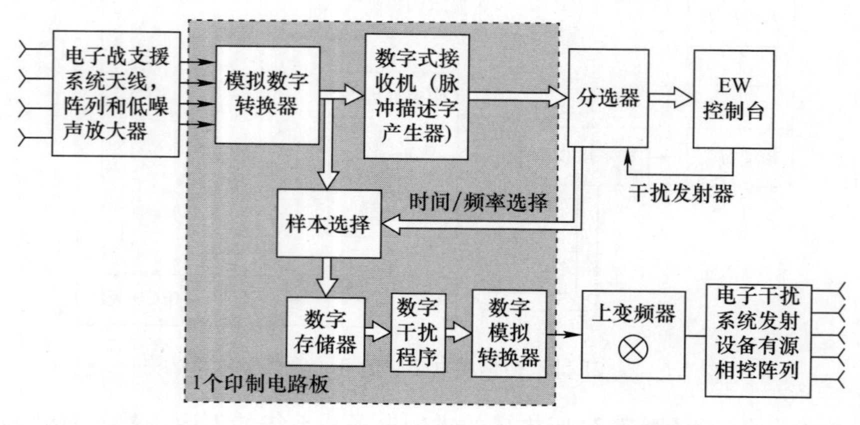

图 7.6 全开放电子战支援 - 电子干扰系统架构

图 7.5 所示的前端架构也可以通过同时进行振幅和相位信号到达方向测量来实现良好的信号到达方向精度,如 4.2.3.6 节所述,并且达到非常高的信号参

数精度(脉冲宽度、信号到达时间、频率、IMOP、相位等)。ELINT 类型的测量是可能的,包括无意脉冲调制,以及良好的地理定位精度的可能性。

模数转换器之后,生产 PDM 的全部复杂工作在功能强大的 FPGA 中实现。

对于集成的电子战支援 - 电子干扰系统,如第五章所述,上述的前端架构将被允许,数字样本的采集可以为多个数字射频存储器提供即时覆盖所有射频频谱的数据,例如 2 ~ 18GHz。同样,这项工作可以在 FPGA 中实现,FPGA 还可以生成所需的数字干扰信号,如图 7.7 所示。

图 7.7 用于 PDM 生成和干扰技术生成的高级 EWPCB(带和不带模数转换器夹层)

7.3.3 分选和处理

以前需要高速硬件才能形成雷达接收参数直方图(考虑到可用的计算能力)的信号分选,现在将由强大的高速 FPGA 的固件算法直接实现。

与往常一样,控制整个电子防务系统和控制与电子防务操作员的连接的工作,将通过在开源 CPU 中的软件来完成。

7.3.4 人工智能和机器学习方法

在电子防务任务中,经常需要在高度复杂的情况下做出决策,例如:

(1) 确定电子战支援系统提供的哪些轨迹是真实的,哪些只是环境造成的反射;

(2) 应对影响或其他轨道参数临时测量困难的情况;

(3) 决定哪些轨迹属于同一复杂发射;

(4) 根据敌人的电子战支援轨迹识别敌人平台;

(5) 根据操作场景,选择电子干扰装备要执行的最佳干扰方案。

目前,为了避免过多的误读,解决模棱两可和复杂情况的任务完全由操作员承担。根据经验,他们整合和关联所有辐射源的可用信息,推测并测试它们,甚至可能修改一些系统参数。然而,这一切可能需要很长时间。

很容易预测的是,在未来,电磁环境将更加复杂,与此同时,有必要做出非常迅速的反应。操作员将无法手动执行上述操作,因此需要使用能够模拟人类推理的快速机器。

传统上,机器模拟人类的推理称为人工智能。随着人们越来越担心人工智能的发展会对人类构成潜在威胁,这个词也变得意味深长。

目前,随着处理能力、存储能力以及新的高效算法的发展,实时的人工智能方法被证明是许多应用的可行路径。

人类可以进行两种类型的推理:一种是确定性的或理性的类型(2+2=4,因果关系);另一种是经验型、直觉型或启发式型,基于对类似情景的印象和记忆,其本质既不严谨也不确定。

传统的计算机操作是确定性的,本质上是将迭代过程应用于数值数据,无法将其与启发式推理相结合。

能够使用这两种类型的推理的集成机器被赋予 AI 特征[3]。

人工智能是计算机科学的一个分支,用来研究设计和制造够模仿人类智能的系统所需的基本方法和技术。

人工智能关键概念和应用的概念图如图 7.8 所示。

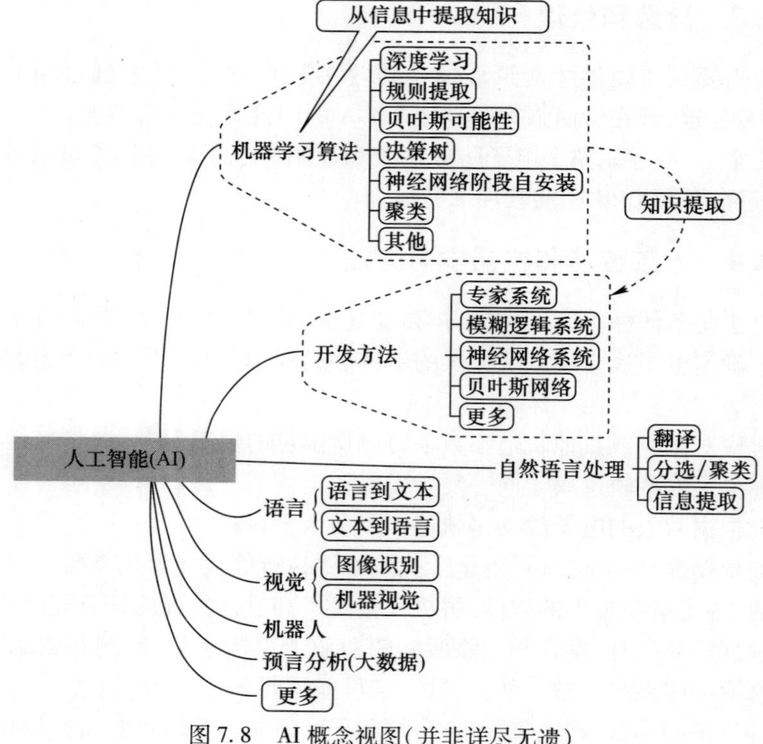

图 7.8　AI 概念视图(并非详尽无遗)

人工智能技术的应用领域包括:

(1) 自动化;

(2) 诊断系统(医疗和其他领域);

(3) 支持系统;

(4) 机器人;

(5) 自然语言处理;

(6) 人脸识别;

(7) 战略规划;

(8) 应急管理系统;

(9) 自卫系统。

图 7.9 显示了一些被证明可以在电子防务平台上使用的先进技术。

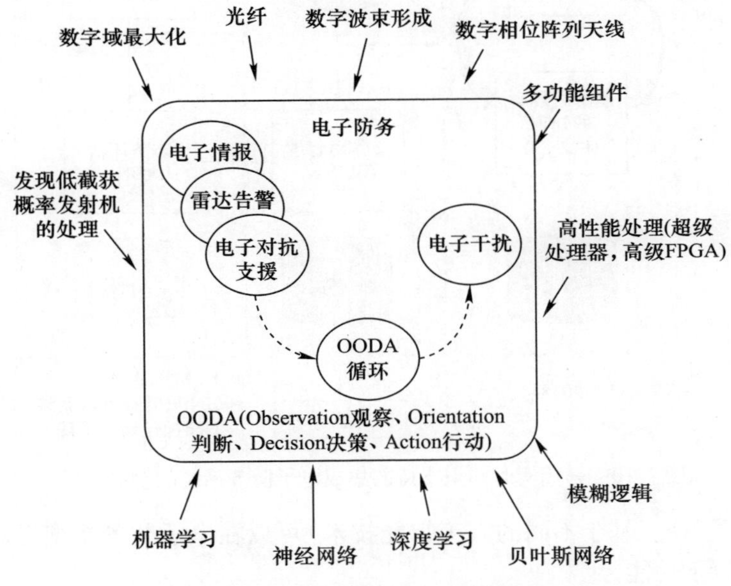

图 7.9　电子防务平台上使用的先进技术

能够考虑用于电子防务平台的人工智能子系统必须具有(以及其他基本需求)实时能力。

新的方法不是基于规则的专家系统(第一代人工智能),而是着眼于其他人工智能技术,包括深度学习神经网络、通过模糊系统进行不确定性管理、通过贝叶斯网络进行贝叶斯组合概率管理等。

第二个重要特征是知识增长能力。系统培训为所有人工推理子系统提供一组特定领域的文化知识,这些知识允许系统自身在特定环境条件下发生事件时表现出所需的智能行为。

知识数据库的充实高度依赖于神经网络(NN)、模糊逻辑(FL)、贝叶斯网络(BN)等技术,仍然是一个非常具有挑战性的任务。

基于多层 NN 深层中中间模式(特征识别)的自动识别技术,许多工作正在进行中。有监督和无监督的机器学习过程是研究人员关注的重点。目前认为,监督(离线)机器学习更适合于基于人工智能的电子防务系统的实时需求。

图 7.10 说明了可以运用人工智能子系统的电子防务集成系统的功能领域。

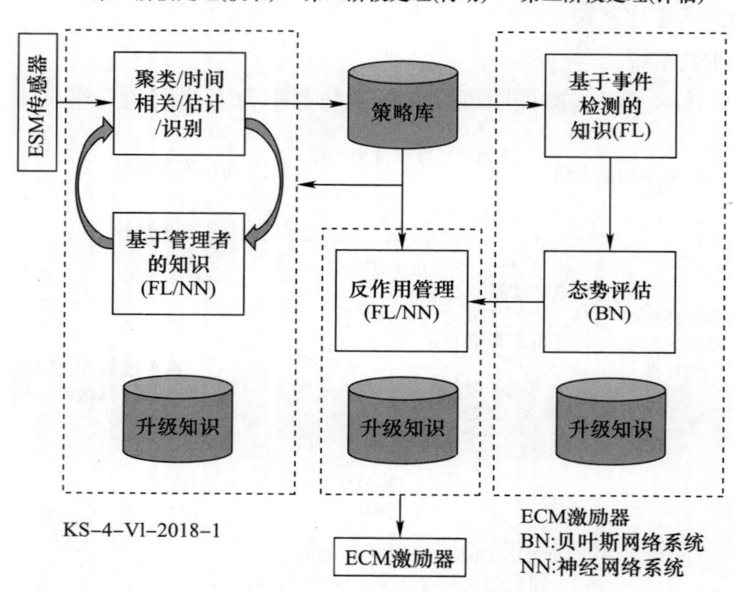

图 7.10 采用实时知识支持的集成电子防务系统的功能表示

智能子系统(基于不同的人工智能技术)可以在电子防务系统活动的不同阶段提供以下功能。

第一阶段处理(获取):

(1) 选择进入 Windows;

(2) 时间相关管理;

(3) 轨迹估计状态的演化;

(4) 影响精度变化的管理;

(5) 测量确认水平的管理;

(6) 跟踪初始化;

(7) 跟踪确认;

(8) 记录删除。

第二阶段处理(评估):

(1) 检测关键事件;

(2) 态势评估。

第三阶段处理(行动):

(1) 反制措施决策;

(2) 反制措施激活;

(3) 反制措施监控。

AI 子系统引擎引导机器在有关特定情况的事实之间进行推理,允许相关性、假设测试等,并最终得出可能的决定或解决方案。

基于创新实现的不断进化的机器推理场景是可以预见的(举例来说,基于 FPGA 的神经网络,通常用于图形处理的高性能 GPU 处理器、超标量 CPU)。新的人工智能算法和机器学习研究将使机器智能在电子防务系统中的应用越来越容易。

7.3.5 显示器

显示器与控制台或键盘一起,是集成电子战支援 - 电子干扰系统的人机界面。

必须显示的信息是丰富多样的,需要各种各样的表示:表格式的、极性的,等等。在大量的数据中,必须识别友好的、敌对的和未知的轨迹。在这种情况下,电子战支援 - 电子干扰系统的理想显示器必须是彩色的。因此,目前能够承受军事环境的液晶显示器最符合这些要求。今天的演示控制台也有碳纤维玻璃,如图 7.11 所示。

图 7.11 电子战或雷达演示用的碳纤维玻璃纤维多功能控制台示例

许多电子防务系统目前不使用专用显示器,特别是在机载平台上。在这种情况下,电子防务数据通过航空总线发送到多功能显示器。

7.3.6 产生干扰程序

如7.3.2节所述,在允许安装的情况下,使用数字接收机使用的相同印制电路板来实现数字射频存储器和产生干扰程序是很方便的。

7.3.7 太空电子情报

如前所述,新的可用技术允许生产非常强大和轻量级的电子情报(ELINT)系统。这将促进允许在太空实施ELINT作战。事实上,由于其重量轻,使得ELINT有效负载具有所需冗余度成为可能,从而可在LEO上发射迷你卫星。

通过选择适当的轨道,微型ELINT卫星可以经常飞越需要监视的地区。

ELINT有效载荷可以非常精确的测量参数,这样被截获的辐射源不仅可以被很好地分析和识别,还可以进行地理定位。

因此,太空ELINT系统似乎是过去用于监视如可移动地对空导弹系统的部署的长航时监视系统的下一代系统。

太空ELINT系统的优点是,机组人员不再需要在一个可能有风险的任务中飞行几个小时。

当然,除了必要的卫星外,太空ELINT系统还需要足够的地面设施来控制卫星、规划任务,并下载数据进行强大的后处理以获取战略情报等,如图7.12所示。

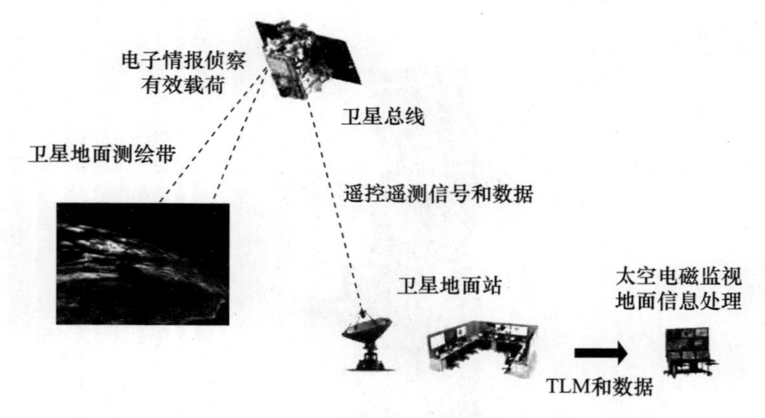

图7.12 太空ELINT系统的可能组织

图7.13显示了由Virtualabs设计的太空电磁监视(SEMS)系统实现的截获

和识别的 S 波段机场雷达的定位精度(几百米)的仿真结果。

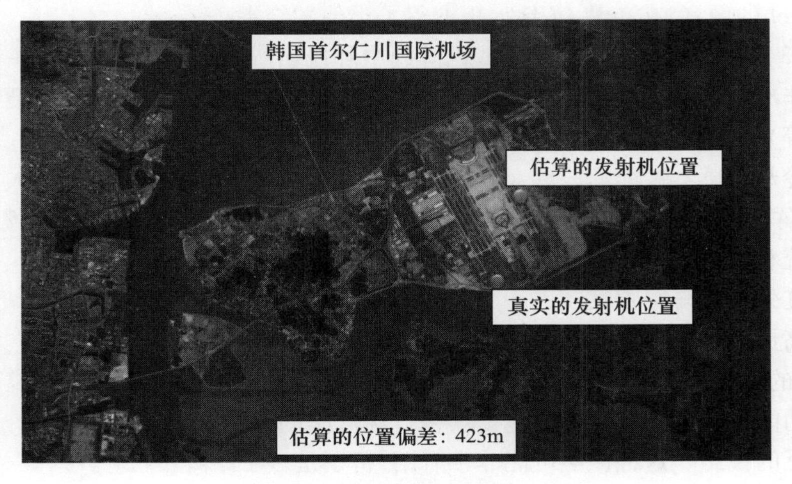

图 7. 13　太空雷达定位

7. 3. 8　红外传感器和系统的发展

自 20 世纪 90 年代末以来,焦平面阵列技术在多个领域迅速发展。在二维成像传感器领域,有两个领域可以被视为重大突破:非冷却焦平面阵列(UFPA)和高密度凝视焦平面阵列(单片和混合)[4-5]。

众所周知,焦平面阵列是一组读出电路被放置在光学器件的焦平面上的红外传感器(像素)。冷却探测器需要一个冷却单元,以保持传感器所需的温度值,以提供更好的灵敏度和分辨率。尽管非冷却探测器的灵敏度较低,它们却更便宜,操作更简单。

在单片焦平面阵列中,光检测和从像素读取信号都是在相同的检测器材料中进行的。今天使用焦平面阵列的两个主要技术:电荷耦合器件(CCD)和互补金属氧化-半导体(CMOS)图像传感器[6]。

混合阵列使用两种不同的半导体材料对探测器信号[7]进行初始信号处理:一种是红外探测材料,如碲化汞(HgCdTe)或锑化铟(InSb);另一种是硅基芯片。

IR FPA 技术的进展将导致以下主要改进:

(1) 对于成像系统来说,改善单像素性能[8]意味着改善噪声等效差分温度(NEDT)和最小可解析温差(MRDT)。NEDT 表示传感器的灵敏度,表示输出信号等于 RMS 噪声级别的入射辐射的温度变化。MRDT 表示空间分辨率。上述两个参数都受读出电路能力的限制。

(2) 像素密度的提高[6,8]。值得注意的是,对于这种改进已经取得了非常令人满意的成绩。事实上,采用马赛克排列的单片 CMOSFPA 达到了超过 108pixel 的像素,在单片 CCD 上也取得了类似的结果。

(3) 在具有中等像素[8]的成像阵列中降低生产成本。

非冷却传感器(性能和成本降低)的进展导致了商业应用(相机、便携式电视机等)的重要成果。

冷却传感器性能的改善对天文学尤其是军事应用产生了重要的影响。事实上,在军事应用中,传感器的改进和处理能力的提高使红外技术在红外搜索与跟踪系统和红外导引头领域都取得了显著的应用。

红外搜索与跟踪系统

高灵敏度焦平面阵列[9]的视野开阔,可实现 EO 系统的 360°覆盖,类似于 F-35的 EO 分布式孔径系统,如图 7.14 所示。这类的红外搜索与跟踪系统声称其功能正接近机载雷达所能提供在目标区间的探测和跟踪精度[9-11],却拥有更广泛的视野。这种性能可能非常有用,特别是对于隐身飞机。

图 7.14　F-35 利用 EODAS 作为强大的 360°红外搜索与跟踪系统。
(由《意大利国防杂志》提供)

IRseekers(红外搜索者)

红外导弹(如响尾蛇 AIM9x,图 7.15)利用高灵敏度、视野开阔的红外焦平面阵列导引头可以扩大红外导弹发射区域,可用于近近乎视距(NBVR)区域发射。

图 7.15　AIM9x 使用了带有大视场的 IRFPA。(由《意大利国防杂志》提供)

因此,可以认为改进后的 FPA IR 导弹正在接近 RF 制导导弹的性能。

考虑到许多军事需求已经满足于现有的焦平面阵列的 106pixel 格式,像素密度进一步增加可能导致 DIRCMFPA 更加脆弱性。在不久的将来,焦平面阵列数组大小将继续增加,但增长率比较低。

7.3.9　雷达技术的改进

雷达技术的改进也可以预见。因此,电子防务系统应该努力适应日益增长的威胁。

值得关注的两种雷达技术是即将到来的数字阵列雷达(DAR)和未来的量子雷达(Quantum Radar),前者将产生具有更强探测空间能力的多波束,后者有望显著提高雷达距离探测能力。

数字阵列雷达

如第二章所述,AESA 雷达天线基于 TRM 模块。雷达系统的 TRM 输入和输出是射频类型的,因此 AESA 天线需要一个复杂的在振幅和相位上匹配良好的射频波束形成网络(RFBFN)。

DBF 的引入为数字阵列雷达开辟了道路。数字阵列雷达将利用波束形成完全是数字传输和接收的网络:TX 信号的所有相关信息、射频频率、相移适用于每个信号传输和接收数码网络提供了 TRM 形式和接收到的信号立即从当地模数转换器转换成数字形式,经过限幅器、放大器和射频滤波器。TRM 变成了数字 TRM(DTRM),如图 7.16 所示。

因此,目前在 AESA 雷达技术中的尝试涉及 TRM 在 DTRM 中的转换。DTRM 不再需要复杂的 RFBFN;一个更可靠、更灵活的数字网络将是足够的,这将允许数字波束形成在传输和接收模式。

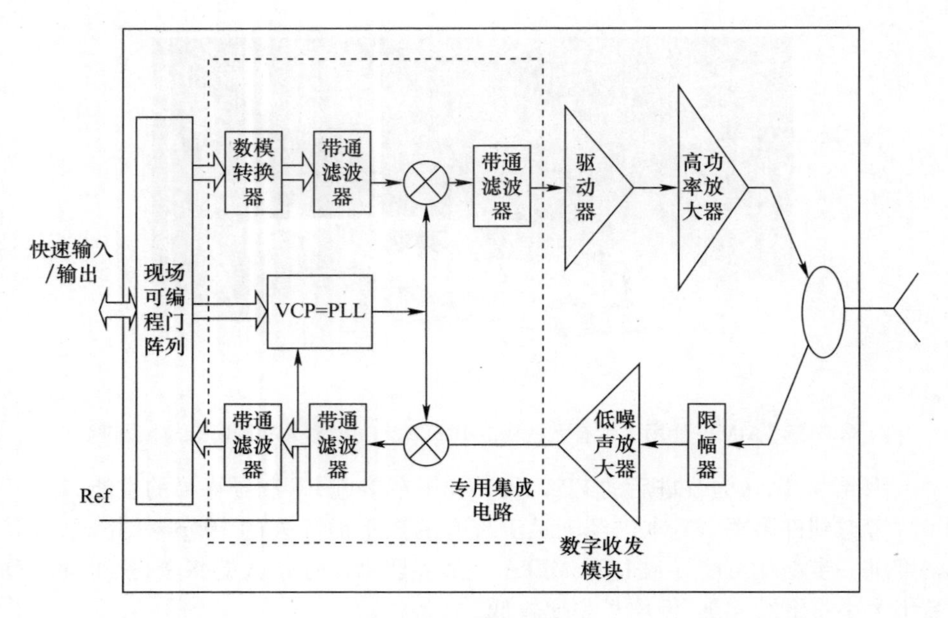

图 7.16　数字 TRM

考虑到数字技术的发展和稳定性，以及在方位角和仰角形成多波束的能力，数字阵列雷达技术似乎是未来相控阵雷达的解决方案。

数字阵列雷达系统将由通过数字链路相互连接的数字 AESA 面组成，如图 7.17所示。因此，在不久的将来，波束形成网络将被简化。

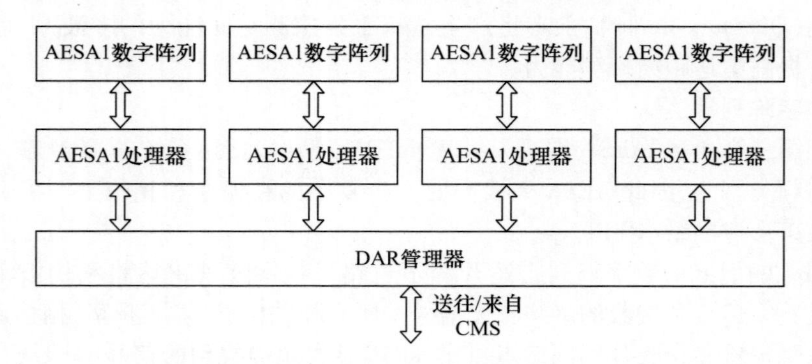

图 7.17　数字阵列雷达系统

当然，DTRM 的成本还应该足够低，以实现雷达的低成本和低功耗，以避免一个复杂的冷却系统。

无论是在数模转换器/模数转换器中，还是在上行和下行转换器中，需要在每个 TRM 中实现的数字阵列雷达技术都可以通过使用 SoC 技术实现。

SoC 是在智能手机民用应用和电脑 WIFI 连接方面的巨大投资的结果。事实上,这些应用需要低成本的能够将智能手机和电脑的数字处理器与射频天线相互连接的芯片,以实现无线通信。从通信到雷达应用的转变似乎并不困难[15]。

图 7. 18 显示了使用 SoC 的 DTRM 的典型框图。

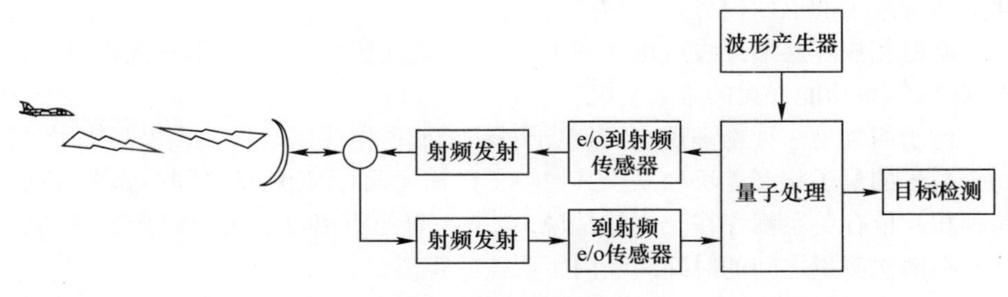

图 7. 18 量子雷达系统

模拟器件也预计会有更多的改进。事实上,通过使用稳定发展的 GaN 技术,MMIC 芯片可以在不久的将来加入 HPA、TX - RX 开关以及 LNA[16]。

量子雷达

量子雷达可以定义为一种利用光子和量子现象以及微波光子提高目标检测性能的测量系统。

量子雷达是一种基于量子纠缠的(迄今几乎是理论性的)遥感方法[17-18],如图 7. 19 所示。

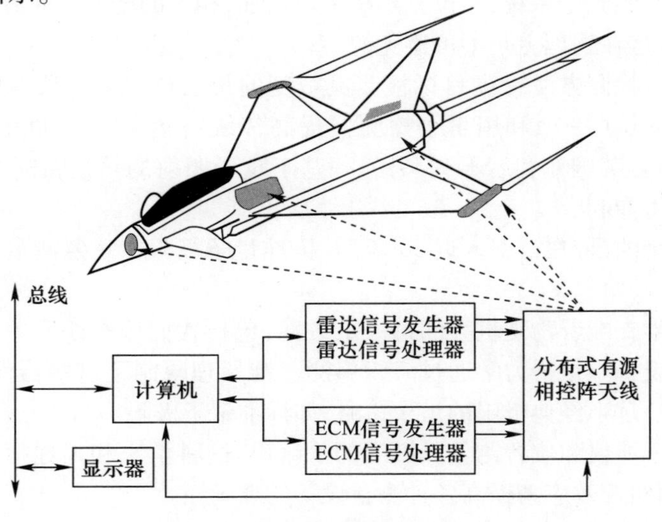

图 7. 19 综合机载系统

量子雷达系统主要由以下部分组成：

（1）纠缠量子粒子发生器，能够产生包括多个纠缠光子在内的射频信号，其中该信号的波长是多个纠缠光子波长之和。

（2）检测返回信号的光子检测器，基于一个被目标反射的信号和一个探测装置（量子处理），该探测装置可以确定目标的特征基于来自至少一个信息多元化的纠缠粒子的返回信号。

有源相控阵共形天线可由各种雷达、电子战支援、电子干扰子系统进行分布式共享，实现功能强大的集成系统。

量子纠缠是一种物理现象，当粒子对粒子群产生或以某种方式相互作用时，每个粒子的量子状态无法独立于其他粒子而描述，而无论粒子之间的距离如何，这种相互依存关系都存在。也就是说，粒子之间的距离可能大于以光速运动的信号在两次测量之间的时间间隔内所覆盖的距离。

因此，在任何有关测量结果的信息被传递给另一种粒子之前，对任意一种粒子的测量都能瞬间瓦解整个纠缠系统的状态。

特别是位置、动量等物理性质的测量，和粒子纠缠相关。即使没有粒子之间的经典信息交换，一个粒子的纠缠对已经知道其他粒子被测量的结果。

雷达系统通过相关器产生一个大的脉冲，从而利用纠缠光子对的信号组合。它们的相关性是如此之强，以至于即使在信号远低于噪声的情况下，在非常低的信噪比下也可以检测到这些纠缠光子。

在大多数现代雷达传感器上，波形相位测量的分辨率受到标准量子极限的限制。对于纠缠光子系统，相位分辨率可以增加，相关的增加仅受海森堡测不准原理的限制，这在物理上是不可避免的。

利用量子检测方法提高目标检测灵敏度的想法已经有一段时间了。早在1992年，就提出了一项利用量子探测器提高传统雷达[17]灵敏度的发明专利，2008年[18]获得美国专利后不久，另一种基于量子照射的量子雷达方案于2012年在美国获得专利[19]。

令人好奇的是，在被引入近30年后，标准量子极限在重复测量中还没有被打破。

量子力学支配着物理世界的每一个方面，包括我们用来获取关于这个世界信息的测量设备。量子力学通过海森堡测不准原理限制了这些器件的精度，但它也提供了超越半经典极限的量子策略，如标准量子极限。

从提高干涉仪和位置测量灵敏度的策略出发，科学家和工程师正在开发量子技术，利用纠缠效应来提高各种测量设备的准确性。

最大的挑战可能是保护容易被环境影响破坏的纠缠态；因此，量子处理单元的设计和安装将需要严格的限制。

其中一些量子技术仍然是未来派的,创造和操纵纠缠态的方法仍处于起步阶段。

7.4 共用孔径和传感器融合

7.4.1 共用孔径

基于以下因素,提出了一种被称为是合成孔径[20]的新型装置[或多功能射频系统(MRFS)]:

(1) 新兴技术提供的当前和未来支持;

(2) 以前未圆满解决的作战问题所引起的动机;

(3) 物理和安装限制;

(4) 通过真实的集成数据融合,达成降低成本、提高性能的前景。

目前考虑的这些系统主要用于海军和航空,典型目标包括雷达、电子战和通信功能。这一趋势可以被看作是集成过程中一个额外的重要步骤,过去它主要用于设计多功能雷达,现在开始利用有源固态相控阵天线。此外,这一趋势也可以看作是大多数基于有源固态相控阵天线的现代电子战系统的快速进步。

多功能射频系统的基本概念是基于能够支持所需功能的体系结构来设计设备,而不是简单地将它们聚集在一个独特的系统中。

为了实现这一目标,全世界都在努力确定和开发使多功能射频系统可行、实用和可负担的技术。

7.4.1.1 机载多功能射频系统

促使设计师认真考虑战斗机上的多功能射频系统的主要需求是有效载荷的有限空间,特别是发射和接收孔径的空间。减少机载孔径的数量具有减少飞机特征的显著好处,这在某些情况下是至关重要的,如图 7.19 所示。

雷达、电子战和微波通信功能的有效集成需要新的体系结构,这就要求对基础技术进行改进,以解决这些功能共存所带来的问题。

此外,由于需要对资源进行智能管理,这反过来又会改进互操作性,从而为飞机提供适当的隐身水平,而直到最近,才开始考虑飞机机身特征的隐身需求。

换句话说,由于多功能射频系统能够显示出超宽的射频带宽,并能够利用复杂的波形,因此由主动发射产生的飞机信号可以大大减少。功率管理、笔状波束和快速波束转向是多功能射频系统增强飞机隐身能力的又一特征。

目前多个国家正在研究用于航空电子应用的的简化多功能射频系统,预计这种系统将在未来几年内投入使用。必须指出的是，到目前为止，在机载应用的工作主要集中在有源相控阵天线，而不是真正的合成孔径。例如，在美国，为F－22（APG－77）开发的雷达有时被定义为能够结合电子战支援和雷达功能[21]的合成孔径。实际上，有源固态雷达天线利用其宽带特性，在有限的频带内提供雷达告警/电子战支援功能。其基本原理是：I－J 波段是几乎所有机载拦截雷达使用的工作频带。通过利用电子波束转向和高雷达天线增益，敌方机载雷达可以在非常远的距离被拦截和被动跟踪，这个距离超过最大雷达射程的 2～3 倍。此外，该技术也可以显著地提高主动雷达的最大捕获距离。

这类设备（APG－77 和 AMSAR）利用了当前最先进的技术。系统架构的基本单元是在工作在 X 波段和 Ku 波段的平面、固态、有源相控阵天线。这个孔径位于飞机的机头，是由大量的散热器单独连接到固态接收发射模块。该系统的突出特点包括在多极化辐射、超宽带覆盖、宽瞬时带宽、复杂和自适应波形生成发射，以及功率和资源的智能管理。

相反，当前技术的状态限制了许多非常需要的性能。特别是，可用的波束形成技术限制了同时可用波束的数量，而目前的功率技术阻止了在同一波束内同时发射多个波形的能力。因此，装备的多功能只有通过分割孔径或时间共享才能实现，这就是系统的瓶颈，当某些功能需要完整的阵列时，会导致性能下降。此外，由于子阵列之间的隔离性较差，无法同时执行接收和发送功能。

然而，即使是现在，利与弊之间的平衡仍然有利于多功能射频系统，因此合成孔径的新模式有望获得成功，并通过未来的新兴技术得到加强。

7.4.1.2 海军多功能射频系统

虽然航空电子多功能射频系统有上述限制，但已经在开发或飞行试验中，并将很快投入使用，海军多功能射频系统却相对落后。这种情况在某种程度上类似于现有的关于雷达和干扰机的情况：虽然基于有源固态相控阵的雷达和干扰机都在飞机上运行，但直到最近才开始为海军应用开发固态相控阵雷达。这并不意味着没有为海军部队开发多功能射频系统而努力。相反，更雄心勃勃的项目正在进行中，他们的最终目标是开发全数字有源固态相控阵。

这种架构的概念，如图 7.20 所示，是所有的功能都以数字形式实现，只有与最终功率放大（TX）和低噪声放大（RX）相关的是模拟电路。该原理框图与发射接收体系结构有关，但发射和接收孔径是可以分开的，因为船上的可用空间较大。在最后一个实例中，基本架构是相同的，只是散热器阵列是重复的，固态模块物理上分为发射和接收功能，每个功能都位于相关阵列中。

这种方法可以实现以下性能：

（1）多个同时和独立的接收或发射波束；

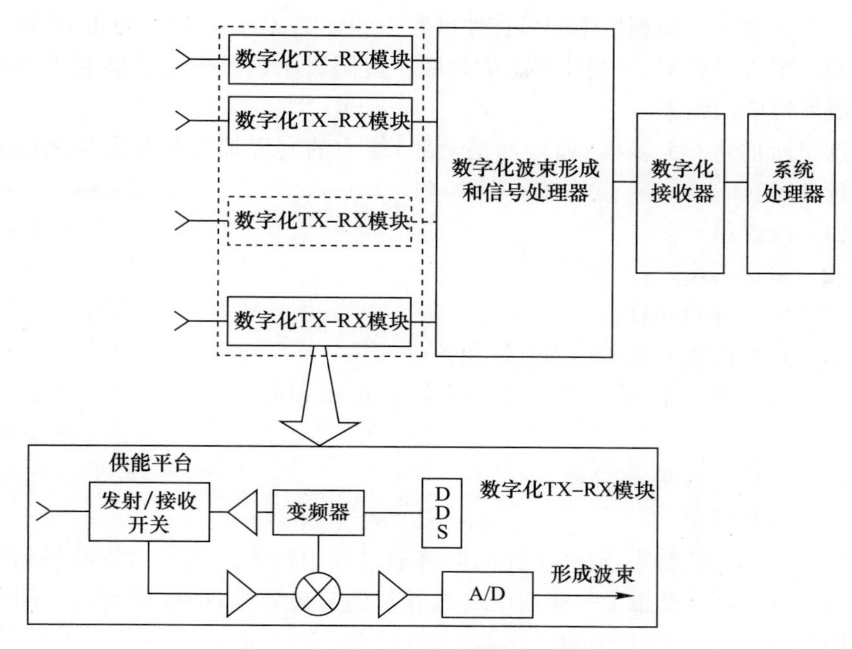

图 7.20　多功能射频系统的示意框图

（2）超宽工作频带；
（3）宽瞬时带宽；
（4）大幅度提高接收机瞬时动态范围；
（5）形成大量的零陷，以减轻敌方干扰干扰；
（6）在发射过程中产生复杂多变的波形；
（7）频谱分析，选择感兴趣的信号，避免干扰；
（8）消除由老化或环境条件引起的波束内漂移。
有了这些特性，以下作战性能成为可能：
（1）雷达、电子战和通信功能之间的兼容性；
（2）检测强杂波中的威胁；
（3）改善近海环境的能力；
（4）准确的辨明和识别目标；
（5）威胁识别；
（6）允许带宽内的高灵敏度电子战支援；
（7）快速高功率电子攻击；
（8）高自适应吞吐量和隐蔽通信；
（9）抗敌方干扰能力强。

虽然全数字有源相控阵的可行性已经得到证明,但是到目前为止,在较低的频率和狭窄的带宽下,一些技术上的差距一直阻碍了这种方法扩展到多功能射频系统所需要的频带。

这里所描述的大多数(如果不是全部)能力的实现都需要开发与之相关的新关键技术:

(1) 辐射单元;

(2) 宽带天线阵;

(3) 发送/接收隔离;

(4) 具有成本-效益的固态模块;

(5) 直接数字合成(DDS)能够控制相控阵中每个信号所需的实时延迟相移;

(6) 超快的 A/D 转换器;

(7) 计算资源。

也许在不久的将来,许多上述问题将通过利用数字阵列雷达技术得到解决(7.3.8 节)。已经设想了一些用于合成孔径的有效架构,一些原型的可用性已经开始出现。

图 7.21 展示了多功能集成系统的原型,该系统能够集成 MFR 功能和电子战支援-电子干扰功能。MFR 工作在 X 波段,利用一个宽宽带 AESA 天线。电子战系统也使用 AESA 天线来提高信号到达方向的精度,提高灵敏度,并得到一个非常高的干扰有效辐射功率。MFR 通过增加目标在角扇区上的时间(电子战支援在角扇区探测到可能的远处目标),使 EW 子系统受益。

图 7.21　待评估的多功能集成系统原型。注意电子战支援天线阵列和 X 波段 AESA 天线背面

7.4.2 传感器融合

如7.3.8节所述,像红外搜索与跟踪系统这样的光电传感器正在获得非常先进的性能,可以作为雷达的补充。因此,在现代空战场景中,特别是当雷达可能受到复杂的电子干扰行动的影响时,对雷达和红外搜索与跟踪系统的融合可能非常有效。特别是考虑到红外搜索与跟踪系统缺乏范围信息(或其准确性很差),但是它的测角精度迄今为止比机载雷达TWS好得多,如果红外搜索与跟踪系统的探测距离与雷达相当,那么融合可以提供更好的空中平台操作。

另一种具有重要反电子干扰能力的传感器融合是通过安装在不同平台上的机载雷达的数据链路进行互连,以交换处理后的数据。实际上,这应该被看作是一个雷达处理器网络[集成雷达网络(Intranet)]。合作飞机之间的信息交流可以提供额外的功能:

(1)所有相互连接的飞机都共享相同的战术信息,即使它们的雷达是静默的,或者它们装备了较弱的雷达;

(2)网络中最强大的雷达几乎被转移到所有参与任务的飞机上;

(3)可以在保持自己的雷达静默状态(使用另一个雷达收集的目标数据)或在最后一刻打开雷达时发射武器。

7.5 高功率微波武器

7.5.1 介绍

在过去10年里,在非致命武器领域进行了若干研究项目。除了一些化学/机械技术,还发现了一种基于电磁脉冲产生的非常有前途的技术。

有一些关于电子器件在强电磁场下的鲁棒性的研究,促进了对高功率微波产生技术的研究,以确定是否有可能产生一种会损害某些电子器件(如电子芯片)[22]功能的电磁场。

一些引人注目的高功率微波生成设备,像超级电子管整流器、相对论磁控管和速调管[23-26]能产生几微秒或几十纳秒的脉冲和从0.1~10GW的峰值功率(X波段和L波段)。

上述研究开启了高功率微波武器或高射频功率武器的时代,有时也被称为射频直接能量武器。一般来说,“直接能量武器”是指粒子束或激光束武器;这些武器超出了本书的范围。我们将专注于高功率微波武器目标。

本节的目的是强调这些新出现的高功率微波武器的可能能力和潜力。

7.5.2 电子系统的敏感性

电子设备可以很方便地分为两大类:一类是操作必须使用天线;另一类是不需要天线,而是由电缆连接的简单盒子。

第一类的例子是雷达和通信系统,而第二类的例子是电子处理系统(计算机和显示器)。

很明显,就雷达和通信系统而言,由于它们通过天线与开放空间耦合,天线本身就成为向系统注入破坏性电磁功率的主要途径。

显然,由于天线将在特定的频带中工作得更好,所以高功率微波武器很可能在相应匹配频带产生它们的能量。因此,在某种意义上,高功率微波的频率必须是可调的。

就电子处理系统而言,高功率微波武器必须利用电子单元外壳(例如,冷却所必需的)上的小洞,或互连电缆或外壳的屏蔽或接地不足。所有这些缺陷都可以认为是天线,尽管其效率非常低,但仍可以将电磁场(有衰减,但仍然存在)传送到内部电子芯片。

7.5.3 高功率微波武器

7.5.3.1 针对雷达系统的高功率微波

为了考虑高功率微波武器对雷达可能造成的损坏,有必要回忆一下雷达前端的框图(只限于位于雷达天线附近的组件)。雷达类型的不同,高功率微波武器造成的损坏程度不同。为了分析高功率微波武器造成的破坏,有必要考虑所有存在于真正前端的组件,它们是如何工作的,以及在何种条件下可以工作。有机械天线和相控阵天线两种主要的雷达类型。在第一种情况下,雷达可以由以下部件组成:

(1) 发射器;

(2) 循环器;

(3) 天线;

(4) 接收机(通常通过波导与天线相连)。

在这种情况下,通过更深入的分析,还可以发现存在以下相关组件:

(1) 发射器;

(2) 压力窗口;

(3) 波导;

(4) 旋转接头;

(5) 天线馈电及相关阻抗匹配装置;

(6) 机械保护;

(7) T/R 开关；

(8) 前置放大器；

(9) 混频器。

通过分析每个部件的特性，可以评估出它们在失效前能够接受的最大额外电磁功率。

损坏可以由热效应或一些电子元件的电压击穿引起。在第一种情况下，高功率微波必须具有较高的平均功率。在第二种情况下，依靠高峰值功率更方便。

为了计算一部已经被调谐到特定频率的高功率微波武器被雷达引入的射频功率，有必要回忆一下公式，即

$$P_{wr} = \frac{P_w G_w G_r \lambda^2}{(4\pi)^2 R^2 L_{\text{atm}}} \tag{7.1}$$

在不考虑极化损耗的情况下。通过假设 $G_r = 40\text{dB}$，$\lambda = 0.03\text{m}$，$R = 10\text{km}$，$L_{\text{atm}} = 1\text{dB}$，可以，根据假定的高功率微波武器有效辐射功率值，计算雷达天线馈电输出的额外功率 P（表 7.4）。

表 7.4 相对注入雷达的射频功率

ERPw/dBm	Pwr/dBm	Pwr/W
130	37	5
140	47	50
150	57	500
160	67	5000

根据实际可用的 ERPw，武器与雷达的距离以及雷达抗外部 RF 功率防护能力，有可能确定雷达何时和何地可以被永久损坏，以防止外部射频功率。

在有源相控阵雷达的情况下，我们可以假设每个辐射单元的天线增益$G_r = 3\text{dB}$。

被引入到与天线波束方向无关的天线阵列内的高功率微波武器总功率等于每个单元接收到的功率乘以辐射单元数 N。这种功率可以改变天线的热特性。假设 $N = 1000$，可以参考表 7.5。

表 7.5 相控阵雷达与高功率微波有效辐射功率的射频功率对比

ERPw/dBm	Pwr/dBm	Pwr/W
130	30	1
140	40	10
150	50	100

根据实际可用的 ERPw，武器与雷达的距离以及雷达抗外部 RF 功率防护能力，有可能确定雷达何时和何地可以被永久损坏，以防止外部射频功率。

7.5.3.2 针对电子处理系统的高功率微波

在对抗电子处理系统时,没有必要将高功率微波武器调谐到某个频段。高功率微波的频谱在高频区域有足够的能量,通过一个足够小的高增益定向天线项目标发射足够高的能量。

电子处理系统由下列元件组成:放大器、TTL 逻辑电路、互补金属氧化物半导体设备、发射极耦合逻辑设备和砷化镓设备。一旦被添加耦合能量1e ~ 10^{-3}J 就可以被破坏。如果我们假设可以使用 L 波段 10GW 的超级电子振荡管能够,高功率微波武器可以使用的天线增益范围为 0 ~ 30dB,电子处理系统的屏蔽能够处理大约 40dB 衰减的电磁场,这样就有可能计算出距离高功率微波武器 10km 处对电子元件产生的电磁场。回忆公式,即

$$P_{wr} = \frac{P_w G_w}{(4\pi)^2 R^2 L_{\text{atm}}} \tag{7.2}$$

$$E = \sqrt{2.377 \cdot p_{wT}} \tag{7.3}$$

穿透到电子设备箱内的电磁场如表 7.6 所列。

表 7.6 设备中产生的电场与高功率微波有效功率对比

ERPw/dBm	Pwr/(dBm/m^2)	E/(V/m)
130	-2	5
140	8	50
150	80	500
160	90	5000

通过考虑连接线的长度和元件的尺寸,可以计算出额外电压和功率。为了评估因功率效应而造成的损坏,还必须考虑高功率微波发生器的占空比。

7.5.3.3 高功率微波武器应用

高功率微波武器的主要应用之一可以是 SEAD[7,8]。事实上,我们很容易想到,这些武器能够在相对较短的时间内准备就绪,并可由飞机运输。在这种情况下,这类飞机的飞行足以对敌方雷达和通信网络中心造成永久性或半永久性损害。

7.6 反辐射导弹技术

目前已有对抗反辐射导弹的技术。从雷达的角度来看,对抗反辐射导弹的最佳电子干扰是:

(1) 极低的峰值功率,使飞机被迫从近距离发射反辐射导弹,使自己暴露在

对方防空系统面前；

(2) 良好的随机参数，频率捷变、改变脉冲宽度和脉冲重复频率；

(3) 低旁瓣。

在雷达的位置上，电子对抗系统可以被组织成：

(1) 强反射点产生假目标，欺骗反辐射导弹；

(2) 模拟雷达发射以干扰反辐射导弹(图 7.22)。

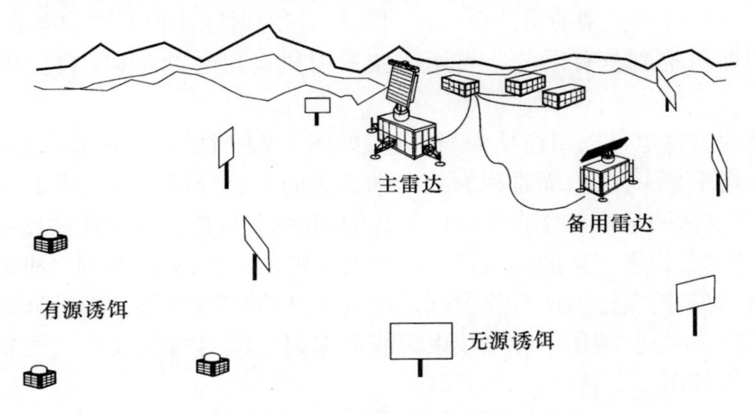

图 7.22　电子干扰对抗反辐射导弹

7.7　反隐身技术

反电子干扰技术也针对隐身技术而发展，包括：

(1) 低频雷达；

(2) 甚高频雷达；

(3) 无载波雷达；

(4) 双基地雷达。

在这些反隐身技术中，最有前途的是对低频的利用，这种方法利用了吸收材料对低频吸收的低效率。此外，飞机的发动机和机身的某些部分仍然主要是用金属制造的；因此，飞机的尺寸将达到 1m 量级，其性能必然与传统材料相似。如果雷达载波的波长也在 1m 左右，就会出现共振现象，适用于隐身飞机的反射定律将不再适用。在这种情况下，隐身飞机的雷达反射截面积不太可能远低于 $1\mathrm{m}^2$。

然而，有必要解决低频率雷达的所有问题，包括天线波束控制、低分辨力和低空探测距离。这可以通过利用现有的所有新技术，重新设计低频率雷达来实现。

有一种利用极高频率(毫米波雷达)反隐身的技术,就是利用飞机表面每一个小裂缝或不均匀度产生的散射。雷达反射截面积的增加可能是相当显著的,但是,由于大气衰减,特别是在天气影响期间,作用距离的减小对这种技术是不利的。

无载波雷达传输的视频脉冲非常短,因此具有非常宽的频谱,可以用作反隐身雷达。目前这种类型的雷达存在的问题是,与发射脉冲相关的功率非常低,因此雷达的探测距离是有限的。当无载波发射机有足够功率时,它们将会更加成功。

双基地雷达也可以用作反隐身雷达,如图 7.23 所示。在这些雷达中,发射机和接收机不是一体的,而是相隔几千米部署的。这种反隐身技术的基本原理是,隐身飞机试图尽量减少直接返回雷达的回波信号,但其他方向的反射信号则会更大。因此,如果雷达的接收机没有与发射机在一起,它探测到飞机的概率更大。然而,双基地雷达的所有问题都显现出来,如同步和覆盖。覆盖问题可以通过接受长扫描时间、使用带有宽波束天线的发射机或接收机或通过限制覆盖范围(例如,仅使用一条警戒带)来解决。

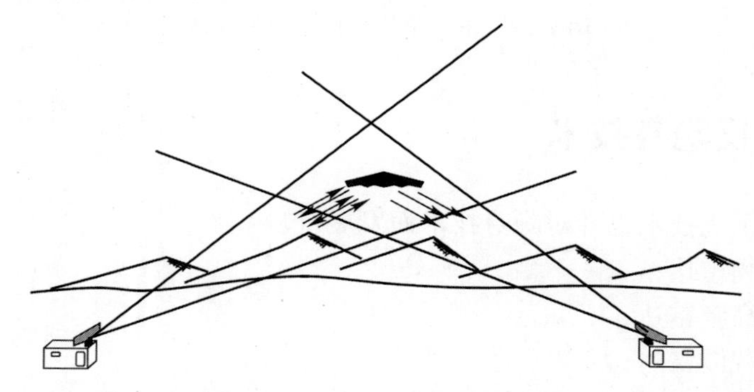

图 7.23　双基地雷达和低频雷达可以作为对抗隐身飞机的电子干扰

被动相干雷达也是隐身飞机的威胁。这些雷达是被动的,因为它们利用位于不同位置的电台或电视台的无线电或电视广播发射机。这些被动雷达利用来自不同方向的散射,利用低频信号,从而能够检测到隐身平台。

7.8　电子防务当前技术和前景

自第二次世界大战以来,基于电子系统的武器有了巨大而令人印象深刻的发展,反过来,又有了强大的试图使这些武器失去威力的电子系统。在接下来的讨论中，只考虑常规武器系统，不包括核武器和洲际弹道导弹。考虑到这一时期所发生的冲突及其各种后果，我们可以得到以下结论：

（1）必须非常小心网络频谱控制（CEMA）。

（2）无论是进攻还是防御，今天的硬杀伤武器系统已经变得非常有效，令人印象深刻的新系统是短期内无法预见的；当前的持续发展涉及精确制导弹药（PGM）、红外搜索头、武器和导弹速度的改进。一些努力目前正在利用无人机和远距离支援武器开展信息行动。

（3）搜索雷达已经达到了最佳性能水平，特别是当它们广泛利用数字技术时。固态 AESA 多功能雷达正在迅速发展。

（4）跟踪雷达，特别是用于导弹搜索的雷达，通过使用单脉冲和相干技术大大提高了它们的性能。在跟踪雷达中，有源相控阵技术广泛地应用在地面和机载中，并被迅速推广。

（5）如果电磁环境不是太密集和复杂，当前的电子战支援系统似乎能够正确地解释。低截获概率雷达探测、识别和无源发射机定位的新要求具有挑战性。

（6）目前的电子干扰系统对基于传统或相干技术的最传统武器有效，但如果导弹导引头诉诸单脉冲或频率灵敏等技术并利用前沿跟踪，电子干扰系统似乎无效。

（7）红外制导导弹通过引入焦平面阵列传感器和先进的处理技术来增强其能力。根据本章所述关于新获得的电子防务技术的内容，可以假定下列事态将很快发生和发展：

（8）机载和海上威胁将遵守一定标准以减少其信号特征（低截获概率波形和低雷达反射截面积）。

（9）雷达告警/电子战支援和 ELINT 系统将基于先进的宽带前端和数字接收机，以获得所需的灵敏度、截获概率和准确的被动定位能力。分选器将基于快速计算机。由于现代数字设备实现的准确性，从电磁环境中提取的信号将更加可靠。

（10）防空系统必须考虑使用反隐身雷达，同时还必须配备对抗反辐射导弹的电子干扰。

（11）机载电子干扰系统将通过开发新的可用技术，如可消耗诱饵和交叉眼干扰，来提高其抵御单脉冲威胁的能力。固态技术将为电子干扰系统提供更好的可用性。地面和海上目标将提高其对抗 SAR 雷达的电子干扰能力，以避免被远距离支援武器攻击：远距离支援（例如，从卫星和利用信息操作系统）可能是未来战争行动的一种重要的新方式。

（12）将开发不同有效载荷的改进型无人机，以减少人类接触。

（13）红外 CM 将开始生效。事实上，红外制导导弹将被基于红外技术的导弹发射/接近预警系统（MLAW）或红外搜索与跟踪系统检测和精确跟踪。被动红外跟踪器能够瞄准激光束，以降低或破坏红外导引头（DIRCM）的制导能力。

（14）将进行开发为产生和控制有效的高功率微波武器所需的射频功率的技术。

参 考 文 献

[1] Tenedorio, J. G., "MMIC Reshape EW System Design," MSN & CT, November 1986.

[2] Tsui, J. B. Y., Digital Techniques for Wideband Receivers, Norwood, MA: Artech House, 1995.

[3] Waterman, D. A., A Guide to Expert Systems, Reading, MA: Addison Wesley, 1986.

[4] Webb, C., et al., "Measurement Review of IR Staring Systems," Proc. NATO – IRIS, Vol. 41, No. 2, June 1996.

[5] Audebert, P., et al., "640 480 MCT 3 – 5 mm Snapshot FPA," Proc. SPIE, Vol. 3379, "Infrared Detectors," 1998, p. 577.

[6] Sprafke, T., and J. W. Beletic, "High – Performance Infrared Focal Plane Arrays for Space Applications," Optics and Photonics News, Vol. 19, No. 6, 2008, 22 – 27.

[7] Vural, K., et al., "Large Format SWIR/MWIR HgCdTe IR FPA for Astronomy," Proc. SPIE, Vol. 3379, "Infrared Detectors," 1998, p. 562.

[8] Rogalski, A., "Progress in Focal Plane Array Technologies," Progress in Quantum Electronics, Vol. 36, 2012, pp. 342 – 473.

[9] Airborne IRST Properties and Performance, Defense Issues. net.

[10] "New Radars, IRST Strengthen – Detection Claims," Aviation Week, March 16, 2015.

[11] Airborne Infrared Search and Track Systems.

[12] Hari Babu Srivastaval, Y. B. Limbu, Ram Saran, and Ashok Kumar.

[13] Instruments Research and Development Establishment, Dehradun – 248 008.

[14] Defence Science Journal, Vol. 57, No. 5, September 2007, pp. 739 – 753.

[15] Jehel, R. E., et al. Impulse Transmitter and Quantum Detection Radar System, U. S. Patent No. 5095312, 1992.

[16] Allen, E. H., and M. Karageorgis, Radar Systems and Methods Using Entangled Quantum Particles, U. S. Patent No. 7375802, 2008.

[17] Guha, S., and Z. Dutton, Systems and Methods for Quantum Receivers for Target Detection Using a Quantum Optical Radar, U. S. Patent No. 8339581, 2012.

[18] Axness, T. A., et al., "Shared Aperture Technology Development," Johns Hopkins APL Technology Digest, Vol. 17, No. 3, 1996, pp. 285 – 294.

[19] Fulghum, D. A., "F – 22 Radar Ranges Pass Expectations," Aviation Week and Spac Technology, February 7, 2000, pp. 26 – 56.

[20] Levien, F., "Directed Energy," Journal of Electronic Defense, November 2000.

[21] Knowles, J., "USAF Looks for HPM SEAD Solution," Journal of Electronic Defense September 1995,

pp. 36 – 37.

[22] Knowles, J. , " Hughes to Build HPM SEAD Demonstrator," Journal of Electronic Defense February 1996, p. 29.

[23] Miller, R. B. , et al. , "Super Reltron Theory and Experiments," IEEE Trans. Plasm Science, Vol. 20, 1992, p. 332.

[24] Benford, J. , et al. , "Relativistic Magnetrons and Klystrons at Long Pulse Durations, BEAMS '94, San Diego, CA, June 21 – 24, 1994.

[25] D'Angelo, S. , et al. , " GaN MMIC Chip Set Suitable for Integration in Future X – Band Spaceborne Radar TRM Front End," MIKON 21st International Conference on Microwave Radar and Wireless Communication, Krakow, Poland, 2016.

[26] Lakdawala, H. , et al. , "32 nm SOC with Dual Core ATOM Processor and RF Transceiver , IEEE Journal of Solid – State Circuits, January 2013, p. 91.

第8章　设计及评估准则

8.1　引言

本章对电子防务设备的规范标准进行讨论。目的是尽量消除过度规范的问题,通常是由于设计人员一厢情愿地追求更高的灵敏度、更高的频率精度、更大的有效辐射功率、更广的覆盖范围、较低的重量和成本,而忽视兼容性、效率,还有最重要的是成本效益。

本章将首先分析设计标准,由必须设计和制造零件的承包商确定的设备的规格入手,然后讨论确定作战需求的用户观点。

8.2　设计标准

制定电子防务设备规范的基本过程如下[1-2]:

(1) 应确定设备的目标,同时考虑到作战环境和安装平台。

(2) 对作战环境的分析将决定设备的性能要求:哪种类型的信号必须被拦截? 是低截获概率还是正常? 哪种雷达必须被干扰? 会不会是单脉冲?

(3) 为了对已识别的威胁实现所需的性能,需要对威胁有充分的了解。在这里,可以遵循两种标准中的一种,这取决于对威胁的所有细节是否已知,或者只是对威胁有概略了解。

在第一种情况下,可以设计特定的设备。然而,有了这些设备,人们就会面临这样的风险:如果威胁的一些参数被改变,这些设备将不再有效。

在第二种情况下,必须深入了解威胁的工作原理,以便找到针对性的对策,而这些对策反过来很难被反制。只有当所有可能的威胁和可用的技术被彻底了解时,才能做到这一点。

一旦确定了一种貌似可以达到目标的技术解决方案,就必须检验其有效性。这可以通过一系列分析来完成,特别是通过精确和详尽的模拟,来检查设备在典型和极限情况下的工作情况。此外,还需要进行成本效益分析,以确保新找到的解决方案不会成本过高。

但这还不是全部。所选择的解决办法可能需要运用重大的技术或暗含工艺风险,这些风险可能使解决办法无法实现,或者无法在规定的时间内实现。必须识别、评估这些风险,并在必要时通过寻找替代方案来减轻这些风险。

合理的设计顺序应包括以下几个阶段:

(1) 确定系统目标;

(2) 分析作战环境;

(3) 确定可能架构;

(4) 通过模拟和方针分析可实现性,并与规范进行比较;

(5) 成本-效益分析;

(6) 风险分析;

(7) 详细设计,包括关键部件的备份规范。

8.2.2 系统目标

系统目标一般会显示在用户定义的需求中,用户一般是军队。第4章讨论了电子防务设备可能的操作功能。可能会出现新的、不可预测的需求。必须逐项分析和清楚地理解这些问题。

8.2.3 作战环境分析

设备的作战环境实际上是由平台及其任务决定的。

设备的预定安装位置将决定其电气特性、需要考虑的环境规范以及重量、体积、功耗和功耗的限制。意识到安装问题是至关重要的。如果电子防务系统的重量或体积影响了平台执行其预期任务,那么无论它在其他方面有多有效,都不会被选中。重量、体积和功耗的问题在机载应用中最严重,在小型船舶中次之,在大型船舶或地面设施中最轻微。

平台的任务将决定设备必须面对的威胁的质量和数量。这使得设备的设计者必须理解其复杂性,并建立典型任务的特征,这对评估系统的效能很有用。

表8.1 作战环境的一些特征

装备	平台	作战任务	威胁	电磁特性	信息量
雷达告警接收机	飞机	封锁	防空导弹(指令制导、半主动制导、主动制导) 高炮 飞机(空空导弹)	锁定模式的雷达和照射器(脉冲、脉冲多普勒、编码/低截获概率、连续波/中断连续波、捷变、边搜索边跟踪)	$1 \times 10^6 \sim 5 \times 10^6$ 脉冲数每秒(来自敌方雷达)

续表

装备	平台	作战任务	威胁	电磁特性	信息量
自卫干扰机	飞机	封锁	同上	同上，此外还有圆锥扫描、单接收余弦扫描－单接收旁瓣切换、单脉冲	同上
电子战支援系统	军舰	护卫	飞机（反舰导弹） 军舰（反舰导弹火控系统） 潜艇	搜索与跟踪雷达（脉冲、脉冲多普勒、编码/低截获概率、参数捷变、边搜索边跟踪）	$0.1\times10^6\sim0.3\times10^6$ 脉冲数每秒（来自敌方雷达及友方干扰）
电子干扰设备	军舰	护卫	同上	同上，此外还有圆锥扫描、单接收余弦扫描－单接收旁瓣切换	

表 8.1 列出了作战环境的一些特征。一旦预测的威胁被识别出来，就有可能着手设计一个能够针对它们的电子防务系统。由于电子防务设备的设计者往往倾向于认为雷达的能力归功于其实际具备的性能，或者忘记了雷达正常工作的限制，因此第 2 章和第 3 章讨论了雷达的工作原理以及传感器和武器系统的问题。

8.2.4 可能的架构

一旦确定了作战目标、平台、环境和威胁，就有可能为指定任务的性能确定系统的体系结构。

这是一个非常关键的阶段，该阶段很大程度上取决于设计团队的能力。过于乐观的团队会提出过于简单或过于冒险的解决方案，最终会导致不满意或不实用的设备。过于悲观的团队会设计出非常复杂的设备，即使在极限情况下也能提供解决方案，但这将是非常沉重和昂贵的。

设计团队需要有足够的常识，来根据典型的作战环境找到一个折中方案，并在极限情况下接受性能上的一些降级。当然，这也必须向客户解释并被接受。

设计系统的架构时，首先必须使系统能够执行所有预定的任务，一次一个（它做什么）。然后观察它是否能同时执行几个任务，并评估潜在的性能下降。

最后，必须对临界条件进行评估，如异常繁忙或被干扰的情况下，以检查它们是否会导致设备完全失效（它不能做什么）。

为了系统架构的成功设计，必须详细了解所有现代的电子防务技术和工艺。这些技术和工艺已在第四、五和七章中描述。更准确地说，第四章和第五章讨论了基本的、更传统的技术。第七章讨论了在数字领域、微波和应用软件领域的最新技术进步。此外,务必牢记,电子干扰的有效性评估必须建立在敌人有可能掌握的反电子干扰技术的情况之上。

8.2.5 仿真验证

在断言系统架构能满足作战要求之前,必须对其进行大量的仿真[3-6]。

现在有了强大的计算方法,在进入硬件设计阶段之前,最好先对可实现的性能进行模拟。目前对雷达、导弹、雷达反射截面积和接收机的模拟与实际系统非常吻合,因此模拟程序给出的结果可以非常真实、准确和可靠。

仿真可以验证系统在不同层面的工作状态,从整个平台的工作参数到系统组件、子系统的工作参数,再到如放大器、晶体管和数字电路等最基本硬件的功能。

这样就可以避免制造大量的测试电路。电路是在计算机辅助设计(CAD)的支持下设计的,从计算机辅助设计(CAD)中可以直接获得制造原型所需的文档。

8.2.6 成本-效益分析

在决定电子防务系统的最终架构之前,必须评估成本-效益比。从设计的角度来看,应该区分两个案例:

(1) 设计目标满足客户的要求。

(2) 设计新产品以满足潜在客户的需求,但尚未明确表达。在第一种情况下,符合成本-效益的解决方案是同时满足客户的所有重要需求。

(3) 通过最大限度地开发已有系统中组件或承包商已生产的、可用于新装备模块的新技术元素,最大限度地减少对新技术和工艺的设计需求。

(4) 最小化后续生产成本。

(5) 提供可扩展或升级的可能性,从而实现比客户的规格要求更高的性能。

显然,对于许多功能相同的系统采购来说,需要计算的是经常费用和偶发费用的总和。考虑后者的方式将取决于新系统引入的技术创新、交付时间,等等。

在第二种情况下,当研发新产品时,工作必须从成本-效益分析开始,以确定系统必须具有的规范或需求。在实践中,这种方法与客户为确定新系统的需求而进行的分析是一致的(8.3 节)。

从设计的角度分析成本-效益的步骤如下:

(1) 评估规格。要求性能的每个方面都应该根据重要性进行加权;全局值为 100 可以方便地分配给整个系统。要做到这一点,必须把自己放在客户的位置上，而不是设计师的位置上。

(2) 评估可能的架构。检查它们在多大程度上能够响应每个性能需求：这些响应能力方便地表示为百分比。

(3) 计算加权平均。显示每种可能的体系结构对规范的响应程度。

(4) 评估系统的有效性。将这种有效性作为加权平均的总和。

(5) 评估不同架构的采购成本。在这里，允许完全满足规范的解决方案的成本可以方便地假设为100。如果对其他产品有潜在的附带利益，则应相应降低总成本。

(6) 计算成本－效益比。在其他条件相同的情况下，使这个比率最小化的解决方案是首选方案。

8.2.7 风险分析

从程度和概率两个方面进行风险分析，显示了一个特定项目或设备的现实可行性。许多高强度和高概率风险的存在无疑表明了项目的不可行性。

然而，通常情况下，尽管有一些风险，还是有必要继续进行一个项目，否则，新设备一出生就会落后。

在这种情况下，最好是预见一些替代方案，以便在风险产生的情况下，准备一个替代方案。

在选择可能的架构时，有两种极端的情况。

(1) 分布式低风险非常复杂的架构：

① 复杂的架构总是一个问题；

② 系统只有在困难的情况下才能被理解；

③ 系统维护困难；

④ 系统互联复杂；

⑤ 主要风险在于系统的最终整合。

(2) 非常简单的架构，风险集中在有限的区域：

① 系统易于理解；

② 系统维修方便；

③ 系统可以很容易地相互连接；

④ 风险可能是一种技术类型。

在第一种情况下，通过复杂的仿真模拟可以减轻风险，但是在研发的最后阶段发现潜在的问题时，没有足够的时间做出反应。

在第二种情况下，必须准备好接受性能的某些下降，以减少风险，但这允许从项目开始就把精力集中在关键领域。

8.3 选择系统的评价标准

8.3.1 通则和目标

以上是从一个制造商的角度考察了设备的成本－效益比。在这里，它将从用户（军方）的视角来评估成本－效益比。

在选择不同类型的电子防务系统之前，总参谋部首先必须确定是否真的需要电子防务系统，因为它们的装备需要付出成本，有时还会限制平台的性能。一旦做出了肯定的决定，就有必要确定电子防务系统所需的确切性能。

在接下来的内容中，我们将研究一种方法，这种方法可以评估电子防务系统的需求、确定系统的需求，最后对招标的不同系统进行客观评价。只有客观的评价才能确定这项支出是否适当，避免购置实际用途有限的设备。

一个例子可以说明这一点。如果从作战环境的分析中，确定 40% 的威胁是单脉冲制导防空导弹，30% 的是单脉冲制导防空导弹，20% 的是单脉冲制导火炮系统，只有 10% 的扫描制导系统，正确的系统将主要对抗单脉冲系统。一个只能应对扫描制导威胁的系统，其成本应该是一个能够应对所有威胁的系统的 1/10。为进行成本－效益分析，应采取下列步骤：

（1）评估环境。更确切地说，定义一个参考场景，该场景是安装了电子防务设备的平台通常工作的场景。

（2）定义任务过程中将要发生的重要事件。这些事件将有助于平台的杀伤概率。

（3）损耗率 A_r（每个任务中平台丢失的比例）的计算。在忽略了平台可维修恢复的情况下，损耗率可以被认为等于在典型任务过程中平均遇到的敌方武器系统的杀伤概率。

（4）计算在敌对行动的最初几天中，由于损耗率而损失的平台数量。

（5）计算在采用特定电子防务系统时，在相同的参考作战环境下的新损耗率。

（6）计算由于采用电子防务系统而生存下来的平台数量—这些平台的价值体现了电子防务系统的有效性。

（7）电子防务设备采购成本评估。计算成本－效益比——如果它小于 1，电子防务设备被认为是合算的，否则不是。

简要回顾一下概率论[7]将有助于理解下面的讨论，这说明了该方法。有利事件发生的概率 p 是有利事件数与所有可能事件数之比。从 52 张牌中取出黑

桃 10 的概率为

$$p = 1/52 \tag{8.1}$$

联合概率是独立事件发生的概率 $p_1, p_2, \cdots$ 都发生的概率,即

$$P_T = P_1 P_2 \times \cdots \times P_i \tag{8.2}$$

事件 2 发生的概率,事件 1 不发生的概率为

$$P_c = P_2(1 - P_1) \tag{8.3}$$

这个公式说明向一个目标发射数枚导弹击中目标的概率。假设两枚导弹对着一架飞机发射。飞机被击中的概率是由它被第一枚导弹击中的概率,加上如果它没有被第一枚导弹击中而被第二枚导弹击中的概率,即

$$P_{kt} = P_{k1} + P_{k2}(1 - P_{k1}) \tag{8.4}$$

8.3.2 定义参考作战环境

如 8.3.1 节所述,为了评价电子防务设备的效能,首先必须确定一个参考环境,即电子防务设备将会执行任务的参考环境。这是所有步骤中最微妙的一步,因为如果过于悲观,那么电子防务系统的最终规范将过于繁重,系统将非常昂贵。如果过于乐观,这个系统可能就会失效。

在任何情况下,参考环境都必须用一个事件列表来定义,这些事件会在一个典型的任务过程中发生并且需要电子防务的贡献。反过来,这些事件也是参考环境中的典型特征。

例如,对于攻击飞机类型的平台。这种平台的典型任务是渗透到敌方领土,以摧毁某些重要目标,如图 8.1[8-9]所示。

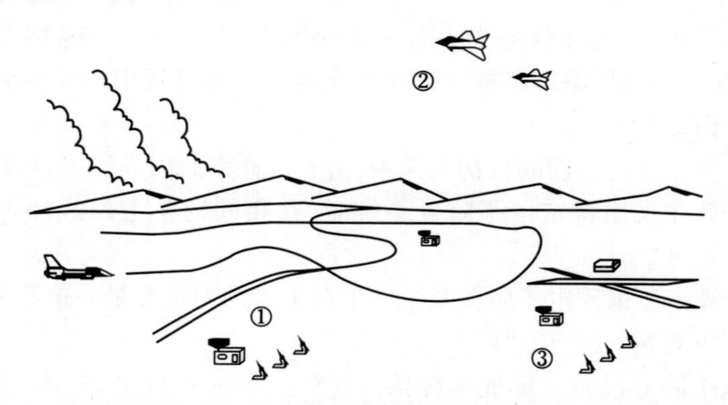

图 8.1　在接近目标时,飞机会遇到多条防线,每条防线的杀伤概率都很大
①远程地对空导弹; ②战斗机; ③要点防御系统。

参考场景可能由以下事件组成,这些事件对命中飞机有影响:

(1) 敌方防线的搜索雷达探测飞行器;

(2) 敌方跟踪雷达捕获飞机;

(3) 敌方武器的精确制导系统;

(4) 武器弹头(炮弹或导弹)的效果。

如果任务复杂,平台在执行任务的过程中可能会遇到不止一条防线,因此必须重复上述推理。如果不同的防御线由不同的武器系统组成,那么考虑这些系统的平均特征表现,是一种比较可取的做法。

8.3.2.1 生存概率

上述的每一个事件发生的概率都是或多或少地取决于敌人装备的效能[2],为了评估事件发生的概率,需要估计给定情况下平均性能(使用动目标检测的搜索雷达的比例、单脉冲跟踪雷达的比例等)。

描述敌方武器系统效能的参数可以用它们完成任务的概率来表示:

(1) 敌方搜索雷达探测平台概率 P_d;

(2) 跟踪雷达获得平台的概率 P_a;

(3) 武器精确制导概率 P_t;

(4) 武器的杀伤概率,P_{kw}。

敌方武器系统的杀伤概率为

$$P_k = P_d P_a P_t P_{\mathrm{kw}} \tag{8.5}$$

如果在执行任务时,平台必须对抗 n 个武器系统,每个系统的杀伤概率为 P_k,n 个系统的总杀伤概率为

$$P_{kt} = P_{k1} + P_{k2}(1 - P_{k1}) + P_{k3}[1 - (P_{k1} + P_{k2}(1 - P_{k1}))] + \cdots \tag{8.6}$$

假设损坏的飞机被收未被维修,那么损耗率就等于总杀伤概率,即

$$A_r = P_{kt} \tag{8.7}$$

一个典型任务完成后,平台存活的概率为

$$Q_1 = 1 - P_{kt} \tag{8.8}$$

经过两个典型任务后,有

$$Q_2 = (1 - P_{kt})(1 - P_{kt}) \tag{8.9}$$

在完成了 n 次典型任务之后,有

$$Q_n = (1 - P_{kt})^n \tag{8.10}$$

8.3.2.2 缺乏电子防务设备造成的损失

只有在军事冲突的假设下,电子防务设备的实用性才会显现出来。通常都是假设会要面对突然冲突,平台也会在一段时间内被集结起来,执行大量的任务。对于飞机来说,时间可能是 10 ~ 12 天。

图 8.2 中的图表显示了一个平台在 n 次任务后,在不同的损耗率下的存活概率。将概率乘以最初可用平台的数量 N,就可以得到在一定损耗率(AT)条件下,N 次任务后幸存的平台的数量为

$$N_s = N \times Q_n = N \times (1 - P_{kt})n \tag{8.11}$$

N_s 作为在计算电子防务系统的有效性的参考值。

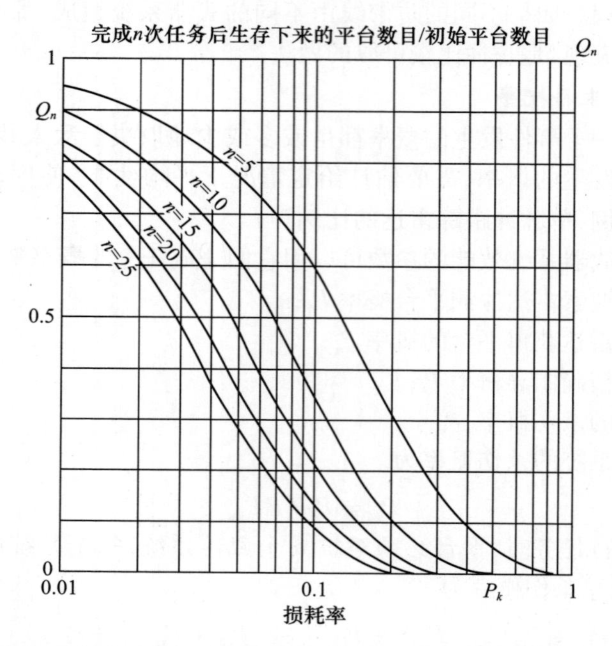

图 8.2　某项功能在执行多次任务后对平台战场生存的贡献率

8.3.3　电子防务的有效性

由于电子防务设备能够影响搜索雷达的探测能力和跟踪雷达的获取和精确瞄准能力,因此它将能够降低损耗率,从而减少在给定数量任务中被会上的平台数量。由此达到的经济效益是对电子防务设备有效性的一个指标,将其与采购成本进行比较,可以评价其成本效益。

8.3.3.1　电子防务效能参数

因此,电子防务设备的有效性将取决于其降低敌方武器系统 P_d,P_a 和 P_t 的能力。由于 P_{kw} 只能通过干扰敌方武器的引信来影响,不在本书的讨论范围。因此,在接下来的内容中将被认为是不变的。表示电子防务系统有效性的参数有:

(1) 对搜索雷达的有效性 E_d,即敌方搜索雷达被阻止或充分延迟探测的

概率；

(2) 对捕获的有效性 E_a，即敌方跟踪雷达被阻止或充分延迟捕获的概率；

(3) 对跟踪雷达的有效性 E_t，即防止武器精确制导的概率，其中，如果电子防务系统导致弹头爆炸超出武器的杀伤力范围，则 $E_t = 1$。

这三个参数非常有用，因为它们可以很容易地在实验室、试验场和操作地点进行计算、仿真和测试出来，适用于不同类型的雷达。

这些表示电子防务系统有效性的参数，必须按照参考作战场景的加权平均值进行评估。例如，如果在作战场景中有 $N_1 + N_2 + \cdots + N_i$ 共 N_{tot} 部跟踪雷达，其中电子防务系统的有效性分别为 $E_1, E_2, \cdots, E_i$，则系统的平均有效性为$E = E_1N_1 + E_2N_2 + \cdots + E_iN_i/N_{tot}$

可以根据以下效能参数定义被欺骗雷达的抑制因子，即

$$D_s = 1 - E_a \tag{8.12}$$

$$D_a = 1 - E_a \tag{8.13}$$

$$D_t = 1 - E_t \tag{8.14}$$

如果抑制因子较高，电子防务系统的有效性将较低，反之亦然。被欺骗雷达成功探测的概率应该乘以这些抑制因子。

8.3.3.2 电子防务的倍增作用

在有电子防务设备的情况下，给定武器系统的损耗率变为

$$A'_r = P'_k = S_sP_dS_aP_aS_tP_t \times P_{kw} \tag{8.15}$$

如前所述，可以计算在电子防务设备的保护下，执行 N 次任务后保存下来的平台数量 N'_s。N'_s 和 N_s 的区别就是因使用电子防务系统而保存下来的平台数。如果

$$Q'_n = (1 - P_k)^n \tag{8.16}$$

则有

$$N_s = NQ'_n \tag{8.17}$$

如图 8.3 所示，保存的平台数量为

$$S = N'_s - N_s = N(Q'_n - Q_n) \tag{8.18}$$

在实际应用中，电子防务设备的作用可以看作是在敌对行动开始时，对战斗力的倍增器。在简单和极端假设条件下，A_r和平台的数量无关，这个乘数 M 可表示为

$$M = NQ'_n/NQ_n = Q'_n/Q_n \tag{8.19}$$

由此，我们可以推断，数量有限但装备有效电子防务系统的机群，可能比缺乏这种系统或装备较少数量电子防务系统的大数量机群更有优势。

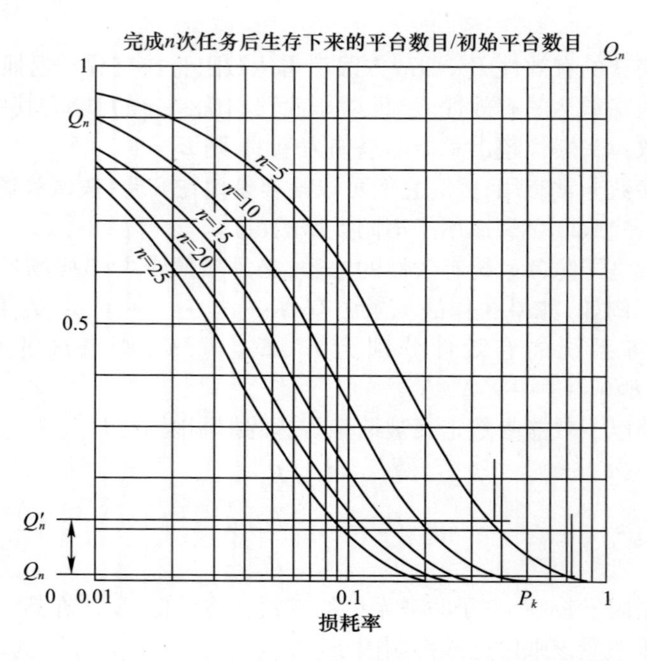

图 8.3 ($Q'_n - Q_n$)乘以平台的初始数量就是由电子防务系统所保护生存下来的数量

8.3.4 成本 - 效益比

电子防务设备所产生的效益与采购成本的比率描述了使用电子防务设备的价值。当需要选择不同的电子防务系统中时,这里所讨论的方法特别合适。根据参考场景对各系统的效能参数进行评估,计算出各系统的损耗率和采购总成本与所产生的效益的比率。在其他条件相同的情况下,成本 - 效益比最小的就是最好的系统。

由此可见,节省的 R 将由被保护的平台数量乘以其成本 C_p 得出,即

$$R = SC_p \tag{8.20}$$

假设每件电子防务设备的全寿命周期成本等于 C_{ED},则采购总成本为 NC_{ED}。成本 - 效益比可以表示为

$$C/E = NC_{\mathrm{ED}}/N'(Q_n - Q_n)C_p = C'_{\mathrm{ED}}/(Q_n - Q_n)C_p \tag{8.21}$$

综上所述,如果电子防务设备的成本低于平台成本乘以 n 次任务后预期生存概率的增加,那么设备就是具有成本 - 效益的。下面的例子只是为了说明理论方法,而不是严格的定量分析。例子的主要考虑因素如下:

(1) 攻击机受由雷达告警接收机 + 箔条组成的电子防务系统保护;

（2）一艘受到导弹攻击的船只，受雷达告警接收机 + 箔条组成的电子防务系统保护。

同样的方法也可以应用于平台由自我保护设备、消耗性设备防御的情况下，等等。

该方法不仅在决定是否采购电子防务设备上非常有效，而且在选择两个竞争系统上也非常有效。在这种情况下，非常重要的是定义一个尽可能准确地反映真实情况的参考场景，并评估竞争系统的有效性参数和每个系统可以节省的成本。

当计算冲突开始的第一天总采购成本与总效益的比率时，在其他条件相同的情况下，成本 – 效益比将是需要进一步考虑的因素。

对于战略电子防务装备，评价标准是相同的。在这种情况下，从数量上计算因缺乏电子防务设备而造成负面后果会更加困难，因为这可能是灾难性的。然而，由于这类设备的总数一般是有限的，因此必须将其作为设备必须满足的战略要求为函数逐项进行评估。

8.3.4.1 成本 – 效益比评估实例

示例 1：机载雷达告警接收机 + 箔条系统

假设一个人想要评估一个由雷达告警接收机和箔条撒布器组成的电子防务系统。

首先，必须定义使用场景。从第一章和第三章的讨论中，我们可以得出这样的结论：在这种情况下，飞机必须突破由搜索雷达配合 SAM 阵地组成的来保护目标的防御系统，如图 8.4 所示。为了简单起见，假设损耗率等于 P_k（飞机被击中的概率）。通过列举导致飞机被击毁的事件，得到飞机被毁伤的概率。它们是。

图 8.4　航空参考场景

（1）被搜索雷达发现的概率 $P_d = 0.95$；

（2）被跟踪雷达捕获的概率 $P_a = 0.95$；

（3）被武器精准瞄准的概率 $P_t = 0.95$；

（4）导弹的杀伤概率 $P_{km} = 0.8$。

飞机被击毁的概率为

$$P_k = P_d P_a P_t P_{km} = 0.686 \tag{8.22}$$

在损耗率 $A_r = P_k$ 的条件下，执行了 n 次（如 5 次）任务后，幸存飞机平台数量为

$$N_s = NQ_n = N \times 0.003 \tag{8.23}$$

$$Q_n = (1 - P_k)^n = 0.003 \tag{8.24}$$

式中：Q_n 为 n 次任务后生存概率，如图 8.3 所示。

如果飞机在执行任务期间重复使用由雷达告警接收机 + 箔条组成的电子防务设备，则可以修改损耗率。由于箔条的适当发射会欺骗跟踪雷达的距离门，因此系统将在这方面具有有效性 E_t，如图 8.5 所示。这类系统的效能参数 E_t 取决于飞机的机动性、箔条的效能（箔条云雷达反射截面积的扩散速度、箔条云雷达反射截面积大小、箔条云的寿命）以及雷达告警接收机的效能。

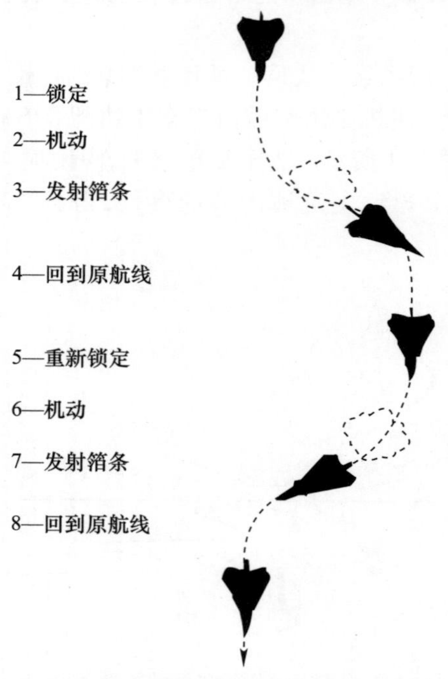

图 8.5 根据雷达告警接收机指令发射箔条的效果

反过来说，雷达告警接收机的有效性在于它能在正确的时间正确地探测威胁，尽管潜在的电磁环境很复杂。正确的时机可以通过距离来测量，这个距离必须大于防空武器的最大射程，或者在延迟被雷达捕获的情况下，通过低于防空武器发射的反应时间来测量。当接近目标时，雷达告警接收机检测到锁定模式下的跟踪雷达存在时，飞行员将进行机动以使箔条干扰获得较高的成功率，并发出箔条发射命令。概率等于有效性参数

在这里，假设为机载电子防务系统的 E_t 为 0.5，跟踪雷达将被迫解锁，飞行员将恢复飞机的正常航线和继续它的任务。飞机被杀伤的概率为

$$P_k = P_d P_a P_t (1 - E_t) P_{km} = 0.343 \tag{8.25}$$

在装备电子防务设备的条件下，n 次任务后，所生存下来的飞机数量为

$$N_s = NQ_n = N \times 0.122 \tag{8.26}$$

N 次任务后，使用雷达告警接收机 + 箔条组合而被多保存下来的飞机数量为

$$S = N_s' - N_s = N(Q_n' - Q_n) = N(0.122 \times 0.003) = N \times 0.119 \tag{8.27}$$

成本效益比为

$$\frac{C}{E} = \frac{C_{\mathrm{de}}}{0.119 C_p} \tag{8.28}$$

实例 2：海军雷达告警接收机 + 箔条系统

首先，需要确定参考场景和对平台的杀伤概率有贡献的事件，以及它们各自的概率。

在这种情况下，参考情况由掠海导弹的攻击组成，舰艇可以用近程火炮系统（一种近距离武器系统，CIWS），可以使用或不使用雷达告警接收机 + 箔条。假设一架飞机在极短的时间内被弹射后，爬升高度，利用机载雷达发现并识别目标，并在发射导弹后立即降低高度，那么飞机不会被船上设备发现。

在这种情况下，可以假设的事件概率如下，如图 8.6 所示：

(1) 飞机使用机载雷达发现舰船的概率 P_d（图 8.6，①），并发射导弹（图 8.6，②）。

(2) 舰艇的搜索雷达发现导弹的概率 P_{sd}（图 8.6，③）。

(3) 导引头上引导导弹捕获舰艇的概率 P_a（图 8.6，④）。

(4) 导引头引导导弹飞向舰艇的概率 P_t（图 8.6，⑤）。

(5) 近程武器系统发现导弹，并向其开火的概率 P_{kc}（图 8.6，⑥）。

(6) 导弹击舰船的概率 P_{km}（图 8.6，⑦）。

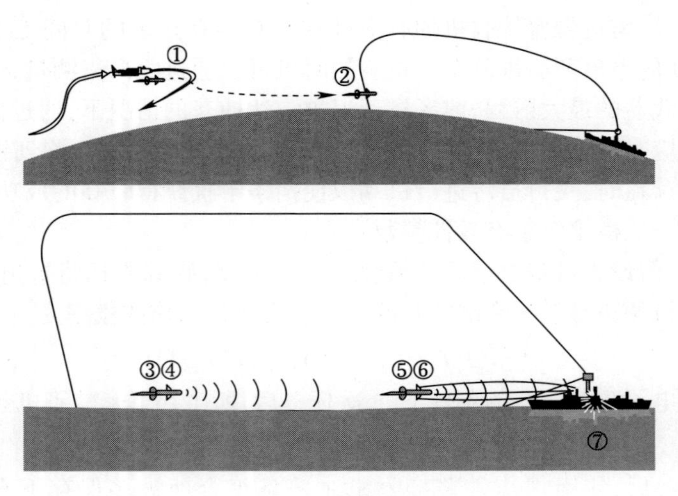

图 8.6 海军场景

在舰艇未自卫防御的情况下,反舰导弹的杀伤概率为

$$P_k = P_d P_a P_t P_{km} \tag{8.29}$$

如果舰艇只使用电子防务系统(软杀伤)来保护自己,而雷达告警接收机+箔条系统的有效性是 E_t,那么有

$$P_k = P_d P_a (P_{t1} - E_t) P_{km} \tag{8.30}$$

如果船只使用近程武器系统(硬杀伤)来保护自己,那么有

$$P_k = P_d P_a P_t (1 - P_{kc}) P_{km} \tag{8.31}$$

如果舰艇同时使用(硬杀伤和软杀伤)系统,那么有

$$P_k = P_d P_a P_t (1 - E_t) P_{km} (1 - P_k c) \tag{8.32}$$

在这里,也可以计算在 n 次任务后幸存的海军舰船数量,海军舰船的装备情形如下:

(1) 没有防御;

(2) 只有近程武器系统防御;

(3) 只有电子防务系统;

(4) 两种系统同时使用。

再次考虑每个电子防务设备的成本 C_{ED}(全生命周期成本)和平台的成本 C_p。现在可以确定设备的成本效益比率,即

$$C/E = NC_{\text{ED}} / N(Q'_n - Q_n) C_p \tag{8.33}$$

式中:Q_n 为军舰使用电子防务设备完成任务后的存活概率。

用同样的方法可以评估舰载有源式电子防务设备的有效性。在这种情况下,将有必要考虑电子防务系统是否还能够影响敌方雷达的探测和获取能力。

8.4 作战效能

为了保持装备的战备状态,必须为军队正在使用的每个系统建立保障程序。对于仅由必须执行特定功能的硬件组成的简单设备,后勤保障机构(如维修服务)应确保装备的持续有效。

对于更复杂的设备,其性能依赖于系统外部的许多因素,通常包括硬件和软件。因为设备经常需要进行重大修改,其保障程序不能仅仅是后勤类型,还必须包括设计内容。

考虑舰载指挥和控制中心。该设备包括一系列计算机、接口和显示器,但系统的真正核心是操作软件,需要持续的支持和帮助才能实现以下目的:

(1) 确认系统运行的有效性;

(2) 不断调试,这是一项需要在复杂设备的全生命周期内执行的功能;

(3) 修改系统,因为由(1)新设备集成和(2)新战斗理念而导致外部情况的变化。

为了保持电子防务设备的有效性,仅从良好的规格和结构开始,并通过后勤保障机构确保装备良好的维护是不够的。这种类型的设备,其性能在很大程度上取决于对数量和质量不断变化的威胁特征的了解,需要不断验证与变化情况相关的性能。因此,有必要组织一个由地面设备和软件组成的作战支持(OS)计划,以确保电子防务设备的有效性得以维持。作战系统将包括作战地面支持设备(OGSE),由一定数量的计算机、接口、模拟器和显示器组成,用于连续测试和模拟活动,这些活动称为操作地面支持(OGS)。

在实践中,OGS 将实现以下功能:

(1) 数据库管理——一般而言,军队将拥有中央数据库(回顾 4.5 节关于 ELINT 系统的内容);

(2) 为数据库和作战目的,研究和评估包括拦截和对抗在内的电子防务软件,以应对不断变化的情景;

(3) 新程序和数据库一旦被开发,转换成电子防务设备的适用形式,并传输到平台所在的基地;

(4) 在基地,为准备嵌入装备的存储器准备适合作战任务和作战区域的数据;

(5) 通过适当的设备(加载机)将新软件加载到电子防务系统的存储器中;

(6) 提供能够读取和存储来自作战任务情报内容的设备,以便将有关威胁的新数据传输到数据库,以使电子防务系统保持更新和有效。

8.5 电子防务与传统防御

现在可以通过将电子防务与传统防御进行比较,来讨论电子防务的实际有效性。与其通过理论上的争论,不如用一个例子来说明,如海军舰船的防御。结果可以类比地应用于其他平台或站点的防御。

考虑在最可能和最危险的威胁中保护一艘船:掠海反舰导弹。目前,只有两种类型的硬杀系统可用于此目的:超快速火炮系统(直接撞击或快速射击有引信的炮弹射弹)和反导弹导弹系统。目前,软防御仅用于在威胁距离舰船较远是远距离船舶时,对其进行干扰。但是,有可能利用第五章中讨论的一种射频欺骗性干扰系统来实现一个有效的系统,该系统可以实现:

(1) 无论雷达是否试图跟踪舰船,都将舰船的雷达中心移到一个足够遥远的假位置上;

(2) 保持对所有反电子干扰具有免疫力;

(3) 避免干扰船上其他活动。

比较结果总结在表 8.2 中。除了平台成本和“极限目标假设”外,其他参数是不言自明的。“极限目标假设”描述了系统可以对抗的目标类型:对于电子防务系统,假设潜在 20% 的导弹可以由非射频设备(如红外线、电视等)引导,而电子防务系统只能对抗射制导导弹。

表 8.2 硬杀伤/软杀伤比较

杀伤类别	硬杀伤		软杀伤
武器	火炮	导弹	电子防务设备
任务	平台防御	平台防御	平台防御
方法	通过碰撞或爆炸来摧毁或破坏	通过碰撞或爆炸来摧毁或破坏	由于不可避免的欺骗干扰而产生较大的脱靶量
极限目标假设	不超过几何、运动或数目限制的所有类型的导弹	不超过几何、运动或数目限制的所有类型的导弹	射频制导导弹,除此之外无其他限制
威胁处于极限以内的概率	0.7	0.9	0.8
成功概率(单一威胁)	0.7	0.9	0.9
成功概率(4 个威胁同时来自相同侧面)	0.2	0.2 0.5 *	0.9

续表

杀伤类别	硬杀伤		软杀伤
每艘军舰的设备成本	5% ~10%	10% ~15%	5%
每艘军舰的弹药成本	2%	5%	0%
连续开火的成本	0.01%	0.5%	0%
注：* 有源制导，垂直发射			

定性的列表结果显然是有支持电子防务系统的。这种挑衅性展示是为了引起大家认真考虑这些系统的真实能力。

总而言之，虽然基于硬杀伤的传统武器系统被认为是有效制止和防御的威慑力量，但必须强调的是，电子防务系统已经成熟并且能够以令人满意的方式执行真正有效的防御任务。这一点非常重要，特别是在技术和道德发达的世界中，拒绝把战争作为解决冲突的方式正变得越来越普遍，为了阻止冲突升级，需要越来越多的方法来确保尊重条约和提供均衡反应。

参考文献

[1] Chembrovskiy, O. A., Y. I. Topcheyev, and G. V. Samoylovich, "General Principles of Designing Control Systems," NASA, TT F-782.

[2] Carnevale, S., and G. Santi, "Criteri per l'impostazione di un sistema d'arma per la difesa antiaerea di obiettivi fissi," Revista Tecnica, Selenia, Vol. 1, No. 4, 1978.

[3] Tuccari, M., and R. Vuolo, "Simulazione digitale del gioco di guerra di un sistema d'arma fisso difensivo di zona contro attacchi a bassa quota," Revista Tecnica, Selenia, Vol. 2, No. 1, 1974.

[4] Lynch Urban, H. D., "Theater Air Defense Engagement Simulation," AGARD-CP-268, October 15-19, 1979.

[5] Herzmann, F., and H. Sanders, "Design and Simulation of a C^3 System for Surveillance Purposes," AGARD-CP-268, October 15-19, 1979.

[6] Hutter, R., "Simulation of Overall Air Defense Command and Control," AGARD-CP-268, October 15-19, 1979.

[7] Feller, W., Introduction to Probability Theory and Its Applications, Vols. 1 &2, New York: John Wiley & Sons, 1968-1971.

[8] Ball, R. E., "The Fundamentals of Aircraft Combat Survivability Analysis and Design," AIAA Education Series, 1985, pp. 188-191.

[9] Wilhelm, H. R., "Simulation of Air Defense Operations and Multiple Air Combat," AGARD-CP-268, October 15-19, 1979.